“双一流”高校本科规划教材
国家级一流本科专业建设教材
上海高校市级重点课程配套教材

现代工程制图(3D版)

郭 慧 赵菊娣 吴炳晖 主编

华东理工大学出版社
EAST CHINA UNIVERSITY OF SCIENCE AND TECHNOLOGY PRESS
·上海·

图书在版编目(CIP)数据

现代工程制图：3D版/郭慧，赵菊娣，吴炳晖主编
.—上海:华东理工大学出版社，2022.8
ISBN 978-7-5628-6821-7

Ⅰ.①现… Ⅱ.①郭… ②赵… ③吴… Ⅲ.①工程制图-高等学校-教材 Ⅳ.①TB23

中国版本图书馆CIP数据核字(2022)第089875号

内容提要

本书根据教育部高等学校工程图学课程教学指导分委员会制定的《普通高等学校工程图学课程教学基本要求》(2019版)编写。适宜作为本科院校工科、理科专业“工程制图”课程教材，以及高职、高专院校的工程制图教材，同时也可作为自学考试参考书。

全书共分为13章，全部采用最新的国家标准和有关的行业标准。本书在编写中，考虑到计算机技术发展，尽量做到少而精，采用图、表等表达方式，增加了重点提示和知识拓展内容，计算机绘图部分突出了AutoCAD绘图软件的应用，配套了3D识图教学资源。读者可按不同专业和学时数的要求，对内容进行灵活取舍和组合。

策划编辑/吴蒙蒙
责任编辑/吴蒙蒙
责任校对/陈 涵
装帧设计/徐 蓉
出版发行/华东理工大学出版社有限公司
地 址：上海市梅陇路130号，200237
电 话：021-64250306
网 址：www.ecustpress.cn
邮 箱：zongbianban@ecustpress.cn
印 刷/常熟市双乐彩印包装有限公司
开 本/787mm×1092mm 1/16
印 张/18.75
插 页/4
字 数/530千字
版 次/2022年8月第1版
印 次/2022年8月第1次
定 价/49.80元

前　言

工程制图是工科类各专业一门必修的技术基础课，掌握绘制、阅读工程图样的方法和技能，不仅是工科学生学习后继专业课程的基础，也是工程技术从业人员必备的基本技能。

本书在我校历年出版的教材《工程制图教程》《大学工程制图》《工程制图》基础上编写而成。本教材的编写根据教育部高等学校工程图学课程教学指导分委员会制定的《普通高等学校工程图学课程教学基本要求》(2019 版)，结合了我校多年来教学改革实践的成果和经验，同时参考了其他院校使用教材过程中提出的宝贵意见和建议，是国家精品课程主讲教材。

随着学科间的相互渗透和计算机技术的广泛应用，本课程有了更高要求，本书编写尽量体现工程制图技术的发展，满足化工类及轻工、食品、环境等非机械类专业的教学要求，本书基本思想如下：

1. 遵循学以致用原则，对各部分内容的选取尽量做到少而精。适当融入课程思政元素。

2. 注重题例示例，对学习中的重点、难点部分，通过题例中的解题过程帮助学生掌握绘图和读图方法，有助于学生线上学习。

3. 尽量采用图、表等表达方式，使教材图文并茂，增强阅读直观性，提高学生学习的兴趣。

4. 重点突出，在注重基本知识及技能培养的同时，增加了重点提示和知识拓展内容，使教材内容精而不漏。

5. 本书将知识难点与 3D 教学资源相融合，书中大部分图例增设了 3D 可视化互动学习功能。手机安装配套的 3D 可视化资源互动软件后(扫码关注，回复“68217”，即可下载)，扫描书中有“”标记的图形，可以全方位动态观看图例的三维演示，方便学生自主学习。

扫码获取
教学资源

此外，与本书配套的教学资源有：

1. 多媒体教学课件，适合课堂教学使用(请联系作者邮箱 ghcad@163. com 获取)。

2. 本书的线上教学资源学习链接：

https://mooc. s. ecust. edu. cn/course/441650000016999. html

3. 为了将教学、实验、助学互相结合，本书配套开发了四个虚拟仿真实验案例：(1)化工工艺流程及设备管道布置虚拟仿真实验；(2)换热器装拆及图形生成虚拟仿真实验；(3)偏心柱塞泵装拆及工程图绘制虚拟仿真实验；(4)工程制图典型案例虚拟仿真实验。实验网址为：https://xf. ecust. edu. cn/virexp/。读者可以注册后自行练习。

4. 本书配套开发了两个虚拟现实实验教学案例：(1)偏心柱塞泵装配图绘制与阅读虚拟现实实验；(2)齿轮泵装配图绘制与阅读虚拟现实实验。有兴趣的读者可以到本校虚拟现实实验室进行学习。

在考虑系统性前提下，各章内容相对独立，教师在选用时可根据不同专业的要求和学时数进行灵活组合和舍取。

与本书配套的习题集为《大学工程制图习题集》，已由华东理工大学出版社出版。

本书由华东理工大学郭慧、赵菊娣以及上海电力大学吴炳晖主编。本书编写工作安排(按章序)如下：郭慧、钱自强编写第1、4、5章，赵菊娣编写第2、7、10章，刘晶编写第3章，郭慧、蔡祥兴编写第6章，吴炳晖编写第8、9章，张艳红、曾力丁、蔡祥兴编写第11、12章，郭慧编写第13章。马小龙、吴波涛、郭慧开发了本书3D可视化资源互动软件。

此外本书参考了钱自强、林大钧、蔡祥兴、马惠仙、张纯楠、张宝凤、王蔚菁编写的《大学工程制图》的部分内容。本书在编写中，还参考了国内外有关教材和标准，在此一并表示感谢。

限于编者水平，书中难免存在失误和不足，敬请广大读者继续提出宝贵意见和建议。

编　者

2022年5月

目　　录

1 绪　论

1.1　本学科的研究对象

图样与语言、文字一样,都是人类表达、交流思想的一种工具。在工程建设中,为了正确地表示出机器、设备、建筑物等物体的形状、大小和制造要求,通常将物体按照一定的投影方法和规定表达在图纸上,即称为工程图样。由于在机器设备和建筑物的设计、制造、检验、使用等各个环节中都离不开图样,所以“图样”被喻为工程界的技术语言。

图样在形体构思、工程设计、解决空间几何问题以及分析研究自然界客观规律时得到广泛的应用,已成为解决科学技术问题的重要载体,并逐步发展成为工程图学学科。

工程图学学科的研究对象包括:

(1) 将空间几何元素(点、线、面)和物体表示在平面上的方法和原理;

(2) 在平面上通过作图解决空间几何问题的方法和原理;

(3) 根据有关标准及技术绘制和识读工程图样的方法。

本课程所讲授的内容是工程图学学科的主要组成部分。

1.2　本学科的发展简史

我们知道,任何科学的产生都来源于人类的社会实践,并随着生产和科学实践的发展以及其他科学技术因素的相互影响而发展。工程图学学科的产生和发展也不例外。从世界各国的历史来看,工程制图最初起源于图画,自古代人类学会制造简单工具和营造各种建筑物起,就已经使用图画来表达意图了。根据生产的需要,绘图法则就在众多工匠、建筑师的生产实践活动中逐步积累和发展起来。17 世纪中期,法国建筑师兼数学家吉拉德·笛沙格(G. Desargue,1591—1661)首先总结了用中心投影法绘制透视图的规律,写了并出版了关于透视法的著作。到 18 世纪末,法国几何学家加斯帕尔·蒙日(Gaspard. Monge,1746—1818)全面总结了前人的经验,用几何学原理系统地综合和归纳了将空间几何形体正确地绘制在平面图纸上的原理和方法,创建了画法几何学。

我国是世界上文明发达最早的国家之一,劳动人民在长期的生产实践中,在图示理论和制图方法等领域,也有着丰富的经验和辉煌的成就。我国历史上遗留下来的图样,最著名的是宋朝李诫(字明仲)编写的建筑工程巨著《营造法式》(刊发于公元 1103 年)。该书总结了我国当时的建筑技术和艺术的成就,堪称宋朝时期关于建筑的一部国家标准和施工规范。整部书籍共 36 卷,其中 6 卷全部是图样,与现在我们使用的工程图样的形式相比,几乎没有差别。图 1-1 为该书中所载的图样,其中有正投影图、轴侧投影图等多种形式。明朝宋应星的《天工开物》和徐光启的《农政全书》中附有许多农具及各种器械的插图,也与现代工程图样的形式类似。

进入 20 世纪后,随着现代科学技术的发展,计算机技术和工程科学相互结合和渗透,工程制图和计算机结合的学科——计算机图形学在一些主要的工业国家兴起。近年来,计算机图形学得到飞速发展,工程图学已不再是仅仅局限于投影和工程知识的传统工程学科,而是由数

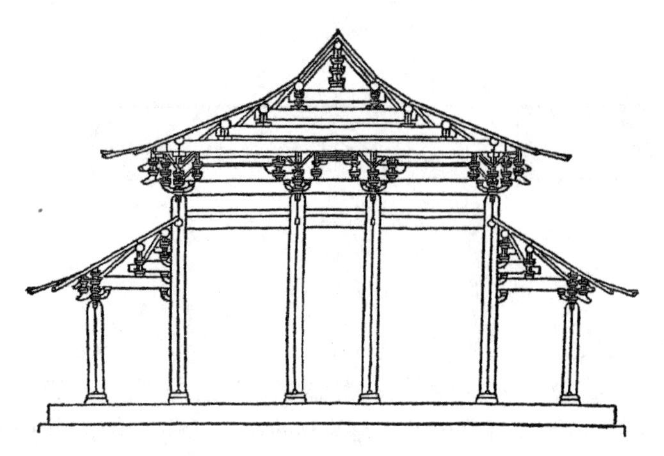

(a) 殿堂五铺作单槽草架侧样(正投影图)

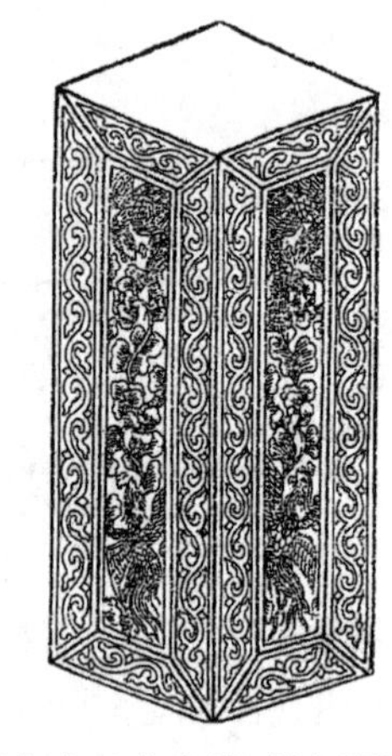

(b) 剔地起突云龙角柱(轴侧投影图)

图 1－1 宋代《营造法式》中附图举例

学、物理、工程学、计算机科学、智能和思维科学等多学科交叉形成的具有崭新内容的学科。工程图作为工程信息的载体和传递媒介,正从仅能表示静态产品信息的图样,发展为有质感的能反映产品物理性能和加工性能的、能交互的动感图形信息的图样。计算机绘图并不是简单地代替手工绘图,而是提高设计质量、设计能力、设计效率的重大技术进步,这是在学习计算机绘图和后续相关课程时始终要考虑的问题。

1.3 课程学习的目的和任务

工程制图课程是一门既有理论,又有实践的工科类专业的重要技术基础课。学习本课程的主要目的是掌握工程图样的图示理论和方法,培养绘图、读图和空间想象能力。其主要任务包括:

(1) 学习正投影基本理论和方法;

(2) 培养图示空间形体的能力;

(3) 学习绘制和识读工程图样的方法;

(4) 了解和掌握有关制图的国家标准;

(5) 学会使用常用的计算机绘图软件。

1.4 课程学习的方法

工程制图是一门实践性很强的课程,与学生在中学阶段学习数理化等课程有所不同,除了需要逻辑思维能力,还需要培养很强的形象思维能力。因此,在学习本课程时必须要掌握必要的学习方法,养成良好的学习习惯:

(1) 对课程中涉及的画法几何理论部分,要把基本概念和基本原理理解透彻,做到融会贯通,这样才能灵活地运用这些概念、原理和方法来解题作图。

(2) 为了提高空间形体的图示表达能力,必须对所要表达的物体进行几何分析和形体分析,掌握它们处在各种相对位置时的图示特点,不断深化对空间形体与其投影图形之间关系的认识。

(3) 绘图和读图能力的培养主要依赖于实践,因此要十分重视这方面的训练。古人说,熟能生巧,只有通过反复的实践,才能逐步掌握绘图和读图的方法,熟悉国家制图标准和其他有关技术标准,特别是化工、电子、建筑等专业图样的一些特殊表达习惯和方法。

(4) 在学习计算机绘图时,特别要注意加强上机实践,通过不断熟悉软件的各种使用和操作技能,来提高应用计算机绘图的能力。

(5) 要注意培养自学能力。根据教学日历安排,课前做好每个章节的预习,总结归纳要点、重点;课后做好复习,巩固消化所学的知识。

(6) 鉴于图样在工程中的重要性,绘图或读图时要慎之又慎,否则就会"失之毫厘,谬以千里"。工程技术人员不能看错和画错图纸,否则会造成重大损失。因此,在学习中,要养成耐心细致的习惯,无论是绘图还是读图,都要十分认真,反复检查,确保正确无误。

2 制图的基本知识和基本技能

本章概要

本章摘录了国家标准中有关图纸幅面、标题栏格式、比例、字体、图线和尺寸标注等的基本规定，较详细地介绍了制图的基本技能，包括常用制图工具的使用和常见几何作图问题，以及平面图形的作图步骤和方法。

工程图作为工程界的共同语言，它是设计、施工、交流等的依据及工具。为了使工程图能够满足设计、施工、存档的要求，便于识读，又便于技术交流，对图样在画法、图线线型、线宽和应用、图上尺寸的标注、比例、字体等方面，都必须有统一的规定，为此国家颁布了《技术制图》与《机械制图》国家标准作为工程界共同遵守的准则和依据。

通过对《技术制图》与《机械制图》国家标准的学习和实践，养成严格遵守各种标准规定的好习惯，培养严谨细致的工作作风。

2.1 国家标准《技术制图》与《机械制图》基本规定

工程图样是设计和制造机器、设备等的重要技术文件，为便于生产和技术交流，必须对图样内容、格式、画法、尺寸标注等都作统一规定。国际上统一使用的制图标准由国际标准化组织制定，代号为“ISO ×××”。我国制定了与国际标准相对应的国家标准《技术制图》与《机械制图》，代号为“GB ×××”或“GB/T ×××”，该标准统一规定了在有关生产和设计时需要共同遵守的技术方面的规则。

2.1.1 图纸图幅(GB/T 14689—2008)

绘制图样时，图纸幅面和图框尺寸应优先采用表 2-1 所规定的基本图幅尺寸。其中 A0 至 A4 图纸幅面尺寸间的关系如图 2-1 所示。优先采用规定的幅面尺寸，必要时可沿宽边加长，加长的尺寸为基本幅面短边的整数倍，如图 2-2 所示。图 2-2 粗实线所示的幅面为第二选择，细实线所示的幅面为第三选择。

表 2-1 图纸基本图幅和幅面代号

<table>
<tr><th rowspan="2">尺寸/mm</th><th colspan="5">幅面代号</th></tr>
<tr><th>A0</th><th>A1</th><th>A2</th><th>A3</th><th>A4</th></tr>
<tr><td>$B \times L$</td><td>841×1189</td><td>594×841</td><td>420×594</td><td>297×420</td><td>210×297</td></tr>
<tr><td>e</td><td colspan="2">20</td><td colspan="3">10</td></tr>
<tr><td>c</td><td colspan="3">10</td><td colspan="2">5</td></tr>
<tr><td>a</td><td colspan="5">25</td></tr>
</table>

图样中的图框由内、外两框组成，外框用细实线绘制，大小为幅面尺寸，内框用粗实线绘制，两种格式图框周边尺寸见表 2-1。图框格式分为不留装订边和留装订边两种，如图 2-3～图 2-4 所示。一般应优先采用不留装订边的形式。同一产品的图样只能采用一种形式。

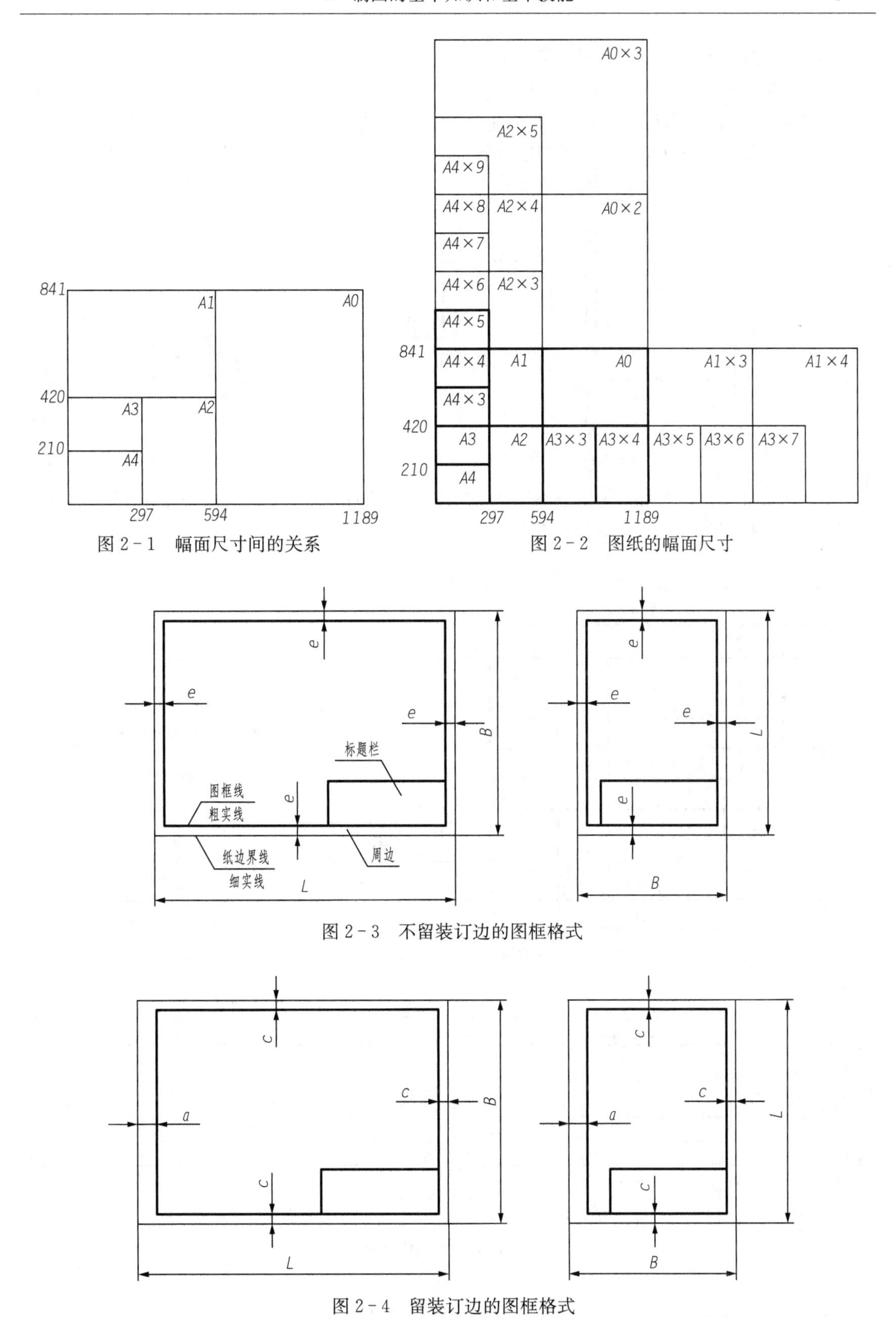

图 2-1　幅面尺寸间的关系

图 2-2　图纸的幅面尺寸

图 2-3　不留装订边的图框格式

图 2-4　留装订边的图框格式

2.1.2 标题栏(GB 10609.1—2008)

每张图纸上都必须有标题栏,标题栏的位置一般位于图纸的右下方。允许逆时针旋转图幅但需要同时画出方向符号(在对中符号上的等边三角形)。看图方向分两种情况:当图纸未旋转时,按标题栏文字方向看图;当图纸旋转后,则按方向符号看图,即看图时使得对中符号上的等边三角形(方向符号)位于图纸的下边上,如图 2-5 所示。方向符号如图 2-6 所示。

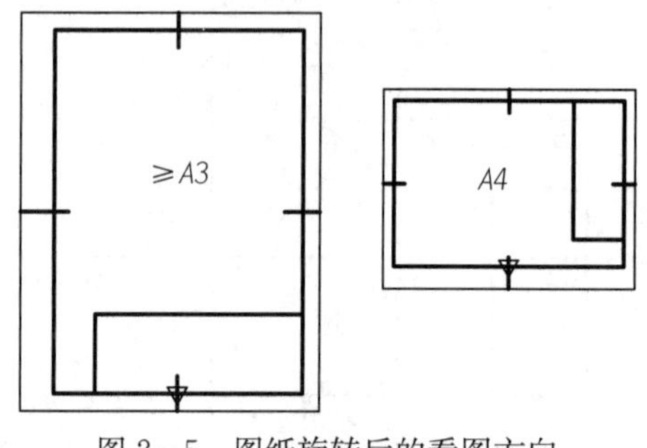

图 2-5 图纸旋转后的看图方向

图 2-6 方向符号

标题栏的格式、内容和尺寸在国家标准中均有推荐,如图 2-7 所示。学生在做制图作业时也可以采用如图 2-8 所示的简化格式。

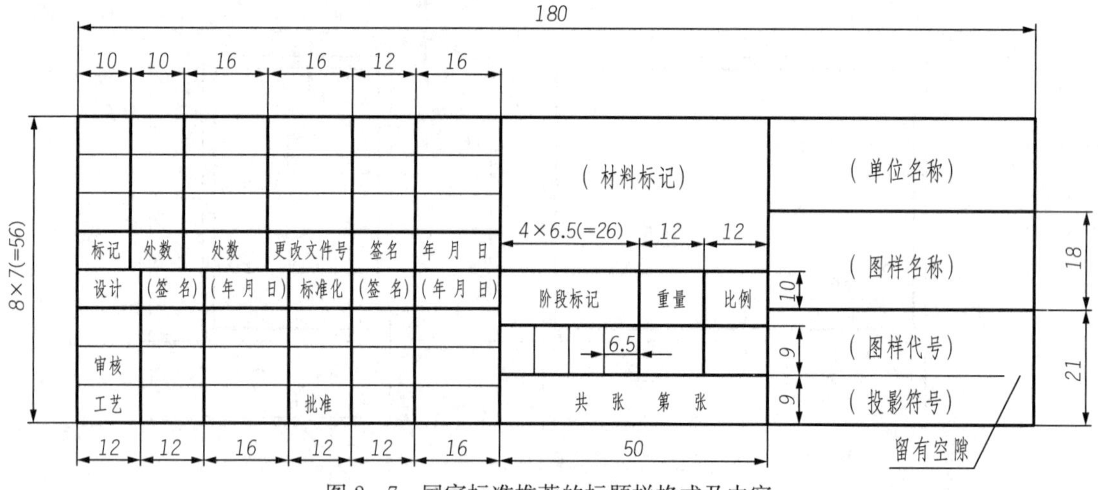

图 2-7 国家标准推荐的标题栏格式及内容

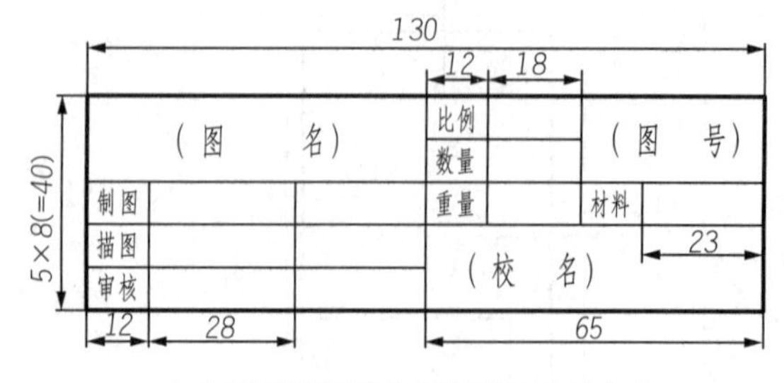

(a) 零件图用简化标题栏格式及内容

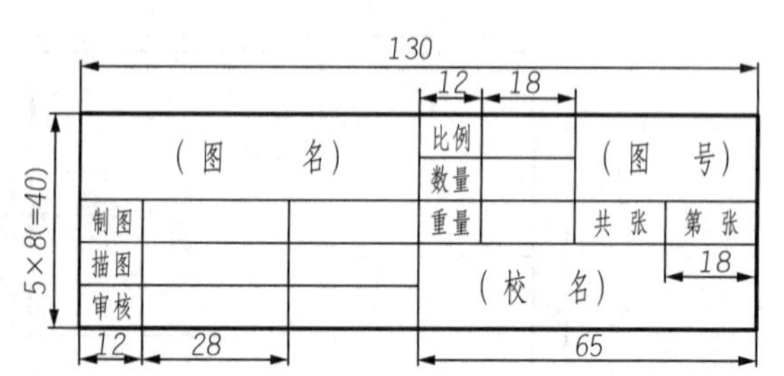

(b) 装配图用简化标题栏格式及内容

图 2-8 简化标题栏格式及内容

注意: 严格按照国标填写标题栏的内容,养成严格遵守各种标准的好习惯。

2.1.3 比例(GB/T 14690—1993)

比例是指图样中机件要素的线性尺寸与实际机件相应要素的线性尺寸之比。比值等于1叫作原值比例,比值大于1叫作放大比例,比值小于1叫作缩小比例。图样无论采用缩小比例还是放大比例,所标注的尺寸都应该是机件的实际尺寸,而不是所画图形的画图尺寸。在绘制同一机件的各个视图时,应采取相同的比例,并在标题栏中填写比例。当某个视图需要采用不同比例时,必须另行标注。

国标中可采用的比例系列见表2-2,表中n为正整数。绘制图形时,应首先考虑采用表中规定的优先比例系列。

表2-2 标准比例系列

种类	优先选用比例	允许选用比例
原值比例	1∶1	
放大比例	5∶1　2∶1 5×10^n∶1　2×10^n∶1　1×10^n∶1	4∶1　2.5∶1 4×10^n∶1　2.5×10^n∶1
缩小比例	1∶2　1∶5 1∶5×10^n　1∶2×10^n　1∶1×10^n	1∶1.5　1∶2.5　1∶3　1∶4　1∶6 1∶1.5×10^n　1∶2.5×10^n　1∶3×10^n 1∶4×10^n　1∶6×10^n

2.1.4 字体(GB/T 14691—1993)

国家标准规定在图样中书写字体必须做到:字体工整、笔画清楚、间隔均匀、排列整齐。

(1) 字体的号数:即字体的高度h,单位为mm,常用的有20,14,10,7,5,3.5,2.5,1.8等8种。h大于20之后,字体的高度按$\sqrt{2}$倍递增。

(2) 汉字:应写成长仿宋体,高度应不小于3.5 mm,字体的宽度为字体高度h的$1/\sqrt{2}$倍。

(3) 字母和数字:可写成正体和斜体两种。斜体字字头向右倾斜,与水平线成75°。字母和数字分为A型和B型。A型字体的笔画宽度$d=h/14$(h为字高);B型字体的笔画宽度$d=h/10$。在同一张图纸上标注的指数、极限偏差等数字和字母应用小一号字体。

图2-9为汉字、字母和数字的示例。

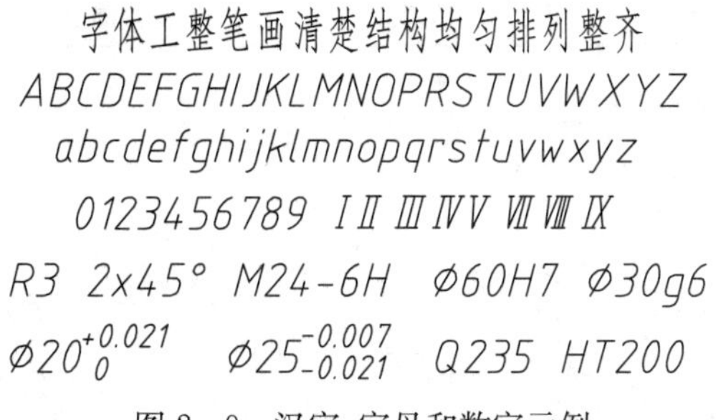

字体工整笔画清楚结构均匀排列整齐
ABCDEFGHIJKLMNOPRSTUVWXYZ
abcdefghijklmnopqrstuvwxyz
0123456789 I II III IV V VII VIII IX
R3 2x45° M24-6H Ø60H7 Ø30g6
$\varnothing20^{+0.021}_{0}$　$\varnothing25^{-0.007}_{-0.021}$　Q235 HT200

图2-9 汉字、字母和数字示例

2.1.5 图线(GB/T 17450—1998、GB/T 4457.4—2002)

综合GB/T 17450—1998《技术制图 图线》及GB/T 4457.4—2002《机械制图 图样画法 图线》,国标对应用于各种图样的基本线型、线宽、画法及应用等做了如下规定:

(1) 绘制图样时,可采用表2-3所示的3粗6细共9种常用基本线型。

(2) 图线分粗、细两种,其宽度比例为2∶1,粗线宽度用字母d表示。

(3) 图线宽度d的推荐系列为0.25 mm,0.35 mm,0.5 mm,0.7 mm,1 mm,1.4 mm,2 mm。图线宽度应根据图形的大小和复杂程度选择。一般常用0.5 mm或0.7 mm。同一图样中的同类图线的宽度应基本保持一致。

(4) 虚线、点画线及双点画线的线段长度和间隔应各自大致相等。

(5) 点画线的首末两端是长画，并超出图形轮廓 2～5 mm，但不能过长。

(6) 当细点画线和细双点画线较短，如小于 8 mm 时，可用细实线代替。

(7) 点画线或双点画线和粗实线相交或与自身相交时，应为点画线或双点画线的长画相交。如画圆的中心线时，两条细点画线在圆心处应长画相交。

(8) 虚线与虚线、虚线与粗实线相交应以画相交；若虚线处于粗实线的延长线上时，粗实线应画到位，而虚线在相连处应留有空隙。

(9) 当几种线条重合时，应按粗实线、虚线、点画线的优先顺序画出。

图线具体规定画法应用示例见图 2-10。

表 2-3　图线的种类及应用

图线名称	线型	线宽	主要用途
细实线		0.5*d*	过渡线、尺寸线、尺寸界线、指引线和基准线、剖面线、重合剖面的轮廓线等
波浪线		0.5*d*	断裂处边界线、视图和剖视的分界线。在同一张图样上，一般只采用其中一种
双折线			
粗实线		*d*	可见棱边线、可见轮廓线、可见相贯线等
细虚线	4　1	0.5*d*	不可见棱边线、不可见轮廓线等
粗虚线		*d*	允许表面处理的表示线
细点画线	15~20　3	0.5*d*	轴线、对称中心线等
粗点画线		*d*	限定范围表示线(例如：限定测量、热处理表面的范围)
细双点画线	15~20　5	0.5*d*	相邻辅助零件的轮廓线、可动零件极限位置的轮廓线、成形前轮廓线、剖切面前的结构轮廓线、轨迹线、中断线等

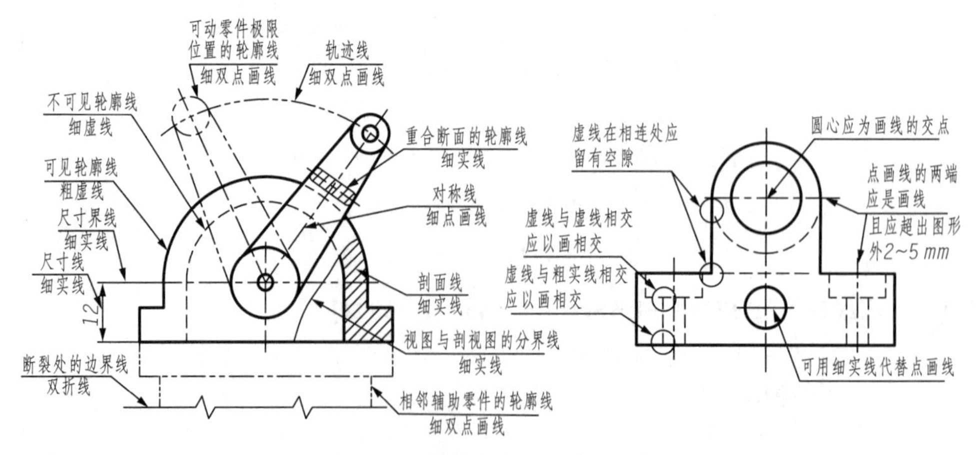

图 2-10　图线规定画法应用示例

注意：严格按照图线用途来画线，不可以随心所欲地画，以免引起误解。

2.1.6　尺寸标注(GB/T 4485.4—2003)

机件的大小由标注的尺寸确定。标注尺寸时，应严格遵照国家标准有关尺寸注法的规定，做到正确、完整、清晰、合理。

2.1.6.1　基本规则

(1) 机件的真实大小应以图样上所标注的尺寸数值为依据，与图形的大小、绘制的准确度无关。

(2) 图样中(包括技术要求和其他说明)的尺寸，以毫米(mm)为单位时，不需要标注计量单位的代号或名称；若采用其他单位，则必须注明相应的计量单位的代号或名称。

(3) 图样中所标注的尺寸，为该图样的最后完工尺寸，否则应另加说明。

(4) 机件的每一尺寸，一般只标注一次，并应标注在反映该结构最清晰的图形上。

2.1.6.2　尺寸要素

完整的尺寸一般由尺寸界线、尺寸线和尺寸数字三个要素组成。

1. 尺寸界线

尺寸界线表示所注尺寸的界限，用细实线绘制，并应由图形的轮廓线、轴线或对称中心线处引出，也可以利用轮廓线、轴线或对称中心线作尺寸界线。尺寸界线必须超越尺寸线1～2 mm，如图 2 - 11 所示。

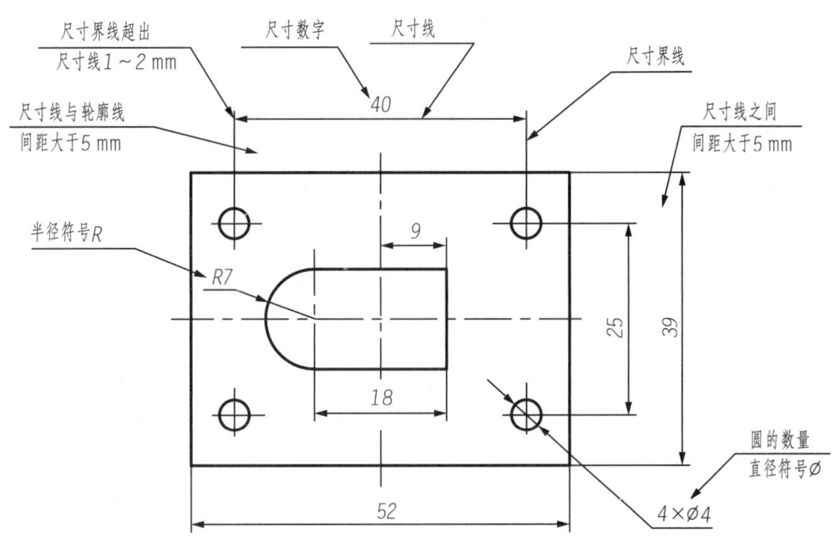

图 2 - 11　尺寸的组成及标注示例

2. 尺寸线

尺寸线表示所注尺寸的范围，用细实线绘制。不能用其他图线代替，也不得与其他图线重合或画在其延长线上。应尽量避免尺寸线与尺寸线或尺寸界线相交，尺寸线必须与所标注的线段平行。当有几条平行的尺寸线时，大尺寸要注在小尺寸的外侧，以避免尺寸线与尺寸界线相交。尺寸线终端有箭头和 45°斜线两种形式。

(1) 箭头。箭头指向尺寸界线并与其接触，且不得超出尺寸界线或留空缺。箭头形式如图 2 - 12(a)所示，其中宽度 d 为粗实线的宽度。在同一张图样上箭头的大

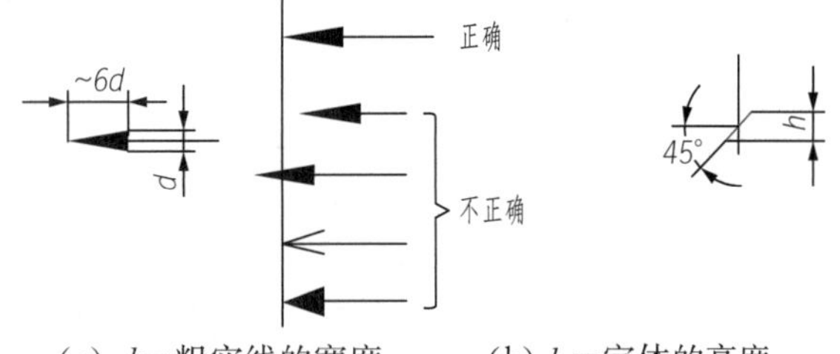

(a) d=粗实线的宽度　　(b) h=字体的高度

图 2 - 12　尺寸线终端形式

小应基本一致。

(2) 45°斜线。斜线用细实线绘制,其方向和画法如图 2-12(b)所示。当尺寸线的终端采用斜线形式时,尺寸线与尺寸界线相互垂直。同一张图上的尺寸线终端,一般采用同一种形式。机械制图中一般采用箭头作为尺寸线的终端。

3. 尺寸数字

尺寸数字表示所注尺寸的数值,线性尺寸数字水平标注时应标注在尺寸线的上方,垂直标注时应标注在尺寸线的左方,也允许标注在尺寸线的中断处。尺寸数字不能被任何图线所通过,否则必须将该图线断开,使数字能清晰地显示出来。如图 2-11 中所示将穿过尺寸数字 18 的中心线打断。

2.1.6.3　尺寸注法

1. 线性尺寸的标注

线性尺寸数字的方向,一般应采用如图 2-13(a)所示的方向标注。对非水平方向的数字尽可能避免在图示 30°范围内标注尺寸,当无法避免时可按图 2-13(b)所示的形式标注。

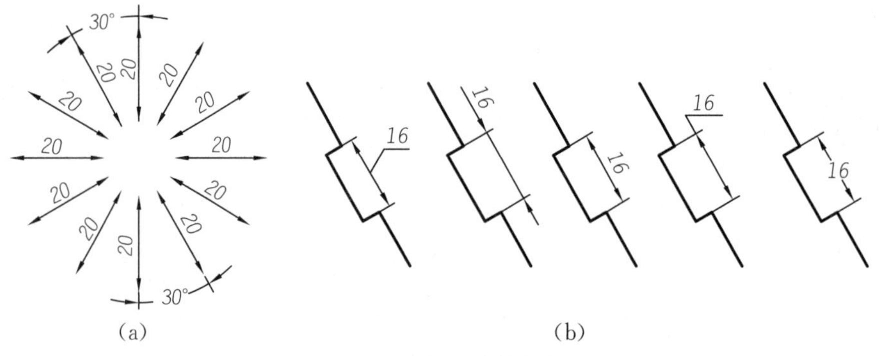

图 2-13　线性尺寸数字方向

注意: 对于垂直线性尺寸的标注,数字注写在尺寸线的左侧,尺寸数字的方向向左。

2. 圆及圆弧尺寸的标注

圆或大于半圆的圆弧,应标注其直径,并在数字前面加注符号"⌀",其尺寸线必须通过圆心。当尺寸线一端无法画出箭头时,尺寸线要超出圆心一段,见图 2-14(a)。等于或小于半圆的圆弧,应标注其半径,并在数字前加注符号"*R*",其尺寸线从圆心开始,箭头指向轮廓,见图 2-14 (b)。当圆弧半径过大,或在图纸范围内无法标出其圆心位置时,可按图 2-14(c) 形式标注。不需要标出圆心位置时,可按图 2-14 (d) 形式标注。

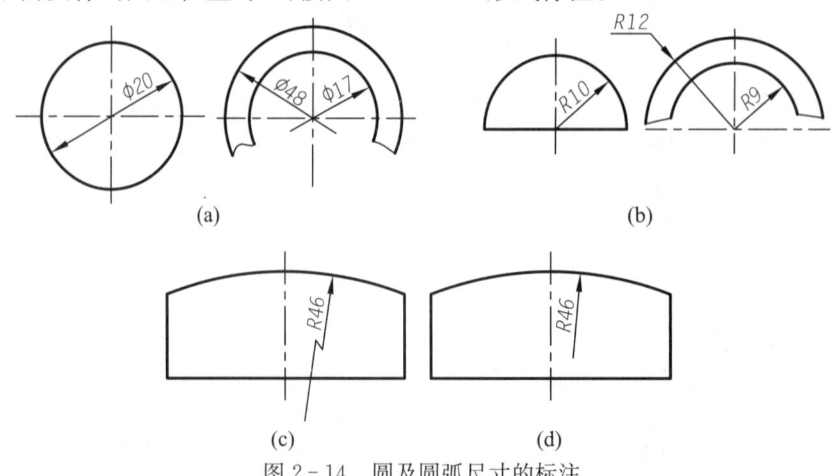

图 2-14　圆及圆弧尺寸的标注

3. 球面尺寸的标注

标注球面直径或半径时应在符号“∅” “R”前加注符号“S”，如图 2－15(a)所示。在不引起误解的情况下可省略符号“S”，如图 2－15(b)所示螺钉头部的球面尺寸。

4. 角度尺寸的标注

标注角度的尺寸界线应沿径向引出，尺寸线应画成圆弧，圆心是角的顶点。标注角度的尺寸数字一律写成水平方向，一般注写在尺寸线的中断处，必要时可写在尺寸线的上方(如图 2－16 中的 15°)或外侧(如图 2－16 中的 30°)，也可引出标注(如图 2－16 中的 7°)。

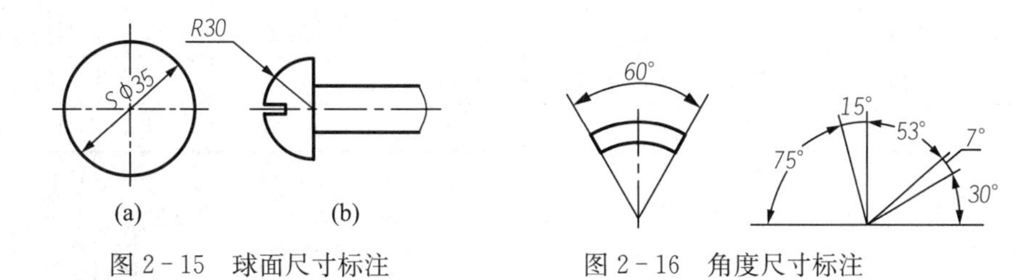

图 2－15　球面尺寸标注　　图 2－16　角度尺寸标注

5. 弦长和弧长尺寸的标注

标注弦长时，尺寸界线应平行于该弧所对应的角平分线，当弧度较大时可沿径向引出，如图 2－17 所示。

标注弧长时，尺寸线用圆弧表示，并在尺寸数字的左侧注写弧度符号，如图 2－17 所示。

6. 小尺寸的尺寸标注

在没有足够的位置画箭头或标注数字时，可将箭头或数字标注在外面。几个小尺寸连续标注时，中间的箭头可用斜线或圆点代替，如图 2－18 所示。

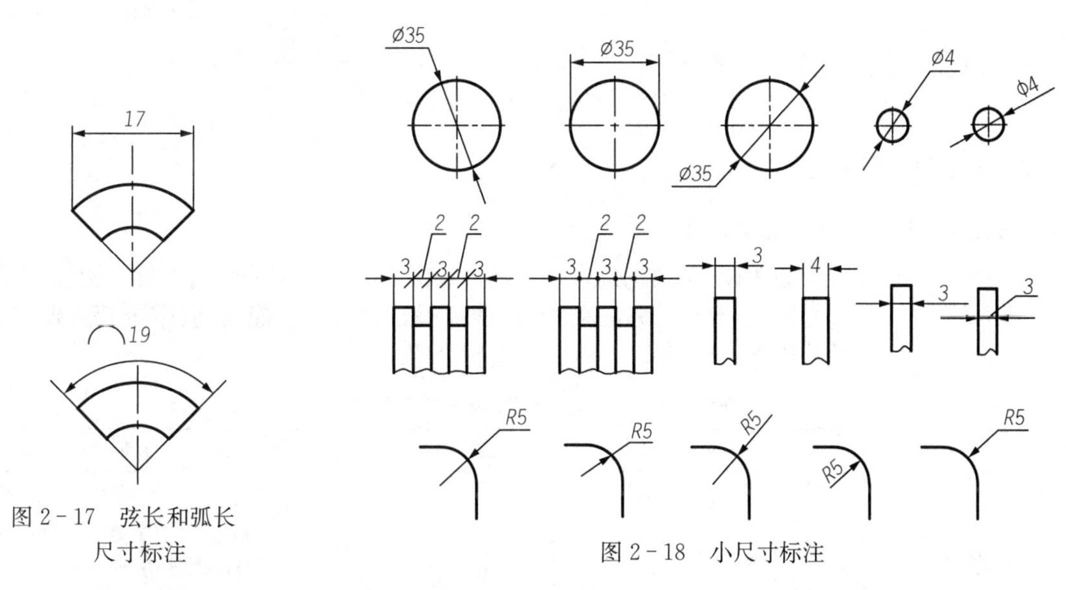

图 2－17　弦长和弧长尺寸标注　　图 2－18　小尺寸标注

7. 尺寸数字前的符号

在标注某些特定形状形体的尺寸时，为了使标注既简单又清楚，常在尺寸数字前注出特定的符号和缩写词。常见的符号和缩写词见表 2－4。具体图例见图 2－19。

表 2-4 标注尺寸时常见的符号和缩写词

序号	符号及缩写词			序号	符号及缩写词		
	含义	现行	曾用		含义	现行	曾用
1	直径	∅	(未变)	8	深度	↧	深
2	半径	*R*	(未变)	9	沉孔或锪平	⌴	沉孔、锪平
3	球直径	*S*∅	球∅	10	埋头孔	⌵	沉孔
4	球半径	*SR*	球 *R*	11	弧长	⌒	仅变注法
5	厚度	*t*	厚 δ	12	斜度	∠	(未变)
6	均布	EQS	均布	13	锥度	◁	仅变注法
7	45°倒角	*C*2	2×45°	14	正方形	□	(未变)

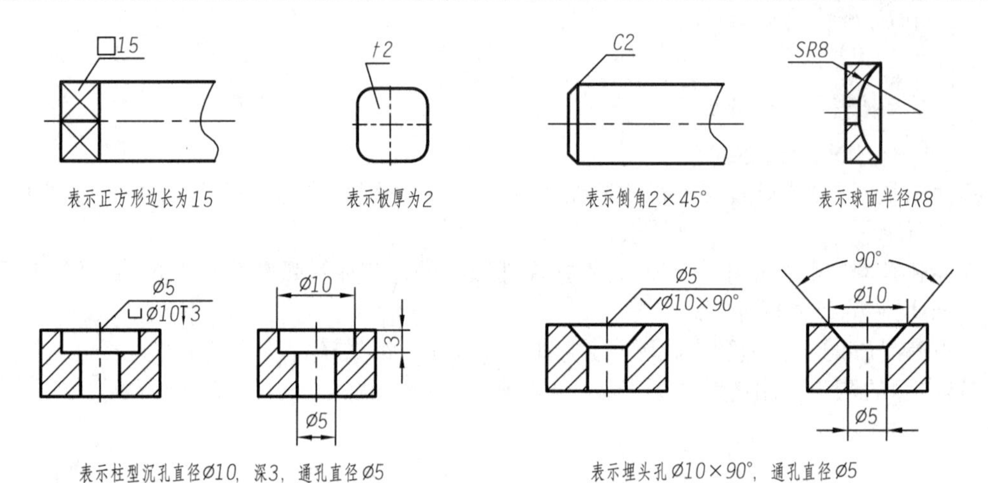

图 2-19 尺寸数字前的符号

2.2 制图基本技能

2.2.1 常用绘图工具及使用

要准确而迅速地绘制图样，必须正确合理地使用绘图工具。常用的绘图工具有图板、丁字尺、绘图仪(其中主要有圆规、分规等)、三角板、曲线板等，以及铅笔、橡皮、胶带纸等。现将几种常用的绘图工具的使用方法在表 2-5 中分别进行介绍。

表 2-5 常用的绘图工具及其使用方法

名称	图例	说明
铅笔	0.6~0.8 6~8 25~30 1~1.5 (a) 磨成柱形 6~8 25~30 (b) 磨成锥形 转动铅笔 铅笔在砂纸上移动的长度 (c) 铅笔的磨法	铅笔的铅芯有软(B)、硬(H)之分。绘图时，一般用“H”或“2H”铅笔画底稿，用“B”或“2B”铅笔加深图线，用“HB”铅笔标注尺寸和写字。 铅笔一般削成锥形，用于加深图线时削成柱形

续表

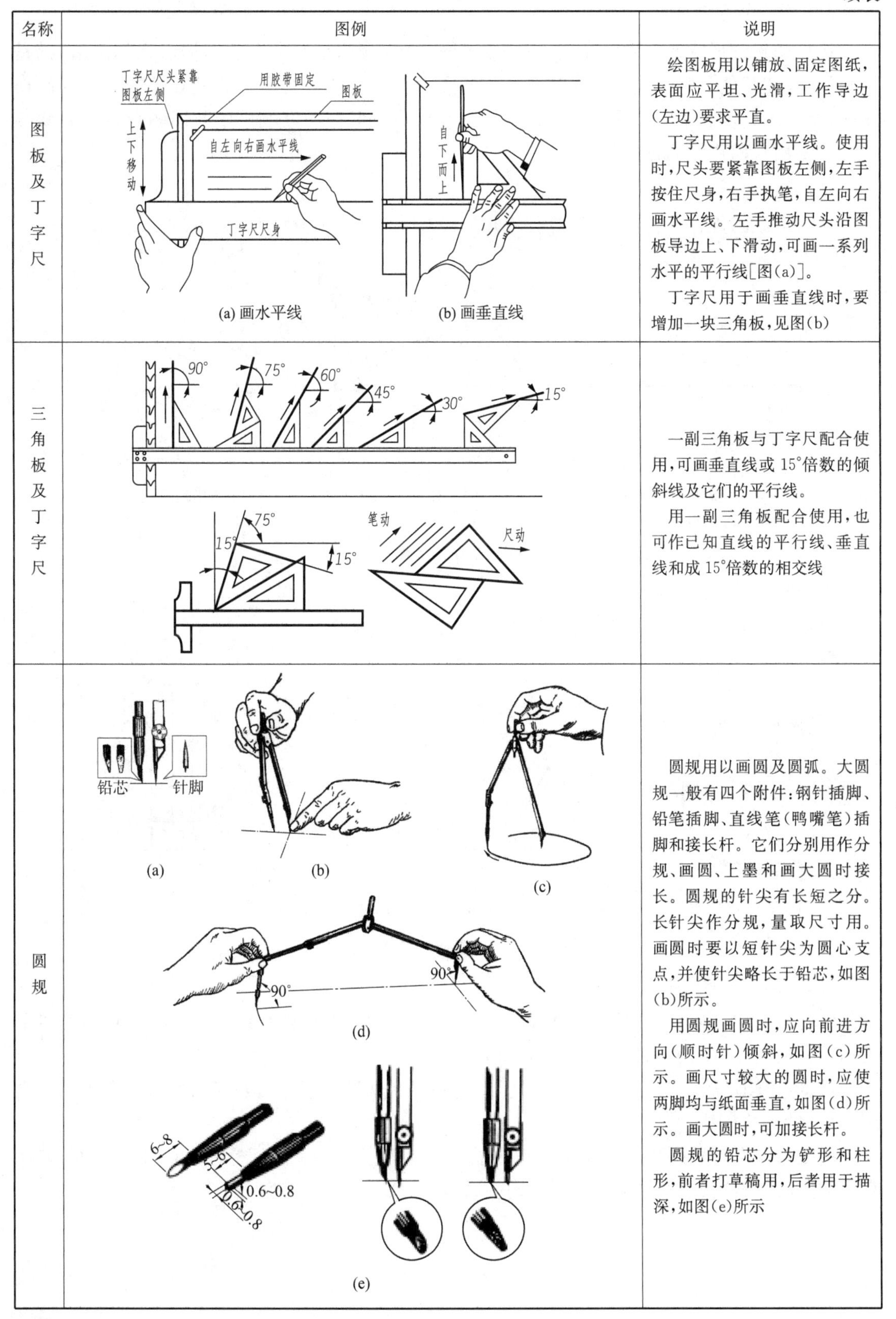

名称	图例	说明
图板及丁字尺	丁字尺尺头紧靠图板左侧；用胶带固定；图板；上下移动；自左向右画水平线；丁字尺尺身；自下而上 (a) 画水平线　(b) 画垂直线	绘图板用以铺放、固定图纸，表面应平坦、光滑，工作导边(左边)要求平直。 丁字尺用以画水平线。使用时，尺头要紧靠图板左侧，左手按住尺身，右手执笔，自左向右画水平线。左手推动尺头沿图板导边上、下滑动，可画一系列水平的平行线[图(a)]。 丁字尺用于画垂直线时，要增加一块三角板，见图(b)
三角板及丁字尺	90°；75°；60°；45°；30°；15°；75°；15°；15°；笔动；尺动	一副三角板与丁字尺配合使用，可画垂直线或15°倍数的倾斜线及它们的平行线。 用一副三角板配合使用，也可作已知直线的平行线、垂直线和成15°倍数的相交线
圆规	铅芯；针脚 (a)　(b)　(c) 90°；90° (d) 6~8；5~6；0.6~0.8；0.6~0.8 (e)	圆规用以画圆及圆弧。大圆规一般有四个附件：钢针插脚、铅笔插脚、直线笔(鸭嘴笔)插脚和接长杆。它们分别用作分规、画圆、上墨和画大圆时接长。圆规的针尖有长短之分。长针尖作分规，量取尺寸用。画圆时要以短针尖为圆心支点，并使针尖略长于铅芯，如图(b)所示。 用圆规画圆时，应向前进方向(顺时针)倾斜，如图(c)所示。画尺寸较大的圆时，应使两脚均与纸面垂直，如图(d)所示。画大圆时，可加接长杆。 圆规的铅芯分为铲形和柱形，前者打草稿用，后者用于描深，如图(e)所示

2.2.2　几何作图

机件的轮廓形状是多种多样的,但在技术图样中,表达它们各部位结构形状的图形,都是由直线、圆和其他一些曲线所组成的平面几何图形。绘制图样时常会遇到等分线、等分圆、作正多边形、画斜度和锥度、圆弧连接、绘制非圆曲线等几何作图问题。本节用图示方法简要介绍几种常用几何作图的方法及步骤。

2.2.2.1　等分线段及角度

通常可用圆规、三角板等工具等分已知线段和角度。其作图方法如图 2－20 所示。

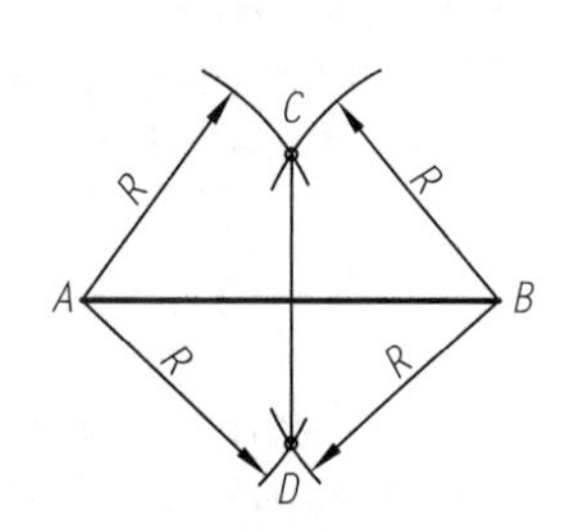

(a) 用圆规和直尺作已知直线的二等分线

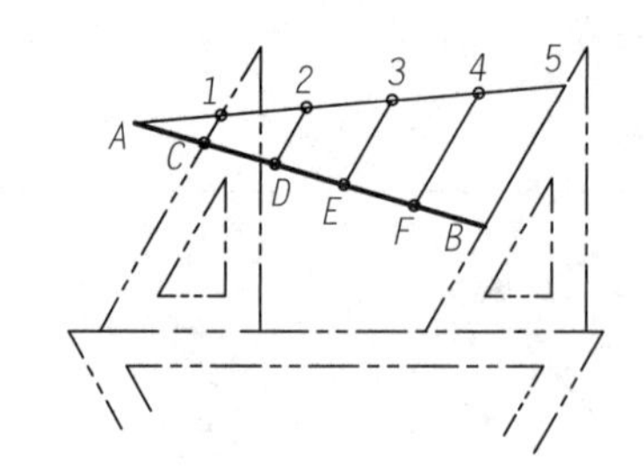

(b) 用三角板n等分已知直线(n=5)

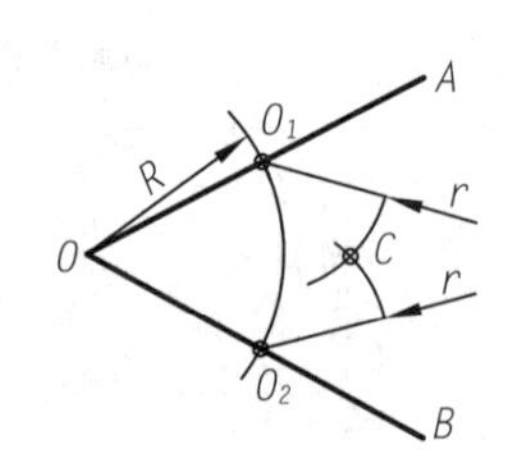

(c) 用圆规和直尺作已知角度的二等分线

图 2－20　等分已知线段和角度

2.2.2.2　内接六边形

已知外接圆,画其内接正六边形的步骤如图 2－21 所示。

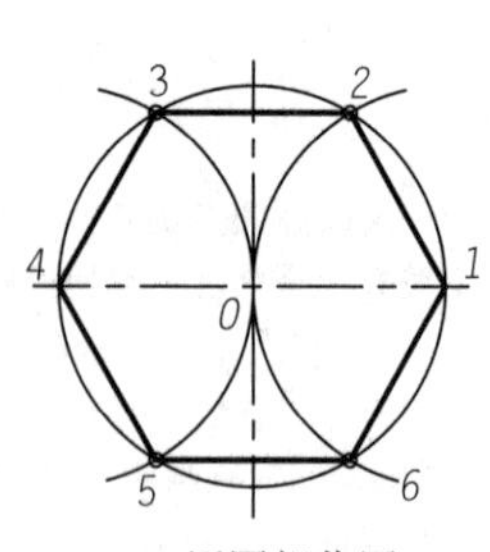

(a) 用圆规作图

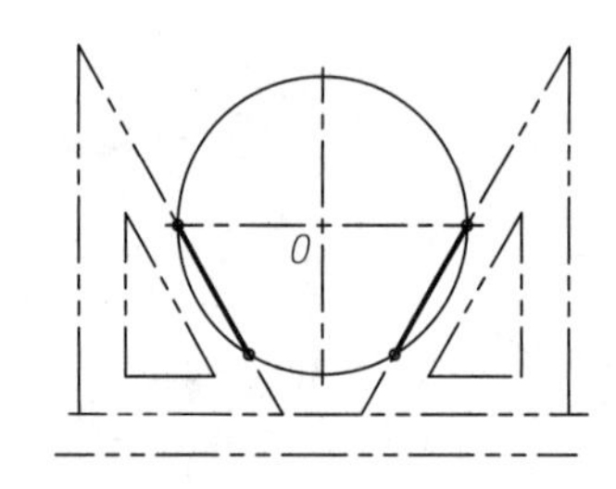

(b) 用三角板作图

图 2－21　正六边形的作图步骤

2.2.2.3　斜度与锥度

斜度:一直线(或平面)对另一直线(或平面)的倾斜程度,用两直线(或平面)夹角的正切来表示。一般用 1∶n 的形式标注,并在前面注斜度符号。

锥度:正圆锥的底圆直径与锥高之比,或正圆锥台两底圆直径之差与锥台高度之比。一般用 1∶n 的形式标注。

斜度与锥度符号的画法及标注方法见图 2－22,图中 h 为字高。标注时应注意斜度、锥度符号的方向与斜度、锥度的实际倾斜方向一致。

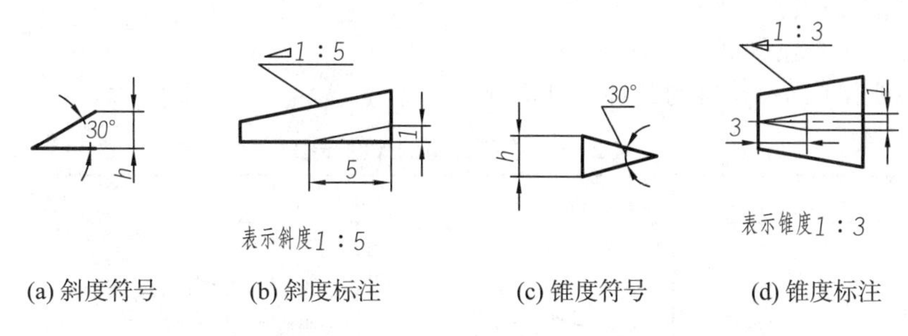

(a) 斜度符号　(b) 斜度标注　(c) 锥度符号　(d) 锥度标注

图 2-22　锥度与斜度的画法及标注

2.2.2.4　椭圆曲线的画法

绘图时，除了直线和圆弧外，也会遇到一些非圆曲线。已知椭圆的长轴为 AB，短轴为 CD，作椭圆的常用方法有同心圆法（精确画法）和四心圆弧法（近似画法）。这两种方法的作图步骤见图 2-23。

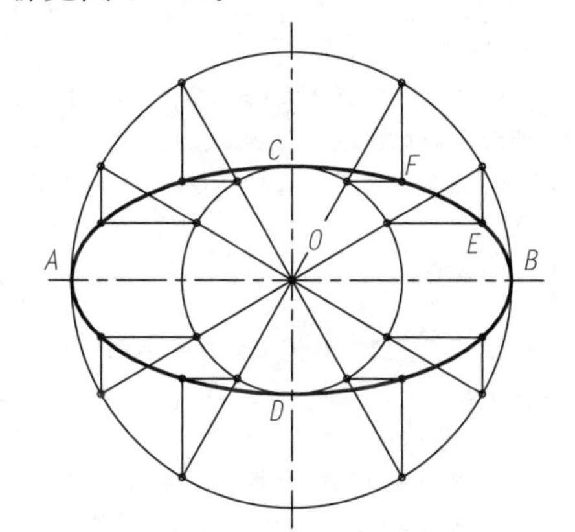

1. 分别以长轴 AB、短轴 CD 为直径作同心圆；
2. 过圆心作若干直线分别与两圆周相交；
3. 过各对应的交点分别作与长短轴平行的直线，并使其相交；
4. 圆滑连接各交点，即得椭圆。

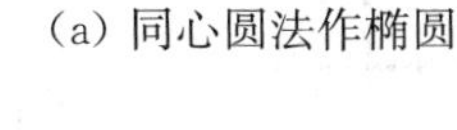

(a) 同心圆法作椭圆

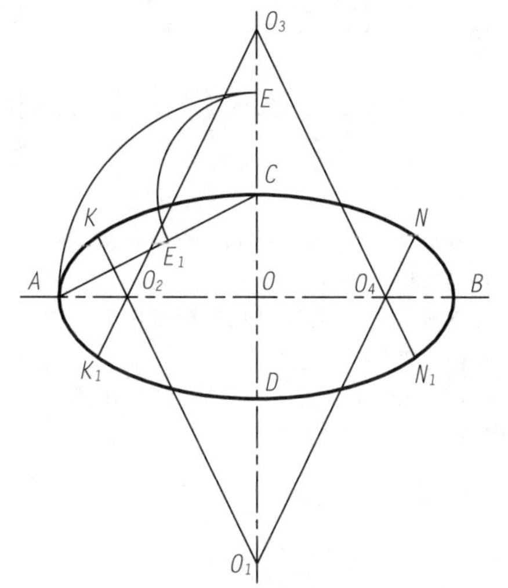

1. 连 AC，取 $CE_1=CE=OA-OC$；
2. 作 AE_1 的垂直平分线，分别交长短轴于 O_1、O_2 点；
3. 作出 O_1、O_2 的对称点 O_3、O_4；
4. 分别以点 O_1、O_2、O_3、O_4 为圆心，以 O_1C、O_2A、O_3D、O_4B 为半径作圆弧，交点 K、K_1、N、N_1 就是四段圆弧的切点。这四段圆弧即构成近似椭圆。

(b) 四心圆弧法作椭圆

图 2-23　椭圆曲线的画法

2.2.2.5　圆弧连接

圆弧连接是指用已知半径的圆弧光滑地连接两已知线段（直线或圆弧）；其中起连接作用的圆弧称为连接圆弧。为了正确地画出连接圆弧，必须确定：

(1) 连接圆弧的圆心位置;

(2) 连接圆弧与已知线段的切点。

表 2-6 列出了圆弧连接的几种常见情况。

表 2-6　圆弧连接的作图步骤

连接形式	画法	作图步骤
用圆弧连接两直线	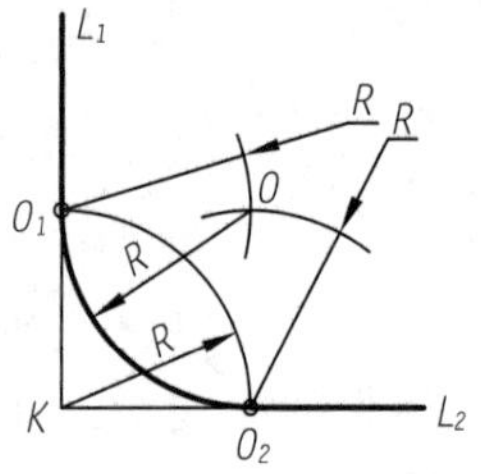 已知相互垂直的两直线 L_1、L_2 和连接圆弧半径 R	1. 以两直线 L_1、L_2 的交点 K 为圆心,R 为半径画圆弧,交 L_1、L_2 于 O_1、O_2 点; 2. 分别以 O_1、O_2 为圆心,R 为半径画圆弧,两圆弧交于 O 点; 3. 以点 O 为圆心,R 为半径画圆弧,点 O_1、O_2 即为圆弧与已知直线的切点
	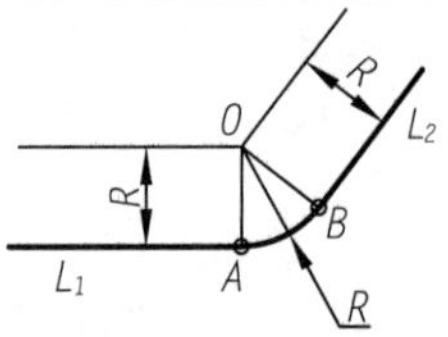 已知相交的两直线 L_1、L_2 和连接圆弧半径 R	1. 分别作与直线 L_1、L_2 相距为 R 的平行线,两平行线交于 O 点; 2. 由 O 点向直线 L_1、L_2 作垂线,垂足 A、B 即为连接圆弧与已知线的切点; 3. 以点 O 为圆心、R 为半径,在点 A、B 间画圆弧
用圆弧连接已知直线和圆弧	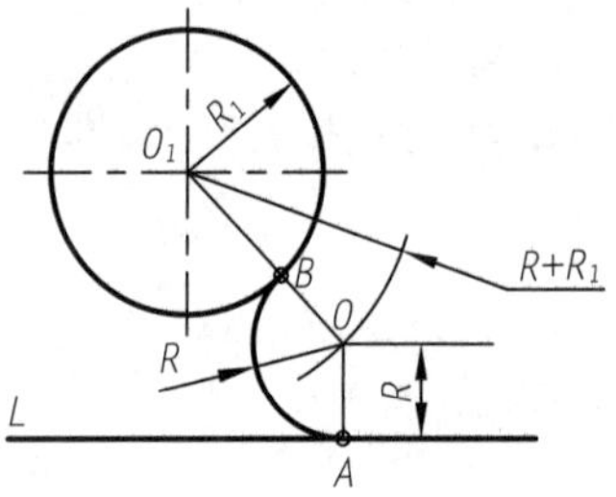 已知圆弧(半径 R_1、圆心 O_1)、直线 L 和连接圆弧半径 R	1. 作与直线 L 相距为 R 的平行线; 2. 以点 O_1 为圆心,R_1+R 为半径画圆弧,交平行线于 O 点; 3. 由 O 点向直线 L 作垂线,得垂足 A,连接 OO_1,交已知圆弧于 B 点,点 A、B 即为切点; 4. 以点 O 为圆心、R 为半径,在点 A、B 间画圆弧
用圆弧连接两已知圆弧	与两已知圆弧外切 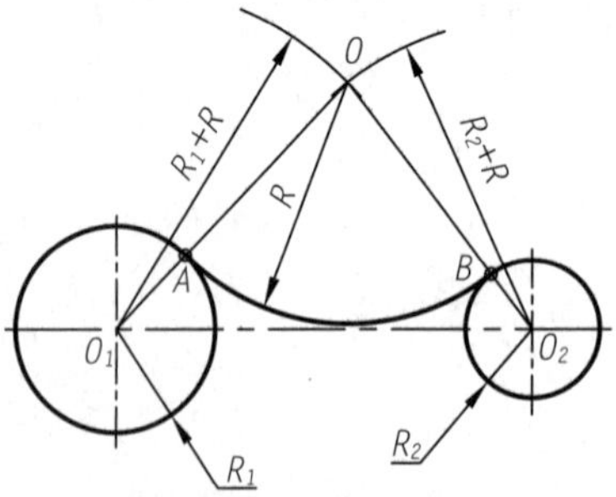 已知两圆弧半径为 R_1、R_2,圆心为点 O_1、O_2,连接圆弧半径为 R	1. 分别以点 O_1、O_2 为圆心,R_1+R、R_2+R 为半径画圆弧,两圆弧交于 O 点; 2. 连接 OO_1、OO_2 与两已知圆弧相交,交点 A、B 即为切点; 3. 以点 O 为圆心、R 为半径,在点 A、B 间画圆弧

续表

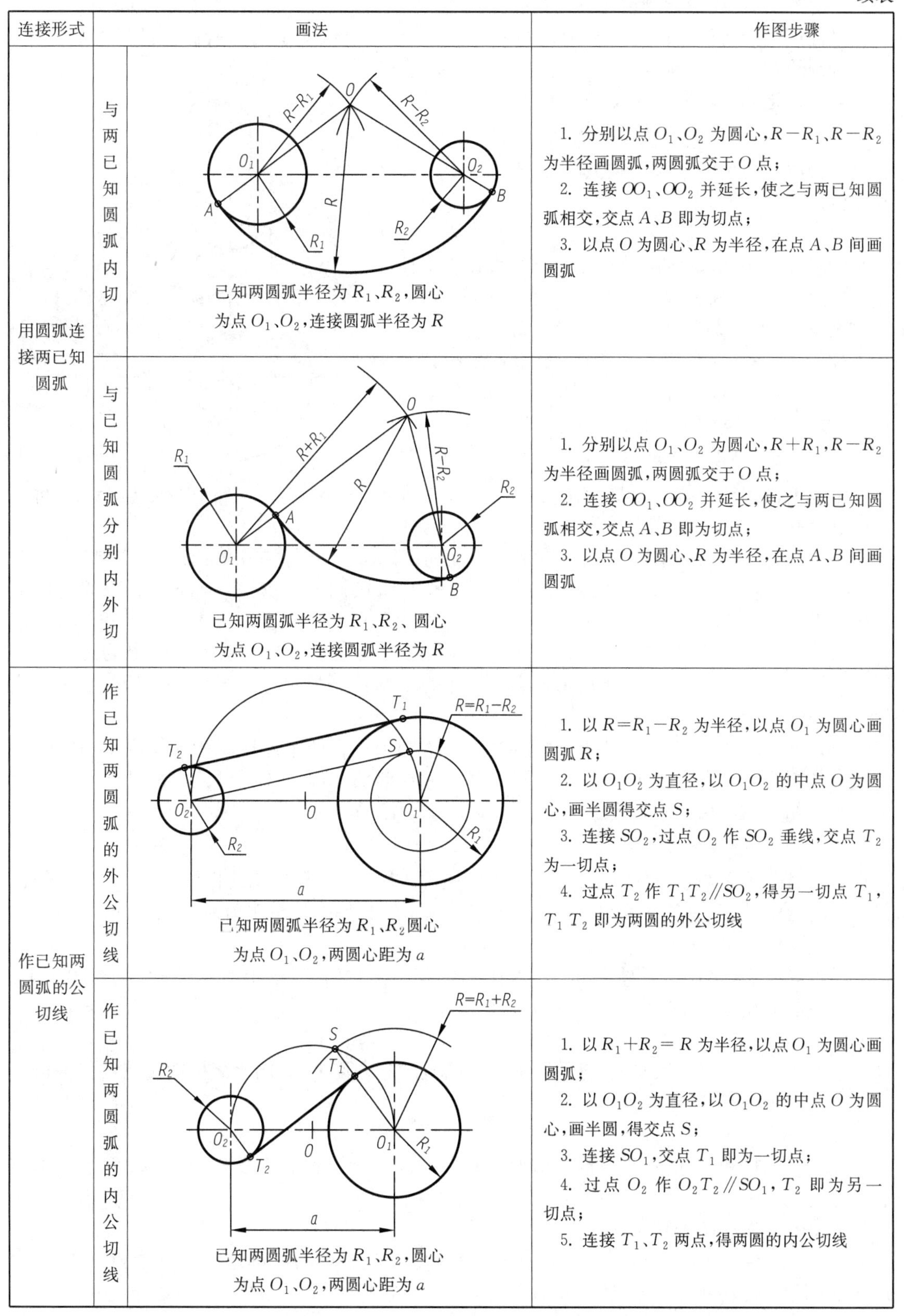

连接形式	画法		作图步骤
用圆弧连接两已知圆弧	与两已知圆弧内切	已知两圆弧半径为 R_1、R_2，圆心为点 O_1、O_2，连接圆弧半径为 R	1. 分别以点 O_1、O_2 为圆心，$R-R_1$、$R-R_2$ 为半径画圆弧，两圆弧交于 O 点； 2. 连接 OO_1、OO_2 并延长，使之与两已知圆弧相交，交点 A、B 即为切点； 3. 以点 O 为圆心、R 为半径，在点 A、B 间画圆弧
	与已知圆弧分别内外切	已知两圆弧半径为 R_1、R_2、圆心为点 O_1、O_2，连接圆弧半径为 R	1. 分别以点 O_1、O_2 为圆心，$R+R_1$，$R-R_2$ 为半径画圆弧，两圆弧交于 O 点； 2. 连接 OO_1、OO_2 并延长，使之与两已知圆弧相交，交点 A、B 即为切点； 3. 以点 O 为圆心、R 为半径，在点 A、B 间画圆弧
作已知两圆弧的公切线	作已知两圆弧的外公切线	已知两圆弧半径为 R_1、R_2 圆心为点 O_1、O_2，两圆心距为 a	1. 以 $R=R_1-R_2$ 为半径，以点 O_1 为圆心画圆弧 R； 2. 以 O_1O_2 为直径，以 O_1O_2 的中点 O 为圆心，画半圆得交点 S； 3. 连接 SO_2，过点 O_2 作 SO_2 垂线，交点 T_2 为一切点； 4. 过点 T_2 作 $T_1T_2 // SO_2$，得另一切点 T_1，T_1T_2 即为两圆的外公切线
	作已知两圆弧的内公切线	已知两圆弧半径为 R_1、R_2，圆心为点 O_1、O_2，两圆心距为 a	1. 以 $R_1+R_2=R$ 为半径，以点 O_1 为圆心画圆弧； 2. 以 O_1O_2 为直径，以 O_1O_2 的中点 O 为圆心，画半圆，得交点 S； 3. 连接 SO_1，交点 T_1 即为一切点； 4. 过点 O_2 作 $O_2T_2 // SO_1$，T_2 即为另一切点； 5. 连接 T_1、T_2 两点，得两圆的内公切线

2.2.3 平面图形的画法及尺寸标注

平面图形中各种几何图形及图线的形状、大小和相对位置是根据所标注的尺寸确定的。要正确地绘制图形，必须通过所标注的尺寸关系、几何图形和图线之间的位置关系及连接关系才能画出图形。

2.2.3.1 平面图形的尺寸分析

平面图形所标注的尺寸按其作用可分为定形尺寸和定位尺寸两大类。

(1) 定形尺寸：用以确定平面图形中各线段形状和大小的尺寸。例如，确定圆及圆弧大小的直径或半径尺寸、确定线段长短及方向的长度和角度尺寸等。图 2-24 中不带⋆的尺寸均为定形尺寸。

(2) 定位尺寸：用以确定平面图形中各线段相对位置的尺寸。对于平面图形，一般应标注出两个方向的定位尺寸。图 2-24 中带⋆的尺寸都是定位尺寸。

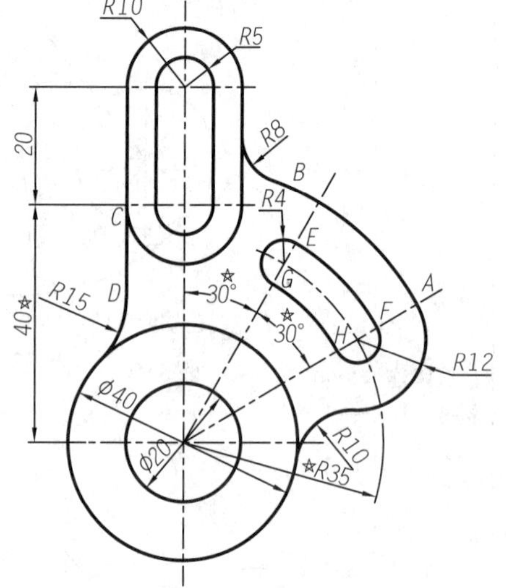

图 2-24 平面图形尺寸及线段分析

2.2.3.2 平面图形的线段分析

组成平面图形的线段根据所给的尺寸可分为已知线段、中间线段和连接线段三种。

(1) 已知线段：根据图形中所注的定形尺寸和定位尺寸，可以独立画出的圆、圆弧或直线。如图 2-24 中尺寸为Ø20、Ø40 的圆，尺寸为 $R4$ 和 $R12$ 的圆弧，由尺寸 20、$R10$、$R5$ 确定的两长圆形都是已知线段。

(2) 中间线段：图形中标柱的尺寸不齐全，还需根据一个连接关系才能画出的圆弧或直线。如图 2-24 中圆弧 AB、EF、GH，三段圆弧都少了一个定形尺寸，直线 CD 少了长度尺寸。

(3) 连接线段：只有定形尺寸，没有定位尺寸，必须根据两个连接关系才能画出的圆弧或直线。如图 2-24 中圆弧 $R8$、$R10$ 和 $R15$ 都只有定形尺寸，没有定位尺寸，都是要根据与相邻两段线相切的连接关系来确定。

2.2.3.3 平面图形的绘制

绘图时除了必须熟悉制图国家标准、正确使用绘图工具、掌握几何作图方法外，还必须遵循一定的绘图顺序，有条不紊地进行工作，才能提高绘图效率，既快又好地画出图样。

1. 绘图前的准备工作

准备好所需的绘图工具和用品，并用软布擦拭干净。按需要选用不同软硬度的绘图铅笔。圆规的铅芯应比绘图铅笔的铅芯软一号。

2. 固定图纸

按图形大小选择图纸幅面，将图纸铺放在图板的左方偏上，并用丁字尺检查图纸水平边是否放正，然后用胶带固定四角。

3. 画底稿

先画好图框和标题栏，再根据图形大小布置好图面，然后用 H 或 2H 铅笔轻而细地画出底稿。

底稿的具体绘制步骤如下：

(1) 阅读图形。根据所注尺寸找出图形中各线段的已知条件，确定已知线段的定形、定位尺寸，定出连接线段的连接条件。如确定图 2-24 中连接圆弧 $R8$、$R10$、$R15$ 的圆心位置。

(2) 根据定位尺寸画出中心线、轴线。

(3) 根据已知线段的定形尺寸画出已知线段。
(4) 利用一个连接关系画出中间线段。
(5) 利用两个连接关系画出连接线段。
(6) 标注尺寸。
以图 2-24 为例具体说明平面图形的绘图步骤。

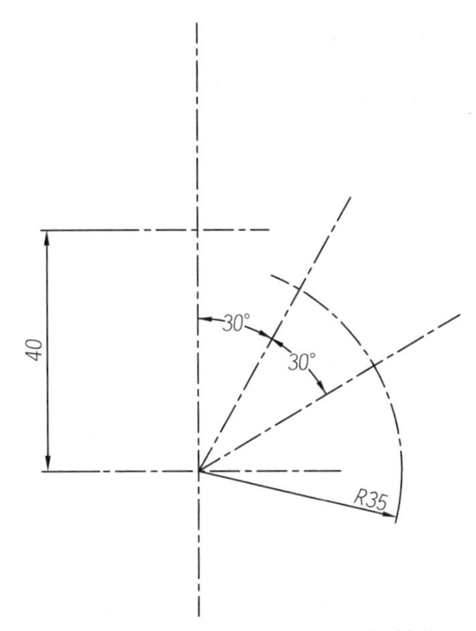

(a) 根据定位尺寸画出中心线、轴线

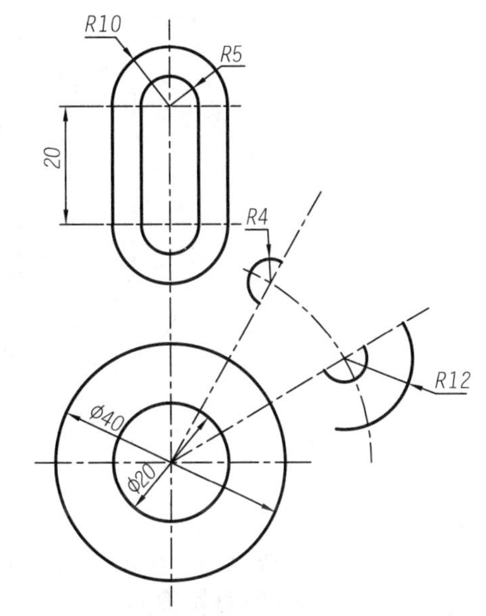

(b) 根据已知线段的定形尺寸画出已知线段
(画出尺寸为ϕ 20、ϕ 40 的圆,尺寸为 $R4$ 和 $R12$ 的圆弧,以及由尺寸 20、$R10$、$R5$ 确定的两长圆形)

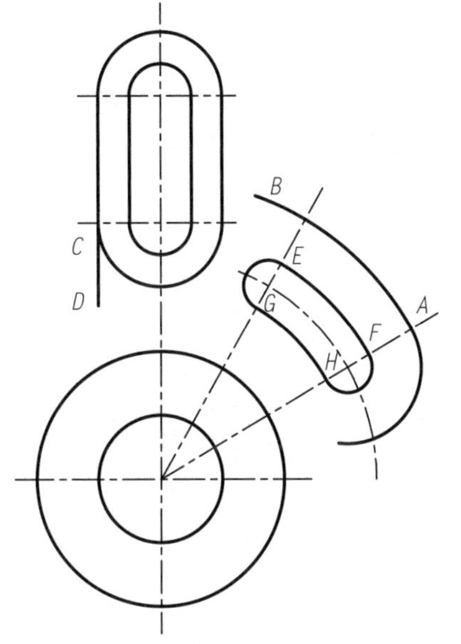

(c) 利用一个连接关系画出中间线段
(画出圆弧 AB、EF、GH 和直线 CD)

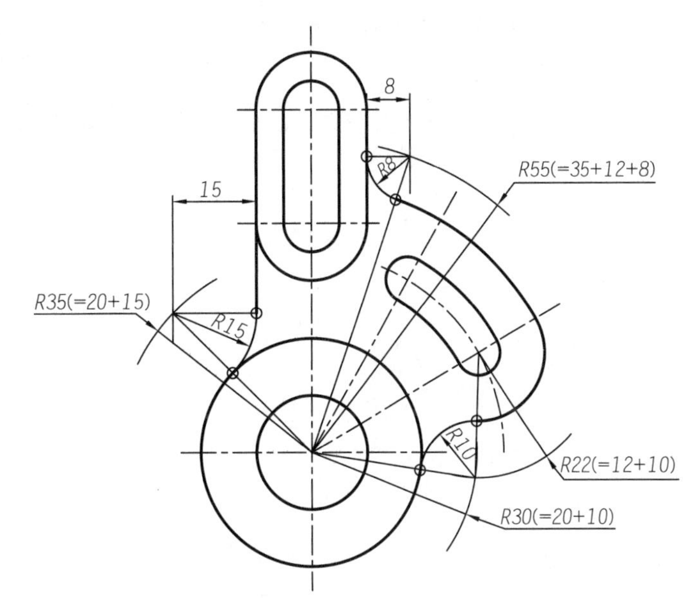

(d) 利用两个连接关系画出连接线段
(画出圆弧 $R8$、$R10$ 和 $R15$)

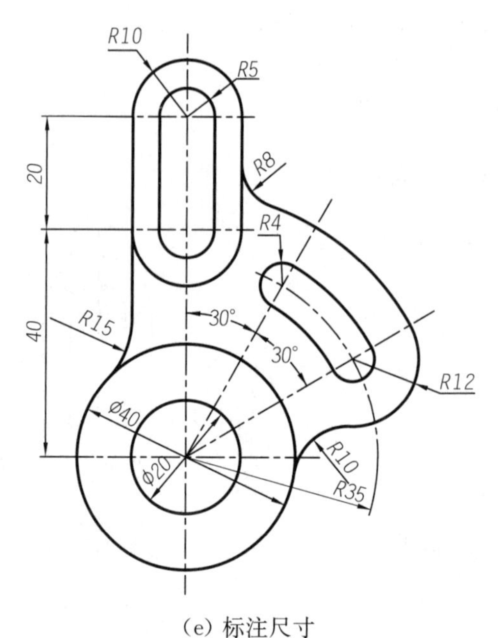

(e) 标注尺寸

图 2-25 平面图形的绘图步骤

4. 加深图线

底稿经校核无误后,按线型要求加深全部图线,擦去不必要的图线。加深时应用力均匀使图线浓淡一致。图线修改时可用擦图片控制线条修改范围。加深图线一般按下列原则进行:

(1) 先画实线、再画虚线,先画粗线、再画细线;

(2) 先画圆及圆弧、再画直线,以保证连接光滑;

(3) 同心圆应先画小圆、再画大圆,由小到大顺次加深圆及圆弧;

(4) 先从图的左上方顺次向右下方加深水平线,再加深垂直线;

(5) 最后画箭头,标注尺寸,写技术要求,填写标题栏等。

注意:在加深图线时,一定要准确地从一个连接点画到另外一个连接点,不要超越,学会收笔,切记不要在画好的图上来回摩擦。

3 投影基础

本章概要

介绍投影的基本概念、正投影法的投影特性，以及基本几何元素的投影规律，为阅读和绘制工程图样提供基础理论知识。

3.1 投影的基本概念

日常生活中，当光线照射物体时，会在地面或墙壁上形成影子，这个影子能反映出物体某方面的特征。将这一自然现象进行抽象，光源称为投影中心，光线称为投射线，影子称为投影，影子所在平面称为投影面，这种投影方法称为中心投影法，如图 3-1 所示。从图中可以看出，当物体与投影中心的距离发生改变时，投影大小会发生变化。中心投影法中的投影不能反映物体的实际大小。

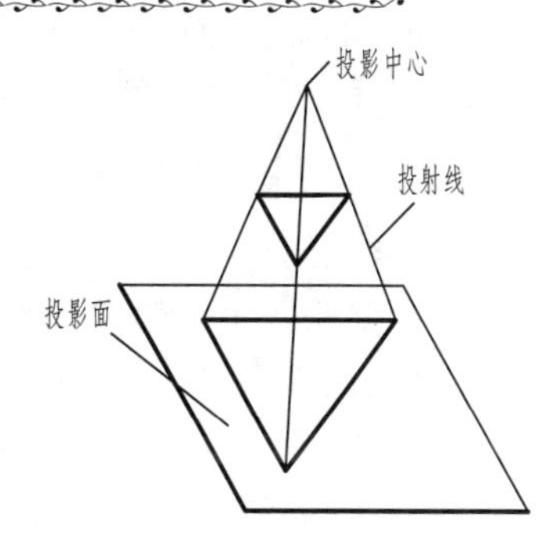

图 3-1　中心投影法

将中心投影法中的投影中心移至无穷远处，此时投影中心发出的各投射线就成为互相平行的线，投射线穿过物体，在投影面上产生投影，这样的投影方法称为平行投影法。如果投射线垂直于投影面，则称为正投影法，如图 3-2 所示。

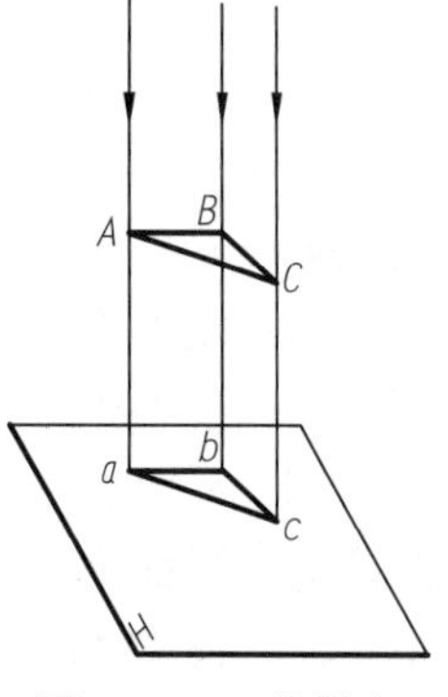

图 3-2　正投影法

3.2 正投影的投影特性

在图 3-3 中，物体向投影面 H 上投影，得到了正投影。物体上表面 A 平行于投影面 H，表面 A 在 H 面的投影反映其实形；位于物体上表面的直线 D 平行于投影面 H，直线 D 在 H 面的投影反映其实形。物体前表面 B 垂直于投影面 H，表面 B 在 H 面的投影积聚为一条直线；位于物体前表面的直线 E 垂直于投影面 H，直线 E 在 H 面的投影积聚为一个点。平面 C 既不垂直也不平行于投影面 H，可以看出其在 H 面的投影面积变小了，但是形状与原图形类似；直线 F 既不垂直也不平行与投影面 H，可以看出其在 H 面的投影比实长小。

通过分析物体上直线和平面的投影，可以看出，正投影具有以下基本特性：

（1）实形性。当物体上的平面或直线与投影面平行时，其投影反映实形或实长，如图 3-3 中的平面 A 和直线 D。

（2）积聚性。当物体上的平面或直线与投影平面垂直时，其投影积聚为一条线或一个点，如图 3-3 中的平面 B 和直线 E。

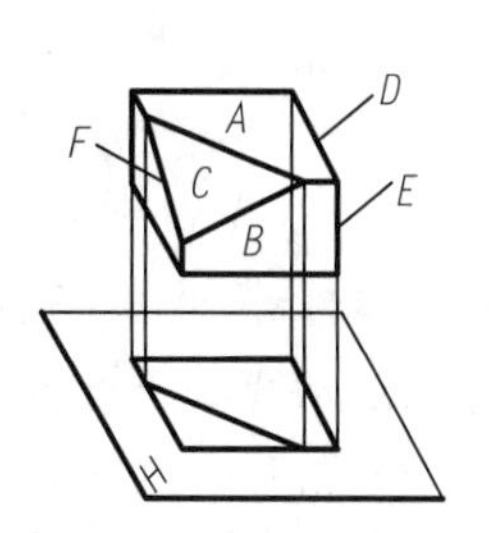

图 3-3　正投影的基本特性

（3）类似性。当物体上的平面或直线与投影平面倾斜时，其投影面积变小或投影实长变短，但投影的形状仍与原来形状类似，如

图 3 - 3 中的平面 C 和直线 F。

通过中心投影法和平行投影法进行对比,可以看出中心投影法所得到的图形不能真实地反映物体的形状和大小,而正投影法所得到的图形能够真实地反映物体的形状和大小。因此国家标准规定,工程图样采用正投影法绘制。

结论:正投影与人的观察习惯一致,且物体到投影面的距离不会影响正投影的形状和大小,能够表达物体的真实形状和大小,作图简便,符合工程图样的要求。故国家标准《机械制图》中规定,“机件的图样按正投影法绘制”。

3.3 基本几何元素的投影

为了准确快速地表达工程上的物体结构,需要分析空间基本几何元素的投影特点,因此需要对点、线(直线或曲线)、面(平面或曲面) 等几何元素的投影特性进行分析和讨论。

3.3.1 空间点的投影

空间点向一个投影面作投影时,无法确定空间点的位置。因此如果要准确表示空间点的位置,需要向三个互相垂直的投影面作投影来确定。

利用正投影法求取空间点的三面投影,如图 3 - 4(a)所示。位于正面直立位置的投影面称为正立投影面 V(简称“正面”),位于水平位置的投影面称为水平投影面 H(简称“水平面”),位于侧立位置的投影面称为侧立投影面 W(简称“侧面”),H 面和 V 面的交线称为 X 轴,H 面和 W 面的交线称为 Y 轴,V 面和 W 面的交线称为 Z 轴,这三根轴线互相垂直,其交点为原点 O。空间点 A 位于由 V 面、H 面、W 面组成的三投影面体系中,分别向各投影面投影,就得到了它的正面投影、水平投影和侧面投影。

为了统一,将三面投影体系的字母格式规定为:空间点用大写字母表示,其投影用小写字母表示;H 面上投影不加撇,V 面上投影加一撇,W 面上投影加二撇。

根据上述规定,如图 3 - 4(a)中空间点 A 的三个投影分别表示为 a、a'、a''。

为了使物体的三面投影画在同一平面内,国家标准规定了投影面的展开方法,将三个投影展平在同一平面上,通常使 V 面保持不动,将 H 面绕 X 轴向下旋转 90°,W 面绕 Z 轴向右旋转 90°,使它们与 V 面重合,见图 3 - 4(b),W 面旋转时,Y 轴一分为二,成为 Y_H、Y_W 轴,二者在长度上是相同的。将投影面的边界去除,保留 X、Y、Z 投影轴,就得到了 A 点的三面投影图,见图 3 - 4(c)。

观察图 3 - 4(c),水平投影和侧面投影之间 Y 方向度量是相同的,有 $a_{YH}=a_{YW}$,为正确绘制图形,可以画 90°的圆弧来保证这种相等关系,见图 3 - 4(c),也可以作 45°角平分线来保证这种相等关系,见图 3 - 4(d)。

对于图 3 - 4 中空间点 A,其三面投影为(a, a', a''),其坐标为(x_A, y_A, z_A)。从图 3 - 4 可以看出 $aa' \perp X$ 轴,$a'a'' \perp Z$ 轴,因 Y 轴分成两侧,所以有 $aa_{YH} \perp YH$ 轴和 $a''a_{YW} \perp YW$ 轴。A 点到 V 面的距离 $Aa'=aa_X=Oa_{YH}=a''a_Z=y_A$,$A$ 点到 H 平面的距离 $Aa=a'a_X=Oa_Z=a''a_{YW}=z_A$,$A$ 点到 W 平面的距离 $Aa''=aa_{YH}=Oa_X=a'a_Z=x_A$。$A$ 点的水平投影 a 反映 x 和 y 坐标;A 点的正面投影 a' 反映 x 和 z 坐标;A 点的侧面投影 a'' 反映 y 和 z 坐标。

通过对点的三面投影图进行分析,可得出点的投影规律如下:

(1) 点的两个投影的连线必垂直于相应投影轴(坐标轴)。

(2) 点的投影到相应投影轴的距离反映空间中该点到相应投影面的距离。

(3) 点的任一投影必能也只能反映该点的两个坐标。

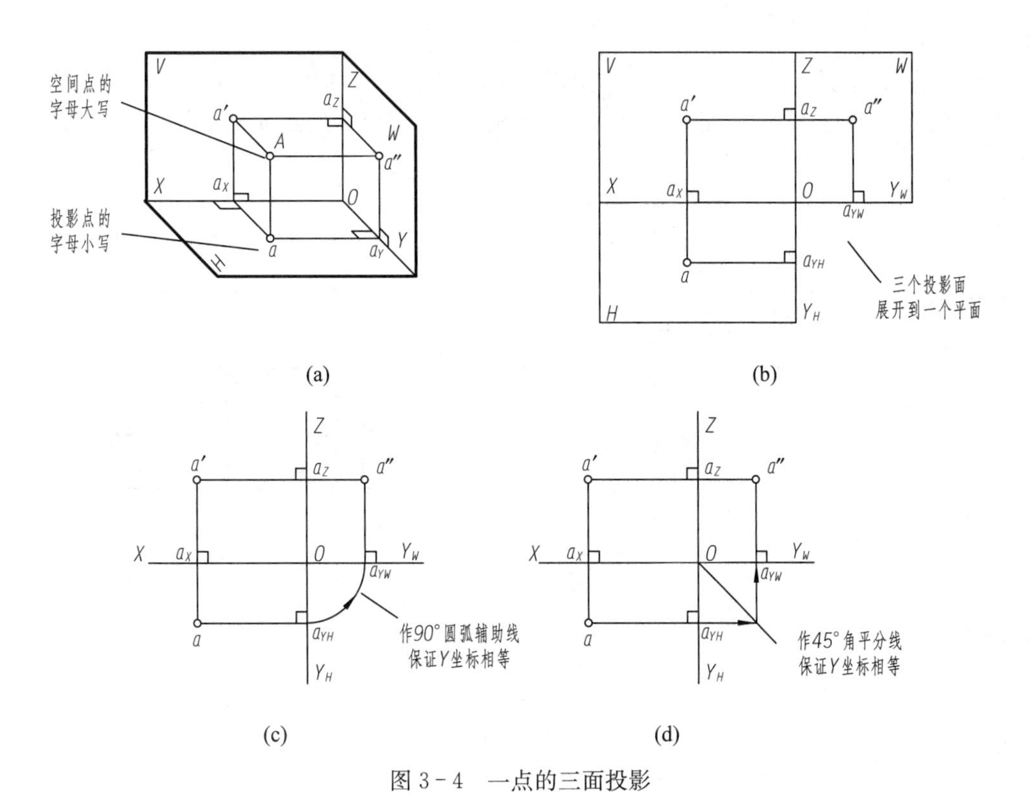

图 3 - 4　一点的三面投影

知识拓展：从点的投影规律可以看出，只要已知空间点的任两个投影就可确定其在空间的位置和第三个投影；同样，当已知空间点的坐标(x,y,z)即可作出其三面投影，知道点的投影亦可测得其坐标值。

例 3 - 1　已知 A 点的正面投影和水平投影，见图 3 - 5(a)，试求其侧面投影。

解　(1) 从 a'作 Z 轴的垂线，并向右延长，见图 3 - 5(b)；

(2) 从 a 作 Y_H 轴的垂线得 a_{YH}，作 45°角平分线或圆弧将 a_{YH} 移至 a_{YW}（使 $Oa_{YH}=Oa_{YW}$），然后从 a_{YW} 作 Y_W 轴的垂线，同 a'与 Z 轴的垂线相交，得到 a''，见图 3 - 5(c)。

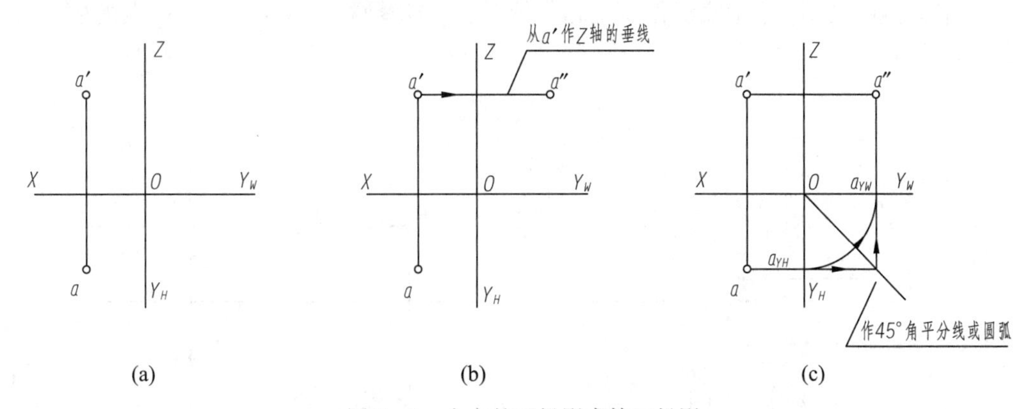

图 3 - 5　由点的两投影求第三投影

例 3 - 2　已知空间点 B 的坐标为(30,16,10)，试作其三面投影图。

解一　(1) 作 X、Y、Z 轴得原点 O，根据 x 坐标 30 和 z 坐标 10 作出点 B 的正面投影 b'，

见图 3-6(a)；

(2) 根据 x 坐标 30 和 y 坐标 16 作出点 B 的水平投影 b，见图 3-6(b)；

(3) 根据 y 坐标 16 和 z 坐标 10 作出点 B 的侧面投影 b''，见图 3-6(c)。

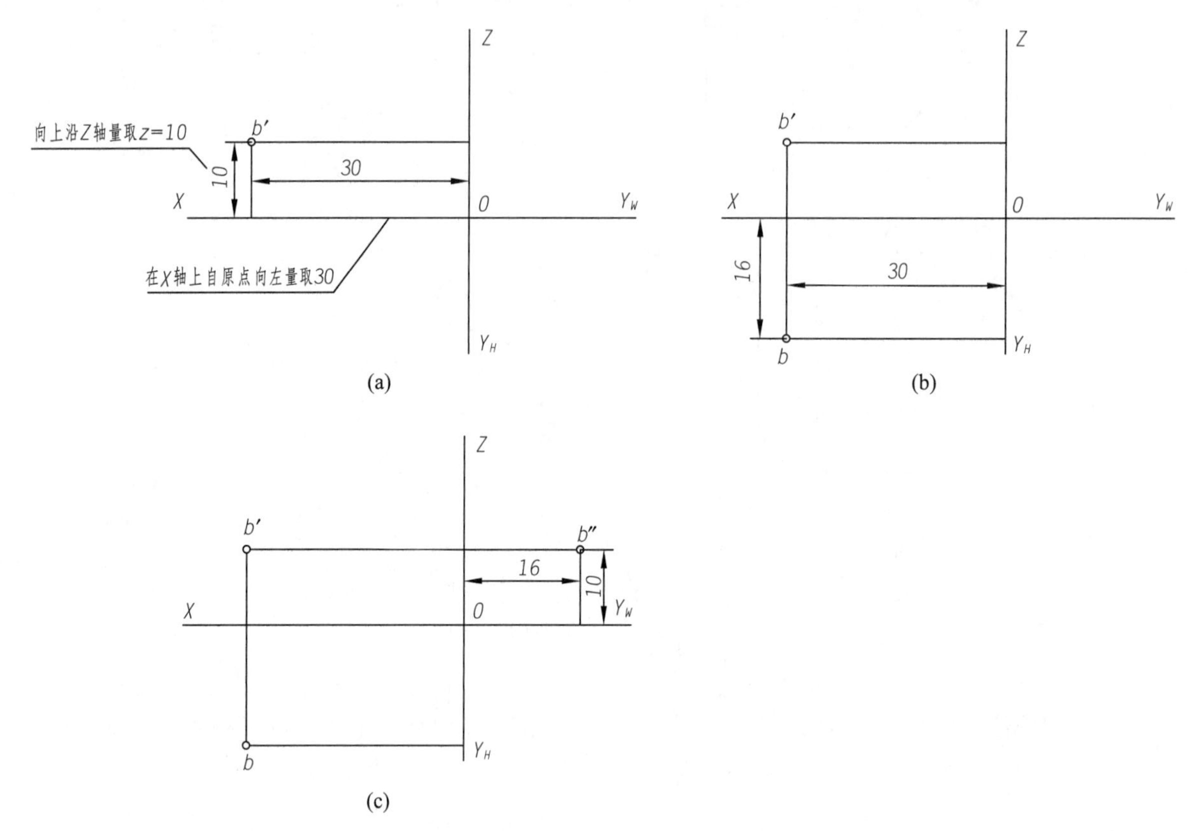

图 3-6　根据点的坐标作点的三面投影(一)

解二　(1) 作 X、Y、Z 轴得原点 O，然后在 X 轴上自原点向左量取 $x=30$，过该点作垂直于 X 轴的直线，再由该点从 X 轴向下量取 $y=16$，即得 B 点的水平投影 b，由该点从 X 轴向上量取 $z=10$，即得 B 点的正面投影 b'，见图 3-7(a)；

(2) 根据点的投影规律，过 b' 作 X 轴的平行线，从 Z 轴右方取 16 得到 B 点的侧面投影 b''，见图 3-7(b)。

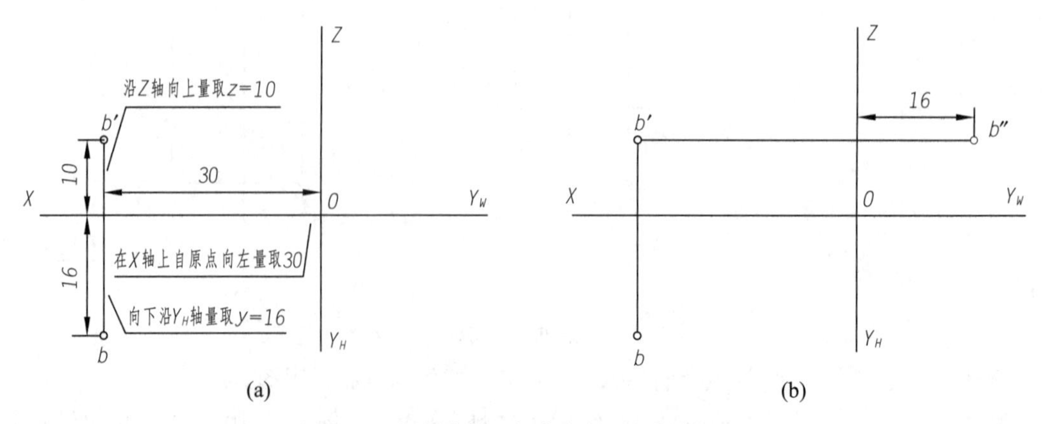

图 3-7　根据点的坐标作点的三面投影(二)

在作点的第三个投影时，亦可在已求得的两个投影的基础上，作45°角平分线或圆弧，利用点的投影规律作图求出。

空间两点的相对位置可以通过两点的相对坐标来确定，设定 A 点坐标为(x_A, y_A, z_A)，B 点坐标为(x_B, y_B, z_B)，如果 $x_A - x_B > 0$，则 A 点在 B 点左侧，如果 $y_A - y_B > 0$，则 A 点在 B 点前侧，如果 $z_A - z_B > 0$，则 A 点在 B 点上侧。如图 3-8 中的 A 点和 B 点，通过相对坐标，可以看出 A 点在 B 点左侧、前侧和下侧。

当空间两点的某两个坐标值相同(其坐标之差为零)时，它们的同面投影重合于一点，该重合投影称为重影点。如图 3-8 中 A 点和 C 点的 x 坐标相同、z 坐标相同，因此正面投影重合为一点，y 坐标不同，A 点在前侧，因此 A 点的正面投影可见，C 点的正面投影不可见。

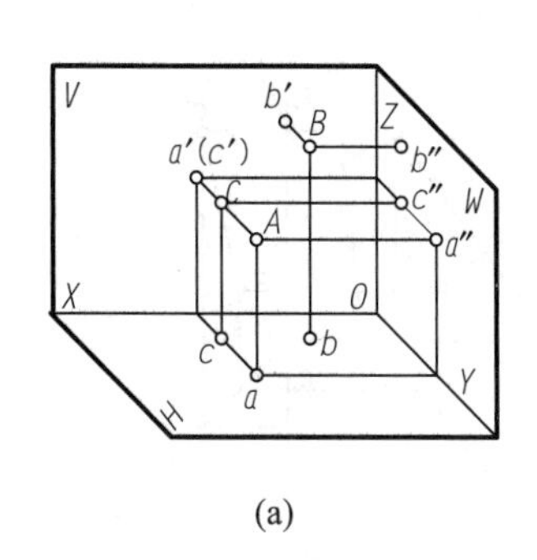

(a)

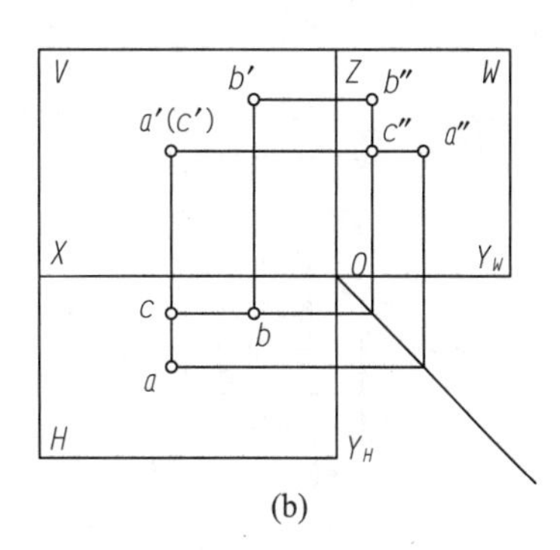

(b)

图 3-8 两点相对位置和重影点

解题关键：已知点的两个投影求其第三个投影可利用空间点坐标及其三面投影的投影规律来解题。

3.3.2 直线的投影

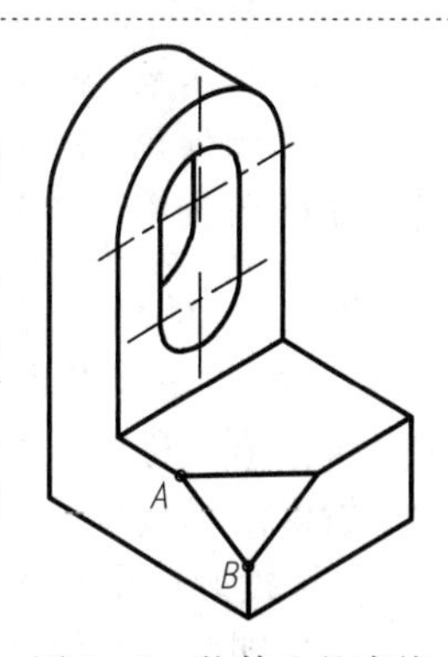

图 3-9 物体上的直线

空间物体上直线一般体现为面与面的交线，如图 3-9 所示的直线 AB。直线的投影一般为直线，特殊情况下积聚为一点。

根据直线的性质，两点确定一条直线。在作直线的三面投影时，只需作出该直线上两点的三面投影，然后将同面投影相连，也就确定了直线的各个投影。根据直线与投影面的相对位置可分为一般位置直线，投影面垂直线，投影面平行线三类，其中投影面垂直线和投影面平行线为特殊位置直线。

1. 一般位置直线

既不垂直也不平行于任一投影面的直线称为一般位置直线，如图 3-10(a)所示，一般位置直线的三个投影与投影轴既不平行也不垂直，任一投影均不反映该直线的实长，且小于实长，任一投影与投影轴的夹角均不反映空间直线与任何投影面的真实夹角。按规定，直线与水平投影面(H 面)的夹角用 α 表示，与正立投影面(V 面)的夹角用 β 表示，与侧立投影面(W 面)的夹角用 γ 表示。

作直线 AB 投影的步骤如下：

(1) 画出投影轴 X、Y、Z 轴，见图 3-10(b)；

(2) 根据点的三面投影规律作出点 A 的三面投影，见图 3-10(c)；

(3) 根据点的三面投影规律作出点 B 的三面投影，见图 3-10(d)；

(4) 将点 A 和点 B 的同面投影相连，即得直线 AB 的三面投影，见图 3-10(e)。

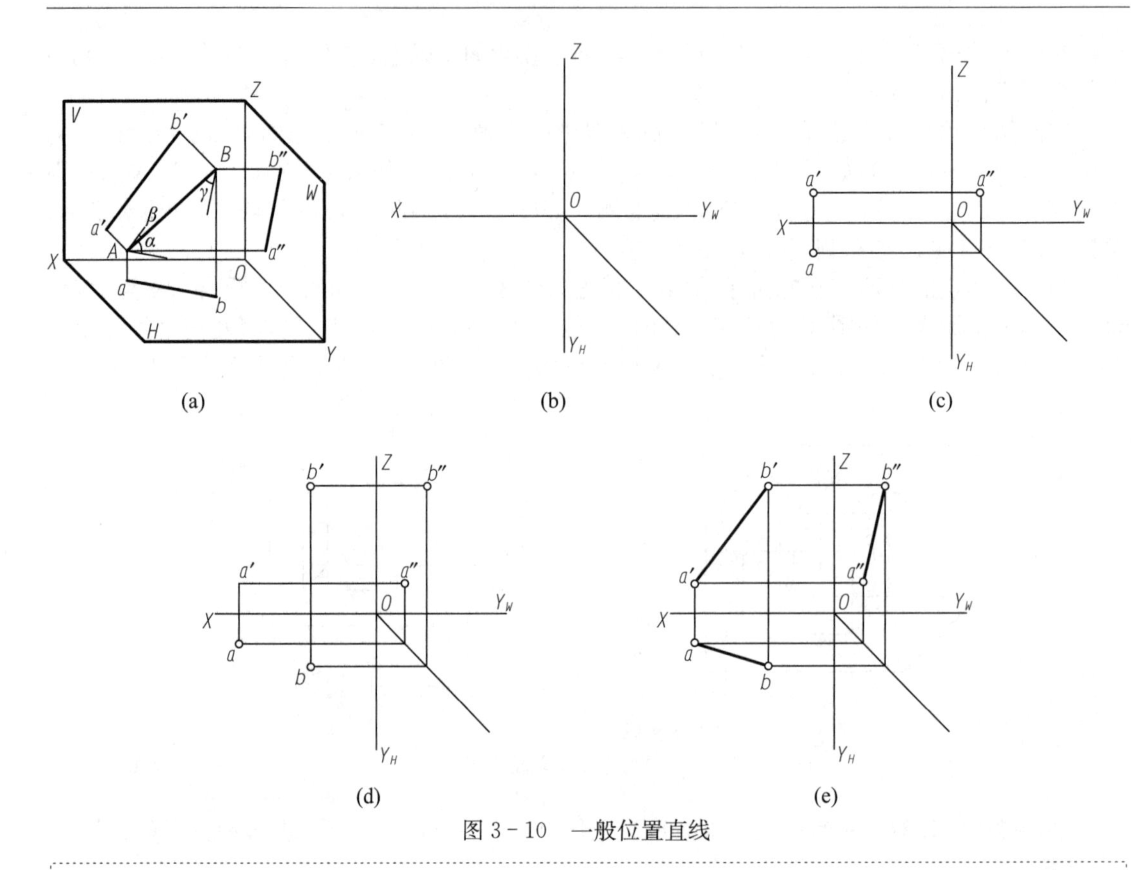

图 3-10　一般位置直线

知识拓展：若空间点 A 在空间直线 BC 上，则有如下投影关系。

(1) 从属性：空间点 A 的投影必在空间直线 BC 的同面投影上。

(2) 比例性：空间点 A 将空间直线 BC 分为若干等份，则相应的，点 A 的投影必将空间直线 BC 的投影分为相同的等份。

2. 投影面垂直线

凡垂直于某一投影面，同时平行于另两个投影面的直线，统称为投影面垂直线。其中，垂直于 V 面的直线称为正垂线，垂直于 H 面的直线称为铅垂线，垂直于 W 面的直线称为侧垂线。

投影面垂直线的投影特性见表 3-1，根据投影特性可归纳如下：

(1) 投影面垂直线在其所垂直的投影面上的投影积聚为一点。该积聚投影与相应投影轴间的距离即为该直线与相应投影面间的距离。

(2) 投影面垂直线的其余两个投影，均垂直于相应的投影轴且反映该直线的实长。

表 3-1　投影面垂直线的投影特性

	正垂线	铅垂线	侧垂线
物体上垂直线举例	B A	C D	F E

续表

	正垂线	铅垂线	侧垂线
投影图	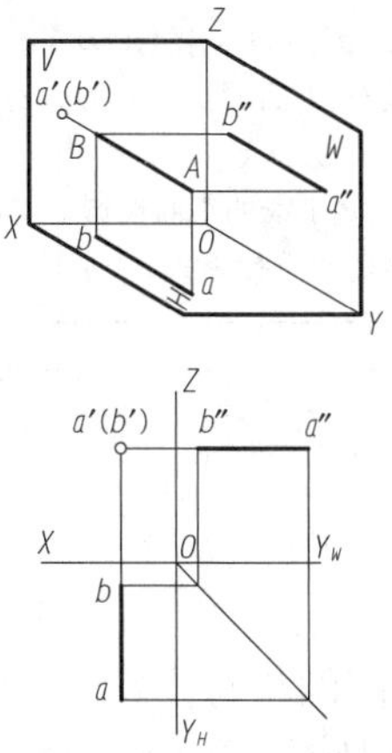	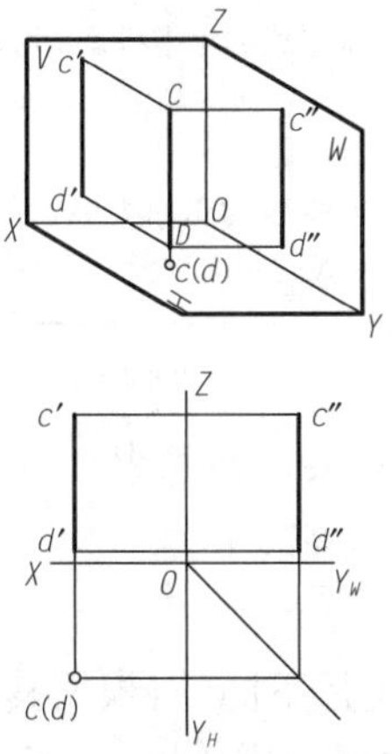	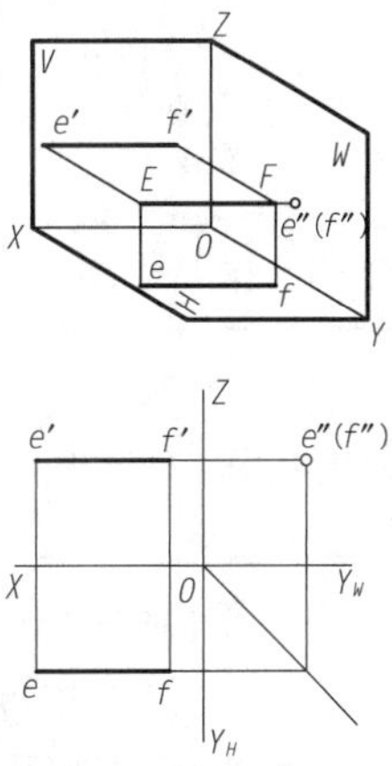
投影特性	1. 正垂线的正面投影 $a'b'$ 积聚为一点。 2. 正垂线的水平投影 $ab \perp OX$，正垂线的侧面投影 $a''b'' \perp OZ$，并反映实长	1. 铅垂线的水平投影 cd 积聚为一点。 2. 铅垂线的正面投影 $c'd' \perp OX$，铅垂线的侧面投影 $c''d'' \perp OY_W$，并反映实长	1. 侧垂线的侧面投影 $e''f''$ 积聚为一点。 2. 侧垂线的正面投影 $e'f' \perp OZ$，侧垂线的水平投影 $ef \perp OY_H$，并反映实长

3. 投影面平行线

凡平行于某一投影面，同时倾斜于另两个投影面的直线，统称为投影面平行线。其中，平行于 V 面的直线称为正平线，平行于 H 面的直线称为水平线，平行于 W 面的直线称为侧平线。

投影面平行线的投影特性见表 3－2，根据投影特性可归纳如下：

(1) 投影面平行线在其所平行的投影面上的投影，反映实长且反映与另两个投影面的真实夹角。

(2) 投影面平行线的其余两个投影，都平行于相应的投影轴，而且小于投影面平行线实长。

表 3－2 投影面平行线的投影特性

	正平线	水平线	侧平线
物体上平行线举例	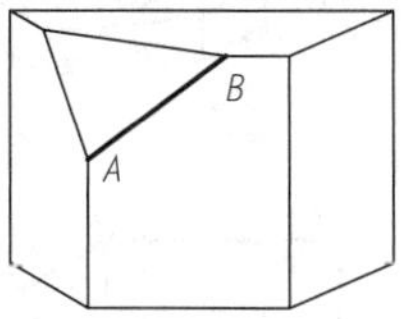	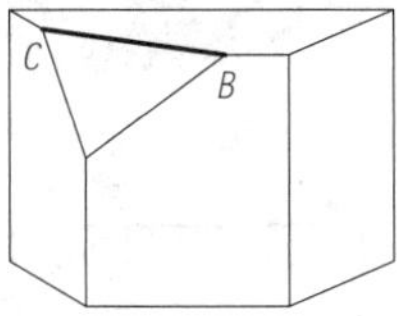	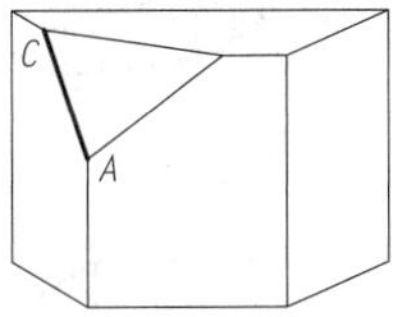
投影图	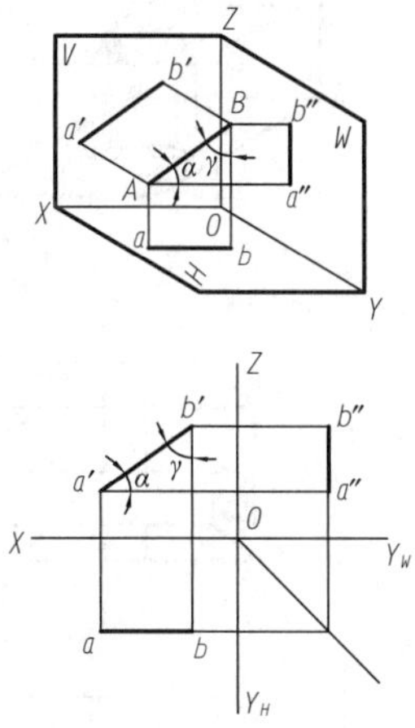	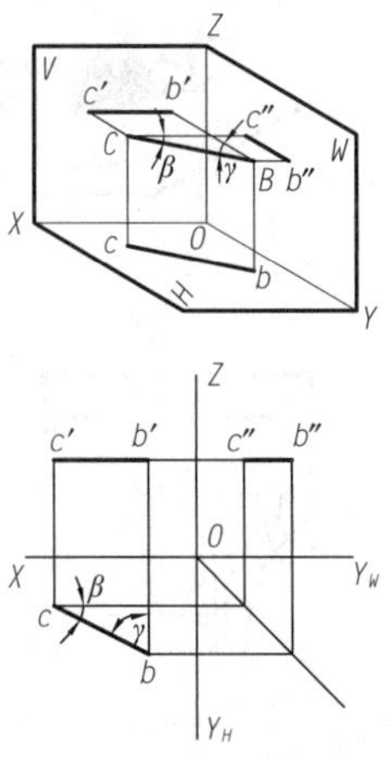	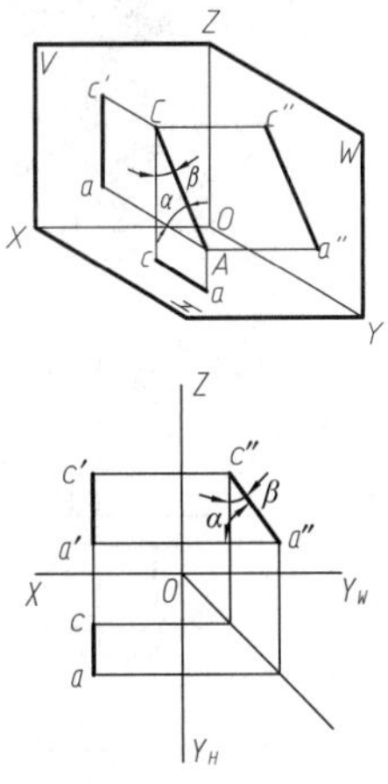

续表

	正平线	水平线	侧平线
投影特性	1. 正平线的正面投影 $a'b'$ 反映实长及其对 H 面的真实夹角 α，对 W 面的真实夹角 γ。 2. 正平线的水平投影 ab//X 轴，正平线的侧面投影 $a''b''$//Z 轴	1. 水平线的水平投影 cb 反映实长及其对 V 面的真实夹角 β，对 W 面的真实夹角 γ。 2. 水平线的正面投影 $c'b'$//X 轴，水平线的侧面投影 $c''b''$//Y_W 轴	1. 侧平线的侧面投影 $c''a''$ 反映实长及其对 H 面的真实夹角 α，对 V 面的真实夹角 β。 2. 侧平线的正面投影 $c'a'$//Z 轴，侧平线的水平投影 ca//Y_H 轴

知识拓展：空间平行的两条直线，其同面投影也必定互相平行。

3.3.3 平面的投影

物体上平面相对于投影面的位置是不同的，根据其与投影面间的相对位置，将平面分为三类：投影面垂直面、投影面平行面和投影面倾斜面。前两类称为特殊位置平面，后一类称为一般位置平面。

1. 投影面垂直面

凡垂直于一个投影面，而与另两个投影面倾斜的平面，统称为投影面垂直面。其中，垂直于正立投影面(V 面)的平面称为正垂面；垂直于水平投影面(H 面)的平面称为铅垂面；垂直于侧立投影面(W 面)的平面称为侧垂面。按规定，平面与水平投影面的夹角用 α 表示，与正立投影面的夹角用 β 表示，与侧立投影面的夹角用 γ 表示。

表 3-3 列出了各种投影面垂直面的投影特性。

表 3-3　投影面垂直面的投影特性

	正垂面	铅垂面	侧垂面
物体上垂直面举例	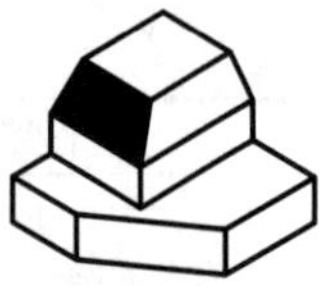	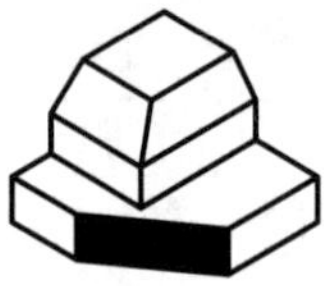	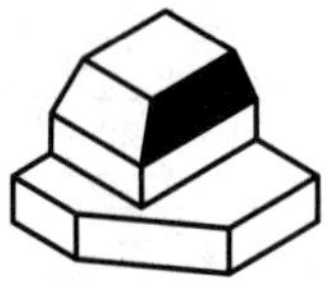
投影图	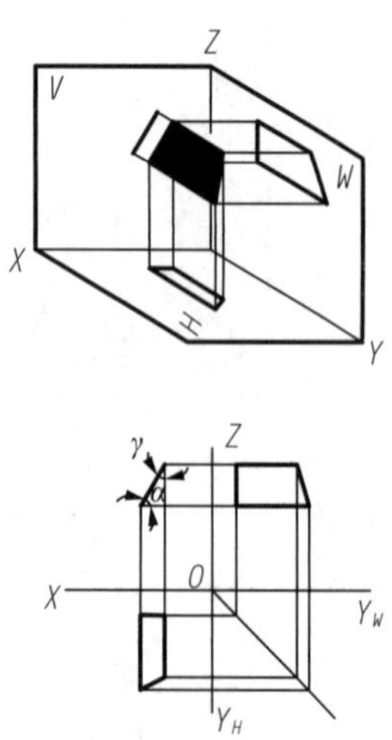	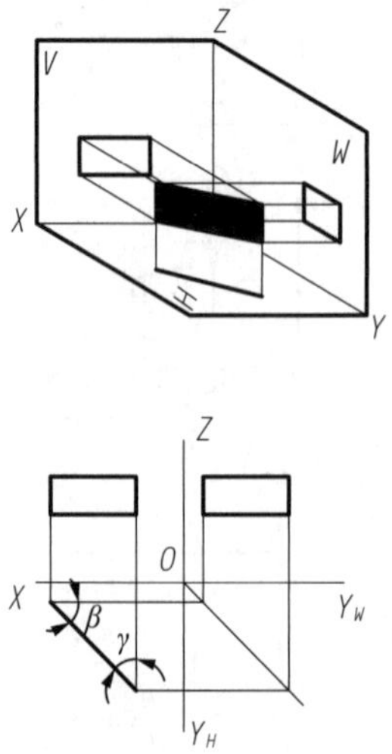	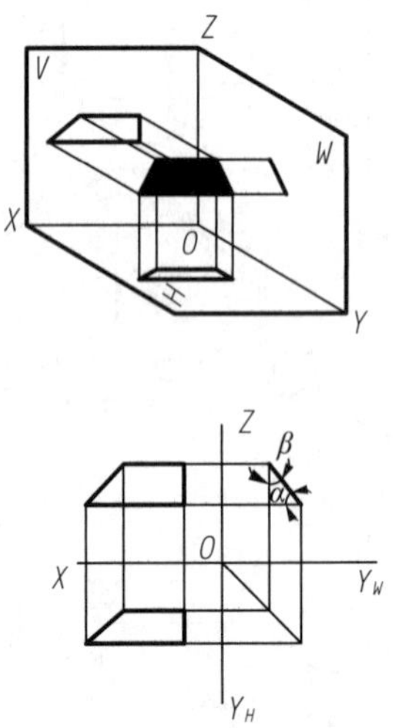

续表

	正垂面	铅垂面	侧垂面
投影特性	1. 正垂面的正面投影积聚为一条直线，并反映其对 H 面的真实夹角 α，对 W 面的真实夹角 γ。 2. 正垂面的水平投影和侧面投影为缩小的原始图形的类似形	1. 铅垂面的水平投影积聚为一条直线，并反映其对 V 面的真实夹角 β，对 W 面的真实夹角 γ。 2. 铅垂面的正面投影和侧面投影为缩小的原始图形的类似形	1. 侧垂面的侧面投影积聚为一条直线，并反映其对 H 面的真实夹角 α，对 V 面的真实夹角 β。 2. 侧垂面的正面投影和水平投影为缩小的原始图形的类似形

根据表 3－3，投影面垂直面的投影特性可归纳为两点：

(1) 投影面垂直面在所垂直的投影面上的投影，积聚成一条直线，该直线与两投影轴倾斜，而且它与两投影轴的夹角分别反映该平面与相应投影面的真实夹角。

(2) 投影面垂直面在另外两个投影面的投影均为小于实形的类似形。

2. 投影面平行面

凡平行于一个投影面，同时垂直于另两个投影面的平面，统称为投影面平行面。其中，平行于正立投影面（V 面）的称为正平面；平行于水平投影面（H 面）的称为水平面；平行于侧立投影面（W 面）的称为侧平面。

表 3－4 列出了各种投影面平行面的投影特性。

表 3－4　投影面平行面的投影特性

	正平面	水平面	侧平面
物体上平行面举例	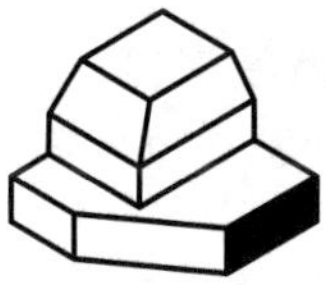		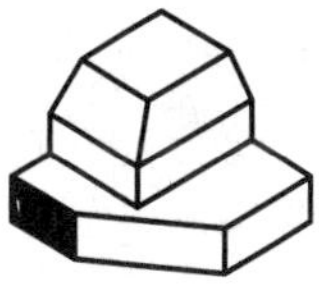
投影图	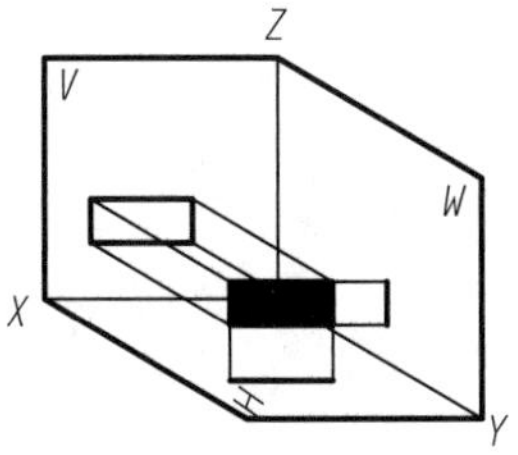 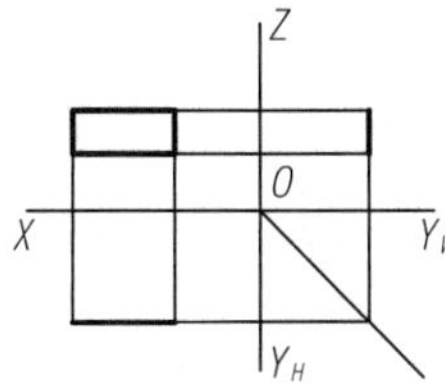	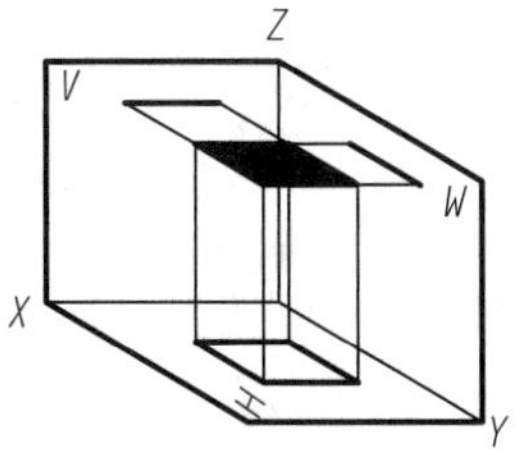 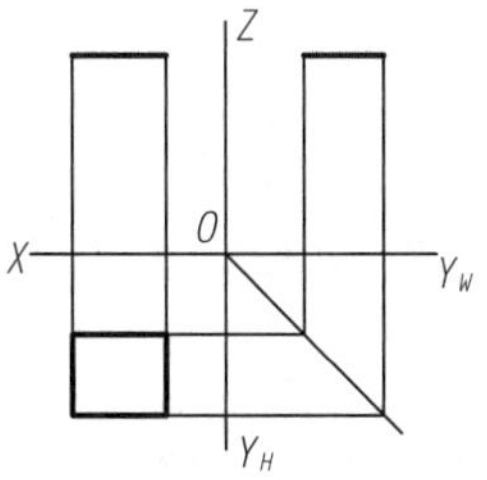	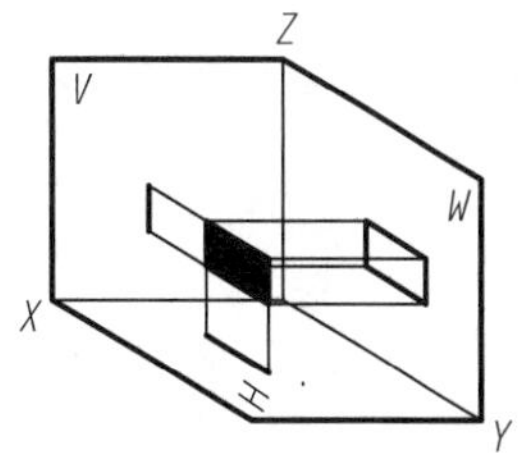 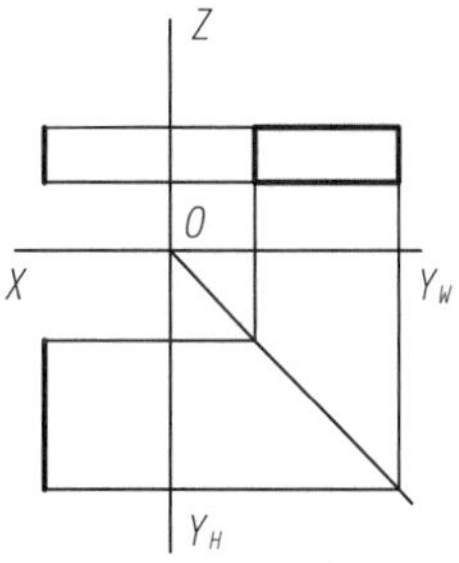
投影特性	1. 正平面的正面投影反映其真实形状。 2. 正平面的水平投影积聚成一条线，且平行于 X 轴；正平面的侧面投影积聚成一条线，平行于 Z 轴	1. 水平面的水平投影反映其真实形状。 2. 水平面的正面投影积聚成一条线，且平行于 X 轴；水平面的侧面投影积聚成一条线，平行于 Y_W 轴	1. 侧平面的侧面投影反映其真实形状。 2. 侧平面的正面投影积聚成一条线，且平行于 Z 轴；侧平面的水平投影积聚成一条线，平行于 Y_H 轴

根据表 3-4,平行面的投影特性可归纳为两点:

(1) 平面在其平行的投影面上的投影,反映该平面的实形。

(2) 平面在另外两个投影面的投影均积聚成直线,且分别平行于相应的投影轴。

3. 一般位置平面

与三个投影面既不垂直,也不平行的平面,称为一般位置平面,如图 3-11(a)所示。由图 3-11(b)的投影图,可归纳一般位置平面的投影特性为三点:(1)三个投影均不反映平面实形;(2)三个投影均没有积聚性;(3)三个投影均为小于原形的类似形。

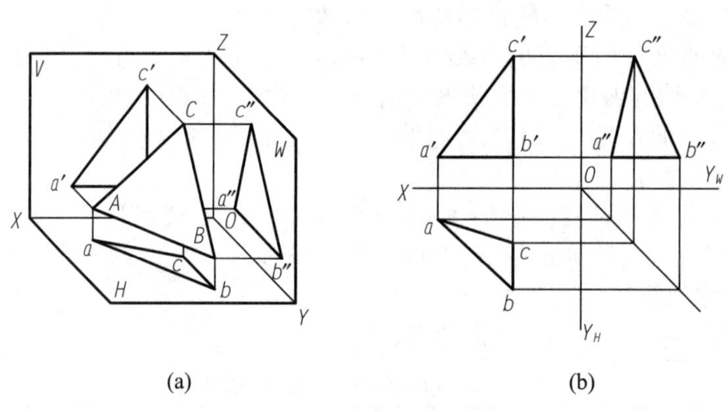

图 3-11　一般位置平面

提示:点、线、面的投影有规律可循。通过反复训练点、线、面的投影图,可以快速想象出它们的空间位置和形状,进而逐步学会绘图和读图。只有这样才能把三维空间到二维平面以及由二维平面返回三维空间这两个过程有机地联系起来。

4 基本立体的投影

本章概要

介绍三视图的形成、基本立体的投影以及在立体表面取点的作图方法。重点介绍切割型几何体和叠加型几何体的投影的作图步骤，其中截交线和相贯线的作图方法是本章的难点。

无论机器零件的形状多么复杂，都可以将其看作由若干个基本立体按不同方式组合而成的组合体，如图 4－1 所示的立体。组合时往往需要对基本立体进行挖切和叠加，所以需要掌握基本立体的投影以及由基本立体切割、叠加后的形体的投影。

在讨论基本立体的投影之前，我们先介绍物体的三视图的形成及投影规律。

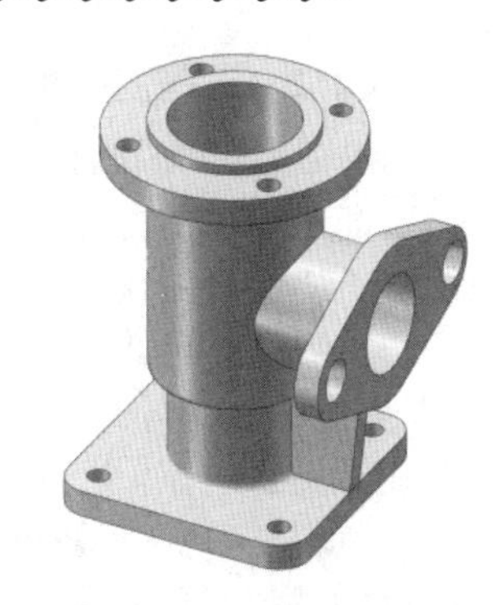

图 4－1　组合体的形成

4.1　三视图的形成及投影规律

4.1.1　三视图的形成

将立体向投影面投射所得到的图形称为视图。国家标准规定：由前向后投射在 V 投影面上所得的视图，称为主视图；由左向右投射在 W 投影面上所得的视图，称为左视图；由上向下投射在 H 投影面上所得的视图，称为俯视图。如图 4－2 所示，把物体向三面投影体系中进行投射时，可得到物体的主、俯、左三个视图。

为了在图纸上，也即在一个平面上，画出物体的三视图，规定 V 投影面不动，H 投影面绕 X 轴向下旋转 90°，W 投影面绕 Z 轴向右旋转 90°，如图 4－3 所示视图的展开。

在图样上通常只画出零件的视图，而投影面的边框和投影轴都省略不画，因为擦去投影面、投影轴、投影连线并不会影响三视图的内容。这样就得到如图 4－4 所示展开后的三视图。

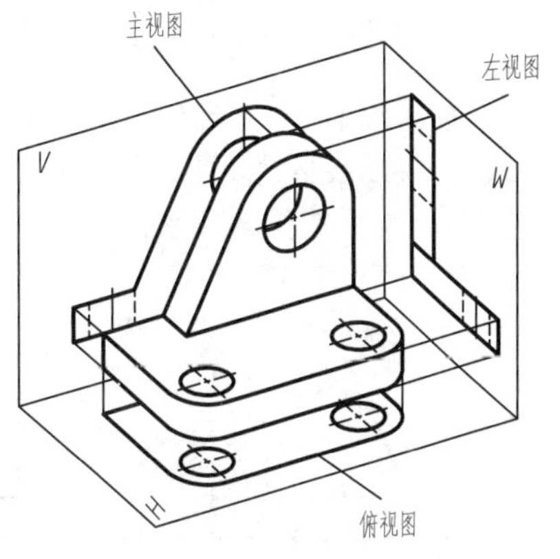

图 4－2　三视图的形成

注意：应判别线的可见性，可以看见的线用粗实线绘制，不可见的线用细的虚线绘制。

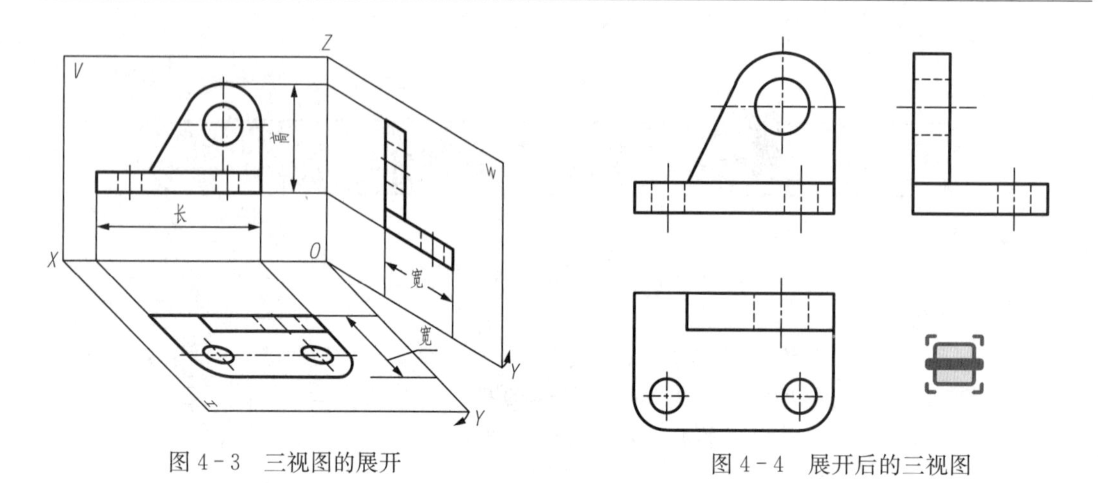

图 4-3　三视图的展开　　　　图 4-4　展开后的三视图

4.1.2　三视图的投影规律

由三视图的形成和展开过程可知,三视图反映了物体的长、宽、高三个方向的尺寸。规定 X、Y、Z 三个轴的方向依次为长度、宽度和高度方向。从图 4-3 可以看出:主视图反映了物体的长和高,俯视图反映了物体的长和宽,左视图反映了物体的高和宽。

由图 4-5 可知,物体的长度方向在主、俯视图中是一致的,物体的宽度方向在俯、左视图中是一致的,物体的高度方向在主、左视图中是一致的,三个视图之间的投影关系可概括为:主、俯视图长对正,主、左视图高平齐,左、俯视图宽相等。

这就是三视图投影的"三等规律"。"三等规律"中尤其要注意左、俯视图宽相等规律的应用,因为"宽相等"在视图上不像"高平齐"与"长对正"规律那样明显。

特别提醒:"三等规律"是绘制工程图样的重要规律。用视图表达物体时,从局部到整体都必须遵循这一规律。因此务必要熟练掌握和应用"三等规律"。

物体除有长、宽、高尺度外,还有同尺度紧密相关的上、下、左、右、前、后方位,如图 4-6 所示。主视图反映上、下、左、右的位置关系;俯视图反映左、右、前、后的位置关系;左视图反映上、下、前、后的位置关系。

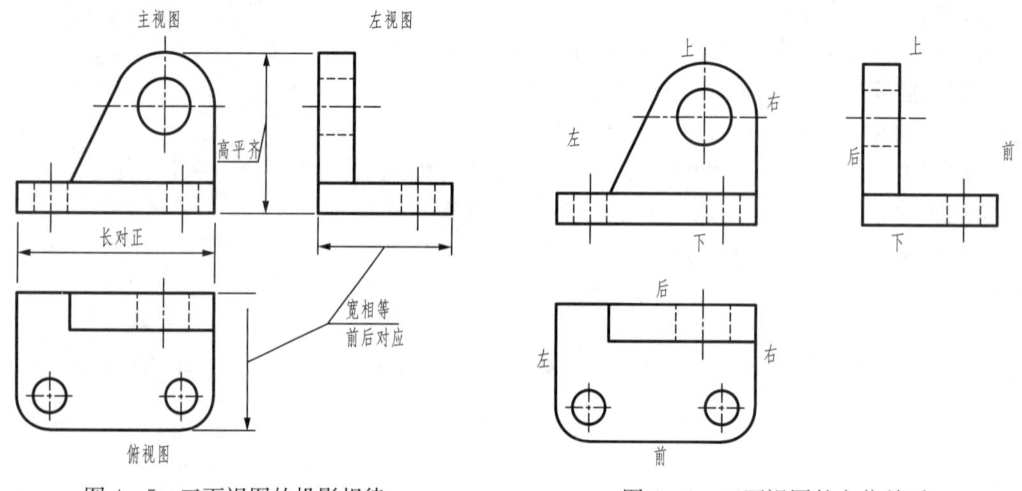

图 4-5　三面视图的投影规律　　　　图 4-6　三面视图的方位关系

例 4-1　画出如图 4-7 所示物体的三视图。

分析　这个物体是在⅃形板的左端中部开了一个方槽，右边切去一角后形成的。

解　根据分析得到画图步骤如下：

(1) 画⅃形板的三视图，见图 4-8(a)。先画反映⅃形板形状特征的主视图，然后根据“三等规律”画出俯、左两视图。

(2) 画左端方槽的三面投影，见图 4-8(b)。因为构成方槽的三个平面的水平投影都积聚成直线，反映了方槽的形状特征，所以应先画出水平投影。

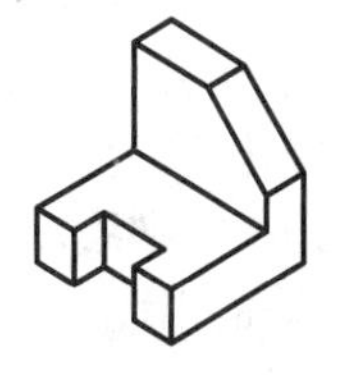

图 4-7　物体的直观图

(3) 画前边上方切角的投影，见图 4-8(c)。因为被切角后形成的平面垂直于侧面，所以应先画出其侧面投影。根据侧面投影画水平投影时，注意确定尺寸的起点和方向，以保证这两个投影之间前边切角满足宽相等。

(4) 擦去各视图间的投影连线，按规定的线型加粗，见图 4-8(d)。

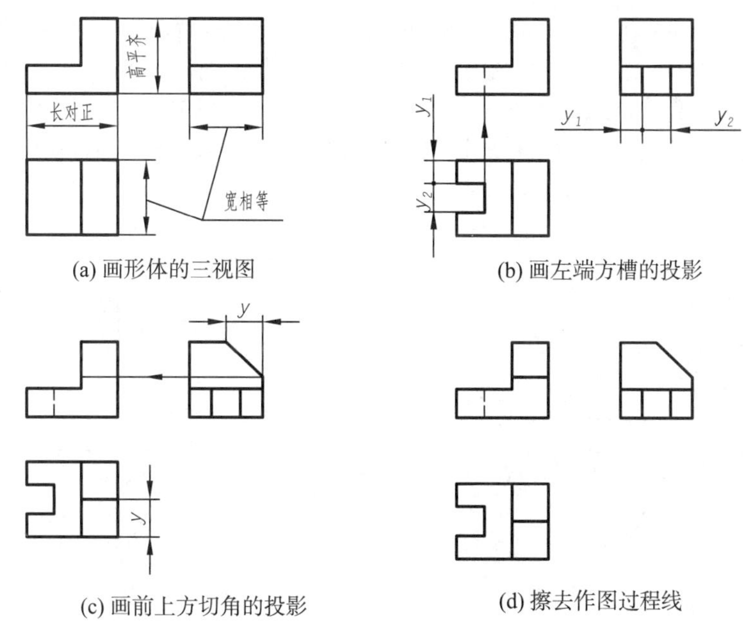

(a) 画形体的三视图　(b) 画左端方槽的投影

(c) 画前上方切角的投影　(d) 擦去作图过程线

图 4-8　物体三视图的绘图步骤

4.2　基本立体的投影

工程上常见的基本立体，根据其构成面的性质，可以分为平面立体和曲面立体两类，见表 4-1。平面立体按其结构特点，又可分为棱柱（主要是直棱柱）和棱锥（包括棱台）。曲面立体由曲面围成，或者由曲面和平面共同围成，常见的曲面立体为回转体，如圆柱、圆锥、球和圆环等。

表 4-1　基本几何体的分类

平面立体		曲面立体			
棱柱	棱锥	圆柱	圆锥	球	圆环

4.2.1 平面立体的投影

由于平面立体的构成面都是平面,因此平面立体的投影可以看作构成基本几何体的各个面按其相对位置投影的组合。简单来说,就是把组成立体的平面和棱线表示出来,然后判断其可见性即可。因此,绘出棱线的投影是绘制平面立体的关键。

国标规定:看得见的棱线投影画成粗实线,看不见的棱线的投影画成虚线。如果虚线与粗实线重合,则绘制粗实线。

下面以图 4-9(a)所示三棱锥为例,介绍平面立体投影图的绘制过程。

三棱锥由一个底面三角形 ABC 和三个三角形棱面围成。三棱锥的底面 ABC 为水平面,其水平投影反映实形;棱面 SAB 和 SBC 都是一般位置平面,它们的投影都不反映其真实形状和大小,但都是小于对应棱面的三角形线框,投影是类似形;棱面 SAC 是侧垂面,在侧面投影有积聚性。

作图过程如下:

(1) 先画出底面投影俯视图中的△abc;根据"长对正"画出主视图中底面的投影 $a'b'c'$(积聚为一条水平线);利用"高平齐"和"宽相等"画出底面的左视图 $a''b''c''$,如图 4-9(b)所示。

(2) 根据棱锥的高度以及点 S 的投影关系,定出锥顶 S 点的投影位置。

(3) 在主、俯、左视图上分别用直线连接锥顶与底面三个顶点的投影,即得三条棱线 SA、SB、SC 的投影,如图 4-9(c)所示。

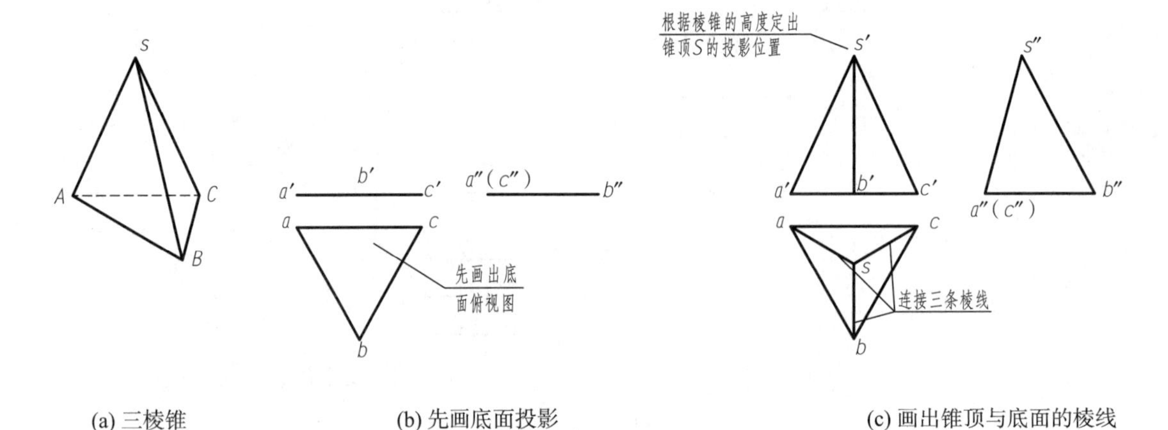

(a) 三棱锥　　(b) 先画底面投影　　(c) 画出锥顶与底面的棱线

图 4-9　三棱锥及其投影

提示:

(1) 画棱锥三视图时,一般先画底面的投影(因为它是水平面,具有实形性),再画出锥顶点的投影,然后连接各棱线并判断可见性。

(2) 绘制平面立体的投影,关键在于绘出棱线的投影。

4.2.2 曲面立体的投影

曲面立体大部分是回转曲面,一般由母线(直线或曲线)绕一轴线回转一周而形成。母线在运动中的任一位置称为素线。常见的回转曲面有圆柱面、圆锥面、球面等。其中,圆柱面和圆锥面的母线是直线,球面的母线为圆弧,图 4-10 为三种常见回转曲面的形成过程。

(a) 圆柱面　　(b) 圆锥面　　(c) 圆球面

图 4-10　常见回转曲面的形成

与平面立体不同，回转曲面的表面是光滑无棱的，故在画回转曲面的投影图时，必须按不同的投影方向，把确定该曲面范围的轮廓素线画出。这种轮廓素线也是投影图上曲面的可见部分与不可见部分的分界线，又称为转向轮廓素线。

下面讨论几种典型的基本曲面立体的投影特性及其作图方法。

4.2.3　圆柱面的投影

如图 4-11(a)所示，将圆柱面置于三投影面体系中，向各投影面进行投影，三面投影展开后如图 4-11(b)所示。

因为圆柱面的轴线垂直于水平投影面，故圆柱面上所有平行于轴线的素线也垂直于水平投影面，此时圆柱面的水平投影为一圆周，即圆柱面上所有点线的水平投影均积聚在该圆周上。

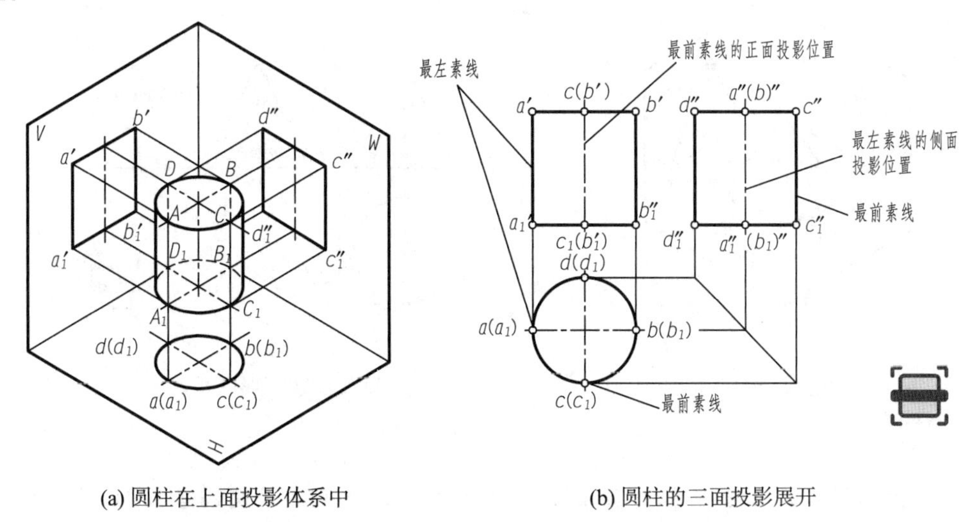

(a) 圆柱在上面投影体系中　　(b) 圆柱的三面投影展开

图 4-11　圆柱面的投影

圆柱面的正面投影为一矩形，其中 $a'b'$ 和 $a_1'b_1'$ 分别为圆柱面顶圆和底圆的投影；AA_1 和 BB_1 分别为圆柱面最左侧和最右侧的两根素线，$a'a_1'$ 和 $b'b_1'$ 分别为这两根素线的正面投影，即圆柱面在正立投影面上的投影轮廓线；整个矩形表示前后半个圆柱面的投影，前半个可见，后半个与之重合，不可见(不可见点的字母符号规定加括号表示)，AA_1 和 BB_1 的侧面投影 $a''a_1''$ 和 $b''b_1''$ 与轴线侧面投影重合。

圆柱面的侧面投影亦为一矩形，但它的投影轮廓线 $c''c_1''$ 和 $d''d_1''$ 分别为圆柱面最前面和最后面的两根素线。该矩形表示左右半个圆柱面的投影，左半个圆柱面可见，右半个圆柱面与之重合，不可见，最前面和最后面的两根素线的正面投影与轴线的正面投影重合。

在圆柱面顶部和底部各加上一圆平面所围成的形体，称为圆柱体，是工程中常见的形体。

提示：

(1) 初学者容易将曲面的外形轮廓线投影混淆，弄不清一个视图上的外形轮廓线在其他两个视图中的对应关系，以及它在曲面立体上的空间位置。要记住，特殊位置素线具有分界、转向的作用，在它平行的投影面上的投影反映实长或实形，又称为最大轮廓线，掌握其投影特性对绘制曲面立体的投影非常重要。

(2) 画圆柱的三视图时，应先在主、俯、左投影面上分别画出轴线、中心线，再画出投影为圆的视图(此处为俯视图)，然后根据圆柱的高度画出其他两个视图。

4.2.4 圆锥面的投影

图4-12所示为一轴线垂直于水平面的圆锥面的投影图。它的正面投影为一等腰三角形。$s'a'$和$s'b'$是圆锥面最左侧和最右侧的两条素线，即圆锥面在正立投影面上的投影轮廓线；整个三角形表示前后半个圆锥面，其中后半个面与前半个面重合，且不可见。

最左侧和最右侧的两条素线的侧面投影$s''a''$和$s''b''$与轴线侧面投影重合，圆锥面的侧面投影亦为一等腰三角形，$s''c''$和$s''d''$是圆锥面上最前面和最后面的两条素线，即圆锥面在侧立投影面上的投影轮廓线；整个三角形表示左右半个圆锥面，其中左半个面与右半个面重合，且不可见。

最前和最后两条素线的正面投影$s'c'$和$s'd'$与轴线的正面投影重合；水平投影为一个圆，但由于圆锥面无积聚性，此圆涵盖了整个圆锥面的投影。

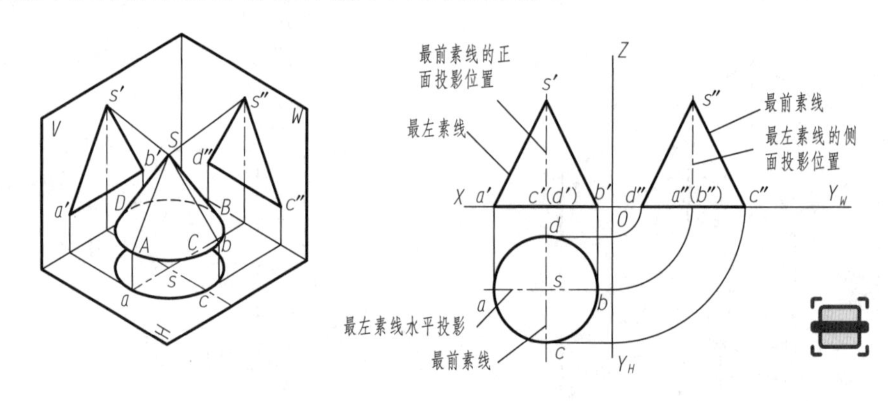

(a) 圆锥在上面投影体系中　　(b) 圆锥的三面投影展开

图4-12　圆锥面的投影

提示：画圆锥体的三视图时，先画出各投影的中心线，再画底面圆的各投影，然后画出锥顶的投影和等腰三角形，完成圆锥的三视图。

4.2.5 圆球面的投影

圆球面在三投影面体系中的投影是三个直径相等的圆，如图4-13所示，它们分别代表了圆球面在三个不同投影方向上的最大轮廓素线的投影。如水平投影，它的投影轮廓圆S是空间上下两半球面的分界圆，它的正面投影和侧面投影分别为过球心的水平线S'和S''；正面投影的轮廓圆为空间前后两半球面的分界圆；侧面投影的轮廓圆为空间左右两半球面的分界圆。它们在其他投影面上对应的投影位置请读者自行分析。

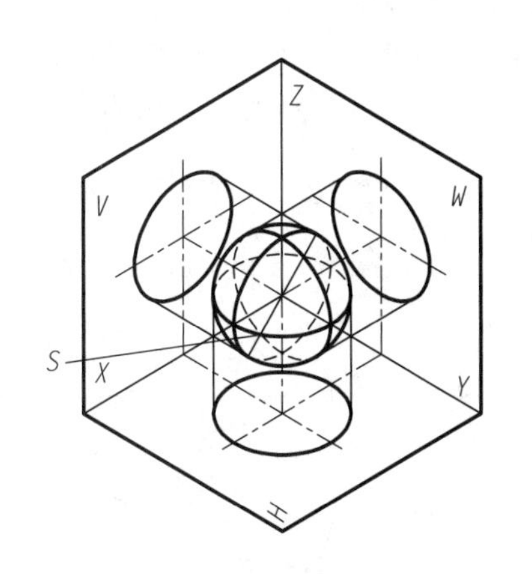

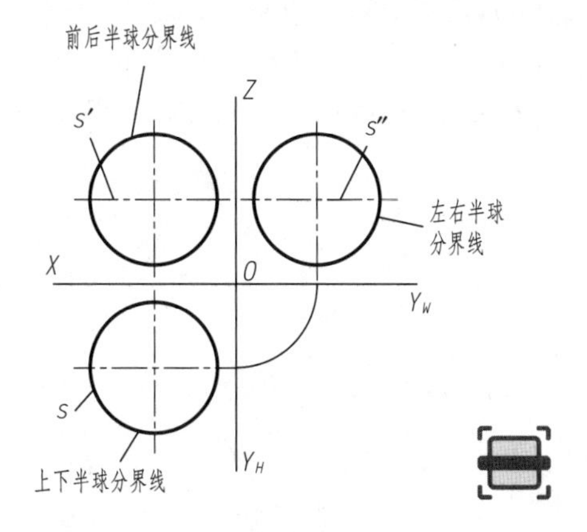

(a) 圆球在上面投影体系中　　(b) 圆球的三面投影展开

图 4-13　圆球面的投影

知识拓展：球在正面的投影圆，是圆球面上平行于正面的素线圆的投影，其水平投影与横向中心线重合，其侧面投影与竖向中心线重合。

球的三视图作图方法，应首先画出中心线，以确定球心位置，也就是各视图圆心的位置，其次画出三个直径相同的圆。

思考：要确定圆柱、圆锥或球的空间形状，是否一定需要主、俯、左三个投影图？

4.2.6　立体表面上点的投影

平面立体上点的投影可以利用平面的积聚性进行求解，或者在平面上过点的已知投影作辅助线进行求解。

曲面立体上点的投影则视立体形状不同，求解方法有所不同。为了正确地表达曲面形体，以及进一步求作截切型、叠加型立体的投影，必须熟悉如何在曲面立体的表面上求作点的投影。

1. 圆柱面上点的投影

圆柱表面上的点必经过其上的一条素线。当圆柱面的轴线垂直于某一投影面时，圆柱面在该投影面上的投影积聚为一个圆，利用此积聚性可以直接解决在圆柱面上取点的作图问题。

如图 4-14 所示，已知半圆柱表面上 A 点和 B 点的水平投影 a、b，可利用点的投影规律和圆柱面正面投影的积聚性先求出 a'、b'，然后由已知两投影求得侧面投影 a''、b''。

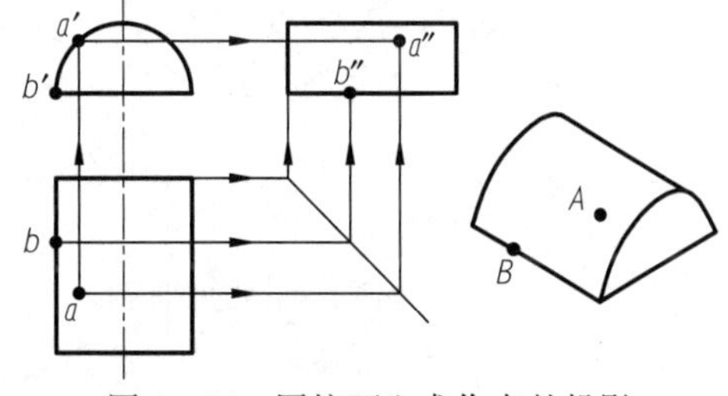

图 4-14　圆柱面上求作点的投影

2. 圆锥面上点的投影

由于圆锥面的任一投影都没有积聚性，在其表面上作点的投影，要借助于辅助线，一般有素线法和纬圆法两种方法，如图 4-15(a)所示：

(1) 素线法。在圆锥面上过点 K 及锥顶 S 作辅助素线 SA，见图 4-15(a)，然后求出辅助线 SA 的三面投影 sa、$s'a'$、$s''a''$，如图 4-15(b)所示，最后根据直线上点的从属性(空间点 K 在空间直线 SA 上，则其投影也必在 SA 的投影上)即可求出 K 点的各个投影。

(2) 纬圆法。在圆锥面上过点 K 作一辅助纬圆，见图 4-15(a)，该纬圆必垂直于圆锥面的轴线。先求出纬圆的三面投影，它在正视图上积聚为一水平直线，在俯视图上的投影为纬圆实形,然后根据纬圆上点的投影规律即可求出 K 点的三面投影。如图 4-15(c)所示,如果已知 K 点的正面投影 k',则过 k' 作水平纬圆的正面投影,纬圆在水平面的投影具有实形性,K 点水平投影 k 必定在纬圆的水平投影上,然后据 k' 和 k 可求出 K 点的侧面投影 k''。

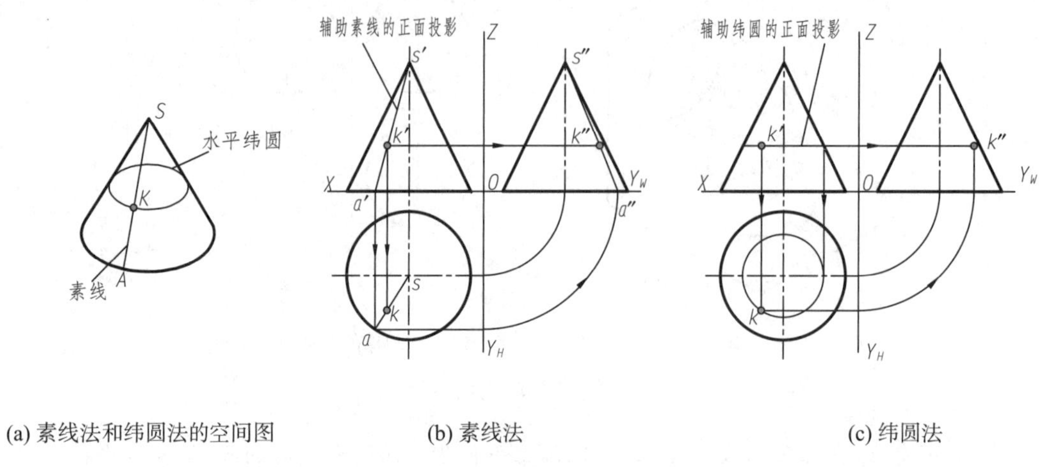

(a) 素线法和纬圆法的空间图　　(b) 素线法　　(c) 纬圆法

图 4-15　圆锥面上求作点的投影

3. 圆球面上点的投影

圆球面的任何投影均没有积聚性,所以一般需要通过作平行于投影面的辅助纬圆来求球面上点的投影。如图 4-16 所示,过球面上 K 点作一平行于侧面的辅助纬圆,该圆在主视图和俯视图上的投影均为一侧平线,左视图上投影为圆的实形。当求出辅助纬圆的各个投影后,就能根据辅助纬圆上点的投影规律求出 K 点的各个投影。由于球的特殊性,也可以作平行于正面或水平面的辅助纬圆来求点的投影,其结果完全一致,请读者自行分析和试做。

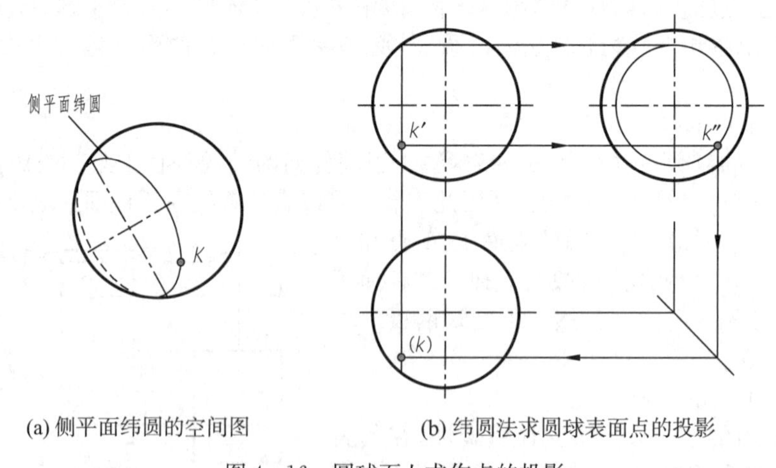

(a) 侧平面纬圆的空间图　　(b) 纬圆法求圆球表面点的投影

图 4-16　圆球面上求作点的投影

知识拓展:

大部分物体都可以看作由若干几何形体组合而成,为了便于看懂图样,应该熟悉圆柱、圆锥、球等基本形体的投影特征,包括它们的不完整形体。表 4-2 给出了一些常见的不完整曲面形体及其投影。

表 4-2　常见的几种不完整曲面体的投影

圆台	半圆柱	球鼓
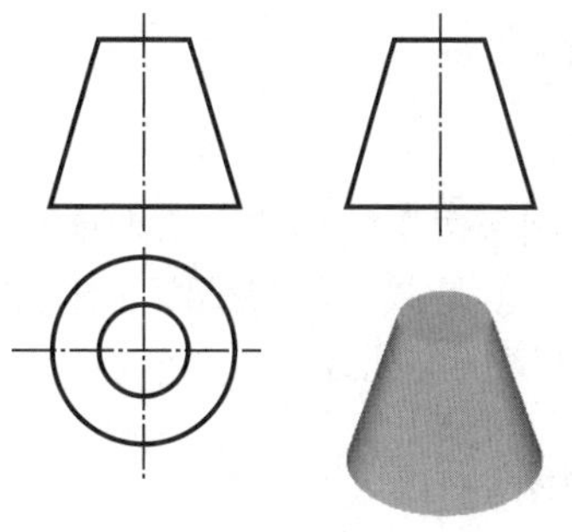	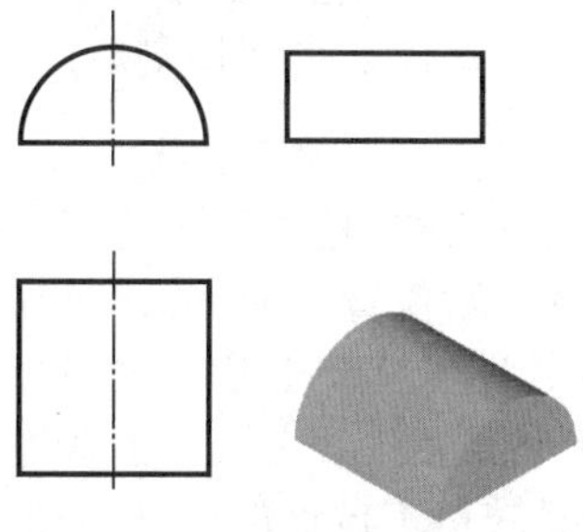	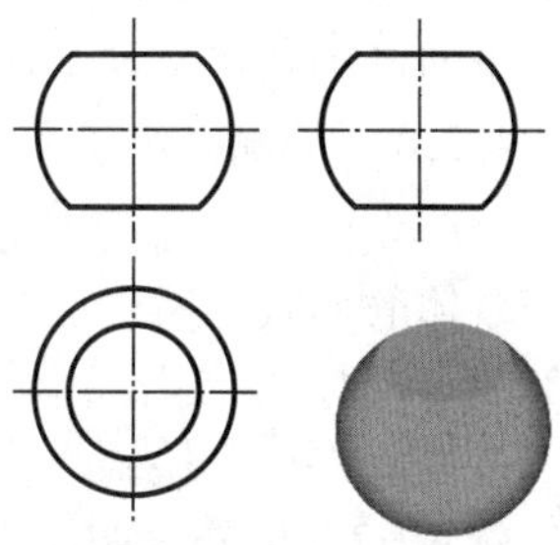
半圆筒	四分之一圆台	半圆柱和半圆台
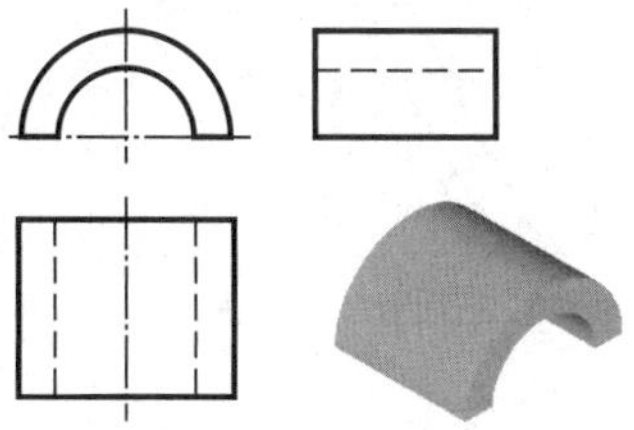	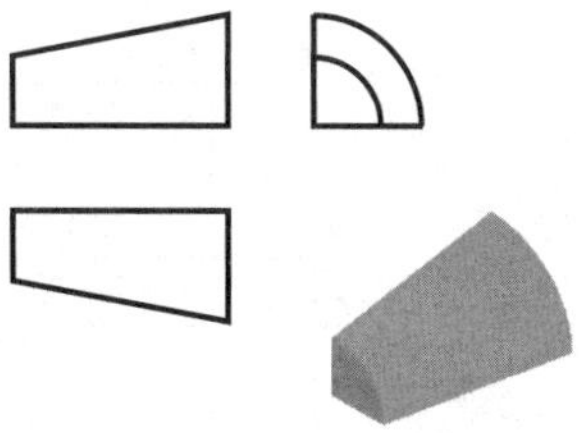	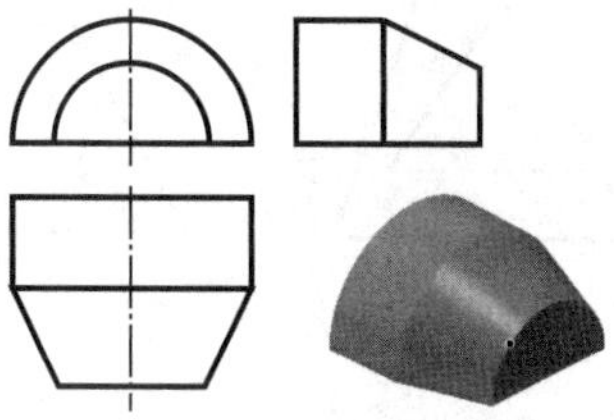

复杂形状的机器零件可以看作由上述若干个基本立体按不同方式组合而成的组合体。形体按组合方式不同可分为两大类型:一类是由基本形体被平面切割后形成的切割型几何体,另一类是由多个单一形体通过各种方式叠加组合而成的叠加型几何体。

形体被切割时会产生截交线,形体叠加时则可能会产生相贯线,这些交线增加了绘制和阅读形体投影图的难度。下面将分别介绍切割型几何体和叠加型几何体投影的作图方法。

4.3　切割型几何体的投影

工程上的许多机器零件为了完成其一定的功能或满足加工工艺的要求,常常会被挖切,形体经挖切后变成带有缺角、斜面、沟槽等结构的复杂形体,它们可以看作立体被一个或多个平面切割而成的切割体。如图 4-17 所示的几何体,是在一个基本立体(方块)左上方挖去一斜块,中间上方挖去一圆柱孔,中间下方挖去一个小圆柱孔,下面前后各挖去一个长方体,故称为切割型几何体。

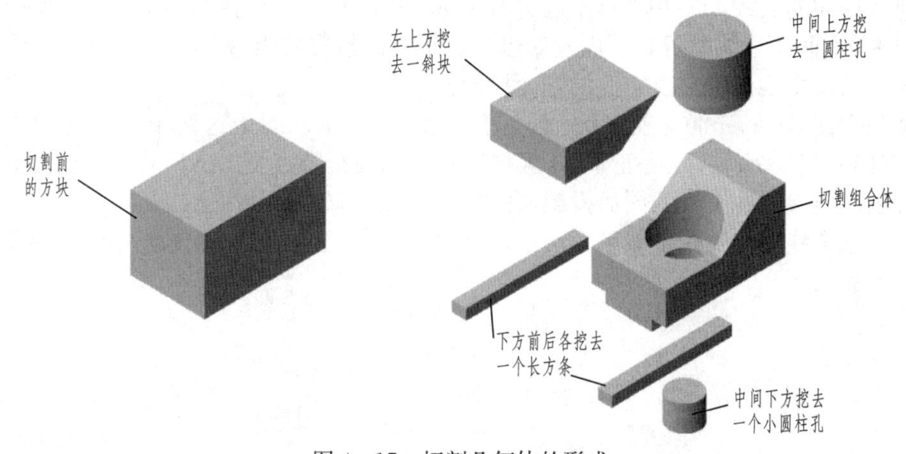

图 4-17　切割几何体的形成

切割立体的平面称为截平面,截平面与立体表面产生的交线称为截交线。绘制切割型几何体的投影必须先掌握截交线的绘制方法。因此,对切割型几何体的视图表达就聚焦为平面与立体的相交问题,也就是截交线的求解问题。

下面分别介绍平面立体和曲面回转体被平面切割后产生的截交线的作图方法。

4.3.1　平面立体被平面截切

平面立体被平面截切所产生的截交线,是一封闭的多边形,该多边形的形状和边数取决于平面立体的形状和截平面与立体的相对位置。通常截交线的顶点就是截平面与平面立体上棱线的交点,因此求平面立体的截交线问题实质上是求这些交点和交线的问题。

下面以缺口三棱锥为例,分析平面立体截交线的求解过程。

例 4-2　试补全图 4-18 所示缺口三棱锥的俯视图和左视图。

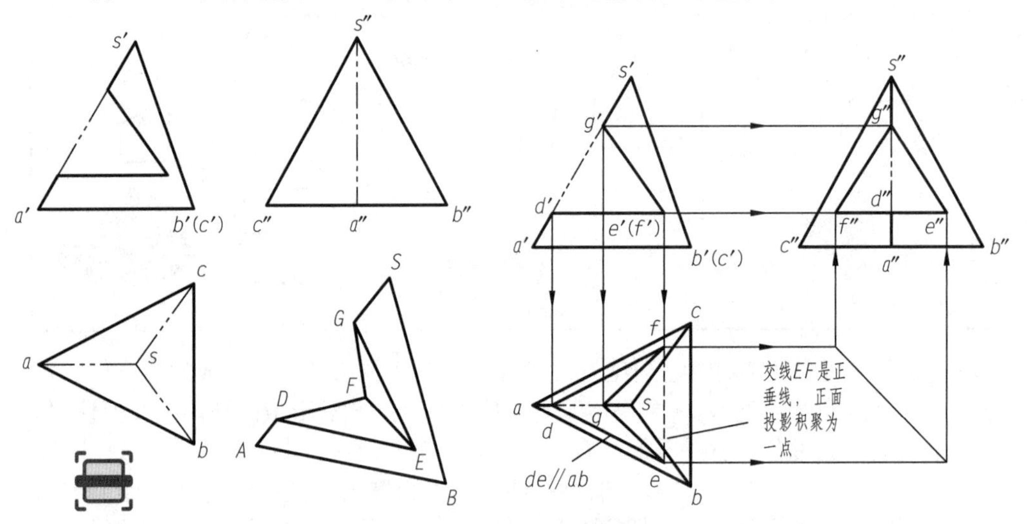

图 4-18　缺口三棱锥　　图 4-19　分析缺口三棱锥截交线求解过程

分析　该三棱锥为平面立体,绘制其投影时只要绘出其棱线的投影即可。现在的主要问题是,该三棱锥上缺口的投影如何绘制?

三棱锥上的缺口可看成由一个水平面 DEF 和一个正垂面 GEF 切割三棱锥而形成。截平面与三棱锥棱线的交点为 D、G,它们在直线 SA 上,见图 4-19。根据直线上点的从属性,可画出点 D、G 的三面投影。

点 E、F 的投影可根据直线的平行性求得。由于水平截平面 DEF 平行于底面 ABC,故该水平面与前棱面的交线 DE 必平行于底边 AB,水平面 DEF 与后棱面的交线 DF 必平行于底边 AC。根据空间两直线平行其同面投影也必定平行的投影特点,水平投影上有 $de /\!/ ab$,$df /\!/ ac$。根据点的投影规律可求出它们的侧面投影。

正垂截平面 GEF 分别与前、后棱面交于直线 GE、GF。因为这两个截平面均垂直于正面,所以它们的交线 EF 一定是正垂线,根据正垂线的投影特点画出 EF 的水平投影和侧面投影。只要依次连接这些交线的同面投影,即可完成该缺口的投影。

解　求截交线首先要找出截平面与平面立体棱线的交点,再根据投影关系求出交线。具体作图过程见表 4-3。

表 4-3 缺口三棱锥截交线的作图过程

作图步骤	图例
1. 因为两个截平面都垂直于正面，所以截交线的正面投影 $d'e'$、$d'f'$ 和 $g'e'$、$g'f'$ 都分别重合在它们有积聚性的正面投影上；$e'f'$ 位于两截平面相交处，为正垂线，在主视图中积聚为一点	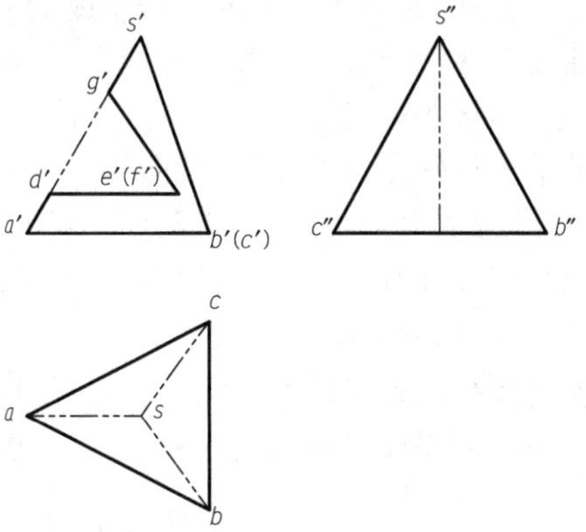
2. 交点 D、G 在直线 SA 上，根据直线上点的从属性，可由正面投影 d'、g' 求出水平投影 d、g 和侧面投影 d''、g''；根据空间两平行直线的投影特性，在水平投影面由 d 分别作 ab 和 ac 底边的平行线为辅助线，根据点的投影特性，由正面投影 e'、f' 在辅助线上求出 e、f，再由正面投影 $d'e'$ 和水平投影 de 作出侧面投影 $d''e''$，同理，由 $d'f'$、df 作出 $d''f''$；将处于同一棱面上的点 G、E 和 G、F 的水平投影和侧面投影相连	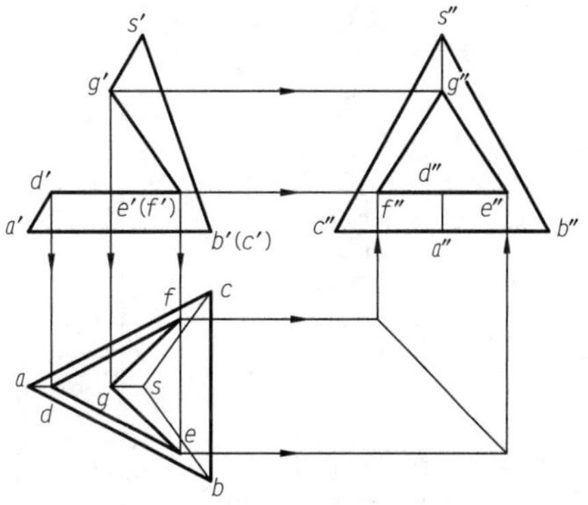
3. 将 E、F 两点的投影相连，得到两截平面的交线，其水平投影因被棱面遮住，不可见，应画成虚线，其侧面投影与 $d''e''$ 和 $d''f''$ 重合，整理加深轮廓线 AD、GS、SB、SC 的投影	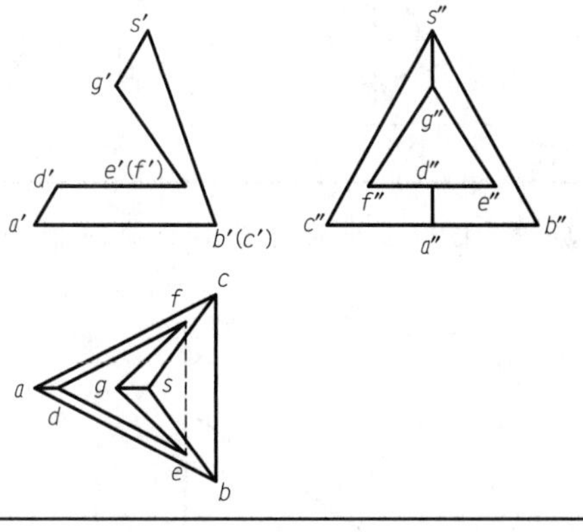

平面立体截交线的作图步骤可归纳如下：

(1) 空间分析，看懂已知图形属于哪类形体。

(2) 在已知的截交线投影上标出已知点。

(3) 利用点在直线上、点在平面上的方法求出截交线上各点的其他投影(必要时可作辅助线)。

(4) 按顺序光滑连接各共有点，整理图形，判别可见性。

4.3.2 曲面立体被平面截切

当曲面立体被平面截切时，截交线的形状取决于两个因素，一是曲面立体自身的形状，二是截平面与曲面立体的相对位置。这里我们主要讨论回转曲面,当曲面立体的形状不同,或者截平面与曲面立体轴线的相对位置不同时,产生的截交线不同。正因为截交线的形状变数很多,才使得切割型几何体投影图的绘制成为一个难点。

求曲面立体截交线的过程可归纳为:先求出截平面和回转体表面截交线上的若干个点,然后依次光滑连接各点成平面曲线。为了确切地表示截交线,首先必须应用表面取点法求出截交线上的某些特殊点,如回转体转向轮廓线上的点以及截交线的最高点、最低点、最左点、最右点、最前点和最后点等,然后再求其他一般的点。

下面对圆柱、圆锥、球等几种常见的基本立体的截交线进行分析。

4.3.2.1　圆柱被平面截切

平面与圆柱的相对位置存在三种情况,即垂直于轴线、平行于轴线、倾斜于轴线,因而圆柱被平面截切的截交线可归纳成三种形状,即圆、矩形、椭圆,见表4-4。

表4-4　圆柱被平面截切的交线

截平面位置	垂直于轴线	平行于轴线	倾斜于轴线
轴测图	P	P	P
投影图			
截交线形状	圆	矩形	椭圆

例4-3　图4-20所示为圆柱被倾斜于轴线的正平面截切,试画出圆柱面的截交线。

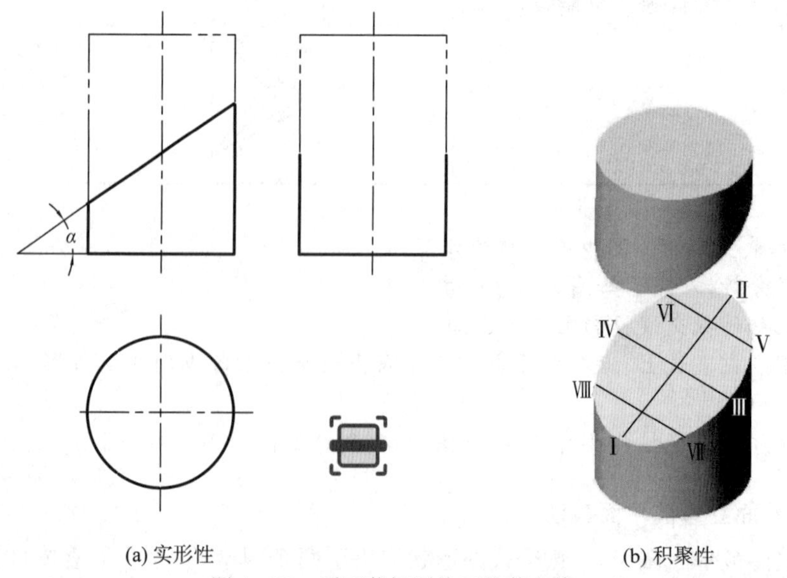

(a) 实形性　　　　(b) 积聚性

图4-20　平面截切圆柱面的截交线

分析　如图 4－20 所示截切圆柱，可看作由一平面斜截圆柱而形成。由表 4－4 可知，截平面倾斜于轴线，截交线为椭圆（仅当 $\alpha=45°$ 时截交线投影为圆）。由于截平面 P 为正垂面，正面投影积聚为一直线，因此该平面与圆柱面的截交线的正面投影与平面 P 的正面投影重合，截交线的正面投影已知；截交线的水平投影因圆柱的积聚性而重合在圆上，形状也已知；侧面投影为椭圆，形状未知，需要求解。因此，圆柱截交线的求解可归结为已知曲线的两面投影求第三面投影的问题。可在圆柱面上取若干点，求得各点的投影后光滑连接即可。

作图方法：从已知的正面投影和水平投影入手，将截交线分解为若干点，见图 4－19(b)。其中，Ⅰ、Ⅱ是截交线上的最低点和最高点，也是最左点和最右点；Ⅲ、Ⅳ分别位于圆柱面最前、最后转向素线上，也是最前点和最后点。这些特殊点应优先确定，以保证所作截交线的主要形状特征。

解　作图步骤见表 4－5。

表 4－5　平面截切圆柱面的截交线作图步骤

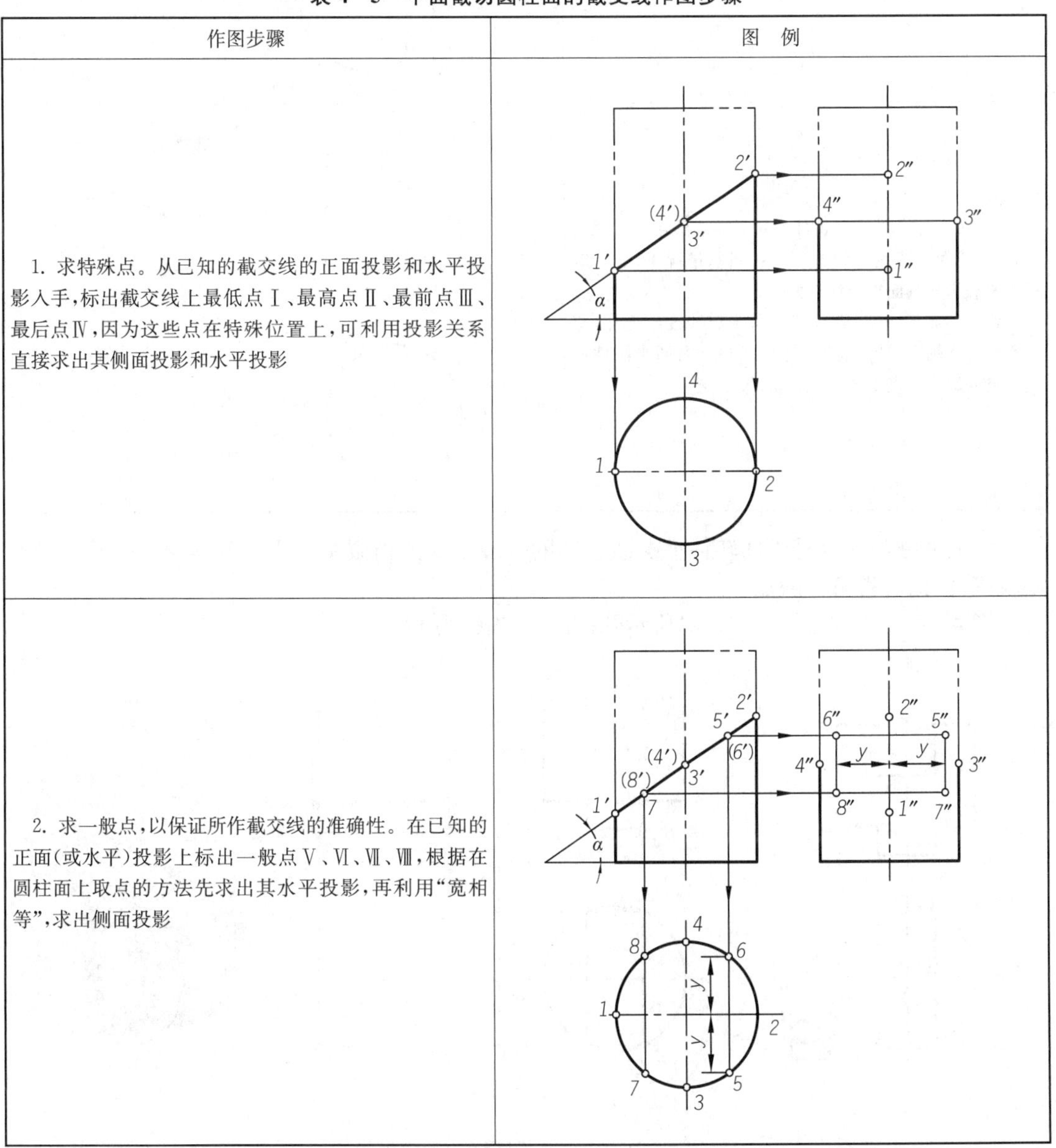

作图步骤	图　例
1. 求特殊点。从已知的截交线的正面投影和水平投影入手，标出截交线上最低点Ⅰ、最高点Ⅱ、最前点Ⅲ、最后点Ⅳ，因为这些点在特殊位置上，可利用投影关系直接求出其侧面投影和水平投影	
2. 求一般点，以保证所作截交线的准确性。在已知的正面（或水平）投影上标出一般点Ⅴ、Ⅵ、Ⅶ、Ⅷ，根据在圆柱面上取点的方法先求出其水平投影，再利用“宽相等”，求出侧面投影	

续表

作图步骤	图　例
3. 用曲线板顺次光滑连接各点的同面投影，即得所求截交线	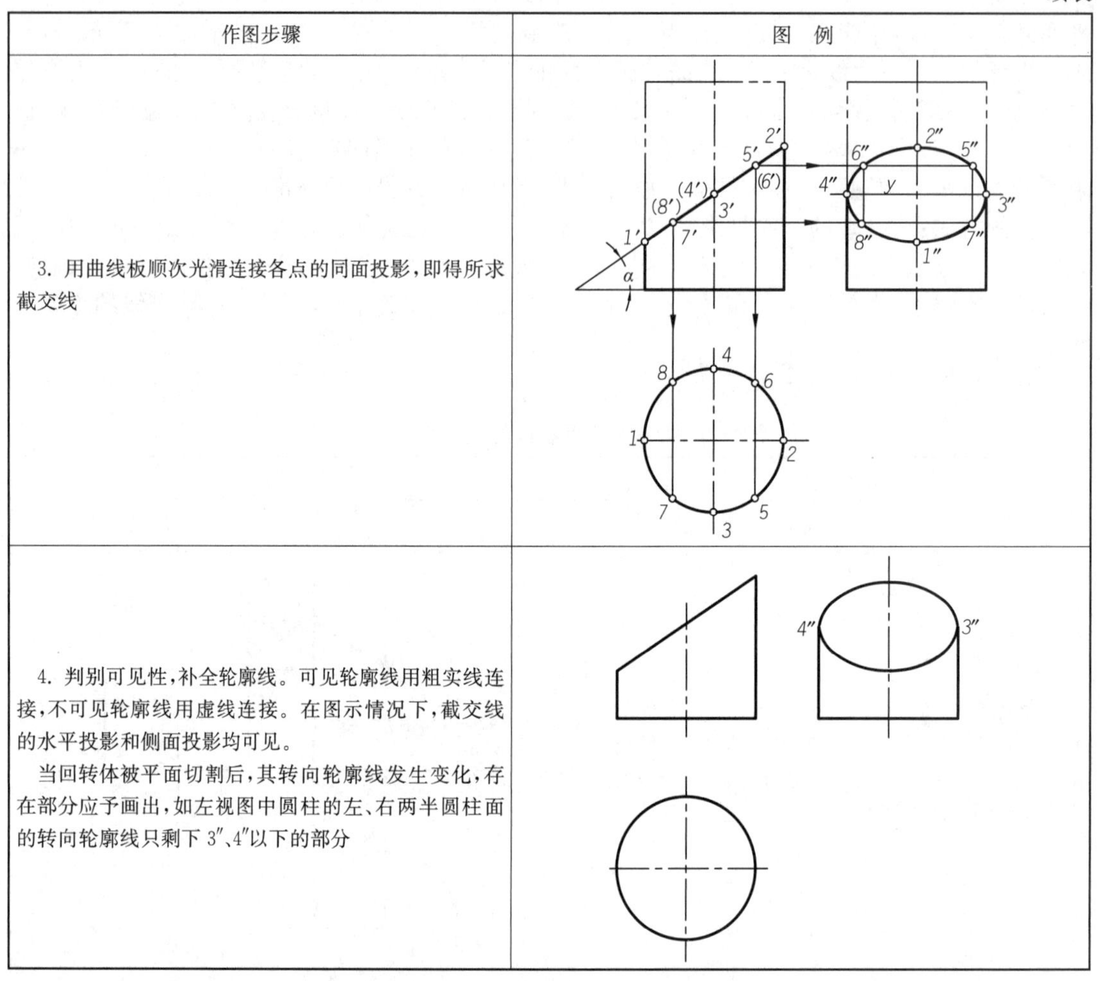
4. 判别可见性，补全轮廓线。可见轮廓线用粗实线连接，不可见轮廓线用虚线连接。在图示情况下，截交线的水平投影和侧面投影均可见。 当回转体被平面切割后，其转向轮廓线发生变化，存在部分应予画出，如左视图中圆柱的左、右两半圆柱面的转向轮廓线只剩下3″、4″以下的部分	

以上解题步骤也是求回转体截交线投影的一般步骤。当截交线所占范围较小或其上特殊点较多时，也可省略一般点。

例 4-4　试完成图 4-21(a)所示开槽圆柱的侧面投影。

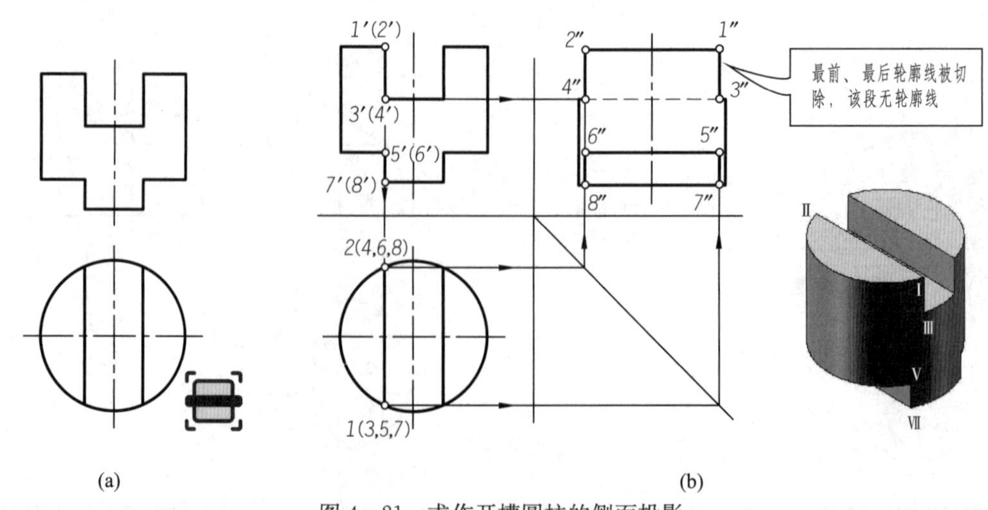

图 4-21　求作开槽圆柱的侧面投影

分析　该圆柱上方中部开方形槽，下部左右对称被切。截平面可分为侧平面和水平面两种。侧平面对称且平行于圆筒的轴线，它们与圆柱面的截交线均是直线。在正面投影和水平投影中，侧截平面积聚为直线，在侧面投影投影中，侧平面为矩形且反映实形。水平面截平面与圆柱面的截交线是与圆筒外径相同的部分圆周。在正面投影和侧面投影中积聚为直线(被圆柱面遮住的一段不可见，应画成虚线)。在水平投影中，水平面为带圆弧的平面图形，且反映实形。

解　作图步骤：

(1) 在已知的正面投影上找出截平面矩形上的四个角点Ⅰ、Ⅱ、Ⅲ、Ⅳ的投影1′、2′、3′、4′。

(2) 从正面投影1′、2′、3′、4′作 X 轴的垂线，根据“长对正”，该垂线与圆柱水平投影积聚圆相交于四个点，即Ⅰ、Ⅱ、Ⅲ、Ⅳ的水平投影1、2、3、4。

(3) 由正面投影作 Z 轴的垂线，并由“宽相等”的45°角平分线取得各点的 Y 坐标，根据“高平齐”可确定各点在侧面投影的投影1″、2″、3″、4″。

(4) 根据截平面的性质连接各点，加粗轮廓线，被开槽切除的部分圆柱没有转向轮廓线。

(5) 圆柱下方截平面产生的截交线形状和作图过程，与上述步骤类似，请自行思考。

注意：圆柱上方中部切槽后，侧面投影最前、最后轮廓线被切除了，所以侧面投影上方没有最前、最后轮廓线。

例4-5　试完成如图4-22所示开槽圆筒的侧面投影。

分析　这是一个空心圆筒，上方所开方形槽可看成由两个侧平面 P_1、P_2 与一个水平面 Q 切割圆筒而形成。其中，P_1 和 P_2 面对称且平行于圆筒的轴线，它们与圆筒内、外表面均有截交线，截交线均是直线。Q 面垂直于圆筒的轴线，它与圆筒的截交线是与圆筒内外径相同的部分圆周。

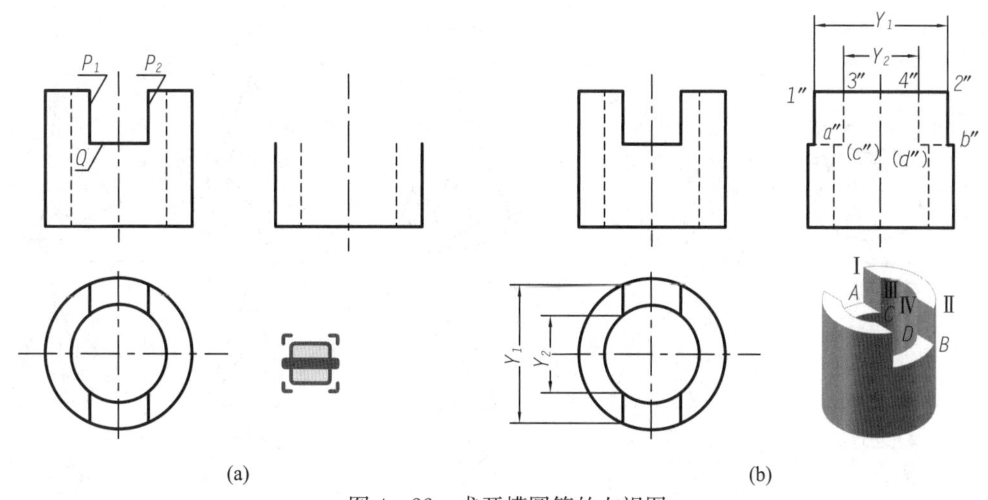

图4-22　求开槽圆筒的左视图

解　作图步骤：

(1) 先作出完整圆筒的侧面投影。

(2) 作平面 P_2 与圆筒外表面的交线。因截交线正面投影已知，根据“长对正”可以求出截交线水平投影，Y_1 为外表面交线宽度，根据“高平齐”和“宽相等”的投影规律易于作出侧面投影，平面 P_2 与圆筒外表面的交线是ⅠA 和ⅡB，可在水平投影上直接确定其位置并量取宽度，求出其在侧面投影上的位置。

(3) 作平面 P_2 与圆筒内表面的交线。由正面投影“长对正”可以求出截交线水平投影，Y_2

为内表面交线宽度,同样可在水平投影上量取其宽度大小而在侧面投影上画出,P_2 与圆筒内表面的交线是ⅢC 和ⅣD。

(4) 平面 P_1 和 P_2 对称,故在侧面投影中交线的投影重合。

(5) 作平面 Q 与圆筒的交线。平面 Q 为水平面,它与圆筒内外表面交线在水平投影中的投影为两段圆弧,在侧面投影中的积聚为直线,因被圆孔截成两部分,且有部分不可见,在图中表示为两段虚线 $a''c''$、$d''b''$。

需要注意的是,由于圆筒上部内外表面的最前和最后轮廓线被切掉,在侧面投影中应予擦去。完成后的图形如图 4 - 22(b)所示。

圆柱面的截交线作图步骤可归纳如下:

(1) 形体分析,看懂图形属于哪一类形体,以便分析截交线的形状。

(2) 确定截交线的已知投影(一般具有重影性的投影视图)。

(3) 在已知投影上取特殊位置点,即截交线上、下、左、右、前、后的极值点及转向轮廓线上的点,求出其他投影。

(4) 在已知投影上作一般位置点,利用圆柱投影的重影性求其他投影。

(5) 光滑地连接各点的投影,判别可见性,擦去多余的线条,整理轮廓。

4.3.2.2　圆锥被平面截切

圆锥被平面截切时,截平面与圆锥的相对位置不同,产生的截交线可能是圆、椭圆、抛物线或双曲线;当截切平面通过圆锥顶点时,其截交线为过锥顶的两直线,见表 4 - 6。

表 4 - 6　平面与圆锥的交线

截面位置	垂直于轴线	与所有素线相交	平行于一条素线	平行于轴线	过锥顶
截交线	圆	椭圆	抛物线	双曲线	相交二直线
轴测图	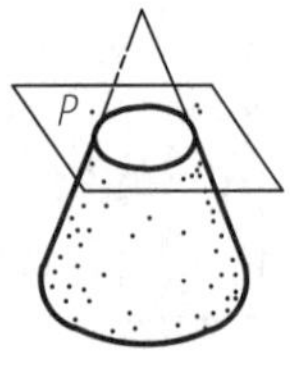 P	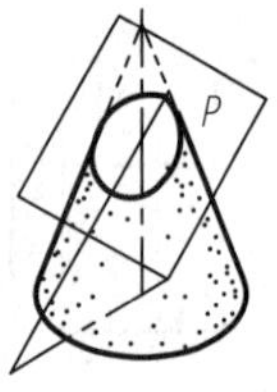 P	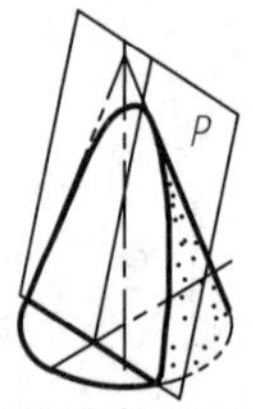 P	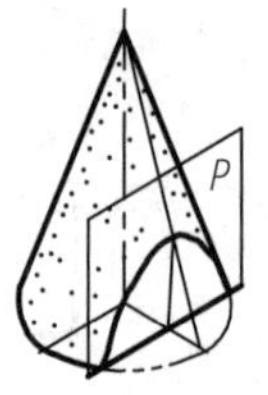 P	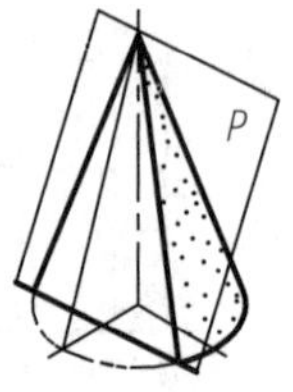 P
投影图	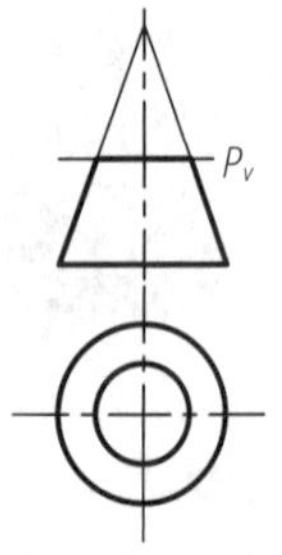 P_V	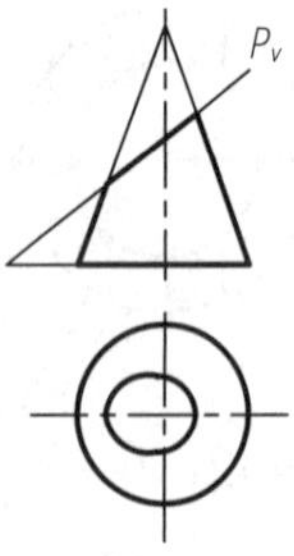 P_V	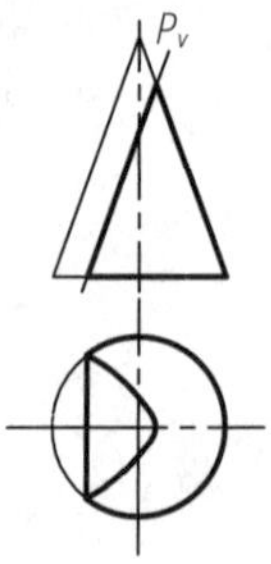 P_V	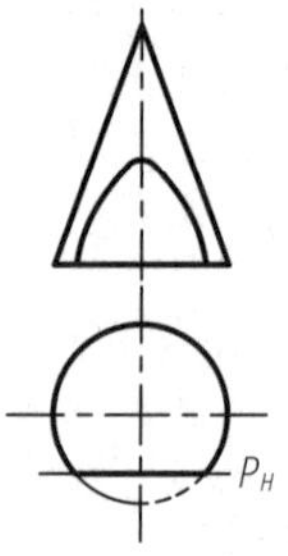 P_H	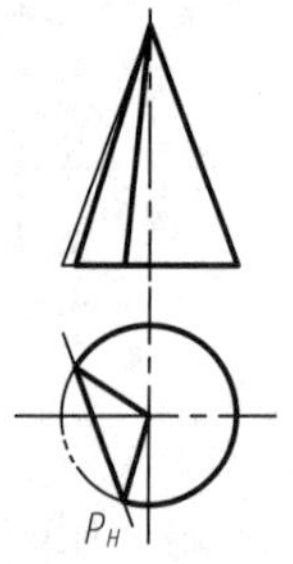 P_H

4.3.2.3　圆球被平面截切

圆球被平面截切,不论平面与圆球的相对位置如何,其截交线都是圆,见表 4 - 7。但由于截切平面对投影面的相对位置不同,所得截交线(圆)的投影不同。例如,当圆球被水平面截切时,所得截交线为水平圆,该圆的正面投影和侧面投影为一条直线,该直线的长度等于所截水平圆的直径,其水平投影反映该圆实形。截切平面距球心越近,截交圆的直径越大。如果截切平面为投影面的垂直面，则截交线的两个投影是椭圆。

表 4-7　平面与球的交线

截平面位置	投影面平行面	投影面垂直面
截交线形状	圆	圆
立体图		
投影图		

根据上述基本立体截交线的作图方法，画切割型几何体的投影图时应注意：

(1) 画图顺序。先想象出物体原型的三面投影，便于根据截平面的位置按照表 4-4、表 4-6、表 4-7 列举的情况分析截交线的形状，再画出具有积聚性的截平面的投影，以体现切口、凹槽的形状；然后按点的投影规律求出特殊点的其他投影（平面立体先求棱线上截交线交点的投影，曲面立体先求转向线上点的投影）；最后求出一般点的投影。

(2) 回转体截交线投影的关键是特殊点。特殊点一般取自截交线投影积聚成直线的投影面，常指最高、最低点，或最前、最后点，或最左、最右点，它们是立体表面的点，应用表面取点法即可求出这些特殊点的其他投影，由特殊点就可以确定截交线的大致轮廓。

(3) 连线顺序。只有位于同一棱面或同一曲面上点的投影才能连线，应逐个面依次连续进行连接，并使其首尾连接，形成一个封闭的多边形。

(4) 不要遗漏立体上原有的轮廓线、切割后存留轮廓线的投影；不要多画已被切去的轮廓线的投影。

日常生活中切割型立体有很多，不妨拓展一下思路，分析图 4-23 中各切割型几何体表面截交线的投影。

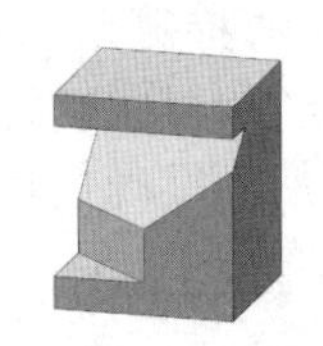

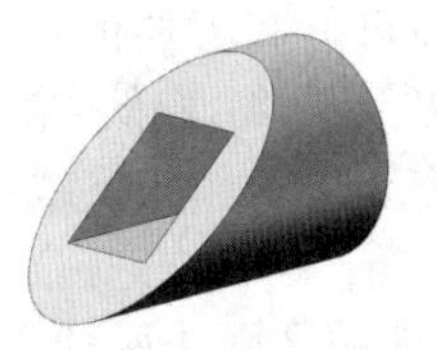
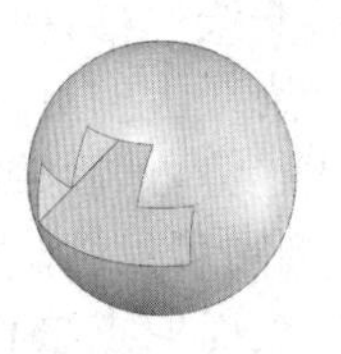
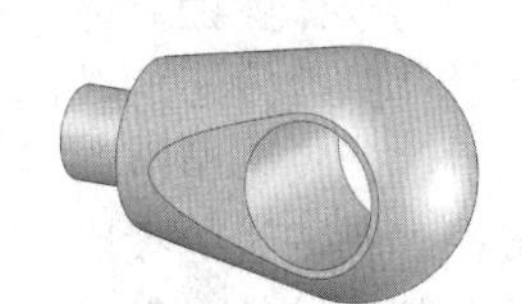

图 4-23　切割型几何体的表面截交线

4.4 叠加型几何体的投影

工程中的零件形状除了采用切割方式形成外,还有很多是基本几何形体以不同方式叠加而成的,如图 4-24 所示的组合体。

在工程中把两个立体相交称为相贯,其表面产生的交线称为相贯线。为了清晰地表示出相交立体的各部分形状和相对位置,必须正确绘制出相交部分的相贯线。不论是平面立体与曲面立体相交,还是曲面立体与曲面立体相交,均是如此。下面针对各种叠加组合方式产生的交线的投影进行分析,重点讨论两立体相交时相贯线的画法。

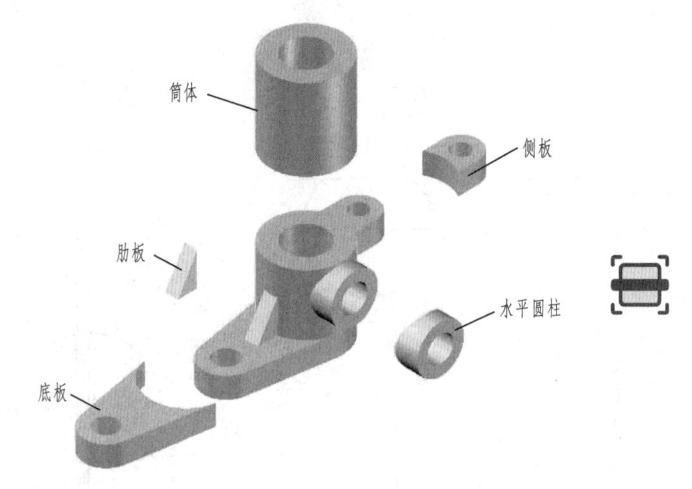

图 4-24 叠加式几何形体

4.4.1 两立体相交的表面相贯线

两立体相交产生的相贯线的形状可以说是千变万化,因立体的形状和相对位置不同而不同,如图 4-25 所示。

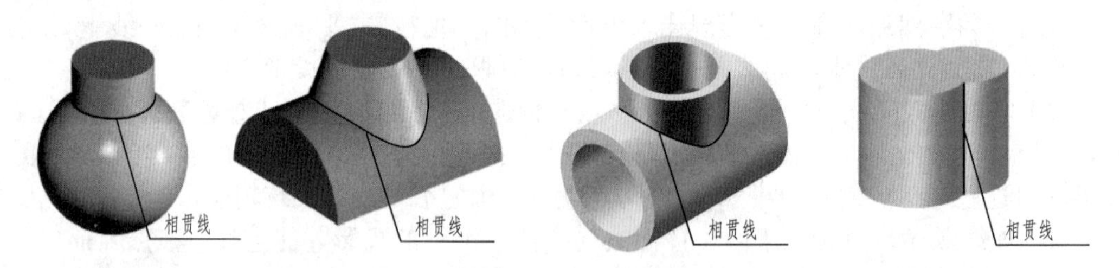

图 4-25 两个立体相交时表面的相贯线

相贯线的形状一般是封闭的空间曲线,特殊情况下,可以是平面曲线或直线。

求作两曲面立体的相贯线的投影时,一般是先作出相贯线上的一些点的投影,再将这些点的投影光滑连接成相贯线的投影。当两个立体中有一个立体表面的投影具有积聚性时,可以用在曲面立体表面上取点的方法作出这些点的投影。

与求作曲面立体的截交线一样,应在可能和方便的情况下,先作出相贯线上的特殊点,如相贯体曲面投影的转向轮廓线上的点,以及最高、最低、最左、最右、最前、最后点等,以便确定相贯线的投影范围和变化趋势,然后按需要再求作相贯线上一些其他的一般点,从而准确地连接得到相贯线的投影,并判别可见性。

相贯线的求解方法有表面取点法和辅助平面法两种,下面分别进行介绍。

4.4.1.1　表面取点法

两回转体相交，如果其中有一个是圆柱，且轴线垂直于某个投影面，则相贯线在该投影面上的投影就重合在圆柱面的有积聚性的投影上，即该投影面的相贯线已知。利用这个已知投影，在其上取一系列点，按曲面立体表面上取点的方法，求出它们的投影，这种方法即表面取点法。

例 4-6　如图 4-26 所示，两圆柱垂直相交，求作两圆柱的相贯线的投影。

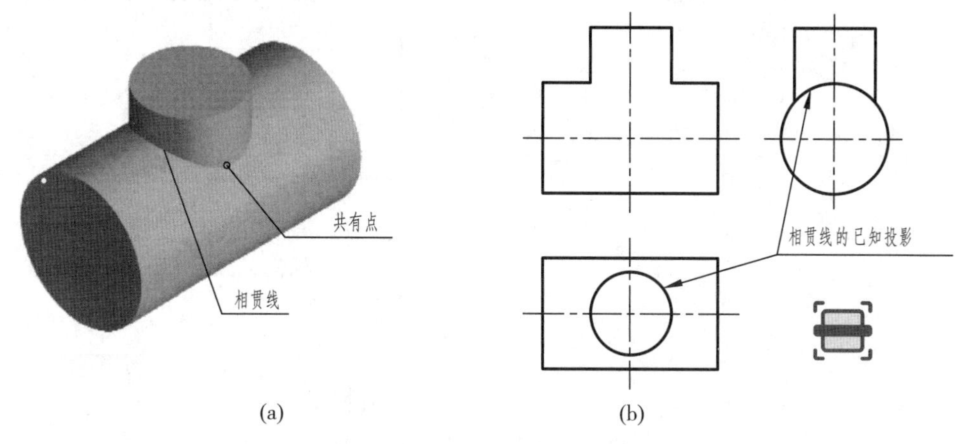

(a)　　(b)

图 4-26　求两正交圆柱的相贯线

分析　两圆柱的轴线垂直相交称为正交，前后对称，左右对称，小圆柱全部穿进大圆柱。因此，相贯线是一条封闭的空间曲线。

小圆柱轴线垂直于水平投影面，所以小圆柱面的水平投影具有积聚性，投影为圆，相贯线的水平投影也积聚在此圆周上，因而相贯线的水平投影已知。

大圆柱的轴线垂直于侧立投影面，其表面在侧面上投影具有积聚性，相贯线的侧面投影也一定和大圆柱的侧面投影的圆周重合，但必定是与小圆柱共有的一段重合，所以相贯线的侧面投影也已知。

因此只需求出相贯线的正面投影，于是问题就可归结为已知相贯线的水平投影和侧面投影，求作它的正面投影。可以看作已知圆柱面上两个投影点求其他一个面的投影点问题，具体过程见 4.3.2 节所述。

解　应用圆柱面上取点的方法，先作出相贯线上的一些特殊点，再作出一些一般点的投影，然后按顺序连线，绘出相贯线的投影。具体作图过程见表 4-8。

表 4-8　表面取点法求两正交圆柱的相贯线

作图步骤	图　例
1. 求特殊点。先在相贯线的水平投影上，定出最左点Ⅰ、最右点Ⅰ、最前点Ⅲ、最后点Ⅳ的投影 1、2、3、4，再在相贯线的侧面投影上相应地作出 1″、2″、3″、4″。利用点的投影规律，由水平投影 1、2、3、4 和侧面投影 1″、2″、3″、4″即可作出正面投影 1′、2′、3′、4′。可以看出：Ⅰ、Ⅱ是相贯线上的最高点，Ⅲ、Ⅳ是相贯线上的最低点	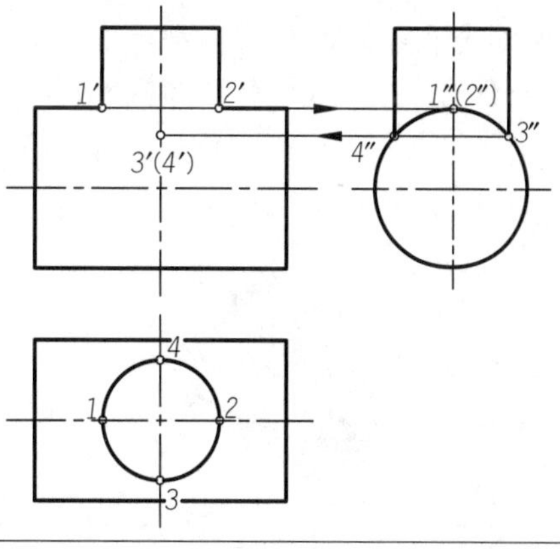

续表

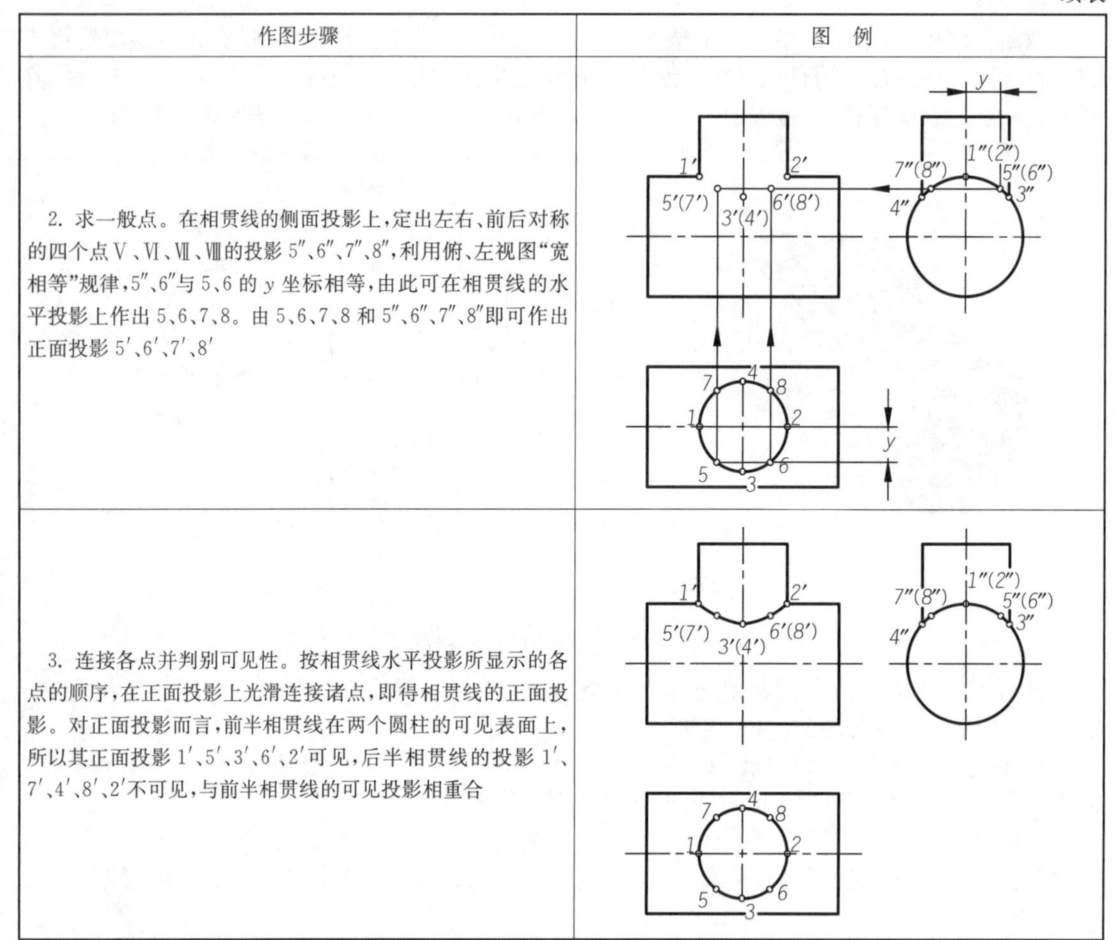

作图步骤	图　例
2. 求一般点。在相贯线的侧面投影上,定出左右、前后对称的四个点Ⅴ、Ⅵ、Ⅶ、Ⅷ的投影 5″、6″、7″、8″,利用俯、左视图“宽相等”规律,5″、6″与 5、6 的 y 坐标相等,由此可在相贯线的水平投影上作出 5、6、7、8。由 5、6、7、8 和 5″、6″、7″、8″即可作出正面投影 5′、6′、7′、8′	
3. 连接各点并判别可见性。按相贯线水平投影所显示的各点的顺序,在正面投影上光滑连接诸点,即得相贯线的正面投影。对正面投影而言,前半相贯线在两个圆柱的可见表面上,所以其正面投影 1′、5′、3′、6′、2′可见,后半相贯线的投影 1′、7′、4′、8′、2′不可见,与前半相贯线的可见投影相重合	

圆柱与圆柱垂直相交(正交),其相贯线的作图步骤一般如下:

(1) 形体分析,想象已知投影图的空间形状。

(2) 根据圆柱的积聚性投影,确定相贯线的已知投影。

(3) 在已知投影上取特殊位置点,即上、下、左、右、前、后转向轮廓线上的点。

(4) 在已知投影上取一般位置点,用立体表面取点法求它们的其他投影。

(5) 判别可见性,光滑连接各点的投影,擦去多余线条。

两轴线垂直相交的圆柱,在零件上是最常见的形体,它们的相贯线除了两实心圆柱外表面相交外,还有圆柱孔内表面与实圆柱外表面相交、两圆柱孔内表面相交,共三种形式,见表 4-9。

表 4-9　圆柱与圆柱垂直相交的三种情况

相交形式	两实心圆柱相交	圆柱孔与实心圆柱相交	两圆柱孔相交
立体图示			

续表

相交形式	两实心圆柱相交	圆柱孔与实心圆柱相交	两圆柱孔相交
相交情况	小的实心圆柱全部贯穿大的实心圆柱，相贯线是上下对称的两条封闭的空间曲线	圆柱孔全部贯穿实心圆柱，相贯线也是上下对称的两条封闭的空间曲线，即圆柱孔的上下孔口曲线	长方体内部两个孔的圆柱面的交线，同样是上下对称的两条封闭的空间曲线
投影图	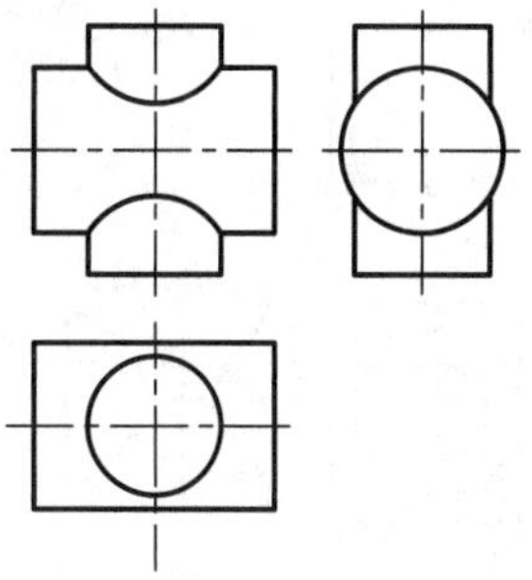	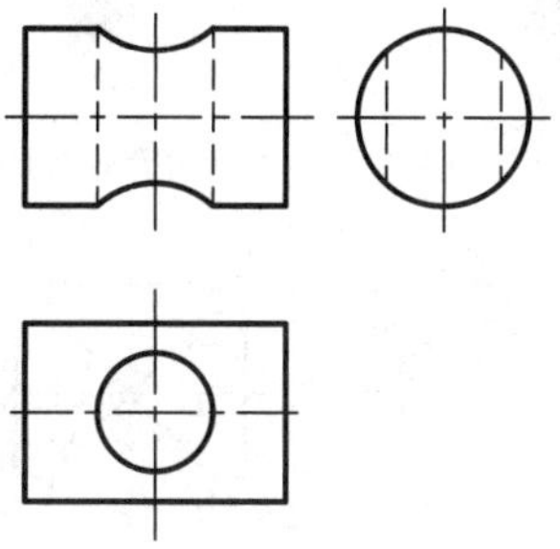	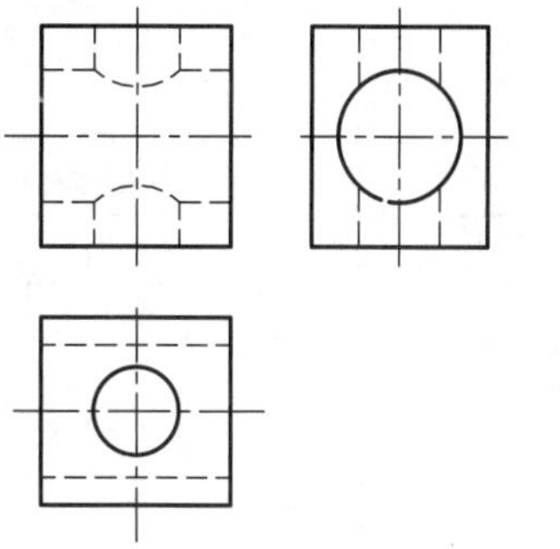

当两圆柱轴线正交时，圆柱直径大小的变化会使相贯线形状发生影响，表 4 - 10 显示了其变化趋势，从中可以看出圆柱相贯线的弯曲方向总是朝向直径大的圆柱的轴线。当相贯两圆柱直径相等时，两圆柱表面公切于一个球面，相贯线为两条平面曲线——椭圆，且椭圆平面垂直于两圆柱轴线确定的平面。

表 4 - 10 轴线垂直相交的两实心圆柱直径大小的相对变化对相贯线弯曲方向的影响

两圆柱直径的关系	水平圆柱较大	两圆柱直径相等	水平圆柱较小
立体图示	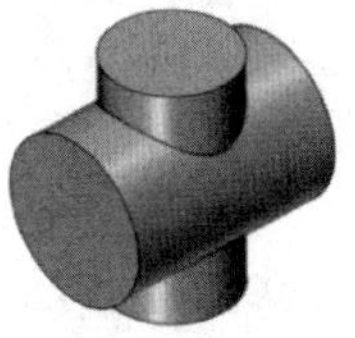	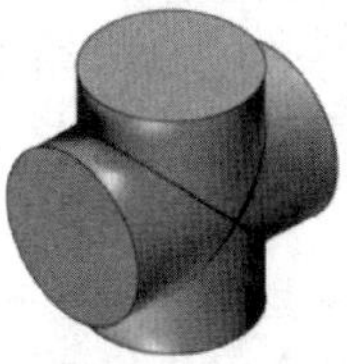	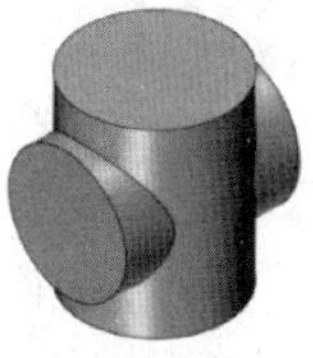
相贯线特点	上下两条空间曲线	两个互相垂直的椭圆	左右两条空间曲线
投影图	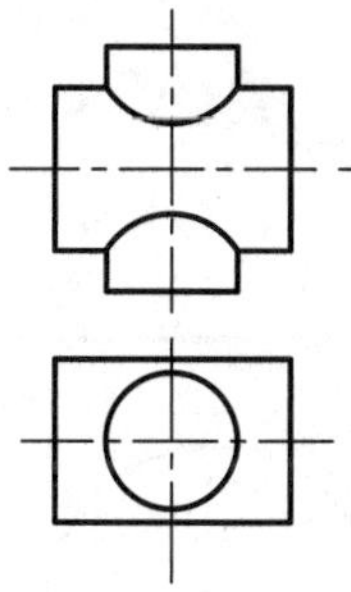	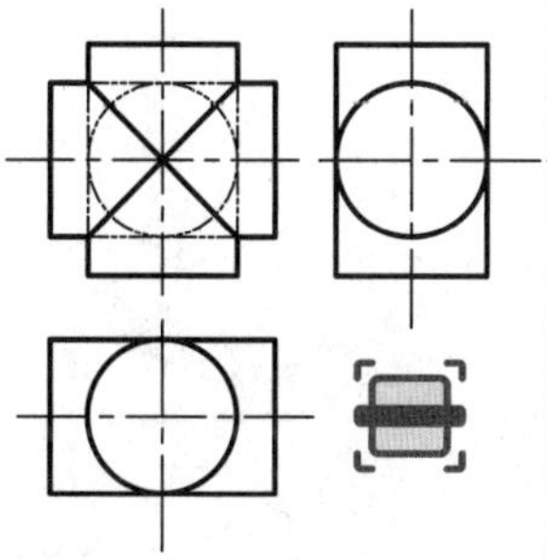	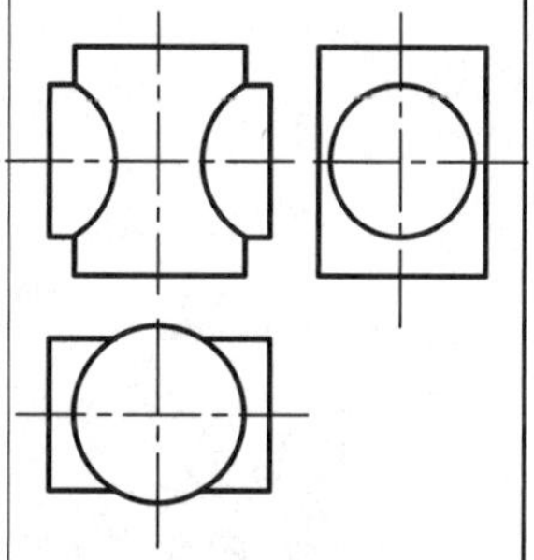

日常生活中常见的管路连接，存在比较多的两空心圆柱正交的情况，例如表 4 - 11 所示投影图。

表 4－11　两空心圆柱正交的情况

两圆柱直径的关系	水平圆柱较大	两圆柱直径相等	水平圆柱较小
立体图示			
相贯线特点	内外均为上下两条空间曲线	内外均为两个互相垂直的椭圆	内外均为左右两条空间曲线
投影图			

4.4.1.2　辅助平面法

有些曲面立体,例如圆锥、圆球等,它们的投影没有积聚性,这些立体的相贯线不能像圆柱体一样利用积聚性来作出,它们需要通过作辅助平面来求解。

如图 4－27 所示,求作两曲面立体的相贯线时,假设作一个辅助平面截切两相贯体,分别得到两组截交线。两组截交线的交点是两个相贯体表面和辅助平面的共有点(三面共点),此即相贯线上的点。作若干个辅助平面可求得若干个点的投影,光滑连接这些点,便得到相贯线的投影。

为了能简便地作出相贯线上的点,辅助平面应选取特殊位置平面,如选取平行面作为辅助平面,而且截切位置应当恰当,不仅要与两立体表面同时相交,也要使截切后的截交线形状简单易求,一般为直线或平行于投影面的圆。

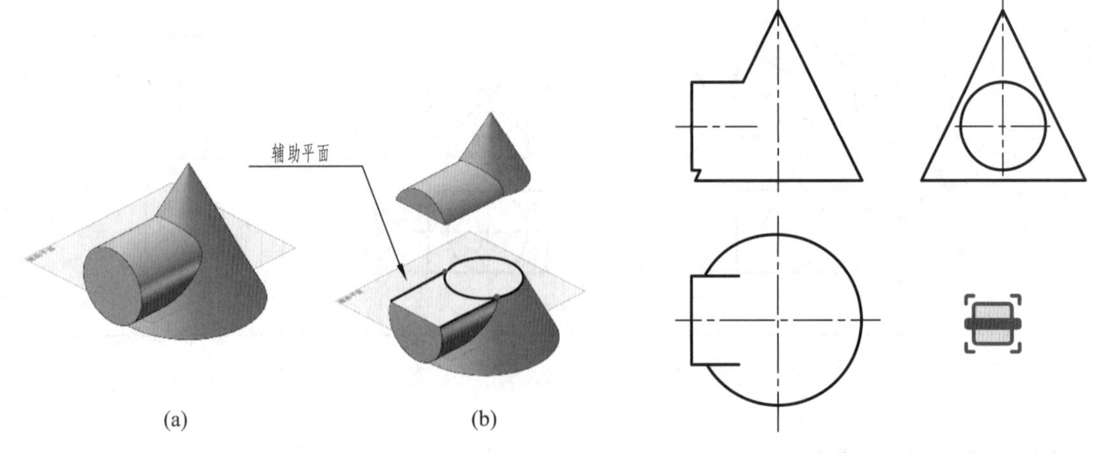

图 4－27　用辅助平面法求作圆柱与圆锥的相贯线

图 4－28　求作圆柱与圆锥的相贯线

例 4－7　求作如图 4－28 所示圆柱与圆锥相交的相贯线投影。

分析　图 4－28 中圆柱与圆锥相交的空间形状如图 4－27(a)所示,圆柱在左侧与圆锥相交，相交的圆柱和圆锥具有公共的前后对称面，故相贯线前后对称。又由于圆柱的轴线垂直于侧平面，圆柱的侧面投影有积聚性。根据相贯线的性质，该两曲面立体相贯线的侧面投影必定积聚在圆柱侧面投影的圆周上，故需要求作的是相贯线的正面投影和水平投影。

采用辅助平面法来求解，为使辅助平面与立体的截交线简单易求，可选用水平面作辅助平面。它与圆柱表面的交线为矩形，与圆锥表面的交线为圆，见图 4－27(b)。两组截交线的交点即为相贯线上的点。

辅助平面法求圆柱与圆锥相交的相贯线投影的作图步骤见表 4－12。

表 4－12　辅助平面法求圆柱与圆锥相交的相贯线投影作图过程

作图步骤	图例
1. 求特殊点投影。从相贯线已知的侧面投影入手，标写最高点Ⅰ的投影 1″、最低点Ⅱ的投影 2″，它们的正面投影 1′、2′和水平投影 1、2 可由点的从属关系直接求得；过最前、最后点Ⅲ、Ⅳ的侧面投影 3″、4″作一水平辅助面 P (P_V、P_W)，该辅助面与圆柱交线的水平投影是圆柱水平投影的转向轮廓线，与圆锥的交线是圆，它们在水平投影上的投影 3、4，也是相贯线水平投影可见和不可见的分界点，根据水平投影 3、4 和侧面投影 3″、4″可以按投影关系求出正面投影 3′、4′	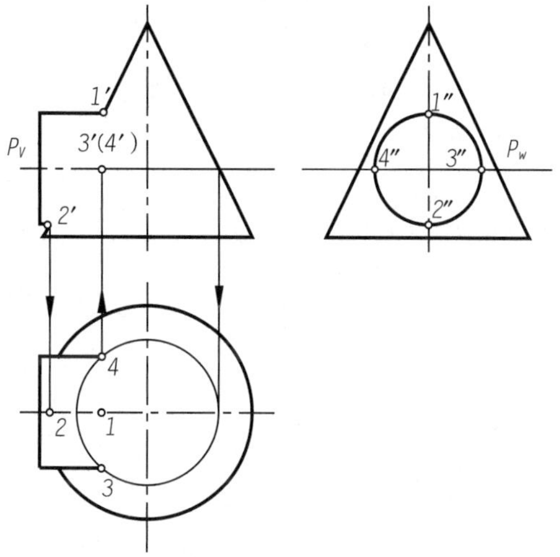
2. 求一般点投影。在相贯线投影范围内作水平辅助面 Q(Q_V、Q_W)和 R(R_V、R_W)，同样它们与圆柱交线的水平投影为矩形，与圆锥的交线的水平投影为圆，它们的侧面投影为 5″、6″、7″、8″，水平投影的交点即为Ⅴ、Ⅵ、Ⅶ、Ⅷ点的水平投影 5、6、7、8，根据投影关系再求出正面投影 5′、6′、7′、8′	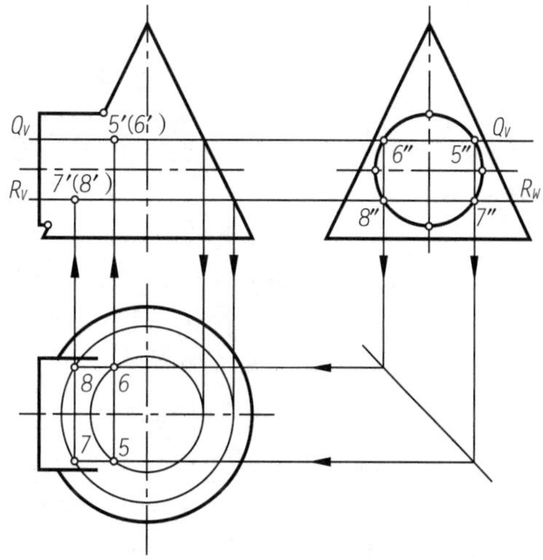

续表

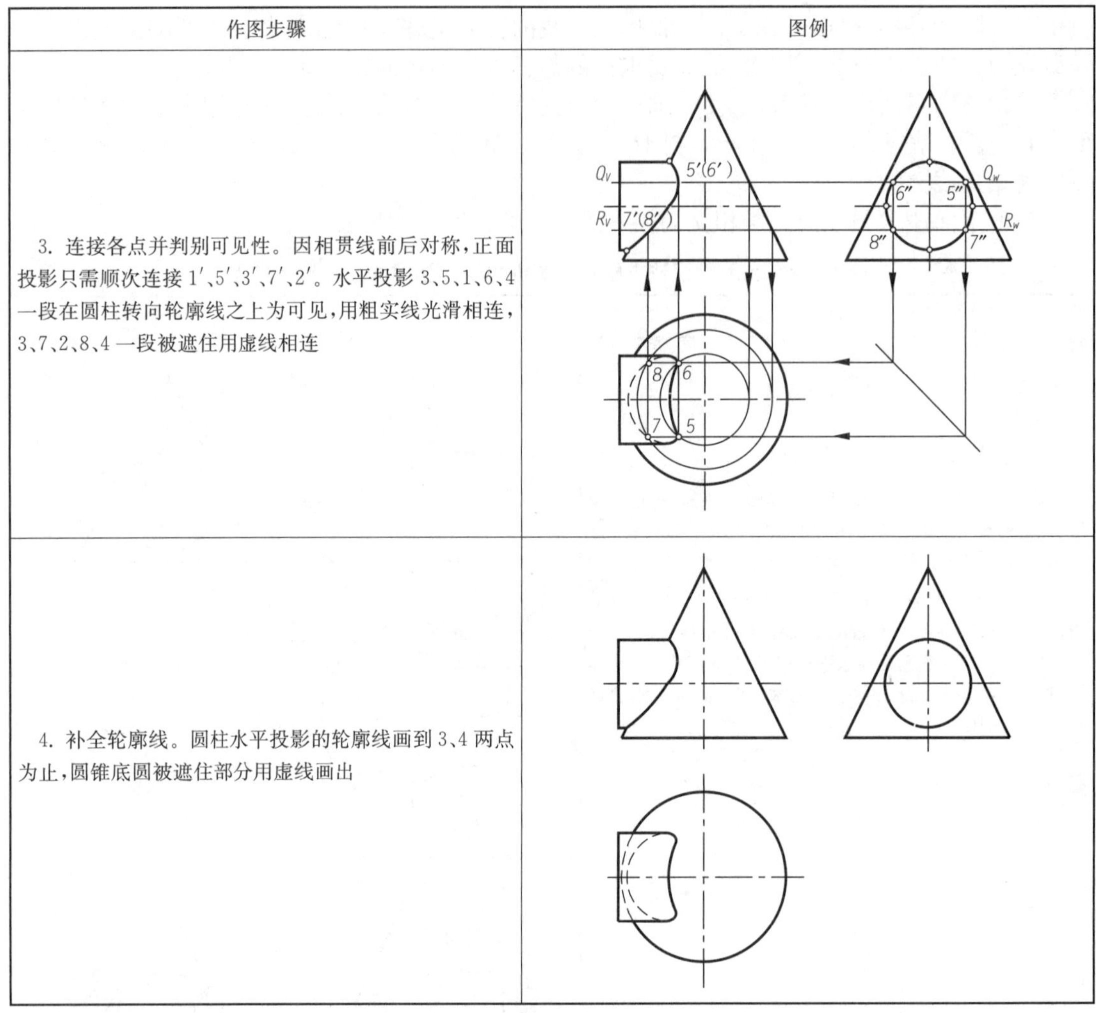

作图步骤	图例
3. 连接各点并判别可见性。因相贯线前后对称,正面投影只需顺次连接1′、5′、3′、7′、2′。水平投影3、5、1、6、4一段在圆柱转向轮廓线之上为可见,用粗实线光滑相连,3、7、2、8、4一段被遮住用虚线相连	
4. 补全轮廓线。圆柱水平投影的轮廓线画到3、4两点为止,圆锥底圆被遮住部分用虚线画出	

例4-8　试求图4-29所示圆柱与球相交的相贯线的投影。

分析　由图4-29可知,该形体为圆柱与球的轴线垂直相交,相贯线为封闭的空间曲线,前后对称。由于圆柱轴线垂直于侧面,所以相贯线的侧面投影积聚在圆柱的侧面投影圆周上,故只需求它的正面投影和水平投影。根据辅助平面选取的原则,本例可选水平面、正平面、侧平面中的任意一种,下面以水平面作辅助平面进行求解。

作图步骤见表4-13。

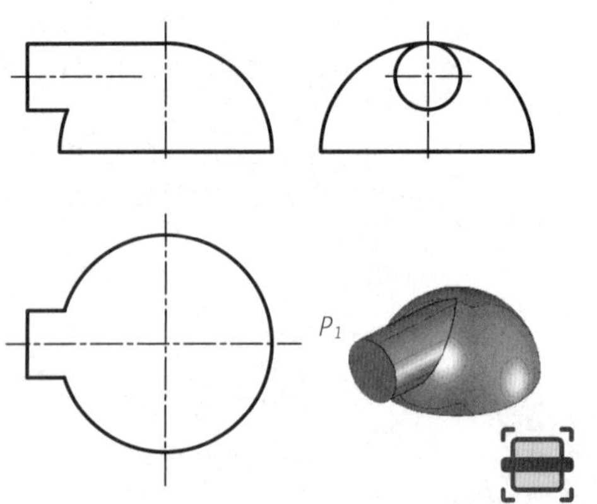

图4-29　求圆柱与球相交的相贯线的投影

表 4-13 辅助平面法求圆柱与球相交的相贯线的投影作图过程

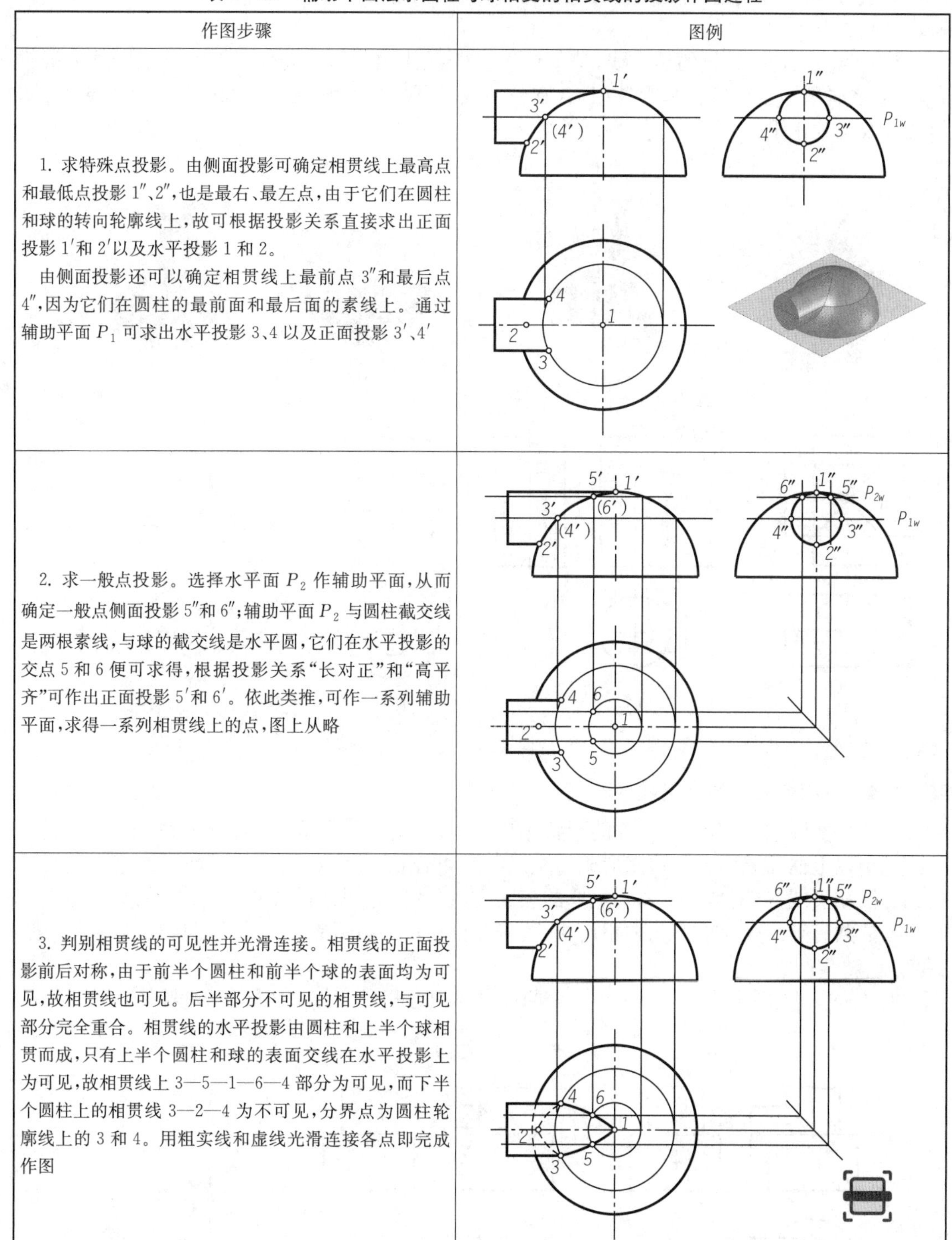

作图步骤	图例
1. 求特殊点投影。由侧面投影可确定相贯线上最高点和最低点投影 1″、2″，也是最右、最左点，由于它们在圆柱和球的转向轮廓线上，故可根据投影关系直接求出正面投影 1′和 2′以及水平投影 1 和 2。 由侧面投影还可以确定相贯线上最前点 3″和最后点 4″，因为它们在圆柱的最前面和最后面的素线上。通过辅助平面 P_1 可求出水平投影 3、4 以及正面投影 3′、4′	
2. 求一般点投影。选择水平面 P_2 作辅助平面，从而确定一般点侧面投影 5″和 6″；辅助平面 P_2 与圆柱截交线是两根素线，与球的截交线是水平圆，它们在水平投影的交点 5 和 6 便可求得，根据投影关系“长对正”和“高平齐”可作出正面投影 5′和 6′。依此类推，可作一系列辅助平面，求得一系列相贯线上的点，图上从略	
3. 判别相贯线的可见性并光滑连接。相贯线的正面投影前后对称，由于前半个圆柱和前半个球的表面均为可见，故相贯线也可见。后半部分不可见的相贯线，与可见部分完全重合。相贯线的水平投影由圆柱和上半个球相贯而成，只有上半个圆柱和球的表面交线在水平投影上为可见，故相贯线上 3—5—1—6—4 部分为可见，而下半个圆柱上的相贯线 3—2—4 为不可见，分界点为圆柱轮廓线上的 3 和 4。用粗实线和虚线光滑连接各点即完成作图	

4.4.2 相贯线的特殊情况

一般情况下，两回转体的相贯线是空间曲线，但在一些特殊情况下，也可能是平面曲线或直线。下面介绍相贯线为平面曲线的两种比较常见的特殊情况。

(1) 两圆柱轴线相交、直径相等时，其相贯线是两个椭圆，若椭圆是投影面的垂直面，其投影积聚成直线段。如图 4 - 30(a)所示。另外,两圆柱轴线平行时,其相贯线如图 4 - 30(b)所示。

(2) 两个同轴回转体的相贯线,是垂直于轴线的圆,如图 4 - 30(c)(d)所示的圆柱和圆锥相贯(二者轴线重合)、圆柱和圆球相贯(圆柱轴线过圆球球心),由于它们的轴线都是铅垂线,故相贯线均为水平圆。

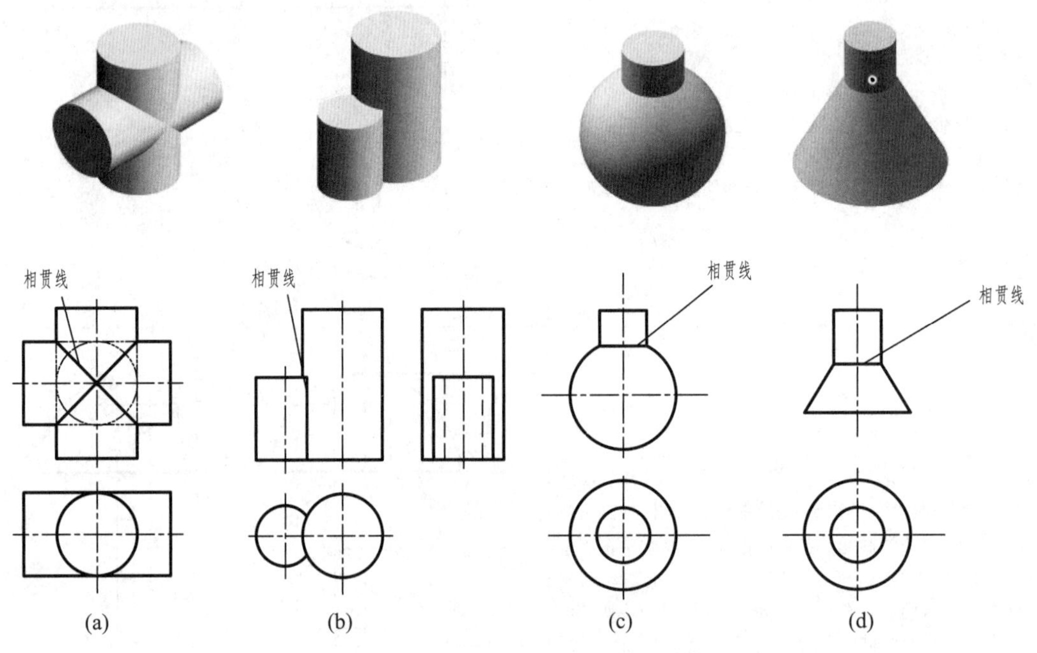

图 4 - 30　两回转体相贯线的特殊情况

4.4.3　组合立体的相贯线

在工程实际中,常有一些机件的形状比较复杂,出现多个曲面立体相交的情况。我们把三个或三个以上曲面立体组合相交形成的交线称为组合相贯线,如图 4 - 31 所示。组合相贯线中的各段相贯线,分别是其中两个立体的表面交线;各段相贯线的连接点,则是相交物体上三个表面的共有点。因此求作此类相贯线时,先要分别求出两两曲面立体的相贯线,再求出其连接点。

例 4 - 9　分析图 4 - 31(a)所示三个曲面立体组合相交的相贯线的正面投影。

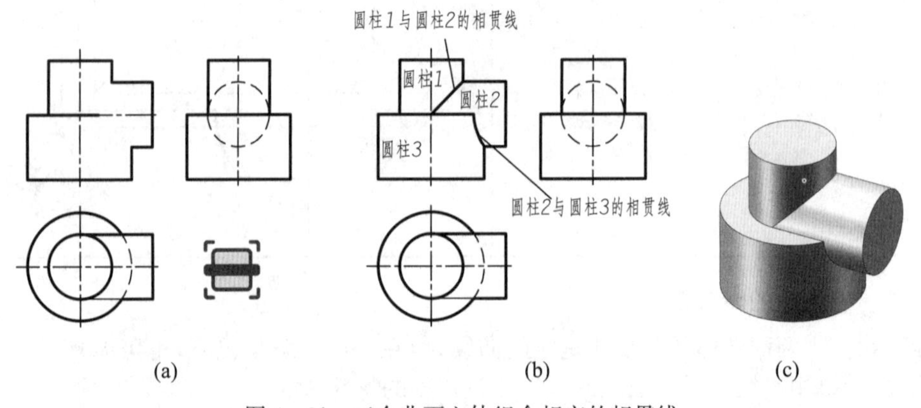

图 4 - 31　三个曲面立体组合相交的相贯线

分析　由图 4－32(b)可知，该相贯体由圆柱Ⅰ、圆柱Ⅱ、圆柱Ⅲ三部分组成，其中圆柱Ⅱ分别与圆柱Ⅰ和圆柱Ⅲ正交。因圆柱Ⅰ与圆柱Ⅱ等直径，故其相贯线为平面曲线，正面投影积聚为一条直线，圆柱Ⅱ和圆柱Ⅲ的相贯线的正面投影为曲线，其弯曲趋势朝向圆柱Ⅲ轴线方向，其空间立体图形如图 4－31(c)所示。

表 4－14 列出了三种几何形体组合相交的相贯线情况。

表 4－14　三种几何形体组合相交的相贯线

	几何体 1	几何体 2	几何体 3
立体图示			
投影图	圆柱与圆锥相贯线的已知投影 P_V P_W Q_V Q_W y	相贯线	圆柱与圆球相贯线的投影为平面曲线圆 圆柱与圆柱相贯线的投影 y

本章介绍了切割型几何体和叠加型几何体的投影，事实上叠加和切割是形成物体的两种分析形式，在许多情况下，叠加或切割并无严格界限，同一物体的形成往往既有叠加形式也有切割形式，所以一个组合体往往同时具有截交线和相贯线，如图 4－32 所示的组合体就存在多个立体叠加的交线。牢记截交线、相贯线在各种情况下的具体形状和作图方法，绘制组合体图形时才能迎刃而解。

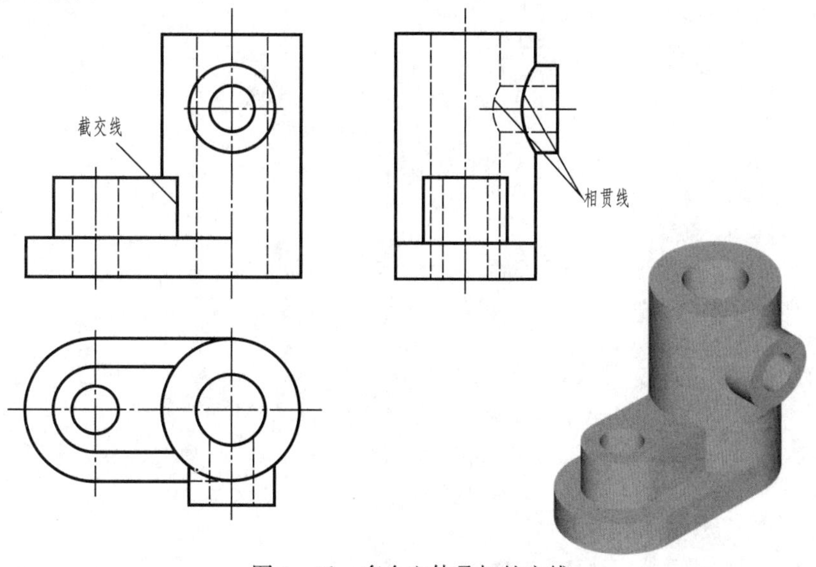

图 4－32　多个立体叠加的交线

提示:(1) 求解表面交线的作图问题,就是求立体表面上一系列共有点的投影。熟练掌握立体表面上找点的方法是求解截交线、相贯线的重要基础。

(2) 求解平面与立体的截交线以及两立体相贯的相贯线时,需要对形体进行空间分析和投影分析,搞清楚已知什么,需要求什么。

(3) 需要熟悉基本几何体、切割型几何体、叠加型几何体的投影特性。

(4) 要善于归纳它们的投影特征,利用表面取点法和辅助平面法进行作图。注意立体形状不同、相对位置不同时,截交线和相贯线的形状是不同的。

5 组合体视图的绘制及阅读

本章概要

介绍组合体视图的绘制和阅读的方法，组合体的尺寸标注。其中形体分析法和线面分析法是读图的主要方法，本章内容是后续识读零件图、装配图的基础。

5.1 组合体视图的绘制

为了正确、清晰、合理地表达工程上的各类物体，通常在绘制图样前需要对所画对象进行认真分析，即假想将一个物体分解为若干个基本形体，并了解这些基本形体的形状，以及各部分之间的相对位置、组合方式和表面连接关系等，形成整个组合体的完整概念，这种方法称为形体分析法，是一种化繁为简的分析方法。绘制组合体视图时，往往需要用到形体分析法。

5.1.1 组合形体相邻表面连接关系

组合形体可由两个或两个以上的单一形体通过不同方式组合形成。两形体之间相对位置不同，相邻表面连接关系也不同。形体表面连接关系一般有平齐、不平齐、相切、相交，见表5-1所示。

表5-1 组合形体相邻表面连接关系

连接关系	说明	图例
平齐	两形体堆积在一起，且某一方向相邻表面平齐时，两表面间无分界线。	无分界线
不平齐	若两形体组合时，相邻表面不平齐，则两表面间应有轮廓分界线	有分界线

续表

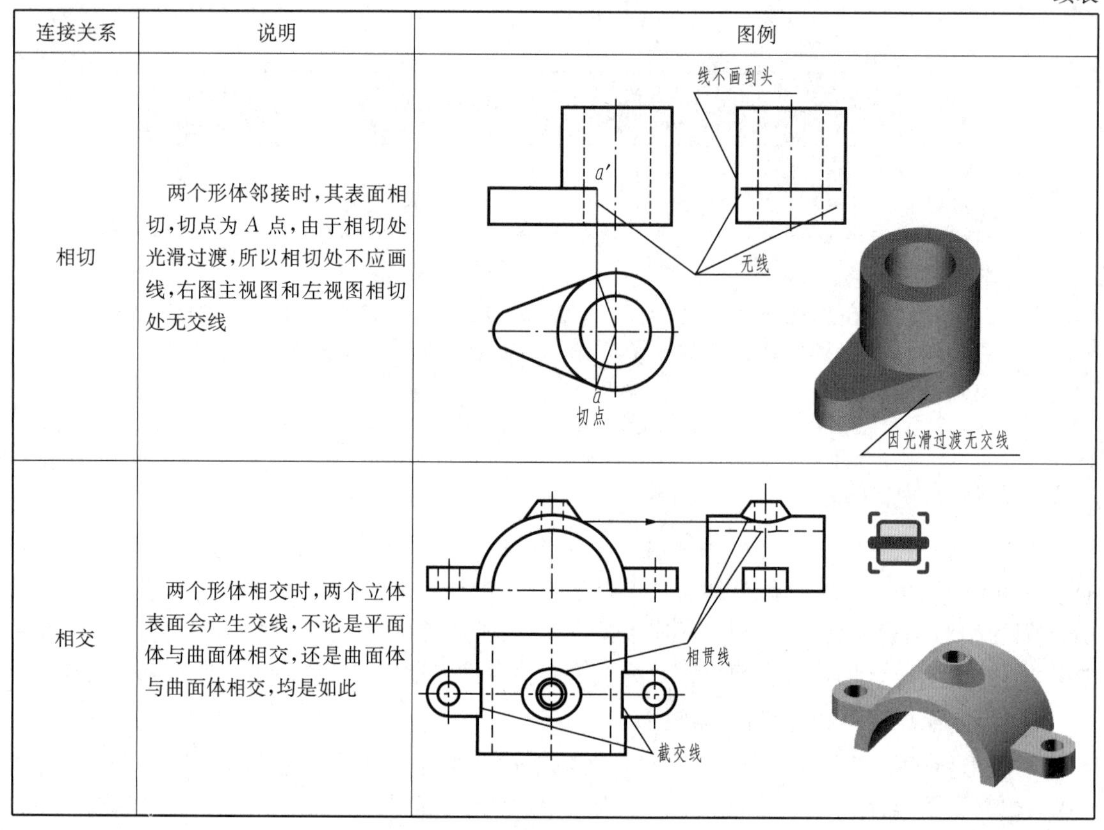

连接关系	说明	图例
相切	两个形体邻接时,其表面相切,切点为 A 点,由于相切处光滑过渡,所以相切处不应画线,右图主视图和左视图相切处无交线	
相交	两个形体相交时,两个立体表面会产生交线,不论是平面体与曲面体相交,还是曲面体与曲面体相交,均是如此	

注意:相邻表面相切时应注意切点的寻找,表 5-1 中的相切图例应从俯视图入手,过圆柱的圆心作相切轮廓线的垂线,垂足即为切点。再利用点的投影规律,由切点的水平投影可求得切点的正面投影和侧面投影。

特别要提醒的是,左视图切点以外无线,所以线不能画到头。

5.1.2 组合体视图的选择

绘制组合体视图时,应在形体分析的基础上,注意选好物体的安放位置、主视图投影方向及视图的数量。

(1) 安放位置。画视图时,物体一般可按自然位置放平,同时尽量使物体的主要表面平行或垂直于投影面,以便在视图上能更多地反映表面实形,从而使视图清晰、绘制方便。

(2) 主视图的投影方向。在表达空间物体时,合理地选择视图非常重要,而主视图的选择又是关键。通常选择反映物体形状特征最明显、各部分间相对位置最多的投射方向作为主视图投影方向。同时兼顾其他视图,使得能够合理利用图幅,且使虚线数量尽量少。

(3) 视图数的确定。为使形体的表达简洁明了,所选的视图数应尽可能少。

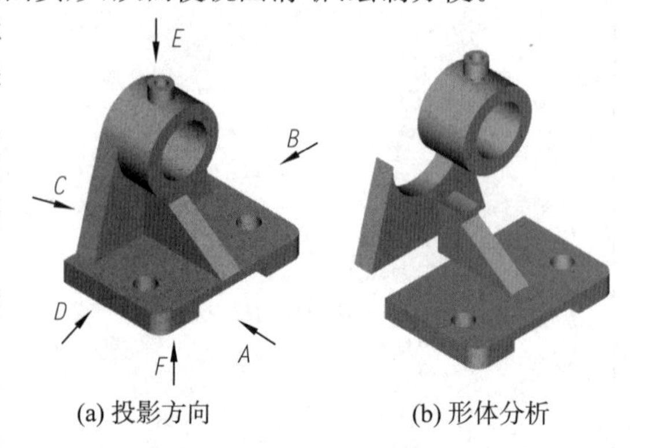

(a) 投影方向　　(b) 形体分析

图 5-1　轴承座主视图投影方向的选择

5.1.3 视图的绘制步骤

下面以图 5-1 所示轴承座为例,说明绘制视图的一般步骤。

（1）形体分析。经过分析，轴承座可由轴承、凸台、肋板、支承板和底板五个形体组成。其中，轴承和凸台均为回转体，肋板和支承板均为拉伸体。

（2）选定视图。该形体在 A、B、C、D、E、F 六个观察方向中，A 向和 B 向都反映了问题比较多的形状特征，可选择 A 向或 B 向作主视图的投影方向，现选定 A 向投影作主视图，它反映了轴承、凸台、支承板三部分的基面真实形状。物体自然放平，使底板平行于水平面，肋板平行于侧平面，此时俯视图反映了底板的顶面实形，左视图反映了肋板的基面实形，由此确定要表达清楚轴承座的形状必须用三个视图。

（3）选定作图比例和图纸幅面。在画图之前应根据物体的大小选定合适的作图比例，然后根据该比例选定图纸幅面。应注意所选幅面要留有足够的余地，以便标注尺寸和布置标题栏等。

（4）布置视图。按图纸幅面和三个视图长、宽、高的尺寸匀称地布置视图，不应笼统地将图纸幅面均分成四部分来布置。

（5）绘制轴承座的视图。弄清形体各部分的形状及相对位置关系，按照各块的主次，逐个画出它们的投影，正确表示各部分形体之间的表面连接关系，应用“三等规律”检查是否漏画交线、虚线，是否多画实线。具体步骤如图 5 - 2 所示。

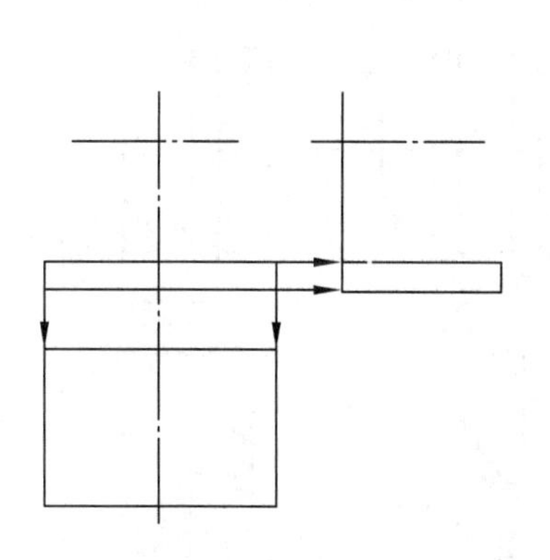

(a) 画出中心线和底板的轮廓线

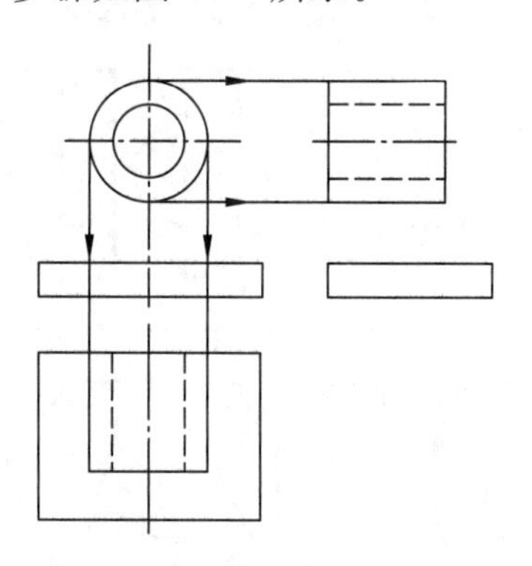

(b) 画出圆筒，注意从投影为圆的视图着手画

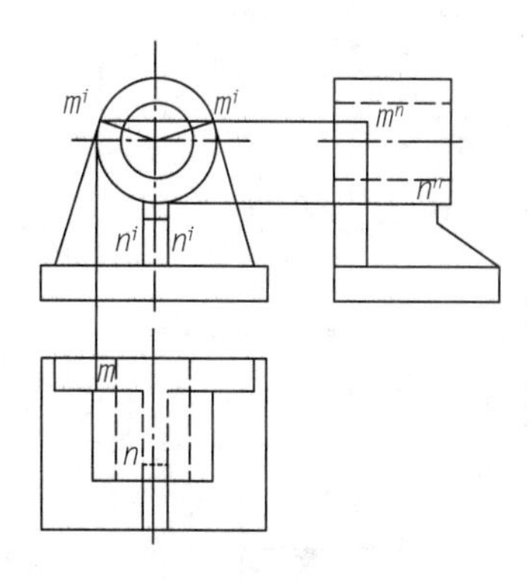

(c) 画出支承板和肋板，注意相交处交线的作图

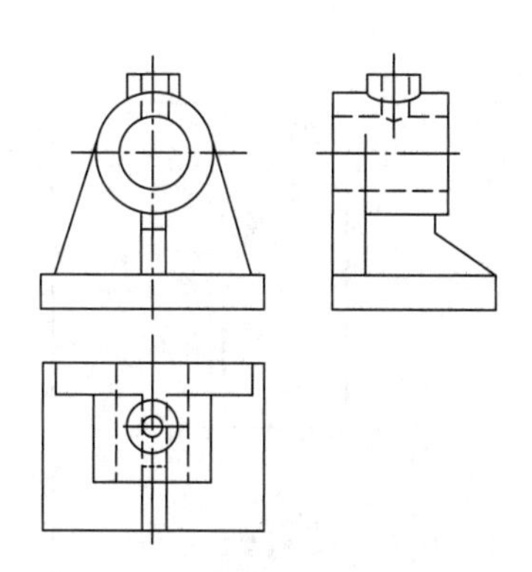

(d) 画出凸台，注意凸台和圆筒相交处相贯线的作图

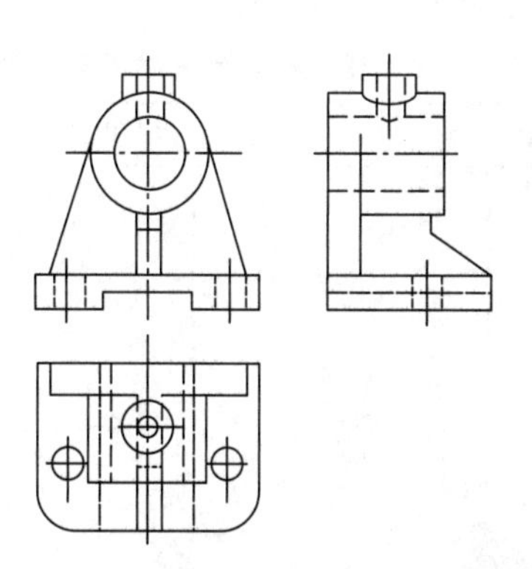

(e) 画出底板上小孔、圆角和下部开槽的投影

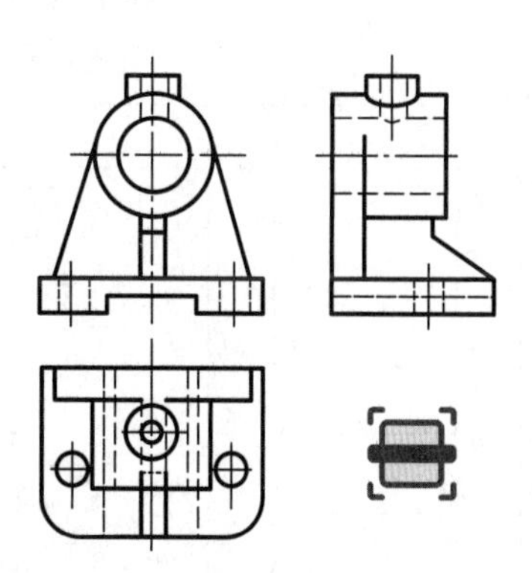

(f) 校核无误后，按制图标准中的线型要求加深轮廓线，完成作图

图 5 - 2　轴承座的画法

5.2　视图的阅读

绘图是应用投影的方法将空间形体表示在平面上,读图则是根据投影规律由平面上的视图想象出空间形体的实际形状,所以也可以说,读图是绘图的逆过程。

因此,读图时必须弄清楚“空间物体→平面图形”的投影关系,以及“平面图形→空间物体”的转化关系。读图的实质就是通过这种“正”向、“逆”向反复交叉的思维活动,经过分析、判断、想象,在大脑中想象出物体立体形象的过程,这是读图的基本思路。

要正确、迅速地读懂视图,应当不断地进行读图实践。首先要掌握读图的基本知识和读图的方法,才能逐步提高对形体的想象能力。

5.2.1　读图的基本知识

1. 弄清各视图间的投影关系,几个视图应联系起来看

一个视图一般是不能确定物体形状的,读图时不可孤立地只看一个视图。只有一个主视图时,左视图形状有多种可能性,如表5-2所示。

表5-2　一个主视图可想象出多种左视图

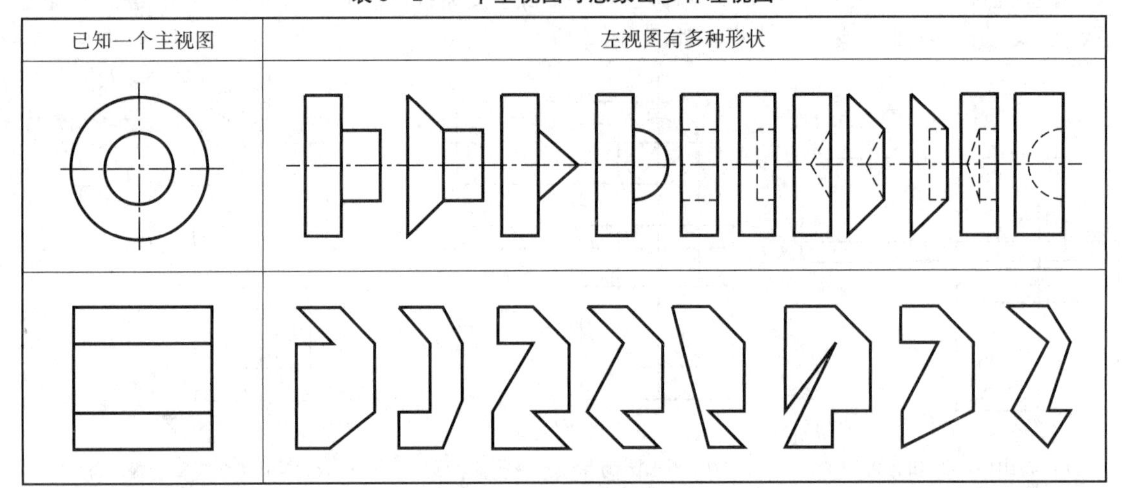

已知一个主视图	左视图有多种形状

有时两个视图也不能唯一确定物体的形状。如表5-3所示的物体,虽然其主、俯视图均相同,但是由于其左视图不同,它们的形状便是各不相同的。

表5-3　两个视图相同,第三视图不同的形体

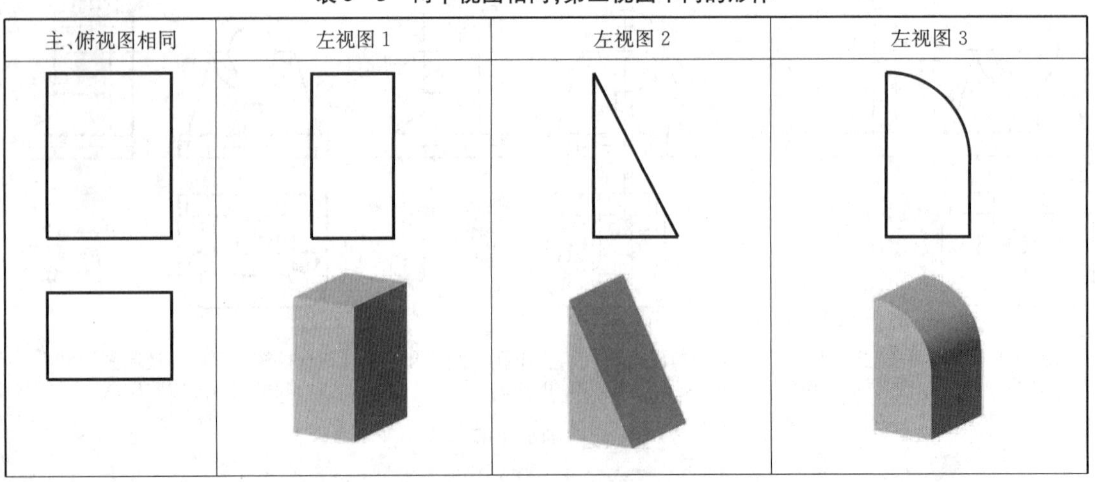

主、俯视图相同	左视图1	左视图2	左视图3

续表

主、俯视图相同	左视图 1	左视图 2	左视图 3

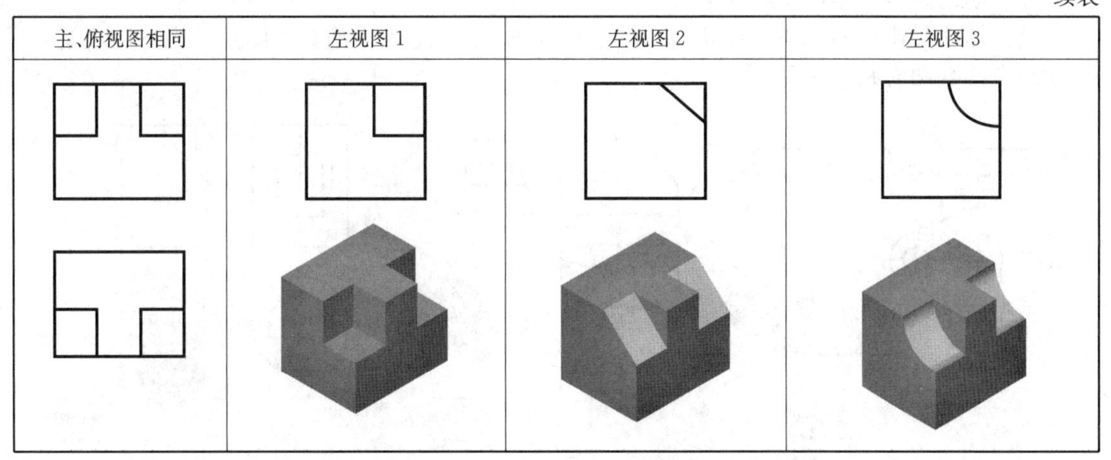

提示：读图时，不可孤立地看一个视图，要把几个视图联系起来看，才能想象出物体的正确形状。

2. 认清视图中线条和线框的含义

视图是由线条组成的，线条又组成一个个封闭的“线框”。因此识别视图中线条及线框的空间含义，也是读图的基本知识。由基本几何元素的投影特征分析可知，视图中的轮廓线(实线或虚线，直线或曲线)可以有三种含义[图 5-3(a)]：

(1) 表示物体上具有积聚性的平面或曲面，例如线 1；

(2) 表示物体上两个表面的交线，例如线 2；

(3) 表示曲面的轮廓素线，例如线 3。

视图中的封闭线框可以有以下四种含义[图 5-3(b)]：

(1) 表示一个平面，例如线框 1；

(2) 表示一个曲面，例如线框 2；

(3) 表示平面与曲面相切的组合面，例如线框 3；

(4) 表示一个空腔，例如圆弧 4。

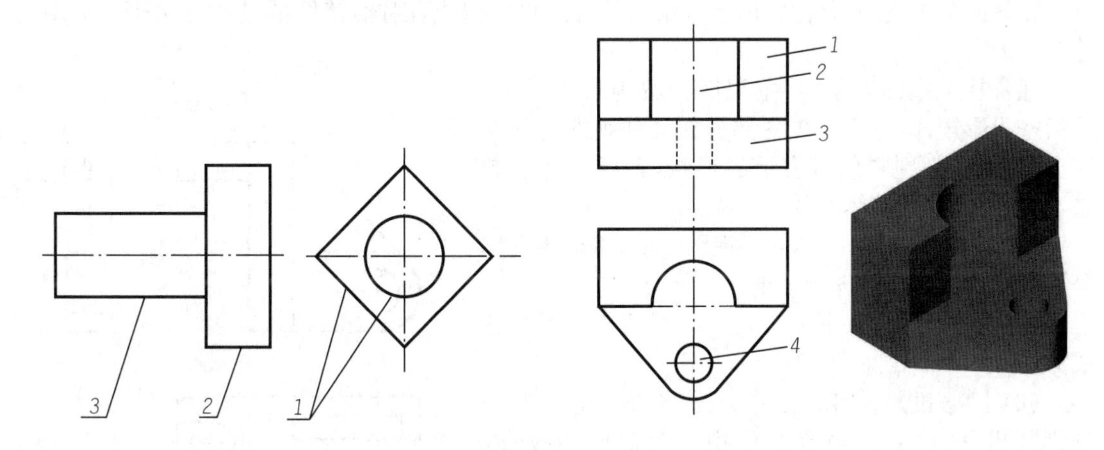

(a) 视图中线条的各种含义　　(b) 视图中线框的各种含义

图 5-3 视图中线条和线框的各种含义

3. 熟悉基本立体的视图

组合体往往由一些基本形体构成,如图5-4所示,熟悉这些基本形体及其视图的表达,对阅读组合体视图有很大帮助。

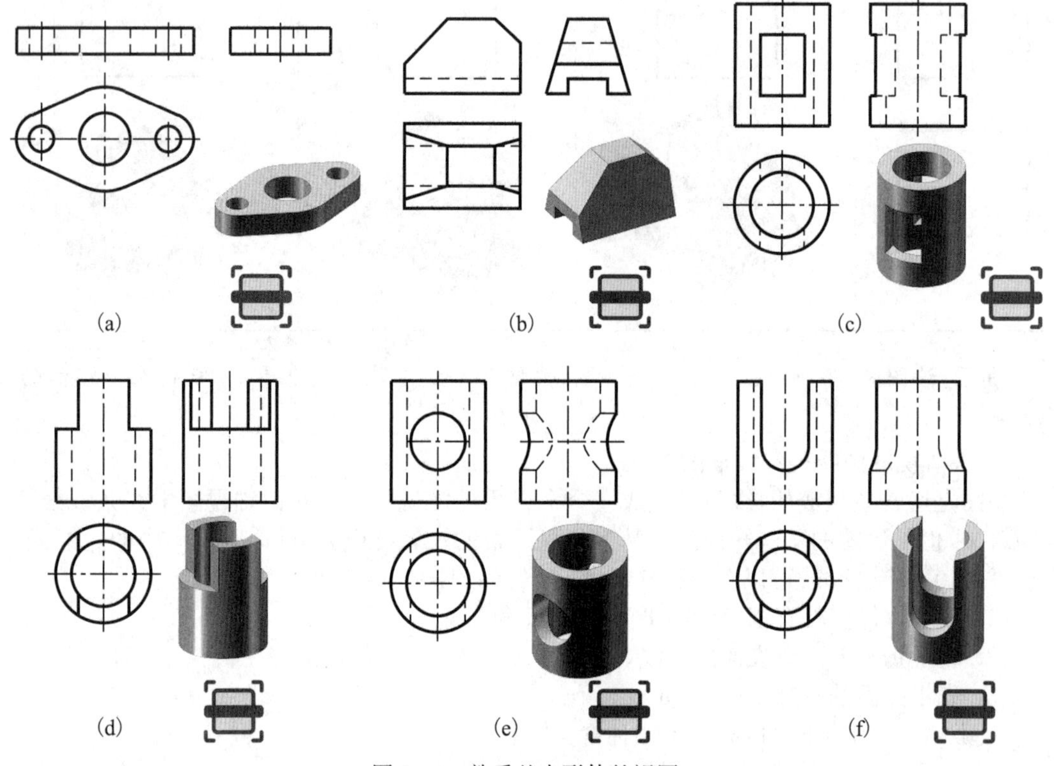

图5-4　熟悉基本形体的视图

5.2.2　读图的方法

5.2.2.1　形体分析法

物体的各个视图,是由物体上各组成部分的投影组成,因此,读图的基本方法仍是运用形体分析的方法。

通常从主视图着手,将主视图分解为若干部分,然后按投影规律,分别找出各部分在其他视图上的对应投影,逐个判别它们所表示的形状,最后再综合起来,想象出物体的整体形状。

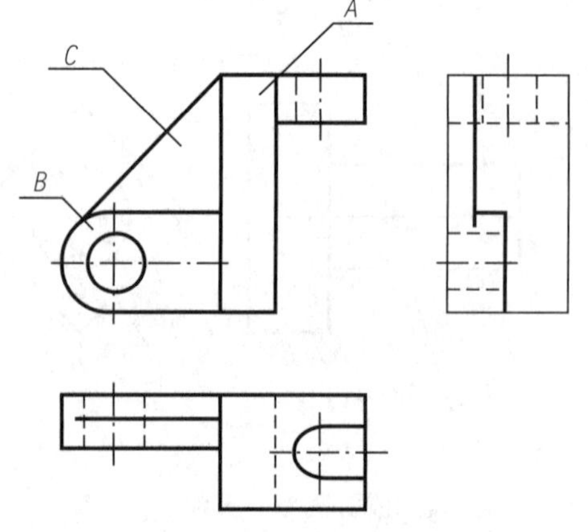

图5-5　物体的三视图

现以图5-5所示物体的三视图为例,将应用形体分析方法读图的步骤介绍如下:

(1) 分解视图。如图5-5所示,可将主视图分解成A、B、C三个线框。

(2) 根据投影规律"长对正、高平齐、宽相等",分别找出A、B、C线框在其他视图上对应的投影,逐个想象它们所表示的形状。分析过程如图5-6所示。

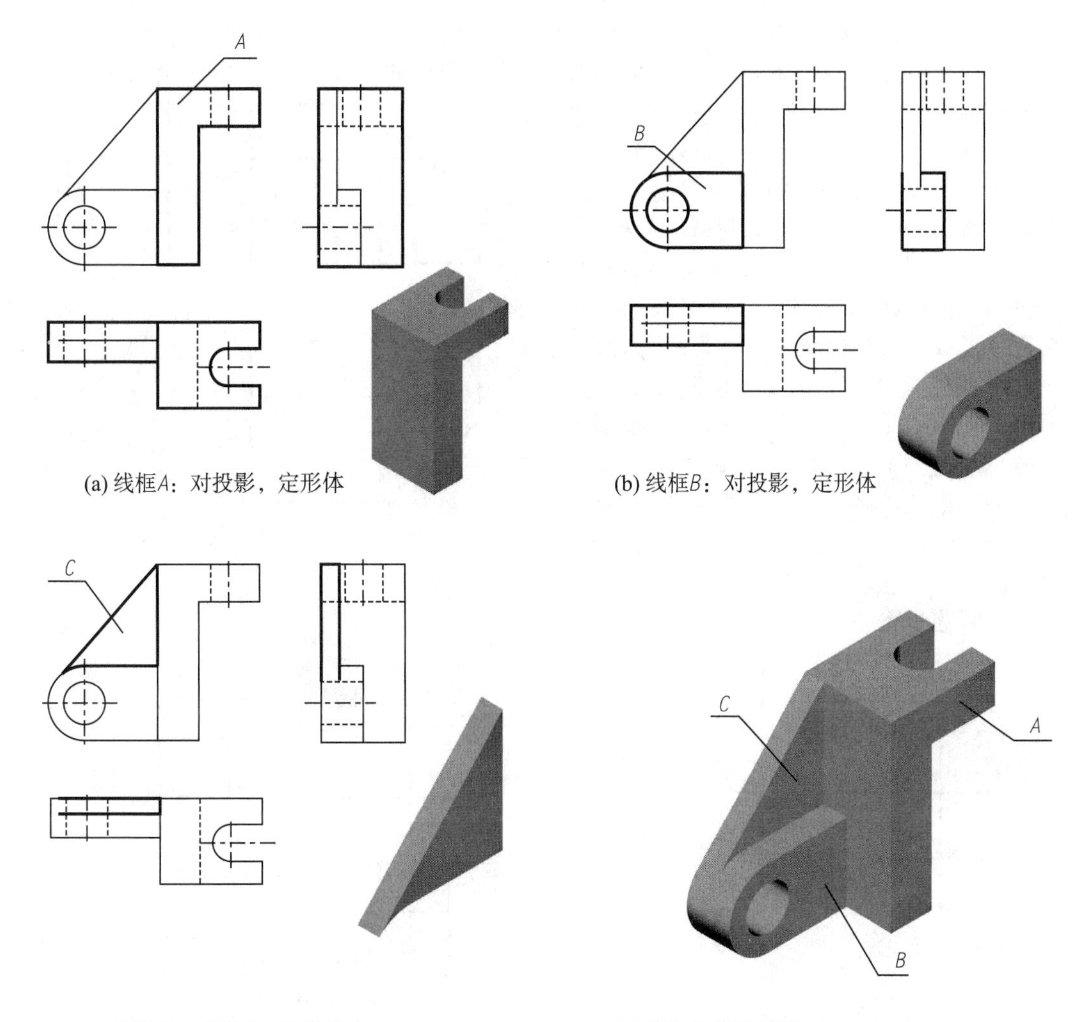

(a) 线框A：对投影，定形体

(b) 线框B：对投影，定形体

(c) 线框C：对投影，定形体

(d) 物体的整体形状

图 5－6　视图的投影分析

（3）分析各形体的相对位置。从图 5－5 主视图中可知：形体 B 在形体 A 的左下方，它们的底面平齐，联系俯视图或左视图可确定形体 B 与形体 A 的后表面平齐；形体 C 在形体 A 的左方、形体 B 的上方，并与形体 B 相切。这样综合起来，就可想象出物体的整体形状，如图 5－6(d)所示。

提示：(1) 形体分析法读图的步骤可归纳为“分线框、对投影；识形体、定位置；综合起来想整体”，达到化繁为简的目的。具体有以下四个步骤：

① 从主视图出发，将图形分成几个基本形体部分或几个封闭线框；

② 对投影，找出各部分相对应的在其他视图上的投影；

③ 想象各基本形体的形状，确定方位；

④ 综合想象，检查核对。

(2) 形体分析法对画图、标注尺寸都十分有益，运用形体分析法画图，层次分明、步骤清楚，可避免多线、漏线，提高绘图效率，形体分析法是工程制图中一个非常重要的方法。

5.2.2.2　线面分析法

线面分析法读图是形体分析法的补充方法。当阅读形体被切割、形体不规则或投影关系相重合的视图时,尤其需要这种辅助手段。由于物体都是由许多不同几何形状的线面所组成的,这时通过对各种线面含义的分析来想象物体的形状和位置,就比较容易构思出物体的整体形状。

例 5-1　分析阅读图 5-7 所示形体的视图。

分析　根据物体被切割后仍保持原有物体投影特征的规律,对已知的三个视图进行分析可知,该物体可以看成由一个长方体切割而成。主视图可看出长方体的左上方切去一个角,俯视图可看出左前方也切去一个角,而从左视图可看出物体的前上方切去一个长方体。切割后物体的三个视图为何成这样,这就需要进一步对这三个视图进行线、面分析。

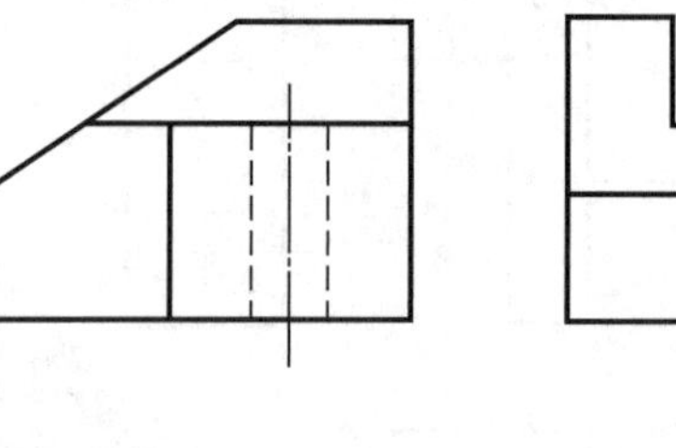

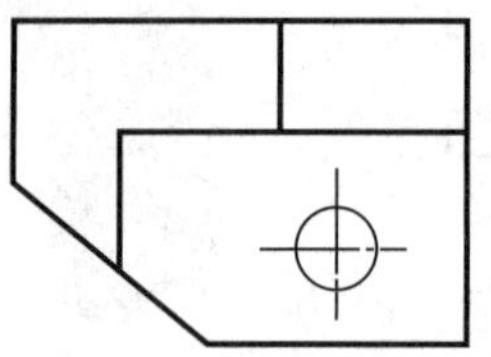

图 5-7　线面分析法读图图例

解　解题步骤如图 5-8 所示。

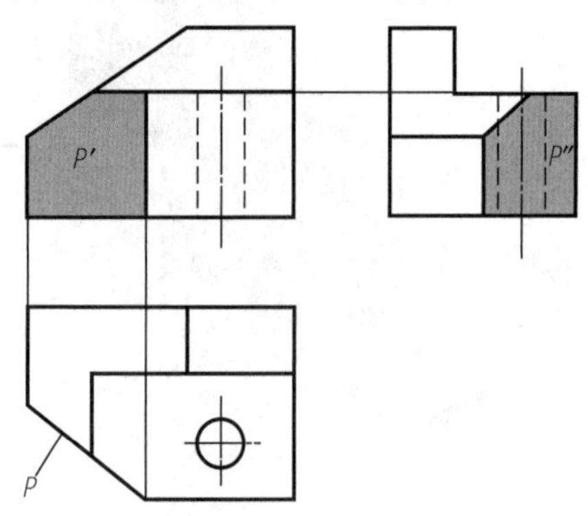

(a) 主视图上线框P'在俯视图上按投影关系只能对应一斜线P,而在左视图上对应一类似形P'',可知平面P是一铅垂面

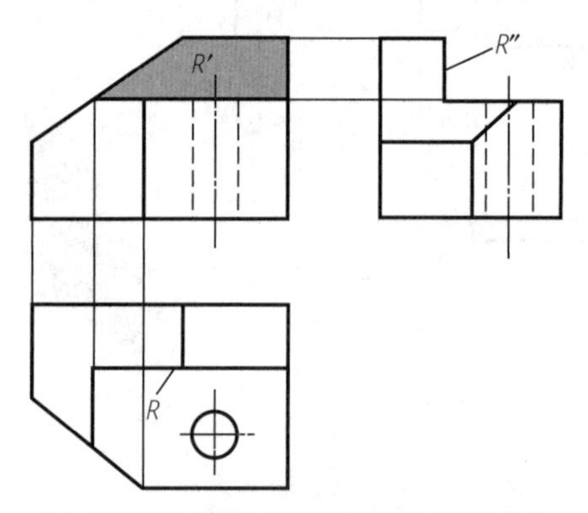

(b) 主视图上线框R'在俯视图上也只能对应一水平线R,在左视图上对应着一垂直线R'',可知平面R为一正平面,主视图中的另一线框也是一正平面

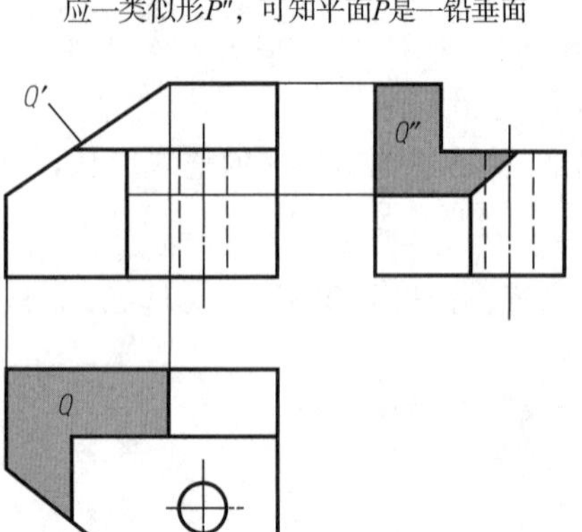

(c) 分析俯视图线框 Q,按投影关系主视图只能 对应一斜线Q',而在左视图上对应一类似形Q'',可知平面Q为正垂面

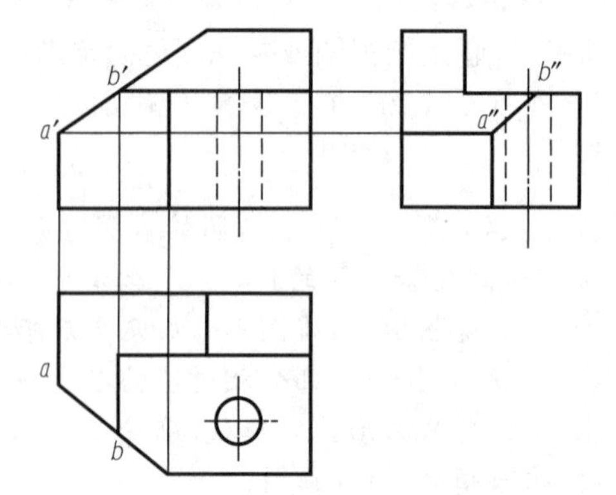

(d) 左视图中有一斜线$a''b''$,分别找出它们的正面投影$a'b'$和水平投影ab,可知直线AB为一般位置直线,它是铅垂面P和正垂面Q的交线

图 5-8　读图时的线面分析

通过上述线面分析，可以弄清视图中各条线、各个面的含义，也就有利于想象出由这些线面围成的物体的真实形状，如图 5-9 所示。

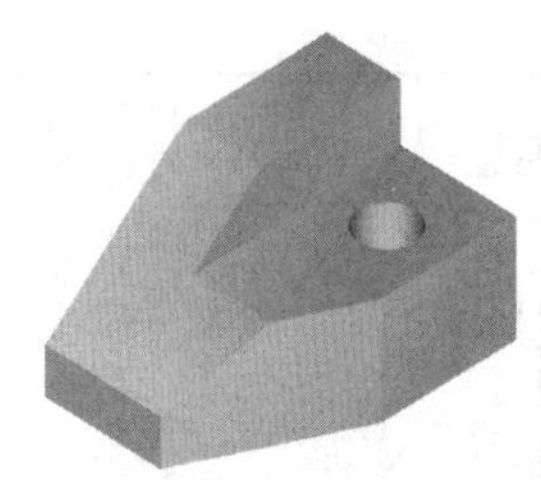
图 5-9　物体的立体图

> **提示**：线面分析法的核心是在视图中找出线、面的对应投影，通过识别它们的形状和相对位置，想象物体的形状。
>
> **思考**：试比较形体分析法和线面分析法的读图步骤，分别适应于什么场合？

5.2.3　已知两视图画第三视图

由两个视图补画第三视图是读图训练的一种方法，是读图能力及画图能力的综合训练。要求根据已知的视图，分析想象出物体的形状，然后应用投影规律，正确画出它的第三个视图。

例 5-2　已知图 5-10 中所示支座的主、俯视图，试补画出它的左视图。

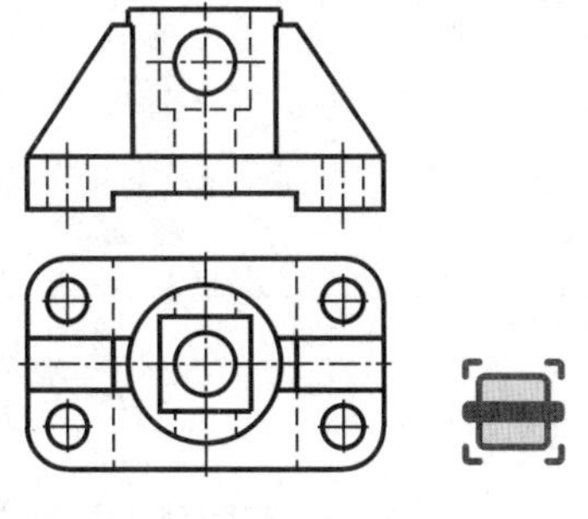
图 5-10　已知两视图画第三视图

解　由支座的主、俯视图可知，支座是一个有叠加、切割、穿孔的综合组合体，可用形体分析法来读图、补图。具体方法和作图步骤见表5-4。

表 5-4　想象支座的形状、补画左视图的作图步骤

作图步骤	图例
1. 根据支座的主、俯视图所反映出的形体特征，可以把它分解成三个组成部分，即底板Ⅰ、两侧肋板Ⅱ、直立大圆柱Ⅲ	圆柱Ⅲ 肋板Ⅱ 底板Ⅰ
2. 按照主、俯视图二面投影的对应关系，先找出底板Ⅰ的两个投影，由水平投影可以看出，底板为带有四个圆角的矩形，圆角处有四个大小相同的小孔，底部开槽，再配合正面投影，即可想出底板的整体形状，从而补出其左视图	底板Ⅰ

续表

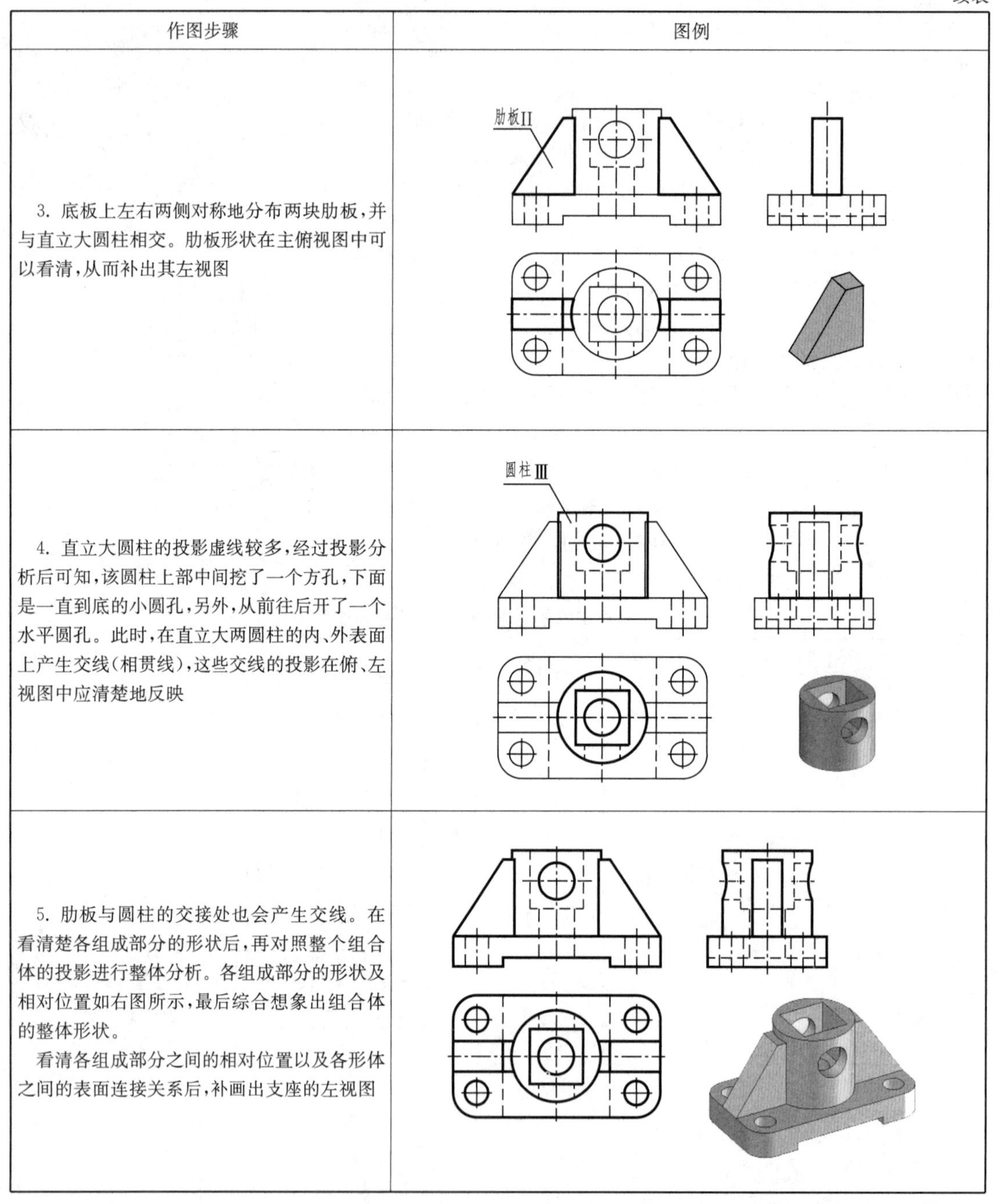

作图步骤	图例
3. 底板上左右两侧对称地分布两块肋板，并与直立大圆柱相交。肋板形状在主俯视图中可以看清，从而补出其左视图	肋板II
4. 直立大圆柱的投影虚线较多，经过投影分析后可知，该圆柱上部中间挖了一个方孔，下面是一直到底的小圆孔，另外，从前往后开了一个水平圆孔。此时，在直立大两圆柱的内、外表面上产生交线(相贯线)，这些交线的投影在俯、左视图中应清楚地反映	圆柱Ⅲ
5. 肋板与圆柱的交接处也会产生交线。在看清楚各组成部分的形状后，再对照整个组合体的投影进行整体分析。各组成部分的形状及相对位置如右图所示，最后综合想象出组合体的整体形状。 看清各组成部分之间的相对位置以及各形体之间的表面连接关系后，补画出支座的左视图	

例 5-3　已知图 5-11 中所示的主、左视图，试补画出它的俯视图。

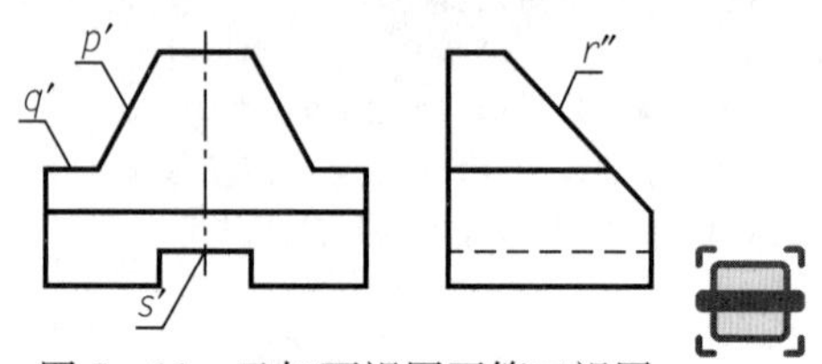

图 5-11　已知两视图画第三视图

解　初步分析视图可知，原始形体是长方体，被 P、Q、R、S 几个平面切割，其形体构想过程如图 5-12 (a)(b)(c)所示。应用线面分析法分别想象出每一截平面的形状，想象出它的整体形状后，作出其俯视图，如图 5-12(d)所示。

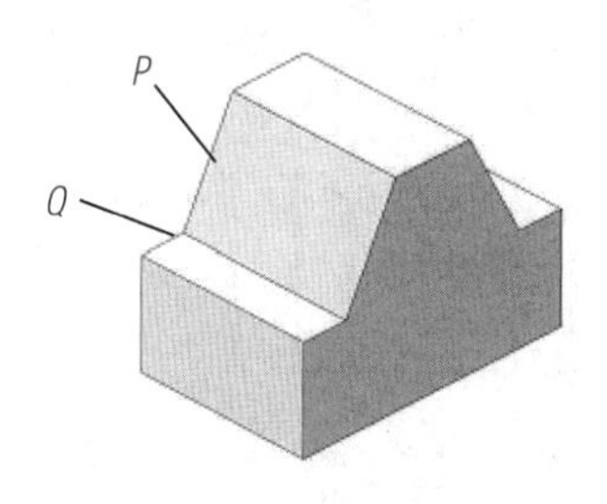

(a) 分析主视图左上部p'、q'投影线：对照其他视图可知它们分别是正垂面和水平面的投影。原长方体被切去左上角。右上部与左侧对称

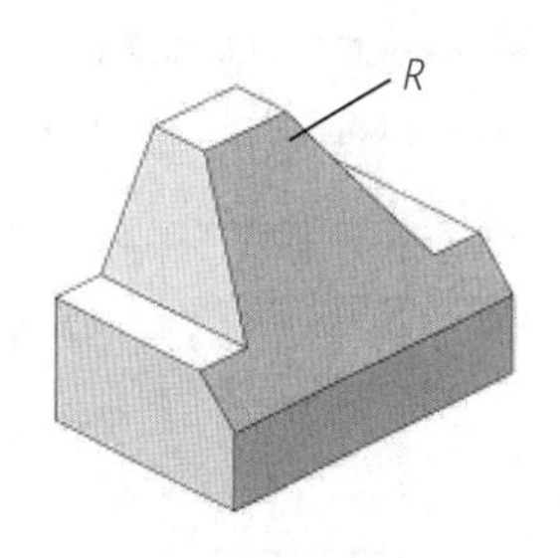

(b) 分析左视图r''投影线：对照主视图可知它是侧垂面的投影。原长方体前方被切去

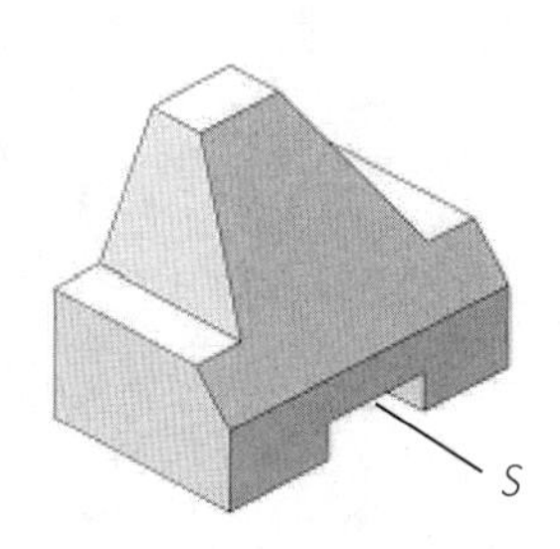

(c) 主视图下部中间的s'为矩形缺口

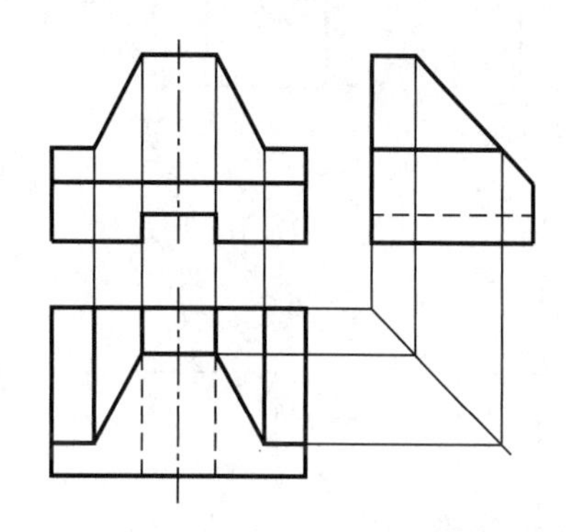

(d) 完成俯视图投影

图 5 - 12　空间形体的构想过程

知识拓展：(1) 工程上物体的形状是千变万化的，所以在读图时不能拘泥于某一种方法或步骤，应根据需要灵活使用形体分析法、线面分析法两种方法，并进行综合分析。

(2) 组合体的学习应多画、多看、多想，并由物到图和由图到物反复地进行演练，才能加快读图的速度。

5.3　形体的尺寸标注

前面介绍了工程上各类形体的生成及其视图表达。但是，视图只能表示出物体的形状，要确定物体上各部分的真实大小及相对位置，必须标注上尺寸。在实际生产中，各零部件是根据视图上所注尺寸数值来进行加工制造的。为此在标注尺寸时，应做到以下几点：

(1) 正确。不仅要求注写的尺寸数值正确，而且要求尺寸注写要符合国家标准《技术制图》与《机械制图》中有关尺寸标注的规定。

(2) 完整。尺寸必须注写齐全，包括物体上各组成部分三个方向形状的大小和相对位置，不允许遗漏，一般也不应重复。

(3) 清晰。尺寸布置要整齐，同一部分的各个方向尺寸注写要相对集中，便于看图。

(4) 合理。标注的尺寸必须考虑能满足设计和制造工艺上的要求。

其中有关尺寸注法的规定在前述章节做了介绍，尺寸标注的合理性问题因涉及机械设计及加工的有关知识，将在零件图一章中再进行介绍。本节主要讨论尺寸标注的完整和清晰两个问题。

5.3.1　基本几何形体的尺寸标注

由于工程上各类物体都可以看作由若干几何形体组成，要掌握组合形体的尺寸标注，必须

先熟悉和掌握基本几何形体的尺寸标注方法，基本几何形体的定形尺寸需要考虑长、宽、高三个方向的尺寸。图 5 - 13 列出了一些常见基本几何形体的定形尺寸标注。

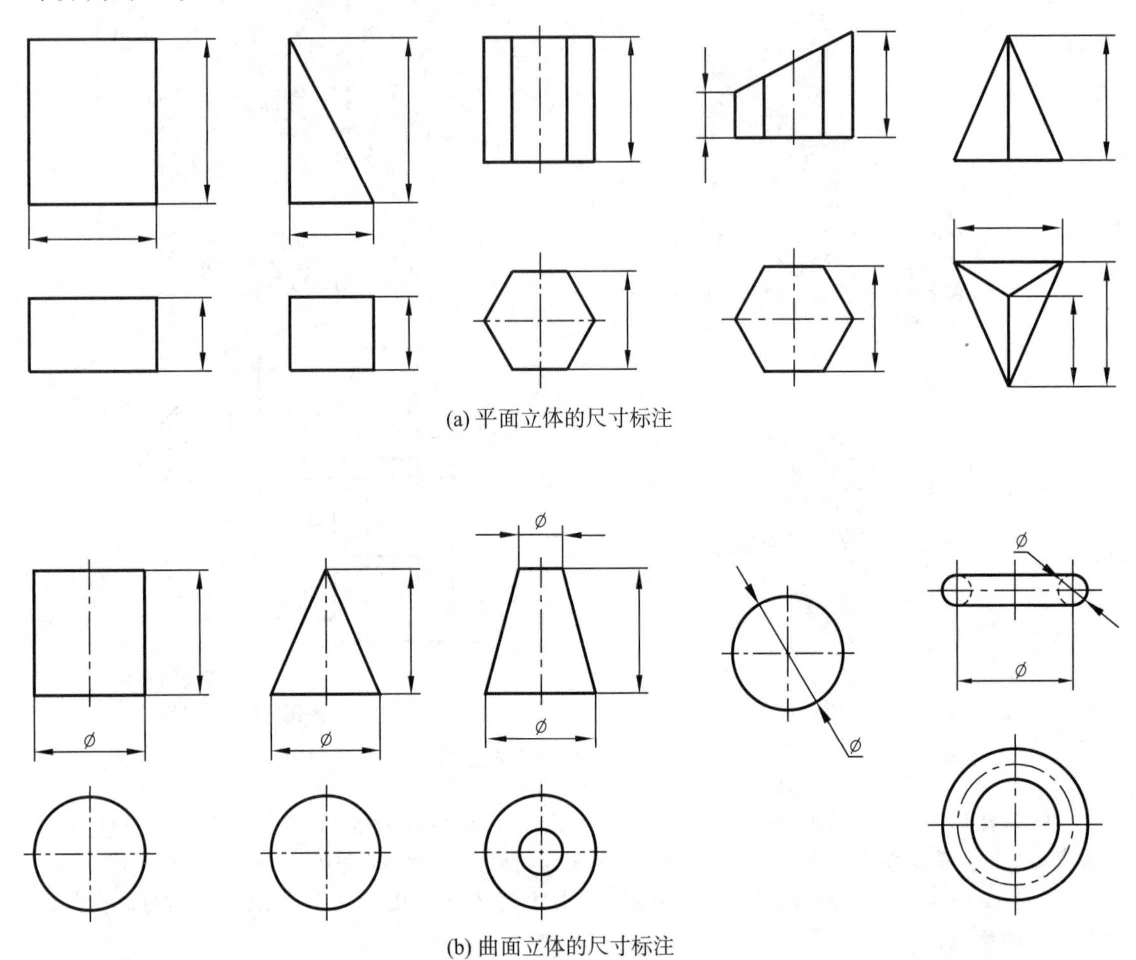

(a) 平面立体的尺寸标注

(b) 曲面立体的尺寸标注

图 5 - 13　常见基本几何形体的定形尺寸标注

5.3.2　截切和相贯形体的尺寸标注

几何形体被截切后，除了标注定形尺寸外，还要标注截平面的定位尺寸。由于几何形体与截平面的相对位置确定后，截交线能够被完全确定，因此不应在截交线上标注尺寸。

同样，两形体相交后，除了标注各自的定形尺寸外，还要注出相对位置尺寸，它们的相贯线是在形体相交中自然形成的，只要两形体的定形尺寸和相对位置尺寸确定，相贯线就自然被确定了，因此也不应在相贯线上标注尺寸。

图 5 - 14 给出了一些常见截切和相贯形体的尺寸标注，其中尺寸上有符号“×”的尺寸为错误标注。

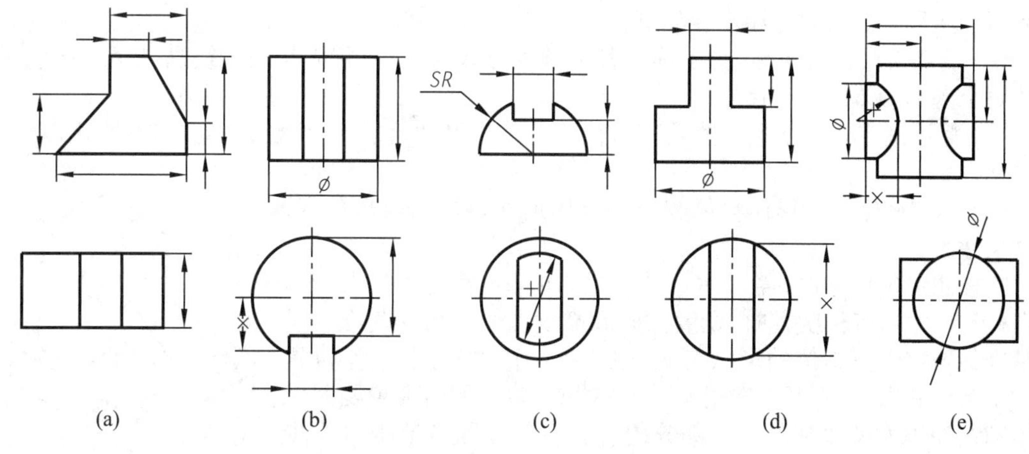

图 5-14 常见截切和相贯形体的尺寸标注

提示：切割型几何体的截交线上不应标注尺寸，标注出截平面截切位置的尺寸即可。同样，相贯线上也不要标注尺寸，标注出两相贯形体的相对位置尺寸即可。

5.3.3 常见底板件的尺寸标注

工程上经常会有一些底板件，它们的尺寸标注如图 5-15 所示。

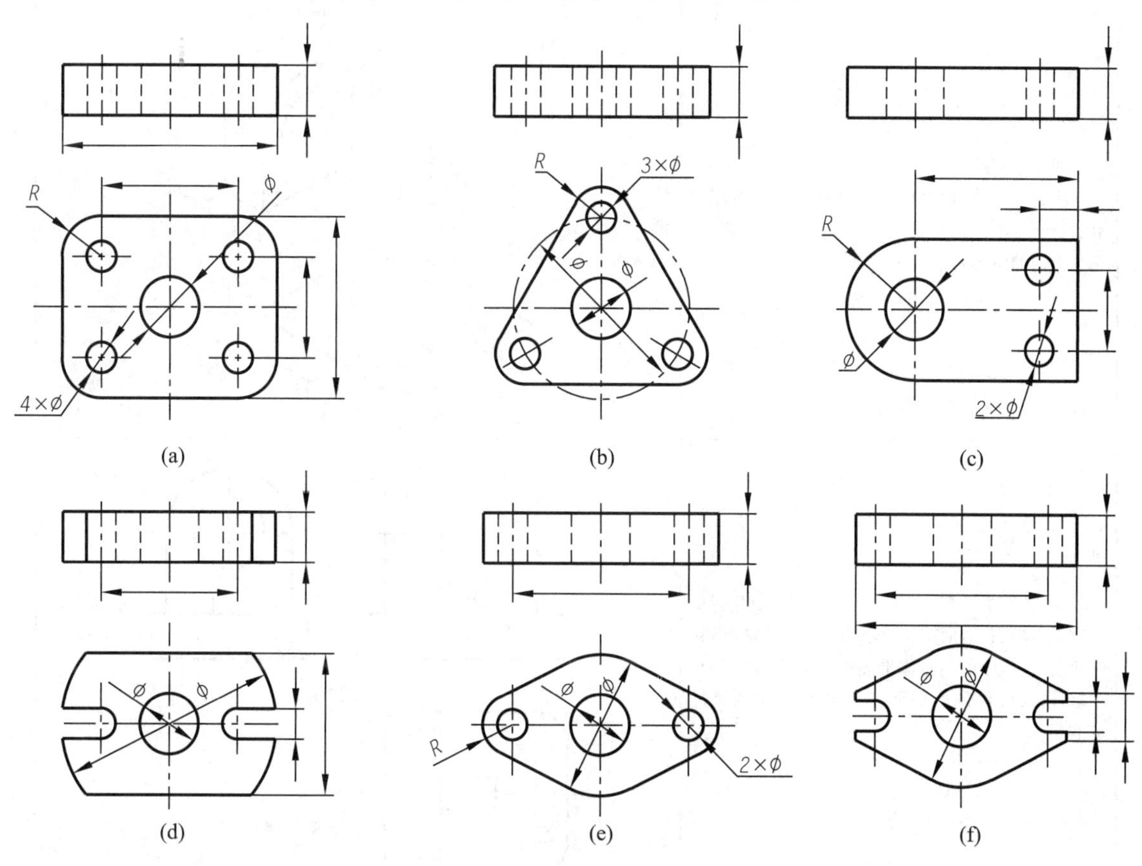

图 5-15 常见底板件的尺寸标注

5.3.4 组合形体的尺寸标注

在标注组合形体的尺寸时，一般要采用形体分析的方法，将形体分解为若干个单一几何形体后再标注尺寸。尺寸标注步骤如下：

(1) 将组合形体分解后，为了确定各个基本形体的大小，首先从长、宽、高三个方向着手，标注每个基本形体的定形尺寸。

(2) 标注确定各个基本形体间相对位置的定位尺寸，包括长度定位、宽度定位、高度定位的尺寸。

(3) 标注确定组合形体整体大小的总体尺寸，包括总长、总宽、总高尺寸。

在标注定位尺寸时，需考虑尺寸基准，即尺寸度量的起点。形体在标注尺寸时有长度方向、宽度方向和高度方向的尺寸基准。尺寸基准的确定既与物体的形状有关，也与该物体的作用、工作位置及加工制造要求有关，通常选用底平面、端面、对称平面及主要回转体的轴线等作为尺寸基准。这部分内容将在零件图章节中进一步详细介绍。

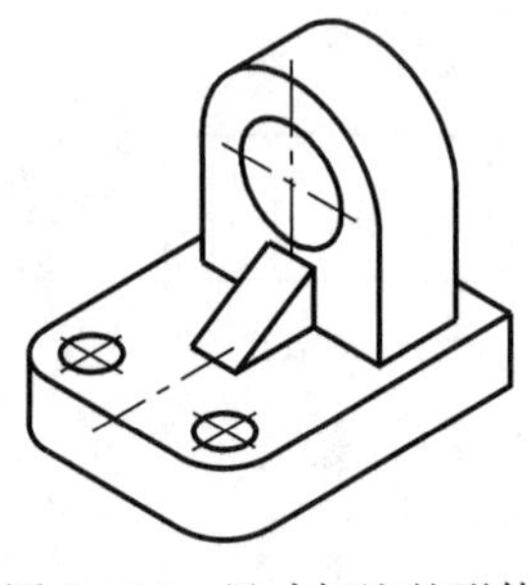

图 5-16　尺寸标注的形体分析及基准选择

下面以图 5-16 所示的机件为例，说明组合体尺寸标注的方法，具体过程见表 5-5。

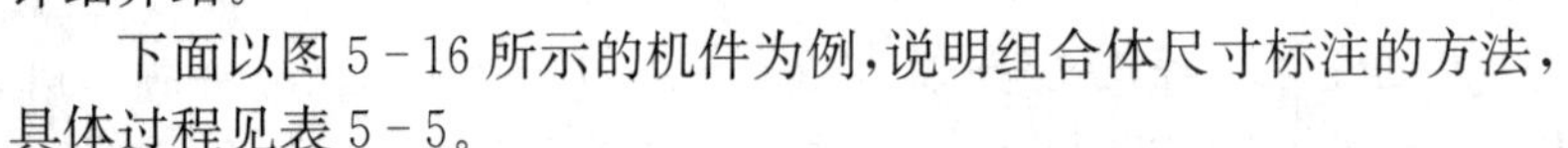

表 5-5　组合体的尺寸标注

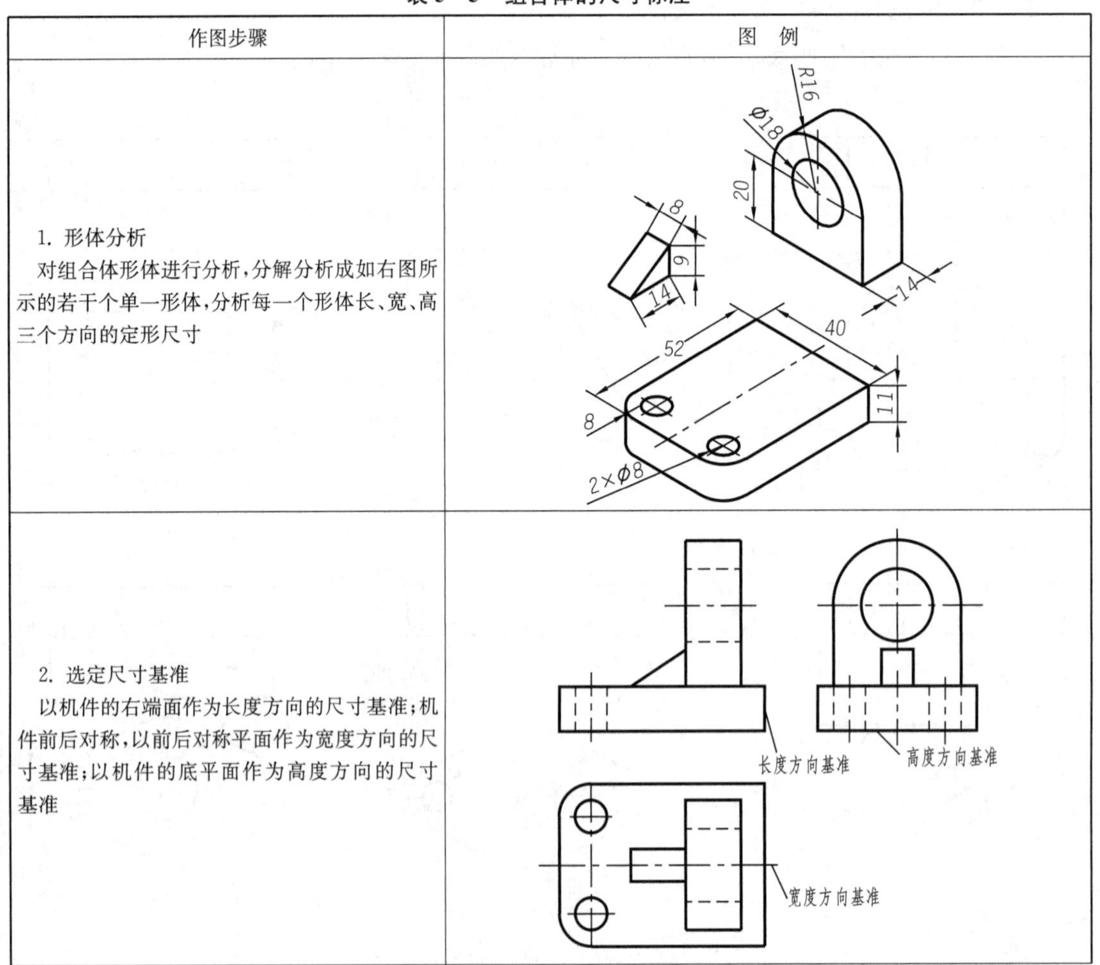

作图步骤	图　例
1. 形体分析 对组合体形体进行分析，分解分析成如右图所示的若干个单一形体，分析每一个形体长、宽、高三个方向的定形尺寸	
2. 选定尺寸基准 以机件的右端面作为长度方向的尺寸基准；机件前后对称，以前后对称平面作为宽度方向的尺寸基准；以机件的底平面作为高度方向的尺寸基准	

续表

作图步骤	图　例
3. 逐个标注出各基本形体的定形尺寸 (1) 标注底板的定形尺寸，长度尺寸 52，宽度尺寸 40，高度尺寸 11；底板中小圆孔定形尺寸 2×Ø 8 和圆角尺寸 R8(两个圆角只需注一个)。 (2) 标注半圆形竖板的定形尺寸，竖板的定形尺寸长(板厚)14，高 20，半圆柱的半径 R16(小于或等于 180°圆弧应标注半径)，半圆柱基本形体的宽 32 不再标注，因为这个尺寸和半圆柱的外圆半径是一致的，优先标注更能反映圆弧特征的 R16。其上有一个圆柱孔尺寸Ø 18。 (3) 标注三角块肋板的定形尺寸，长 14，宽(肋板厚)8，高 9	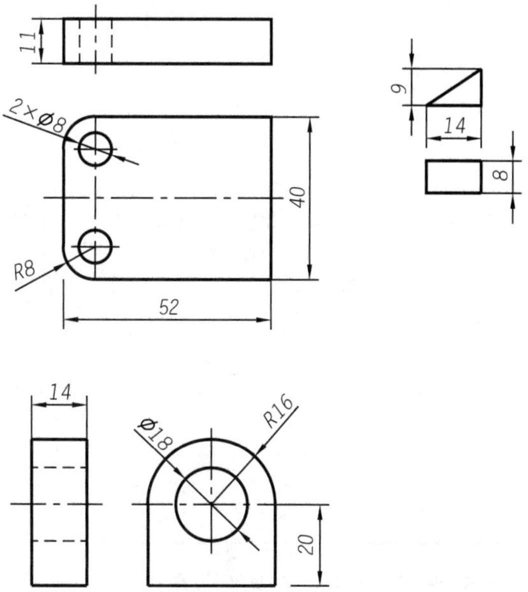 11　2×Ø8　40　R8　52　9　14　8　14　Ø18　R16　20
4. 逐个标注出各基本形体的定位尺寸 (1) 标注底板的定位尺寸，底板上两个小孔长度方向定位尺寸从右端面基准开始测量为 44；宽度方向因为前后对称，定位尺寸必须对称标注，为 24；高度方向与同一方向的定位尺寸基准重合，不再另外标注。 (2) 标注半圆形竖板的定位尺寸，长度方向定位尺寸从右端面基准测量为 6；高度方向定位尺寸从底部基准测量为 31；宽度方向因为半圆形竖板位于对称平面上，与 R16 一致，不需另外标注。 (3) 肋板高度方向紧贴底板，其高度定位尺寸与底板高度 11 一致，不需标注；长度方向的定位尺寸因为紧贴竖板，也不需标注，宽度方向位于对称平面上，定位尺寸 8 与肋板宽度尺寸一致，不需要重复标注	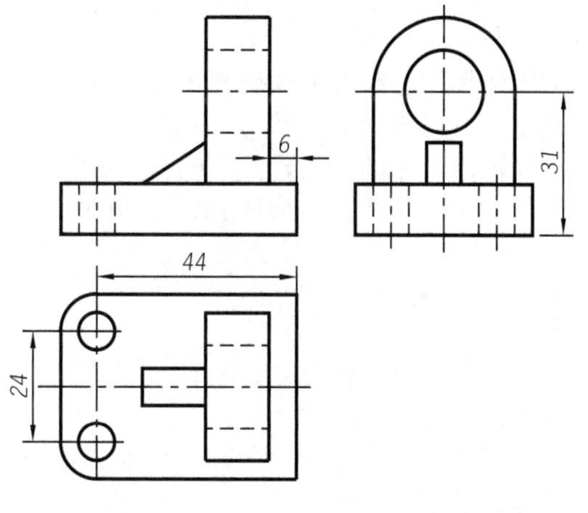 6　31　44　24
5. 标注总体尺寸 长度方向的总尺寸为 52，宽度方向总体尺寸为 40，与底板定形尺寸重复，只标注一次即可；高度方向的总尺寸从底部测量基准量至圆柱中心孔处为 31(形体的总体轮廓由曲面组成时，总体尺寸只能注到该曲面的中心轴线位置)，与竖板高度定位尺寸一致，也不需要重复标注	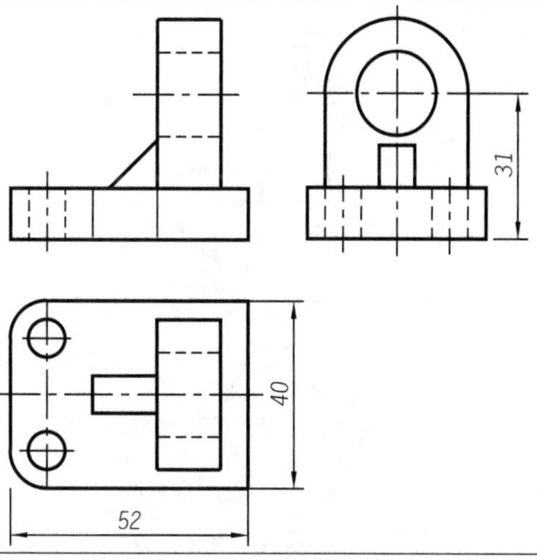 31　40　52

续表

作图步骤	图　例
6. 校核 最后对已标注的尺寸,按正确、完整、清晰的要求进行检查,如有重复尺寸或尺寸配置不便于读图和加工,则应做适当的修改或调整,同一形体尺寸尽量集中标注,这样才完成了尺寸标注的工作	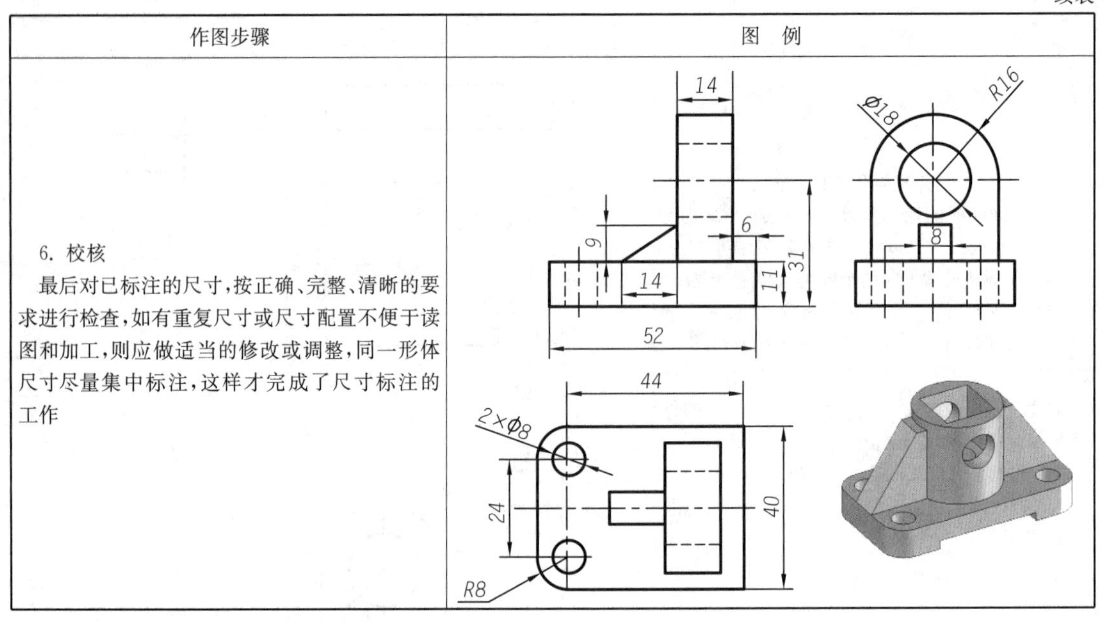

5.3.5　形体尺寸标注中的注意点

由上述形体尺寸标注实例可知,为满足尺寸标注的正确、完整、清晰等要求,应该认真注意以下几点:

(1) 标注尺寸必须在形体分析的基础上,按分解的各组成形体定形和定位,切忌片面地按视图中的线框或线条来标注尺寸,如图 5-17 中的注法都是错误的。

(2) 同轴回转体的直径,应尽量标注在非圆视图上,见图 5-18。

(3) 尺寸应标注在表示形体特征最明显的视图上,并尽量避免在虚线上标注尺寸。为方便看图,同一形体的尺寸尽可能集中标注。

(4) 形体上的同一尺寸在各个视图中不得重复。如因特殊需要,重复尺寸的数字应加括号,作为参考尺寸。

(5) 形体上的对称性尺寸,应以对称中心线为尺寸基准,标注全长。图 5-19(a) (b)给出了正确、错误注法的比较。

(6) 当形体的总体轮廓由曲面组成时,总体尺寸只能标注到该曲面的中心轴线位置,同时加注该曲面的半径,如图 5-20(a)所示,而图 5-20(b)为错误注法。

注意:图 5-17～图 5-20 中尺寸上有符号"×"的尺寸为错误标注。

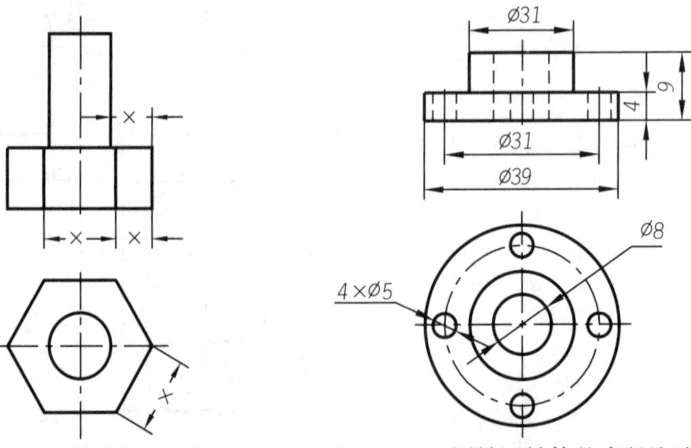

图 5-17　错误的尺寸注法　　图 5-18　同轴回转体的直径注法

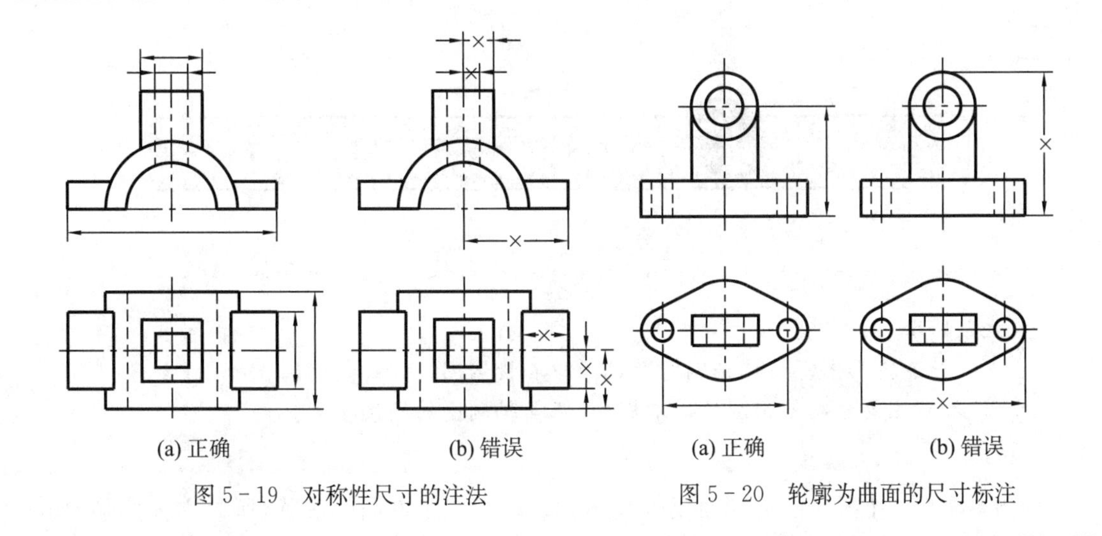

(a) 正确 (b) 错误

图 5-19 对称性尺寸的注法

(a) 正确 (b) 错误

图 5-20 轮廓为曲面的尺寸标注

注意:标注尺寸时,要善于应用形体分析法,会找基准,做到正确、完整、清晰、合理。

6 轴测投影图

本章概要

轴测投影图（简称“轴测图”）属于单面投影图，立体感较强，但绘制比较烦琐，本章主要介绍轴测图的基本概念、正等轴测图的绘制步骤。

轴测图能在一个投影图上同时反映物体长、宽、高三个方向的形状，所以立体感强，如图6－1所示。在工程上常用作辅助图样，以帮助说明产品的结构、工作原理、使用方法等。在化工、给排水等工程图纸中，也常用管道轴测图表达管道的空间走向及管道上管件、阀门的配置情况，如图6－2所示。

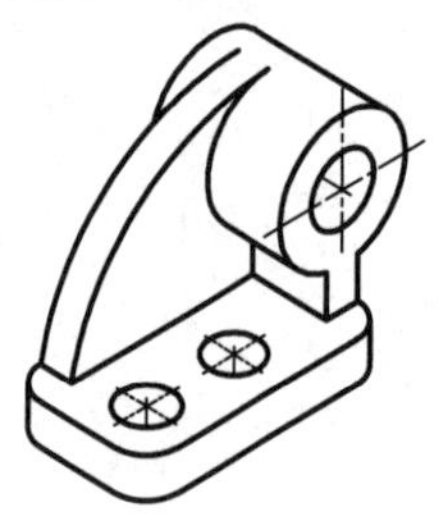

图6－1　轴测图

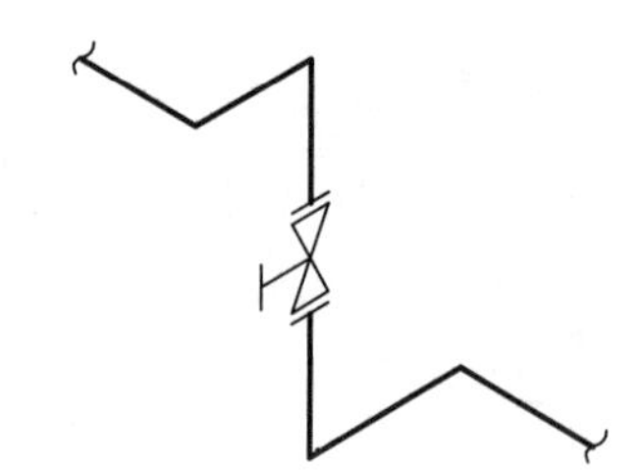

图6－2　化工管道轴测图

6.1　轴测图的基本概念

6.1.1　轴测图的形成

图6－3中有一空间直角坐标系，一长方体上三条相互垂直的棱线分别与直角坐标系的三个轴OX、OY、OZ重合。如果在适当位置设置一投影面P，将长方体连同空间直角坐标系，沿投射方向S平行投射到投影面P上。显然，只要投射方向S与三个坐标面都不平行，就能在投影面P上得到长方体三个方向形状的单面投影图。这种将物体和确定物体位置的直角坐标系沿选定的方向平行地投射到某投影面上，所得到的能同时反映物体三个方向形状的投影图，称为轴测图。

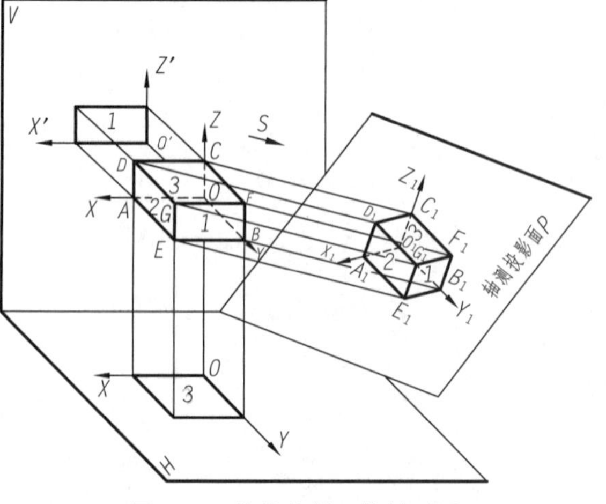

图6－3　物体的斜二等轴测图

通常把轴测图所在的投影面称为轴测投影面，空间直角坐标系的三条坐标轴的轴测投影O_1X_1、O_1Y_1、O_1Z_1称为轴测轴，相邻两轴测轴之间的夹角称为轴间角。

由图6－3可见：

(1) 直角坐标系中物体上平行于坐标轴的线段在投射到轴测投影面后，长度将发生变化，这种变化规律可用轴向伸缩系数来表示。其中：

X 轴向伸缩系数，$p=O_1A_1/OA$

Y 轴向伸缩系数，$q=O_1B_1/OB$

Z 轴向伸缩系数，$r=O_1C_1/OC$

(2)轴间角也不再均为 90°。

6.1.2 轴测图的投影特性

由于轴测图是用平行投影法得到的，因此它具有平行投影的投影特性。

(1) 平行性：物体上相互平行的直线，在轴测图中仍保持平行。因此，物体上平行于坐标轴的线段，在轴测图上应平行于相应的轴测轴。

(2) 定比性：平行线段的轴测投影，其伸缩系数相同。因此，平行于轴测轴的线段，其伸缩系数与轴测轴的伸缩系数相同。如图 6-3 中：

$CD//OX$，C_1D_1 的伸缩系数与 OX 的相同，则 $C_1D_1=p\cdot CD$，同理

$FG//OX$，则 $F_1G_1=p\cdot FG$；

$BE//OX$，则 $B_1E_1=p\cdot BE$。

根据上述分析，画轴测图首先必须确定轴间角和轴向伸缩系数，特别是与轴测轴平行的线段，可沿物体各轴向测量其尺寸，乘以相应的轴向伸缩系数，就可画出轴测图，“轴测”二字也由此而来。

(3) 实形性：物体上平行于轴测投影面的直线和平面在轴测投影面上分别反映实长和实形。

> 综上所述，轴测图是用平行投影法得到的，仍然具有平行性、定比性和实形性。

6.1.3 轴测图的分类

轴测图按投射方向与轴测投影面相对位置不同，分为正轴测图和斜轴测图两大类。

正轴测图：投射线方向垂直于轴测投影面。

斜轴测图：投射线方向倾斜于轴测投影面。

根据作图简便和直观性强等原则，国家标准推荐下列三种轴测图：

(1) 正等轴测图：简称“正等测图”，投射方向垂直于轴测投影面，且 $p=q=r$。

(2) 正二等轴测图：简称“正二测图”，投射方向垂直于轴测投影面，且 $p-r=2q$。

(3) 斜二等轴测图：简称“斜二测图”，投射方向倾斜于轴测投影面，且 $p=r=2q$。

一般比较常用的是正等测图和斜二测图，本章仅介绍正等测图的画法，斜二测图请参考其他教材。

6.2 正等轴测图

6.2.1 轴向伸缩系数和轴间角

根据几何推导，正等测图的轴向伸缩系数 $p=q=r=0.82$；轴间角$\angle X_1O_1Y_1=\angle X_1O_1Z_1=\angle Z_1O_1Y_1=120°$。

作图时一般使 O_1Z_1 轴处于铅垂位置，三轴的位置如图 6-4(a)所示。为了简化作图，国家标准规定正等测图的各轴向可采用简化的伸缩系数，取 $p=q=r=1$，如图 6-4(b)所示。这样画出的正等测图，比实际的轴向尺寸放大了 1/0.82≈1.22 倍，但所表达的物体形状是一样的。

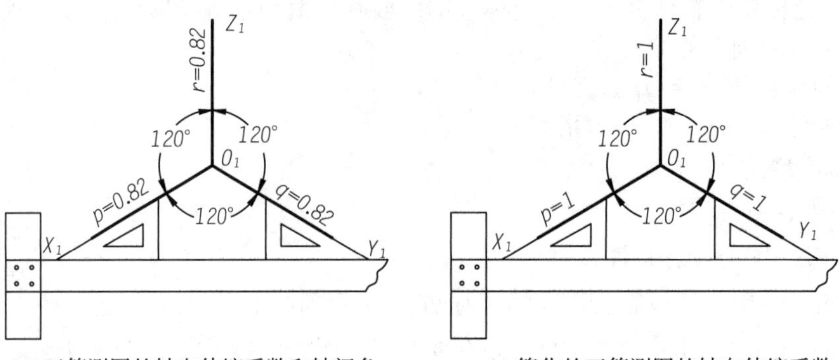

(a) 正等测图的轴向伸缩系数和轴间角　　(b) 简化的正等测图的轴向伸缩系数

图 6 - 4　三面视图的方位关系

6.2.2　平面立体的正等测图

例 6 - 1　画出图 6 - 5(a)所示的正六棱柱的正等测图。

解　正六棱柱前后、左右对称，可选择顶面的中点作为坐标原点，从可见的顶面开始作图，轴向伸缩系数 $p=q=r=1$。按图 6 - 5(a)所示坐标沿轴测量，画出各顶点的轴测投影再连线，此法称为坐标法。具体步骤如图 6 - 5 所示。

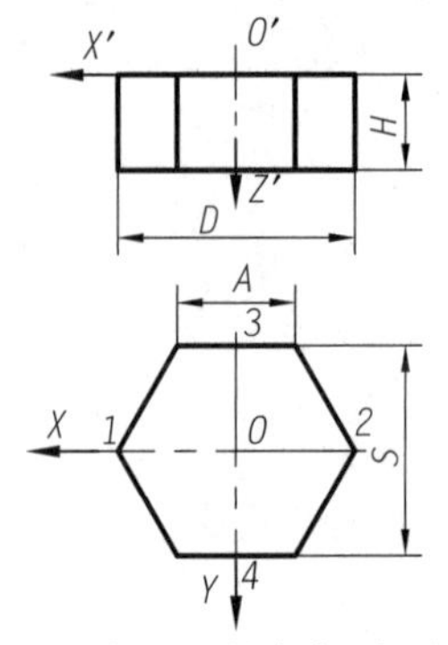

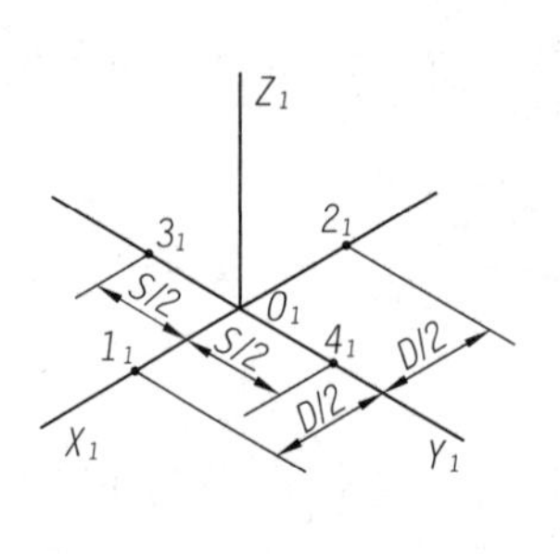

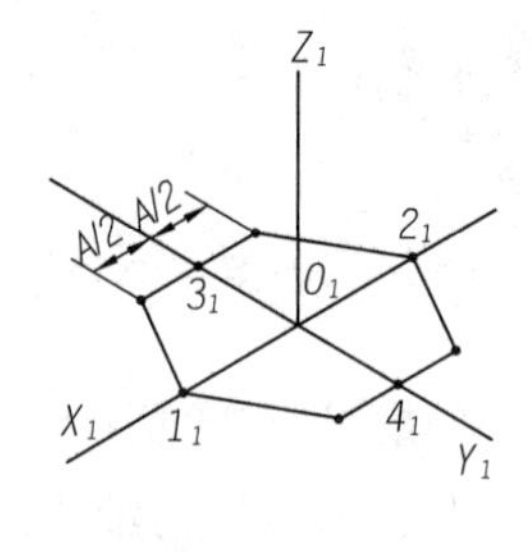

(a) 选择顶面的中点O为原点

(b) 画轴测轴，根据(a)图尺寸在O_1X_1轴中沿轴测量直接定出 1′、2′ 点，在 O_1Y_1轴中沿轴测量定出 3′、4′ 点

(c) 过 3_1、4_1两点作O_1X_1轴 的平行线，按尺寸A定出顶面上四个点，画出顶面

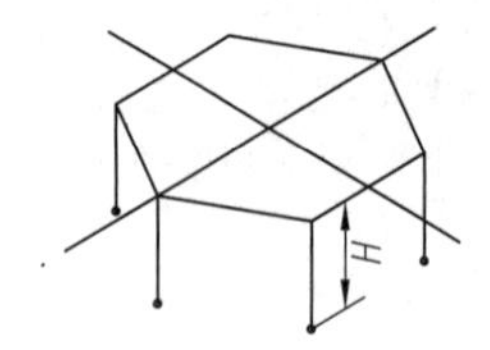

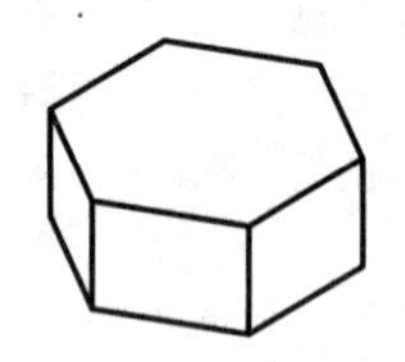

(d) 从顶面各顶点向下作垂直棱线并量取高度H，得底面上各点

(e) 连接底面上各顶点（不可见部分省略不画），擦去多余线条后加深

图 6 - 5　正六棱柱的正等测图

例 6 - 2　画出图 6 - 6(a)所示物体的正等测图。

解　图示物体可看作由一个长方体被截去某些部分后所形成。因此，在画轴测图时，可先画出完整的基本形体(长方体)，然后依次切割，画出其不完整部分，此法称为切割法。具体作图步骤见图 6 - 6。

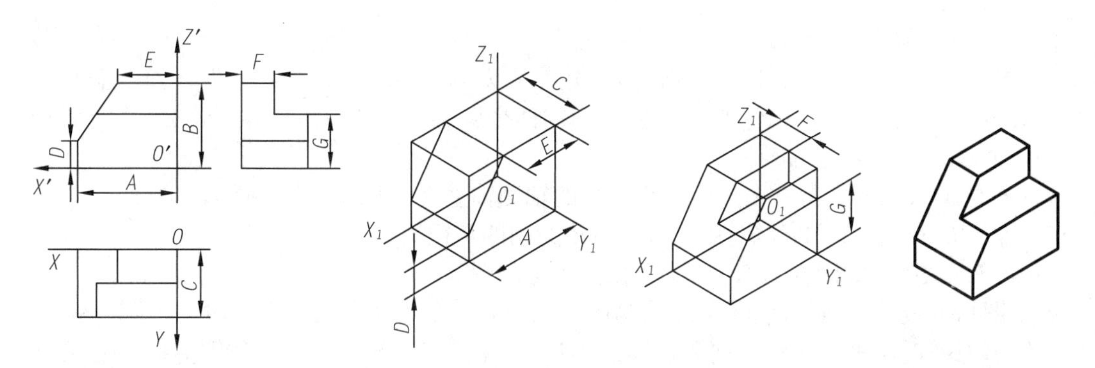

(a) 在视图上定坐标原点，原点O在底面右后角

(b) 画轴测投影轴，作出完整的长方体，量取尺寸D和E，垂直$X_1O_1Z_1$面向后切，斜切去左上块

(c) 量取尺寸G，平行于$X_1O_1Y_1$面向后切；量取尺寸F，平行于$X_1O_1Z_1$面向下切

(d) 擦去多余线条，加深可见轮廓线，完成全图

图 6-6 用切割法画物体的正等测图

6.2.3 曲面立体的正等测图

画曲面立体时经常要遇到圆或圆弧，圆的正等测投影变形为椭圆。其中与各坐标面平行的圆，其外切正方形在正等测投影中变形为菱形，因而这些圆的轴测投影分别为内切于对应菱形的椭圆，如图 6-7 所示。

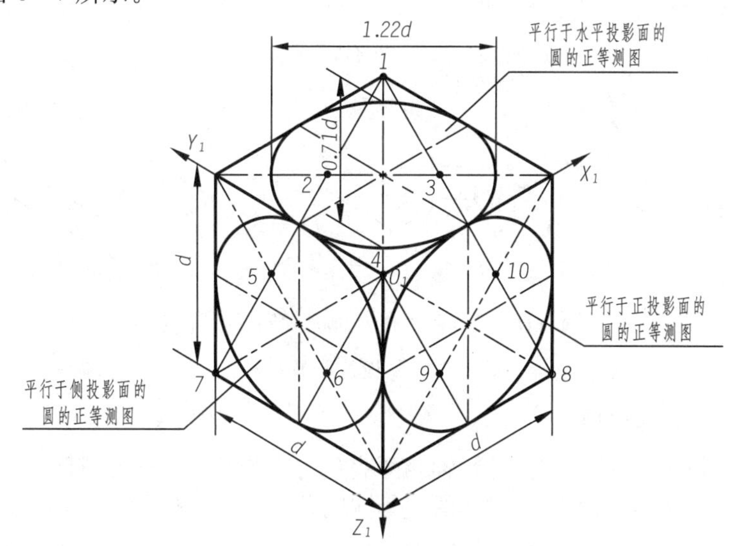

图 6-7 平行于坐标面的圆的正等测图

在实际作图中，可用四段圆弧组成的近似椭圆代替。如图 6-8 所示是与 XOY 坐标面平行的圆的轴测投影椭圆的近似画法。

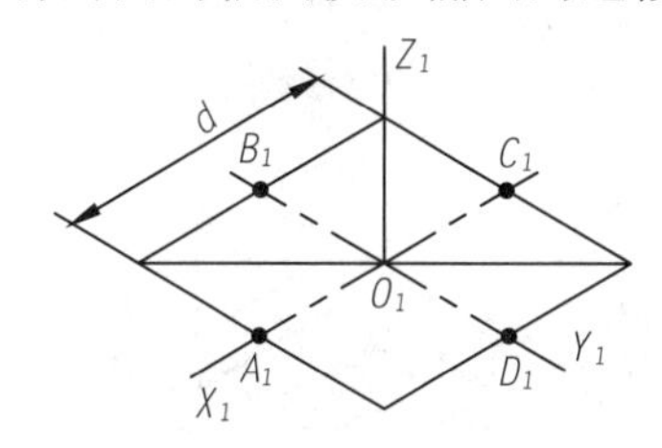

(a) 画轴测轴，按图的直径d作圆外接正方形的正等测图——菱形（两对边分别平行于O_1X_1轴和O_1Y_1轴），得圆弧切点A_1、B_1、C_1、D_1

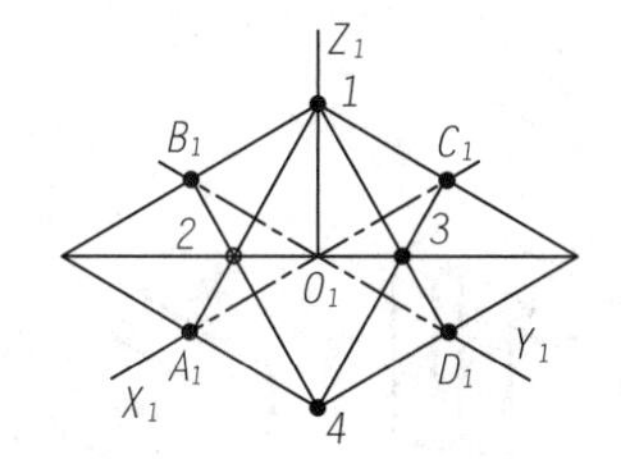

(b) 连接A_11，D_11（或B_14，C_14）与菱形长对角线分别交于点2、3

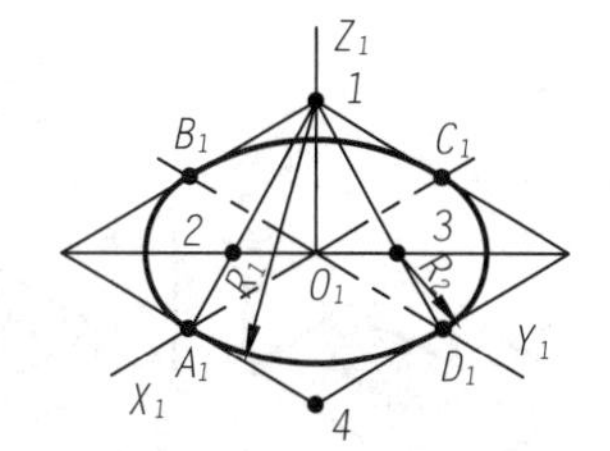

(c) 分别以点1、4为圆心，以A_11或$D_11(R_1)$为半径作两个大圆弧，以点2、3为圆心，以A_12或$D_13(R_2)$为半径作两个小圆弧，即得近似椭圆

图 6-8 正等测椭圆的近似画法

由图 6-7 和图 6-8 可知:

(1) 椭圆的长轴在菱形的长对角线上,而短轴在短对角线上。$X_1O_1Y_1$ 平行面上椭圆的四个圆心为点 1、2、3、4,$X_1O_1Z_1$ 平行面上椭圆的四个圆心为点 4、8、9、10,$Y_1O_1Z_1$ 平行面上椭圆的四个圆心为点 4、7、5、6。

(2) 椭圆的长轴分别与所在坐标面相垂直的轴测轴垂直,而短轴与该轴测轴平行。

(3) 椭圆的长轴=1.22d,短轴=0.71d (d 为圆的直径)。

例 6-3　试画出如图 6-9(a)所示平板的正等测图。

解　图示平板带有圆角,该圆角的轴测图由四分之一的圆的轴测投影构成。图 6-9(b)(c)(d)给出了平板顶面上圆角的轴测投影的画法,其中点 A_1、B_1、C_1、D_1 分别为椭圆与其外切菱形的切点,圆弧 A_1B_1 的圆心 O_1、圆弧 C_1D_1 的圆心 O_2 分别是过切点向各边所作垂线的交点,而点 O_1、O_2 到垂足的距离分别为圆弧的半径。平板底面上圆角的轴测投影的画法如图 6-9(e)所示,其完成图如图 6-9(f)所示。

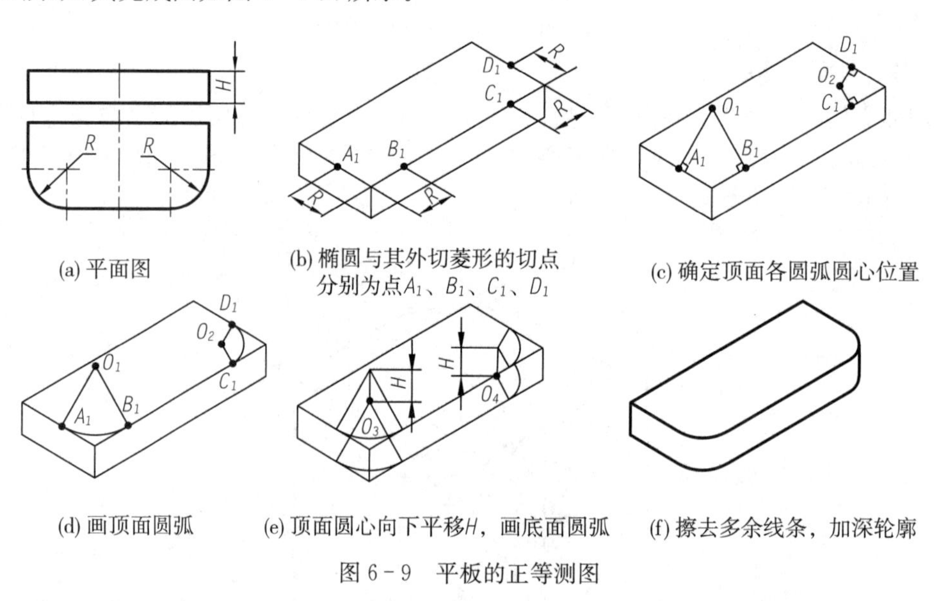

图 6-9　平板的正等测图

6.2.4　投射方向的选择

画物体的轴测图时,投射方向不同,轴测图表达的物体部位也就各有侧重。图 6-10 给出了四种不同投射方向所得到的同一物体的正等测图,同时还示出了相应的轴测轴位置,以供读者参考。

因此,画轴测图时,应针对所画物体的结构形状特点,选择有利的投射方向。

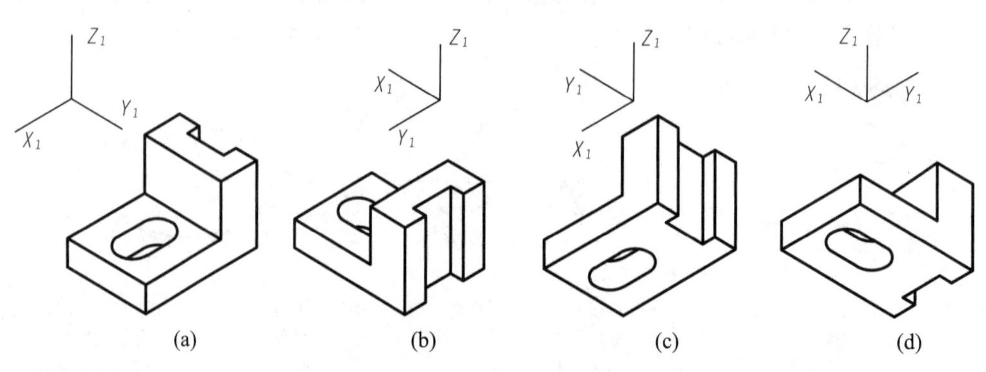

图 6-10　不同投射方向得到的正等测图

6.3　轴测剖视图的画法

轴测图和视图一样，为了表达物体的内部形状，也可假想用剖切平面把所画的物体剖去一部分，画成轴测剖视图。

画轴测剖视图时应注意：

（1）剖切平面的位置。为了使图形清楚和作图简便，应选取通过物体主要轴线或对称平面，并平行于坐标面的平面作为剖切平面；又为了在轴测图上能同时表达出物体的内外形状，通常把物体切去四分之一。

（2）剖面线画法。剖切平面剖到物体的实体部分应画上剖面符号，一般用金属材料的剖面线表示。剖面线方向如图6－11所示。应注意平行于三个不同坐标面上的剖面线的方向是不同的。

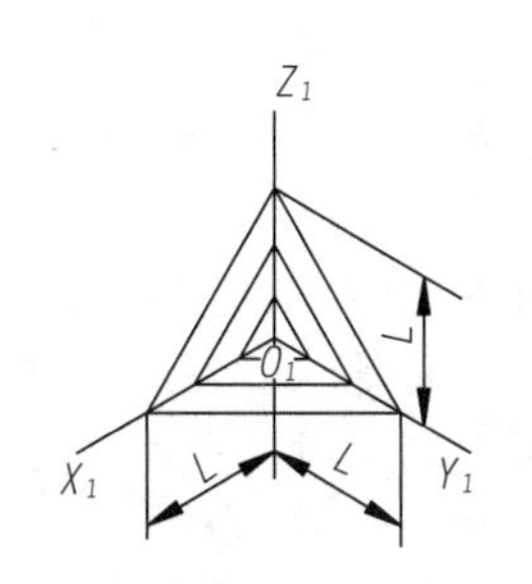

(a) 正等测图中剖面线的方向

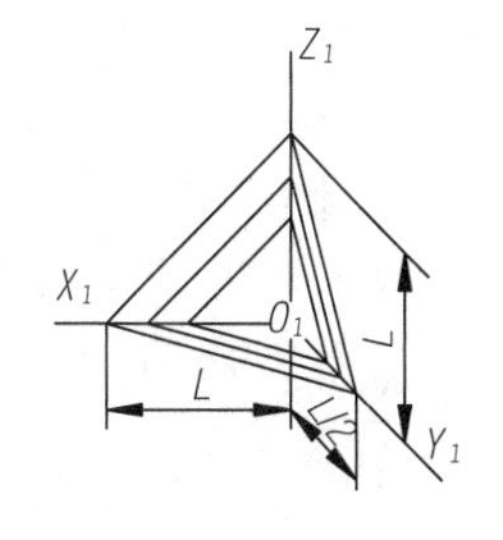

(b) 斜二测图中剖面线的方向

图6－11　轴测剖视图中剖面线的方向

例6－3　画出图6－12(a)所示物体的正等测剖视图。

解　图6－12(a)所示物体的正等测剖视图如图6－12(b)～(e)所示。

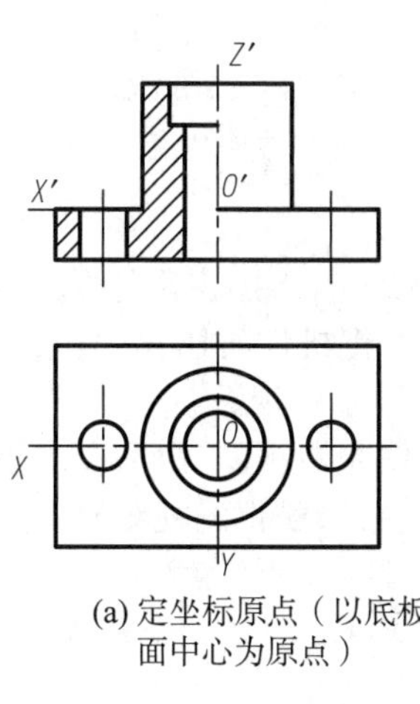

(a) 定坐标原点（以底板顶面中心为原点）

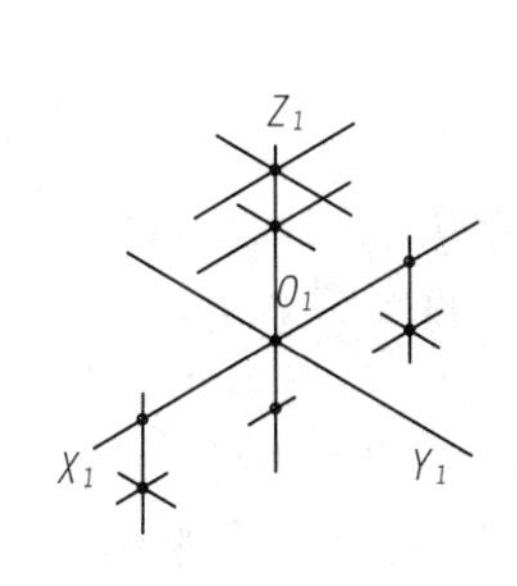

(b) 画轴测轴，以坐标原点为基准，定出物体上各孔的中心位置

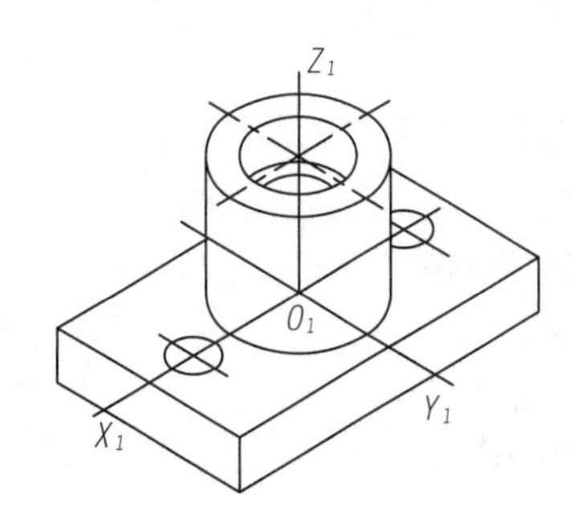

(c) 画外形图

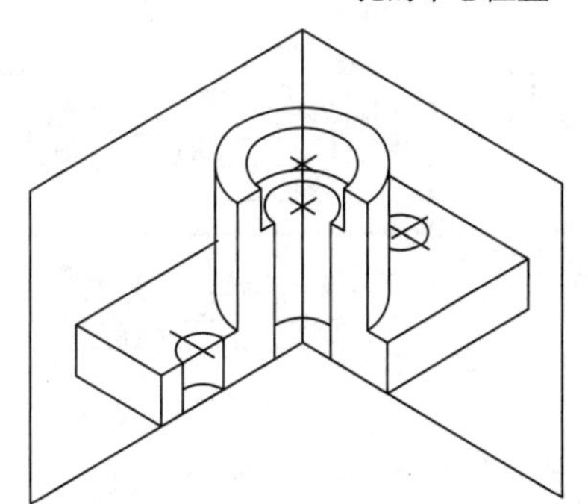

(d) 分别沿$X_1O_1Z_1$和$Y_1O_1Z_1$方向剖切，从剖面与轮廓线的交线开始，画出剖面的边界

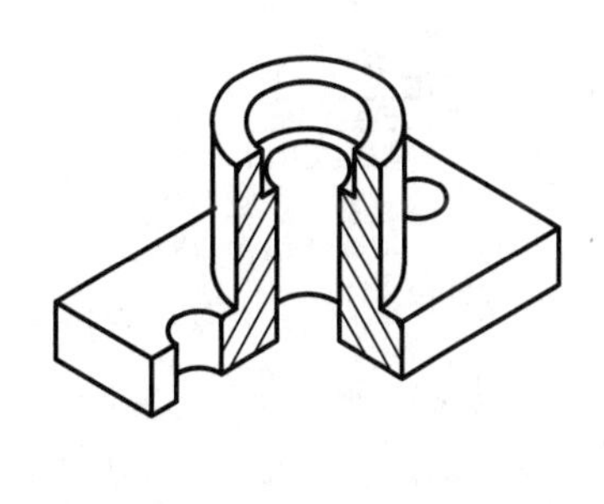

(e) 画出剖面后，在剖面的实体部分画上剖面线，加深完成全图

图6－12　正等轴测剖视图

7 机件常用的表达方法

本章概要

生产实际中的机件，往往结构复杂、形状多样。为了把机件的结构形状表达得正确、完整、清晰和简练，国家标准《技术制图》与《机械制图》中，规定了各种表达方法。本章将介绍常用的一些表达方法。

“千教万教教人求真，千学万学学做真人”是教育家陶行知的一句话，他告诉我们“真”比一切都重要。生产实际中的机件，当其结构和形状多种多样时，仅采用前面讲解的三视图来表达，往往会出现虚线多、图线重叠、层次不清或投影失真等问题，从而不能将机件的真实形状清晰地表达出来，因此需要学习机件常用的表达方法，如斜视图、剖视图、断面图等，并遵循机件的真实形状，去表达机件的外部形状和内部孔槽等结构。

7.1 视图

根据国家制图标准规定，视图有基本视图、向视图、局部视图和斜视图，主要用于表达机件的外部结构形状。

7.1.1 基本视图

当某些机件采用三视图不能清晰表达其结构形状时，可以借助基本视图来表达。国家标准 GB/T 14692—2008 规定以正六面体的六个平面为基本投影面，把机件放在其中，采用第一角投影法分别向六个基本投影面作正投影，所得到的六个视图称为基本视图，如图 7-1(a)所示。除前面已经介绍过的主视图、左视图、俯视图外，其余三个视图是右视图(由右向左投影所得的视图)、仰视图(由下向上投影所得的视图)、后视图(由后向前投影所得的视图)。

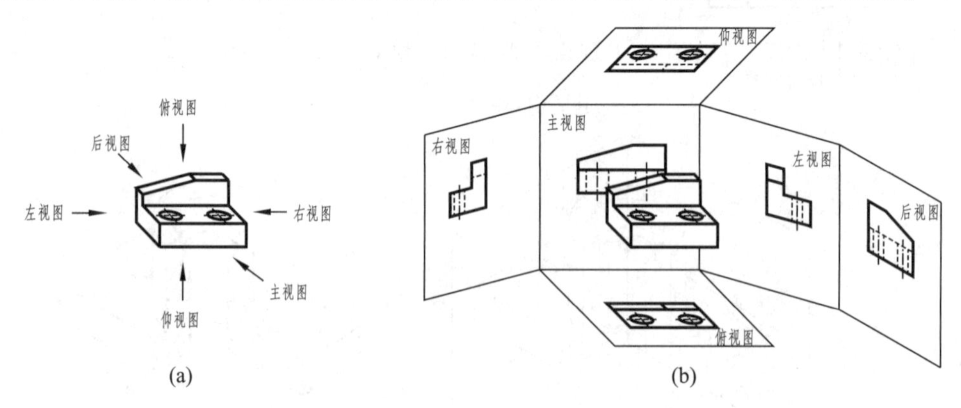

图 7-1　基本投影面与六个基本视图的形成

为了能在同一平面上画出六个基本视图，投影面按如图 7-1(b)所示展开，即获得同一平面上六个基本视图，如图 7-2 所示。当六个基本视图按图 7-2 配置时，一律不标注视图名称。

六个基本视图之间同样也具有“长对正、高平齐、宽相等”的投影规律，如图 7-3 所示，具体可概括为:主、俯、仰、后视图长对正,主、左、右、后视图高平齐,左、右、俯、仰视图宽相等。另外,从图 7-3 可知,主视图与后视图、左视图与右视图、俯视图与仰视图还具有轮廓对称的特点。围绕着主视图,其他视图上远离主视图的一侧是物体的前边,靠近主视图的一侧是物体的后边。

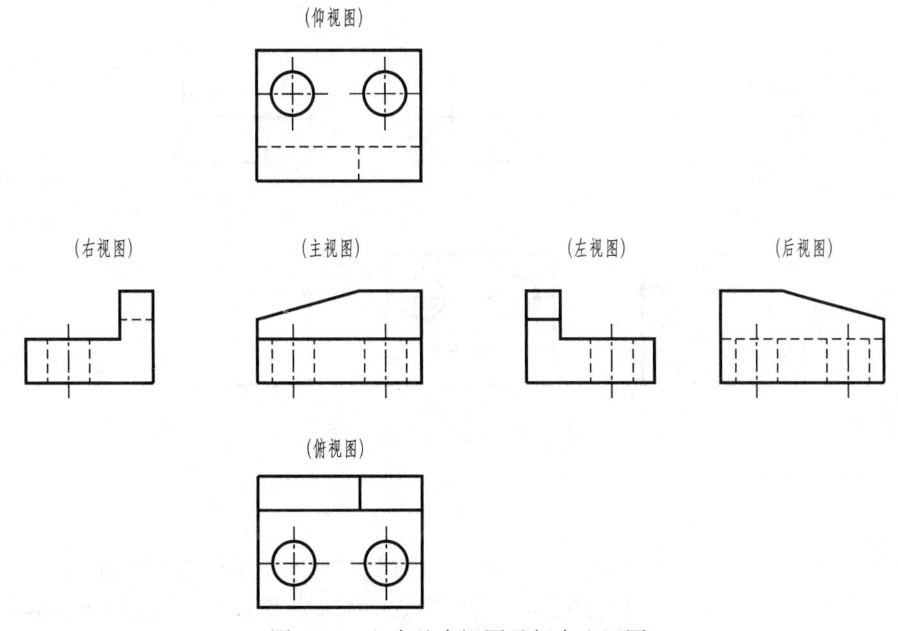

图 7-2　六个基本视图及规定配置图

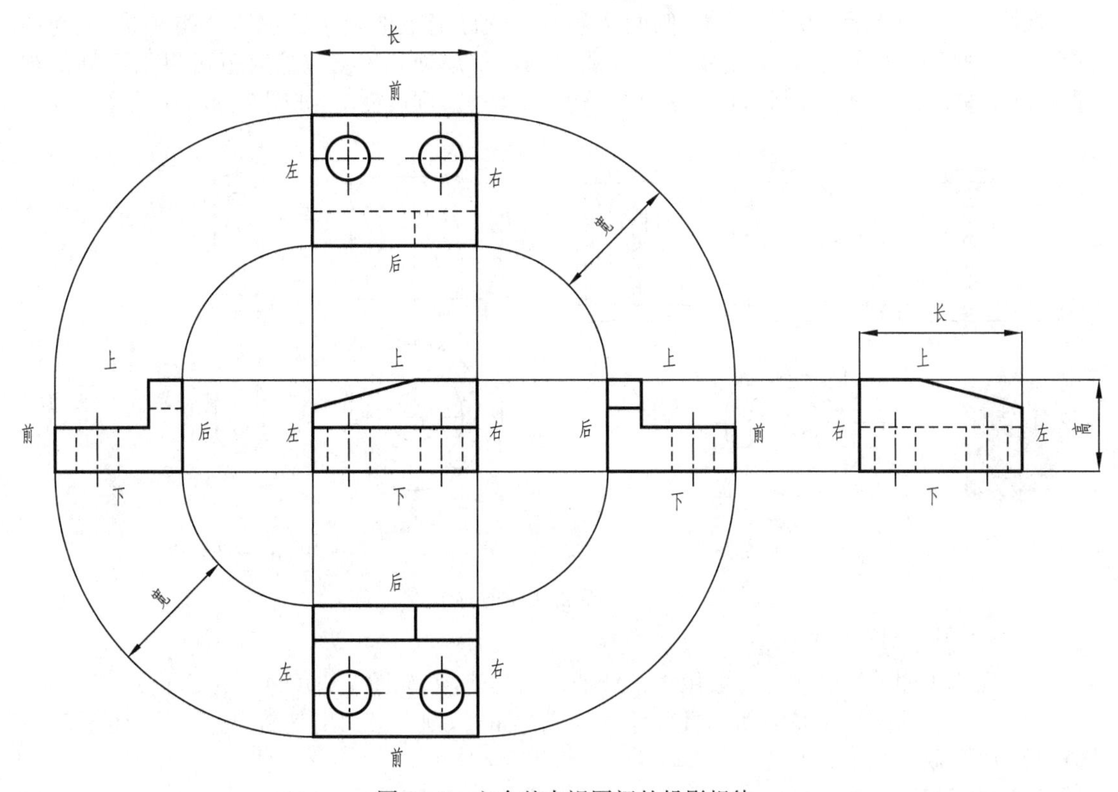

图 7-3　六个基本视图间的投影规律

实际画图时，选用几个或哪几个基本视图，应根据清晰、完整、简练表达机件的原则而定。

7.1.2　向视图

当基本视图没有按图 7－2 配置时，应在视图上方用字母标注出视图名称，并在相应视图附近用带相同字母的箭头指明投影方向，如图 7－4 所示，这种视图称为向视图。

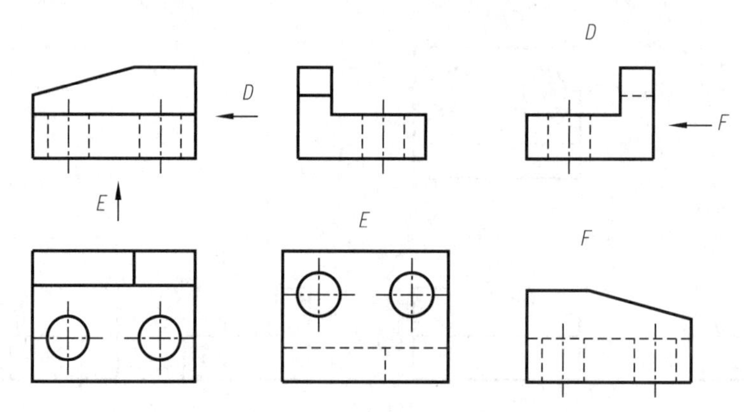

图 7－4　向视图及其标注

7.1.3　局部视图

1. 定义

当机件在平行于某一基本投影面的方向上，仅有某局部结构形状需要表达，而又没有必要画出其完整的基本视图时，可将机件的局部结构形状向基本投影面投射，这样所得的视图称为局部视图。

如图 7－5(a)所示的机件，用主、俯两个基本视图已清楚地表达了主体结构形状，但为了表达左、右两个凸缘形状，采用左视图加右视图就显得烦琐和重复。这时就可以采用局部视图，只画出左、右两个凸缘形状，可使表达方案简练、清晰、重点突出，如图 7－5(b)所示。

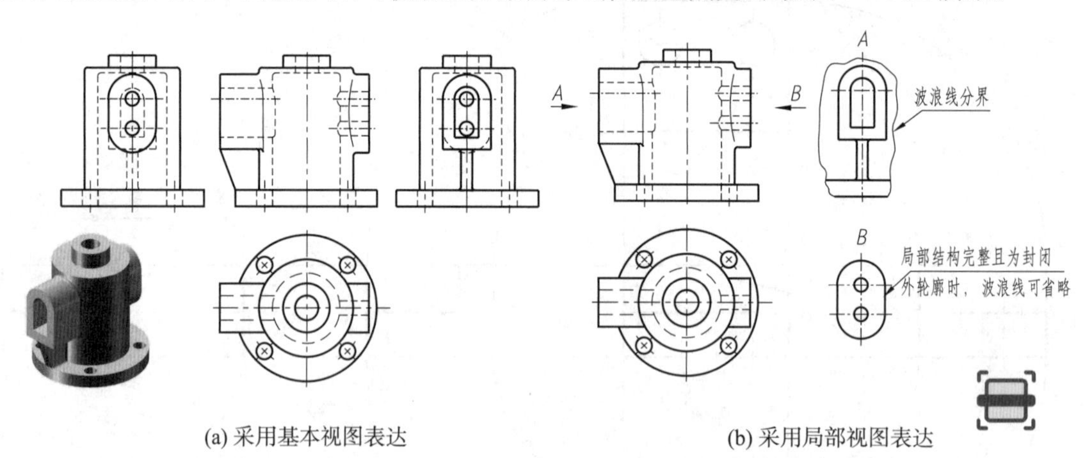

(a) 采用基本视图表达　　(b) 采用局部视图表达

图 7－5　局部视图的应用

2. 局部视图的画法及标注

(1) 局部视图的断裂边界一般用波浪线或双折线表示，如图 7－5(b)中的 A 向局部视图。

(2) 当所表示的结构是完整的且外轮廓又成封闭时，则不必画出其断裂边界线，如图 7－5(b)中的 B 向局部视图。

(3) 局部视图一般需进行标注，在局部视图的上方标出视图的名称，如“A”，在相应的视图附近，用箭头指明投射方向，并标注上同样的字母，如图 7－5(b)所示；当局部视图按投影关系配置，中间又没有其他图形隔开时，可省略标注，如图 7－6(a)中的左边凸台的局部视图。

3. 局部视图的配置

局部视图可按基本视图配置的形式配置，如图 7－5(b)中的 A 向局部视图；按向视图配置在其他适当位置，如图 7－6(a)中的 B 向局部视图，如图 7－6(b)中的 A 向局部视图；也可采用第三角配置法，但这时候必须用细点画线连起来，如图 7－6(b)中右边凸台的局部视图。第三角配置法无须标注。

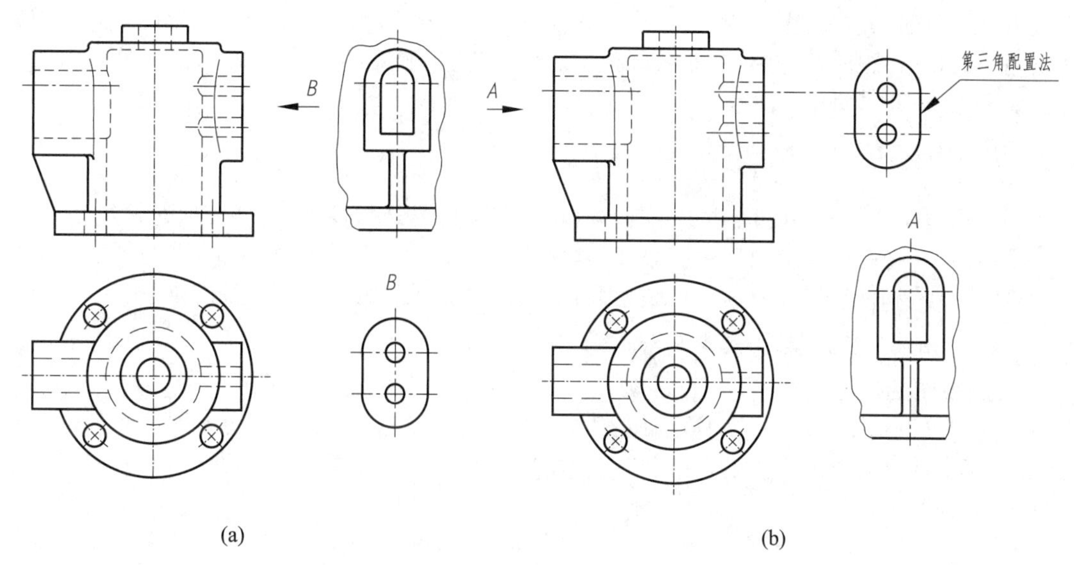

图 7－6　局部视图的标注

7.1.4　斜视图

1. 定义

图 7－7(a)所示机件，具有倾斜的结构，其倾斜结构在俯、左视图上都不反映实形。如设立一个辅助投影面平行于该倾斜表面，将倾斜部分向此辅助投影面投射，就能得到反映该倾斜结构实形的视图，如图 7－7(b)所示。这种把机件向不平行于基本投影面的平面投射所得的图形，称为斜视图。

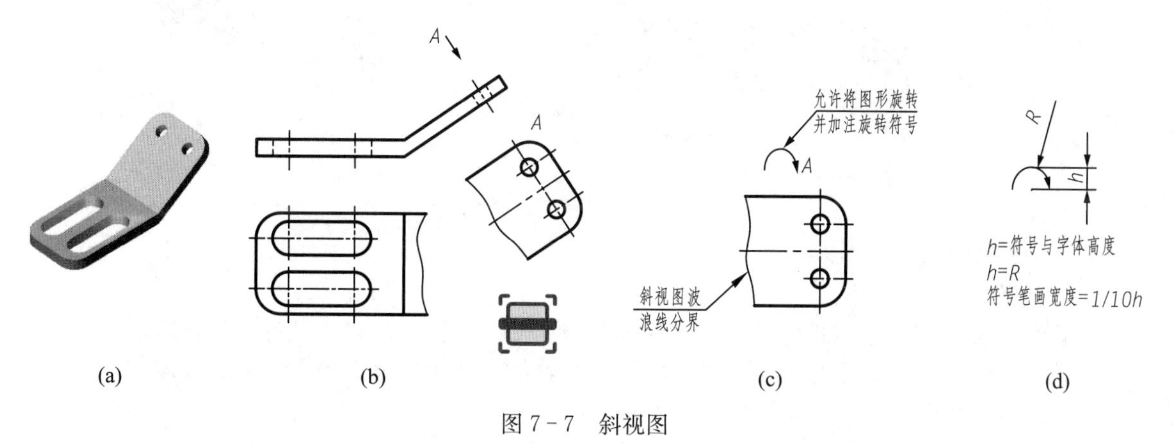

图 7－7　斜视图

2. 斜视图的画法和标注

(1) 斜视图主要用于表达机件上倾斜部分的局部形状,因此机件的其余部分不必在斜视图上画出。斜视图的断裂边界用波浪线或双折线绘制,如图 7－7(c)所示。

(2) 在斜视图的上方标出视图的名称,用大写拉丁字母表示,如"A";在相应的视图附近用箭头指明投射方向,并注上同样的字母"A",字母一律水平书写。

3. 斜视图的配置

斜视图一般按投影关系配置,如图 7－7(b)所示。必要时也可配置在其他适当的位置,在不致引起误解时,允许将图形旋转,标注形式如图 7－7(c)所示。旋转符号的箭头指向应与旋转方向一致,表示视图名称的字母靠近箭头端,也允许将旋转角度标注在字母后。旋转符号的画法如图 7－7(d)所示。

7.2　剖视图

用视图表达机件时,机件的内部结构和被遮盖的外部形状是用虚线来表示的,当其结构形状较复杂时,在视图中就会出现很多虚线,这些虚线和其他线条重叠在一起,影响图形的清晰度,不便于读图和标注尺寸。为了清楚地表达机件的内部形状,常采用剖视的画法。

7.2.1　剖视图的概念和基本画法

1. 剖视图的概念

假想用一剖切平面沿机件的适当位置剖开机件,将处于观察者和剖切平面之间的部分移去,而将其余部分向投影面投射,并在与剖切面接触到的实体部分画上剖面符号,所得到的图形称为剖视图。

如图 7－8 所示的机件,在主视图上其内部结构是用虚线来表示的。现假想用一个过机件对称平面的正平面为剖切平面切开机件,然后移去观察者和剖切平面之间的部分,将留下的部分向正立投影面投射,就得到图 7－9 所示的剖视图。

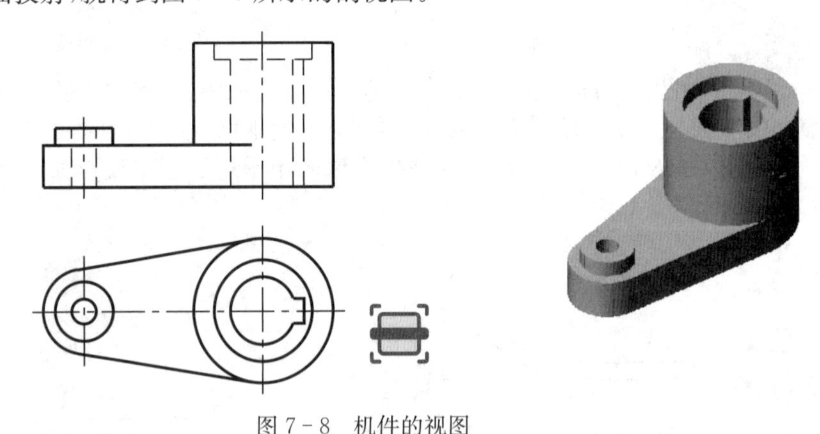

图 7－8　机件的视图

2. 画剖视图的步骤

(1) 确定剖切面的位置

剖切平面一般应通过机件的对称平面或孔、槽等结构的轴线,且要平行(或垂直)于某一基本投影面(图 7－9 中为平行于正立投影面),这样就能反映机件内部结构的实形。

(2) 画剖视图

移去位于观察者和剖切面之间的部分,画出机件余下部分的视图,从而在主视图上得到剖视图。这时机件内部的孔、槽显露出来,原来看不见的内部虚线部分变成可见,将其画成粗实线,如图 7－9 所示。

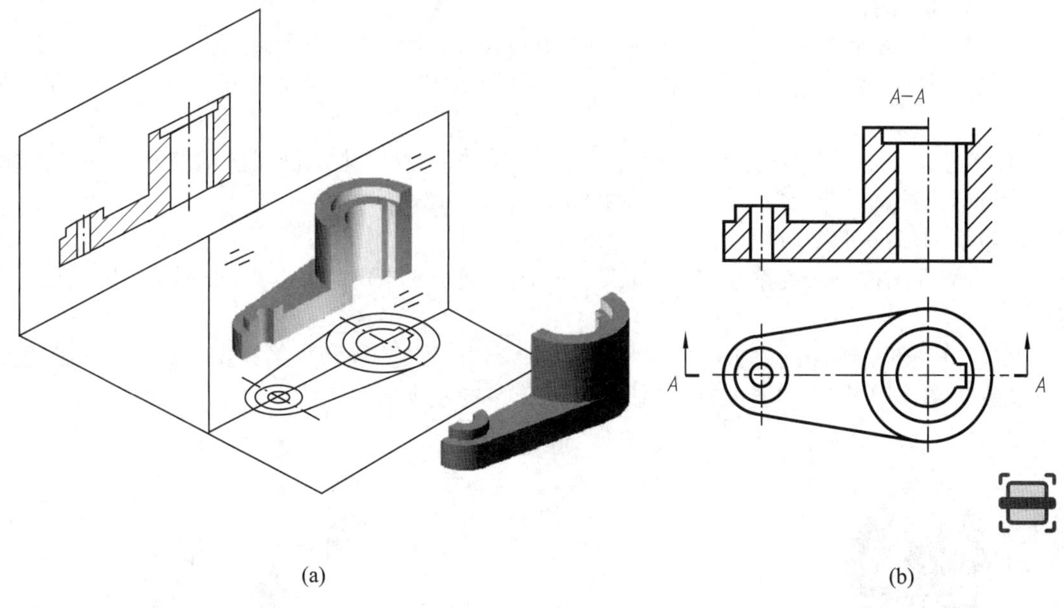

(a)　　(b)

图 7-9　机件的剖视图

（3）画剖面符号

在剖视图上，为区分剖切到的实体部分和未剖切到的结构，规定在剖切到的实体部分画上剖面符号，见表 7-1。

表 7-1　剖面符号

材料名称	剖面符号	材料名称	剖面符号
金属材料 （已有规定剖面符号者除外）		木质胶合板	
非金属材料 （已有规定剖面符号者除外）		混凝土	
线圈绕组元件		基础周围的泥土	
转子、电枢、变压器和 电抗器等的叠钢片		钢筋混凝土	
玻璃及供观察用的 其他透明材料		格网（筛网、过滤网等）	
型砂、填砂、粉末冶金、砂轮、 陶瓷刀片、硬质合金刀片等		固体材料	
木材　纵剖面		液体材料	
木材　横剖面		气体材料	

(4) 剖视图的标注

① 剖切线:表示剖切面位置的线,用细点画线表示,通常省略不画。

② 剖切符号:表示剖切面起讫和转折的位置(用粗实线表示)及投射方向(用箭头表示)的符号。

③ 字母:注写在剖视图的上方,用大写拉丁字母"×—×"表示剖视图的名称。并在剖切符号附近标出同样的字母"×",如图 7-9(b)所示。

注意下列情况可以省略标注:

① 当剖视图按投影关系配置,中间又没有图形隔开时,可省略箭头,如图 7-10(c)的俯视图。

② 当单一剖切平面通过机件的对称平面或基本对称的平面,且剖视图按投影关系配置,中间又没有图形隔开时,可省略标注,如图 7-10(c)的左视图。

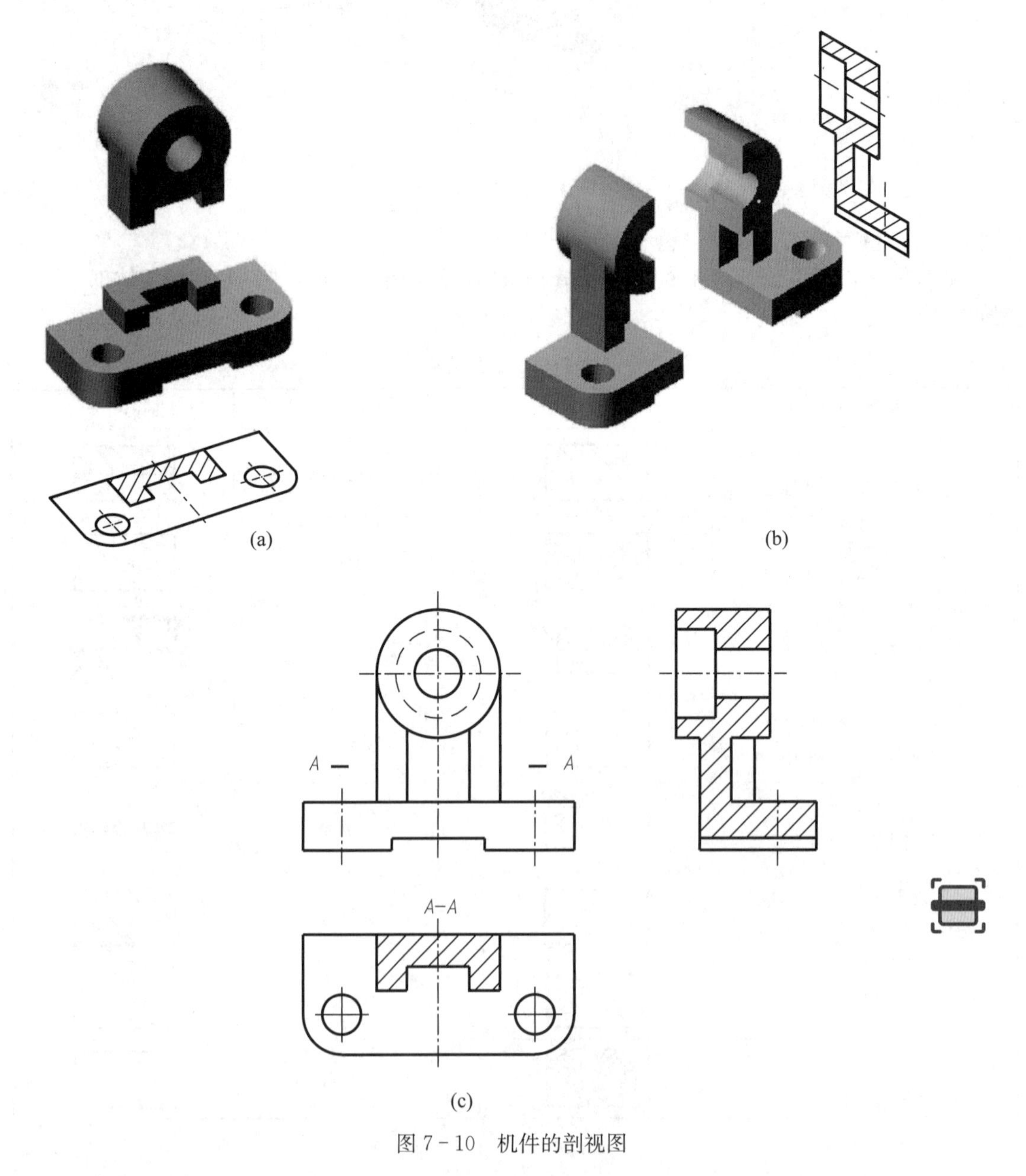

(a)　(b)

(c)

图 7-10　机件的剖视图

3. 画剖视图的注意事项

(1) 根据表达机件的实际需要，在一组视图中，可以同时在几个视图中采用剖视图的形式，如图 7-10 所示。

(2) 由于剖切是假想的，所以将一个视图画成剖视图后，其他视图仍应按完整的机件画出，如图 7-10(c)中的主视图。

(3) 在剖视图中，不可见轮廓线——虚线一般省略不画，如图 7-11(a)所示。只有对尚未表达清楚的部分结构，当不再另画视图表达时，才用虚线画出，如图 7-11(b)所示。

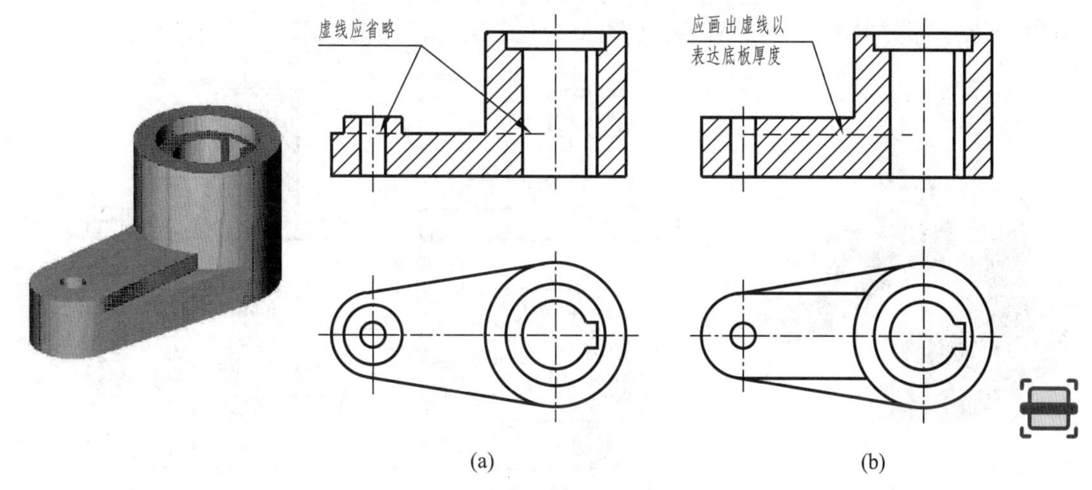

图 7-11　剖视图中虚线的处理

(4) 在画剖视图时，被投射部分的可见轮廓线都必须用粗实线画出，但也应注意不可将已假想被移去的部分画出，图 7-12 展示出了常见的错误。

(5) 在剖视图中，在剖切到的断面上应画上剖面符号。根据国家标准规定，应采用表 7-1 所规定的剖面符号。其中金属材料的剖面符号用与水平线成 45°、间隔均匀的细实线画出，向左上、向右上倾斜均可，该细实线通常称为剖面线。在同一机件的各个剖视图中，剖面线的方向和间隔应一致。

关于剖面线的规定，机械制图与技术制图标准中论述不尽相同，GB/T 4457.5《机械制图》规定剖面线应画成“与水平成 45°角”，GB/T 17453《技术制图》则规定剖面线最好“与主要轮廓或剖面区域的对称线成 45°角”。在同一问题上，当标准有不同规定时，原则上应贯彻新发布的标准，如图 7-13 所示。

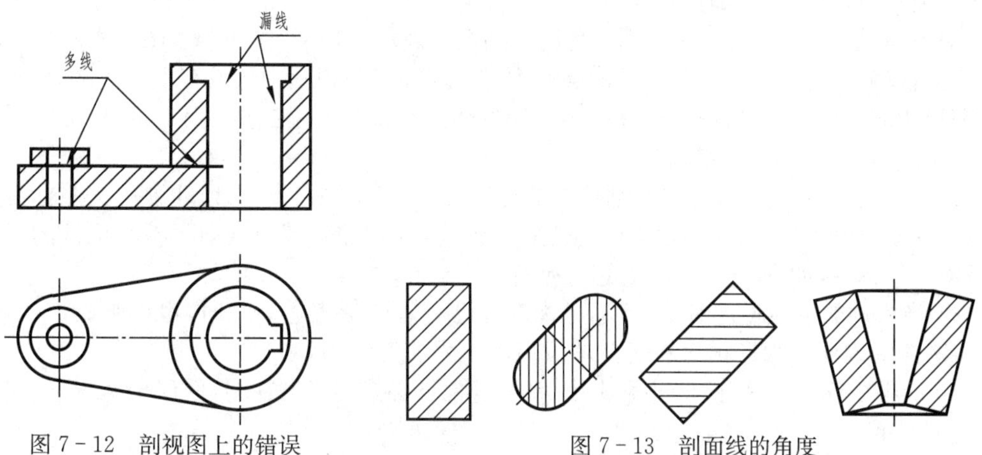

图 7-12　剖视图上的错误

图 7-13　剖面线的角度

7.2.2 剖视图种类

剖视图中并不是所有机件都要完全地剖切开来表达内部结构。根据机件的形状特征,剖视图可分为全剖视图、半剖视图和局部剖视图。

7.2.2.1 全剖视图

用剖切平面完全地剖开机件所得的剖视图,称为全剖视图。

图 7-14(b)是泵盖的两视图。从图中可以看出,其外形比较简单,内形比较复杂,前后对称,上下、左右都不对称。假想用一个剖切平面过泵盖的前后对称面将它完全剖开,移去前半部分,将余下部分向正立投影面作正投影,得到泵盖的全剖视图,如图 7-14(c)所示。

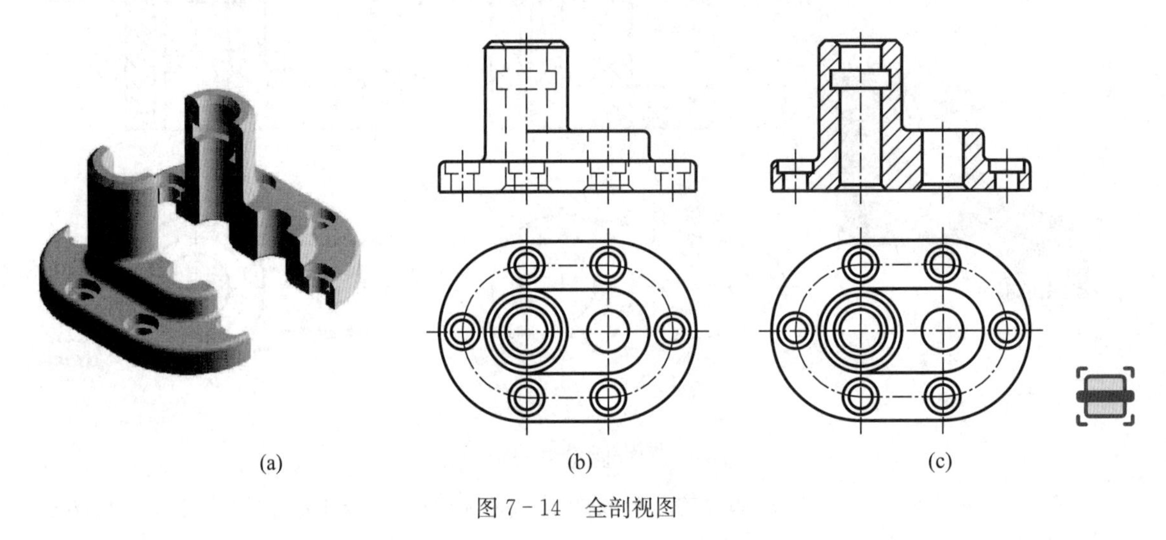

图 7-14 全剖视图

7.2.2.2 半剖视图

当机件具有对称平面时,在垂直于对称平面的投影面上投射所得的图形,以对称中心线为界,一半画成剖视图,另一半画成视图,这样画出的剖视图称为半剖视图。

如图 7-15(a)所示的机件,其内外结构均较复杂,且前后、左右都对称。如果主视图采用全剖视,则顶板下的凸台就不能表达出来。如采用图 7-15(b)所示的剖切方法,分别将主、俯视图画成半剖视图,这样就能清楚地表示机件的内外结构形状。

画半剖视图时,应注意下列几点:

(1) 在同一机件的各剖视图中的剖面线方向、间隔必须一致,半个视图和半个剖视图的分界线,必须是对称中心线(细点画线)。

(2) 由于图形对称,机件的内部结构已在剖视中表示清楚了,在外形视图上表示内部结构的虚线应省略不画。但是,如果机件的某些内部形状在半剖视图中还没有表达清楚时,则在表达外部形状的半个视图中,应该用虚线画出。如图 7-15(b)中,在主视图上,顶板上的圆柱孔和底板上的圆柱孔,都用虚线画出。

(3) 半剖视图的标注方法与全剖视图的标注方法相同。在图 7-15(b)中,按照标注省略条件,主视图省略了标注;而用水平面剖切后得到的半剖视图,因为剖切面不是机件的对称平面,所以必须标注,如图 7-15(b)中的俯视图。

(4) 当机件的形状接近对称,且不对称部分已另有图形表达清楚时,也可画成半剖视图,以便将物体的内外结构形状都表达出来,如图 7-16 所示。

(5) 如果机件形状对称,但外形比较简单,通常不必采用半剖视图,而用全剖视图表达,如图 7-17 所示。

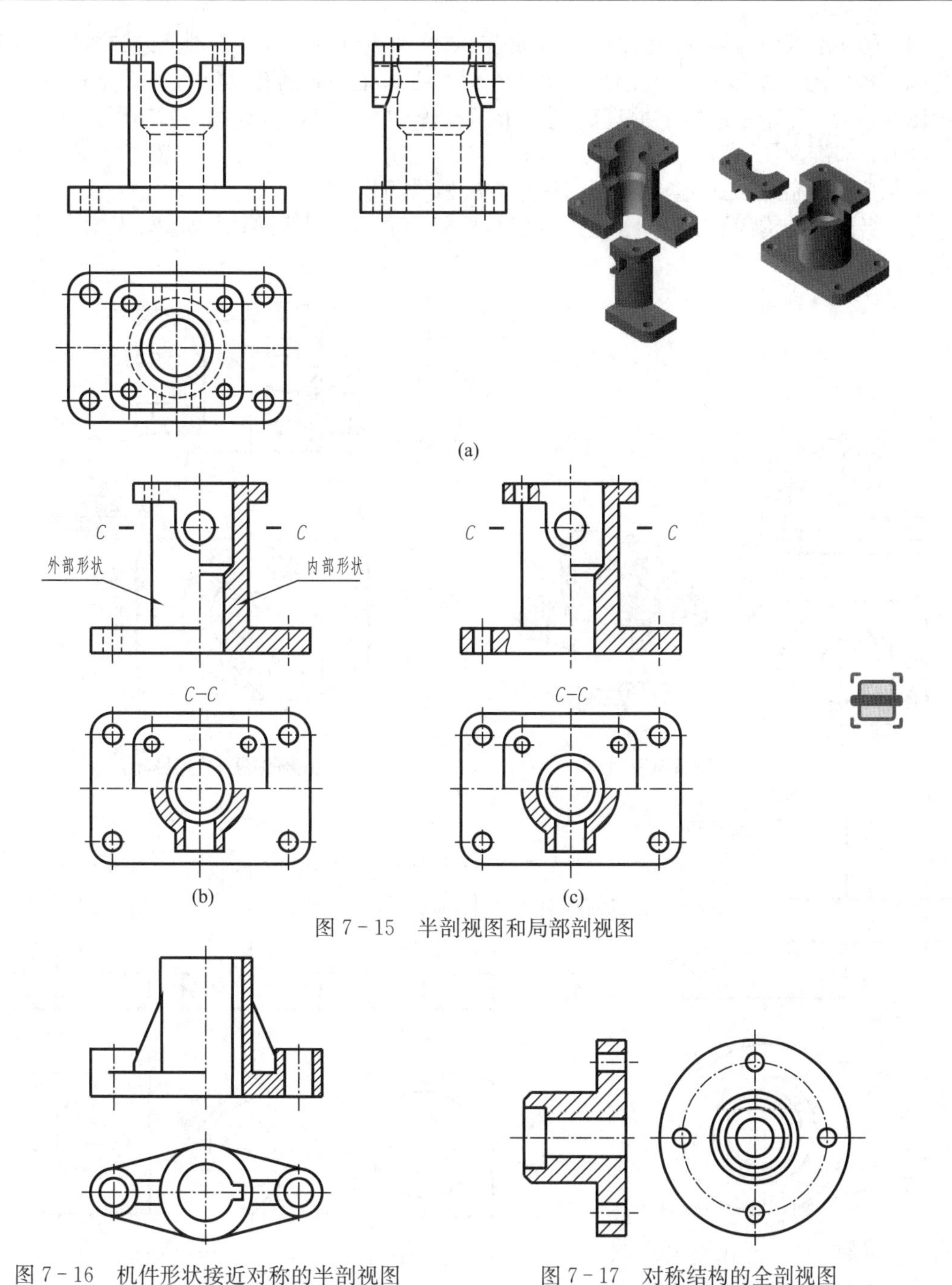

图 7-15　半剖视图和局部剖视图

图 7-16　机件形状接近对称的半剖视图

图 7-17　对称结构的全剖视图

7.2.2.3　局部剖视图

用剖切平面局部地剖开机件所得的剖视图，称为局部剖视图。

如图 7-15(c)所示，机件顶板上的圆柱孔和底板上的圆柱孔，采用局部剖来表达。图 7-18 所示的机件，其上下、左右、前后都不对称。为了使机件的内外部结构都能表达清楚，可将主视图画成局部剖视图；在俯视图上，为保留顶部外形，采用“A—A”剖切位置的局部剖视图。

画局部剖视图时应注意下列几点：

(1) 局部剖视图与视图用波浪线作为分界线,波浪线可看成机件断裂痕迹的投影,因此它只能画在机件的实体部分,不能超出视图的轮廓线或画在穿通的孔、槽内,也不能和图样上的其他图线重合,或画在轮廓线的延长线上。图 7-19 中示出了波浪线的一些错误画法。

(2) 局部剖视图一般不必标注,如图 7-18 的主视图。但对于剖切位置不明显的局部剖视图必须标注,标注方法和全剖视图的标注方法相同,如图 7-18 的俯视图。

(3) 当被剖结构为回转体时,允许将该结构的中心线作为局部剖视图与视图的分界线。如图 7-20 所示。

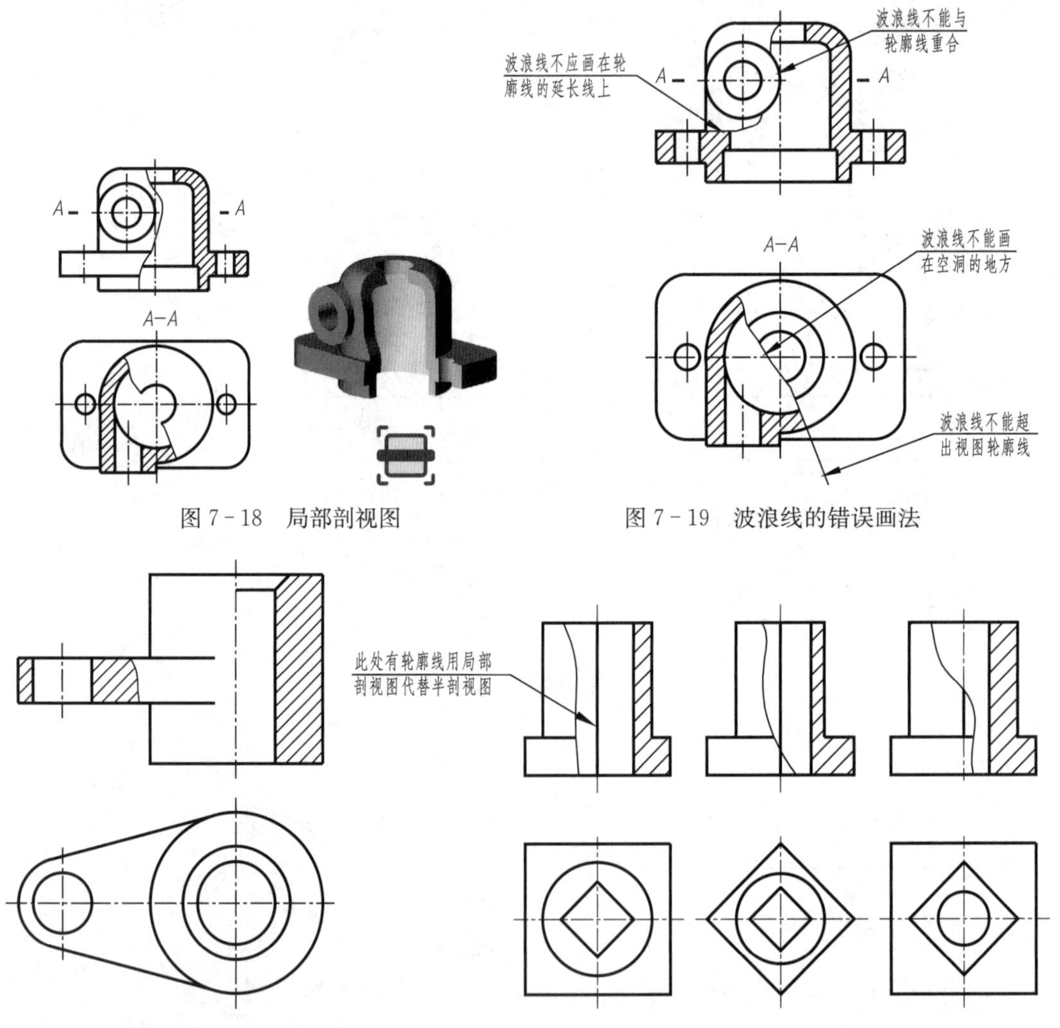

图 7-18　局部剖视图　　图 7-19　波浪线的错误画法

图 7-20　以中心线为界的局部剖视图　　图 7-21　用局部剖视图代替半剖视图

(4) 当机件的轮廓线与对称中心线重合,不宜画半剖视图时,应画成局部剖视图。如图 7-21 所示,机件虽然左右对称,但在主视图的左右对称平面上,都分别有外形或内形的交线存在,故主视图不宜采用半剖。

(5) 局部剖视图是一种比较灵活的表达方法,当在剖视图中既不宜采用全剖视图,也不宜采用半剖视图时,则可采用局部剖视图。但在一个视图中,局部剖视的数量不宜过多,以免使图形过于破碎,不利于看图。

7.2.3　剖切面和剖切方法

上述剖视图的例子中,均采用一个剖切面来剖切机件,事实上采用一个剖切面时,有些机件的内部结构不一定能够清楚表达，应根据零件的结构特点，恰当地选用不同的剖切面，下面介绍常用的剖切面和剖切方法。

7.2.3.1 单一剖切面

单一剖切面包括单一剖切平面、单一斜剖切平面和单一剖切圆柱面。

1. 单一剖切平面

如前面所述的全剖视图、半剖视图和局部剖视图，都是用平行于某一基本投影面的单一剖切平面剖开机件后所得出的。

2. 单一斜剖切平面

图 7-22 所示机件，采用了垂直于正立投影面的剖切平面"A—A"剖开机件，再投射到与剖切平面平行的投影面上，得到该部分内部结构的实形，习惯上称为斜剖。所得剖视图一般应按投影关系配置在与剖切符号相对应的位置，并予以标注，如图 7-22(b)所示。必要时，也可配置在其他适当的位置如图 7-22(c)所示。在不致引起误解时，还允许将图形旋转，旋转后的标注形式如图 7-22(d)所示。

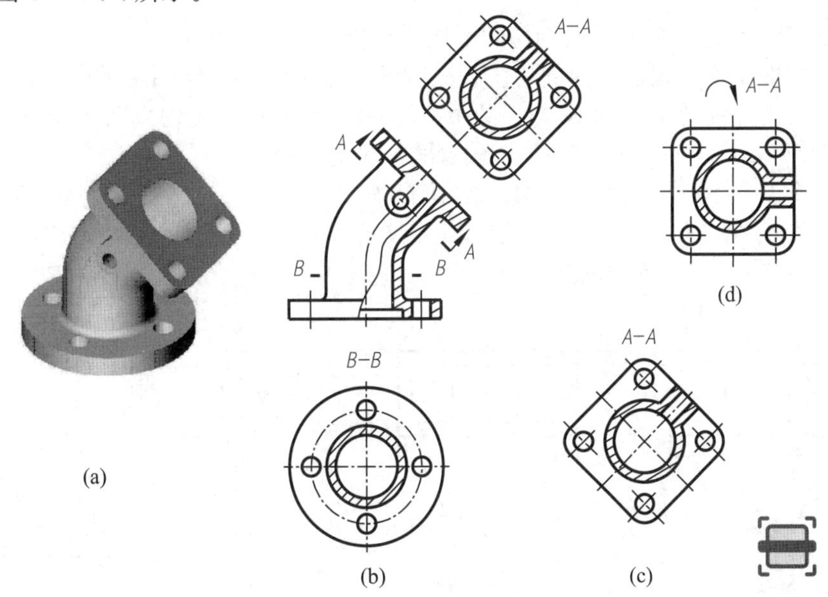

图 7-22 单一斜剖切平面剖切

3. 单一剖切圆柱面

按 GB/T 4458.6—2002 规定：采用圆柱面剖切机件时，剖视图应按展开画出。

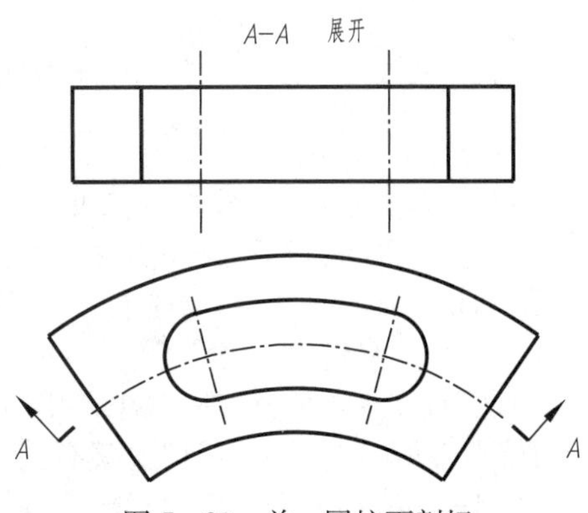

图 7-23 单一圆柱面剖切

7.2.3.2 几个平行的剖切平面

图 7-24(a)所示机件，若采用一个与对称平面重合的剖切平面进行剖切，则上面板上的两个小孔将剖不到。现假想通过右边孔的轴线再作一个与上述剖切平面平行的剖切平面，这样可以在同一个剖视图上表达出两个平行剖切平面所剖切出的结构，习惯称为阶梯剖。

如图 7-24(b)所示，在剖视图的上方标出其名称，如"A—A"，在相应的视图(图中为主视图)上用剖切符号标明剖切平面起始、转折和终止的位置，并标注相同的字母。

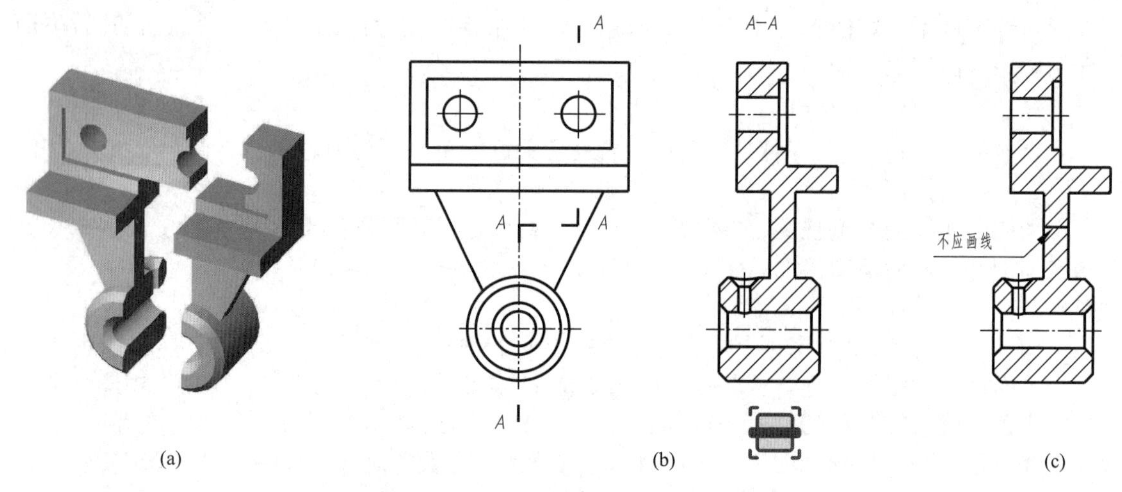

图 7-24　两个平行的剖切平面剖切

画一组相互平行的剖切平面剖切的剖视图时应注意下列几点：

(1) 剖视图中不应画出不同剖切位置的转折线，如图 7-24(c)中的画法是错误的。

(2) 剖切符号的转折处，不应与视图中的轮廓线重合，而且剖切平面转折处的剖切符号应对齐不能错开，如图 7-25(a)中的剖切位置的标注是错误的。

(3) 剖视图内不应出现不完整的结构要素，如图 7-25(b)中通孔的表示方法是错误的。只有当两个结构在图形上具有公共对称中心线或轴线时，可以各画一半，此时应以对称中心线或轴线为界，如图 7-26 中的剖视图 $A—A$。

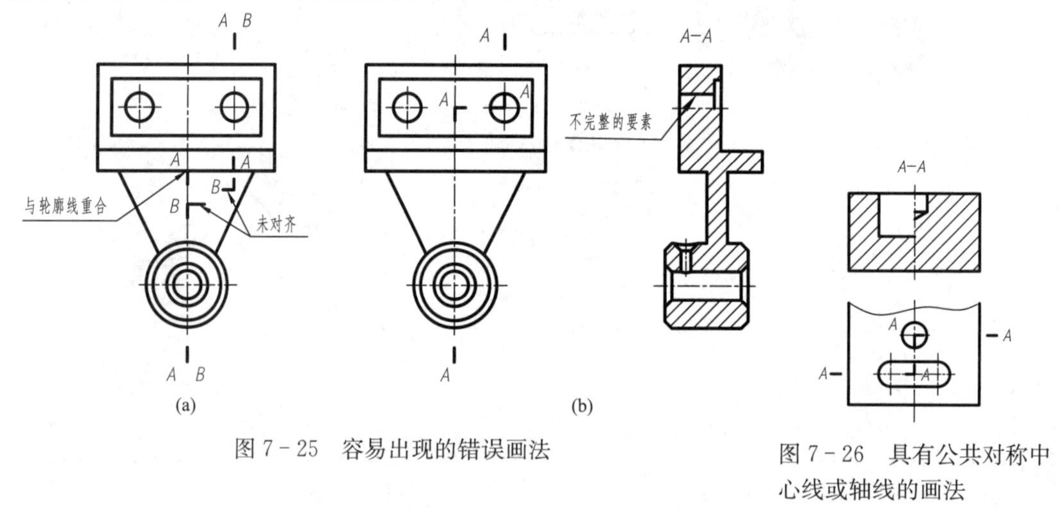

图 7-25　容易出现的错误画法

图 7-26　具有公共对称中心线或轴线的画法

7.2.3.3　几个相交的剖切面

有些零件可以根据结构需要，采用两个或两个以上相交的剖切面进行剖切，但必须保证其交线垂直于某一投影面，常见有以下两种：

1. 两个相交的剖切平面

图 7-27 所示的机件，假想采用两个相交的剖切平面(交线垂直于水平投影面)剖开机件，将倾斜剖切平面剖开的结构及其有关部分旋转到与基本投影面平行后再进行投射，这样就可以在同一剖视图上表示出两个相交剖切平面所剖切到的结构，习惯上将这种剖切称为旋转剖。

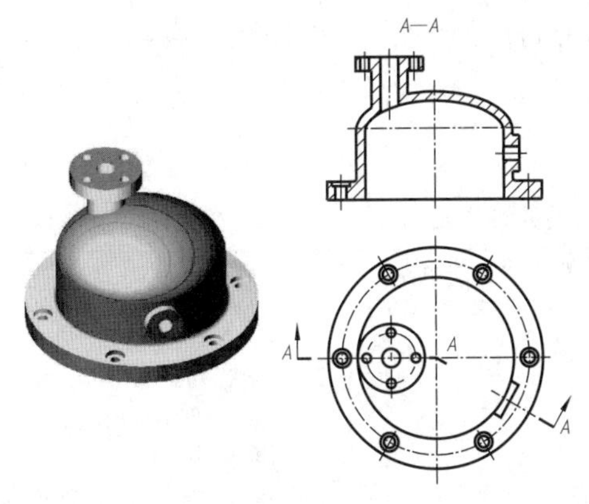

图 7-27　两个相交的剖切平面剖切

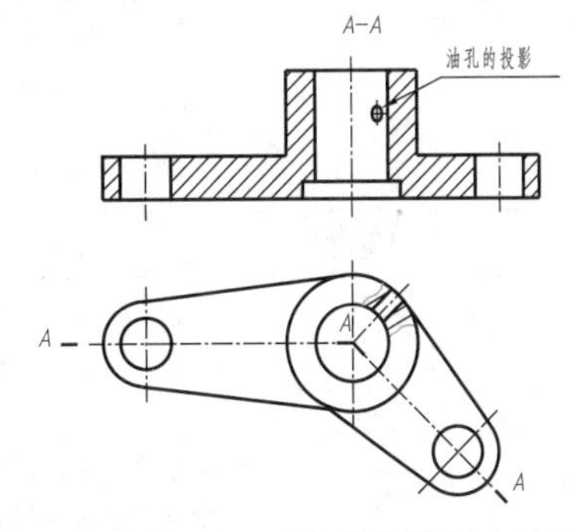

图 7-28　剖切平面后的结构按原来位置投射

绘制用几个相交的剖切平面剖切得到的剖视图时，要注意下列几点：

(1) 必须进行标注。在剖视图的上方，用字母标出剖视图的名称，如“A—A”，在相应的视图上用剖切符号标明剖切平面起始、转折和终止的位置，并标注相同的字母，用箭头表示投射方向，如图 7-27 所示。

(2) 位于剖切平面后的结构一般不旋转，仍按原来位置投射，如图 7-28 主视图中的油孔。

2. 两个以上相交的剖切面

用两个相交的剖切平面(旋转剖)、几个平行的剖切平面(阶梯剖)等方法组合而成的剖切面剖开机件，用于表达内形复杂的零件，习惯上将这种剖切称为复合剖。

绘制两个以上相交的剖切平面剖开机件时，机件上被倾斜的剖切平面所剖切到的结构，应旋转到与选定的基本投影面平行后，再进行投影，如图 7-29 所示。

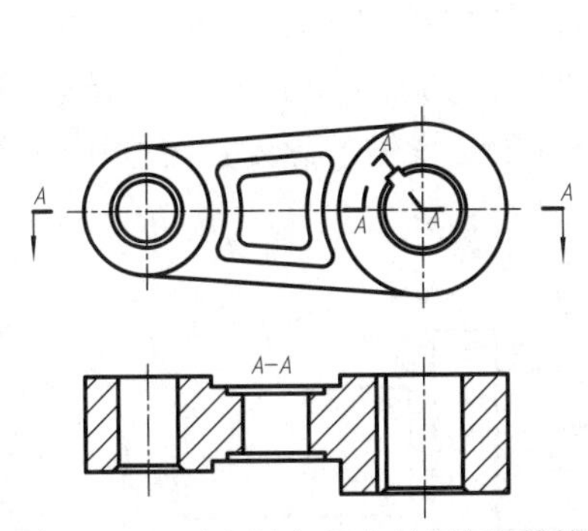

图 7-29　两个以上相交的剖切面剖切

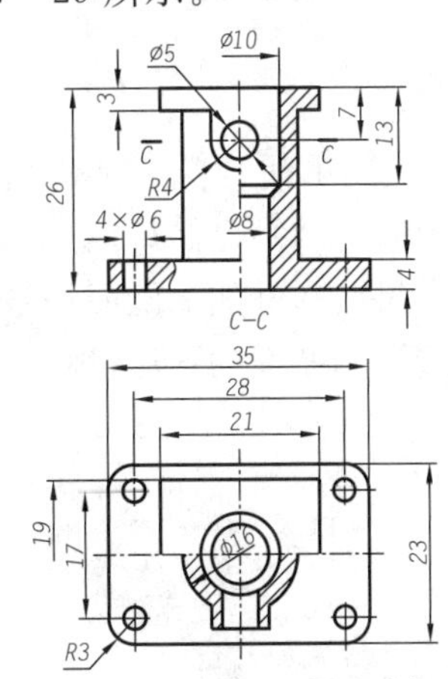

图 7-30　剖视图上的尺寸标注

注意：在作剖视图时，应根据零件的结构特点，恰当选用不同的剖切面。

7.2.4　剖视图上的尺寸标注

在剖视图上标注尺寸时，应注意下列几点，如图 7-30 所示。

(1) 尽量把外形尺寸集中在视图的一侧，而将内形尺寸集中在剖视的一侧，以便于看图。

(2) 在剖视图中当形状轮廓只画出一半或一部分，而必须标注完整的尺寸时，可使尺寸线的一端用箭头指向轮廓，另一端超过中心线，但不画箭头，数值应按完整的尺寸标出，如图 7-30 中Ø10、Ø8、19。

(3) 如必须在剖面线中注写尺寸数值时,应将剖面线断开,以保证数值的清晰。

知识拓展:上面所述的剖视图种类、适用情况、注意事项及标注可总结归纳如表 7-2 所示。

表 7-2 剖视图的种类及标注

<table>
<tr><th>剖视图种类</th><th>适用情况</th><th>标注</th><th>剖切方法</th><th>注意事项</th></tr>
<tr><td>全剖视图</td><td>表达外形比较简单、内部结构比较复杂的不对称机件</td><td rowspan="2">画带箭头的剖切符号表示剖切位置,注写字母如“×—×”;
当剖视图按投影关系配置,中间又没有图形隔开时,可省略箭头;
单一剖切平面通过机件的对称平面且按投影关系配置,中间又没有图形隔开时,可省略标注</td><td rowspan="3">1. 单一剖切平面
2. 单一斜剖切面
3. 单一剖切圆柱面
4. 几个平行的剖切平面
5. 两个相交的剖切平面
6. 两个以上相交的剖切面</td><td rowspan="3">1. 剖切平面一般应通过机件的对称平面或孔的轴线;
2. 剖切平面后面的可见轮廓线均应画出;
3. 剖视图中表达不可见轮廓线的虚线一般省略不画;
4. 半剖视图中视图和半剖视图用细点画线分界;
5. 局部剖视图上的分界线只能画在机件的实体部分,且不能与其他图线重合;
6. 几个平行剖切平面的剖视图中不应画出两个剖切平面转折处的投影,也不应出现不完整的结构要素;
7. 两个相交剖切平面的剖视图中剖切平面后的其他结构一般仍按原来位置画出投影</td></tr>
<tr><td>半剖视图</td><td>表达对称机件的内、外结构形状</td></tr>
<tr><td>局部剖视图</td><td>表达机件的局部内部形状或需保留的局部外形</td><td>一般不标注</td></tr>
</table>

7.3 断面图

如图 7-31(a)小轴上有一键槽,在图 7-31(b)的主视图中能表达它们的形状和位置,但不能表达其深度。此时,可假想用一个垂直于轴线的剖切平面,在键槽处将轴剖开,然后仅画出剖切处断面的图形,并加上剖面符号,就能清楚地表达键槽的深度。这种用假想剖切平面将机件切断后,仅画出断面的图形,称为断面图。

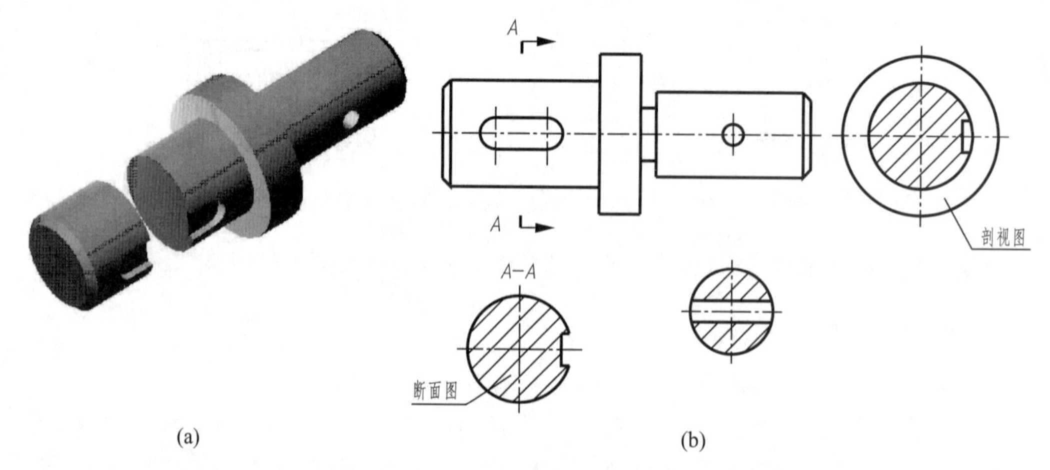

图 7-31 用断面图表达轴上的结构,以及断面图和剖视图的区别

比较图 7－31(b)上的断面图和剖视图可知，它们的区别有：断面图只画出机件的断面形状，而剖视图则是将机件的断面及剖切平面右面的结构一起投射所得的图形。

根据断面图在绘制时所配置的位置不同，断面图可分为移出断面图和重合断面图。

7.3.1　移出断面图

画在视图外的断面图，称为移出断面图。移出断面图的轮廓线用粗实线绘制。其标注与剖视图的规定相同，一般用剖切符号表示剖切位置，用箭头表示投射方向并标注上字母，在断面图的上方用相同的字母标出相应的名称，如图 7－31 所示。移出断面图的标注及省略情况见表7－3。

表 7－3　移出断面图的配置和标注省略情况

<table>
<tr><th>标注及省略情况</th><th colspan="2">断面图及配置情况</th></tr>
<tr><td rowspan="2">应标注剖切符号(含箭头)和字母，标注不可省略</td><td colspan="2">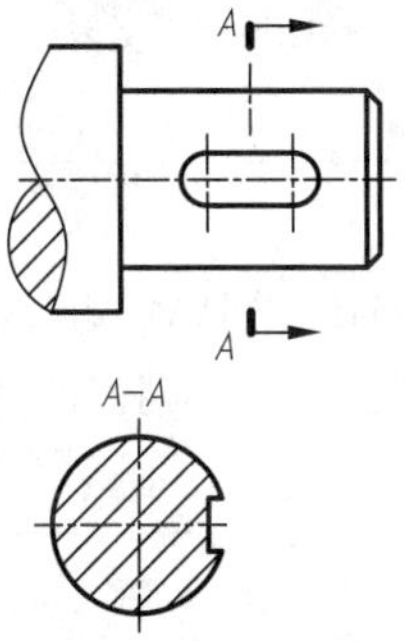
</td></tr>
<tr><td colspan="2">不对称断面图，配置在其他位置</td></tr>
<tr><td rowspan="2">不必标注箭头</td><td>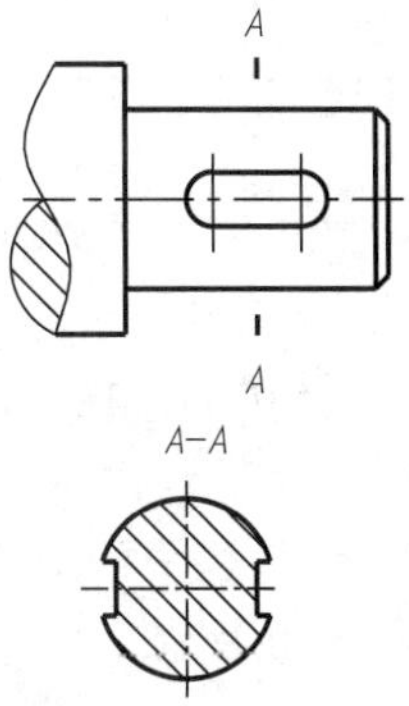
</td><td>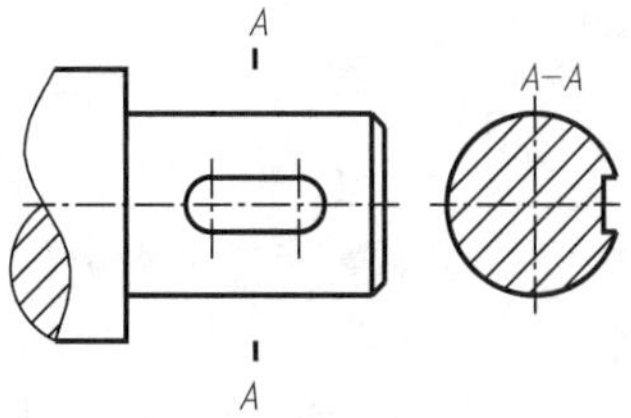
</td></tr>
<tr><td>对称断面图，配置在其他位置</td><td>不对称断面图按投影关系配置</td></tr>
<tr><td rowspan="2">不必标出字母</td><td colspan="2">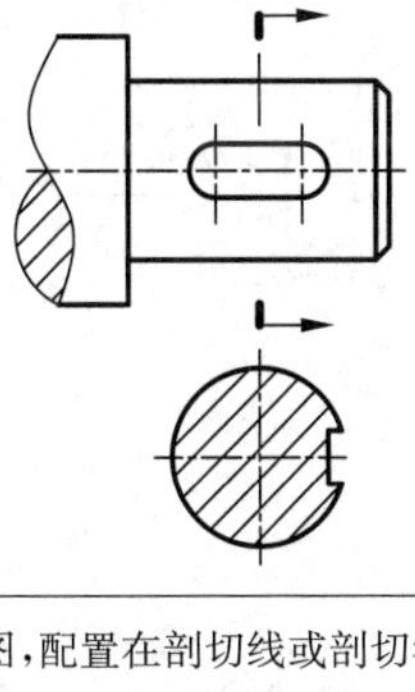</td></tr>
<tr><td colspan="2">不对称断面图，配置在剖切线或剖切符号延长线上</td></tr>
</table>

续表

标注及省略情况	断面图及配置情况	
不必标注	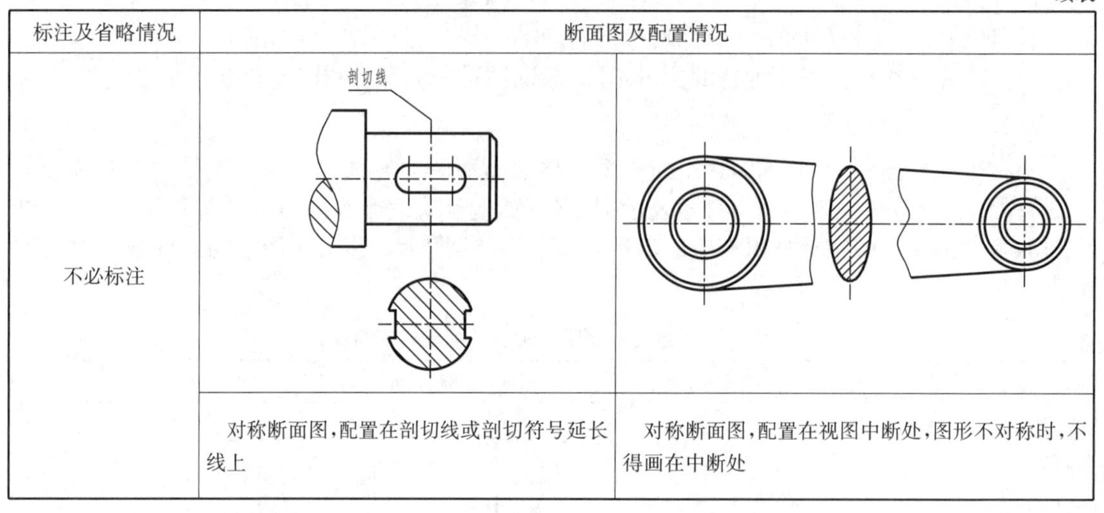	
	对称断面图,配置在剖切线或剖切符号延长线上	对称断面图,配置在视图中断处,图形不对称时,不得画在中断处

画移出断面图时要注意:

(1) 一般情况下,断面图仅画出剖切后断面的形状,但当剖切平面通过回转面形成的孔或凹坑的轴线时,则这部分结构的断面图应按剖视图的方法画出,如图 7-32 所示。

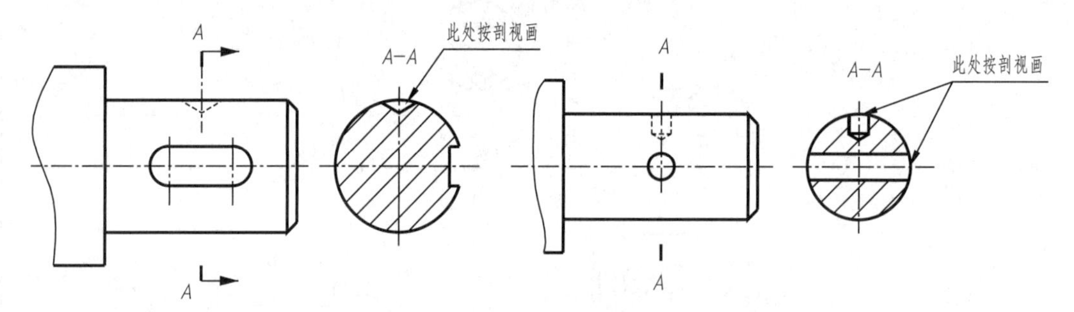

图 7-32　移出断面图按剖视画

(2) 当剖切平面通过非圆孔,会导致出现完全分离的两个图形时,则这些结构应按剖视绘制,如图 7-33 所示。

(3) 为了使断面能反映机件上被剖切部位的实形,剖切平面应与被剖部位的主要轮廓线垂直。由两个或多个相交的剖切平面剖切得到的移出断面图,中间一般应断开,如图 7-34 所示。

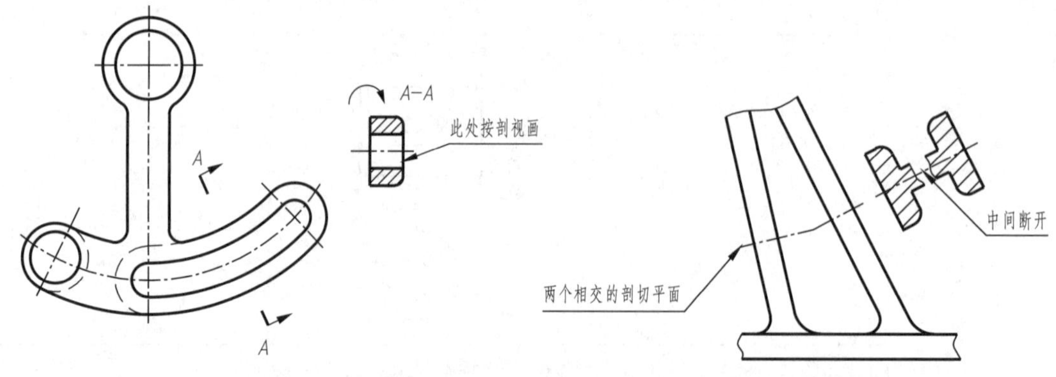

图 7-33　移出断面图按剖视画　　　图 7-34　相交平面切出的移出断面图

7.3.2　重合断面图

绘制在视图内的断面图称为重合断面图。只有当断面形状简单，且不影响图形清晰的情况下，才采用重合断面图。重合断面图的轮廓线用细实线画出，以便与原视图的轮廓线相区别，如图 7-35(a)所示。当视图中的轮廓线与重合断面图的轮廓线重叠时，视图中的轮廓线仍应连续画出，不可间断，如图 7-35(b)所示。

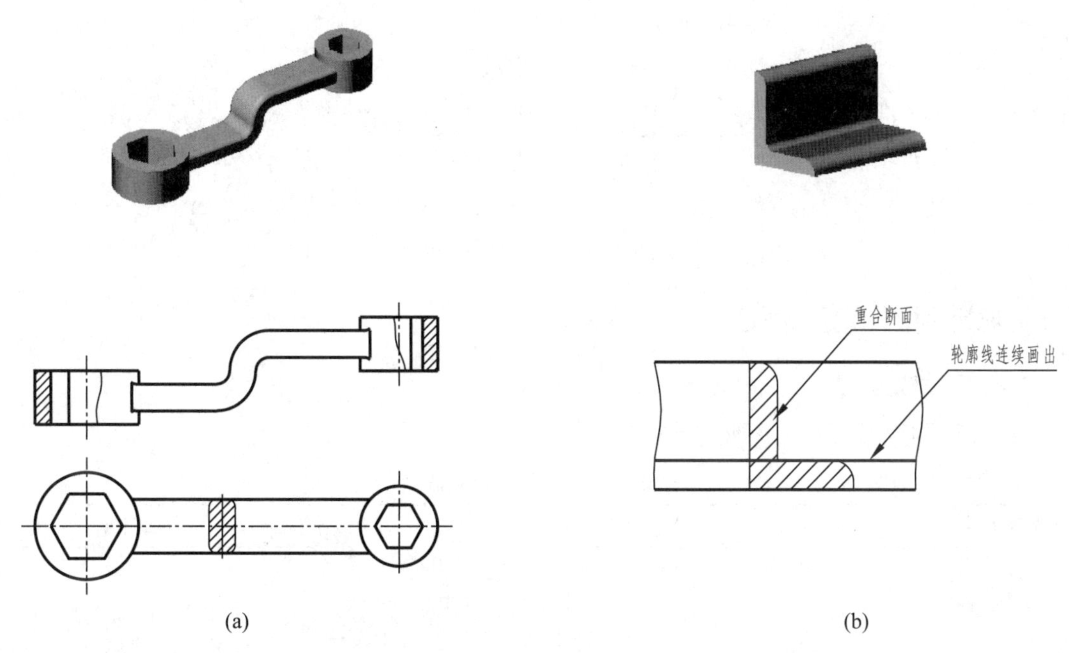

图 7-35　重合断面图

由于重合断面图是把断面图形直接画在剖切位置处，因此，对称的断面图形不必标注，如图 7-35(a)所示。不对称的重合断面图也可省略标注，如图 7-35(b)所示。

7.4　局部放大图

当机件上的某些细部结构，在视图上由于图形过小而表达不清，或标注尺寸有困难时，可用大于原图形的作图比例，单独画出这部分结构，这样的图形称为局部放大图。

局部放大图可画成视图、剖视图、断面图，它与被放大部位的表达方式无关，如图 7-36 中的“I”部原来是外形视图，局部放大图画成了剖视图。

局部放大图应尽量配置在被放大部位的附近。绘制局部放大图时，应用细实线的圆圈出被放大的部位，并用罗马数字按顺序标记。在局部放大图的上方标出相应的罗马数字和采用的比例，如图 7-36(a)所示。当机件上仅有一个需要放大的部位时，在局部放大图上只需标注采用的比例即可，如图 7-36(b)所示。同一机件上不同部位的局部放大图，当图形相同或对称时，只需画出一个局部放大图，其标注形式如图 7-36(c)所示。

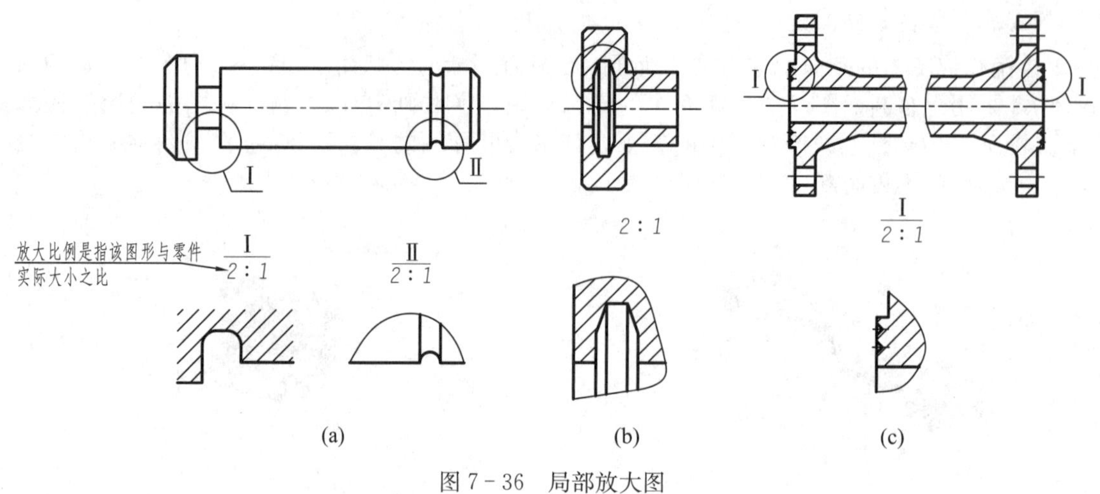

图 7-36　局部放大图

7.5　规定画法和简化画法

7.5.1　规定画法

常用规定画法如表 7-4 所示。

表 7-4　常用规定画法

规定画法	图例	详细说明
肋剖视的规定画法	A　A A-A	对于机件上肋、轮辐及薄壁等结构,如按纵向剖切,这些结构在剖视图中不画剖面符号,而用粗实线将它与邻接部分分开,如主视图中的肋板。而当这些结构不按纵向剖切时,仍应画上剖面符号,如俯视图中的肋板
均匀分布轮辐的规定画法	轮辐纵向剖切时不画剖面线 不对称轮辐画成对称	当回转形机件上均匀分布的肋、轮辐、孔等结构不处于剖切平面时,可假想将这些结构旋转到剖切平面的位置再画出,即在剖视图上,应将这些均匀分布的结构画成对称,如左图及下图所示

续表

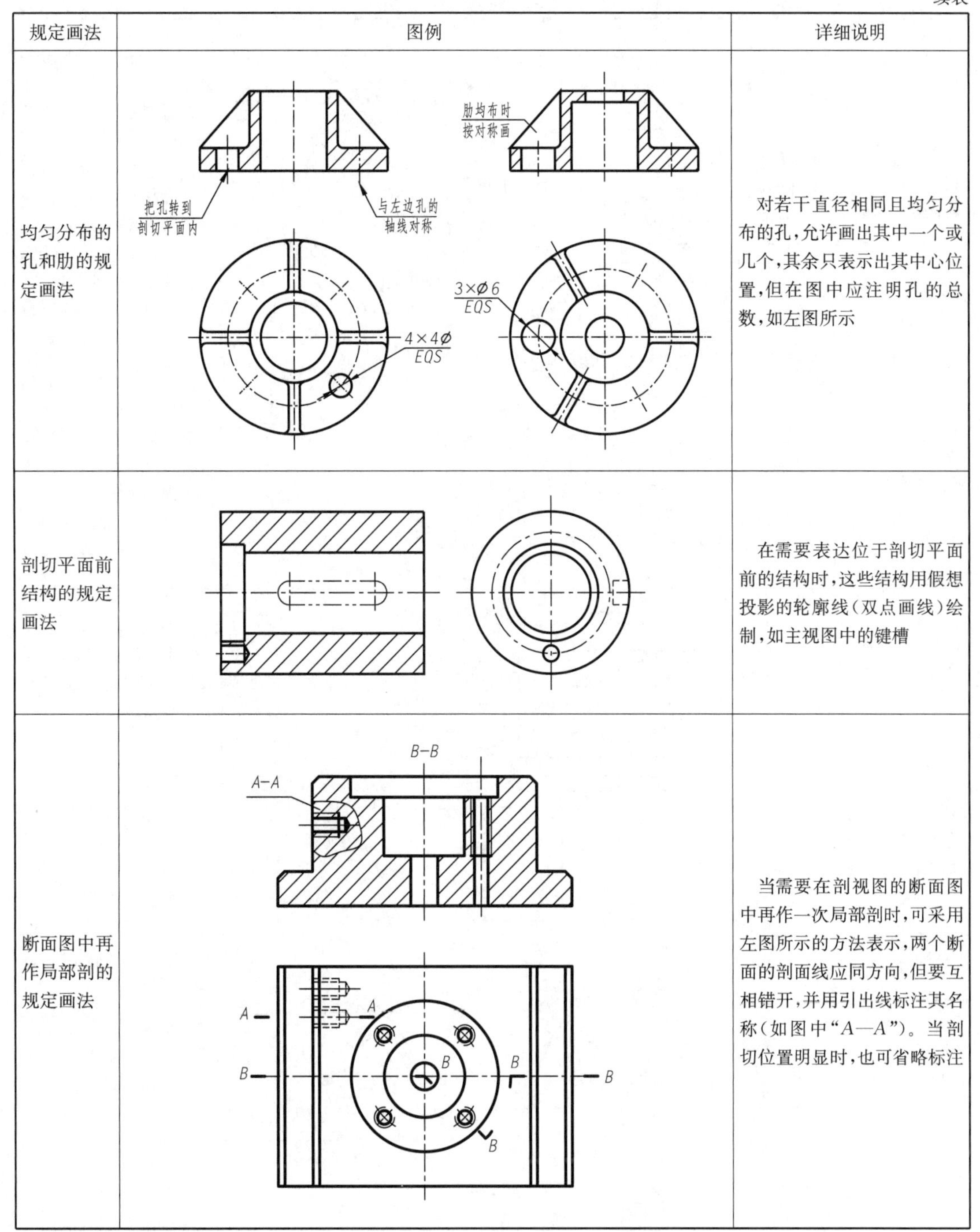

规定画法	图例	详细说明
均匀分布的孔和肋的规定画法		对若干直径相同且均匀分布的孔，允许画出其中一个或几个，其余只表示出其中心位置，但在图中应注明孔的总数，如左图所示
剖切平面前结构的规定画法		在需要表达位于剖切平面前的结构时，这些结构用假想投影的轮廓线（双点画线）绘制，如主视图中的键槽
断面图中再作局部剖的规定画法		当需要在剖视图的断面图中再作一次局部剖时，可采用左图所示的方法表示，两个断面的剖面线应同方向，但要互相错开，并用引出线标注其名称（如图中“A—A”）。当剖切位置明显时，也可省略标注

7.5.2　简化画法

常用简化画法如表 7－5 所示。

表7-5 常用简化画法

简化画法	图例	详细说明
相同结构的简化画法	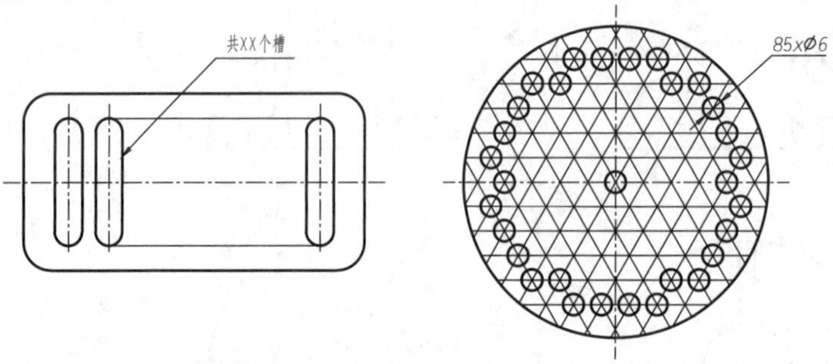 共XX个槽 85xØ6	机件具有若干相同结构(如齿、槽等),并按一定规律分布时,只需画出几个完整的结构,其余用细实线连接,但在视图中必须注明该结构的总数,如图所示
均匀分布孔的简化画法	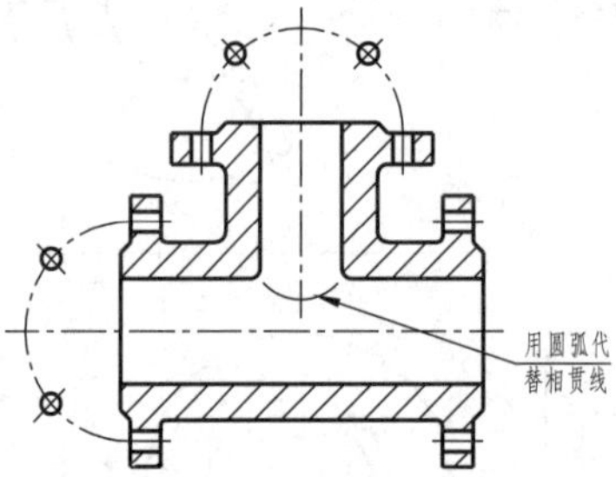 用圆弧代替相贯线	圆形法兰和类似机件上均匀分布的孔,可按图所示画法绘制
相贯线、截交线的简化画法	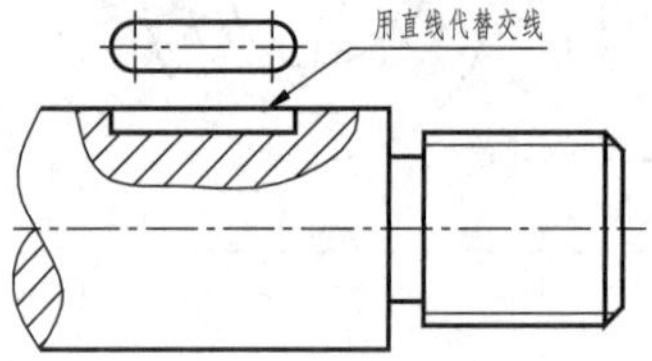 用直线代替交线	图形中的相贯线、截交线等,在不致引起误解时,允许简化
用平面符号表示小平面	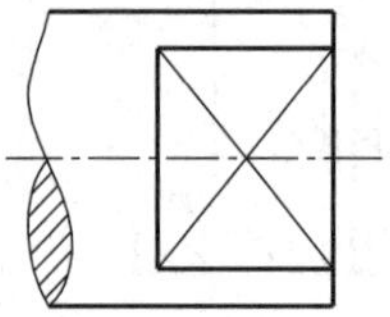	当图形不能充分表达平面时,可用平面符号(相交的两细实线)表示,如图所示
图形对称时的简化画法	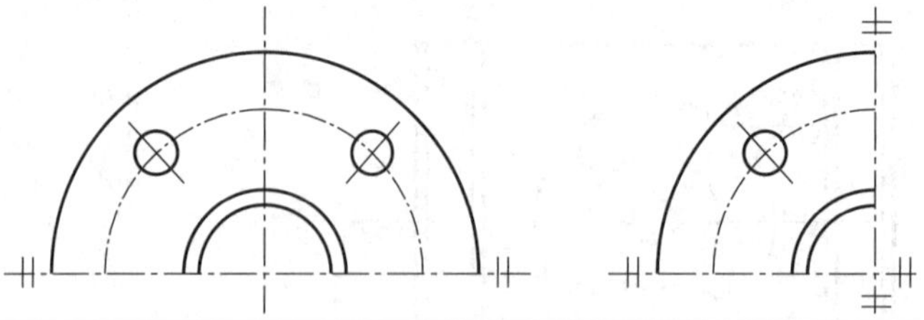	在不致引起误解时,对于对称机件的视图,可只画一半或四分之一,并在对称中心线的两端画出两条与其垂直的平行细实线,如图所示
机件的断裂画法	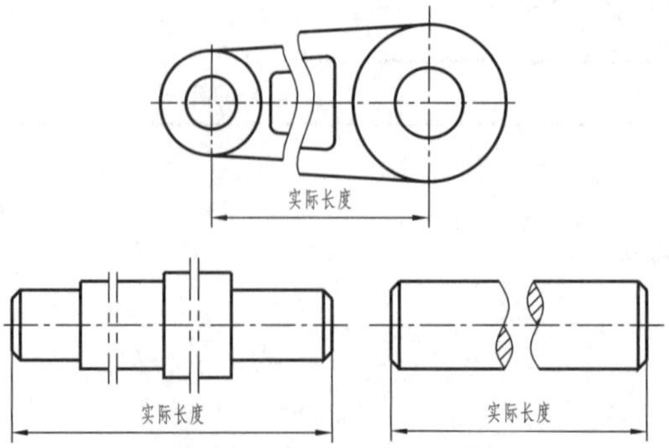 实际长度 实际长度 实际长度	较长的机件,且沿长度方向的形状一致或按一定规律变化时,可断开后缩短绘制,如图所示,但必须标注其实际长度的尺寸

续表

简化画法	图例	详细说明
较小结构的简化画法	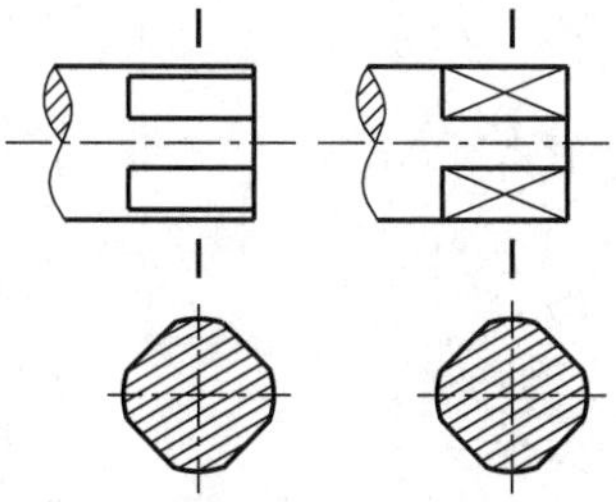 (a) 按投影画法　(b) 简化画法	机件上较小的结构，如在一个图形中已表达清楚时，则在其他图形中可以简化或省略，即不必按投影画出所有的线条，如图所示
小圆角、小倒角的简化画法	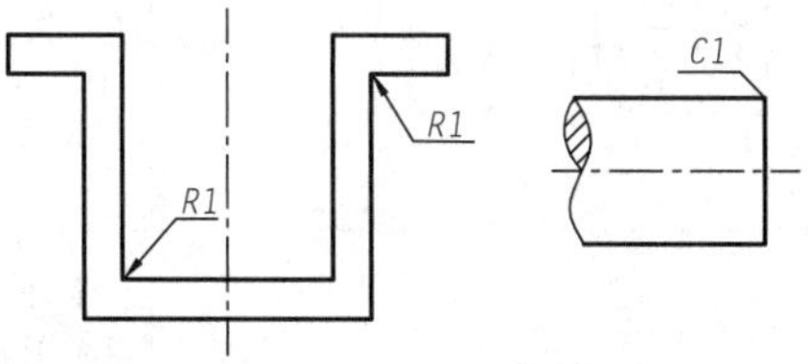 R1　R1　C1	在不致引起误解时，零件图中的小圆角、锐边的45°小倒角，允许省略不画，但必须注明尺寸或在技术要求中加以说明，如图所示
较小斜度的简化画法	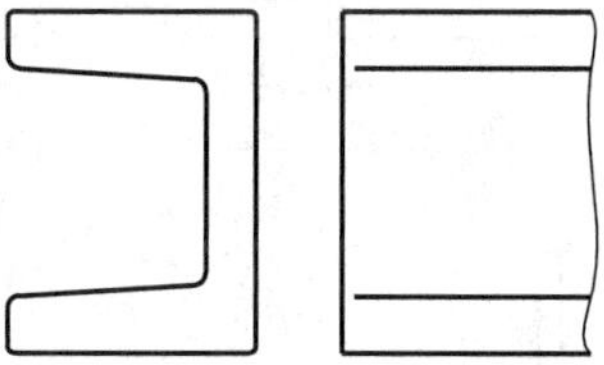	机件上斜度不大的结构，若在一个图形中已表达清楚时，其他图形可按小端画出，如图所示。
倾斜圆或圆弧投影的简化画法	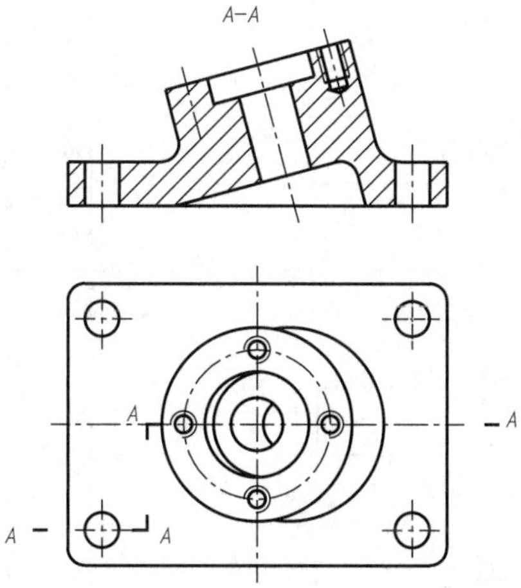 A—A　A　A　A　A	与投影面倾斜角度小于或等于30°的圆或圆弧，其投影可用圆或圆弧代替，如图所示

7.5.3 尺寸的简化标注

尺寸的简化标注如表7-6所示。

表 7-6　尺寸的简化标注

尺寸的简化标注	图例	详细说明
相同尺寸的孔、槽的简化标注	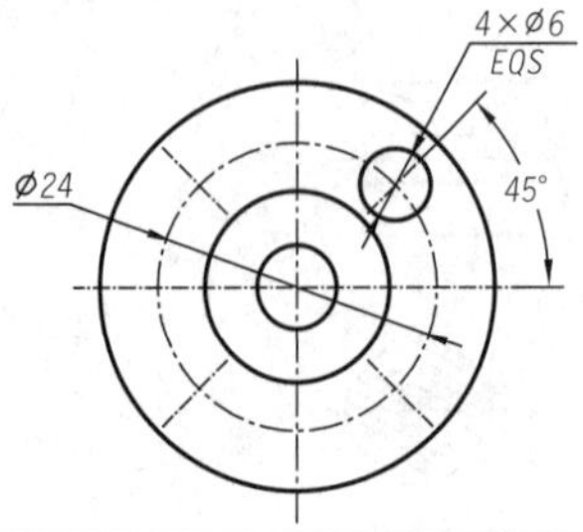	在同一图形中,对于尺寸相同的孔、槽等组成要素。可仅在一个要素上注出其尺寸和数量,如图中的尺寸"$\frac{4\times\varnothing 6}{\text{EQS}}$",表示在Ø 24 圆周上均匀分布4个Ø 6 的小孔,EQS 是均匀分布的缩写
正方形尺寸的简化标注	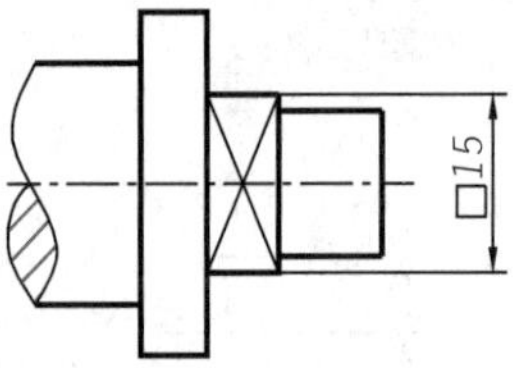	标注正方形的结构尺寸时,可在正方形边长尺寸数字前加注符号"□",如图所示
倒角的注法与简化标注	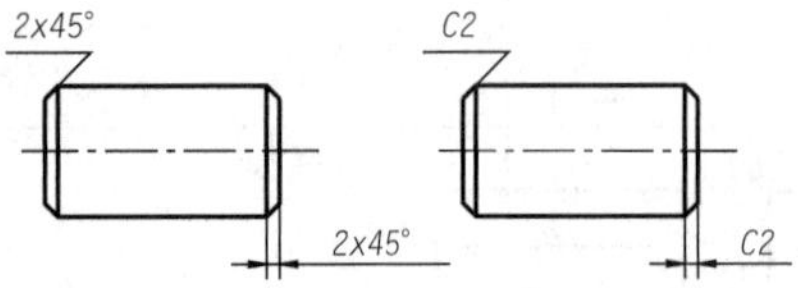	零件上的 45°倒角,可按左图所示的两种形式标注,2×45°中的"2"表示倒角的轴向宽度,"45°"表示倒角的角度。也可用符号 C 表示 45°倒角,如右图所示
	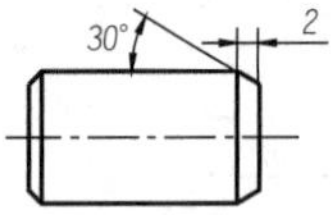	非 45°的倒角应按图示的形式标注
	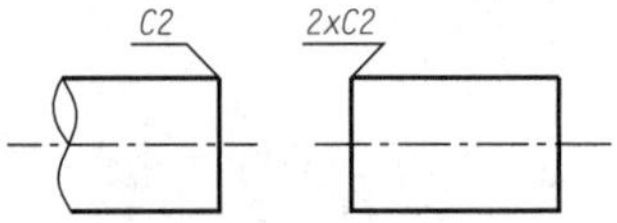	在不致引起误解时,零件图中的倒角可以省略不画,其尺寸可按图的形式简化标注。但要注意,这种简化注法仅限于 45°的倒角。右图标注的"2×C2"中,符号"×"左边的"2"表示两端均有相同的倒角,符号"C"右边的"2"仍表示倒角的轴向宽度
直径尺寸的简化标注	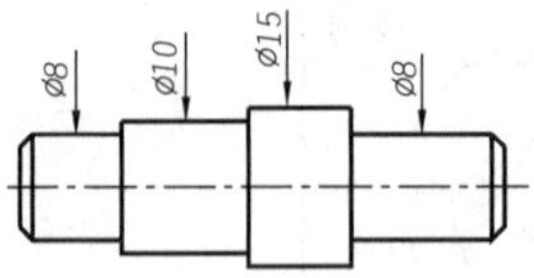 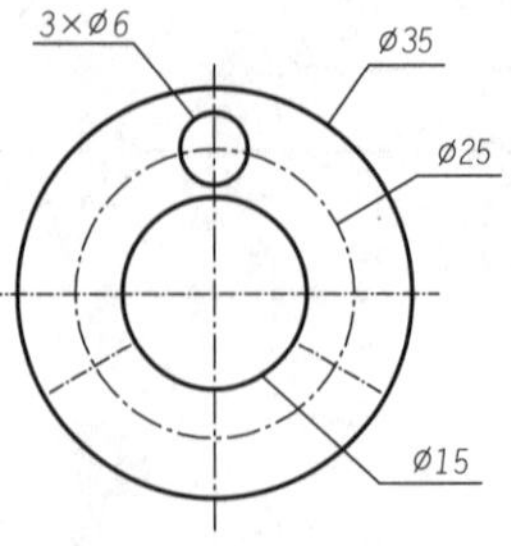	标注直径尺寸时,可采用带箭头的指引线,如上图所示,也可采用不带箭头的指引线,如下图所示

续表

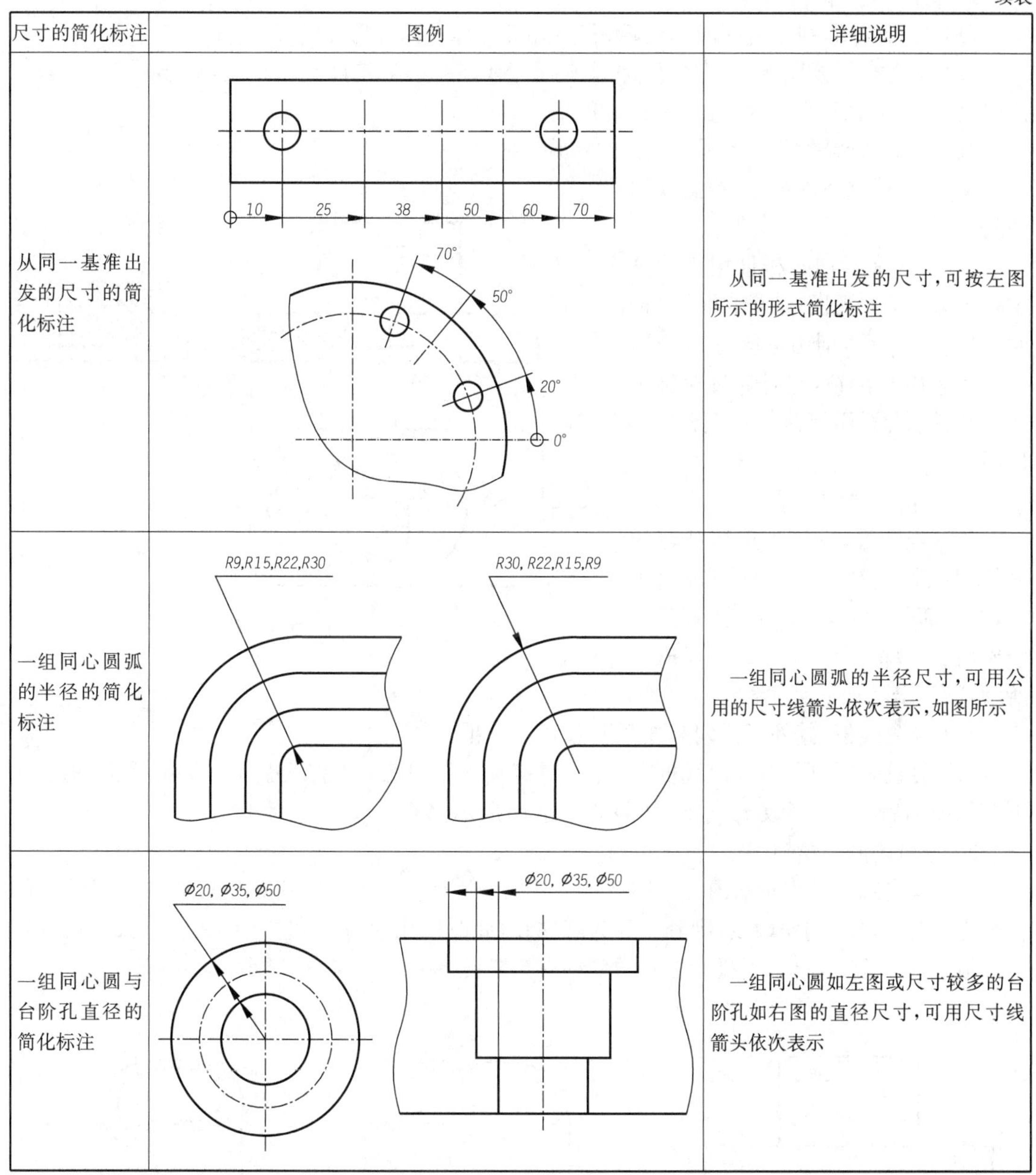

尺寸的简化标注	图例	详细说明
从同一基准出发的尺寸的简化标注	10 25 38 50 60 70 70° 50° 20° 0°	从同一基准出发的尺寸，可按左图所示的形式简化标注
一组同心圆弧的半径的简化标注	R9,R15,R22,R30 R30, R22,R15,R9	一组同心圆弧的半径尺寸，可用公用的尺寸线箭头依次表示，如图所示
一组同心圆与台阶孔直径的简化标注	⌀20, ⌀35, ⌀50 ⌀20, ⌀35, ⌀50	一组同心圆如左图或尺寸较多的台阶孔如右图的直径尺寸，可用尺寸线箭头依次表示

7.6　剖视图阅读

和视图相比，剖视图直观性强，投影层次分明、图形较清晰，主要用来表达机件的内部结构形状，是机械工程图的重要表达方法。

读剖视图的方法与读组合体视图的方法基本相同，但读剖视图时，要利用剖视图的特点，分清外部形体和内腔形体的投影，联系其他视图，想象出机件的外部形体和内腔形体的形状。

如何区分外部形体和内部形体的轮廓线？一般情况下，可以根据剖视图中断面图形的外侧边为剖切处的外形轮廓线，此图线及其往外的可见轮廓线均为外部形体的投影；断面图形内侧边为剖切处内腔形体轮廓线，此图线及其往里的可见轮廓线均为内腔形体的投影。在读剖视图时，也采用形体分析和线面分析的方法。

具体步骤可归纳如下：

(1) 分析视图，找出视图间的联系，分清外部形体及内腔形体的投影。

(2) 按组合体读图方法，先读外部形体，后读内腔形体；先读整体结构，后读局部结构；先读主要结构，后读次要结构；先读易读懂的形体，后读难点。

例 7 - 1　想象图 7 - 37 所示机件的形状。

解　1. 根据所给视图，找出视图间的联系

由图 7 - 37 可知，机件用三个基本视图表示，主视图采用半剖视，说明机件左右对称，剖切位置是 $A—A$；左视图采用全剖视，它是通过对称平面切开的，故不用标注；俯视图为外形图。

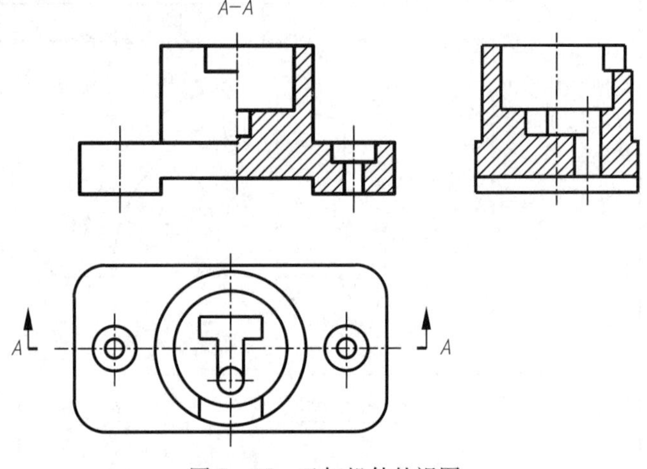

图 7 - 37　已知机件的视图

2. 分析机件的外形

从三视图看，反映外形特征较明显的视图是主视图。主视图采用半剖，右半部分剖开，由图的视图部分，想象出右半部分外形，如图 7 - 38(a)所示，阅读步骤如下。

(1) 划分线框：其外形可划分成两大部分，Ⅰ、Ⅱ。

(2) 对投影、想形状：找出线框Ⅰ、Ⅱ所对应的水平投影，想象其各自的空间形状，底板的下部从前到后切去一个方形通槽，如图 7 - 38(b)所示。

3. 分析内腔及槽口

(1) 首先阅读易识别的内腔。图 7 - 38 中，俯视图上的两个大圆其相对应的主视图上的投影为平行于轴线的轮廓线，则其内腔为圆柱孔，此圆柱孔的高度由主视图确定。大圆柱的前上方被切去一个方槽口，底板的左右两侧钻有台阶孔，如图 7 - 38(c)所示。

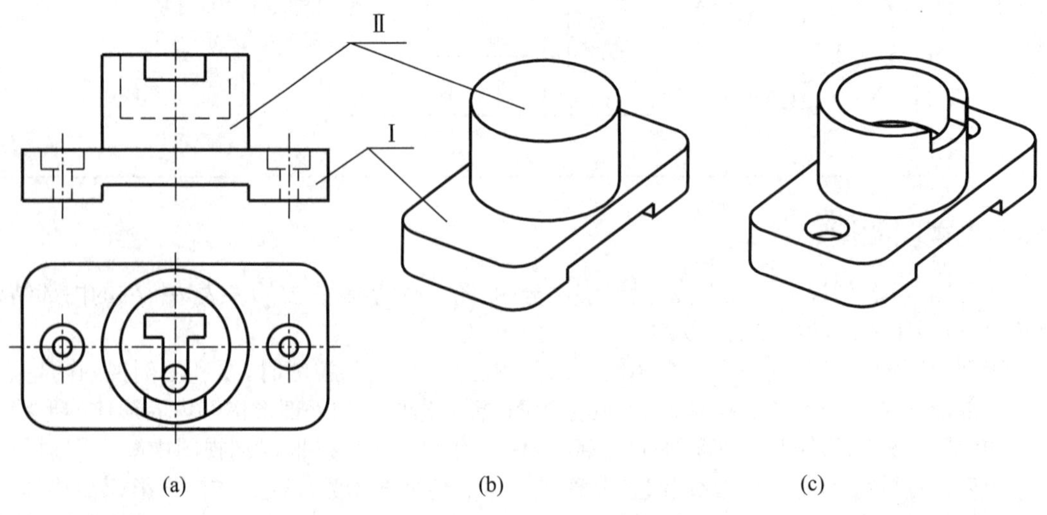

图 7 - 38　分析机件外形及易懂的内腔

(2) 分析其余内腔。主视图采用半剖视，则左半部分内腔形状与右半部分相同，可以想出其左边剖开的结构，如图 7－39(a)所示。俯视图上线框 n 其相对应的正面投影和侧面投影分别为 n'、n''，说明大圆柱底部被挖去一个 T 字形的坑，其高度由主视图投影确定。俯视图上线框 n 的前面有一个小圆，其相对应的侧面投影为两条与轴线平行的直线，说明是圆柱通孔。

由以上分析可想象出如图 7－39(b)所示的形体。

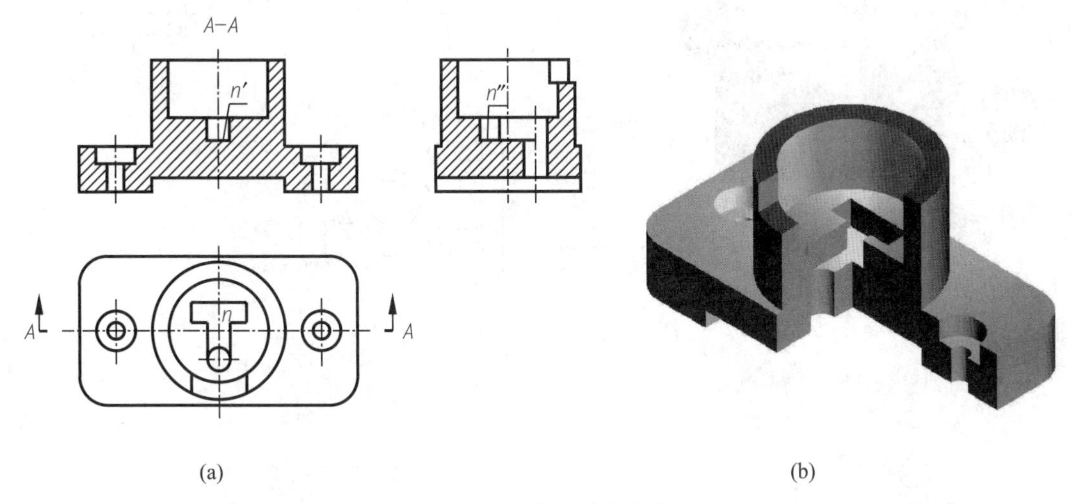

(a)　　(b)

图 7－39　分析其余内腔

7.7　视图表达方案的探讨

前面介绍了视图、剖视图、断面图、规定画法及简化画法。每种表达方法都有一定的适用场合，因此，在选择机件的表达方案时，要根据机件的结构特点选用适当的表达方法。各视图间能相互配合和补充，在完整、清晰地表达机件各部分结构形状的前提下，力求简练(视图少)，看图方便，绘图简单。

下面以图 7－40(a)所示的机件(阀体)为例，对视图表达方案作探讨。

图 7－40 所示阀体如按 E 向投影，能较好地反映机件上各组成部分及其相对位置，所以选用 E 向作为主视图的投射方向。

方案一：为了在主视图上表达主体及左侧接管的内部结构，主视图采用了以机件前后对称面为剖切平面的全剖视，如图 7－40(b)所示。

主视图采用全剖视后，尚有顶部凸缘、底板和左侧接管凸缘的形状需要表达。由于阀体前后对称，因而在俯视图上采用了半剖视，既保留了顶部凸缘，又表达了接管内部结构和底板形状。在左视图中也采用了半剖视，以兼顾左侧接管凸缘和主体内部结构形状的表达。但底板上的小孔还未表达清楚，所以在左视图的外形视图部分再加一个局部剖视图。

方案二：在图 7－40(b)中，左视图主要用来表达左侧接管凸缘形状和底板上的小孔。如果将主视图改画成两个局部剖(或用旁注尺寸表示底板上的小孔是通孔)，并采用一个局部视图表示左侧接管凸缘的形状，如图 7－40(c)所示，就可省略左视图，使表达方案更加清晰、简练。

方案三：对图 7－40(c)的表达方案可做进一步分析。对阀体上部圆形法兰采用简化画法，如图 7－40(d)主视图上的表达方法，这样就可省略俯视图，再用 B 向局部视图表示底板的形状。

综上所述，表达清楚一个机件往往可以有几种视图方案，需经比较后选定。

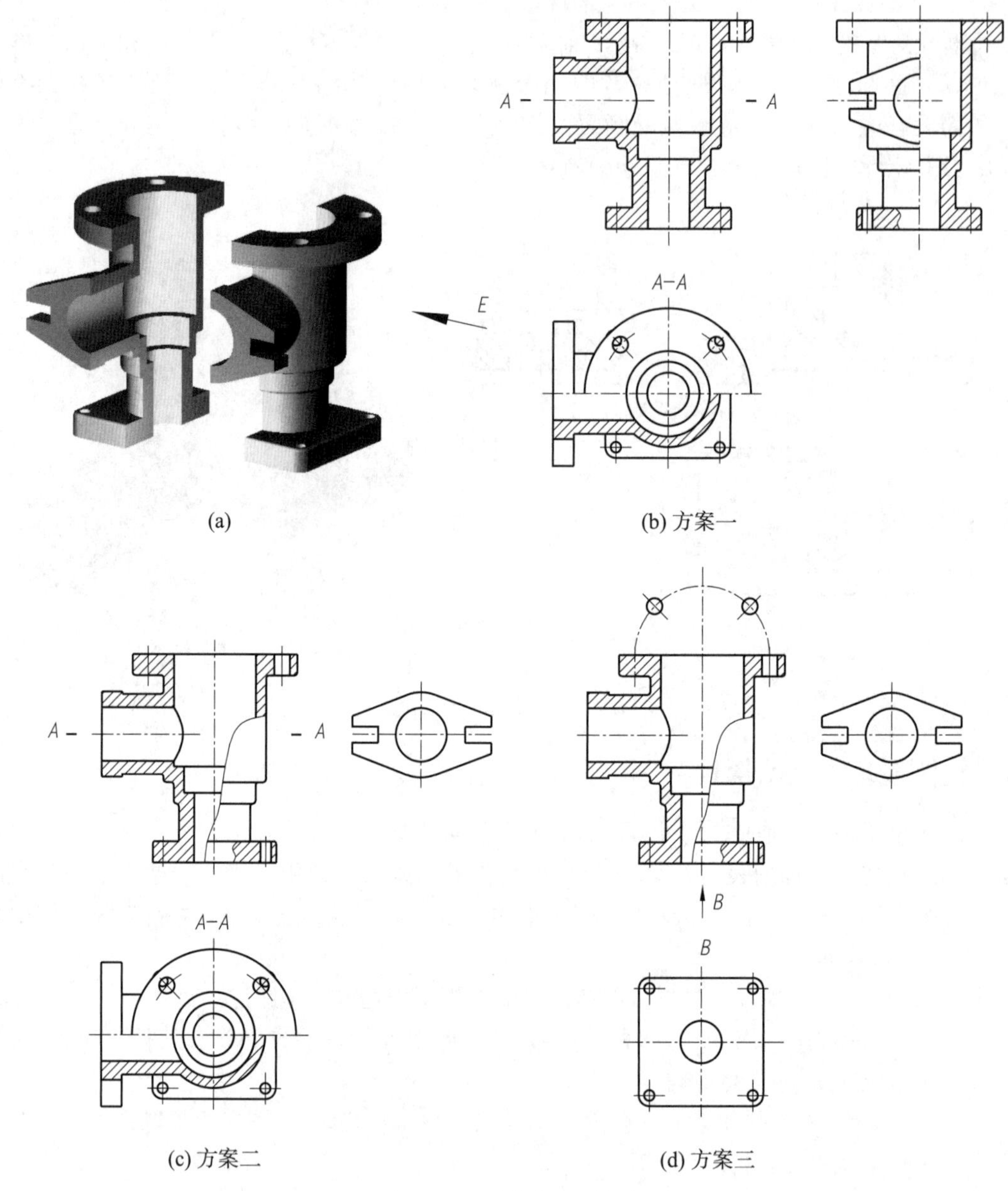

(a)　(b) 方案一

(c) 方案二　(d) 方案三

图 7-40　阀体的视图方案

知识拓展:本章内容是在组合体三视图的基础上,根据表达需要,进一步增加视图数量、采用剖视图、断面图,以及使用各种简化画法。在表达某一具体机件时,需要注意以下几点:

(1) 正确理解各种表达方法的概念,切实掌握其应用条件、画法和标注。

(2) 比较各种表达方法的异同,尤其是各种表达方法的长处。

(3) 能够把各种表达方法加以综合应用,从中选取最佳表达方案。

8 标准件与常用件

本章概要

介绍标准件与常用件的结构、规定画法、规定标记及查表方法。标准件部分主要介绍螺纹的结构、种类、规定画法，以及螺纹紧固件、键和销的标记和连接的画法；常用件部分主要介绍直齿圆柱齿轮的参数和规定画法。

在机器设备中，经常大量使用各种螺栓、螺柱、螺钉、螺母、垫圈、键、销、滚动轴承、弹簧、齿轮等。为了设计、制造和使用的方便，国家标准对这类零件的结构和尺寸进行了全部或部分的标准化规定。完全标准化的零件称为标准件，部分重要结构符合国家标准的零件称为常用件。

孟子曾说过“离娄之明，公输子之巧。不以规矩，不能成方圆”。标准化规定可以说是工程制图的“规矩”，在学习标准件及常用件的过程中，无处不体现出规矩的重要性。因此，大家在学习以及日后的工作中要遵照国家标准规定，规范绘制标准件和常用件图形。

8.1 螺纹

螺纹是机器零件上的常见结构，可用于零件的连接与紧固，也可用于传递运动和动力。

在回转体表面上沿螺旋线所形成的、具有相同断面的连续凸起和沟槽称为螺纹。在圆柱表面上形成的螺纹称为圆柱螺纹，在圆锥表面形成的螺纹称为圆锥螺纹。加工在圆柱（或圆锥）外表面上的螺纹称为外螺纹，如螺钉、螺柱上的螺纹；加工在圆柱（或圆锥）内表面的螺纹，称为内螺纹，如螺母上的螺纹。

零件上的螺纹通常在车床上加工，如图 8-1(a)(b)所示。当工件在车床上绕其轴线做匀速旋转运动、刀具沿轴线方向做匀速直线运动时，刀尖端点在工件上的运动轨迹便是一条螺旋线。当刀具切入工件一定深度时就车出了螺纹。

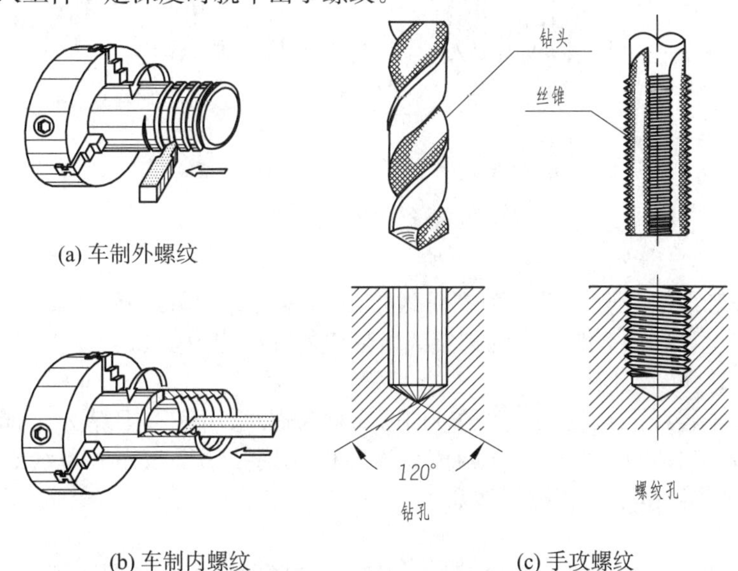

(a) 车制外螺纹

(b) 车制内螺纹

(c) 手攻螺纹

图 8-1 螺纹的加工

直径较小的螺纹还可使用专用刀具手动攻丝制出。外螺纹用板牙加工;内螺纹先用钻头加工出光孔,再用丝锥攻丝,如图 8-1(c)所示。

8.1.1 螺纹的基本要素

螺纹的基本要素为牙型、公称直径、线数、螺距、导程和旋向。

(1) 牙型

在通过螺纹轴线的剖面上,螺纹的轮廓形状称为螺纹的牙型。相邻两牙侧间的夹角称为牙型角。常用螺纹的牙型有三角形、梯形、锯齿形、矩形等,如图 8-2 所示。其中,矩形为非标准牙型。

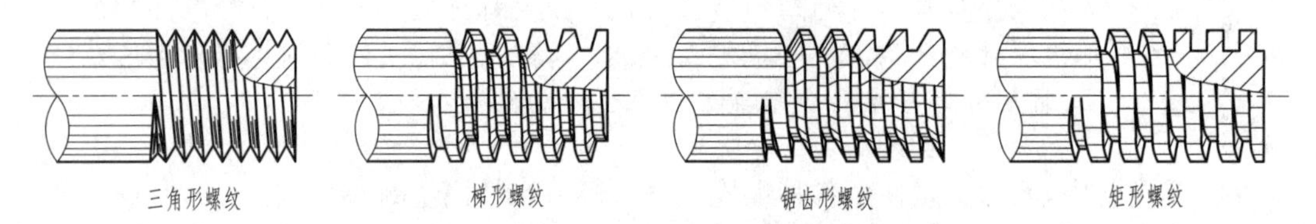

图 8-2 常用标准螺纹的牙型

加工螺纹时,根据牙型确定刀具的几何形状。螺纹凸起部分称为牙,凸起的顶端称牙顶,沟槽的底部称为牙底。

(2) 公称直径

螺纹的直径有大径(d、D)、小径(d_1、D_1)和中径(d_2、D_2),公称直径一般指大径(用于管路连接的螺纹除外)。

与外螺纹牙顶或内螺纹牙底相重合的假想圆柱面直径称为螺纹大径;与外螺纹牙底或内螺纹牙顶相重合的假想圆柱面直径称为螺纹小径;螺纹的中径是指母线通过牙型上沟槽和凸起宽度相等处的假想圆柱面的直径,如图 8-3 所示。

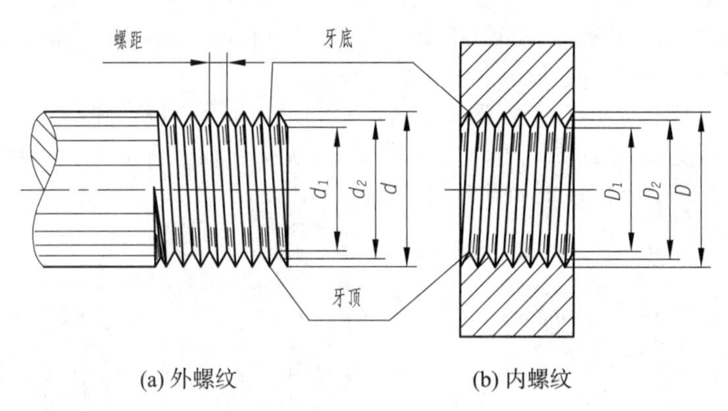

(a) 外螺纹　　(b) 内螺纹

图 8-3 螺纹的直径

(3) 线数

螺纹有单线和多线之分。沿一条螺旋线形成的螺纹称为单线螺纹,如图 8-4(a)所示。沿两条或两条以上在轴向等距分布的螺旋线所形成的螺纹称为多线螺纹,如图 8-4(b)所示。

(4) 螺距和导程

相邻两牙在中径线上对应点之间的轴向距离称为螺距,用字母 P 表示。同一条螺纹上相邻两牙在中径线上对应点之间的轴向距离称为导程,用字母 P_h 表示。单线螺纹的螺距等于导程,多线螺纹的螺距等于导程除以线数。

(5) 旋向

螺纹按旋进的方向分为右旋螺纹和左旋螺纹。按顺时针方向旋进的螺纹称为右旋螺纹,按逆时针方向旋进的螺纹称为左旋螺纹，如图 8-5 所示。可用右手或左手按图 8-5 所示方法判断螺纹的旋向。

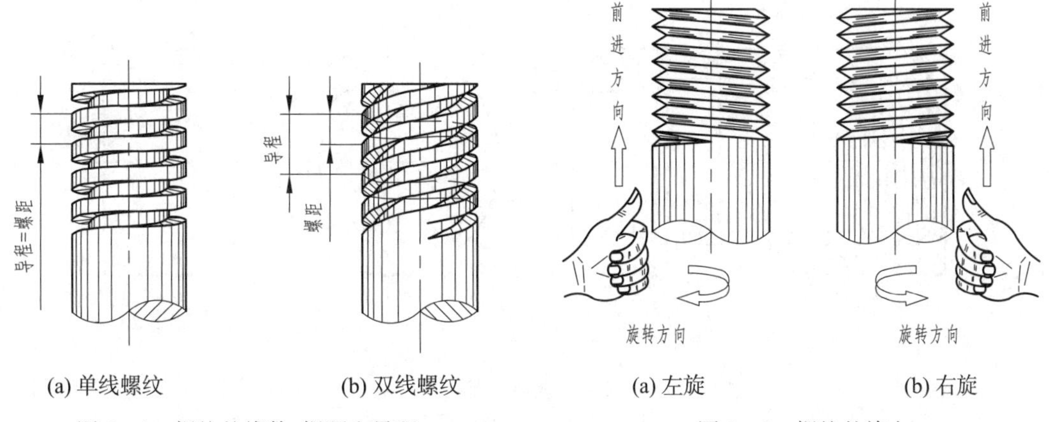

(a) 单线螺纹　(b) 双线螺纹

图 8-4　螺纹的线数、螺距和导程

(a) 左旋　(b) 右旋

图 8-5　螺纹的旋向

国家标准对螺纹的牙型、公称直径和螺距三个要素作了统一规定。凡是此三要素均符合标准的称为标准螺纹，只有牙型符合标准的称为特殊螺纹，牙型不符合标准的称为非标准螺纹，如矩形螺纹。

提示：内、外螺纹成对使用时，要求以上五要素必须完全相同，这样才能正常使用。

8.1.2　螺纹的规定画法

国家标准(GB/T 4459.1—1995)规定了机械图样中螺纹的表示法。

1. 内、外螺纹的画法

(1) 外螺纹

外螺纹的大径(牙顶)用粗实线表示，小径(牙底)用细实线表示，且画入倒角内；螺纹终止线用粗实线表示，在垂直于螺纹轴线的视图中，大径用粗实线圆表示，小径用约 3/4 圈细实线圆表示，倒角圆省略不画。小径尺寸可按大径的 0.85 倍画出，如图 8-6(a)所示。当外螺纹被剖开时，螺纹终止线仅在牙顶和牙底之间画出，剖面线必须画至粗实线，如图 8-6(b)所示。

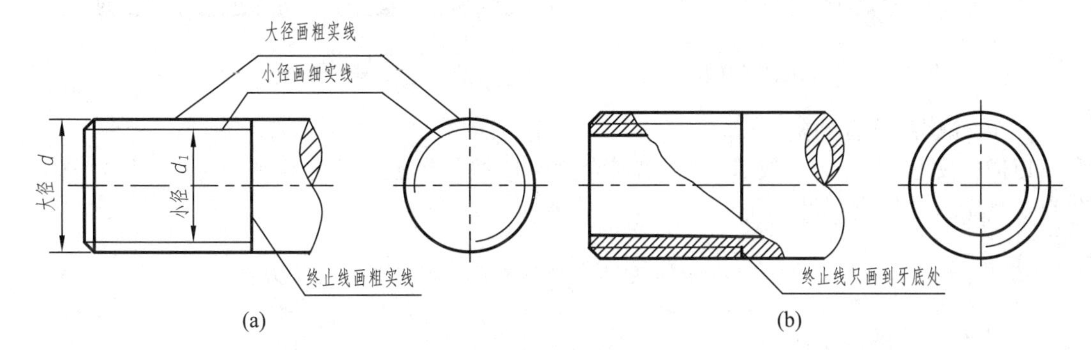

(a)　(b)

图 8-6　外螺纹的画法

(2) 内螺纹

在剖视图中，内螺纹的小径(牙顶)用粗实线表示，大径(牙底)用细实线表示，螺纹终止线用粗实线绘制，剖面线应画至粗实线。在投影为圆的视图中，小径用粗实线圆表示，大径用约 3/4 圈细实线圆表示，倒角圆不画。当内螺纹不剖开(或绘制不可见螺纹)时，所有图线均画成虚线，如图 8-7(b)所示。

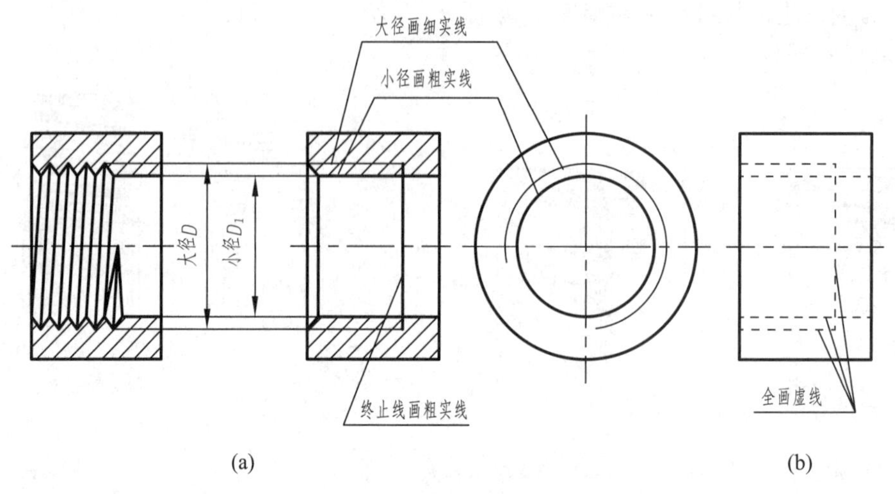

图 8-7 内螺纹的画法

> **注意:**螺纹的牙顶用粗实线表示,牙底用细实线表示,螺纹的牙底线应画入倒角。在投影为圆的视图上,用约 3/4 圈细实线圆弧表示牙底。螺纹终止线用粗实线表示。

绘制不通的螺孔时,一般应将钻孔深度与螺孔深度分别画出,二者之差为 0.5D。钻孔底部的锥顶角可画成 120°,如图 8-8 所示。图 8-9 表示螺孔中有相贯线的画法。

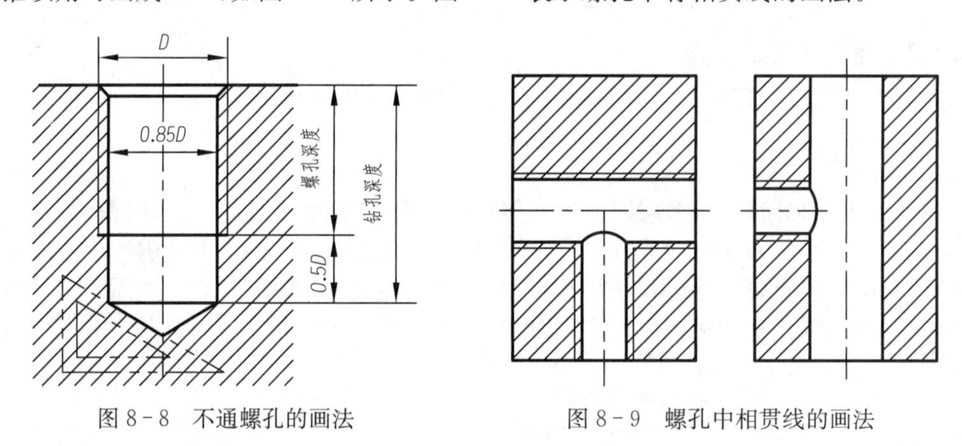

图 8-8 不通螺孔的画法　　图 8-9 螺孔中相贯线的画法

2. 内外螺纹旋合的画法

以剖视图表示内、外螺纹旋合时,其旋合部分应按外螺纹的规定画法绘制,其余部分仍按各自的规定画法绘制,如图 8-10 所示。

> **注意:**表示大、小径的粗实线和细实线应分别对齐,与倒角的大小无关。

3. 螺纹牙型的表示法

当需要表示螺纹牙型时,可采用局部剖视图或局部放大图,表示几个牙型的结构形式,如图 8-11 所示。

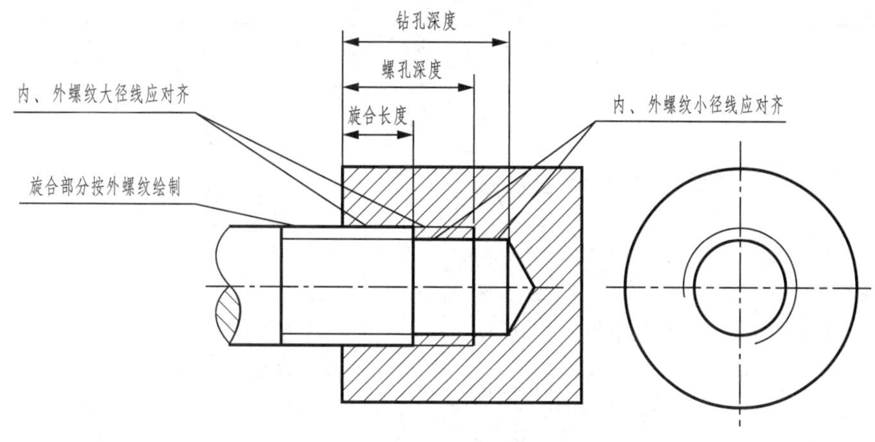

图 8-10 内、外螺纹旋合的画法

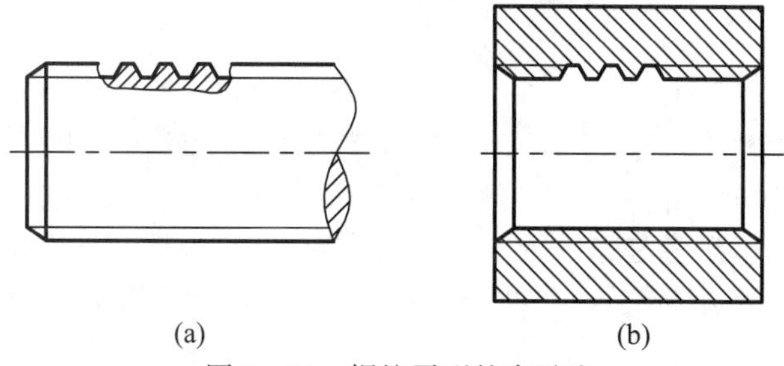

图 8-11 螺纹牙型的表示法

8.1.3 常用螺纹的分类

螺纹可按牙型分类，也可按用途分类。按牙型分类可以分为普通螺纹、管螺纹、梯形螺纹、锯齿形螺纹和矩形螺纹。按用途分类可分为连接螺纹和传动螺纹。普通螺纹和各类管螺纹为连接螺纹，而梯形螺纹、锯齿形螺纹和矩形螺纹则是传动螺纹。

1. 普通螺纹

普通螺纹的牙型为三角形，牙型角为 60°，牙顶与牙底均削平，特征代号为"M"。

普通螺纹分为粗牙普通螺纹与细牙普通螺纹两种。细牙普通螺纹常用于薄壁零件、精密零件的连接，粗牙普通螺纹用于一般零件的连接。普通螺纹的公称直径、螺距和基本尺寸见表 8-1。

表 8-1 普通螺纹的公称直径、螺距和基本尺寸(摘自 GB/T 196—2003) 单位:mm

公称直径 D、d		螺距 P		粗牙小径 D_1、d_1
第一系列	第二系列	粗牙	细牙	
3		0.5	0.35	2.459
	3.5	(0.6)		2.850
4		0.7	0.5	3.242
	4.5	(0.75)		3.688
5		0.8		4.134
6		1	0.75,(0.5)	4.917
8		1.25	1,0.75,(0.5)	6.647
10		1.5	1.25,1,0.75,(0.5)	8.376

公称直径 D、d		螺距 P		粗牙小径 D_1、d_1
第一系列	第二系列	粗牙	细牙	
	22	2.5	2,1.5,1,(0.75),(0.5)	19.294
24		3	2,1.5,1,(0.75)	20.752
	27	3	2,1.5,1,(0.75)	23.752
30		3.5	(3),2,1.5,1,(0.75)	26.211
	33	3.5	(3),2,1.5,(1),(0.75)	29.211
36		4	3,2,1.5,(1)	31.670
	39	4		34.670

续表

公称直径 D、d		螺距 P		粗牙小径 D_1、d_1	公称直径 D、d		螺距 P		粗牙小径 D_1、d_1
第一系列	第二系列	粗牙	细牙		第一系列	第二系列	粗牙	细牙	
12		1.75	1.5,1.25,1,(0.75),(0.5)	10.106	42		4.5	(4),3,2,1.5,(1)	37.129
	14	2	1.5,(1.25),1,(0.75),(0.5)	11.835		45	4.5		40.129
16		2	1.5,1,(0.75),(0.5)	13.835	48		5		42.587
	18	2.5	2,1.5,1,(0.75),(0.5)	15.294		52	5		46.587
20		2.5		17.294	56		5.5	4,3,2,1.5,(1)	50.046

注:(1) 优先选用第一系列,括号内尺寸尽可能不用。第三系列未列入。

(2) 中径 D_2、d_2 未列入。

2. 管螺纹

管螺纹的牙型为等腰三角形,牙型角为55°,牙顶与牙底的倒角均为圆弧形,主要用于管件的连接。管螺纹有“非螺纹密封的”和“用螺纹密封的”两种。前者是螺纹副不具有密封性的圆柱管螺纹,其特征代号为“G”。后者是螺纹副本身具有密封性,它包括圆柱内螺纹Rp与圆锥外螺纹R_1、圆锥内螺纹Rc与圆锥外螺纹R_2两种连接形式。55°非密封管螺纹的基本尺寸见表8-2。

3. 梯形螺纹

梯形螺纹的牙型为等腰梯形,牙型角为30°,特征代号为Tr。梯形螺纹是传动螺纹,用于传递双向动力。

4. 锯齿形螺纹

锯齿形螺纹的牙型为锯齿形,牙型两侧面与轴线垂直线的夹角分别为3°和30°,其特征代号为“B”。锯齿形螺纹用于传递单向动力。

表8-2　55°非密封管螺纹的基本尺寸　　单位:mm

尺寸代号	每25.4 mm内的牙数 n	螺距 P	基本直径	
			大径 D、d	小径 D_1、d_1
1/8	28	0.907	9.728	8.566
1/4	19	1.337	13.157	11.445
3/8	19	1.337	16.662	14.950
1/2	14	1.814	20.955	18.631
5/8	14	1.814	22.911	20.587
3/4	14	1.814	26.441	24.117
7/8	14	1.814	30.201	27.877
1	11	2.309	33.249	30.291
$1^{1}/_{8}$	11	2.309	37.897	34.939
$1^{1}/_{4}$	11	2.309	41.910	38.952
$1^{1}/_{2}$	11	2.309	47.803	44.845
$1^{3}/_{4}$	11	2.309	53.746	50.788
2	11	2.309	59.614	56.656
$2^{1}/_{4}$	11	2.309	65.710	62.752
$2^{1}/_{2}$	11	2.309	75.184	72.226
$2^{3}/_{4}$	11	2.309	81.534	78.576
3	11	2.309	87.884	84.926

5. 矩形螺纹

矩形螺纹的牙型为矩形，矩形螺纹为非标准螺纹，无牙型代号。矩形螺纹是传动螺纹，各部分尺寸根据设计确定，如图 8－12 所示。

为便于内、外螺纹的连接，通常在螺纹的起始端加工成 90°的锥面，称为倒角。在车削螺纹时，在螺纹尾部由于刀具逐渐离开工件使牙型不完整，称为螺尾。有时为避免出现螺尾，在螺纹末端预先制出退刀槽，如图 8－13 所示。普通螺纹的退刀槽及倒角尺寸可查阅相关手册获取。

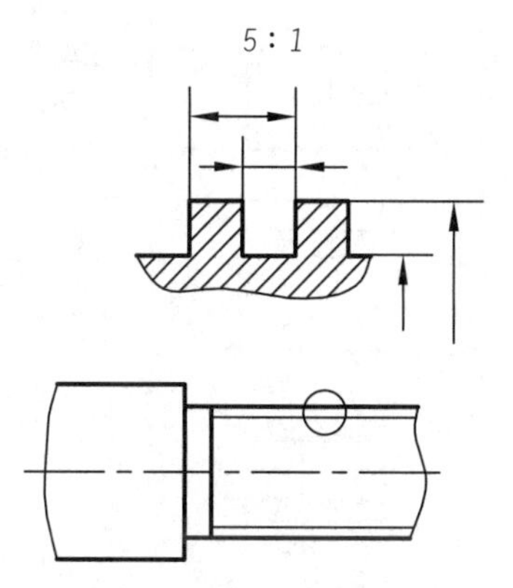

图 8－12 矩形螺纹的尺寸注法

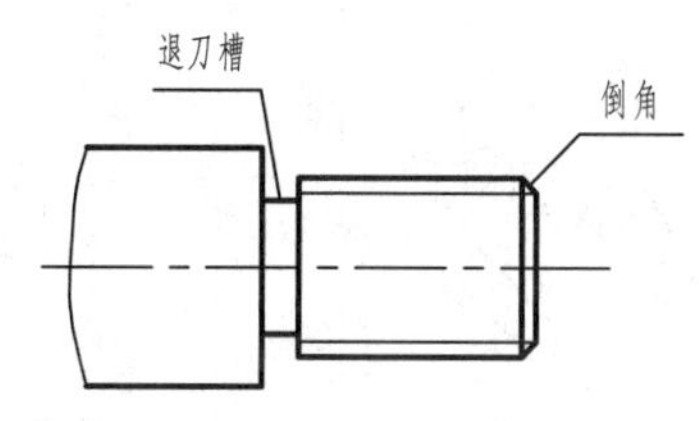

图 8－13 螺纹的倒角及退刀槽

8.1.4 螺纹的标注

螺纹的规定画法无法体现出螺纹的牙型、螺距、线数和旋向等要素，这些都需要通过螺纹代号来说明。如果对成品有精度要求，如螺纹的公差等，还需标注出螺纹公差带代号和螺纹的旋合长度。

螺纹公差带代号包括中径公差带代号与顶径(指外螺纹大径和内螺纹小径)公差带代号两部分。公差带代号由表示其大小的公差等级数字和表示其位置的字母组成，如 6H、6g。其中，大写字母代表内螺纹公差带位置，小写字母代表外螺纹的公差带位置。当中径公差带和顶径公差带代号不同时，则应分别标注，如 5g6g，前者表示中径公差带，后者表示顶径公差带。如果中径公差带与顶径公差带代号相同，则只注一个代号，如 6H。

螺纹的完整标注格式：

| 螺纹特征代号 | 尺寸代号 | - | 螺纹公差带代号 | - | 螺纹旋合长度代号 | - | 旋向代号 |

其中，尺寸代号包括螺纹公称直径×P_h(导程)P(螺距)，单线螺纹无须标注导程，仅标注螺距；多线螺纹如需标明线数，可在后面括号用英文说明；旋合长度有短(S)、中(N)和长(L)之分，中等旋合长度不标注。有特殊需要时，可注明旋合长度的数值，中间用“－”分开；旋向分为左旋和右旋，其中右旋无须标注，左旋须标注“LH”。

螺纹的标注方法见表 8－3。

表 8-3 螺纹的标注方法

螺纹分类		牙型图	特征代号	标注方式	图例	注解
连接螺纹	粗牙普通螺纹	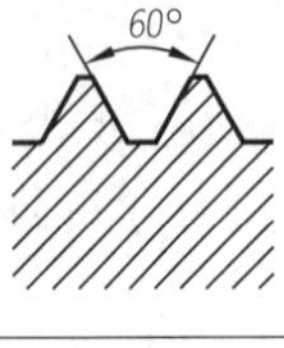 60°	M	M10 公称直径 特征代号	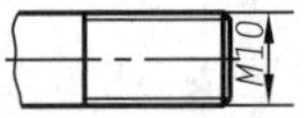 M10	粗牙螺纹不注螺距 左旋螺纹注“LH”，右旋不标注
	细牙普通螺纹			M10×1LH 左旋 螺距 公称直径 特征代号	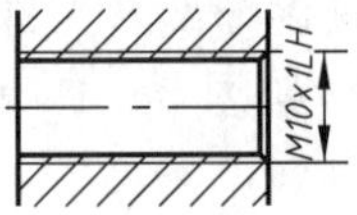 M10×1LH	
	非螺纹密封的圆柱管螺纹	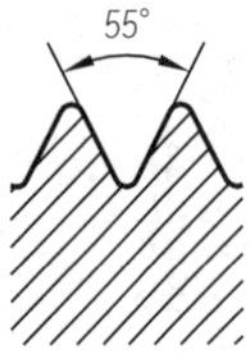 55°	G	G1/4 尺寸代号 特征代号	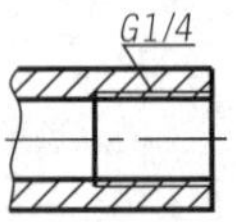 G1/4	左旋螺纹注“－LH”，右旋不标注 外螺纹中径公差分 A、B 两级
				G1/2A-LH 左旋 等级代号 尺寸代号 特征代号	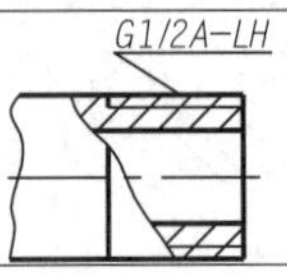 G1/2A-LH	
	用螺纹密封的管螺纹		Rp	Rp1/2-LH 左旋 尺寸代号 特征代号	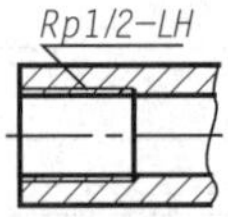 Rp1/2-LH	左旋螺纹注“－LH”，右旋不标注
			Rc	Rc1/2 尺寸代号 特征代号	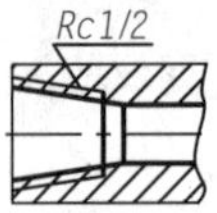 Rc1/2	
			R	R1/2 尺寸代号 特征代号	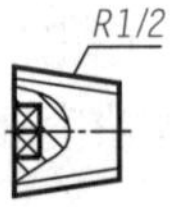 R1/2	
传动螺纹	梯形螺纹	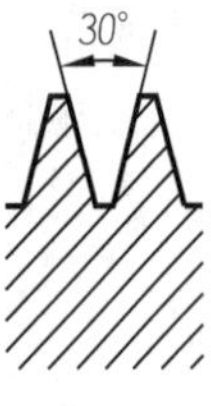 30°	Tr	Tr40×7 螺距 公称直径 特征代号	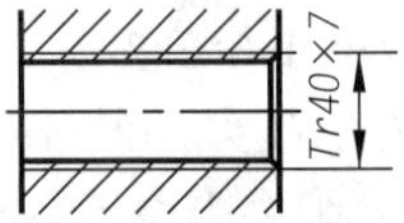 Tr40×7	左旋螺纹注“LH”，右旋不标注
				Tr40×14(P7)LH 左旋 螺距 导程 公称直径 特征代号	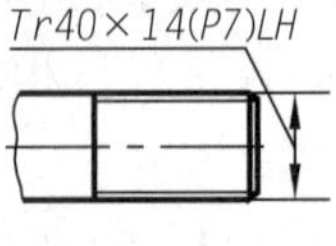 Tr40×14(P7)LH	
	锯齿形螺纹	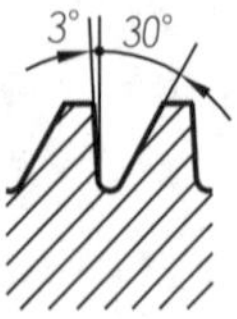 3° 30°	B	B40×7 螺距 公称直径 特征代号	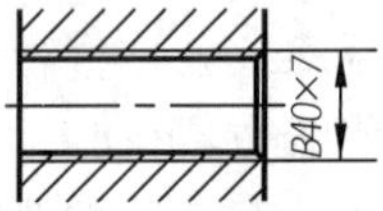 B40×7	左旋螺纹注“LH”，右旋不标注
				B40×14(P7)LH 左旋 螺距 导程 公称直径 特征代号	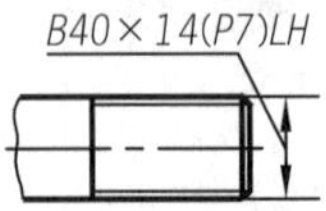 B40×14(P7)LH	

注：(1) 普通螺纹分为粗牙和细牙两种，粗牙螺纹无须标注螺距，细牙螺纹需要标注螺距。

(2) 管螺纹尺寸代号以英寸为单位，与带有螺纹的管子孔径相近，不是管螺纹的大径。

(3) 55°非密封管螺纹只有外螺纹需要标注公差等级代号，分为 A、B 两级，内螺纹不标注。

(4) 55°密封管螺纹只标注特征代号和尺寸代号。R_1 表示与圆柱内螺纹相配合的圆锥外螺纹，R_2 表示与圆锥内螺纹相配合的圆锥外螺纹，Rc 表示圆锥管内螺纹，Rp 表示圆柱管内螺纹。

8.2　螺纹紧固件及其连接

8.2.1　常用螺纹紧固件的规定标记

利用螺纹起连接和紧固作用的零件称为螺纹紧固件。常见的螺纹紧固件有螺栓、螺柱、螺钉、螺母、垫圈等。螺纹紧固件的结构形式及尺寸均已标准化，有相应的规定标记。设计时无须画出它们的零件图，只要在装配图的明细表内填写规定的标记即可。

六角螺母和六角螺栓头部外表面上的曲线，可根据公称直径的尺寸，采用图 8－14 所示的比例画法画出。

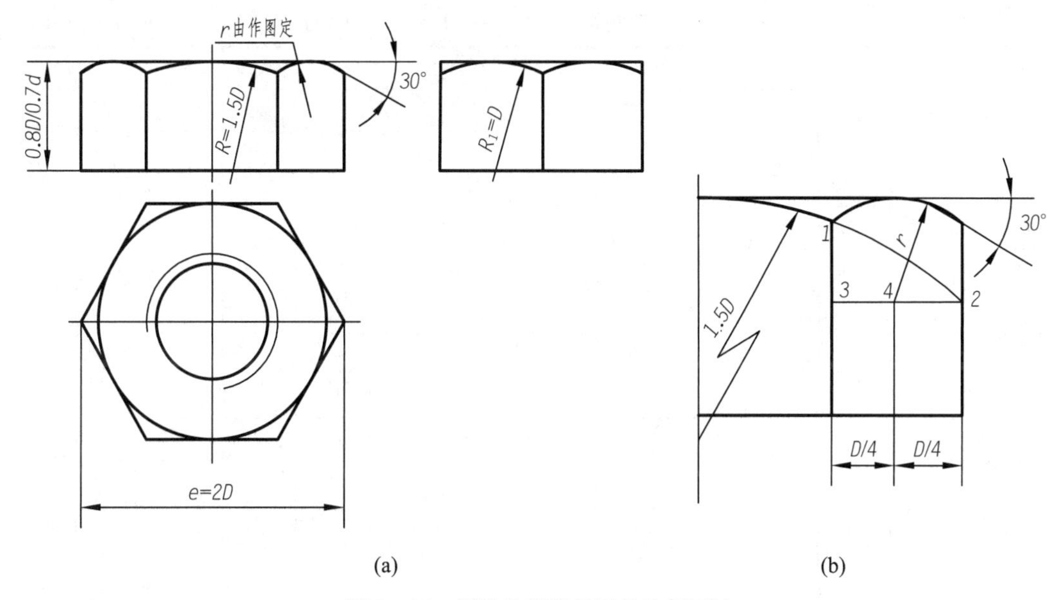

图 8－14　螺栓头部及螺母的比例画法

表 8－4 列出了几种常用螺纹紧固件的画法。常用螺纹紧固件的规格、其各部分尺寸及规定标记见表 8－5～表 8－10。

表 8－4　常用螺纹紧固件的画法

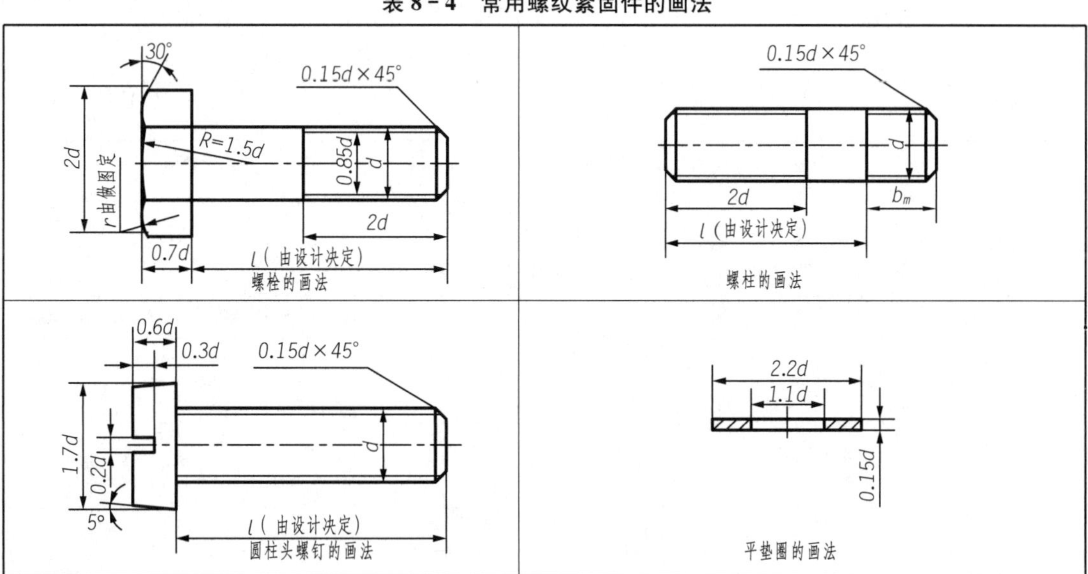

续表

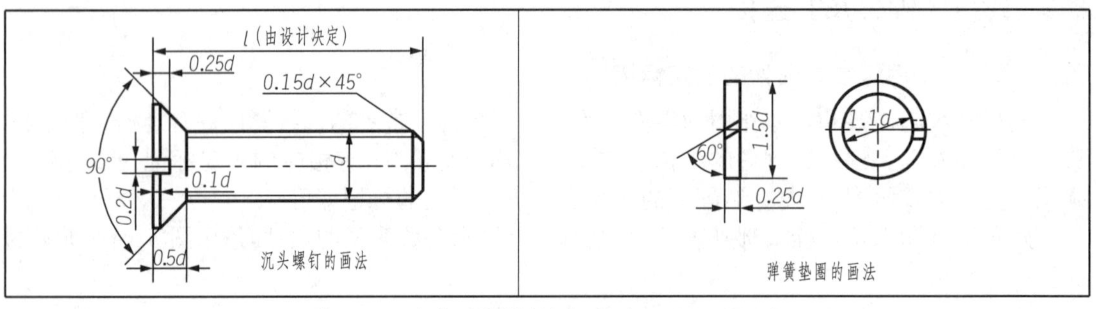

表 8-5　六角头螺栓(摘自 GB/T 5782—2016)

单位:mm

螺纹规格 d			M3	M4	M5	M6	M8	M10	M12	M16	M20	M24	M30	M36	M42
b 参考	l≤125		12	14	16	18	22	26	30	38	46	54	66	—	—
	125<l≤200		18	20	22	24	28	32	36	44	52	60	72	84	96
	l>200		31	33	35	37	41	45	49	57	65	73	85	97	109
c			0.4	0.4	0.5	0.5	0.6	0.6	0.6	0.8	0.8	0.8	0.8	0.8	1
d_w	产品等级	A	4.57	5.88	6.88	8.88	11.63	14.63	16.63	22.49	28.19	33.61	—	—	—
		B、C	4.45	5.74	6.74	8.74	11.47	14.47	16.47	22	27.7	33.25	42.75	51.11	59.95
e	产品等级	A	6.01	7.66	8.79	11.05	14.38	17.77	20.03	26.75	33.53	39.98	—	—	—
		B、C	5.88	7.50	8.63	10.89	14.20	17.59	19.85	26.17	32.95	39.55	50.85	60.79	72.02
k 公称			2	2.8	3.5	4	5.3	6.4	7.5	10	12.5	15	18.7	22.5	26
r			0.1	0.2	0.2	0.25	0.4	0.4	0.6	0.6	0.8	0.8	1	1	1.2
s 公称			5.5	7	8	10	13	16	18	24	30	36	46	55	65
l(商品规格范围)			20~30	25~40	25~50	30~60	40~80	45~100	50~120	65~160	80~200	90~240	110~300	140~360	160~440
l 系列			12,16,20,25,30,35,40,45,50,55,60,65,70,80,90,100,110,120,130,140,150,160,180 200,220,240,260,280,300,320,340,360,380,400,420,440,460,480,500												
标记示例			螺纹规格 d=M12、公称长度 l=80、性能等级为 8.8 级,表面氧化、A 级的六角头螺栓,标记为 螺栓　GB/T 5782 M12×80												

注:(1) A 级用于 d≤24 和 l≤10d(或 l≤150)的螺栓;B 级用于 d>24 和 l>10d(或 l>150)的螺栓。

(2) 螺纹规格 d 范围:GB/T 5780 为 M5~M64;GB/T 5782 为 M1.6~M64。

(3) 公称长度范围:GB/T 5780 为 25~500;GB/T 5782 为 12~500。

表 8-6　双头螺柱(摘自 GB/T 897~900—1988)

单位:mm

螺纹规格		M5	M6	M8	M10	M12	M16	M20	M24	M30	M36	M42
b_m(公称)	GB/T897	5	6	8	10	12	16	20	24	30	36	42
	GB/T898	6	8	10	12	15	20	25	30	38	45	52
	GB/T899	8	10	12	15	18	24	30	36	45	54	65
	GB/T900	10	12	16	20	24	32	40	48	60	72	84
d_s(max)		5	6	8	10	12	16	20	24	30	36	42
x(max)		2.5P										

续表

螺纹规格	M5	M6	M8	M10	M12	M16	M20	M24	M30	M36	M42
$\frac{l}{b}$	$\frac{16\sim22}{10}$ $\frac{25\sim50}{16}$	$\frac{20\sim22}{10}$ $\frac{25\sim30}{14}$ $\frac{32\sim75}{18}$	$\frac{20\sim22}{12}$ $\frac{25\sim30}{16}$ $\frac{32\sim90}{22}$	$\frac{25\sim28}{14}$ $\frac{30\sim38}{16}$ $\frac{40\sim120}{26}$ $\frac{130}{32}$	$\frac{25\sim30}{16}$ $\frac{32\sim40}{20}$ $\frac{45\sim120}{30}$ $\frac{130\sim180}{36}$	$\frac{30\sim38}{20}$ $\frac{40\sim55}{30}$ $\frac{60\sim120}{38}$ $\frac{130\sim200}{44}$	$\frac{35\sim40}{25}$ $\frac{45\sim65}{35}$ $\frac{70\sim120}{46}$ $\frac{130\sim200}{52}$	$\frac{45\sim50}{30}$ $\frac{55\sim75}{45}$ $\frac{80\sim120}{54}$ $\frac{130\sim200}{60}$	$\frac{60\sim65}{40}$ $\frac{70\sim90}{50}$ $\frac{95\sim120}{60}$ $\frac{130\sim200}{72}$ $\frac{210\sim250}{85}$	$\frac{65\sim75}{45}$ $\frac{80\sim110}{60}$ $\frac{120}{78}$ $\frac{130\sim200}{84}$ $\frac{210\sim300}{91}$	$\frac{65\sim80}{50}$ $\frac{85\sim110}{70}$ $\frac{120}{90}$ $\frac{130\sim200}{96}$ $\frac{210\sim300}{109}$
l 系列	16,(18),20,(22),25,(28),30,(32),35,(38),40,45,50,(55),60,(65),70,(75),80,(85),90,(95),100,110,120,130,140,150,160,170,180,190,200,210,220,230,240,250,260,280,300										
标记示例	(1) 两端均为粗牙普通螺纹、d=10、l=50、性能等级为 4.8 级、B 型、b_m=d 的双头螺柱，标记为 螺柱 GB/T 897 M10×50 (2) 旋入机体一端为粗牙普通螺纹、旋螺母一端为螺距 1 的细牙普通螺纹、d=10、l=50、性能等级为 4.8 级、A 型、b_m=d 的双头螺柱标记为 螺柱 GB/T 897 AM10−M10×1×50										

表 8-7 开槽圆柱头螺钉(摘自 GB/T 65—2016)

单位:mm

螺纹规格 d	M4	M5	M6	M8	M10
P(螺距)	0.7	0.8	1	1.25	1.5
b	38	38	38	38	38
d_k	7	8.5	10	13	16
k	2.6	3.3	3.9	5	6
n	1.2	1.2	1.6	2	2.5
r	0.2	0.2	0.25	0.4	0.4
t	1.1	1.3	1.6	2	2.4
公称长度 l	5~40	6~50	8~60	10~80	12~80
l 系列	5,6,8,10,12,(14),16,20,25,30,35,40,45,50,(55),60,(65),70,(75),80				
标记示例	螺纹规格 d=M5、公称长度 l=20、性能等级为 4.8 级、不经表面处理的 A 级开槽圆柱头螺钉，标记为 螺钉 GB/T 65 M5×20				

注:(1) 公称长度 $l\leqslant40$ 的螺钉，制出全螺纹。

(2) 括号内的规格尽可能不采用。

(3) 螺纹规格 d=M1.6~M10，公称长度 l= 2~80。

表 8-8 1 型六角螺母——A 和 B 级(摘自 GB/T 6170—2015)

单位:mm

螺纹规格 D		M3	M4	M5	M6	M8	M10	M12	M16	M20	M24	M30	M36	M42
e	GB/T 41			8.63	10.89	14.20	17.59	19.85	26.17	32.95	39.55	50.85	60.79	72.02
	GB/T 6170	6.01	7.66	8.79	11.05	14.38	17.77	20.03	26.75	32.95	39.55	50.85	60.79	72.02
	GB/T 6172.1	6.01	7.66	8.79	11.05	14.38	17.77	20.03	26.75	32.95	39.55	50.85	60.79	72.02
s	GB/T 41			8	10	13	16	18	24	30	36	46	55	65
	GB/T 6170	5.5	7	8	10	13	16	18	24	30	36	46	55	65
	GB/T 6172.1	5.5	7	8	10	13	16	18	24	30	36	46	55	65

续表

螺纹规格 D		M3	M4	M5	M6	M8	M10	M12	M16	M20	M24	M30	M36	M42
m	GB/T 41			5.6	6.1	7.9	9.5	12.2	15.9	18.7	22.3	26.4	31.5	34.9
	GB/T 6170	2.4	3.2	4.7	5.2	6.8	8.4	10.8	14.8	18	21.5	25.6	31	34
	GB/T 6172.1	1.8	2.2	2.7	3.2	4	5	6	8	10	12	15	18	21
标记示例		螺纹规格 D=M12、性能等级为 8 级、不经表面处理、A 级的 1 型六角螺母标记为 螺母　GB/T 6170　M12												

表 8-9　平垫圈(摘自 GB/T 97.1—2002、GB/T 97.2—2002)　　单位:mm

公称尺寸(螺纹规格 d)		1.6	2	2.5	3	4	5	6	8	10	12	14	16	20	24	30	36
d_1	GB/T 97.1	1.7	2.2	2.7	3.2	4.3	5.3	6.4	8.4	10.5	13	15	17	21	25	31	37
	GB/T 97.2						5.3	6.4	8.4	10.5	13	15	17	21	25	31	37
d_2	GB/T 97.1	4	5	6	7	9	10	12	16	20	24	28	30	37	44	56	66
	GB/T 97.2						10	12	16	20	24	28	30	37	44	56	66
h	GB/T 97.1	0.3	0.3	0.5	0.5	0.8	1	1.6	1.6	2	2.5	2.5	3	3	4	4	5
	GB/T 97.2						1	1.6	1.6	2	2.5	2.5	3	3	4	4	5
标记示例		标准系列、规格 8、性能等级为 140HV 级、不经表面处理的平垫圈标记为 垫圈　GB/T 97.1　8															

表 8-10　弹簧垫圈(摘自 GB/T 93—1987、GB/T 859—1987)　　单位:mm

规格(螺纹大径)		3	4	5	6	8	10	12	(14)	16	(18)	20	(22)	24	(27)	30
d		3.1	4.1	5.1	6.1	8.1	10.2	12.2	14.2	16.2	18.2	20.2	22.5	24.5	27.5	30.5
H	GB/T 93	1.6	2.2	2.6	3.2	4.2	5.2	6.2	7.2	8.2	9	10	11	12	13.6	15
	GB/T 859	1.2	1.6	2.2	2.6	3.2	4	5	6	6.4	7.2	8	9	10	11	12
$S(b)$	GB/T 93	0.8	1.1	1.3	1.6	2.1	2.6	3.1	3.6	4.1	4.5	5	5.5	6	6.8	7.5
S	GB/T 859	0.6	0.8	1.1	1.3	1.6	2	2.5	3	3.2	3.6	4	4.5	5	5.5	6
$m\leqslant$	GB/T 93	0.4	0.55	0.65	0.8	1.05	1.3	1.55	1.8	2.05	2.25	2.5	2.75	3	3.4	3.75
	GB/T 859	0.3	0.4	0.55	0.65	0.8	1	1.25	1.5	1.6	1.8	2	2.25	2.5	2.75	3
b	GB/T 859	1	1.2	1.5	2	2.5	3	3.5	4	4.5	5	5.5	6	7	8	9
标记示例		规格为 16、材料为 65Mn、表面氧化的标准型弹簧垫圈标记为 垫圈　GB/T 93　16														

8.2.2　螺纹紧固件的装配画法

机器或设备中常用螺纹紧固件将其他零件连接起来,称为螺纹紧固件连接。常见的螺纹紧固件连接有螺栓连接、螺柱连接和螺钉连接。

1. 螺纹紧固件连接图的一般性规定

(1) 两零件的接触表面画一条粗实线,不接触的表面画成两条粗实线,间隙过小时应夸大画出。

(2) 被连接的两相邻零件的剖面线方向相反或间距不等。同一图样中,同一零件在各剖视图中剖面线方向和间距应一致。

(3) 当剖切平面通过螺纹紧固件或实心件的轴线时,紧固件或实心件均按不剖绘制。

(4) 在装配图中，螺栓螺钉的头部及螺母可采用简化画法。其工艺结构，如倒角、退刀槽等，均可省略不画。

(5) 在装配图中，不通的螺纹孔可不画钻孔深度，仅按有效螺纹部分的深度画出。

2. 螺栓连接

螺栓连接适用于连接两个不太厚的零件，被连接件上钻有通孔。为便于装配，通孔直径比螺纹大径略大(绘图时孔径取螺纹大径的 1.1 倍)。将螺栓杆部穿过被连接件的通孔，再套上垫圈，拧紧螺母将两零件连接在一起。垫圈是用来增大支承面和防止被连接件表面损伤的。螺栓连接的简化比例画法见图 8-15。

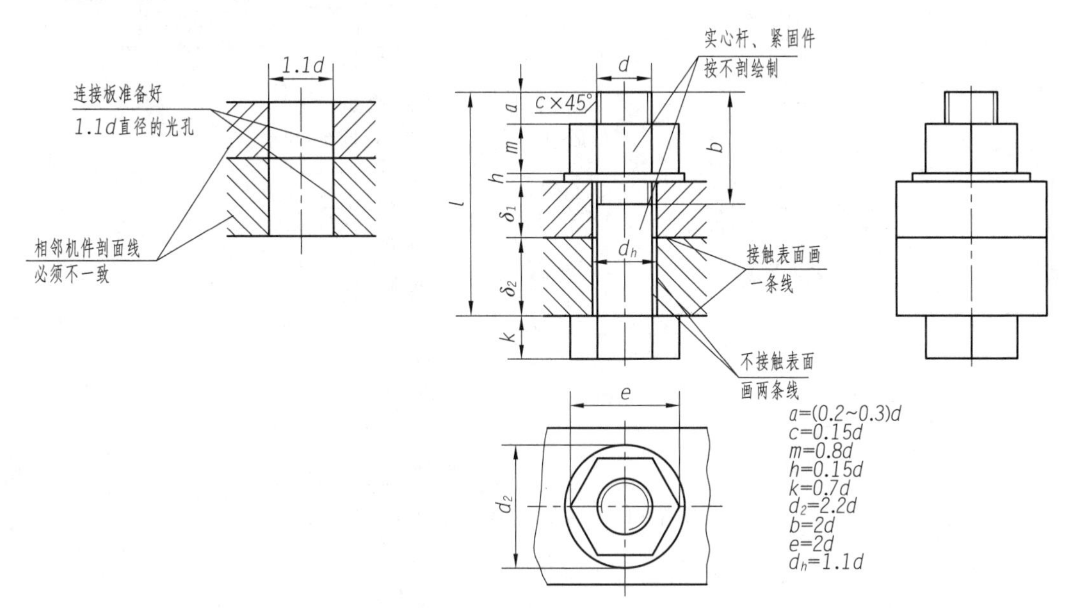

图 8-15　螺栓连接的比例画法

已知六角螺栓的公称直径 d 和被连接件的厚度 δ_1、δ_2，可按公式 $l \geqslant \delta_1+\delta_2+h+m+a$ 来初定螺栓长度，再从表 8-5 中选取相近的公称长度 l。其中 $h=0.15d$ 为垫圈厚度，$m=0.8d$ 为螺母高度，$a \approx 0.3d$ 为螺纹末端伸出长度。

3. 螺柱连接

当被连接零件中的一个较厚或由于其他原因不宜用螺栓连接时，可采用螺柱连接。连接时，在较厚零件上加工不通的螺纹孔，在较薄零件上钻通孔，通孔孔径稍大于螺柱大径。

螺柱又称双头螺柱，两端都有螺纹。旋入机体的一端称为旋入端，另一端称为紧固端。连接时，将螺柱的旋入端全部拧入螺孔，以保证连接可靠，而且一般不再旋出。紧固端穿过被连接件的光孔，用垫圈、螺母紧固。螺柱连接的比例画法见图 8-16。图中的垫圈为弹簧垫圈，依靠它的弹性和摩擦力可防止螺母因受到振动而自行松脱。

螺纹旋入端的长度 b_m 是根据被连接零件的材料而确定的。旋入钢或青铜中，取 $b_m=d$，其标准号为 GB/T 897；旋入铸铁中，取 $b_m=1.25d$，其标准号为 GB/T 898；旋入材料的强度在铸铁和铝之间时，取 $b_m=1.5d$，其标准号为 GB/T 899；旋入铝合金中，取 $b_m=2d$，其标准号为 GB/T 900。

当公称直径 d 和被连接件厚度 δ 已知时，可按公式 $l \geqslant \delta+h+m+a$ 确定所需螺柱长度，再从表 8-6 中选取相近的公称长度 l。

4. 螺钉连接

螺钉用来连接较小的或受力不大的零件。连接时，其中一个零件制出通孔或沉孔，另一个零件制成不通的螺孔,将螺钉旋入,直到钉头压紧被连接零件。图 8-17 为沉头螺钉连接的简化比例画法。螺钉头部的一字槽在投影为圆的视图上应画成与水平方向倾斜 45°。当槽宽小于 2 mm 时,可以涂黑表示。

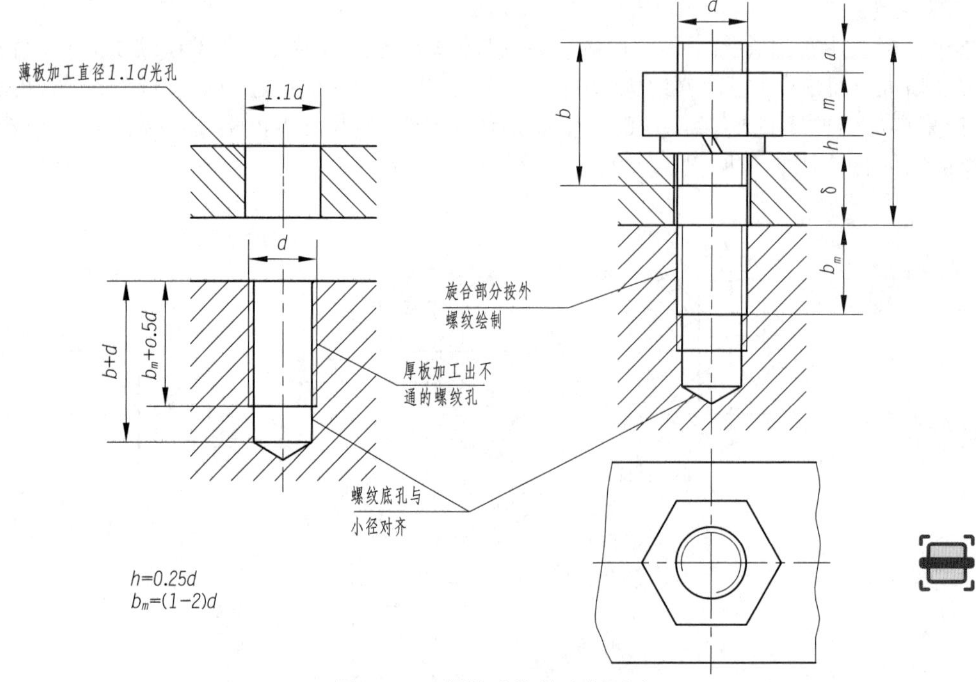

图 8-16　螺柱连接的比例画法

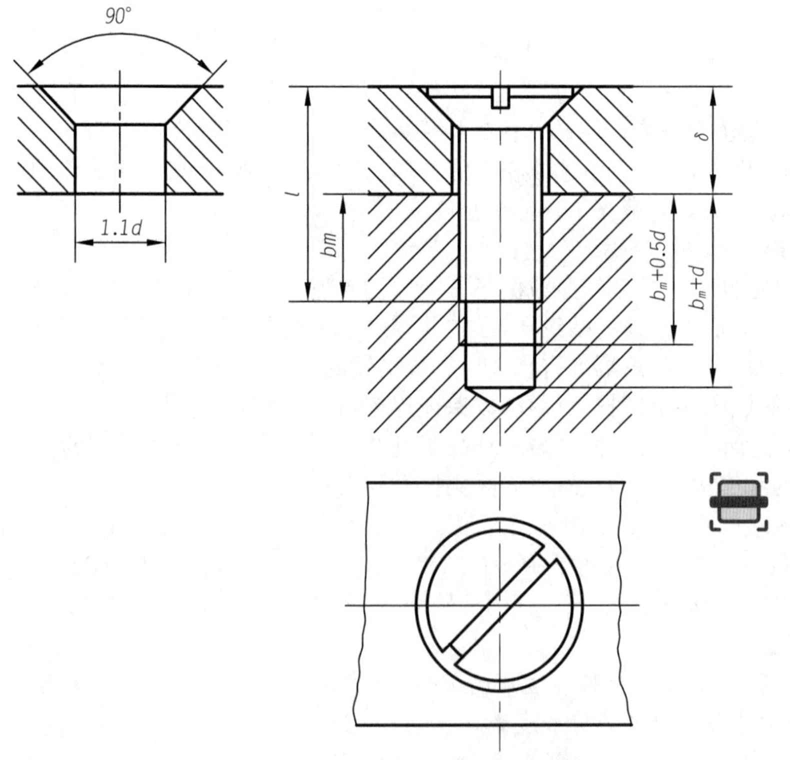

图 8-17　沉头螺钉连接的简化比例画法

当板厚 δ 已知，可按公式 $l \geqslant \delta + b_m$ 确定所需螺钉长度（b_m 的取值可参考螺柱连接），再从表 8-7 中选取相近的公称长度 l。

8.3　键、销连接

键和销都是标准件，它们的结构、型式和尺寸都有规定，可从有关标准中查阅并选用。

8.3.1　键

1. 键的作用、种类和标记

为使轮和轴一起转动，常在轴上和轮的轴孔内各加工一个键槽，然后装入键使轮与轴一起转动。键起传递扭矩的作用。

常用的键有普通平键、半圆键、钩头楔键等，此外还有花键，见图 8-18。

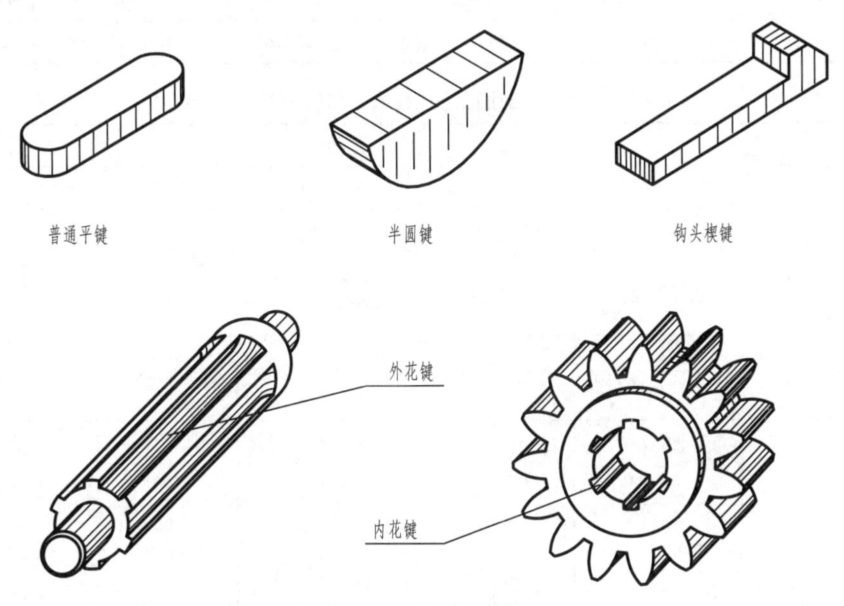

图 8-18　键的种类

普通平键又有 A 型（圆头）、B 型（方头）、C 型（单圆头）三种类型，见表 8-11。其中 A 型普通平键的形式“A”可以省略不注，普通平键的标记示例：

圆头普通平键（A 型）、$b=18$mm、$h=11$mm、$L=100$mm，标记为

键 18×100　GB/T 1096—2003

方头普通平键（B 型）、$b=18$mm、$h=11$mm、$L=100$mm，标记为

键 B18×100　GB/T 1096—2003

单圆头普通平键（C 型）、$b=18$mm、$h=11$mm、$L=100$mm，标记为

键 C18×100　GB/T 1096—2003

普通平键的键和键槽尺寸可按轴的直径 d 查表 8-12。平键的断面及键槽图见图 8-19。键长要按小于轮毂的长度选用系列中标准尺寸。

表 8-11　普通平键(摘自 GB/T 1096—2003)　　单位:mm

b	2	3	4	5	6	8	10	12	14	16	18
h	2	3	4	5	6	7	8	8	9	10	11
C 或 r	0.16～0.25			0.25～0.40			0.40～0.60				
L	6～20	6～36	8～45	10～56	14～70	18～90	22～110	28～140	36～160	45～180	50～200
L 系列		6,8,10,12,14,16,18,20,22,25,28,32,36,40,45,50,56,63,70,80,90,100,110,125,140,160,180,200									

表 8-12　平键的剖面及键槽(摘自 GB/T 1095—2003)　　单位:mm

轴	键	键槽											
公称直径 d	公称尺寸 b×h	宽度 b						深度				半径 r	
		公称尺寸 b	偏差					轴 t		毂 t_1			
			较松键连接		一般键连接		较紧键连接						
			轴 H9	毂 D10	轴 N9	毂 JS9	轴和毂 P9	公称	偏差	公称	偏差	最小	最大
自 6～8	2×2	2	+0.025 0	+0.060 +0.020	−0.004 −0.029	±0.0125	−0.006 −0.031	1.2	+0.1 0	1	+0.1 0	0.08	0.16
>8～10	3×3	3						1.8		1.4			
>10～12	4×4	4	+0.030 0	+0.078 +0.030	0 −0.030	±0.015	−0.012 −0.042	2.5		1.8			
>12～17	5×5	5						3.0		2.3		0.16	0.25
>17～22	6×6	6						3.5		2.8			
>22～30	8×7	8	+0.036 0	+0.098 +0.040	0 −0.036	±0.018	−0.015 −0.051	4.0	+0.2 0	3.3	+0.2 0		
>30～38	10×8	10						5.0		3.3		0.25	0.40
>38～44	12×8	12						5.0		3.3			
>44～50	14×9	14	+0.043 0	+0.120 +0.050	0 −0.043	±0.0215	−0.018 −0.061	5.5		3.8			
>50～58	16×10	16						6.0		4.3			
>58～65	18×11	18						7.0		4.4			
>65～75	20×12	20	+0.052 0	+0.149 +0.065	0 −0.052	±0.026	−0.022 −0.074	7.5		4.9		0.40	0.60
>75～85	22×14	22						9.0		5.4			
>85～95	25×14	25						9.0		5.4			
>95～110	28×16	28						10.0		6.4			

注:(1) 在工作图中轴槽深用$(d-t)$标注,轮毂槽深用$(d+t_1)$标注。平键键槽的长度公差带用 H14。

(2) $(d-t)$和$(d+t_1)$两组组合尺寸的极限偏差按相应的 t 和 t_1 的极限偏差选取,但$(d-t)$极限偏差值应取负号(−)。

2. 普通平键连接

普通平键的侧面为工作表面,键的两侧面与轴、轮毂的键槽侧面相接触,键的底面与轴键槽底面相接触，均应画一条粗实线。键的顶面为非工作表面，它与轮毂的键槽顶面存在间隙，应画两条粗实线。图 8-19 表示轴上键槽和轮孔内键槽的画法及尺寸标注，普通平键连接的画法见图 8-20。

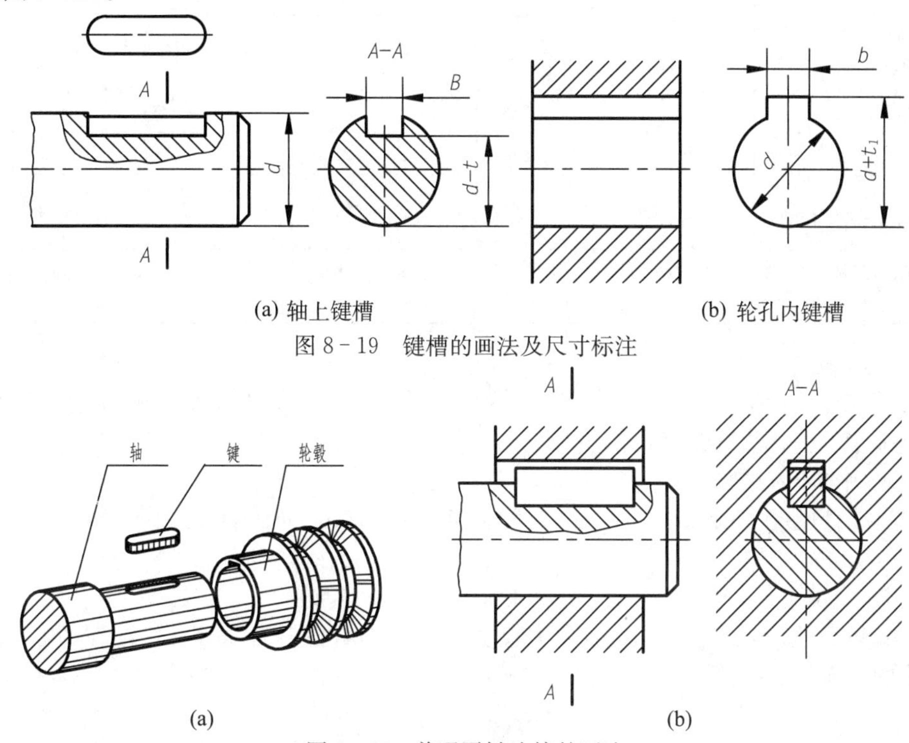

(a) 轴上键槽　　(b) 轮孔内键槽

图 8-19　键槽的画法及尺寸标注

(a)　　(b)

图 8-20　普通平键连接的画法

8.3.2　销

销主要用于零件的连接和定位，有时也用来传递较小的动力。用销连接和定位的两个零件上的销孔，一般需要一起加工，并在图上注写“配作”字样。开口销一般与槽形螺母配合使用，防止螺母松脱。

常用的销有圆柱销、圆锥销和开口销等，它们的结构形状和尺寸均已标准化，可参见表 8-13、表 8-14。

表 8-13　圆柱销(摘自 GB/T 119.1—2000)　　单位：mm

公称直径 d (m6/h8)	0.6	0.8	1	1.2	1.5	2	2.5	3	4	5
$c\approx$	0.12	0.16	0.20	0.25	0.30	0.35	0.40	0.50	0.63	0.80
l(商品规格范围公称长度)	2～6	2～8	4～10	4～12	4～16	6～20	6～24	8～30	8～40	10～50
公称直径 d (m6/h8)	6	8	10	12	16	20	25	30	40	50
$c\approx$	1.2	1.6	2.0	2.5	3.0	3.5	4.0	5.0	6.3	8.0
l(商品规格范围公称长度)	12～60	14～80	18～95	22～140	26～180	35～200	50～200	60～200	80～200	95～200
l 系列	2,3,4,5,6,8,10,12,14,16,18,20,22,24,26,28,30,32,35,40,45,50,55,60,65,70,75,80,85,90,95,100,120,140,160,180,200									

表 8-14　圆锥销(摘自 GB/T 117—2000)　　单位:mm

d(公称直径)	0.6	0.8	1	1.2	1.5	2	2.5	3	4	5
$a\approx$	0.08	0.1	0.12	0.16	0.2	0.25	0.3	0.4	0.5	0.63
l(商品规格范围公称长度)	4~8	5~12	6~16	6~20	8~24	10~35	10~35	12~45	14~55	18~60
d(公称直径)	6	8	10	12	16	20	25	30	40	50
$a\approx$	0.8	1	1.2	1.6	2	2.5	3	4	5	6.3
l(商品规格范围公称长度)	22~90	22~120	26~160	32~180	40~200	45~200	50~200	55~200	60~200	65~200
l 系列	2,3,4,5,6,8,10,12,14,16,18,20,22,24,26,28,30,32,35,40,45,50,55,60,65,70,75,80,85,90,95,100,120,140,160,180,200									

1. 销的标记

圆柱销的标记内容有:名称、标准号、结构形式、公称直径和长度。圆锥销的锥度常为1∶50,圆锥销的公称直径是指小端直径。

标记示例如下:

(1) 公称直径 d=6 mm,公差 m6,公称长度 l=30 mm,不经淬火、不经表面处理的圆柱销,标记为

销　GB/T 119.1　6m6×30

(2) A 型,公称直径 d=10 mm,公称长度 l=60 mm,材料为 35 钢,热处理 28~38HRC、表面氧化的圆锥销,标记为

销　GB/T 117　10×60

(3) 公称直径 d=5mm,长度 l=50mm,材料为低碳钢、不经表面处理的开口销,标记为

销　GB/T 91　5×50

2. 销连接的画法

销连接的画法如图 8-21 所示。用圆柱销和圆锥销连接零件,销孔应在两零件装配后同时加工,并在零件上注明。

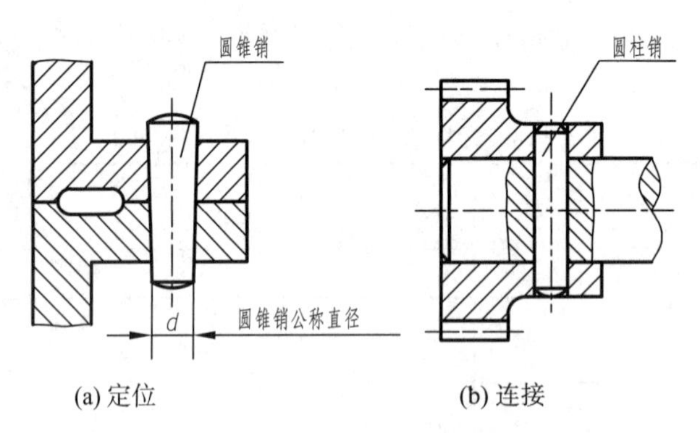

图 8-21　销连接的画法

8.4　齿轮

齿轮是在机械传动中广泛应用的传动零件。可以用来传递动力,改变运动方向、运动速度或运动方式。齿轮必须成对使用。其中,圆柱齿轮最为常见。

圆柱齿轮按轮齿方向可分为直齿、斜齿、人字齿及螺旋齿圆柱齿轮,按齿廓曲线可分为渐

开线、摆线及圆弧齿轮等。本节仅针对渐开线齿廓的直齿圆柱齿轮进行简要介绍。

8.4.1 直齿圆柱齿轮各部分名称及代号

直齿圆柱齿轮的轮齿位于圆柱面上，其齿向平行于轴线。

齿顶圆：过齿顶的圆称为齿顶圆，其直径用 d_a 表示，见图 8－22。

齿根圆：与齿根相切的圆称为齿根圆，其直径用 d_f 表示。

齿厚、槽宽：通过齿轮轮齿部分任作一个圆，该圆在相邻齿廓间的弧长称为齿厚，用 s 表示；在齿槽间的弧长称为槽宽，用 e 表示。

分度圆：在齿轮上存在一个齿厚弧长和槽宽弧长相等的假想圆，称为分度圆，其直径用 d 表示。

齿顶高：齿顶圆与分度圆之间的径向距离，用 h_a 表示。

齿根高：分度圆与齿根圆之间的径向距离，用 h_f 表示。

齿高：齿顶圆与齿根圆之间的径向距离，用 h 表示，$h=h_a+h_f$。

齿距：分度圆上相邻两齿对应点之间的弧长，用 p 表示，$p=s+e$ 且 $s=e=p/2$。

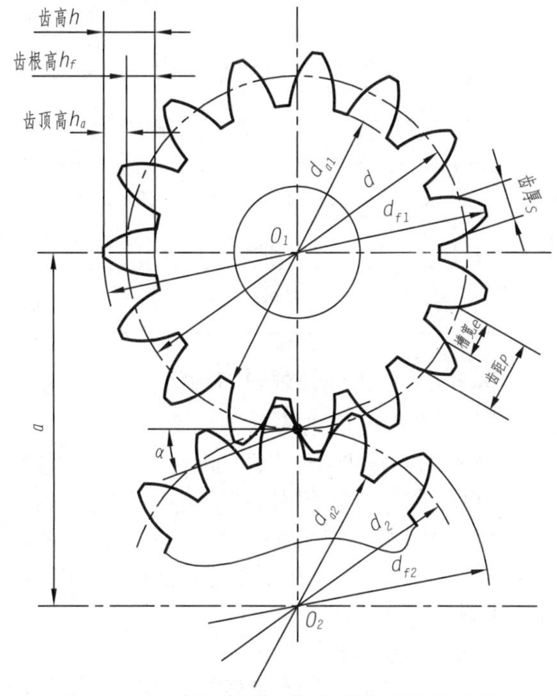

图 8－22 直齿圆柱齿轮各部分名称及代号

模数：分度圆的周长 $\pi d=pz$（z 为齿数），则分度圆直径 $d=p/\pi \cdot z$。式中，p/π 称为齿轮的模数，用 m 表示，单位为 mm。因 $m=p/\pi$，所以 $d=mz$。模数 m 越大，齿距和齿厚也越大，因而轮齿所能承受的力也越大。

一对啮合齿轮，其齿距应相等，因此它们的模数 m 也必然相等。由于不同模数的齿轮须用相应齿轮刀具去加工，为减少齿轮刀具的数量，国家标准对模数作了统一规定，见表8－15。

表 8－15 圆柱齿轮模数的标准系列（摘自 GB/T 1357—2008） 单位：mm

第一系列	0.1	0.12	0.15	0.2	0.25	0.3	0.4	0.5	0.6	0.8	1
	1.25	1.5	2	2.5	3	4	5	6	8	10	12
	16	20	25	32	40	50					
第二系列	0.35	0.7	0.9	1.75	2.25	2.75	(3.25)	3.5	(3.75)	4.5	5.5
	(6.5)	7	9	(11)	14	18	22	28	(30)	36	45

注：(1) 对斜齿轮是指法向模数。

(2) 选取模数时，应优先选用第一系列，其次第二系列，括号内的模数尽可能不用。

压力角：一对啮合齿轮的齿廓在接触点 P 处的受力方向与运动方向的夹角，用 α 表示。标准齿轮 $\alpha=20°$。

模数 m、齿数 z、压力角 α 是标准直齿圆柱齿轮的三个重要参数。设计齿轮时先确定模数和齿数，其他各部分尺寸都可由模数和齿数计算出来，计算公式见表 8－16。

表 8-16　标准直齿圆柱齿轮各基本尺寸的计算公式

各部分名称	代号	公式
分度圆直径	d	$d=mz$
齿顶高	h_a	$h_a=m$
齿根高	h_f	$h_f=1.25m$
齿顶圆直径	d_a	$d_a=m(z+2)$
齿根圆直径	d_f	$d_f=m(z-2.5)$
齿距	p	$p=\pi m$
齿厚	s	$s=\frac{1}{2}\pi m$
中心距	a	$a=\frac{1}{2}(d_1+d_2)=\frac{1}{2}m(z_1+z_2)$

8.4.2　直齿圆柱齿轮的画法

1. 单个齿轮的画法

在不剖的视图中，齿顶圆和齿顶线用粗实线绘制；分度圆和分度线用点画线绘制；齿根圆和齿根线用细实线绘制，也可省略不画。在通过轴线剖切的视图中，轮齿部分按不剖处理，齿根线用粗实线绘制，如图 8-23 所示。

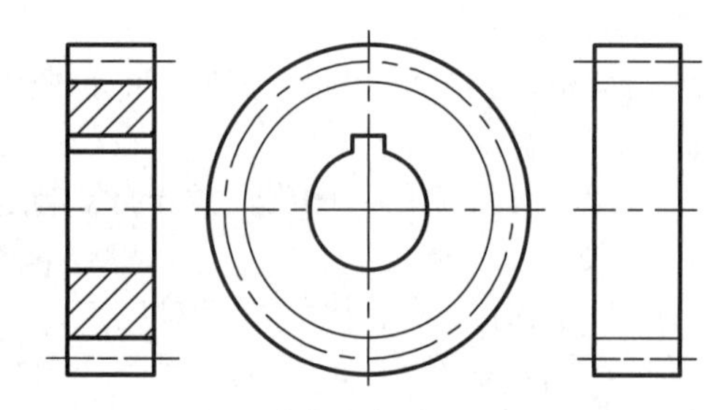

图 8-23　单个直齿圆柱齿轮的画法

2. 两齿轮啮合的画法

一对正确安装的标准直齿轮啮合时，两轮齿廓在连心线上的接触点称为节点，用 P 表示，见图 8-24。过节点的圆称为节圆。此时，节圆与分度圆重合，即两齿轮的节圆(分度圆)相切。

在投影为圆的视图中，两齿轮的节圆相切并用细点画线画出；在啮合区内两个齿顶圆用粗实线画出或省略不画；两个齿根圆均用细实线绘制，如图 8-24(a)所示，也可省略不画，如图 8-24(b)所示。

在投影为非圆的视图中，当剖切平面通过两齿轮的轴线时，在啮合区内两条节线重合并用点画线画出；两齿根线用粗实线画出；主动轮的齿顶线画成粗实线，从动轮的齿顶线画成虚线，如图 8-24(a)所示。图 8-24(c)是非圆视图的不剖画法。此时，啮合区的齿顶线无须画出，节线用粗实线绘制。

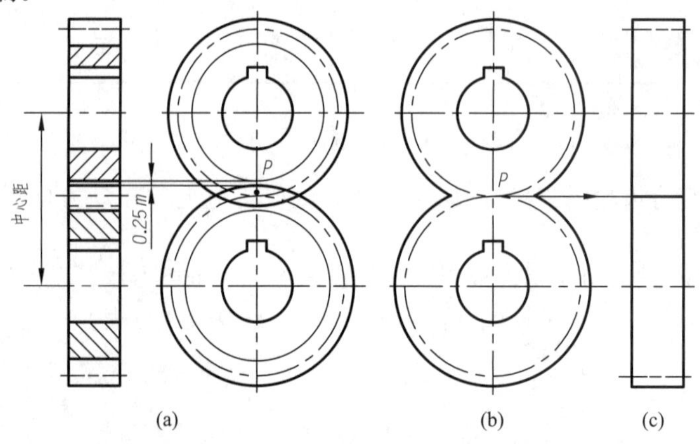

图 8-24　直齿圆柱齿轮啮合的画法

一个齿轮的齿顶圆(或齿顶线)与另一个齿轮的齿根圆(或齿根线)之间的间隙为 $0.25m$。

8.4.3 直齿圆柱齿轮的零件图

图 8-25 是直齿圆柱齿轮的零件图。图中除按规定画法绘出齿轮的图形外,还标注了该齿轮的尺寸和技术要求。对于不便在图形中注写的参数(如模数、齿数、压力角、精度等),在图样的右上角以参数表形式列出。

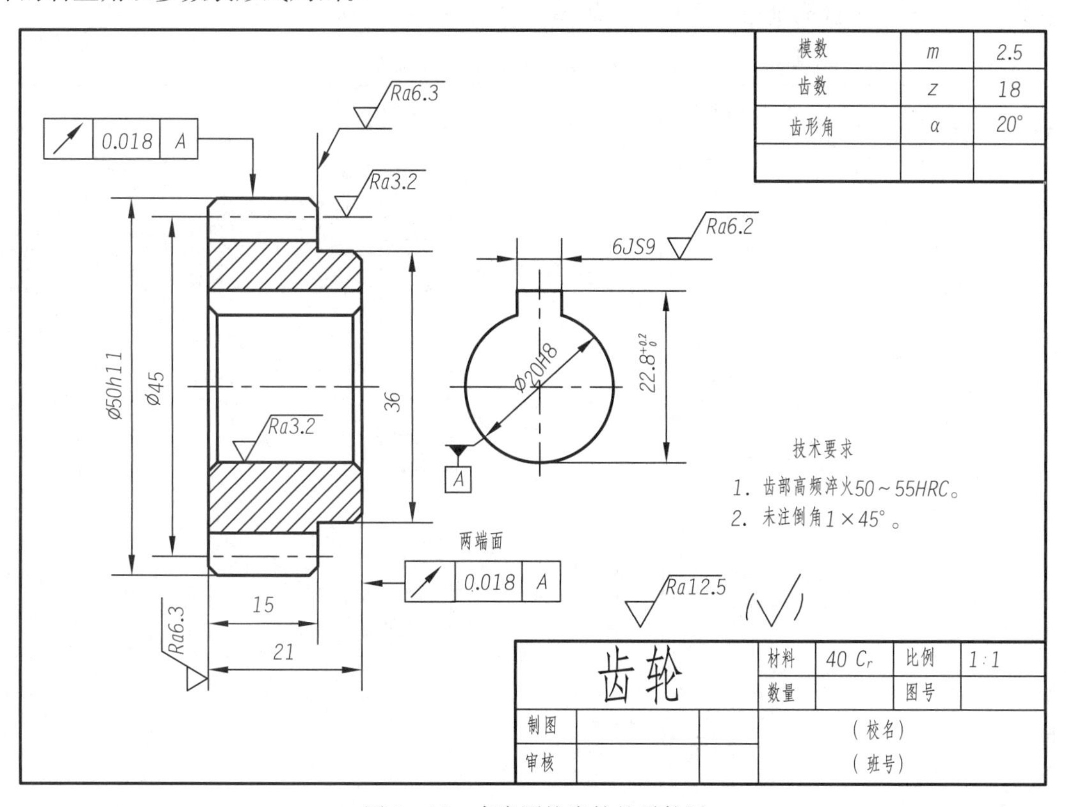

图 8-25 直齿圆柱齿轮的零件图

8.5 轴承

机器中,滚动轴承是支撑旋转轴的标准部件。它具有摩擦阻力小、结构紧凑、旋转精度高、拆卸方便等特点,在机械传动中应用十分广泛。

8.5.1 滚动轴承的结构及其画法

1. 滚动轴承的结构

滚动轴承的类型很多,深沟球轴承适用于承受径向载荷,推力球轴承适用于承受轴向载荷,圆锥滚子轴承适用于同时承受径向载荷和轴向载荷。它们的结构大致相同,一般由外圈、内圈、滚动体及保持架组成。一般情况下,外圈的外表面与机座的孔相配合,固定不动;而内圈的孔与轴颈相配合,随轴一起转动;滚动体装在内圈和外圈之间的滚道中;保持架用来把滚动体相互隔离开。

图 8-26 滚动轴承

2. 滚动轴承的画法

滚动轴承是标准部件,一般不画各组成部分的零件图。在装配图中,国家标准规定了滚动轴承可以用简化画法(通用画法、特征画法)或规定画法来表示。

用简化画法绘制滚动轴承时,应采用通用画法或特征画法。在同一个图样中,一般只采用其中一种画法。绘制时,根据轴承代号查出外径 D、内径 d、宽度 B 等有关的尺寸,决定轴承的实际轮廓,然后在此轮廓内按照规定绘图。当需要较详细地表达滚动轴承的主要结构时,可将轴承的一半按规定画法绘制,而另一半按通用画法绘制;如果只需要形象地表示滚动轴承的结构特征时,可采用特征画法。常用滚动轴承的画法,见表 8-17。

表 8-17　常用滚动轴承的画法

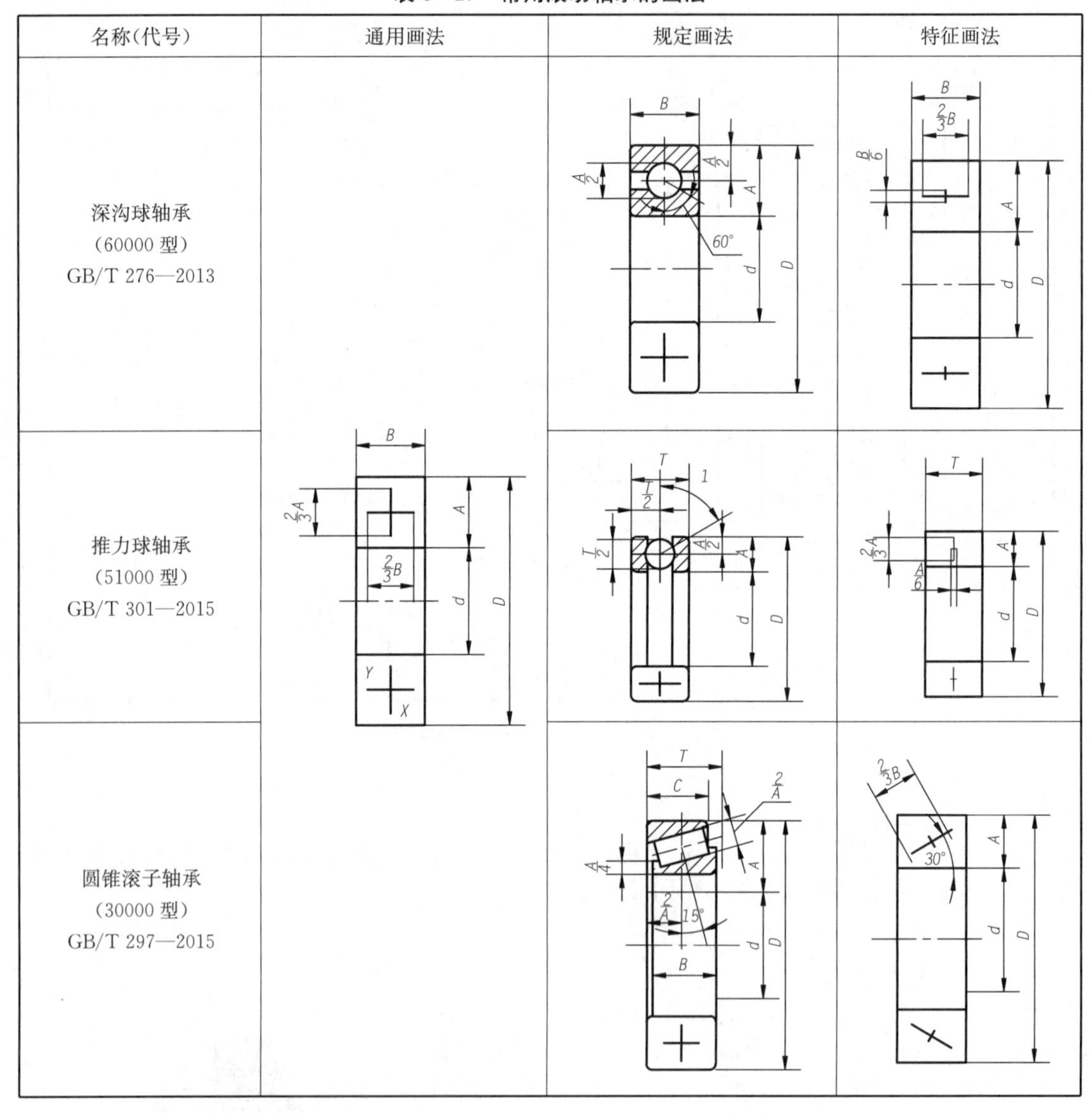

名称(代号)	通用画法	规定画法	特征画法
深沟球轴承 (60000 型) GB/T 276—2013			
推力球轴承 (51000 型) GB/T 301—2015			
圆锥滚子轴承 (30000 型) GB/T 297—2015			

8.5.2　滚动轴承的代号

滚动轴承的代号是由字母加数字来表示轴承结构形式、承载能力、特点、内径尺寸、尺寸公差等级、技术性能特征的产品符号。轴承代号由三部分组成:前置代号、基本代号、后置代号。

基本代号是滚动轴承代号的基础,用以表示滚动轴承的基本类型、结构和尺寸。前置、后置代号是轴承在结构形状、尺寸、公差、技术要求等有改变时,在其基本代号左右添加的补充代号。

1. 基本代号

滚动轴承的基本代号表示轴承的基本类型、结构和尺寸。它由轴承类型代号、尺寸系列代号、内径代号三部分构成(滚针轴承除外)。

(1) 类型代号

类型代号由阿拉伯数字或大写拉丁字母表示。类型代号中的“5”表示推力轴承,“6”表示深沟球轴承,“3”表示圆锥滚子轴承。

(2) 尺寸系列代号

尺寸系列代号由滚动轴承的宽(高)度系列代号和直径系列代号组合而成,它反映了同种轴承在内圈孔径相同时内外圈的宽度、厚度的不同及滚动体大小不同。因此,尺寸系列代号不同的轴承,其外廓尺寸不同,承载能力也不同。除圆锥滚子轴承外,其余各类轴承宽度系列代号“0”均省略不标出。

(3) 内径代号

表示滚动轴承的公称内径,它们的含义是:当 10 mm$<d<$495 mm,代号数字为 00,01,02,03 时,内径分别为 10 mm,12 mm,15 mm,17 mm;代号数字为 04～99 时,代号数字乘 5,即为轴承内径。

下面举例说明滚动轴承代号标记:

① 滚动轴承　6204　GB/T 276—2013

6:类型代号,深沟球轴承;

2:尺寸系列代号,(02)宽度系列代号 0 省略,直径系列代号为 2。

② 滚动轴承　30204　GB/T 297—2015

3:类型代号,圆锥滚子轴承;

02:尺寸系列代号,宽度系列代号 0 不省略,直径系列代号为 2;

04:内径代号,内径 $d=4\times5=20$ mm。

③ 滚动轴承　51203　GB/T 301—2015

5:类型代号,推力球轴承;

12:尺寸系列代号,宽度系列代号 1,直径系列代号为 2;

03:内径代号,内径 17 mm。

2. 前置代号和后置代号

前置、后置代号分别表示轴承在结构形状、尺寸、公差、技术要求等有改变时,在其基本符号前、后添加的补充代号。可查阅有关标准。

8.6　弹簧

弹簧零件可用来减振、夹紧、复位及测力等,在机器设备中广泛应用。虽然弹簧不是标准件,但其局部结构及尺寸均已标准化、系列化,国家标准对其结构形式的画法与尺寸标注均作了统一的规定。

8.6.1　弹簧的种类

弹簧的种类很多,常用的有圆柱螺旋弹簧、板弹簧、蜗卷弹簧等。其中圆柱螺旋弹簧按受力情况可分为压缩弹簧、拉伸弹簧和扭转弹簧三种。本节主要介绍圆柱螺旋压缩弹簧的画法。

8.6.2　圆柱螺旋压缩弹簧的参数及尺寸计算

为使压缩弹簧的端面与轴线垂直,在工作时受力均匀,工作稳定可靠,在制造时将两端的几圈并紧、磨平,这几圈仅起支承或固定作用,称为支撑圈。两端的支承圈总数有 1.5 圈、2 圈及 2.5 圈三种，常见为 2.5 圈，即每端各有 $1\frac{1}{4}$ 圈支承圈。除支承圈外，中间保持相等节距的圈称为有效圈，有效圈数是计算弹簧刚度时的圈数。有效圈数与支撑圈数之和称为总圈数。

目前部分弹簧参数已标准化，设计时选用即可。画图时，圆柱螺旋压缩弹簧按标准选取以下参数。

(1) 簧丝直径 d：制造弹簧的钢丝直径。

(2) 弹簧中径 D：弹簧的平均直径。

(3) 节距 t：相邻两有效圈截面中心线的轴向距离。

(4) 有效圈数 n。

(5) 支承圈数 n_2(一般取 $n_2=2.5$ 圈)。

弹簧的其他尺寸均可由上述参数计算而得。

(6) 弹簧外径 $D_2=D+d$(装配时如以外径定位，图上标注 D)。

(7) 弹簧内径 $D_1=D-d$(如以内径定位，则标注 D)。

(8) 总圈数 $n_1=n+n_2$。

(9) 自由高度(弹簧无负荷时的高度) $H_0=nt+(n_2-0.5)d$。

8.6.3　圆柱螺旋压缩弹簧的规定画法(GB/T 4459.4—2003)

按真实投影画弹簧很复杂，为了简化，国家标准规定可以用三种表示法表示弹簧，即视图、剖视图和示意图三种画法。

1. 作图步骤

圆柱螺旋压缩弹簧剖视图的作图步骤如图 8-27 所示。

(1) 根据尺寸 D 和 H_0 作图，根据弹簧钢丝直径 d 画出支承圈部分，如图 8-27(a)所示。

(2) 根据节距 t 依次求的各点，画出断面图，即画出有效圈数部分，如图 8-27(b)所示。

(3) 按右旋方向画出对应圆的公切线，再画上剖面线，加深即完成圆柱螺旋弹簧的剖视图，如图 8-27(c)所示。

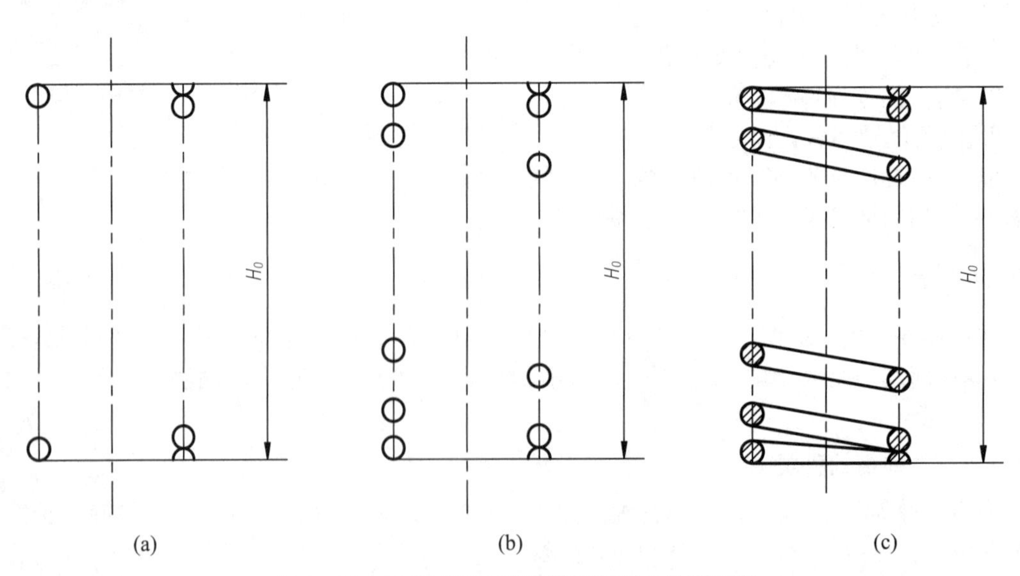

图 8-27　圆柱螺旋压缩弹簧剖视图的作图步骤

2. 绘图注意事项

(1) 在平行弹簧轴线投影面的视图中，各圈的轮廓均画成直线，代替螺旋线的投影，如图

8-27(c)所示。

(2) 左旋弹簧允许画成右旋，但不论画成右旋还是左旋，均需注出“左旋”。

(3) 有效圈数大于4圈，可只画两端的1～2圈，而省略中间各圈，只需用通过簧丝剖面中心的细点画线连起来，并允许适当缩短图形长度。

(4) 不论支承圈数多少以及末端贴近情况如何，均按支撑圈数为2.5圈的形式绘制。支撑圈数在技术要求中另加说明。

8.6.4　螺旋压缩弹簧的标记

弹簧的标记由名称、形式、尺寸、标准编号、材料牌号以及表面处理组成，标记形式如下：

弹簧代号类型 $D\times H\times H_0$—精度代号 旋向代号 标准号 材料牌号—表面处理

其中，螺旋压缩弹簧代号为“Y”；形式代号为“A”(两端圈并紧磨平)或“B”(两端圈并紧锻平)；2级精度制造应注明“2”，3级不标注；左旋应注明“左”，右旋不标注；表面处理一般不标注。如要求镀锌、镀铬、磷化等金属镀层及化学处理时，应在标记中注明。

例如，A型螺旋压缩弹簧，材料直径为1.2 mm，弹簧中径为8 mm，自由高度为40 mm，刚度、外径、自由高度的精度为2级，材料为碳素弹簧钢丝B级，表面镀锌处理的左旋弹簧的标记为

YA1.28×40－2左 GB/T 2089—2009 B级－D－Zn

8.6.5　圆柱螺旋压缩弹簧的零件图

如图8-28所示是一个圆柱螺旋压缩弹簧的零件图。弹簧的参数应直接标注在图形上，若直接标注有困难时，可以在技术要求中另加说明；在零件图上方用图解表示弹簧的负荷与长度之间的变化关系。螺旋压缩弹簧的机械性能曲线画成直线(为粗实线)，其中，P 为弹簧的预加负荷，P_2 为弹簧的最大负荷，P_3 为弹簧的允许极限负荷。

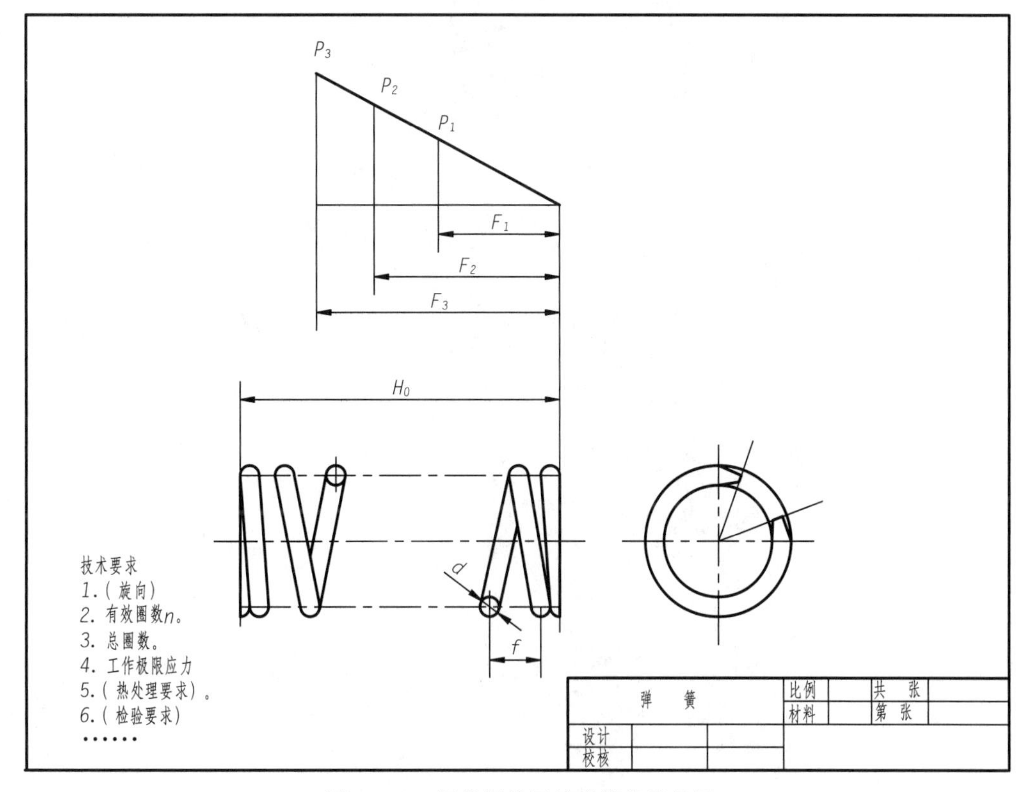

图8-28　圆柱螺旋压缩弹簧的零件图

9 零件图

本章概要

从零件图的作用与内容入手，介绍零件的典型工艺结构及典型零件的表达方案确定。根据零件的加工工艺特点，讲述零件图中的技术要求与尺寸的标注方式。

9.1 零件图的作用与内容

9.1.1 零件与部件的关系

任何一台机器或部件，都是由若干个零件按一定的装配关系和技术要求装配而成的，如图9-1所示的圆柱齿轮减速器。机器或部件中任何一个零件质量的好坏都将直接影响减速器的装配质量和使用性能。为保证零件的质量，生产中必须依据图样进行加工和检验，这种表达零件的图样称为零件工作图，简称零件图。

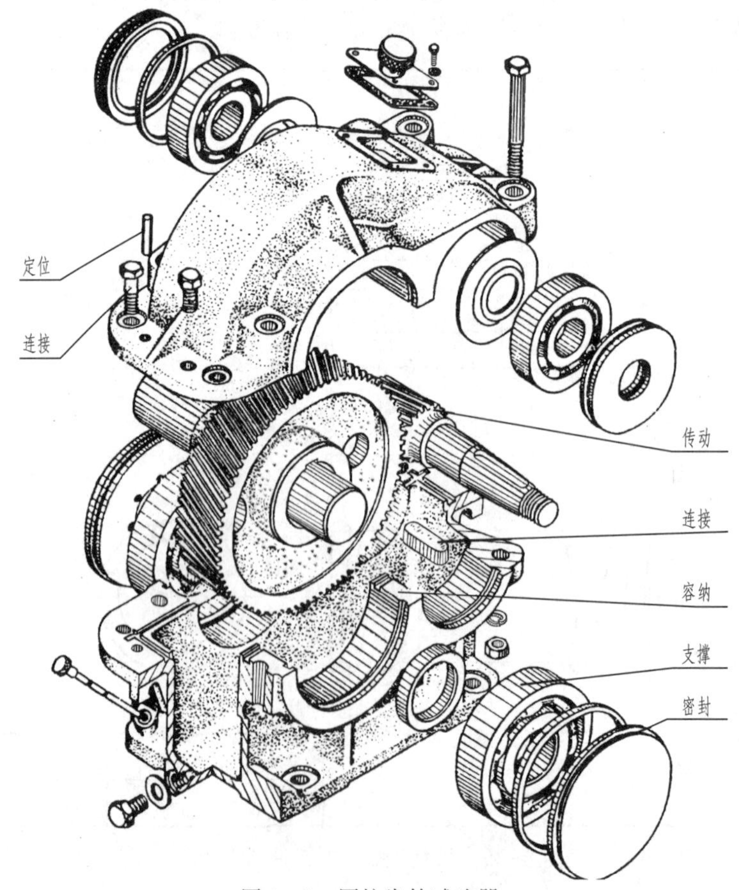

图9-1 圆柱齿轮减速器

9.1.2　零件图的内容

图 9－2 所示为轴的零件图，从图中可知，一幅完整的零件图应包括以下四方面内容。

(1) 表达零件形状的一组图形。在零件图中，要综合运用视图、剖视图、断面图及其他表达方法，将零件的内部结构和外部形状，正确、完整、清晰地表达出来。

(2) 确定零件各部分形状和相对位置的尺寸。视图只表示零件的形状，无法表达出大小。在零件图中，应正确、完整、清晰和合理地标注出制造零件所需的全部尺寸，标注的尺寸应便于加工、测量和检查。

(3) 保证零件质量的技术要求。在零件图中，用规定的符号、数字、字母和文字注出零件在制造和检验时必须达到的技术要求，如尺寸公差、几何公差、表面粗糙度、材料和热处理要求等内容。

(4) 标题栏。图样右下角有标题栏，栏内注明零件的名称、材料、数量、图样编号及比例，制图者、审核者的姓名和制图、审图日期等。

零件图是加工和检验的重要依据，包括一组图形、足够的尺寸、适当的技术要求和标题栏。

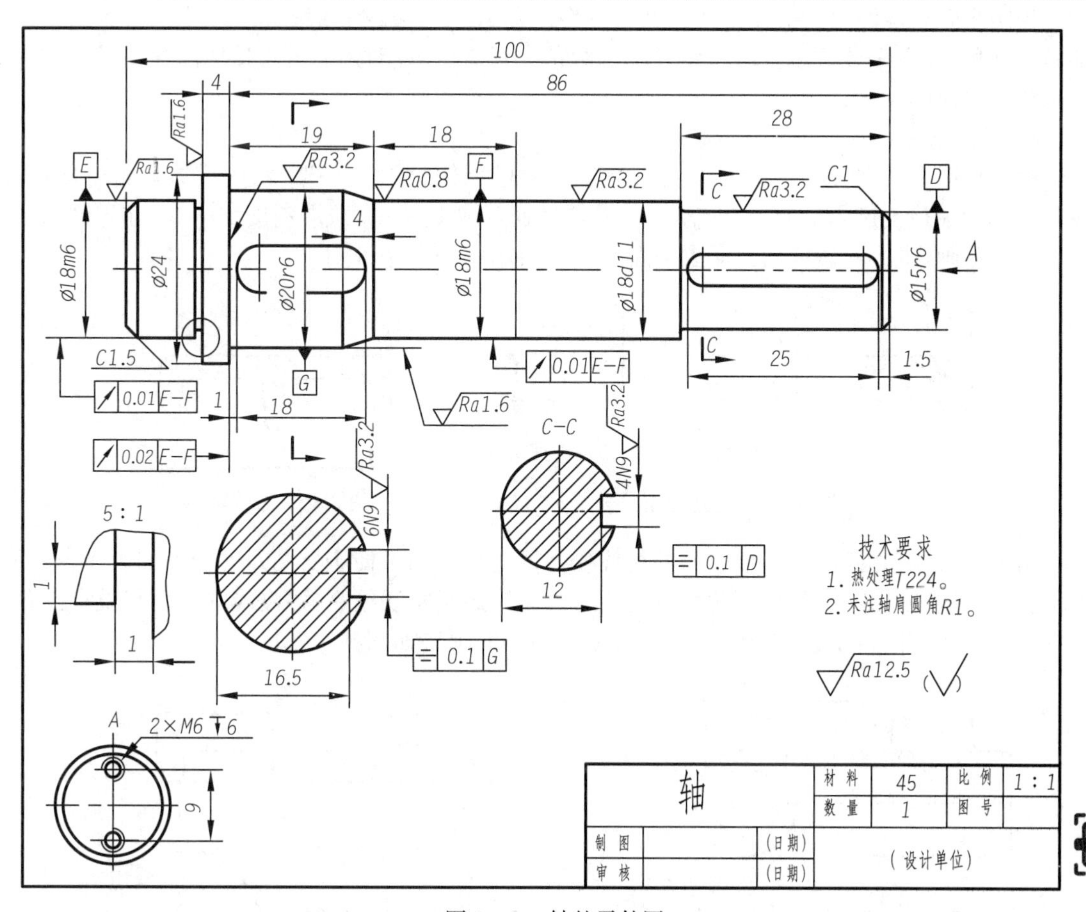

图 9－2　轴的零件图

9.2　零件的常见工艺结构

设计零件的结构时，除了要考虑满足它在机器或部件中的作用外，还应考虑其在加工、装配等制造过程中，工艺的合理性。零件结构的工艺性好坏，是指所设计零件的结构，在一定的生产条件下，是否适合制造，能否质量好、成本低地把零件制造出来。下面根据现有的一般生产水平，介绍一些常见的砂型铸造工艺和一般机械加工工艺等对零件结构的要求。

9.2.1　铸造工艺结构

1. 铸件壁厚

为保证铸件质量，避免铸件各部分因冷却速度的不同而产生缩孔和裂纹，铸件壁厚要均匀或逐渐变化，如图 9-3 所示。

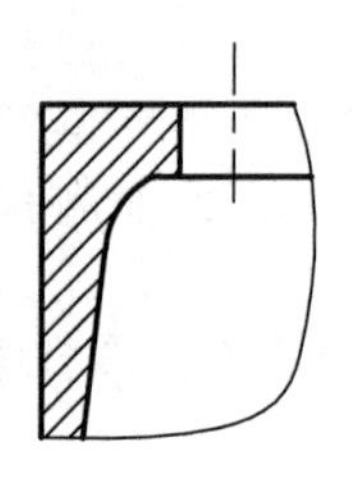
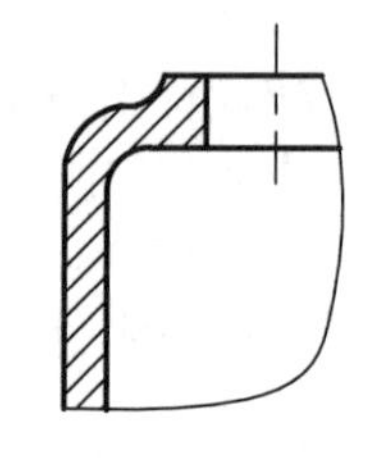
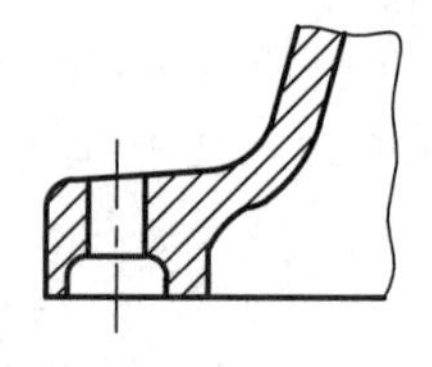

图 9-3　铸件壁厚要均匀

2. 铸造圆角

为防止砂型浇注时在尖角处落砂及铸件在冷却时产生裂纹和缩孔，在铸件各表面相交处都做成圆角，如图 9-4 所示。同一铸件上的圆角半径应尽可能相同，可直接标注在图形上或在技术要求中说明。

3. 拔模斜度

铸件在造型时，为便于从砂型中拔出木模，一般在铸件的内、外壁，沿起模方向带有斜度，该斜度称为拔模斜度，如图 9-5 所示。拔模斜度通常取 1°～3°，或取斜度 1∶20。在零件图中一般省略不画，也可不做说明。必要时可在技术要求中用文字说明。

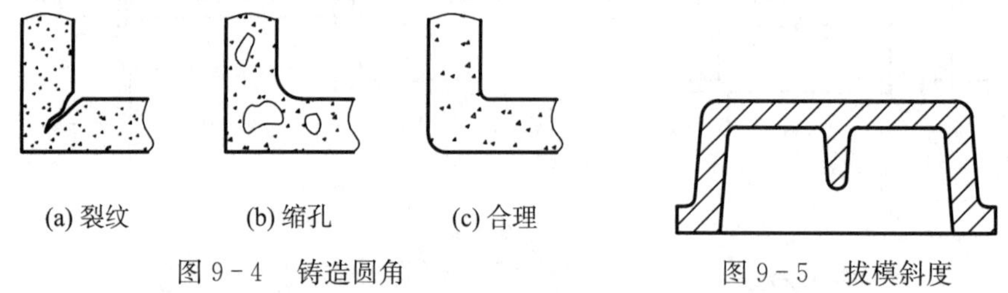

图 9-4　铸造圆角　　图 9-5　拔模斜度

由于铸造圆角的存在，铸件表面的交线变得不明显。为了便于看图时区分不同表面，在图上仍要画出这种交线，这种交线称为过渡线。过渡线用细实线绘制，过渡线的绘制与没有圆角时的交线画法相同，在表示上有些差别，常见过渡线的画法如图 9-6 所示。

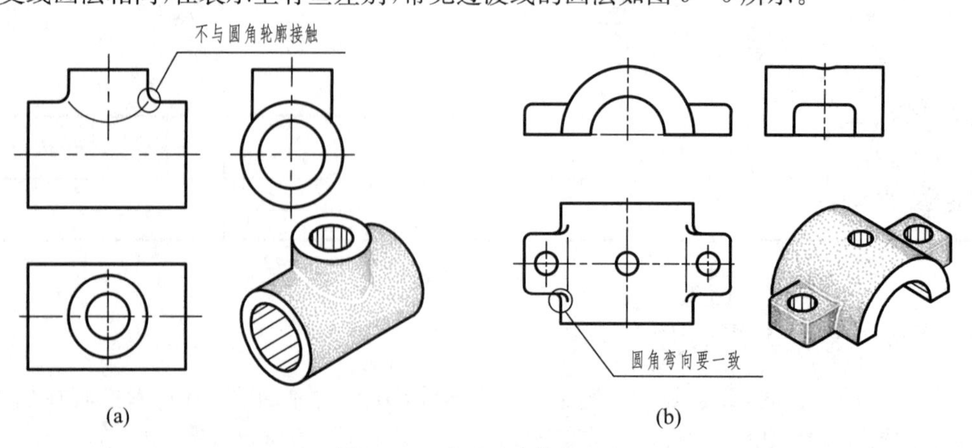

图 9-6　常见过渡线的画法

9.2.2 机械加工工艺结构

1. 倒角和圆角

为去除机加工后的毛刺、锐边以及便于装配和安全操作，在轴或孔的端面常加工出倒角。为避免因应力集中而产生裂纹，在轴肩处采用圆角过渡，称为圆角，如图 9-7 所示。其中，α 一般为 45°，也允许用 30° 或 60°；b 一般可取 1 ～ 2 mm。

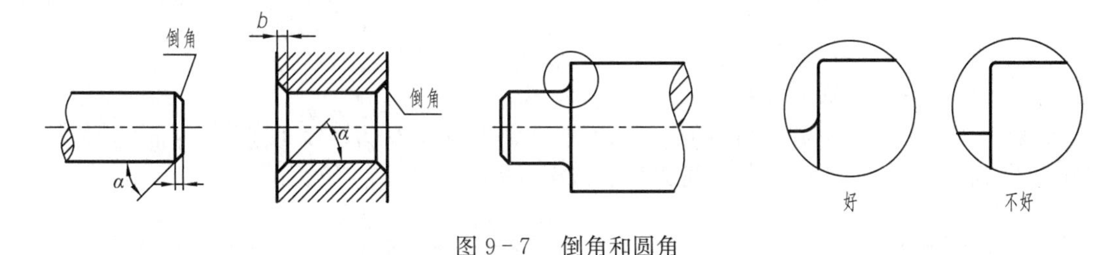

图 9-7 倒角和圆角

2. 螺纹退刀槽和砂轮越程槽

在机械加工过程中，特别是在车螺纹和磨削时，为便于退出刀具或使砂轮可稍微越过加工面而不碰坏端面，常在待加工面的适当位置预先加工出退刀槽或砂轮越程槽，如图 9-8 所示。它们的结构和尺寸，可查阅国家标准相关规定。

3. 钻孔结构

零件上各种形式和用途的孔，多数是用钻头加工而成的。用钻头加工出的盲孔，底部有个顶角接近 120° 的圆锥面，如图 9-9(a) 所示。钻孔深度指的是圆柱部分的深度，不包括圆锥部分。在阶梯钻孔的过渡处，也存在 120° 的圆锥面，如图 9-9(b) 所示。用钻头钻孔时，钻头的轴线应与被钻处的表面垂直，从而保证钻孔的准确性以及避免钻头折断，如图 9-10 所示。

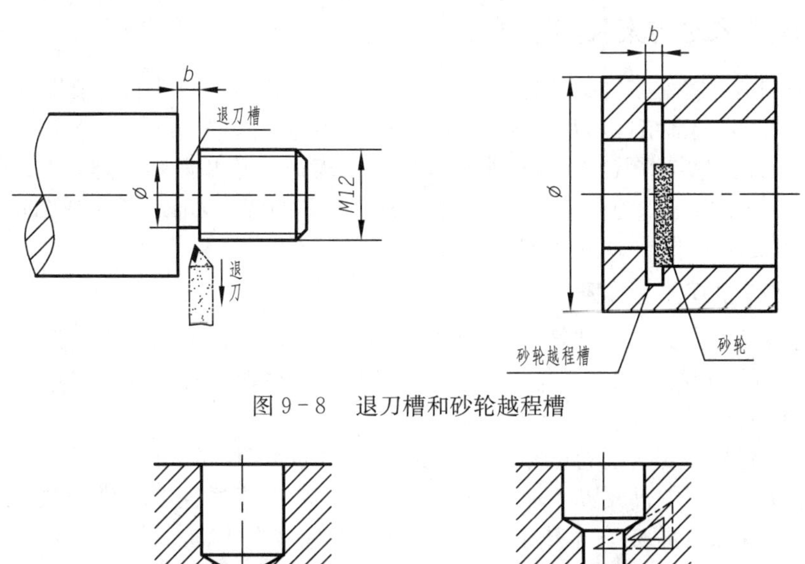

图 9-8 退刀槽和砂轮越程槽

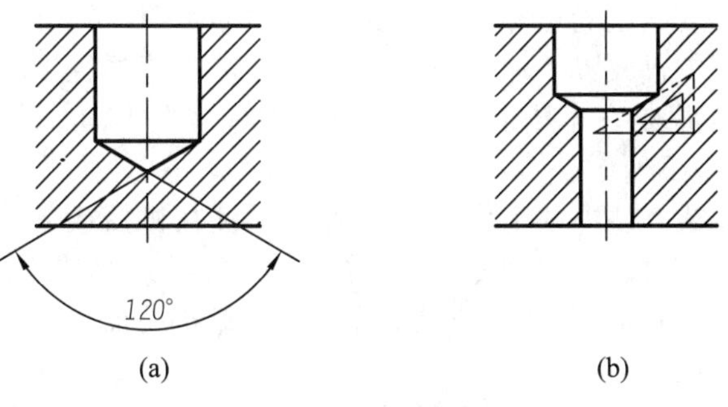

图 9-9 钻孔结构(一)

图 9-10 钻孔结构(二)

4. 凸台、凹坑和凹槽

为保证零件间接触良好，零件的接触面一般都需要加工。为减少加工面，降低成本，常在铸件上设计出凸台、凹坑等结构，也可以加工成沉孔，如图 9-11 所示。

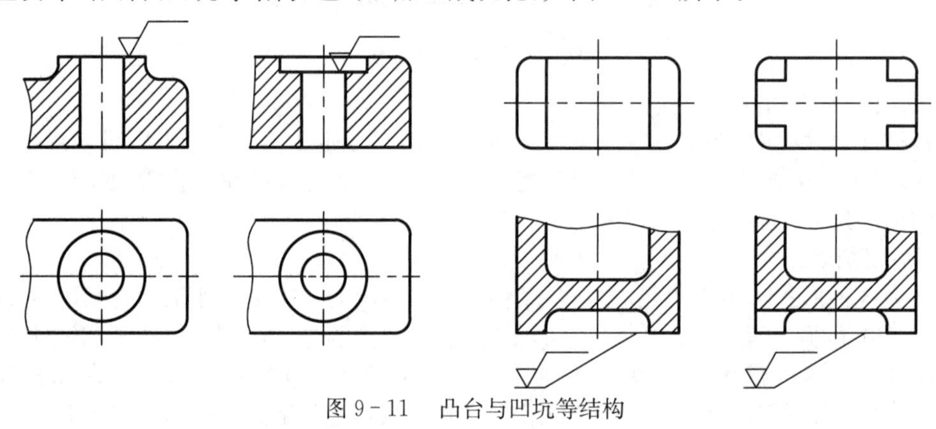
图 9-11 凸台与凹坑等结构

9.3 零件图的表达方案及其选择

零件图是制造和检验零件的依据。绘制零件图时，需要根据零件的复杂程度，合理地选择表达方法，把零件的全部结构形状正确、完整、清晰地表达出来。

零件图的表达方案是否合适，直接影响零件是否表达清楚和清晰，这是主要矛盾，而主视图的表达方案，是主要矛盾的主要方面，决定了表达方案的优劣，确定了主视图这个表达方案后，其他视图均是次要方面，问题可迎刃而解。

9.3.1 零件主视图的选择

主视图是表达零件结构形状特征最多的一个视图，是一组图形的核心。因此，主视图选择是否合理，直接关系到画图和看图是否方便。在选择主视图时，应注意以下两个方面。

1. 确定零件放置的位置

零件放置的位置应尽可能符合零件的主要加工位置和工作位置。

(1) 按零件的加工位置放置。加工位置是指零件在制造过程中零件的放置位置。如轴套、轮盘类零件，主要工序是在车床上加工，因此零件主视图中的轴线应水平放置，既便于看图，又利于加工，如图 9-2 所示。

(2) 按零件在机器或部件中的工作位置放置。零件在机器或部件中都有固定的工作位置。对加工工序较多的零件应尽量使零件的主视图与零件的工作位置一致，这样便于把零件和机器或部件联系起来，有利于深入分析其工作原理及结构特征。

2. 确定主视图的投射方向

为便于看清楚零件的结构形状，应选择反映零件主要形状特征及反映零件上各部分形体相互位置关系的方向，作为主视图的投射方向。

9.3.2 其他视图的选择

主视图选定之后，再恰当地选择基本视图、剖视图、断面图和其他表达方法。

(1) 要有足够的视图，以便能充分表达零件的形状和结构。在表达清楚的前提下，视图的数量应尽可能少。对于局部视图、斜视图、斜剖视图等分散表达的图形，若它们处于同一个投影方向时，可以适当地集中和结合起来表达，以避免重复及主次不分，不利于读图。

(2) 优先考虑选用基本视图，并在基本视图上取剖视。只有对那些在基本视图上仍未表示清楚的个别部分，才选用局部视图、斜视图等表达。同时，尽可能按投影关系配置。

(3) 合理布置各视图的位置，选用适当的比例，既要充分利用图纸幅面，又要按照投影关系使有关视图尽量靠近。

9.3.3 典型零件的表达分析举例

根据零件的作用和结构特点，可将零件概括为以下四种典型类型。

1. 轴套类零件

轴类零件是机器中最常见的一种零件，主要是起支撑和传递动力的作用。套类零件是指装在轴上，起轴向定位、支撑和保护作用的零件。轴套类零件的结构特点是具有公共轴线的回转体。根据设计和工艺要求，轴上常有键槽、倒角、圆角、退刀槽、砂轮越程槽、轴肩、挡圈槽、销孔、螺纹、小平面等，这些结构大多已标准化。

此类零件一般通过车、铣、钻、磨等加工工序进行加工。为加工时读图方便，轴类零件的主视图按其加工位置选择，一般将轴线水平放置。通常选用一个基本视图即可把轴类零件的主体结构表达清楚，轴上的其他结构可采用断面、局部剖视、局部放大等视图来表达，如图 9-2 所示。套类零件的表达方法与轴类零件的大体相近。但由于套类零件是中空的，可根据其具体结构选择适当的剖视，如图 9-12 所示。

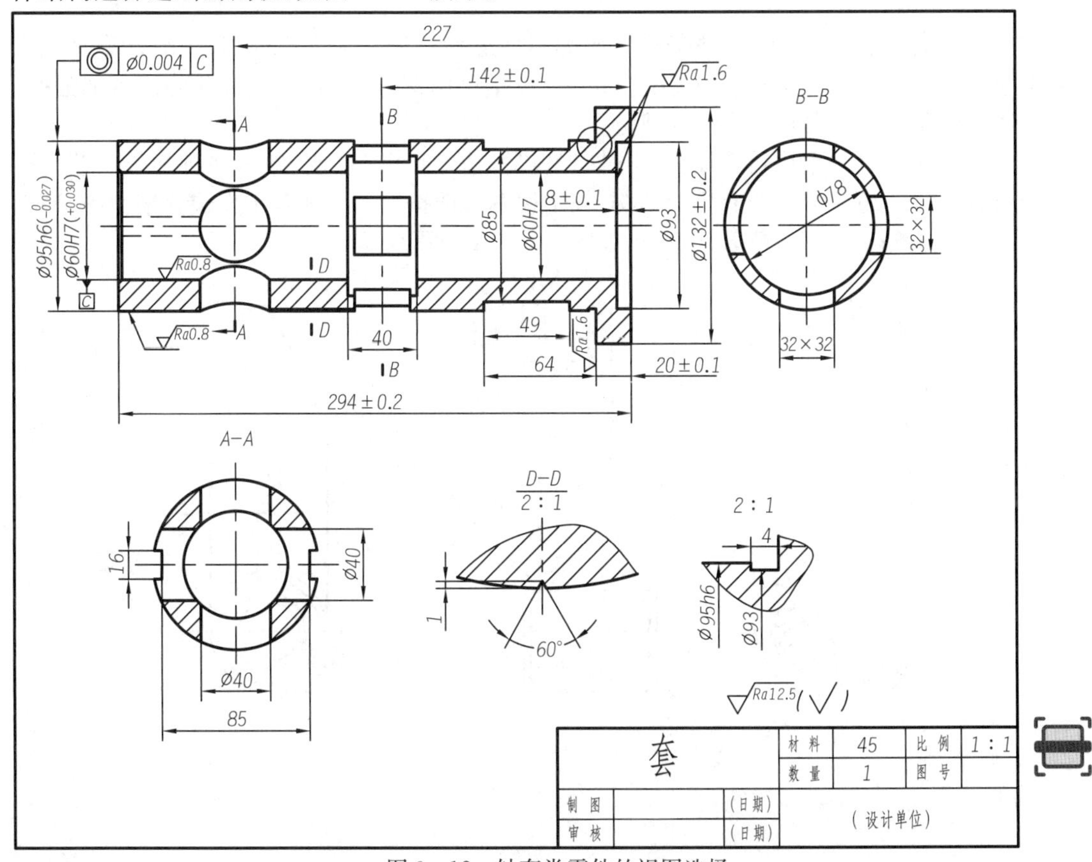

图 9-12 轴套类零件的视图选择

2. 盘盖类零件

盘盖类零件,也称轮盘类零件。此类零件的主体结构大多为回转体。盖类零件类型较多,其形体特征因类型不同而不同,如圆形、矩形、椭圆形等。此类零件上常见的结构有台阶、沉孔、止口、圆角、倒角、凸台、退刀槽、键槽、螺孔等。

盘盖类零件的毛坯多为铸件,以车削加工为主,有的也需要进行刨、铣、镗、钻、磨等加工。主视图按结构特征和加工位置,即轴线水平放置。再选左视图以表示零件的外形,有时也采用剖面或局部剖视表达其结构形状,如图 9 - 13 所示。

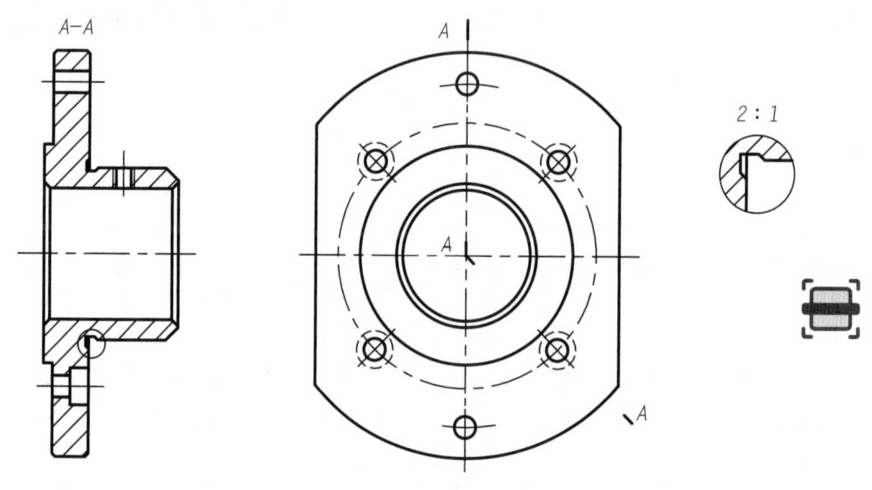

图 9 - 13　法兰盘的视图

3. 叉架类零件

叉架类零件包括拨叉、连杆、支架等。此类零件形状比较复杂且不规则,一般外形又比内部结构复杂。主要结构由支承部分、工作部分及连接该两部分的结构组成,此外还有加强肋、通孔、螺孔等结构要素,如图 9 - 14(a)所示。

此类零件的毛坯一般由铸造而成,再进行切削加工,如车、铣、刨、钻等多种加工工艺。这类零件往往工作位置不固定或有倾斜结构,故主视图一般按形状特征及工作位置来考虑,通常都需两个以上的基本视图才能表达清楚,如图 9 - 14(b)所示。

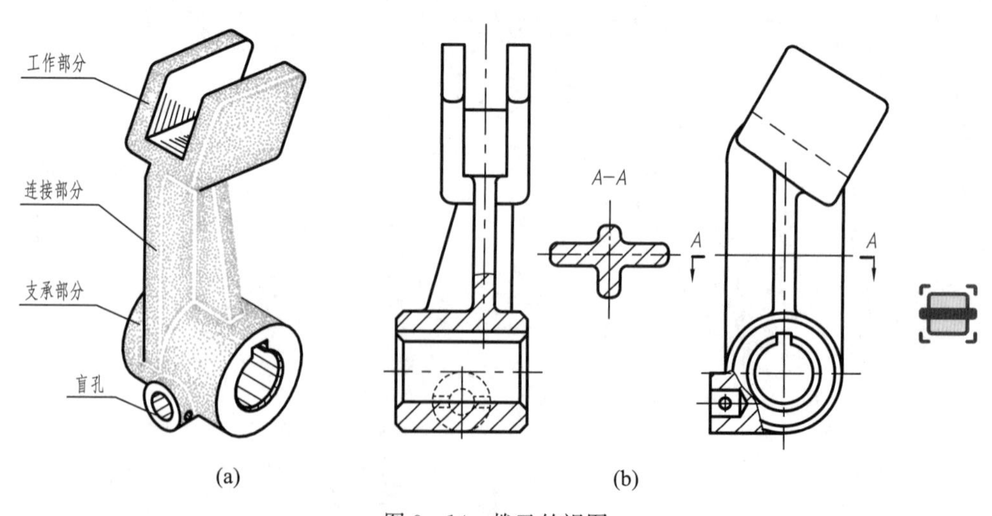

图 9 - 14　拨叉的视图

4. 箱体类零件

箱体类零件一般是部件中的主体零件，如图 9－15 所示。

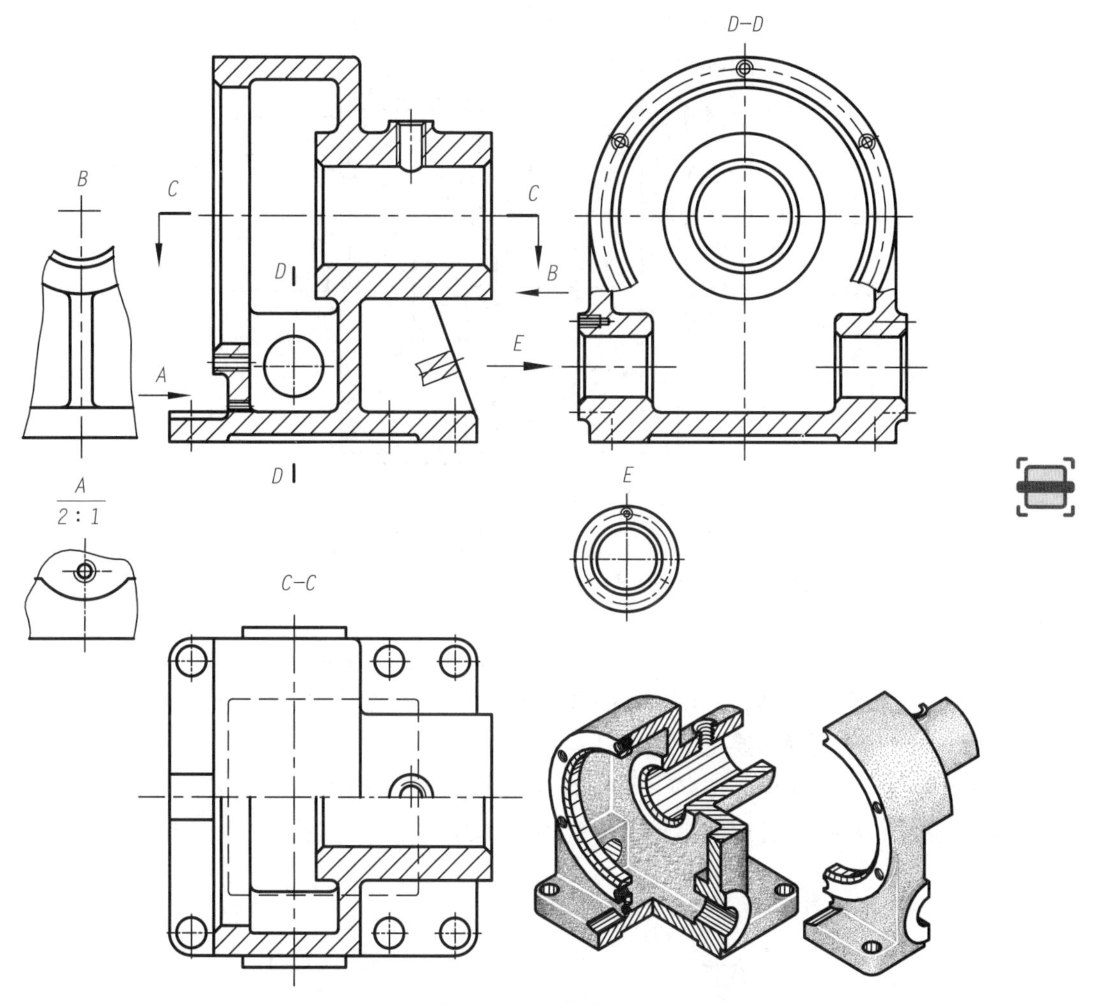

图 9－15　蜗轮箱的视图

箱体类零件主要起支撑、包容和密封的作用。此类零件通常内外结构均较复杂，多数为中空的壳体，有箱壁、凸缘、底板、轴孔、螺孔、肋板等结构。

箱体类零件的毛坯多为铸件，经过多道切削加工工序而成。因为箱体工作位置是固定的，所以主视图通常根据零件的工作位置和形体特征确定。一般需要三个以上基本视图，并采用适当的剖视来表达。对局部结构常采用局部视图、局部剖视图或断面图等来表示。

9.4　零件图中的尺寸标注

零件图中的尺寸是加工和检验零件的依据，为满足生产需要，零件图的尺寸标注必须符合国标且完整、清晰、合理。要做到合理地标注尺寸，必须具备较多的实践经验和相关专业知识。尺寸标注合理，是指零件图上标注的尺寸既要符合设计要求又要符合工艺要求（便于加工、测量及检验）。本节仅对尺寸标注的合理性进行简要介绍。

9.4.1　正确选择尺寸基准

尺寸基准是标注尺寸及测量尺寸的起点，如图 9－16 所示是齿轮泵的尺寸基准。

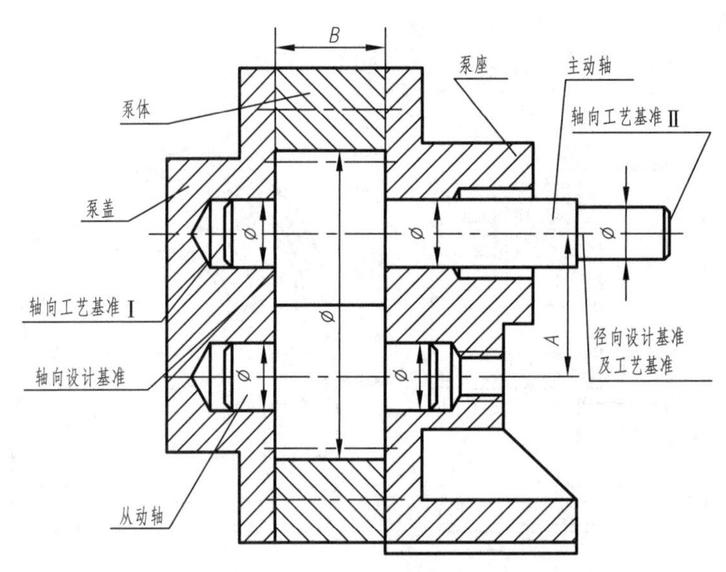

图 9-16 齿轮泵的尺寸基准

根据用途不同,基准分为两种:(1) 设计基准。在设计零件时,确定结构形状和相对位置时所选定的点、线、面,即为设计基准。(2) 工艺基准。在加工零件时,用于零件定位、作为对刀起点及测量起点的点、线、面,即为工艺基准。

零件有长、宽、高三个方向的尺寸,每个方向上都有一个且仅有一个设计基准。为加工和测量方便,还会有一些工艺基准。设计基准和工艺基准之间一定要有尺寸联系。

9.4.2 考虑加工测量和装配的要求

(1) 重要尺寸直接标注。确定零件在机器中的位置及装配精度的尺寸称为重要尺寸。这些尺寸应从基准直接注出,并应注出极限偏差,以保证机器的使用性能,如图 9-17 所示

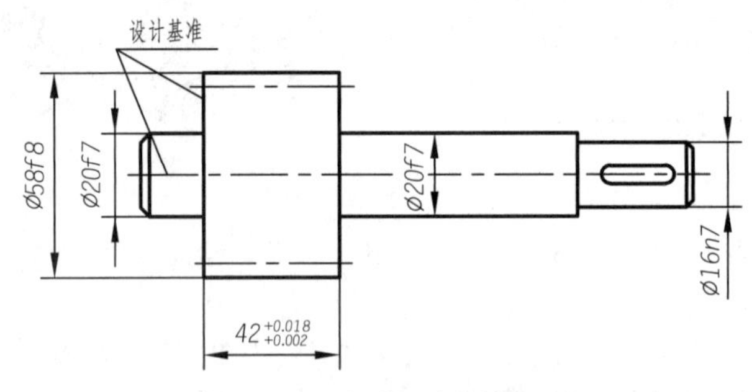

图 9-17 重要尺寸直接标注

(2) 按加工顺序标注尺寸。如图 9-18 所示,阶梯轴的轴向尺寸应按加工顺序标注。用同一方法加工的同一结构尺寸应尽可能集中标注,如键槽的尺寸。

(3) 不注封闭尺寸链。零件图中,尺寸的配置形式有三种,见表 9-1。零件同一方向的各尺寸,按一定顺序依次连接起来排成的尺寸标注形式称为尺寸链,组成尺寸链的各个尺寸称为尺寸链的环。按加工顺序来说,总有一个尺寸是在加工最后自然得到的,这个尺寸称为封闭环。尺寸链中的其他尺寸称为组成环。所有的环都标注上尺寸就称为封闭尺寸链。

表 9-1　尺寸配置形式

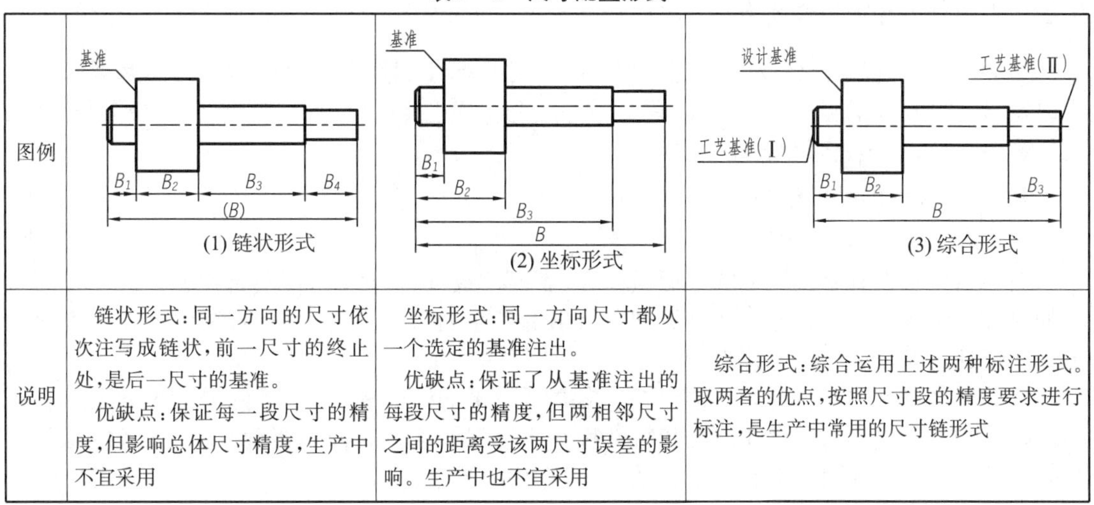

图例	(1) 链状形式	(2) 坐标形式	(3) 综合形式
说明	链状形式：同一方向的尺寸依次注写成链状，前一尺寸的终止处，是后一尺寸的基准。 优缺点：保证每一段尺寸的精度，但影响总体尺寸精度，生产中不宜采用	坐标形式：同一方向尺寸都从一个选定的基准注出。 优缺点：保证了从基准注出的每段尺寸的精度，但两相邻尺寸之间的距离受该两尺寸误差的影响。生产中也不宜采用	综合形式：综合运用上述两种标注形式。取两者的优点，按照尺寸段的精度要求进行标注，是生产中常用的尺寸链形式

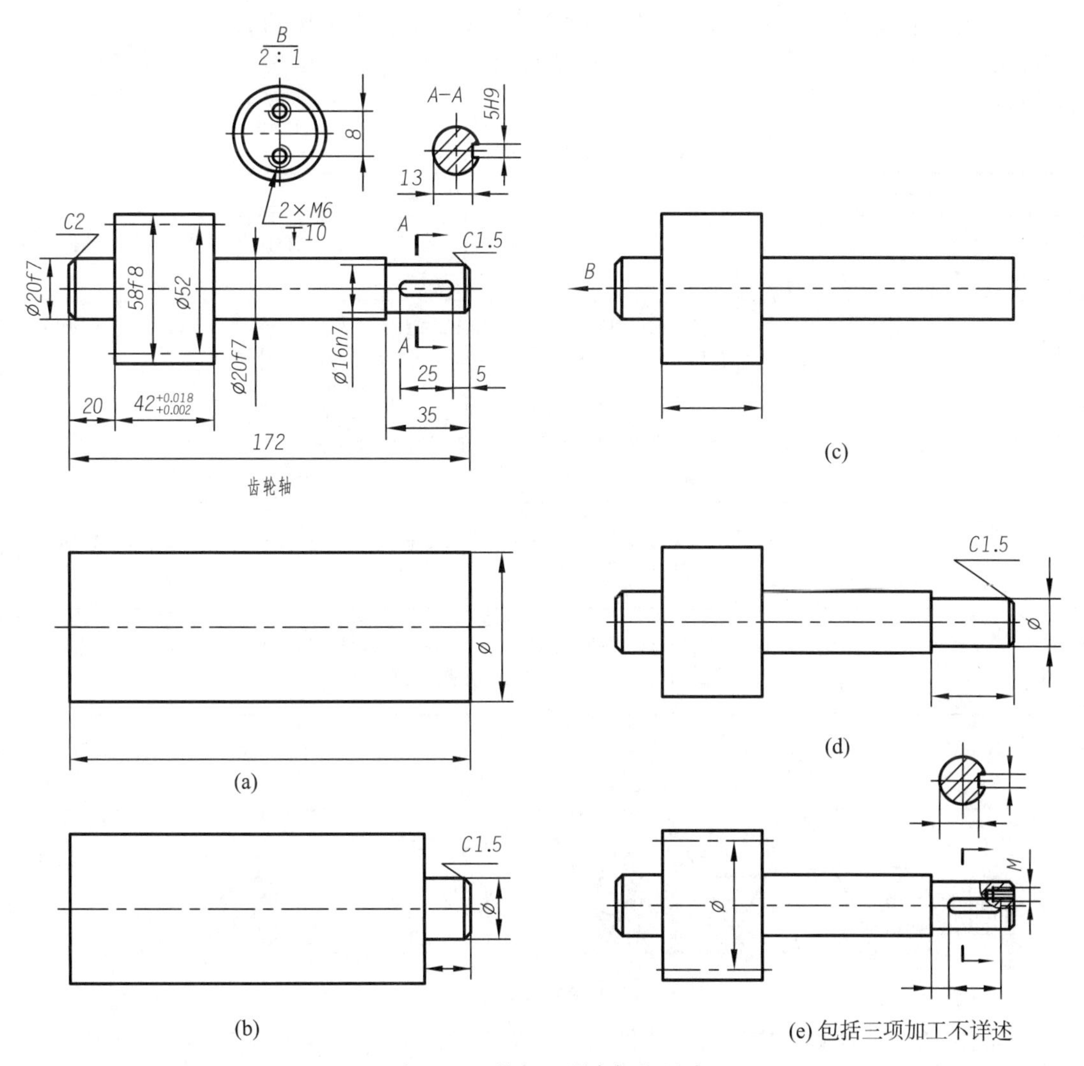

图 9-18　按加工顺序标注尺寸

9.5　零件图中的技术要求

为保证零件的质量及工作性能,零件图中还必须标注制造零件时应达到的技术要求。通常以符号、代号、标记和文字说明,注写在零件图上。其主要内容包括:表面结构、极限与配合、几何公差、材料及热处理和表面处理等。

9.5.1　零件的表面结构

1. 表面结构的基本概念

表面结构是在有限区域上的表面粗糙度、表面波纹度、表面缺陷、表面纹理和表面几何形状的总称。它是通过不同测量和计算方法得出的一系列参数进行表征的,是评定零件表面质量和保证其表面功能的重要技术指标。

零件经过机械加工后的表面会留有许多高低不平的凸峰和凹谷,零件加工表面上具有较小间距和峰谷所组成的微观几何形状特性称为表面粗糙度。表面粗糙度与加工方法、切削刀具和工件材料等各种因素都有密切关系,其对零件的配合、耐磨性及密封性等都有显著影响。

2. 表面结构符号的含义及画法

国家标准《产品几何技术规范(GPS) 技术产品文件中表面结构的表示法》(GB/T 131—2006)规定了表面结构的符号的含义和画法,表面结构符号及含义见表 9-2,表面结构符号的画法如图 9-19 所示。

表 9-2　表面结构符号及含义

符号	含义及说明
	基本图形符号。表示未指定工艺方法的表面,没有补充说明时不能单独使用,仅适用于简化代号标注
	扩展图形符号。用去除材料的方法获得的表面。例如:车、铣、抛光、腐蚀、电火花加工、气割等;仅当其含义是“被加工表面”时可单独使用
	扩展图形符号。不去除材料的方法获得的表面。例如:铸、锻、冲压变形、热轧、粉末冶金等;也可用于保持上道工序形成的表面,不管这种状况是通过去除材料或不去除材料形成的
	完整图形符号。在上述三个符号的长边上均可加一横线,用于标注表面结构的补充信息
	带有补充注释的图形符号。在上述三个符号上均可加一小圈,表示某个视图上构成封闭轮廓的各表面有相同的表面结构要求

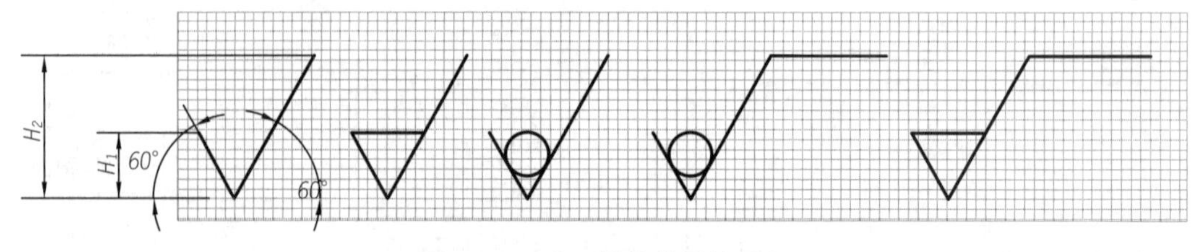

图 9-19　表面结构符号的画法

一般地,在工程图样中应该根据零件的功能全部或部分注出零件的表面结构要求。本节主要介绍常用的表面粗糙度表示法。

3. 表面粗糙度常用的参数及标注方法

常用的表面粗糙度评定参数有：轮廓算术平均偏差 *Ra*、轮廓最大高度 *Rz*。其中，*Ra* 为优先选用的评定参数。

(1) 轮廓算术平均偏差 *Ra*

轮廓算术平均偏差 *Ra* 是指在取样长度内，被测轮廓偏距绝对值的算术平均值。其数值规定见表 9-3，表中第一系列为优选值。选用表面粗糙度时，一般根据零件表面的接触状态、相对滑动速度、配合要求及表面装饰等要求，同时还应考虑加工的经济性。

表 9-3 轮廓算术平均偏差 *Ra* 数值表(GB/T 1031—2009) 单位：μm

第一系列	0.012	0.025	0.050	0.100	0.20	0.40	0.80
	1.6	3.2	6.3	12.5	25	50	100
第二系列	0.008	0.010	0.016	0.020	0.032	0.040	0.063
	0.080	0.125	0.160	0.25	0.32	0.50	0.63
	1.0	1.25	2.0	2.5	4.0	5.0	8.0
	10.0	16	20	32	40	63	80

(2) 表面粗糙度的代号及含义

表面粗糙度由参数代号和参数值组成。参数代号和参数值标注在图形符号横线的下方，为避免误解，在参数代号和参数值之间应插入空格。必要时应标注补充要求，包括传输带、取样长度、加工工艺、表面纹理及方向、加工余量等。

表 9-4 表面粗糙度数值及其有关的规定在符号中注写的位置

代号	含义
c a e d b	位置 *a*——注写表面结构的单一要求。 位置 *a* 和 *b* ——注写第一表面结构要求。注写第二表面结构要求。 位置 *c*——注写加工方法，如"车""磨""镀"等。 位置 *d*——注写表面纹理和方向，如"＝""X""M"。 位置 *e*——注写加工余量。

(3)表面粗糙度代号在图样中的标注

国家标准(GB/T 131—2006)规定了表面粗糙度在图样中的注法，见表 9-5。表面粗糙度要求标注示例见表 9-6。

表 9-5 表面粗糙度在图样中的注法

代号示例(旧标准)	代号示例(GB/T 131—2006)	含义/解释
3.2	Ra3.2	表示不允许去除材料，单向上限值，*Ra* 的上限值为 3.2μm
3.2	Ra3.2	表示去除材料，单向上限值，*Ra* 的上限值为 3.2μm
1.6max	Ramax1.6	表示去除材料，单向上限值，*Ra* 的最大值为 1.6μm

续表

代号示例(旧标准)	代号示例(GB/T 131—2006)	含义/解释
3.2 1.6	U 3.2 L 1.6	表示去除材料,双向极限值,上限值:*Ra* 为 3.2μm。下限值:*Ra* 为 1.6μm
Rz3.2	Rz3.2	表示去除材料,单向上限值,*Rz* 的上限值为 3.2μm

注:仅规定一个参数值时为上限值,同时规定两个参数值时称为上限值与下限值。

表 9-6　表面粗糙度要求标注示例

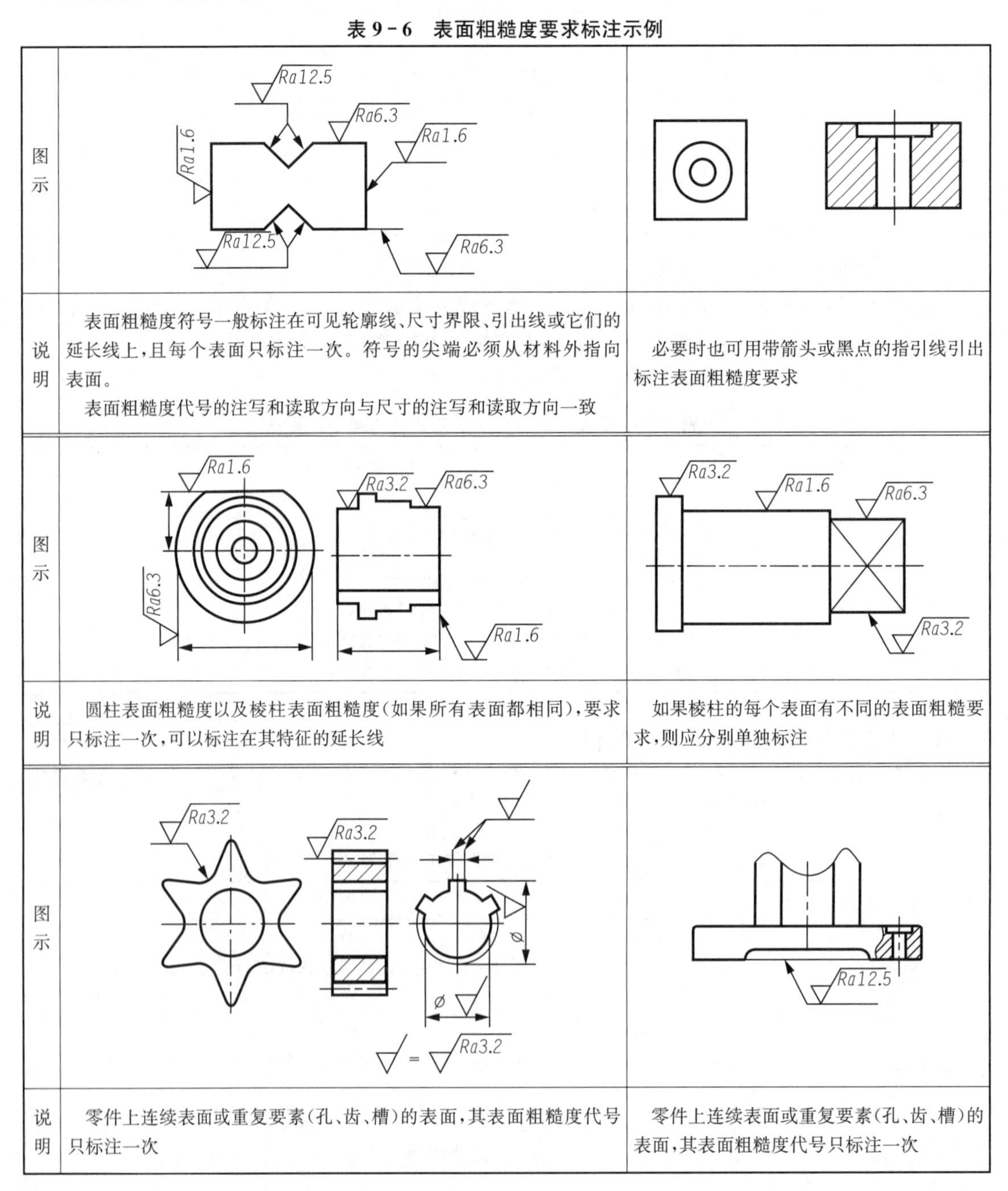

	图示	图示
说明	表面粗糙度符号一般标注在可见轮廓线、尺寸界限、引出线或它们的延长线上,且每个表面只标注一次。符号的尖端必须从材料外指向表面。 表面粗糙度代号的注写和读取方向与尺寸的注写和读取方向一致	必要时也可用带箭头或黑点的指引线引出标注表面粗糙度要求
说明	圆柱表面粗糙度以及棱柱表面粗糙度(如果所有表面都相同),要求只标注一次,可以标注在其特征的延长线	如果棱柱的每个表面有不同的表面粗糙要求,则应分别单独标注
说明	零件上连续表面或重复要素(孔、齿、槽)的表面,其表面粗糙度代号只标注一次	零件上连续表面或重复要素(孔、齿、槽)的表面,其表面粗糙度代号只标注一次

9.5.2　极限与配合

在机械和仪器制造工业中，零、部件的互换性是指在同一规格的一批零件或部件中，任取其一，不需任何挑选或附加修配（如钳工修理）就能装在机器上，达到规定的性能要求。遵循互换性原则，不仅能显著提高劳动生产率，而且能有效保证产品质量和降低成本。互换性通常包括几何参数（如尺寸）和力学性能（如硬度、强度）的互换。

几何参数，一般包括尺寸大小、几何形状（宏观、微观）及相互位置关系等。为满足互换性的要求，应将同规格的零、部件的实际值限制在一定的范围内，以保证零、部件充分近似，即应按公差来制造。本节着重介绍极限与配合的概念。

极限与配合是工程图样中的一项重要的技术要求，它将控制零件的功能尺寸精度，即将尺寸控制在设定的极限值范围内，以保证零件的精度。国家标准（GB/T 1800.3—1998、GB/T 1800.4—1999）等规定了极限与配合的基本术语及定义；公差、偏差与配合的代号、表示及解释和配合的分类；标准公差和基本偏差数值等。

1. 极限

由于设备、工装夹具及测量误差等因素的影响，零件不可能制造得绝对准确。为保证零件的互换性，就必须对零件的尺寸规定一个允许的变动范围。

（1）公称尺寸：设计规范确定的理想要素的尺寸。

（2）实际尺寸：通过实际测量获得的尺寸。

（3）极限尺寸：允许尺寸变化的两个极限值。其中较大的极限值为上极限尺寸，较小的极限值为下极限尺寸。实际尺寸应位于其中，也可达到极限尺寸。

（4）极限偏差：极限尺寸减其公称尺寸所得的代数差称为极限偏差，分为上极限偏差和下极限偏差。上极限偏差（ES、es）为上极限尺寸减去其公称尺寸所得的代数差，下极限偏差（EI、ei）为下极限尺寸减去公称尺寸所得的代数差。

（5）尺寸公差（简称公差）：尺寸允许的变动量，即上极限尺寸减下极限尺寸之差，也等于上极限偏差减下极限偏差之差。尺寸公差是一个没有符号的绝对值。

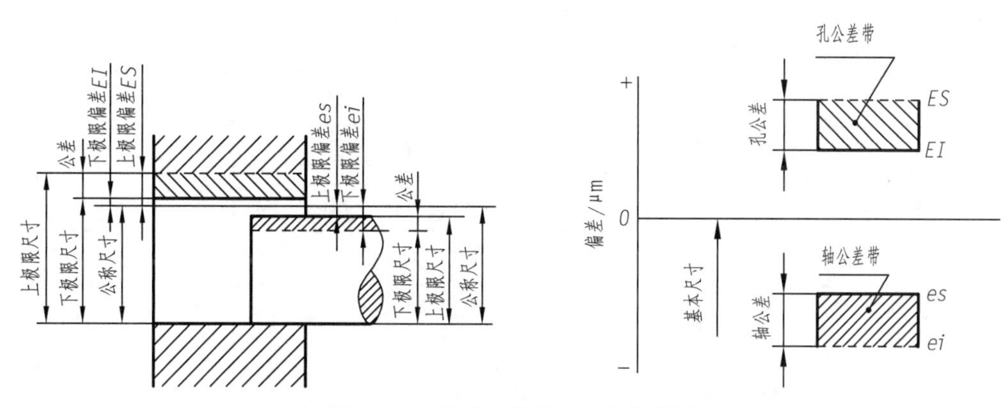

图 9－20　尺寸公差术语及公差带图

（6）ES、EI 用于内尺寸要素；es、ei 用于外尺寸要素。

（7）尺寸公差带（简称公差带）：在公差带图中，由代表上、下极限偏差的两条直线所限定的一个带状区域。

(8) 标准公差：由国家标准规定的用以确定公差带大小的任一公差，它的数值由公称尺寸和公差等级所确定。

公差等级就是标准公差的分级，它表示尺寸的精确程度。国家标准规定标准公差等级为20级，即IT01，IT0，IT1，…，IT18。其中，IT01级最高，IT18级最低。在生产中IT01～IT11用于配合尺寸，IT12～IT18用于非配合尺寸。当公称尺寸确定之后，各级标准公差数值见表9－7。

表9－7　IT1～IT18的标准公差数值

公称尺寸/mm		标准公差等级													
		IT1	IT2	IT3	IT4	IT5	IT6	IT7	IT8	IT9	IT10	IT11	IT12	IT13	IT14
大于	至	μm											mm		
—	3	0.8	1.2	2	3	4	6	10	14	25	40	60	0.1	0.14	0.25
3	6	1	1.5	2.5	4	5	8	12	18	30	48	75	0.12	0.18	0.3
6	10	1	1.5	2.5	4	6	9	15	22	36	58	90	0.15	0.22	0.36
10	18	1.2	2	3	5	8	11	18	27	43	70	110	0.18	0.27	0.43
18	30	1.5	2.5	4	6	9	13	21	33	52	84	130	0.21	0.33	0.52
30	50	1.5	2.5	4	7	11	16	25	39	62	100	160	0.25	0.39	0.62
50	80	2	3	5	8	13	19	30	46	74	120	190	0.3	0.46	0.74
80	120	2.5	4	6	10	15	22	35	54	87	140	220	0.35	0.54	0.87
120	180	3.5	5	8	12	18	25	40	63	100	160	250	0.4	0.63	1
180	250	4.5	7	10	14	20	29	46	72	115	185	290	0.46	0.72	1.15
250	315	6	8	12	16	23	32	52	81	130	210	320	0.52	0.81	1.3
315	400	7	9	13	18	25	36	57	89	140	230	360	0.57	0.89	1.4
400	500	8	10	15	20	27	40	63	97	155	250	400	0.63	0.97	1.55
500	630	9	11	16	22	32	44	70	110	175	280	440	0.7	1.1	1.75
630	800	10	13	18	25	36	50	80	125	200	320	500	0.8	1.25	2
800	1000	11	15	21	28	40	56	90	140	230	360	560	0.9	1.4	2.3
1000	1250	13	18	24	33	47	66	105	165	260	420	660	1.05	1.65	2.6
1250	1600	15	21	29	39	55	78	125	195	310	500	780	1.25	1.95	3.1
1600	2000	18	25	35	46	65	92	150	230	370	600	920	1.5	2.3	3.7
2000	2500	22	30	41	55	78	110	175	280	440	700	1100	1.75	2.8	4.4
2500	3150	26	36	50	68	96	135	210	330	540	860	1350	2.1	3.3	5.4

(9) 基本偏差：确定公差带相对公称尺寸的那个极限偏差为基本偏差。

国家标准中对孔和轴分别规定了 28 种基本偏差，见图 9－21。每一种基本偏差用一个基本偏差代号表示。代号为一个或两个拉丁字母，对孔用大写字母 A 到 ZC 表示；轴用小写字母 a 到 zc 表示。这 28 种基本偏差形成系列，图 9－21(a)为孔的基本偏差系列，图 9－21(b) 为轴的基本偏差系列。

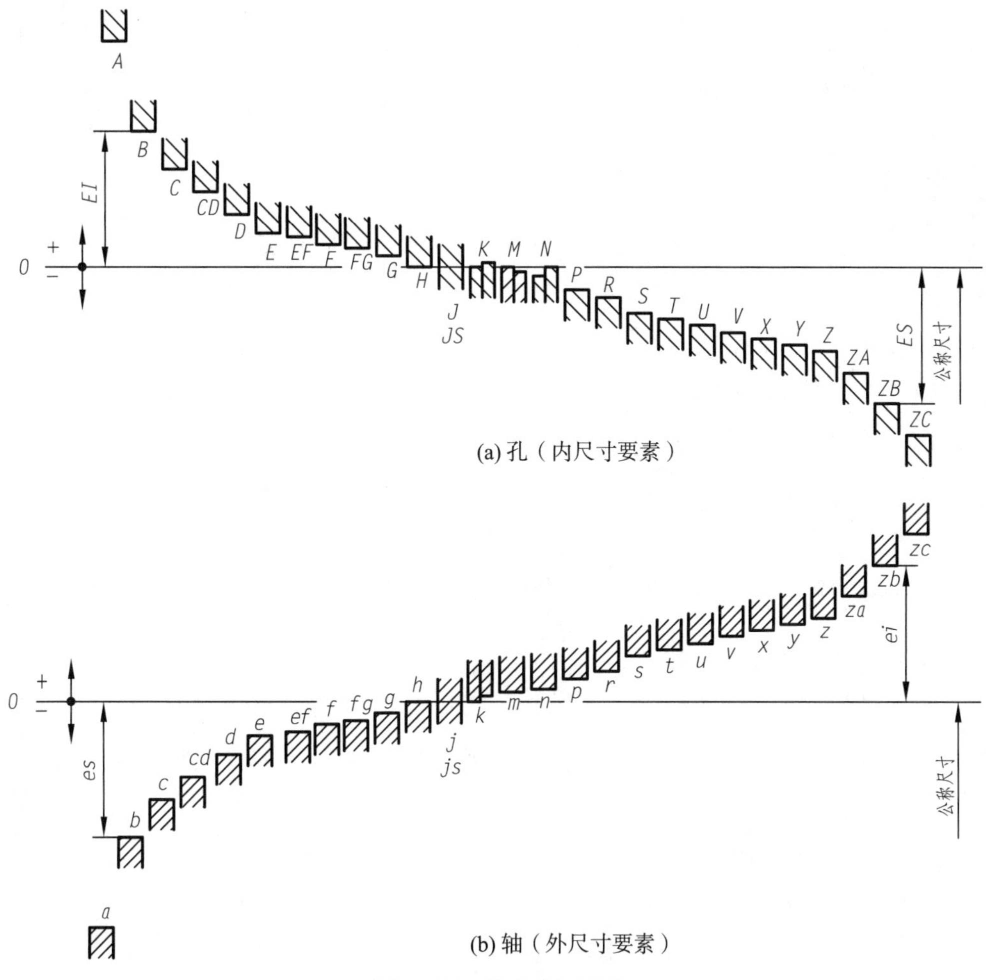

图 9－21 基本偏差系列

轴的基本偏差位置，从 a～h 公差带在公称尺寸之下，上偏差为基本偏差，其值为“负”；从 j～zc 公差带在公称尺寸之上，下偏差为基本偏差，其值为“正”；js 的公差带对公称尺寸为对称分布，没有基本偏差，h 的基本偏差为零，其值见表 9－8。

孔的基本偏差位置，从 A～H 公差带在公称尺寸之上，下偏差为基本偏差，其值为“正”；从 J～ZC 公差带在公称尺寸之下，上偏差为基本偏差，其值为“负”；JS 的公差带对公称尺寸为对称分布，没有基本偏差，H 的基本偏差为零，其值见表 9－9。

孔和轴的另一极限偏差值，可从孔或轴的极限偏差表中直接查得，也可以由基本偏差和标准公差计算得到。

(10) 公差带代号：孔、轴公差带代号，用基本偏差代号的字母和标准公差等级代号的数字组成，并用同一大小的字体书写。

表 9-8　常用及优先轴公差带

公称尺寸/mm		常用及优选公差带												
		a	b		c			d				e		
大于	至	11	11	12	9	10	(11)	8	(9)	10	11	7	8	9
—	3	−270 −330	−140 −200	−140 −240	−60 −85	−60 −100	−60 −120	−20 −34	−20 −45	−20 −60	−20 −80	−14 −24	−14 −28	−14 −39
3	6	−270 −345	−140 −215	−140 −260	−70 −100	−70 −118	−70 −145	−30 −48	−30 −60	−30 −78	−30 −105	−20 −32	−20 −38	−20 −50
6	10	−280 −370	−150 −240	−150 −300	−80 −116	−80 −138	−80 −170	−40 −62	−40 −76	−40 −98	−40 −130	−25 −40	−25 −47	−25 −61
10	14	−290 −400	−150 −260	−150 −330	−95 −138	−95 −165	−95 −205	−50 −77	−50 −93	−50 −120	−50 −160	−32 −50	−32 −59	−32 −75
14	18													
18	24	−300 −430	−160 −290	−160 −370	−110 −162	−110 −194	−110 −240	−65 −98	−65 −117	−65 −149	−65 −195	−40 −61	−40 −73	−40 −92
24	30													
30	40	−310 −470	−170 −330	−170 −420	−120 −182	−120 −220	−120 −280	−80 −119	−80 −142	−80 −180	−80 −240	−50 −75	−50 −89	−50 −112
40	50	−320 −480	−180 −340	−180 −430	−130 −192	−130 −230	−130 −290							
50	65	−340 −530	−190 −380	−190 −490	−140 −214	−140 −260	−140 −330	−100 −146	−100 −174	−100 −220	−100 −290	−60 −90	−60 −106	−60 −134
65	80	−360 −550	−200 −390	−200 −500	−150 −224	−150 −270	−150 −340							
80	100	−380 −600	−220 −440	−220 −570	−170 −257	−170 −310	−170 −390	−120 −174	−120 −207	−120 −260	−120 −340	−72 −107	−72 −126	−72 −159
100	120	−410 −630	−240 −460	−240 −590	−180 −267	−180 −320	−180 −400							
120	140	−460 −710	−260 −510	−260 −660	−200 −300	−200 −360	−200 −450	−145 −208	−145 −245	−145 −305	−145 −395	−85 −125	−85 −148	−85 −185
140	160	−520 −770	−280 −530	−280 −680	−210 −310	−210 −370	−210 −460							
160	180	−580 −830	−310 −560	−310 −710	−230 −330	−230 −390	−230 −480							
180	200	−660 −950	−340 −630	−340 −800	−240 −355	−240 −425	−240 −530	−170 −242	−170 −285	−170 −355	−170 −460	−100 −146	−100 −172	−100 −215
200	225	−740 −1030	−380 −670	−380 −840	−260 −375	−260 −445	−260 −550							
225	250	−820 −1110	−420 −710	−420 −880	−280 −395	−280 −465	−280 −570							
250	280	−920 −1240	−480 −800	−480 −1000	−300 −430	−300 −510	−300 −620	−190 −271	−190 −320	−190 400	−190 −510	−110 −162	−110 −191	−110 −240
280	315	−1050 −1370	−540 −860	−540 −1060	−330 −460	−330 −540	−330 −650							
315	355	−1200 −1560	−600 −960	−600 −1170	−360 −500	−360 −590	−360 −720	210 299	−210 −350	210 −440	−182 −570	−125 −182	−125 −214	−125 −265
355	400	−1350 −1710	−680 −1040	−680 −1250	−400 −540	−400 −630	−400 −760							
400	450	−1500 −1900	−760 −1160	−760 −1390	−440 −595	−440 −690	−440 −840	−230 −327	−230 −385	−230 −480	−230 −630	−135 −198	−135 −232	−135 −290
450	500	−1650 −2050	−840 −1240	−840 −1470	−480 −635	−480 −730	−480 −880							

注：公称尺寸小于 1 mm 时，各级的 a 和 b 均不采用。

极限偏差(摘自 GB/T 1800.2—2020) 单位:μm

(带括号者为优先公差带)															
f					g			h							
5	6	(7)	8	9	5	(6)	7	5	(6)	(7)	8	(9)	10	(11)	12
−6 −10	−6 −12	−6 −16	−6 −20	−6 −31	−2 −6	−2 −8	−2 −12	0 −4	0 −6	0 −10	0 −14	0 −25	0 −40	0 −60	0 −100
−10 −15	−10 −18	−10 −22	−10 −28	−10 −40	−4 −9	−4 −12	−4 −16	0 −5	0 −8	0 −12	0 −18	0 −30	0 −48	0 −75	0 −120
−13 −19	−13 −22	−13 −28	−13 −35	−13 −49	−5 −11	−5 −14	−5 −20	0 −6	0 −9	0 −15	0 −22	0 −36	0 −58	0 −90	0 −150
−16 −24	−16 −27	−16 −34	−16 −43	−16 −59	−6 −14	−6 −17	−6 −24	0 −8	0 −11	0 −18	0 −27	0 −43	0 −70	0 −110	0 −180
−20 −29	−20 −33	−20 −41	−20 −53	−20 −72	−7 −16	−7 −20	−7 −28	0 −9	0 −13	0 −21	0 −33	0 −52	0 −84	0 −130	0 −210
−25 −36	−25 −41	−25 −50	−25 −64	−25 −87	−9 −20	−9 −25	−9 −34	0 −11	0 −16	0 −25	0 −39	0 −62	0 −100	0 −160	0 −250
−30 −43	−30 −49	−30 −60	−30 −76	−30 −104	−10 −23	−10 −29	−10 −40	0 −13	0 −19	0 −30	0 −46	0 −74	0 −120	0 −190	0 −300
−36 −51	−36 −58	−36 −71	−36 −90	−36 −123	−12 −27	−12 −34	−12 −47	0 −15	0 −22	0 −35	0 −54	0 −87	0 −140	0 −220	0 −350
−43 −61	−43 −68	−43 −83	−43 −106	−43 −143	−14 −32	−14 −39	−14 −54	0 −18	0 −25	0 −40	0 −63	0 −100	0 −160	0 −250	0 −400
−50 −70	−50 −79	−50 −96	−50 −122	−50 −165	−15 −35	−15 −44	−15 −61	0 −20	0 −29	0 −46	0 −72	0 −115	0 −185	0 −290	0 −460
−56 −79	−56 −88	−56 −108	−56 −137	−56 −186	−17 −40	−17 −49	−17 −69	0 −23	0 −32	0 −52	0 −81	0 −130	0 −210	0 −320	0 −520
−62 −87	−62 −98	−62 −119	−62 −151	−62 −202	−18 −43	−18 −54	−18 −75	0 −25	0 −36	0 −57	0 −89	0 −140	0 −230	0 −360	0 −570
−68 −95	−68 −108	−68 −131	−68 −165	−68 −223	−68 −47	−20 −60	−20 −83	0 −27	0 −40	0 −63	0 −97	0 −155	0 −250	0 −400	0 −630

公称尺寸/mm		常用及优选公差带														
		js			k			m			n			p		
大于	至	5	6	7	5	(6)	7	5	6	7	5	(6)	7	5	(6)	7
—	3	±2	±3	±5	+4 0	+6 0	+10 0	+6 +2	+8 +2	+12 +2	+4 +8	+10 +4	+14 +4	+10 +6	+12 +6	+16 +6
3	6	±2.5	±4	±6	+6 +1	+9 +1	+13 +1	+9 +4	+12 +4	+16 +4	+13 +8	+16 +8	+20 +8	+17 +12	+20 +12	+24 +12
6	10	±3	±4.5	±7	+7 +1	+10 +1	+16 +1	+12 +6	+15 +6	+21 +6	+16 +10	+19 +10	+25 +10	+21 +15	+24 +15	+30 +15
10	14	±4	±5.5	±9	+9 +1	+12 +1	+19 +1	+15 +7	+18 +7	+25 +7	+20 +12	+23 +12	+30 +12	+26 +18	+29 +18	+36 +18
14	18															
18	24	±4.5	±6.5	±10	+11 +2	+15 +2	+23 +2	+17 +8	+21 +8	+29 +8	+24 +15	+28 +15	+36 +15	+31 +22	+35 +22	+43 +22
24	30															
30	40	±5.5	±8	±12	+13 +2	+18 +2	+27 +2	+20 +9	+25 +9	+34 +9	+28 +17	+33 +17	+42 +17	+37 +26	+42 +26	+51 +26
40	50															
50	65	±6.5	±9.5	±15	+15 +2	+21 +2	+32 +2	+24 +11	+30 +11	+41 +11	+33 +20	+39 +20	+50 +20	+45 +32	+51 +32	+62 +32
65	80															
80	100	±7.5	±11	±17	+18 +3	+25 +3	+38 +3	+28 +13	+35 +13	+48 +13	+38 +23	+45 +23	+58 +23	+52 +37	+59 +37	+72 +37
100	120															
120	140	±9	±12.5	±20	+21 +3	+28 +3	+43 +3	+33 +15	+40 +15	+55 +15	+45 +27	+52 +27	+67 +27	+61 +43	+68 +43	+83 +43
140	160															
160	180															
180	200	±10	±14.5	±23	+24 +4	+33 +4	+50 +4	+37 +17	+46 +17	+63 +17	+54 +31	+60 +31	+77 +31	+70 +50	+79 +50	+96 +50
200	225															
225	250															
250	280	±11.5	±16	±26	+27 +4	+36 +4	+56 +4	+43 +20	+52 +20	+72 +20	+57 +34	+66 +34	+86 +34	+79 +56	+88 +56	+108 +56
280	315															
315	355	±12.5	±18	±28	+29 +4	+40 +4	+61 +4	+46 +21	+57 +21	+78 +21	+62 +37	+73 +37	+94 +37	+87 +62	+98 +62	+119 +62
355	400															
400	450	±13.5	±20	±31	+32 +5	+45 +5	+68 +5	+50 +23	+63 +23	+86 +23	+67 +40	+80 +40	+103 +40	+95 +68	+108 +68	+131 +68
450	500															

续表 9 - 7

（带括号者为优先公差带）																
r			s			t			u		v	x	y	z
5	6	7	5	(6)	7	5	6	7	(6)	7	6	6	6	6
+14 +10	+16 +10	+20 +10	+18 +14	+20 +14	+24 +14	—	—	—	+24 +18	+28 +18	—	+26 +20	—	+32 +26
+20 +15	+23 +15	+27 +15	+24 +19	+27 +19	+31 +19	—	—	—	+31 +23	+35 +23	—	+36 +28	—	+43 +35
+25 +19	+28 +19	+34 +19	+29 +23	+32 +23	+38 +23	—	—	—	+37 +28	+43 +28	—	+43 +34	—	+51 +42
+31 +23	+34 +23	+41 +23	+36 +28	+39 +28	+46 +28	—	—	—	+44 +33	+51 +33	—	+51 +40	—	+61 +50
						—	—	—			+50 +39	+56 +45	—	+71 +60
+37 +28	+41 +28	+49 +28	+44 +35	+48 +35	+56 +35	—	—	—	+54 +41	+62 +41	+60 +47	+67 +54	+76 +63	+86 +73
						+50 +41	+54 +41	+62 +41	+61 +43	+69 +48	+68 +55	+77 +64	+88 +75	+101 +88
+45 +34	+50 +34	+59 +34	+54 +43	+59 +43	+68 +43	+59 +48	+64 +48	+73 +48	+76 +60	+85 +60	+84 +68	+96 +80	+110 +94	+128 +112
						+65 +54	+70 +54	+79 +54	+86 +70	+95 +70	+97 +81	+113 +97	+130 +114	+152 +136
+54 +41	+60 +41	+71 +41	+66 +53	+72 +53	+83 +53	+79 +66	+85 +66	+96 +66	+106 +87	+117 +87	+121 +102	+141 +122	+163 +144	+191 +172
+56 +43	+62 +43	+73 +43	+72 +59	+78 +59	+89 +59	+88 +75	+94 +75	+105 +75	+121 +102	+132 +102	+139 +120	+200 +178	+193 +174	+229 +210
+66 +51	+73 +51	+86 +51	+86 +71	+93 +71	+106 +71	+106 +91	+113 +91	+126 +91	+146 +124	+159 +124	+168 +146	+200 +178	+236 +214	+280 +258
+69 +54	+76 +54	+89 +54	+94 +79	+101 +79	+114 +79	+110 +104	+126 +104	+139 +104	+166 +144	+179 +144	+194 +172	+232 +210	+276 +254	+332 +310
+81 +63	+88 +63	+103 +63	+110 +92	+117 +92	+132 +92	+140 +122	+147 +122	+162 +122	+195 +170	+210 +170	+227 +202	+273 +248	+325 +300	+390 +365
+83 +65	+90 +65	+105 +65	+118 +100	+125 +100	+140 +100	152 +134	+159 +134	+174 +134	+215 +190	+230 +190	+253 +228	+305 +280	+365 +340	+440 +415
+86 +68	+93 +68	+108 +68	+126 +108	+133 +108	148 +108	+164 +146	+171 +146	+186 +146	+235 +210	+250 +210	+277 +252	+335 +310	+405 +380	+490 +465
+97 +77	+106 +77	+123 +77	+142 +122	+151 +122	+168 +122	+186 +166	+195 +166	+212 +166	+265 +236	+282 +236	+313 +284	+379 +350	+454 +425	+549 +520
+100 +80	+109 +80	+126 +80	+150 +130	+159 +130	+176 +130	+200 +180	+209 +180	+226 +180	+287 +258	+304 +258	+339 +310	+414 +385	+499 +470	+604 +575
+104 +84	+113 +84	+130 +84	+160 +140	+169 +140	+186 +140	+216 +196	+225 +196	+242 +196	+313 +284	+330 +284	+369 +340	+454 +425	+549 +520	+669 +640
+117 +94	+126 +94	+146 +94	+181 +158	+290 +158	+210 +158	+241 +218	+250 +218	+270 +218	+347 +315	+367 +315	+417 +385	+507 +475	+612 +580	+742 +710
+121 +98	+130 +98	+150 +98	+193 +170	+202 +170	+222 +170	+263 +240	+272 +240	+292 +240	+382 +350	+402 +350	+457 +425	+557 +525	+682 +650	+322 +790
+133 +108	+144 +108	+165 +108	+215 +190	+226 +190	+247 +190	+293 +268	+304 +268	+325 +268	+426 +390	+447 +390	+511 +475	+626 +590	+766 +730	+936 +900
+139 +114	+150 +114	+171 +114	+233 +208	+244 +208	+265 +208	+319 +294	+330 +294	+351 +294	+471 +435	+492 +435	+566 +530	+696 +660	+856 820	+1036 +1000
+153 +126	+166 +126	+189 +126	+259 +232	+272 +232	+295 +232	+357 +330	+370 +330	+393 +330	+530 +490	+553 +490	+635 +595	+780 +740	960 +920	+1140 +1100
+159 +132	+172 +132	+195 +132	+279 +252	+292 +252	+315 +252	+387 +360	+400 +360	+423 +360	+580 +540	+603 +540	+700 +660	+860 +820	+1040 +1000	+1290 +1250

表 9-9 常用及优先孔公差带

公称尺寸/mm		常用及优选公差带													
		A	B		C	D				E		F			
大于	至	11	11	12	(11)	8	(9)	10	11	8	9	6	7	(8)	9
—	3	+330 +270	+200 +140	+240 +140	+120 +60	+34 +20	+45 +20	+60 +20	+80 +20	+28 +14	+39 +14	+12 +6	+16 +6	+20 +6	+31 +6
3	6	+345 +270	+215 +140	+260 +140	+145 +70	+48 +30	+60 +30	+78 +30	+105 +30	+38 +20	+50 +20	+18 +10	+22 +10	+28 +10	+40 +10
6	10	+370 +280	+240 +150	+300 +150	+170 +80	+62 +40	+76 +40	+98 +40	+130 +40	+47 +25	+61 +25	+22 +13	+28 +13	+35 +13	+49 +13
10 14	14 18	+400 +290	+260 +150	+330 +150	+205 +95	+77 +50	+93 +50	+120 +50	+160 +50	+59 +32	+75 +32	+27 +16	+34 +16	+43 +16	+59 +16
18 24	24 30	+430 +300	+290 +160	+370 +160	+240 +110	+98 +65	+117 +65	+149 +65	+195 +65	+73 +40	+92 +40	+33 +20	+41 +20	+53 +20	+72 +20
30	40	+470 +310	+330 +170	+420 +170	+280 +120	+119 +80	+142 +80	+180 +80	+240 +80	+89 +50	+112 +50	+41 +25	+50 +25	+64 +25	+87 +25
40	50	+480 +320	+340 +180	+430 +180	+290 +130										
50	65	+530 +340	380 +190	+490 +190	+330 +140	+146 +100	+170 +100	+220 +100	+290 +100	+106 +60	+134 +60	+49 +30	+60 +30	+76 +30	+104 +30
65	80	+550 +360	+390 +200	+500 +200	+340 +150										
80	100	+600 +380	+440 +220	+570 +220	+390 +170	+174 +120	+207 +120	+260 +120	+340 +120	+126 +72	+159 +72	+58 +36	+71 +36	+90 +36	+123 +36
100	120	+630 +410	+460 +240	+590 +240	+400 +180										
120	140	+710 +460	+510 +260	+660 +260	+450 +200	+208 +145	+245 +145	+305 +145	+395 +145	+148 +85	+185 +85	+68 +43	+83 +43	+106 +43	+143 +43
140	160	+770 +520	+530 +280	+680 +280	+460 +210										
160	180	+830 +580	+560 +310	+710 +310	+480 +230										
180	200	+950 +660	+630 +340	+800 +340	+530 +240	+242 +170	+285 +170	+355 +170	+460 +170	+172 +100	+215 +100	+79 +50	+96 +50	+122 +50	+165 +50
200	225	+1030 +740	+670 +380	+840 +380	+550 +260										
225	250	+1110 +820	+710 +420	+880 +420	+570 +280										
250	280	+1240 +920	+800 +480	+1000 +480	+620 +300	+271 +190	+320 +190	+400 +190	+510 +190	+191 +110	+240 +110	+88 +56	+108 +56	+137 +56	+186 +56
280	315	+1370 +1050	+860 +540	+1060 +540	+650 +330										
315	355	+1560 +1200	+960 +600	+1170 +600	+720 +360	+299 +210	+350 +210	+440 +210	+570 +210	+214 +125	+265 +125	+98 +62	+119 +62	+151 +62	+202 +62
355	400	+1710 +1350	+1040 +680	+1250 +680	+760 +400										
400	450	+1900 +1500	+1160 +760	+1390 +760	+840 +440	+327 +230	+385 +230	+480 +230	+630 +230	+232 +135	+290 +135	+108 +68	+131 +68	+165 +68	+223 +68
450	500	+2050 +1650	+1240 +840	+1470 +840	+880 +480										

注:公称尺寸小于 1 mm 时,各级的 A 和 B 均不采用。

的极限偏差(GB/T 1800.2—2020)

单位:μm

(带括号者为优先公差带)																	
G		H							Js			K			M		
6	(7)	6	(7)	(8)	(9)	10	(11)	12	6	7	8	6	(7)	8	6	7	8
+8 +2	+12 +2	+6 0	+10 0	+14 0	+25 0	+40 0	+60 0	+100 0	±3	±5	±7	0 −6	0 −10	0 −14	−2 −8	−2 −12	−2 −16
+12 +4	+16 +4	+8 0	+12 0	+18 0	+30 0	+48 0	+75 0	+120 0	±4	±6	±9	+2 −6	+3 −9	+5 −13	−1 −9	0 −12	+2 −16
+14 +5	+20 +5	+9 0	+15 0	+22 0	+36 0	+58 0	+90 0	+150 0	±4.5	±7	±11	+2 −7	+5 −10	+6 −16	−3 −12	0 −15	+1 −21
+17 +6	+24 +6	+11 0	+18 0	+27 0	+43 0	+70 0	+110 0	+180 0	±5.5	±9	±13	+2 −9	+6 −12	+8 −19	−4 −15	0 −18	+2 −25
+20 +7	+28 +7	+13 0	+21 0	+33 0	+52 0	+84 0	+130 0	+210 0	±6.5	±10	±16	+2 −11	+6 −15	+10 −23	−4 −17	0 −21	+4 −29
+25 +9	+34 +9	+16 0	+25 0	+39 0	+62 0	+100 0	+160 0	+250 0	±8	±12	±19	+3 −13	+7 −18	+12 −27	−4 −20	0 −25	+5 −34
+29 +10	+40 +10	+19 0	+30 0	+46 0	+74 0	+120 0	+190 0	+300 0	±9.5	±15	±23	+4 −15	+9 −21	+14 −32	−5 −24	0 −30	+5 −41
+34 +12	+47 +12	+22 0	+35 0	+54 0	+87 0	+140 0	+220 0	+350 0	±11	±17	±27	+4 −18	+10 −25	+16 −38	−6 −28	0 −35	+6 −48
+39 +14	+54 +14	+25 0	+40 0	+63 0	+100 0	+160 0	+250 0	+400 0	±12.5	±20	±31	+4 −21	+12 −28	+20 −43	−8 −33	0 −40	+8 −55
+44 +15	+61 +15	+29 0	+46 0	+72 0	+115 0	+185 0	+290 0	+460 0	±14.5	±23	±36	+5 −24	+13 −33	+22 −50	−8 −37	0 −46	+9 −63
+49 +17	+69 +17	+32 0	+52 0	+81 0	+130 0	+210 0	+320 0	+520 0	±16	±26	±40	+5 −27	+16 −36	+25 −56	−9 −41	0 −52	+9 −72
+54 +18	+75 +18	+36 0	+57 0	+89 0	+140 0	+230 0	+360 0	+570 0	±18	±28	±44	+7 −29	+17 −40	+28 −61	−10 −46	0 57	+11 −78
+60 +20	+83 +20	+40 0	+63 0	+97 0	+155 0	+255 0	+400 0	+630 0	±20	±31	±48	+8 −32	+18 −45	+29 −68	−10 +50	0 −63	+11 −86

续表 9-8

公称尺寸/mm		常用及优先公差带(带括号者为优先公差带)											
		N			P		R		S		T		U
大于	至	6	(7)	8	6	(7)	6	7	6	(7)	6	7	(7)
—	3	−4 −10	−4 −14	−4 −18	−6 −12	−6 −16	−10 −16	−10 −20	−14 −20	−14 −24	— —	— —	−18 −28
3	6	−5 −13	−4 −16	−2 −20	−9 −17	−8 −20	−12 −20	−11 −23	−16 −24	−15 −27	—	—	−19 −31
6	10	−7 −16	−4 −19	−3 −25	−12 −21	−9 −24	−16 −25	−13 −28	−20 −29	−17 −32	—	—	−22 −37
10	14	−9 −20	−5 −23	−3 −30	−15 −26	−11 −29	−20 −31	−16 −34	−25 −36	−21 −39	—	—	−26 −44
14	18												
18	24	−11 −24	−7 −28	−3 −36	−18 −31	−14 −35	−24 −37	−20 −41	−31 −44	−27 −48	—	—	−33 −54
24	30										−37 −50	−33 −54	−40 −61
30	40	−12 −28	−8 −33	−3 −42	−21 −37	−17 −42	−29 −45	−25 −50	−38 −54	−34 −59	−43 −59	−39 −64	−51 −76
40	50										−49 −65	−45 −70	−61 −86
50	65	−14 −33	−9 −39	−4 −50	−26 −45	−21 −51	−35 −54	−30 −60	−47 −66	−42 −72	−60 −79	−55 −85	−76 −106
65	80						−37 −56	−32 −62	−53 −72	−48 −78	−69 −88	−64 −94	−91 −121
80	100	−16 −38	−10 −45	−4 −58	−30 −52	−24 −59	−44 −66	−38 −73	−64 −86	−58 −93	−84 −106	−78 −113	−111 −146
100	120						−47 −69	−41 −76	−72 −94	−66 −101	−97 −119	−91 −126	−131 −166
120	140	−20 −45	−12 −52	−4 −67	−36 −61	−28 −68	−56 −81	−48 −88	−85 −110	−77 −117	−115 −140	−107 −147	−155 −195
140	160						−58 −83	−50 −90	−93 −118	−85 −125	−127 −152	−119 −159	−175 −215
160	180						−61 −86	−53 −93	−101 −126	−93 −133	−139 −164	−131 −171	−195 −235
180	200	−22 −51	−14 −60	−5 −77	−41 −70	−33 −79	−68 −97	−60 −106	−113 −142	−105 −151	−157 −186	−149 −195	−219 −265
200	225						−71 −100	−63 −109	−121 −150	−113 −159	−171 −200	−163 −209	−241 −287
225	250						−75 −104	−67 −113	−131 −160	−123 −169	−187 −216	−179 −225	−267 −313
250	280	−25 −57	−14 −66	−5 −86	−47 −79	−36 −88	−85 −117	−74 −126	−149 −181	−138 −190	−209 −241	−198 −250	−295 −347
280	315						−89 −121	−78 −130	−161 −193	−150 −202	−231 −263	−220 −272	−330 −382
315	355	−26 −62	−16 −73	−5 −94	−51 −87	−41 −98	−97 −133	−87 −144	−179 −215	−169 −226	−257 −293	−247 −304	−369 −426
355	400						−103 −139	−93 −150	−197 −233	−187 −244	−283 −319	−273 −330	−414 −471
400	450	−27 −67	−17 −80	−6 −103	−55 −95	−45 −108	−113 −153	−103 −166	−219 −259	−209 −272	−317 −357	−307 −370	−467 −530
450	500						−119 −159	−109 −172	−239 −279	−229 −292	−347 −387	−337 −400	−517 −580

2. 配合

公称尺寸相同，相互结合的孔和轴公差带之间的关系称为配合。孔的尺寸减去相配合轴的尺寸所得的代数差为正时为间隙配合，代数差为负值时，称为过盈配合，在轴和孔装配后可以得到不同的松紧程度。

(1) 配合种类

根据设计要求，孔和轴配合分为间隙配合、过盈配合、过渡配合三类，见表 9-10。

表 9-10 配合的种类

名称	公差带图例	说明
间隙配合	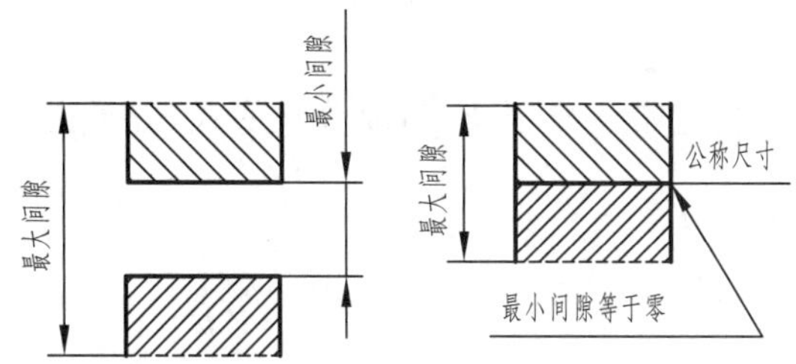 最小间隙 最大间隙 最大间隙 公称尺寸 最小间隙等于零	孔的公差带在轴的公差带之上，任取一对轴和孔相对，都有间隙，包括间隙为零的极限情况
过盈配合	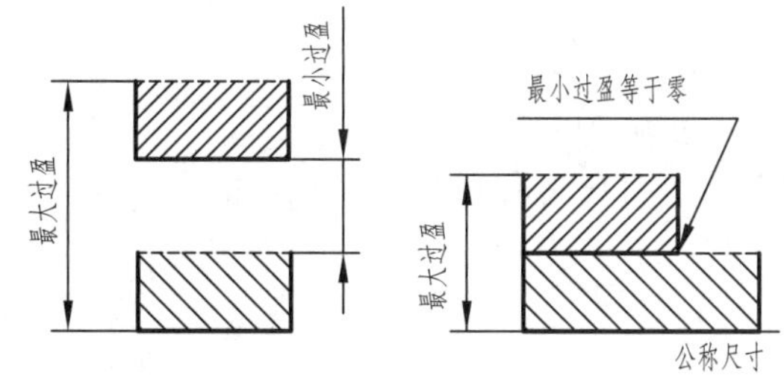 最小过盈 最大过盈 最小过盈等于零 最大过盈 公称尺寸	孔的公差带在轴的公差带之下，任取一对轴和孔相配，都有过盈，包括过盈为零的极限情况
过渡配合	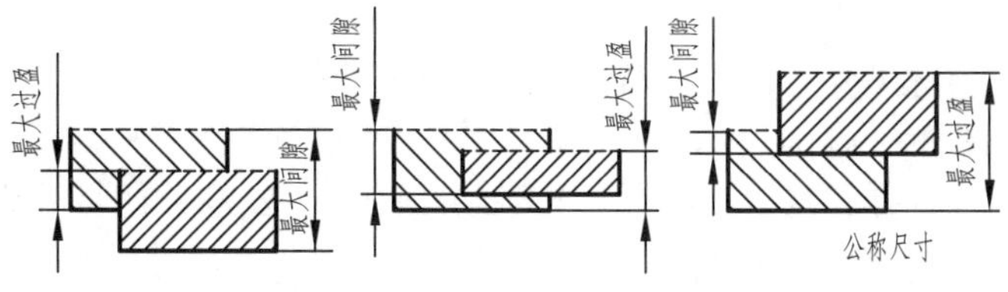 最大过盈 最大间隙 最大间隙 最大过盈 最大间隙 最大过盈 公称尺寸	孔和轴的公差带相互交叠，任取一对轴和孔相配，可能具有过盈，也可能具有间隙

注：限制公差带的水平粗线表示基本偏差，限制公差带的虚线代表另一个极限偏差。

(2) 基准制

根据设计要求，孔和轴之间可以有各种不同的配合。为便于零件的设计与制造，国家标准规定了两种不同的基准制度，即基孔制配合和基轴制配合。

① 基孔制：基本偏差为一定的孔的公差带，与不同基本偏差的轴的公差带形成各种配合的一种制度。在基孔制中的孔为基准孔，国家标准选下极限偏差为零(基本偏差代号为 H)的孔作基准孔，如图 9-22(a)所示。在基孔制配合中，轴的基本偏差从 a 到 h 用于间隙配合，从 j 到 zc 用于过渡配合和过盈配合。

② 基轴制：基本偏差为一定的轴的公差带，与不同基本偏差的孔的公差带形成各种配合的一种制度。在基轴制中的轴称为基准轴，国家标准选上极限偏差为零(基本偏差代号为 h)的轴作基准轴，如图 9-22(b)所示。在基轴制配合中，孔的基本偏差从 A 到 H 用于间隙配合，从 J 到 ZC 用于过渡配合和过盈配合。

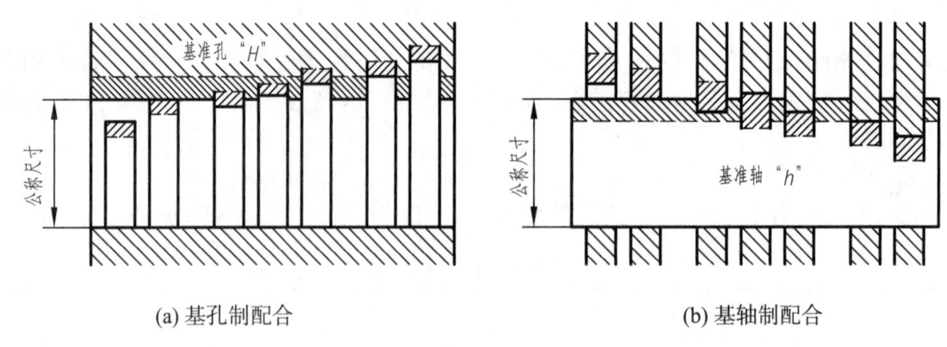

(a) 基孔制配合　　(b) 基轴制配合

图 9-22　基孔制与基轴制配合

(3) 配合代号

配合代号由相互配合的孔和轴的公差带代号组成，写成分数形式，分子为孔公差带代号，分母为轴公差带代号，如$\frac{\mathrm{H7}}{\mathrm{r6}}$、$\frac{\mathrm{P7}}{\mathrm{h6}}$等。

3. 极限与配合在图样中的标注方法

(1) 在装配图上的标注

一般轴、孔配合时，标注的形式为分数形式。横线之上为孔的公差带代号，之下为轴的公差带代号，或孔的公差带代号/轴的公差带代号的形式$\left(\text{如}\varnothing 60\ \frac{\mathrm{H8}}{\mathrm{f7}}\right)$。

图 9-23 是在装配图上标注配合的实例，从图上可知，此配合的公称尺寸为Ø60；孔(分子)的公差带代号是 H8，轴(分母)的公差带代号是 f7，说明配合是属基孔制间隙配合。

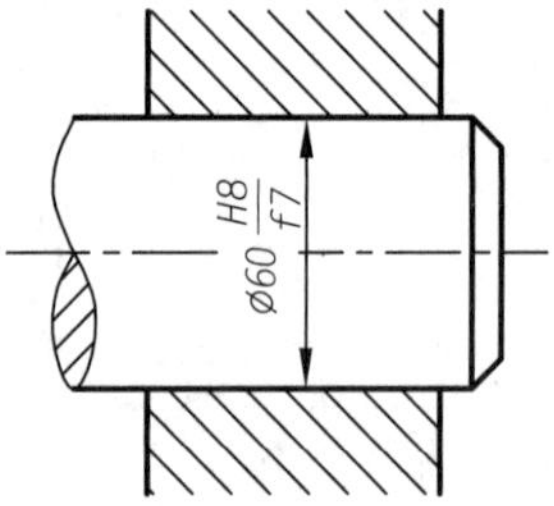

图 9-23　配合的标注

(2) 在零件图上的标注

在零件图中有三种较常见的标注方法：

① 标注公差带代号：在公称尺寸后面直接标注出公差带代号，如图 9-24(a)所示。

② 标注极限偏差数值：在公称尺寸后面直接标注出上偏差与下偏差数值(以 mm 为单位)，如图 9-24(b)所示。

③ 公差带代号与极限偏差数值同时标注：如图 9-24(c)所示，在公差带代号后面的括号中同时标注出上、下偏差数值。

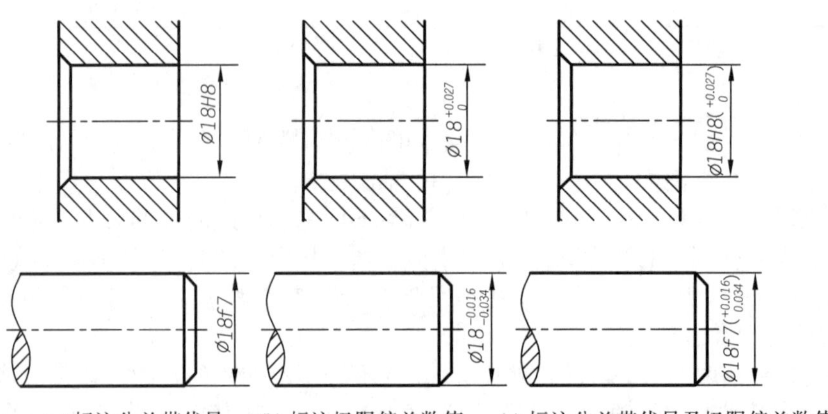

(a) 标注公差带代号　(b) 标注极限偏差数值　(c) 标注公差带代号及极限偏差数值

图 9-24　零件图上的标注方法

注写偏差数值时要注意以下几点：

(1) 上、下极限偏差绝对值不同时，偏差数值字高比公称尺寸字高小一号，下极限偏差应与公称尺寸标注在同一底线上，上极限偏差标注在下偏差上方，上、下偏差小数点对齐；

(2) 上、下极限偏差小数点后的位数必须相同，位数不同时，位数少的用数字“0”补齐；

(3) 某一极限偏差为“零”时，用数字“0”标出，并与另一偏差的个位数字对齐；

(4) 上、下极限偏差绝对值相同时，仅写一个数值，字高与公称尺寸相同，数值前注写“±”，如∅100±0.200。

9.5.3 几何公差

1. 基本概念

零件加工后，不仅存在尺寸误差，而且会产生几何误差。工件存在严重的几何误差会造成装配困难，影响机器的质量。因此对于精度要求较高的工件，除了给出尺寸公差外，应根据设计要求，合理地确定几何误差的最大允许量和表面的限制范围，即几何公差。限制范围称为公差带，随着几何公差项目的不同，公差带的形状也有所区别。

国家标准 GB/T 1182—2018 中规定了几何公差的技术规范，包含形状、方向、位置和跳动公差。

形状误差是指实际形状对理想形状的变动量。如图 9-25(a)所示的圆柱体，即使尺寸合格时，也可能出现一端大另一端小，或中间细两端粗等情况，其截面也可能不圆；方向误差是指工件的表面间、轴线间、轴线与表面间的实际相对方向与理想相对方向间的误差；位置公差是指工件的表面间、轴线间、轴线与表面间的实际位置与理想位置间的误差。如图 9-25(b)所示的阶梯轴，加工后可能出现各轴段不同轴的情况。

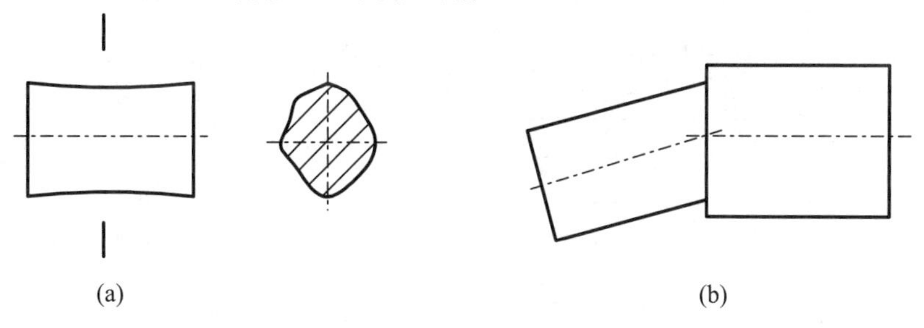

图 9-25 几何公差

2. 几何公差的特征符号

几何公差的特征符号见表 9-11。

表 9-11 几何公差的特征符号

分类	名称	符号
形状公差	直线度	—
	平面度	▱
	圆度	○
	圆柱度	⌭
	线轮廓度	⌒
	面轮廓度	⌓

分类		名称	符号
位置公差	定向	平行度	//
		垂直度	⊥
		倾斜度	∠
	定位	同轴度	◎
		对称度	⌯
		位置度	⌖
	跳动	圆跳动	↗
		全跳动	⌰

3. 几何公差的标注

在机械图样中,几何公差采用代号的形式标注,代号由几何公差框格和带箭头的指引线组成,如图 9 - 26 所示。

(1) 公差框格

几何公差要求在矩形方框中给出,该方框用细实线画出,由两格或者多格组成,一般将框格水平放置或者垂直放置。按水平放置时,从左到右,第一格填写几何公差的特征符号;第二格填写几何公差数值和有关符号,公差带是圆形或者圆柱形的,在公差数值前加注“⌀”,球形的则加注“S ⌀”;如果需要,第三格及第三格以后各格写一个或多个字母表示基准要素或基准体系。框格高度为图样中字体高度的两倍,长度按需要确定,框格中项目和数字高度与图样中字体高度相同。

(2) 指引线的画法

带箭头的指引线(用细实线绘制),将框格与被测要素相连,按以下方式标注:

当公差涉及轮廓线或轮廓面时,箭头指向该要素的轮廓线或其延长线,且应与尺寸线明显错开。箭头也可以指向引出线的水平线,引出线引自被测表面。

当公差涉及要素的中心线、中心面和中心点时,箭头应位于相应尺寸的延长线上。

(3) 基准

与被测要素相关的基准用一个大写字母表示,字母标注在基准方格内,与一个涂黑的或空白的基准三角形相连以表示基准,如图 9 - 27 所示。表示基准的字母还应标注在公差框格内。涂黑的或者空白的基准三角形含义相同。

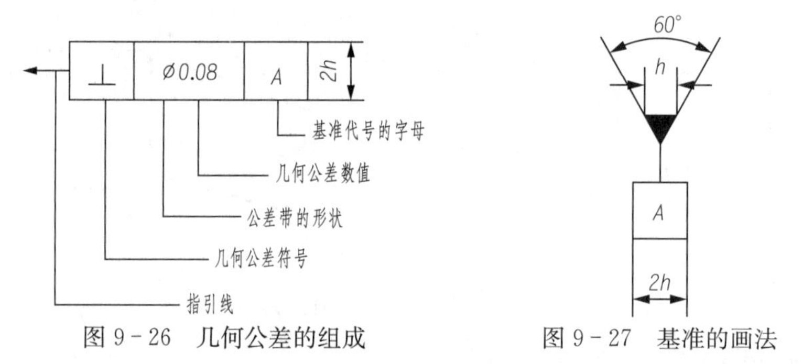

图 9 - 26 几何公差的组成　　图 9 - 27 基准的画法

当基准要素是轮廓线或轮廓面时,基准三角形放置在要素的轮廓线段或其延长线上,且与尺寸线明显错开。基准三角形也可以放置在轮廓面引出线的水平线上。

当基准是尺寸要素确定的轴线、中心平面或中心点时,基准三角形放置在该尺寸线的延长线上。如果没有足够的位置标注基准要素尺寸的两个箭头,则其中一个箭头可用基准三角形代替。

4. 几何公差标注图例

常见几何公差代号的标注及含义列于表 9 - 12 中,在零件图上标注几何公差的实例如图 9 - 28 所示。

表 9 - 12 常见几何公差代号的标注及含义

符号	图例	说明
—	— 0.1	被测圆柱面的任一素线必须位于距离为公差值 0.1 的两平行平面之内

续表

符号	图例	说明
▱	▱ 0.08	被测表面必须位于距离为公差值 0.08 的两平行平面内
//	// 0.01 D D	被测表面必须位于距离为公差值 0.01 且平行于基准表面 D(基准平面)的两平行平面之间
⊥	⊥ 0.08 A A	被测面必须位于距离为公差值 0.08 且垂直于基准平面 A 的两平行平面之间

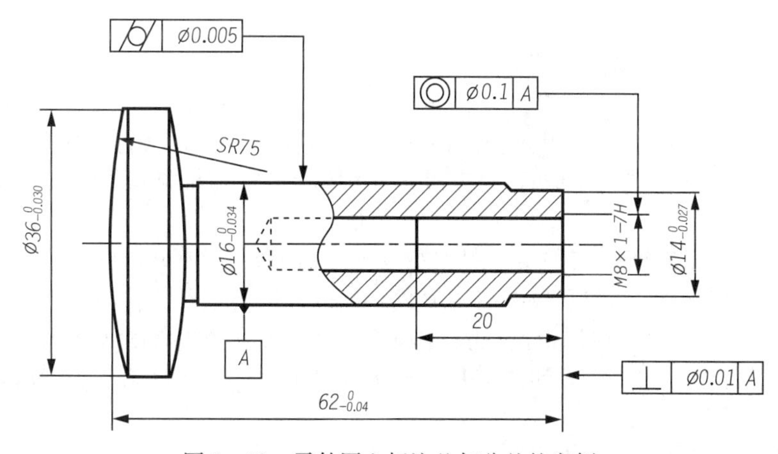

图 9-28 零件图上标注几何公差的实例

9.6 阅读零件图

零件图是指导生产的重要技术资料之一,因此读零件图是从事工业生产人员必须具备的一项基本技能。读零件图时,应当全面地了解该零件的结构形状及各部分结构的尺寸大小,同时还要弄清楚该零件制造和检验的技术要求,考虑并研究该零件加工制造的方法。

9.6.1 读零件图的方法和步骤

1. 读标题栏,通览全图

首先从标题栏入手,了解零件的名称、材料、重量、比例等;然后通览全图,对零件有一个初步的认识,如该零件属于哪类典型零件,零件的大概用途等。

2. 视图分析

首先根据零件图中的视图布局,确定主视图,然后围绕主视图,分析其他视图的配置情况及表达方法。从主视图开始分析,找出各视图之间的关系及其表达的目的。当采用剖视图或断面图时,必须弄清楚剖切平面的位置及表达的目的。若有辅助视图、局部放大图及简化画法时,应弄清楚它们的位置、投射方向。

3. 形体分析

运用形体分析法将零件按功能分解为几个子结构,如工作部分、连接部分、安装部分、加强和支撑部分等。找出零件的每一部分结构是通过哪些视图表达的,明确每一个子结构在各视图中的投影范围以及各部分之间的相对位置。

在形体分析过程中,要注意机件表达方法中的一些规定画法和简化画法,以及依据具有特征内涵的尺寸想出零件的完整形状。如∅,M,*S*∅,*SR* 等。

4. 尺寸分析

零件图中的尺寸是制造和检验零件的依据,对零件图中的尺寸分析应给予重视。根据零件的结构特征及图中所标注的尺寸找出各方向的设计基准和工艺基准。根据尺寸标注的形式,找出各结构形体的定形尺寸和定位尺寸,并检查尺寸标注是否符合设计要求。

5. 技术要求分析

根据图上标注的表面结构要求、尺寸公差、几何公差及其他技术要求,明确主要加工面和重要尺寸,弄清零件的质量要求,以便制定合理的加工工艺。

综上所述,在对零件的结构形状特点、功能作用等有了全面了解之后,才能对设计者的意图有较深入的理解,对零件的作用、加工工艺和制造要求有较明确的认识,从而达到读懂零件图的目的。

9.6.2　读图举例

读图 9 - 29 所示减速箱体的零件图。

1. 读标题栏

从标题栏得知该零件是一个起支承和密封作用的箱体零件。其材料为灰铸铁,应具有铸造工艺的结构特点,如铸造圆角、拔模斜度等。比例为 1∶3,可想象零件实物的大小。

2. 表达方案分析

该箱体由六个视图表达,其中主视图和左视图分别用局部剖和全剖视,主要表达三轴孔的相对位置。俯视图表达顶部和底板的结构形状以及蜗杆轴的轴孔。*C* 向视图表达左面箱壁凸台的形状和螺孔配置。*B*—*B* 局部剖视表达圆锥齿轮轴孔的内部凸台圆弧部分的形状。*D* 向视图表示底板底部凸台的形状。通过这几个视图即可把箱体的全部结构表达清楚。

3. 形体分析和结构分析

在看图时,可以利用“长对正,高平齐,宽相等”的原则逐个看懂各部分。

从外形看,此箱体由两大部分组成,一部分是底板,另一部分是在底板上面的方箱。根据使用要求,无论是底板还是方箱均有附加结构。为便于箱体安装,底板上有四个安装孔∅8.5;为使箱体安装平稳,并且减少加工面,底板底面上有四个凸台(*D* 向);为更好地支撑轴承和转轴,在箱壁上有传动轴的轴承孔,并且每个孔壁向外或向内加宽加厚,以使轴承安装的更可靠。在箱壁右侧有两个螺孔,上面的 M16×1.5 用来装油标。箱体顶部有四个凸台和螺孔用来连接箱盖。

4. 尺寸分析

箱体的结构比较复杂,尺寸数量较多,本节主要分析它的尺寸基准,轴孔的定位尺寸和主要尺寸。

(1) 箱体尺寸基准分析

减速箱的底面是安装基面,以此作为高度方向的设计基准,此外,箱体在机械加工时首先加工底面,然后以底面为基准加工各轴孔和其他平面,因此底面又是工艺基准。长度方向是以蜗轮轴线为基准。宽度方向以前后对称面为基准。

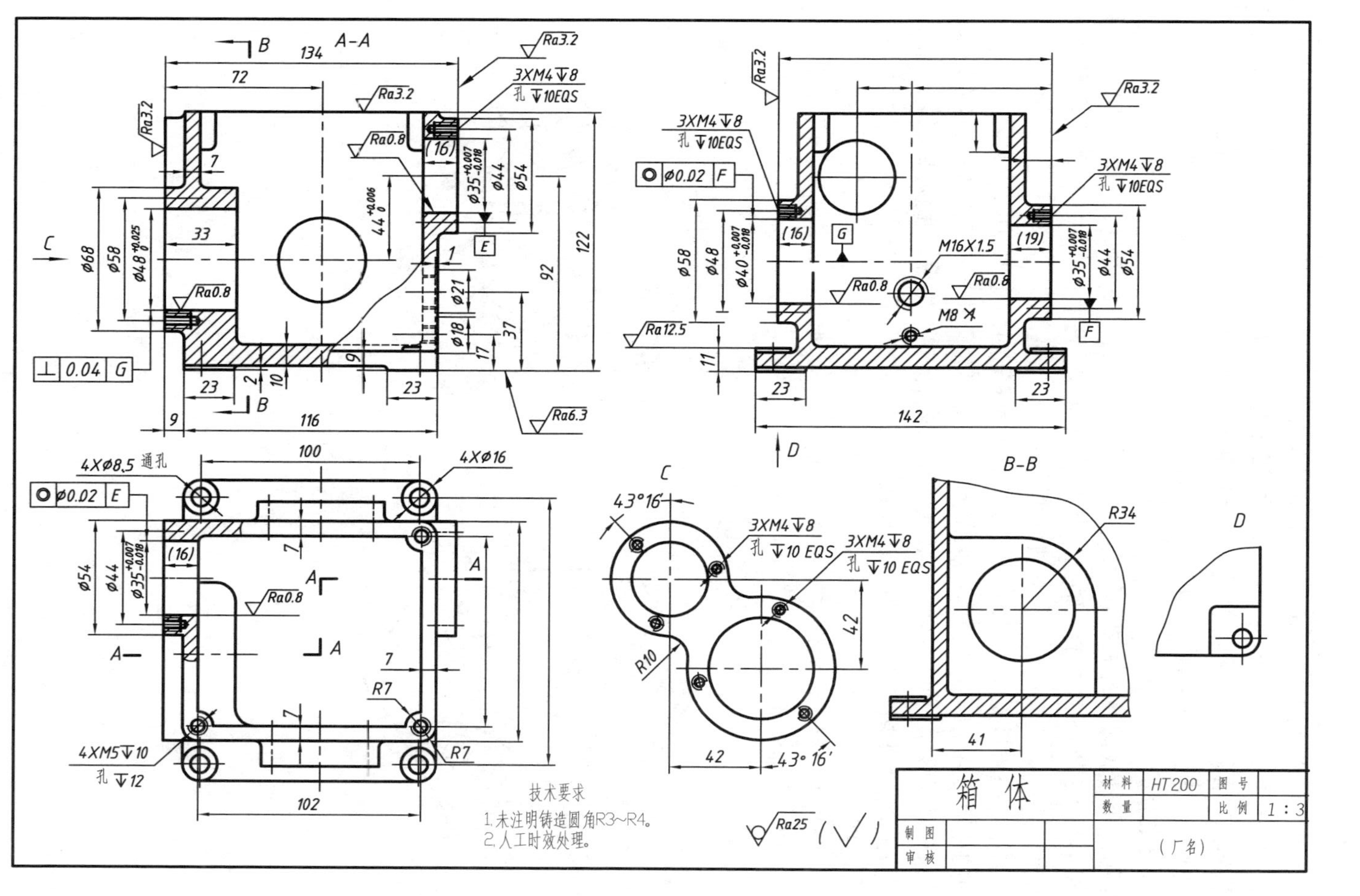

图9-29 减速箱体零件图

(2) 轴孔及其定位尺寸

以主视图右上方的$\varnothing$35 孔为例，其位置是由 92、134 和 25 来确定。下边三个孔都在相同的高度上，与上边孔的距离为 44。

(3) 其他重要尺寸

箱体上与其他零件有配合关系或装配关系的尺寸，应注意零件间尺寸的协调。如箱体底板上安装孔的中心距 100 和 126，应与机床台面钻孔的中心距一致。又如各轴承孔的直径尺寸应与相应的滚动轴承外径一致。箱壁上凸台的直径和螺孔的定位尺寸应与轴承盖相应尺寸相同。箱体顶部四螺孔的中心距 90 和 102 应与箱盖上沉孔的中心距协调一致。

5. 技术要求分析

箱体是组成机器或部件的主要零件之一。其内部须装配各种零件。因此，它的结构较复杂，一般的箱体均为铸件。箱体的各轴孔均装有滚动轴承或轴承套。为了保证配合质量，轴孔注有尺寸公差。如 $\varnothing 35^{+0.07}_{-0.18}$，$\varnothing 48^{+0.025}_{0}$ 等轴承座孔的表面质量最高(为 Ra0.8)，其他通过去除材料获得的加工表面质量要求为 Ra3.2，要求最低的是铸造加工表面为 Ra12.5。

轴孔间的相对位置由同轴度和垂直度给予保证，几何公差中的基准恰好是前述轴承座孔的轴线。从这些技术要求可知，等轴承孔加工要求较高。同时，为保证箱体加工后不致因变形而影响装配质量，箱体在切削加工前需要人工时效处理。

6. 综合归纳

经过上述分析可以得出该箱体零件的全貌，如图 9-30 所示。该零件的毛坯为铸造，经过车、镗、钻等多道工序加工而成的。

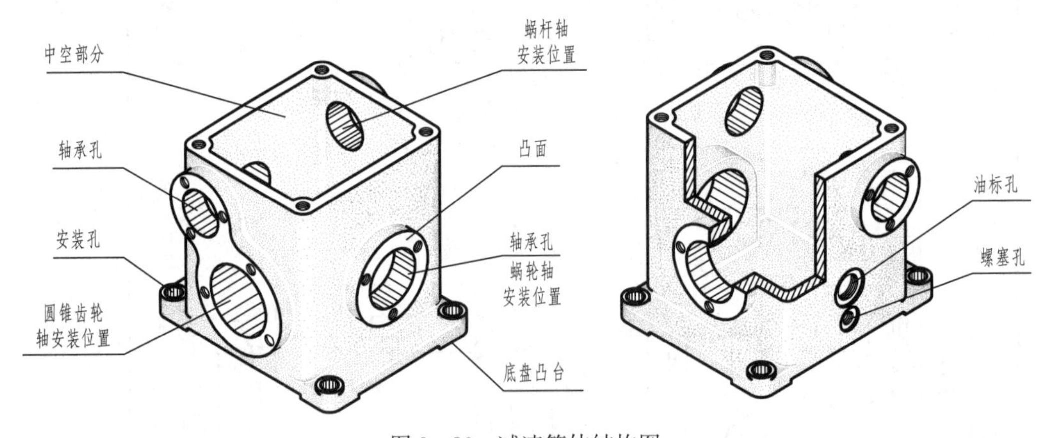

图 9-30　减速箱体结构图

10 装配图

本章概要

本章从装配图的作用和主要内容入手，介绍装配图的表达方法(包括规定画法和特殊画法)，装配结构的合理性，以及装配图中的零部件序号、明细栏；并详细介绍了依据已知零件图拼画装配图以及从装配图拆画零件图的方法和步骤。

装配图是机器设计意图的反映，是机器设计、制造的重要的技术依据。装配图为企业提供强有力的技术支持，来不得半点马虎，所以学好装配图的绘制和表达非常重要。

10.1 装配图的作用和主要内容

10.1.1 装配图的作用

表达机器(或部件)的图样，称为装配图。装配图是表示机器或部件的装配关系、工作原理、传动路线、零件的主要结构形状的技术图样，其中还有装配、检验、安装时所需要的尺寸数据，以及技术要求的技术文件。

在产品设计中一般先根据产品的工作原理图画出装配草图，由装配草图整理成装配图，然后再根据装配图进行零件设计，并绘制出零件图。在产品制造中装配图是制定装配工艺规程、进行装配和检验的技术依据。在机器使用和维修时，也需要通过装配图来了解机器的工作原理和构造。

10.1.2 装配图的内容

根据装配图的作用，一张完整的装配图应具有五项基本内容，即一组图形、必要的尺寸、零件序号及明细栏、技术要求、标题栏，如图 10-1 所示。

1. 一组图形

用一组图形(包括视图、剖视图、断面图等)完整、清晰、准确地表达出机器的工作原理、各零件的相对位置及装配关系、连接方式和主要零件的主要形状结构。图 10-1 中表示的水阀是供水管路中的控制阀，左右两边各有管子相连，通过阀门的控制可以达到供水(左右相通)的目的。图中所示的是供水时的位置，当需要断水时，旋转手柄 3，带动阀门 2 转动，即可使通路逐渐变小，直至完全关闭。

2. 必要的尺寸

根据装配、使用及安装的要求，装配图上要标注表示机器或部件的规格，以及装配、检验和安装时所需要的一些尺寸。

3. 零件序号及明细栏

按一定方法和格式，将所有零件编号并列成表格，用于说明每个零件的图号、名称、数量和材料等内容。

4. 技术要求

用文字或代号说明机器或部件的性能以及装配、调整、试验等所必须满足的技术条件。

5. 标题栏

用规定的表格形式说明机器或部件的名称、规格、作图比例和图号以及设计、审核人员姓名等有关内容。

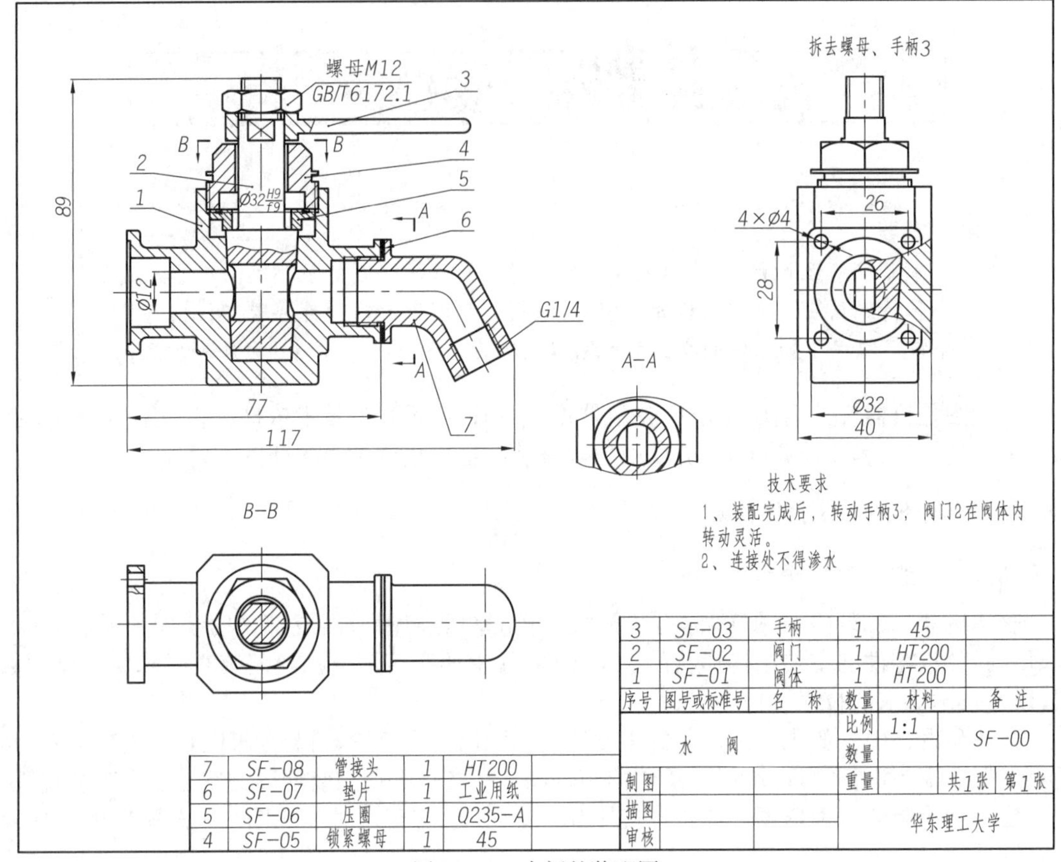

图 10-1　水阀的装配图

10.2　装配关系的表达方法

为了正确、完整、清晰地表达机器或部件的工作原理及装配关系，装配图除了适用前面讨论的机件的各种表达方法外，国家标准《技术制图》与《机械制图》对装配图提出了一些规定画法和特殊的表达方法。

10.2.1　装配图的规定画法

(1) 两相邻零件的接触面或公称尺寸相同的轴孔配合面，只画出一条线表示公共轮廓线。相邻两零件的非接触面或非配合面，应画出两条线，表示各自的轮廓。相邻两零件的公称尺寸不相同时，即使间隙很小也必须画出两条线，如图 10-2 所示。

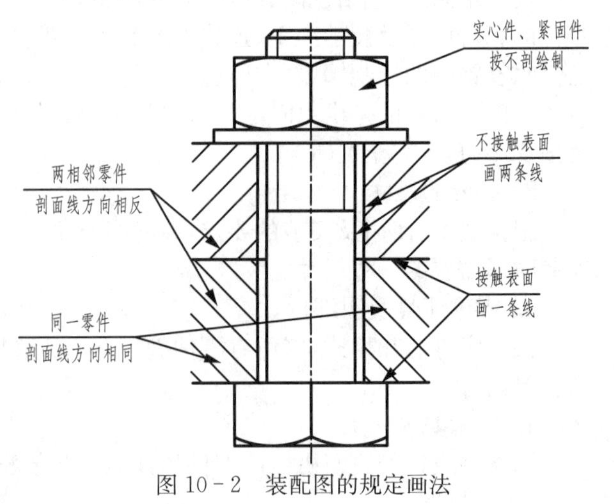

图 10-2　装配图的规定画法

(2) 在剖视图中，相邻两零件的剖面线的倾斜方向应相反或方向相同而间隔不同，如图 10-2 所示；如两个以上零件相邻时，可改变第三个零件剖面线的间隔或使剖面线错开，以区分不同零件。

(3) 对于紧固件以及实心的球、手柄、键等零件，若剖切平面通过其对称平面或轴线时，则这些零件均按不剖绘制，如图 10 - 1 中的螺母，图 10 - 2 中的螺母、垫片和螺栓。

10.2.2 装配图的特殊画法

1. 拆卸画法及沿零件结合面剖切画法

当某些零件的图形遮住了其后面需要表达的零件，或在某一视图上不需要画出某些零件时，可拆去这些零件后再画，如图 10 - 1 的左视图就是拆去了螺母和手柄 3 后的投影视图；也可选择沿零件结合面进行剖切的画法，如图 10 - 1 的俯视图 B—B、图 10 - 3 的左视图 A—A 视图就是沿零件结合面切开的投影视图。

2. 单独表达某零件的画法

如所选择的视图已将大部分零件的形状、结构表达清楚，但仍有少数零件的某些方面还未表达清楚时，可单独画出这些零件的视图或剖视图。该图形的上方不仅有表示该图名称的大写拉丁字母，还应在拉丁字母前加注该零件的名称或序号。如图 10 - 3 所示的泵盖 B 向视图，即单独表达零件泵盖右侧未表达清楚的结构。

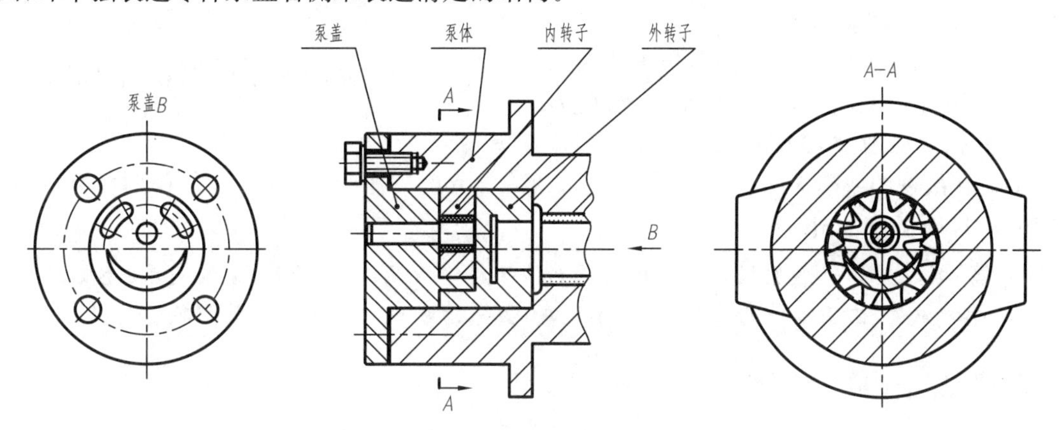

图 10 - 3 装配图单独表达某零件的特殊画法

3. 假想画法

为了表示部件或机器的作用和安装方法，可将其他相邻零部件的部分轮廓用细双点画线画出。当需要表示运动零件的运动范围或运动的极限位置时，可按其运动的一个极限位置绘制图形，再用细双点画线画出另一极限位置的图形，如图 10 - 4 所示。

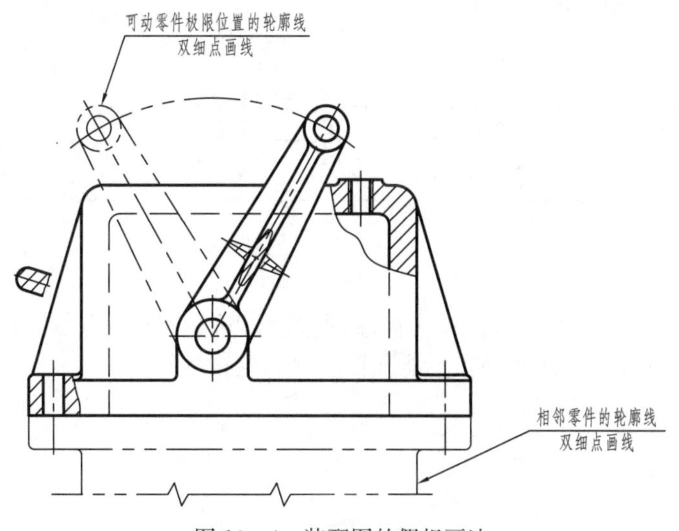

图 10 - 4 装配图的假想画法

4. 夸大画法

在装配图中,当薄垫片、细丝弹簧、小间隙、小锥度等结构按实际尺寸难以表达清楚时,允许将该部分不按原比例而采用适当夸大的比例画出,如图 10－5 中垫片的厚度及键与齿轮键槽的间隙,均采用了夸大画法。

5. 装配图的简化画法

(1) 对于装配图中若干相同的零部件组,如螺栓连接等,可详细地画出一组,其余只需用细点画线表示其位置即可,如图 10－5 中的螺钉。

(2) 在装配图中,零件的圆角、倒角、凹坑、凸台、沟槽、滚花及其他细节等可不画出,如图 10－5 中的螺纹倒角。

(3) 在表示滚动轴承、油封等标准件时,允许一半用规定画法表示,一半用简化画法表示,如图 10－5 中的滚动轴承和油封。

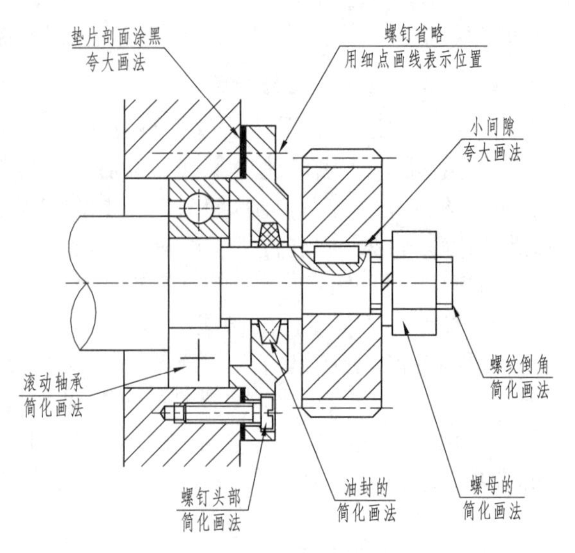

图 10－5　装配图的夸大画法和简化画法

(4) 在剖视图或断面图中,如果零件的厚度在 2 mm 以下,允许用涂黑代替剖面符号,如图 10－5 中的垫片采用涂黑。

注意:装配图的表达原则是表达机器或部件的总体情况,工作原理、装配关系、连接方式、零件的相对位置,主要零件的主要结构,不追求完整、清晰表达个别零件的形状。

10.3　装配结构的合理性

为了使机器或部件容易装配且装配后能正常工作,在设计零部件时,必须考虑它们之间装配结构的合理性问题。合理的结构既便于装配,又能降低零件的加工成本;熟悉一些常用的合理装配结构,对迅速绘制和阅读装配图较为有利。这里简单介绍一些常见装配工艺结构。

1. 合理的接触面

当两个零件接触时,在同一方向宜只有一对接触面,如图 10－6 所示。这样既保证了零件接触良好,又降低了加工要求。

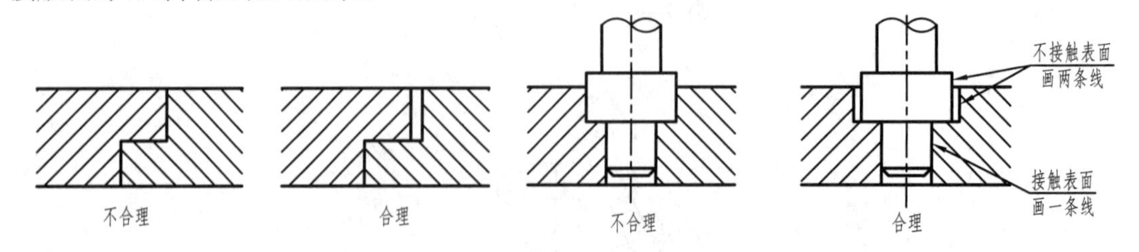

图 10－6　同方向接触面比较图

当两锥面配合时,不允许同时再有任何端面接触,以保证锥面接触良好。如图 10－7 所示,当两锥面为接触面时,孔的底部就不能和轴的顶端相接触。

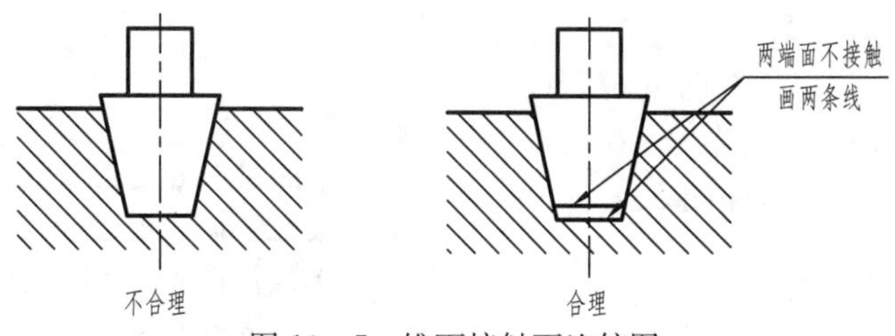

图 10－7　锥面接触面比较图

2. 转角处的结构

两零件有一对直角相交的表面接触时，在转角处不应都做成尖角或半径相等的圆角，如图 10－8(b)所示，以免在转角处发生干涉、接触不良，从而影响装配性能。可将直角相交改成倒角或圆角、半径不等的圆角、或退刀槽等结构，如图 10－8(c)所示。

当轴和孔配合并有端面接触时，应将孔的端面制成倒角或在轴的转折处切槽，以保证端面的接触。

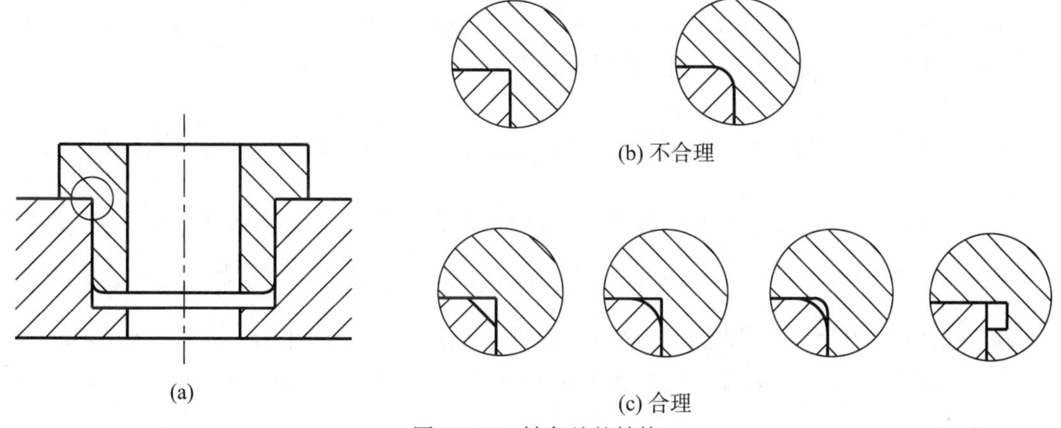

图 10－8　转角处的结构

3. 考虑装拆的可能性与方便性

部件在结构上必须保证各零件按设计的装配顺序实现装拆，并且力求使装配的方法和装配时使用的工具最简单。在安放螺钉或螺栓处应留有装入螺钉或螺栓及旋动扳手所需的空间，如图 10－9 所示。

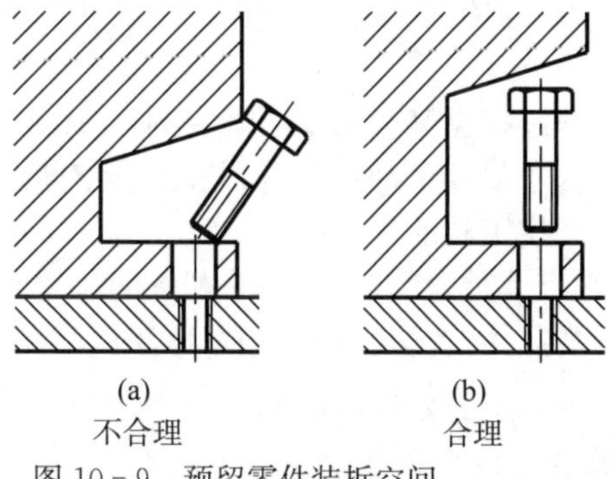

图 10－9　预留零件装拆空间

4. 填料密封装置的画法

当机器或部件中采用填料防漏装置时，在装配图中不能将填料画成压紧的位置，而应画在开始压紧的位置，表示填料充满的程度，如图 10-10 所示。

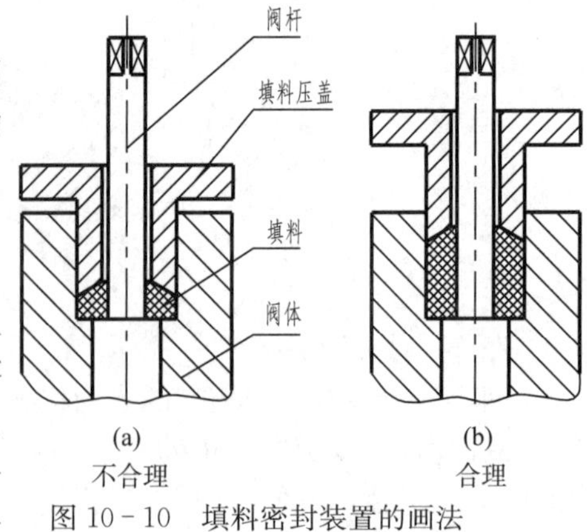

(a) 不合理　　(b) 合理

图 10-10　填料密封装置的画法

10.4 装配图的尺寸标注

装配图主要用于表达零部件的装配关系，因此尺寸标注的要求不同于零件图。不需要标注出各个零件的全部尺寸。一般只需标注出与工作性能、装配、安装和整体外形等有关的尺寸，主要有装配体的规格(性能)尺寸、装配尺寸、安装尺寸、外形尺寸和其他一些重要尺寸。

1. 规格(性能)尺寸

规格(性能)尺寸表明了装配体的性能或规格，这些尺寸在设计时就已经确定，它是设计和选用产品的主要依据，如图 10-1 中的孔径Ø12。

2. 装配尺寸

装配尺寸是用于保证机器或部件的正确装配关系，满足其工作精度和性能要求的尺寸，一般有以下三种。

(1) 配合尺寸：表示零件间有配合要求的尺寸，配合尺寸除注出公称尺寸外，还需注出其公差配合的代号，如图 10-1 中的尺寸$\varnothing 32\dfrac{H9}{f9}$、图 10-11 中的尺寸$\varnothing 48\dfrac{H8}{f8}$等。

(2) 相对位置尺寸：部件间安装时必须保证相对位置的尺寸，如图 10-11 中的尺寸$42^{+0.06}_{0}$。

(3) 装配时加工尺寸：装配时需要现场加工的尺寸(如定位销配钻等)。

3. 安装尺寸

安装尺寸表示将机器或部件安装到其他设备或基础上固定该装配体所需的尺寸，一般指安装孔的定形、定位尺寸，如图 10-11 所示齿轮泵装配图中的 85、64、4×Ø10 等尺寸。

4. 外形尺寸

表示装配体的总长、总宽、总高的尺寸。它反映了机器或部件所占空间的大小，作为在包装、运输、安装及厂房设计时考虑的依据，如图 10-1 中的尺寸 117、89 和 40。

5. 其他重要尺寸

在零部件设计时，经过计算或根据某种需要而确定的尺寸，不能包括在上述几类尺寸中的重要零件的主要尺寸。例如，为了保证运动零件有足够运动空间的尺寸，安装零件需要的操作空间的尺寸等。如图 10-11 中皮带轮的尺寸Ø100、20。

装配图上的某一尺寸往往有几种含义，在标注装配图的尺寸时，应在掌握上述几类尺寸意义的基础上，分析机器或部件的具体情况，合理地进行标注。

注意：装配图上的尺寸，只需标注装配体的规格(性能)尺寸、装配尺寸、安装尺寸、外形尺寸和其他一些重要尺寸，不需要标注出各个零件的全部尺寸。

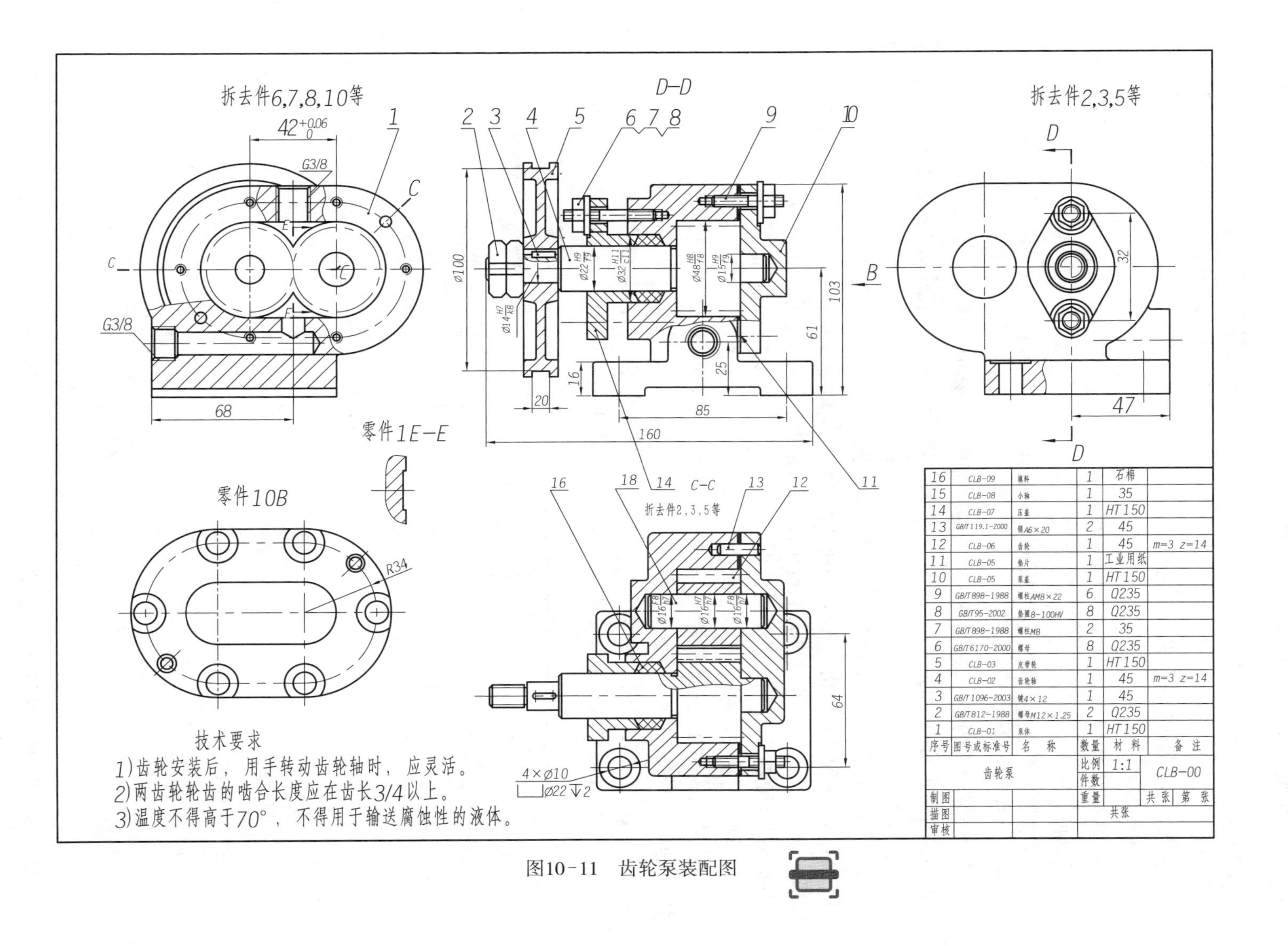

序号	图号或标准号	名称	数量	材料	备注
16	CLB-09	填料	1	石棉	
15	CLB-08	小轴	1	35	
14	CLB-07	压盖	1	HT150	
13	GB/T119.1-2000	销A6×20	2	45	
12	CLB-06	齿轮	1	45	m=3 z=14
11	CLB-05	垫片	1	工业用纸	
10	CLB-05	泵盖	1	HT150	
9	GB/T898-1988	螺柱AM8×22	6	Q235	
8	GB/T95-2002	垫圈8-100HV	8	Q235	
7	GB/T898-1988	螺柱M8	2	35	
6	GB/T6170-2000	螺母	8	Q235	
5	CLB-03	皮带轮	1	HT150	
4	CLB-02	齿轮轴	1	45	m=3 z=14
3	GB/T1096-2003	键4×12	1	45	
2	GB/T812-1988	螺母M12×1.25	2	Q235	
1	CLB-01	泵体	1	HT150	

齿轮泵	比例 1:1	CLB-00
	件数	
制图	重量	共 张 第 张
描图	共张	
审核		

图10-11 齿轮泵装配图

10.5　装配图中的零部件序号、明细栏

为了便于看图和进行装配,并做好生产准备和图样管理工作,需在装配图上对每个不同的零件(或部件)进行编号,并在标题栏上方或在单独的纸上填写与图中编号一致的明细栏。

10.5.1　零部件的序号及编写方法

1. 编写序号的方法

(1) 将所有标准件的数量、标记按规定标注在图上,标准件不占编号,而将非标准件按顺序编号,如图 10-1 所示。

(2) 将装配图上所有零件包括标准件在内,按顺序编号,如图 10-11 所示。

2. 编写序号的规定

序号即零部件的编号,装配图中所有的零部件都必须编写序号。形状、尺寸、材料完全相同的零部件应编写同样的序号,且只编注一次,其数量写在明细栏中,编写序号时应遵守以下国标规定。

(1) 序号由指引线(细实线)、指引线末端的圆点和序号文字组成。序号的编写方法可采用图 10-12 中的一种。指引线、水平短线及小圆的线型均为细实线。同一装配图中编写序号的形式应一致。序号文字其字号高度比该装配图中所注尺寸数字大一号或大二号;指引线应自所指零件(或部件)的可见轮廓内引出,若所指部分(很薄的零件或涂黑的剖面)内不方便画圆点时,可改用箭头,并指向该部分的轮廓,如图 10-12(e)所示。

(2) 指引线相互之间不能相交,不应与剖面线平行,指引线可以画成折线,但只可曲折一次,如图 10-12(a)所示。

(3) 装配图中序号应按顺时针或逆时针方向依次排列在水平或垂直方向上。

(4) 一组紧固件以及装配关系清楚的零件组,可采用公共指引线,如图 10-13 所示。

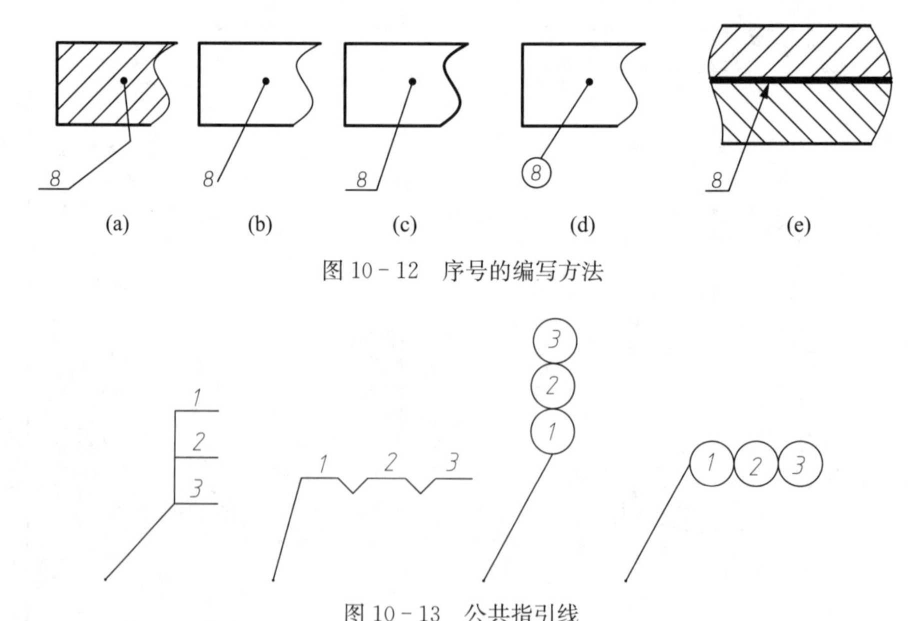

图 10-12　序号的编写方法

图 10-13　公共指引线

10.5.2　明细栏和标题栏及技术要求

1. 明细栏和标题栏

明细栏是机器或部件中全部零件的详细目录,它表明了各组成部分的序号、名称、数量、规

格、材料、重量及图号(或标准号)等内容。明细栏中的零件序号应与装配图中的零件编号一致,并且由下往上填写。因此,应先编写零件序号再填明细栏。

明细栏应紧接着画在标题栏上方,当位置不够用时,可续接在标题栏左方。明细栏外框竖线为粗实线,其余各线为细实线,明细栏的上方是开口的,这样在漏编某零件的序号时,可以再予补编。

GB/T 10609.1—2008 和 GB/T 10609.2—2009 分别规定了标题栏和明细栏的统一格式,如图 10-14 所示。学校制图作业明细栏可采用图 10-15 所示的简化格式。

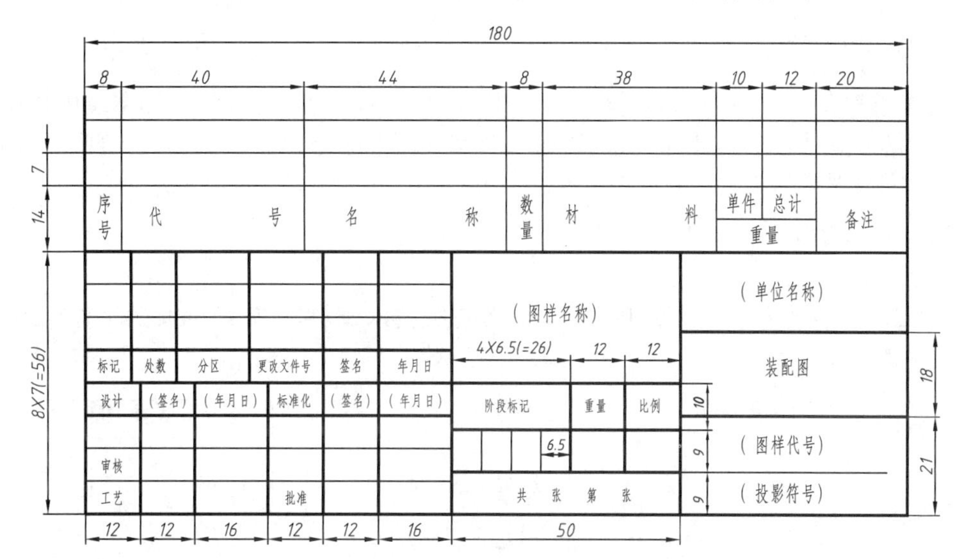

图 10-14　装配图国标标题栏和明细栏格式

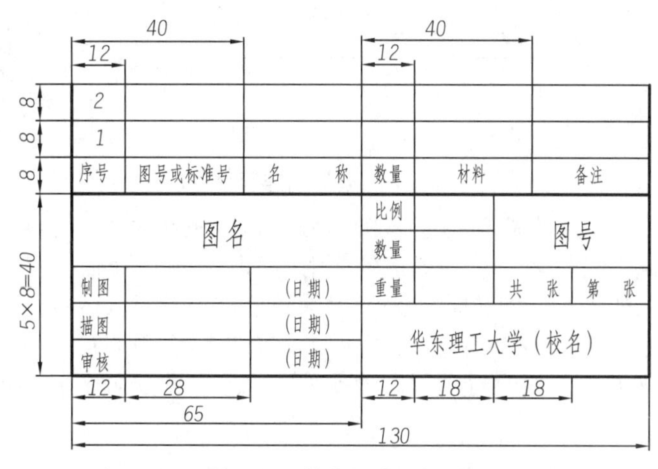

图 10-15　装配图用简化格式的标题栏和明细栏

2. 技术要求

在装配图上,除了用规定的代(符)号(公差配合代号等)表示的技术要求外,有些技术要求需用文字才能表达清楚,故需在图纸的右下角或其他空白处予以注出。装配图上一般注写以下几方面的技术要求:

(1) 技术规范要求:设计、制造、安装、改造、维修、使用和检验检测均应当严格执行的规定,包括施工过程、操作方法、设备和工具的使用、施工安全技术等所作的技术规定。这类规范一般由国家或有关部门制定颁布,设计单位按使用要求选定,制造单位按规范要求施工,使用单位按规范要求验收。如:换热器在设计、制造及验收时应遵循《钢制管壳式换热器》和《压力容器安全监察规程》等技术规范。

(2) 装配要求:机器或部件在装配、施工、焊接等方面的特殊装配方法和其他注意事项。如图 10-1 和图 10-11 中技术要求的第 1 项。

(3) 使用要求:机器设备或部件在涂层、包装、运输、安装中以及使用操作上的注意事项,如图 10-11 中技术要求的第 3 项。

(4) 检验要求:机器设备或部件在试车、检验、验收等方面的条件和应达到的指标。

10.6　装配图绘制

在绘制装配图之前须先了解装配体的工作原理、零件的种类、数量及其在装配体中的作用,还需了解各零件之间的装配关系,看懂每个零件图并想象出各自的形状。现以机油泵为例,介绍由零件图拼画装配图的绘图步骤。

10.6.1　分析所画的装配体

1. 读装配示意图

通过阅读机油泵装配示意图(图 10-16)等有关技术资料,了解机油泵的工作原理、装配关系和结构特征。

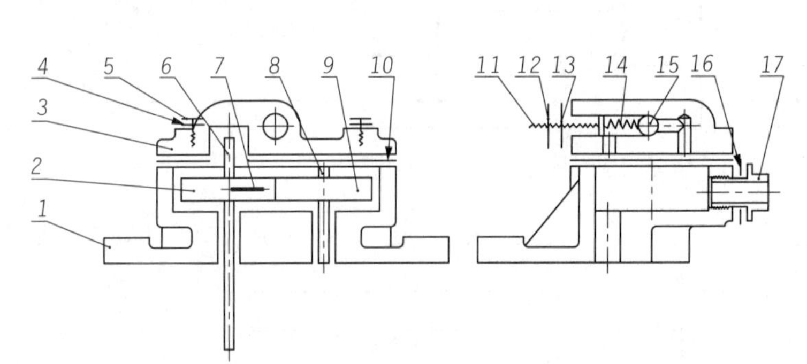

序号	图号或标准号	名　称	数量	材料	备　注
1	JYB-01	泵体	1	HT150	
2	JYB-02	主动齿轮	1	45	m=3.5　Z=11
3	JYB-03	泵盖	1	HT150	
4	GB/T95-2002	垫圈 6	4	65Mn	
5	GB/T5782-2000	螺栓M6X16	4	45	
6	JYB-04	主动轴	1	45	
7	GB/T119.1-2000	销3X12	1	35	
8	JYB-05	从动轴	1	45	
9	JYB-06	从动齿轮	1	45	m=3.5　Z=11
10	JYB-07	垫片	1	橡胶	
11	JYB-08	调压螺钉	1	35	
12	GB/T6170-2000	螺母M10	1	45	
13	GB/T95-2002	垫圈 10	1	65Mn	
14	JYB-09	弹簧	1	65Mn	
15	JYB-10	球	1	GCr15	直径8
16	JYB-11	垫圈	1	皮革	
17	JYB-12	管接头	1	H62	

图 10-16　机油泵装配示意图

机油泵的作用是将机油提高到一定压力后,强制地压送到发动机各零件的运动表面上,在泵体 1 内装有一对啮合齿轮 2 和 9,主动齿轮 2 用销 7 固定在主动轴 6 上,从动齿轮 9 套在从动轴 8 上。当主动齿轮逆时针回转时,机油将从泵体底部小孔吸入(左视图上),然后经管接头 17 压出。如果在输出管道中发生堵塞,则高压油可将球 15 顶开,回油后降压,从而起保护作用。该机油泵在水平方向 X 轴线上形成一条装配主线,水平方向 Y 轴线上形成另一条装配主线。

2. 读机油泵零件图

阅读装配体中的每个零件图时,首先要分析该零件的尺寸、表达方式,想象其结构;然后了解各零件在装配体中的作用、位置、与其相邻零件之间的装配关系等。

图 10-17、图 10-18 列出了机油泵各零件图。通过阅读零件图可知,泵体的作用是支撑包容其他零件,主视图和俯视图采用半剖,左视图采用全剖,反映出泵体的工作部分、连接部分、安装部分及加强部分的结构形状,参与配合的尺寸有$\varnothing16^{+0.024}_{+0.006}$、$\varnothing16^{-0.011}_{-0.029}$、$\varnothing45.5^{+0.025}_{0}$。泵盖主视图和左视图采用全剖,反应其内部结构,俯视图采用外形视图,反映出其外部形状,参与配合的尺寸有$\varnothing16^{+0.024}_{+0.006}$。

分析各零件图想象出各零件立体形状如图 10-19 所示。

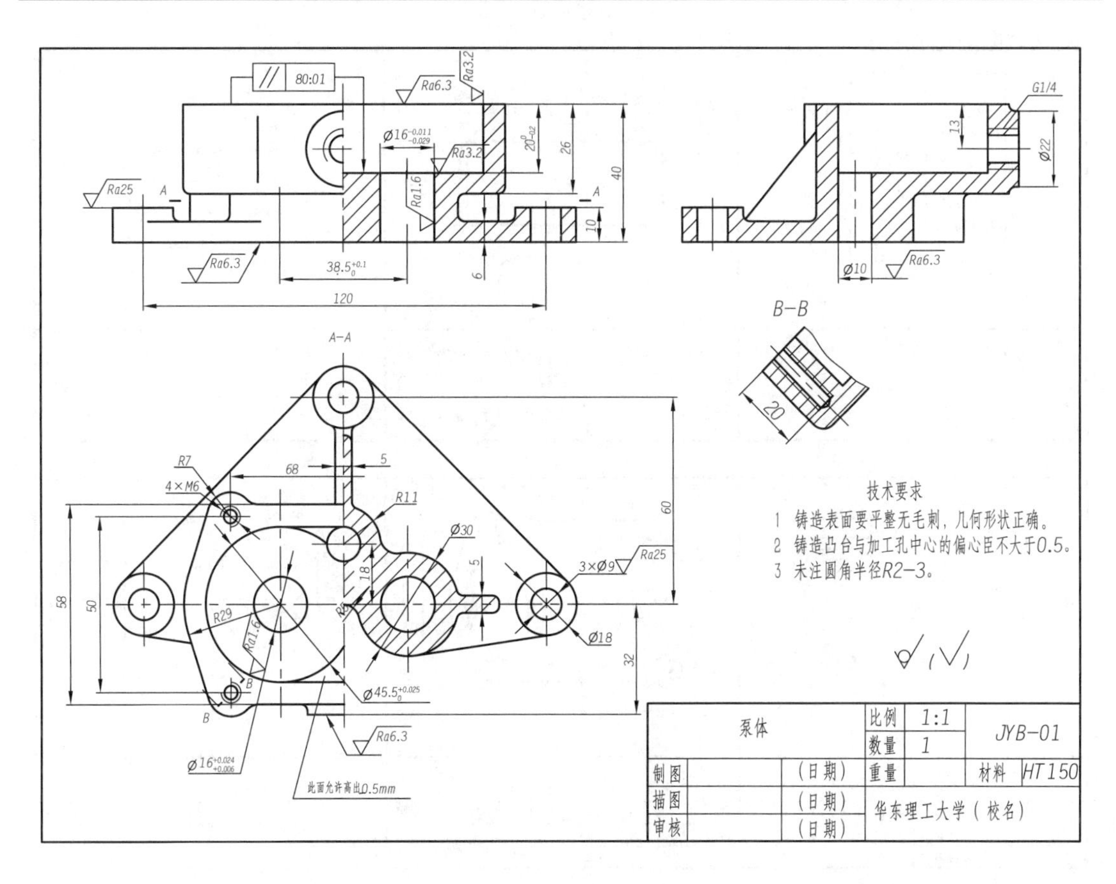

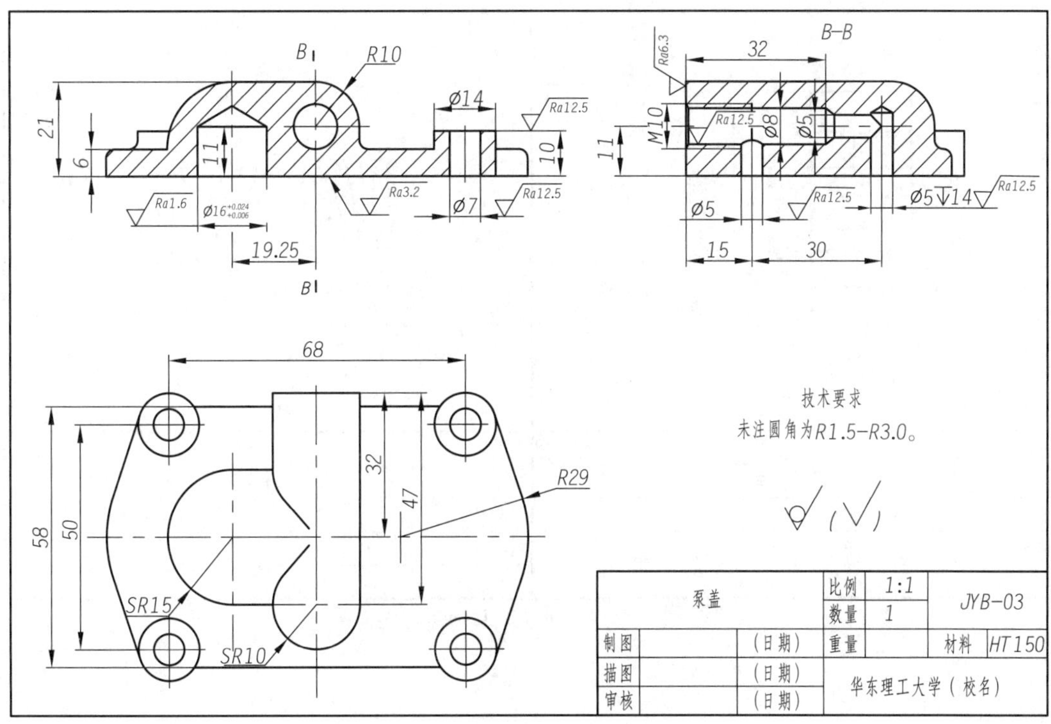

图 10-17　泵体、泵盖零件图

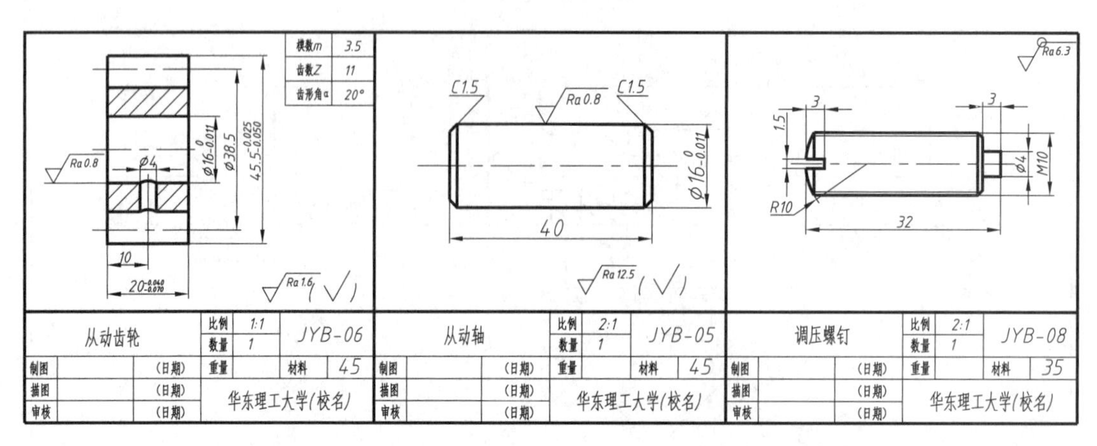

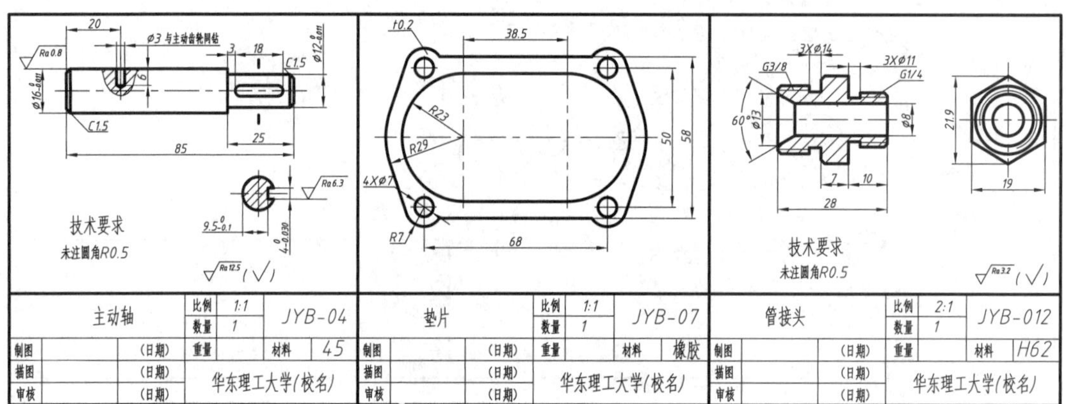

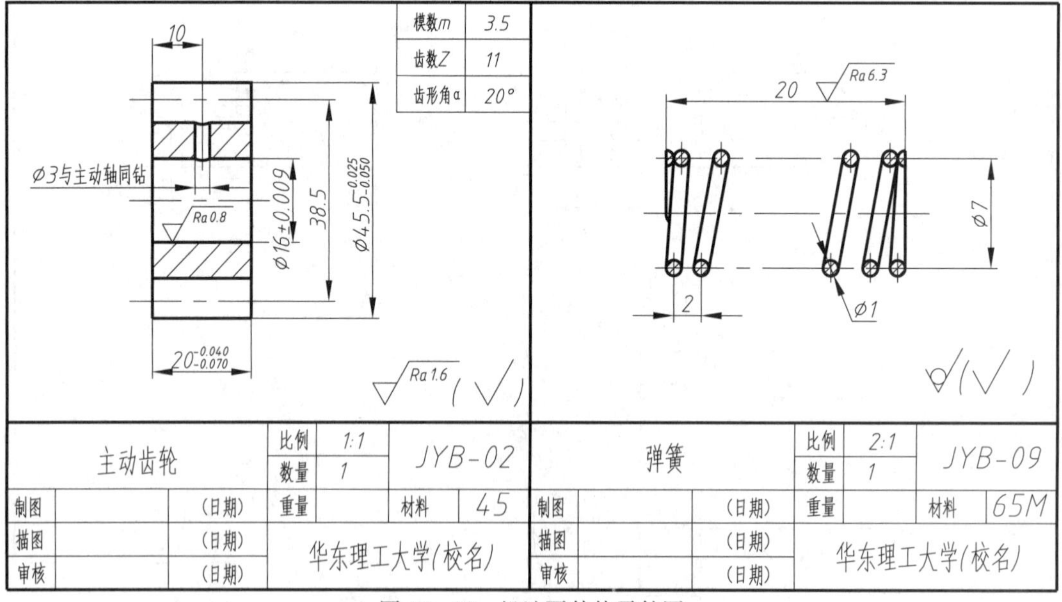

图 10-18　机油泵其他零件图

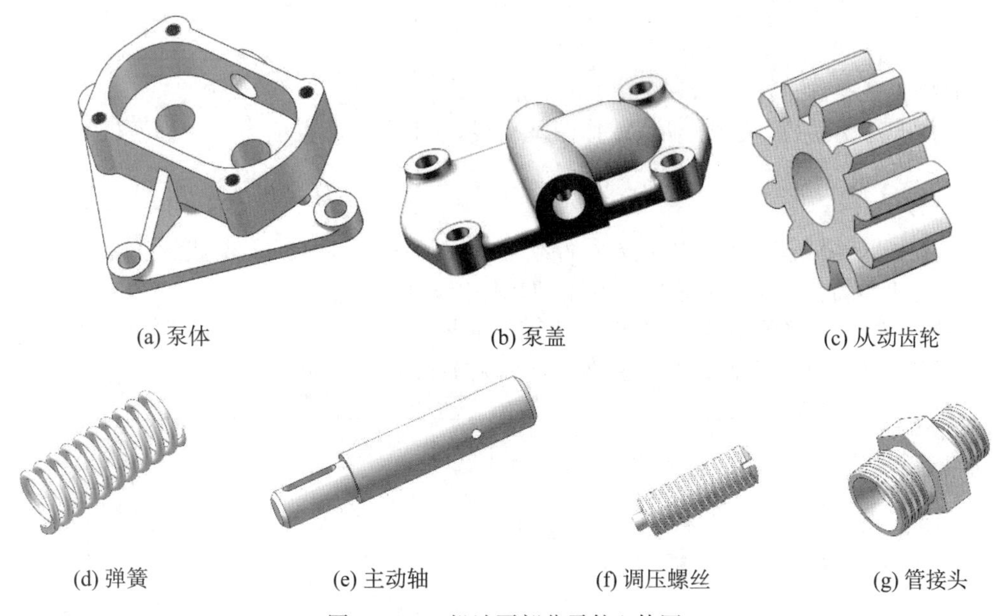

(a) 泵体　(b) 泵盖　(c) 从动齿轮

(d) 弹簧　(e) 主动轴　(f) 调压螺丝　(g) 管接头

图 10－19　机油泵部分零件立体图

10.6.2　装配图的绘制

将属于机油泵的各主要零件的结构及零件间的连接方式都逐一分析清楚后，就可以考虑装配图的表达方案了。

10.6.2.1　确定图形表达方案

1. 主视图的选择

主视图应比较清楚地表达机器或部件中各零件的相对位置、装配连接关系、工作状况和结构形状。一般将主视图按机器或部件的工作位置画出。主视图通常画成剖视图，所选取的剖切平面应通过主要装配干线，并尽可能使装配干线与投影面平行，以使所作的剖视图能较多、较好地反映零件之间的装配连接关系。

由上述分析，将机油泵装配图的主视图按工作位置画出，主视图用全剖视图表达主要装配关系和工作原理。

2. 其他视图的选择

主视图确定后，其他视图的选择主要是对在主视图中尚未表达或表达不清楚的内容，作补充表达。通常可以从以下三个方面考虑：

(1) 零件间的相对位置和装配连接关系；

(2) 机器或部件的工作状况及安装情况；

(3) 某些主要零件的结构形状。

机油泵采用全剖左视图表达机油泵的卸压保护装置的结构，局部剖的俯视图兼顾了泵盖、泵体的外形及泵体的内部结构。

10.6.2.2　选定比例和图幅

作图比例应综合考虑机器或部件的尺寸和复杂程度，以表达清楚它们的主要结构为前提进行选定。然后按确定的表达方案，选定图纸幅面。布置视图时，应考虑在各视图间留有足够的空间，以便标注尺寸和编写序号等。

10.6.2.3　绘制装配图

1. 布置图面

(1) 画图框线、标题栏框线和明细栏框线。

(2) 画出各视图的中心线、轴线或作图基准线,图面总体布置应力求匀称。机油泵的布置图面,如图 10-20 所示。

2. 画视图底稿

(1) 按主要装配干线,从反映主要零件结构特征的视图开始绘图,有投影关系的视图应同时画出。机油泵的主要零件为泵体和泵盖,如图 10-21 所示。

(2) 根据装配连接关系,逐个画出其他零件的视图。一般可按:先画主视图,后画其他视图;先画主要零件,后画其他零件;先画外件,后画内件的次序进行。

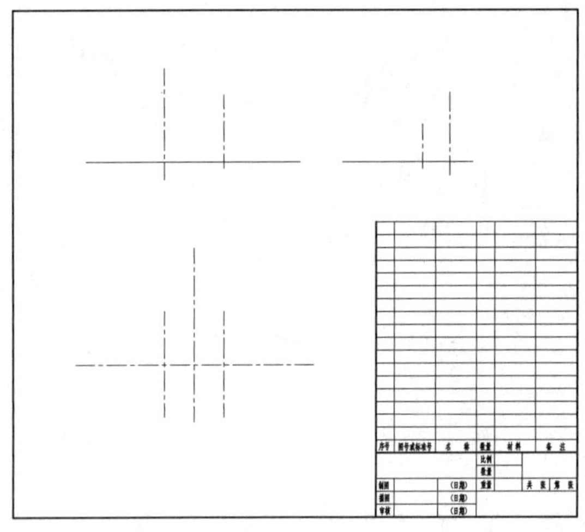

图 10-20　布置图面

图 10-21　画主要零件

机油泵主视图的画图次序:主动齿轮—主动轴—销,从动齿轮—从动轴。机油泵左视图的画图次序:球—弹簧—调压螺钉—垫片—螺母—管接头。机油泵俯视图的画图次序:齿轮—垫片—螺母—调压螺钉—管接头。最后在各视图上画上螺栓,如图 10-22 所示。

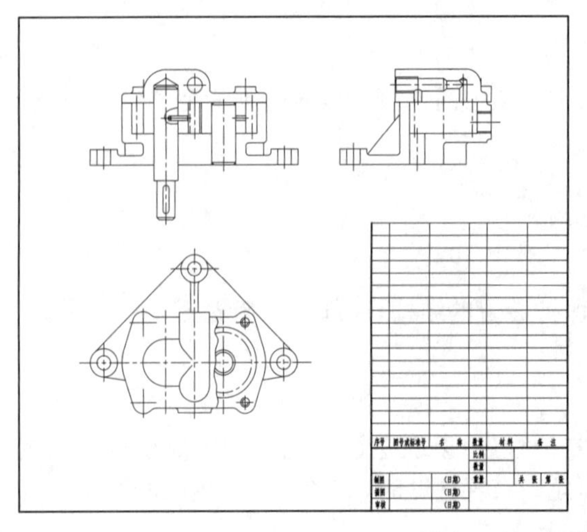

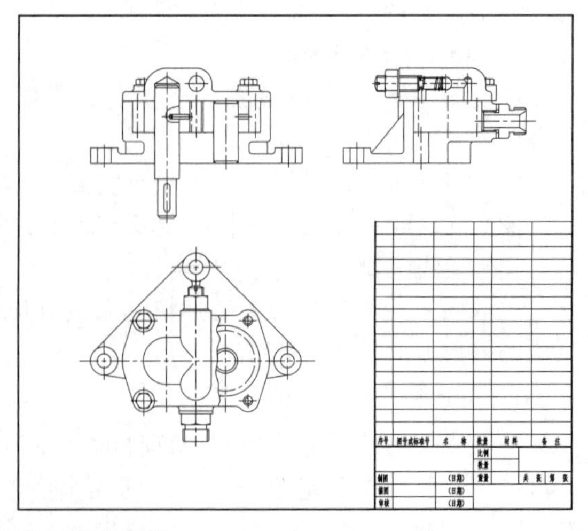

图 10-22　画底稿,画其他零件

(3) 注意点：

a. 画相邻零件时，应从两零件的装配结合面或零件的定位面开始绘制，以正确定出它们在装配图中的装配位置。

b. 画各零件的剖视时，应注意剖和不剖、可见和不可见的关系。一般可优先画出按不剖处理的实心杆、轴等，然后按剖切的层次，由外向内、由前向后、由上向下绘制，这样被挡住或被剖去部分的线条就可不必画出，以提高绘图效率。

3. 画剖面符号、标注尺寸、编写零件序号

视图底稿画完后，经仔细校对投影关系、装配连接关系、可见性问题后，按装配图中各相邻零件剖面线方向的规定画法，在所选的剖视和断面图上加画剖面符号；按装配图的要求标注尺寸；逐一编写并整齐排列各组成零件(或部件)的序号，如图 10 - 23 所示。

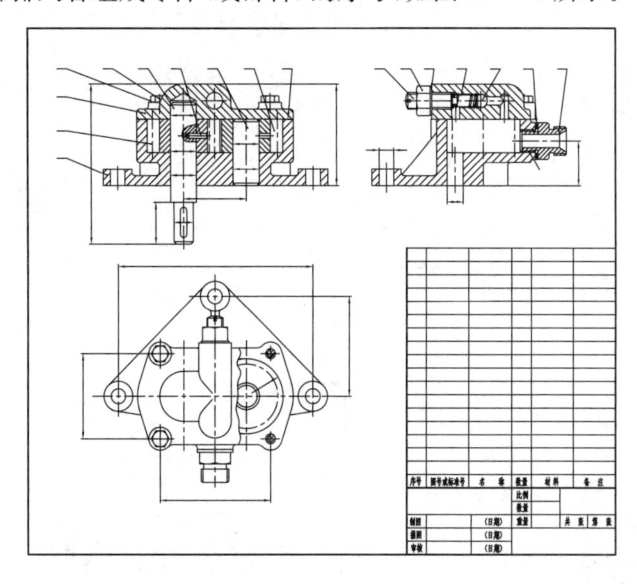

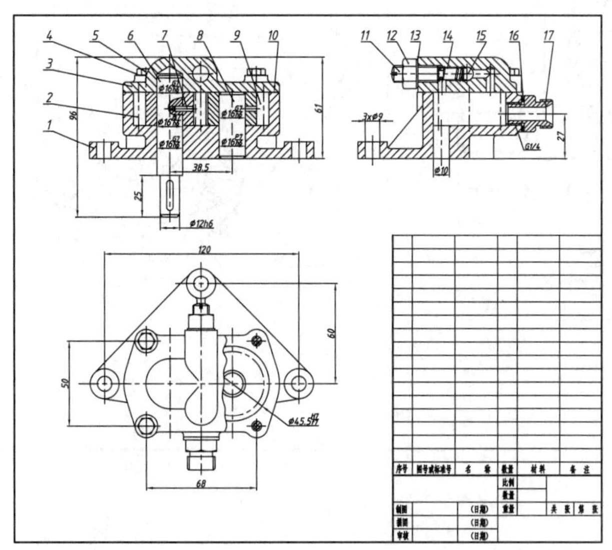

图 10 - 23　画剖面符号、标注尺寸、编写零件序号

4. 加深图线

按顺序加深图线，填写标题栏、明细栏和技术要求，全部完成后的装配图如图 10 - 24 所示。

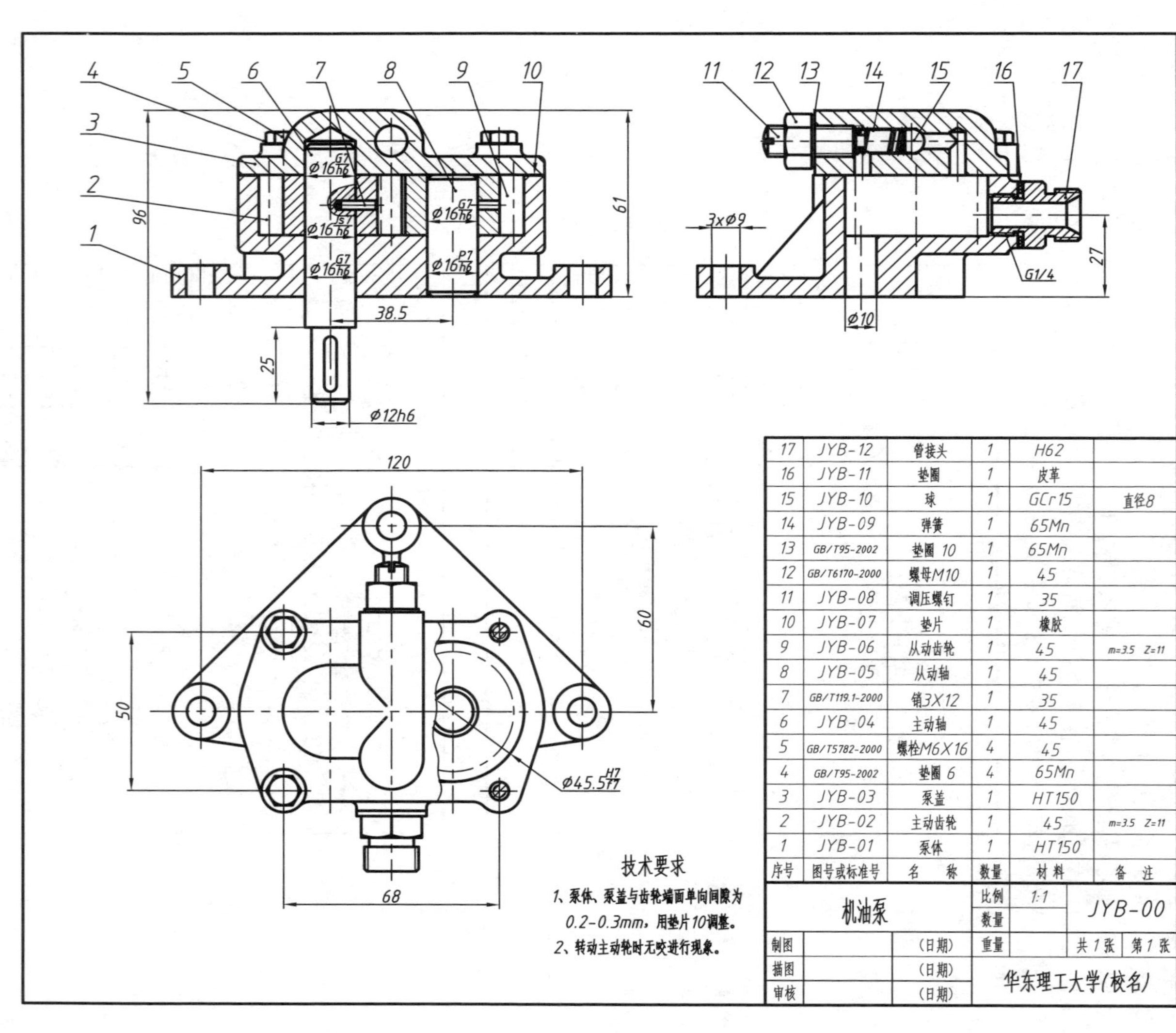

图10-24 机油泵装配图

10.7 阅读装配图和由装配图拆画零件图

在机器和部件的设计、制造、使用和技术交流中，都需要阅读装配图。因此，工程技术人员必须具有阅读装配图的能力。阅读装配图的目的是了解部件的作用和工作原理，了解各零件间的装配关系、拆装顺序及各零件的主要结构形状和作用，了解主要尺寸、技术要求和操作方法。在设计时，还要根据装配图画出该部件的零件图。

10.7.1 阅读装配图的方法及步骤

阅读装配图一般先要对装配图概括了解，再分析视图，分析零件，分析装配关系和工作原理，最后全面理解装配图后由装配图拆画零件图。

1. 概括了解

首先要了解零件的数量与种类：通过阅读标题栏了解机器(或部件)的名称，结合有关知识和资料，了解机器(或部件)的大致性能、用途；阅读明细栏和零件序号，可得知该装配体由多少个零件组成，分清哪些是标准件，哪些是非标准件，并查出零件的数量、材料种类和标准件的型号；由画图的比例、视图大小和外形尺寸，了解机器或部件的大小。

其次了解部件的工作原理，通过查阅有关传动路线部件的主要参数、动力的传入方式来了解部件的工作原理。

2. 分析视图

首先找到主视图，再根据投影关系识别其他视图的名称，找出剖视图、断面图所对应的剖切位置。根据向视图或局部视图的投射方向，识别出表达方法的名称，从而明确各视图表达的意图和侧重点，为下一步深入读图做准备。

3. 分析装配关系和工作原理

在概括了解装配图的基础上，从反映装配关系、工作原理明显的视图入手，找到主要装配干线，分析各零件的运动情况和装配关系及配合要求，分析装配体的轴向及周向是如何定位的，零件间是用何种方式连接的；再找到其他装配干线，继续分析工作原理、装配关系、零件的连接、定位以及配合的松紧程度等。

4. 分析零件

读懂零件的结构形状分析零件，就是弄清每个零件的结构形状及其作用。一般应先从主要零件入手，然后是其他零件。当零件在装配图中表达不完整时，可先仔细观察和分析有关的其他零件，然后再进行结构分析，从而确定该零件的内外结构形状。

5. 分析尺寸

查看装配图各部分尺寸，了解机器或部件的规格尺寸和外形大小、零件间的配合性质及公差值的大小、装配时要求保证的尺寸、安装时所需要的尺寸等。

10.7.2 阅读装配图举例

下面以图 10 - 25 所示的偏心柱塞泵为例，介绍具体阅读步骤。

1. 概括了解

(1) 了解零件的数量与种类。由图 10 - 25 所示的标题栏可知该装配体是偏心柱塞泵，从明细栏可以了解该偏心柱塞泵共有 18 种零件组成，其中有 6 种标准件。从其作用及技术要求可知，曲轴、柱塞和圆盘是该泵的关键部位。

(2) 了解工作原理。泵是用来输送流体的设备，这种用来输送流体并提高流体压力的设备称为泵。偏心柱塞泵由泵体、曲轴、填料压盖、填料、圆盘、柱塞、挡环、管接头、垫片、侧盖、螺母、螺栓、垫片、键、齿轮等 18 种零件组成，当曲轴上的偏心柱位于最高位置时，柱塞的位置也最高，进出油口都被封住；当曲轴上的偏心柱按顺时针方向旋转(从正对泵盖方向看)，柱塞向

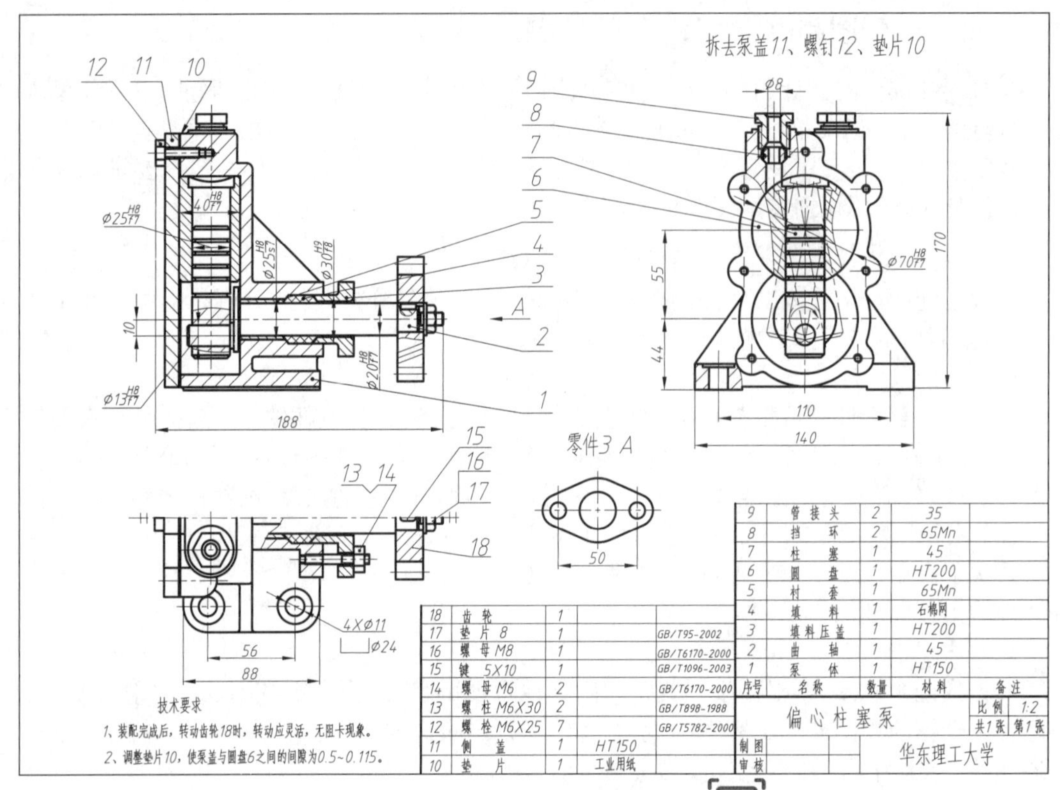

图 10-25 偏心柱塞泵装配图

左倾斜并下降，圆盘内腔空间逐渐增大而形成真空，圆盘向左摆动，进油口开，油箱内的油在大气压的作用下被吸进内腔；当偏心柱转到柱塞最低位置时，圆盘的内腔空间最大，此时的进出油口都被圆盘封住，从而完成吸油过程；当偏心柱转到左侧，柱塞向右倾斜并上升时，对油进行挤压，圆盘向右摆动，出油口开，压力油开始输出，当偏心柱转到柱塞最高位置时，圆盘的内腔空间最小，此时的进出油口又都被圆盘封住，从而完成输油过程。

(3) 分析清楚零件之间的装配连接方式。偏心柱塞泵有两条轴系，即两条装配线。曲轴装入泵体，曲轴右侧装有衬套、填料、填料压盖，压盖通过螺柱、螺母连接到泵体上，齿轮通过键连接到曲轴上，由垫片、螺母拧紧。曲轴套上柱塞，柱塞套上圆盘，柱塞和圆盘一起装入泵体；泵多处采用间隙配合，保证转动灵活。

2. 分析视图

图 10-25 所示的偏心柱塞泵装配图采用了主视图、俯视图、左视图三个基本视图，以及零件 3 的 A 向视图。

主视图选择其工作位置，重点表达偏心柱塞泵主要零件的装配关系和连接方式。左视图采用沿结合面剖切的画法，表达泵的工作原理，以及挡环、管接头的装配关系。俯视图采用简化的局部剖视图，主要表达外形及填料压盖通过螺柱与泵体的连接情况。零件 3 的 A 向视图主要表达零件 3 的端面形状，也是泵体右连接端面的形状。

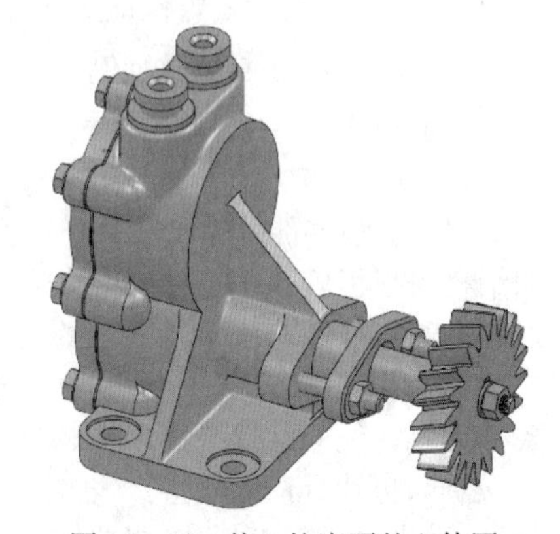

图 10-26 偏心柱塞泵的立体图

3. 分析零件的装配连接关系

有两条装配线，从主视图看，其装配过程是：先将衬套装入泵体，装入曲轴，旋转曲轴使曲轴上的偏心柱处于最低位；将柱塞装入圆盘中，柱塞的圆孔对准偏心柱，将柱塞和圆盘一起装入泵体；装上垫片、侧盖、拧上螺栓；装上填料、拧上螺柱、装上压盖、拧上螺母；装上键、齿轮、垫片、拧上螺母；装上挡环、管接头，完成偏心柱塞泵的装配。

图中注出了 7 处配合面的要求。如柱塞与圆盘配合面的配合要求$\varnothing 25\ \frac{H8}{f7}$，即表明该孔和轴的公称尺寸均为Ø25，采用基孔制、间隙配合。

4. 分析零件的形状

在弄懂部件工作原理和零件间的装配关系后，分析零件的结构形状，可有助于进一步了解部件结构特点。

(1) 泵体(件 1)。联系主左视图可以看出，泵体整体呈现八字形，内有八字形空腔；右下方为圆柱体和连接板，连接板形状如零件 3 的 *A* 向视图所示，其内有安装轴衬和填料用的尺寸分别为Ø25H8 和Ø30H9 的圆柱孔，左端面有半圆柱形凸台，凸台上开有尺寸为 M6 的螺孔 7 个；上有柱形凸台，凸台内有螺孔，用于安装挡环和管接头；泵体下方有方形安装板，上有 4 个尺寸为Ø11 的安装孔；泵体下方和右方有 4 块加强肋板；泵体立体形状如图 10 - 27 所示。

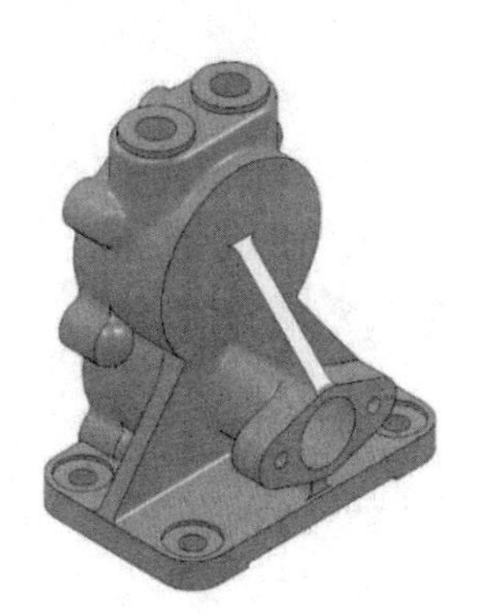
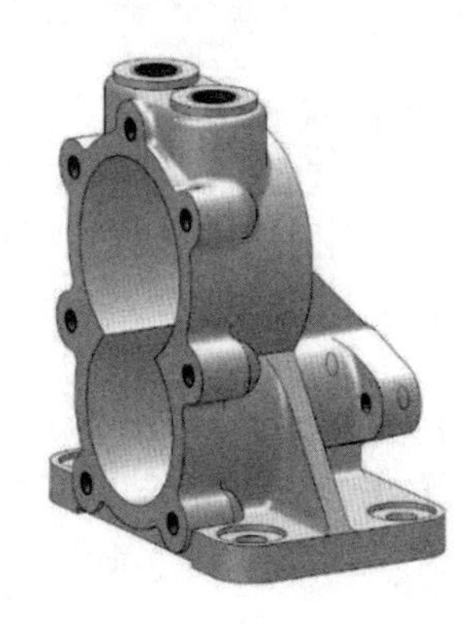

图 10 - 27　泵体的立体图

(2) 曲轴(件 2)。曲轴是偏心柱塞泵传递运动的主要零件，由一阶梯轴加一平行的小圆柱组成，与齿轮连接处开有 1 个键槽，曲轴立体形状如图 10 - 28(a)所示。

(3) 圆盘(件 6)。圆盘是泵的主要工作零件，其基本形状为扁圆形，中部开有直径为Ø25 的圆柱孔。圆盘立体形状如图 10 - 28(b)所示。

(4) 齿轮。齿轮也是传递运动的主要零件，其基本形状为扁圆形，中部开一带有键槽的通孔，齿轮立体形状如图 10 - 28 (c)所示。

其他部分零件立体图如图 10 - 28(d)(e)所示。

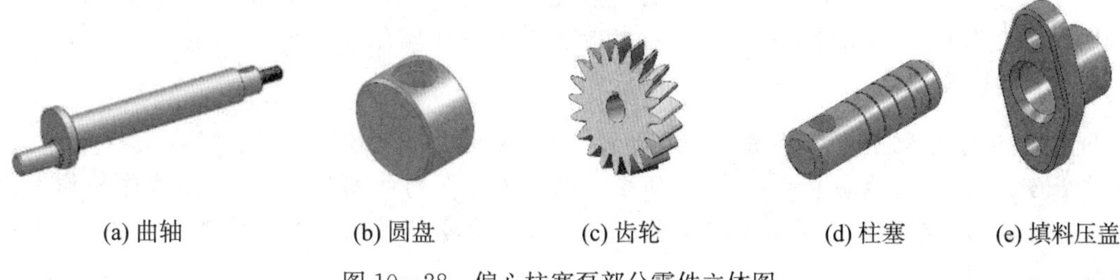

(a) 曲轴　(b) 圆盘　(c) 齿轮　(d) 柱塞　(e) 填料压盖

图 10 - 28　偏心柱塞泵部分零件立体图

5. 分析尺寸

分析偏心柱塞泵装配图中各尺寸的含义。

(1) 规格尺寸:Ø8、44 表达泵进出口的直径和曲轴高度。

(2) 配合尺寸:有 6 处配合尺寸要求以保证密封的可靠性及轴工作的灵活性。其中配合尺寸$Ø70\ \frac{H8}{f7}$表示圆盘与泵体的配合,泵体孔的精度为 8,圆盘的精度为 7。配合尺寸$Ø13\ \frac{H8}{f7}$为基孔制的配合,是曲轴与柱塞的配合。

(3) 安装尺寸:有 110,56,4×Ø11 保证安装的准确,

(4) 外形尺寸:188,140,170。

(5) 其他尺寸:55 是曲轴与圆盘的中心距。

10.7.3 由装配图拆画零件图的方法和步骤

在设计过程中,需要由装配图拆画零件图,简称拆图。拆画零件图前,应对所拆零件的作用进行分析,把该零件从装配图中分离出来。分析零件的结构形状,根据零件的表达要求,选择主视图和其他视图。采用抄注、查取、计算的方法标注零件尺寸,并根据零件的功用注写技术要求,最后填写标题栏。具体步骤如下:

1. 分离零件

从装配图分离零件的基本方法:

(1) 在装配图上找到该零件的序号和指引线,根据指引线找到该零件。

(2) 利用投影关系、剖面线的方向找到该零件在装配图中的轮廓范围。同一零件的剖面线的方向和间隔,在各个零件图上必须一致;相邻两不同零件的剖面线方向应相反,或间隔不等。按照这个规定,再根据视图间投影的对应关系,可以确定零件在装配图中的投影位置和范围,分离出零件的投影轮廓。

(3) 利用装配图的规定画法来区分。可以利用实心件不剖的规定,区分出齿轮轴;利用标准件不剖的规定,区分出螺钉、螺母、螺柱等。

2. 补全视图投影

分离出的零件轮廓往往是不完整的图形,必须继续分析,想出完整的结构,补全所拆画零件的轮廓线。

(1) 被其他零件遮盖掉的结构或形状:根据结构的完整性、合理性以及分析其他视图来分析被其他零件遮盖掉的投影,想象出完整结构后,补画出被其他零件遮盖掉的部分线条。

(2) 按零件图规定画法表达:熟悉螺纹结构、螺纹连接件、键、销等连接装配图及其零件规定表达,将零件的螺纹结构等部分由装配图表达方式改成零件图表达方式。

(3) 接合面形状的一致性原则:为便于零件间的对齐、安装,装配图中相接触的端面形状应一致。依据该原则,可根据一零件的可见形状,判断另一与之相接触零件的接触面形状。

(4) 包容体形状内外的一致性原则:装配图中包容体的内腔形状取决于被包容体的外部形状,为被包容体外部轮廓的相似形。在装配图的读图中常依据该原则从空腔内零件的形状判断空腔的形状。

注意:由于装配图与零件图的表达要求不同,在装配图上往往把零件的细部结构和工艺结构省略。因此,在拆画零件图时,对那些未能表达完全的结构形状,应根据零件的作用、装配关系和工艺要求予以确定并表达清楚。此外对所画零件的视图表达方案一般不应简单地按装配图照抄。

3. 标注尺寸及技术要求

(1) 零件图上的尺寸

配合尺寸:按装配图中的配合代号,注出公差带代号或上下偏差值,注意孔和轴的公称尺寸应一致。

标准尺寸:与标准件有关的尺寸,有标准规定的尺寸,必须查阅有关规定。

计算尺寸:必须经过计算才能得到的尺寸。

其余定形、定位尺寸:已知的尺寸直接标注,未知尺寸均按比例直接从图中量取并按规定取整。注意相邻零件的接触面的有关尺寸及连接件的有关的定位尺寸要一致。

(2) 标注表面粗糙度及几何公差

所有加工表面都要注粗糙度符号,等级的确定一般可参考如下:

配合表面:*Ra* 值取 3.2～0.8,公差等级高的 *Ra* 取较小值。

接触面:*Ra* 值取 6.3～3.2,如零件的定位底面 *Ra* 可取 3.2,一般端面可取 6.3 等。

需加工的自由表面(不与其他零件接触的表面):*Ra* 值可取 25～12.5,如螺栓孔等。

标注表面粗糙度、尺寸公差、几何公差等技术要求时,还可以根据零件在装配体中的作用,参考同类产品及有关资料确定。

10.7.4　由装配图拆画零件图举例

按照前述由装配图拆画零件图的方法和步骤,来绘制偏心柱塞泵的零件图。选取偏心柱塞泵装配图中结构复杂的泵体为例,说明拆画零件的视图分析技巧。

(1) 泵体零件图视图分析,分离泵体

从装配图中分离零件的投影,按照前述介绍的分离方法,根据同一零件的剖面线同方向、同间隔,分清楚零件的轮廓范围,从装配图的三个视图中分离出泵体的投影轮廓,如图 10-29 粗实线所示。将泵体分离出来,如图 10-30 所示。

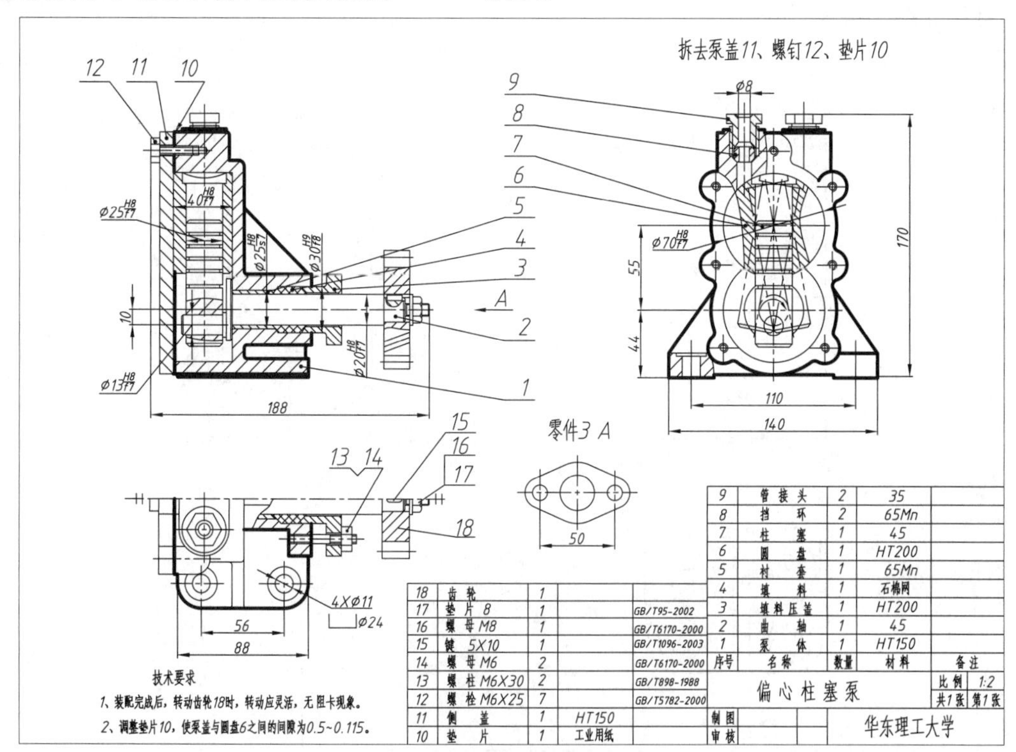

图 10-29　分离泵体的投影轮廓

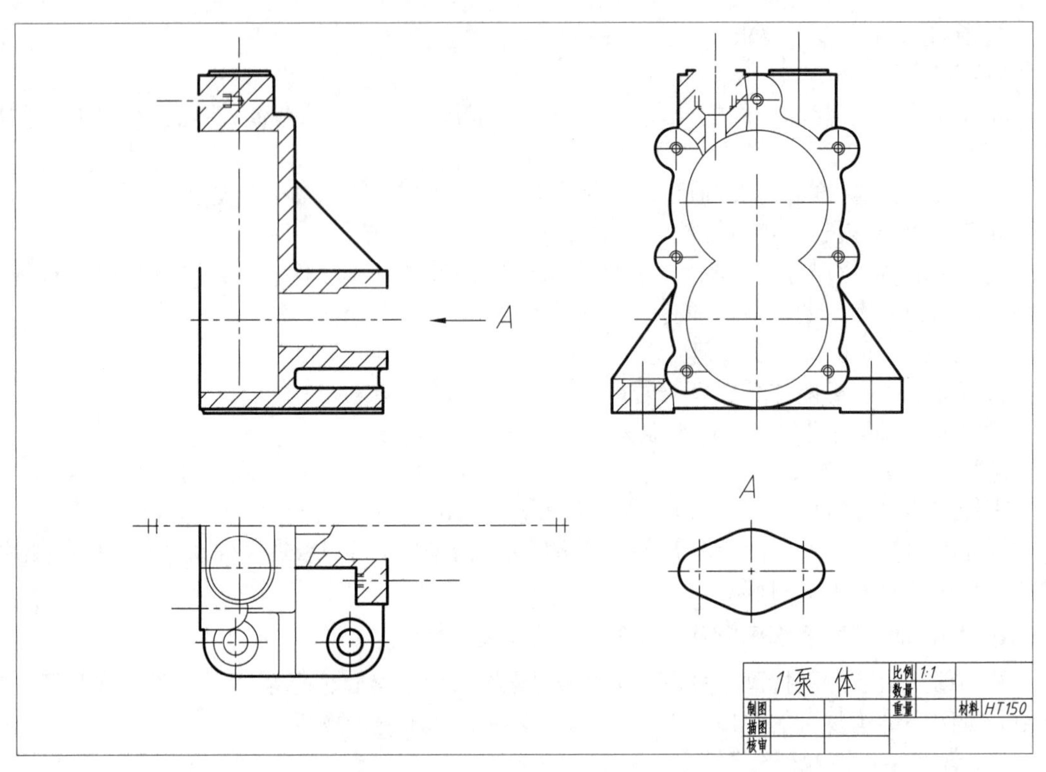

图 10 - 30　分离出泵体的零件图

(2) 研究要分离泵体与相邻零件装配时的连接关系，以及被遮挡的情况，想象出要分离泵体的完整形状，按投影关系补上投影线，完成零件的投影图。主视图、左视图、俯视图及 A 向视图补线如图 10 - 31 所示。

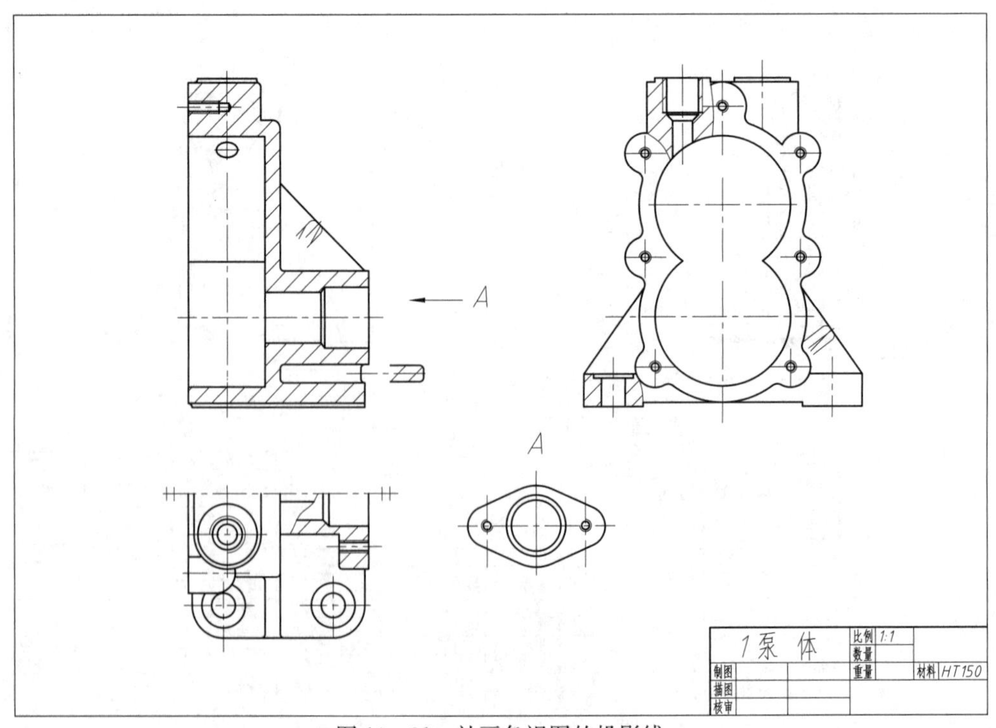

图 10 - 31　补画各视图的投影线

(3) 标注尺寸,如图 10－32 所示。

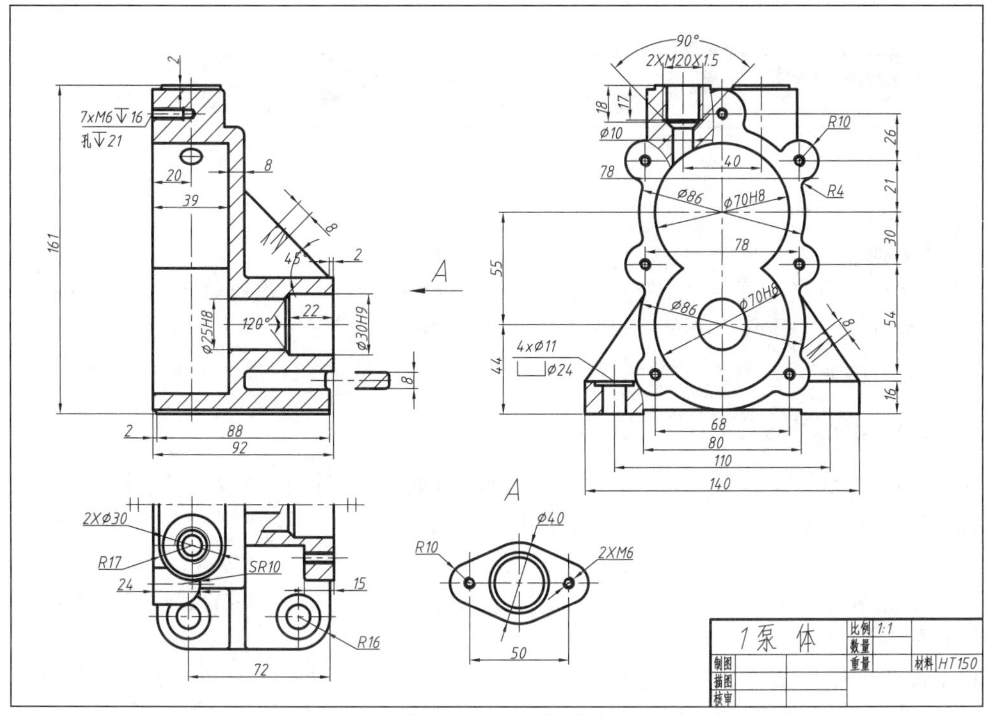

图 10－32 标注尺寸

(4) 标注表面粗糙度、几何公差及技术要求

根据零件的作用参考类似零件,注写必要的技术要求,完成泵体的零件图绘制,如图 10－33 所示。

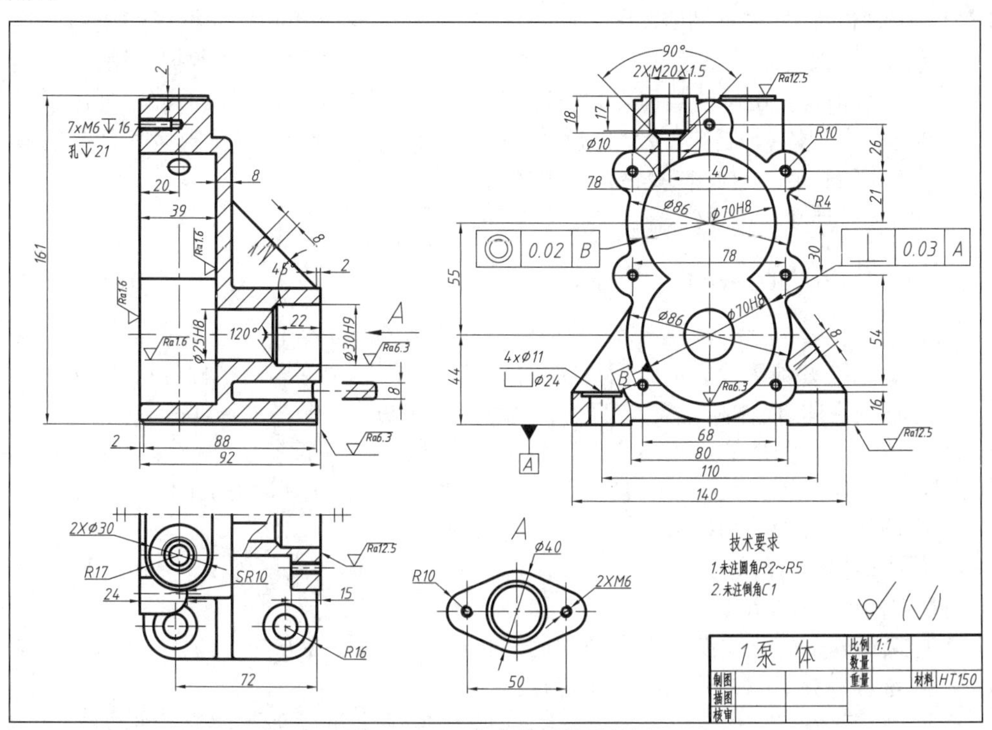

图 10－33 完成的泵体零件图

11 化工设备图

本章概要

介绍化工设备主要零部件的结构形状和参数，化工设备图的表达方案、绘制和阅读方法，以及焊接及焊缝标注的相关知识。

11.1 化工设备图的作用和内容

化工生产过程中有不少是基本的化工单元操作，如蒸发、冷凝、吸收、蒸馏及干燥等。用以完成各种反应和单元操作的设备，如容器、换热器、塔器和反应器等（图 11－1），统称为化工设备。

化工设备图是表达化工设备的结构形状、技术特性、各零部件之间的装配连接关系以及必要的尺寸和制造、检验、安装等技术要求的图样。

化工设备的施工图样，一般包括设备装配图、部件装配图和零件图等。本章所介绍的化工设备图是化工设备装配图的简称。

图 11－2 是一立式贮槽（容器）的装配图。它除具有机械装配图所需的一组视图、必要的尺寸、零件和部件的序号、明细栏和标题栏等内容外，还有：

(1) 管口符号。设备上所有的接管口（物料进出管口、仪表管口等）和开孔（如视镜、人孔、手孔等）均用管口符号（带有圆圈的大写拉丁字母）标注在管口和开孔的投影旁或中心线或轴线的延长线上，并在技术数据表的“管口表”栏中列出管口和开孔的有关数据和用途等内容。

(2) 技术数据表。由设计数据表、技术要求、管口表组成技术数据表。表中列出了设备的基本设计数据，设计依据，制造、检验和验收的有关规范、技术要求，以及管口和开孔的有关内容，以供读图、备料、制造、检验、验收和操作之用。

(3) 明细栏、质量及盖章栏、主签署栏、会签栏和制图签署栏等。

11.2 化工设备的基本结构和特点

因工艺要求的不同，各种化工设备的结构形状也各有差异。图 11－3 是常见化工设备的基本结构。分析这些典型设备的结构形状，可归纳出以下几个共同的结构特点。

(1) 设备的主体（筒体和封头）以回转体为多，如图 11－3(a)中的筒体和封头。

(2) 设备上开孔和接管口较多。为满足化工工艺需要，在设备主体（筒体和封头）上多处开孔，以连接管道和装配人孔、视镜等零部件，如图 11－3(b)中封头上的人孔和接管口，图 11－3(a)中筒体上液面计的接管口。

(3) 薄壁结构多，结构的尺寸悬殊。如图 11－2 中，筒体的高度为 2600 mm，直径为 1600 mm，但筒体壁厚仅为 6 mm。

(4) 焊接结构多。化工设备中零部件的连接广泛采用焊接方法。如图 11－2 中，筒体与封头、支座、液面计接管口的连接都采用焊接。

(5) 通用零部件多。化工设备大量采用标准化、通用化和系列化的零部件，如图 11－2 中的管法兰、封头、支座、液面计等均已标准化和系列化。

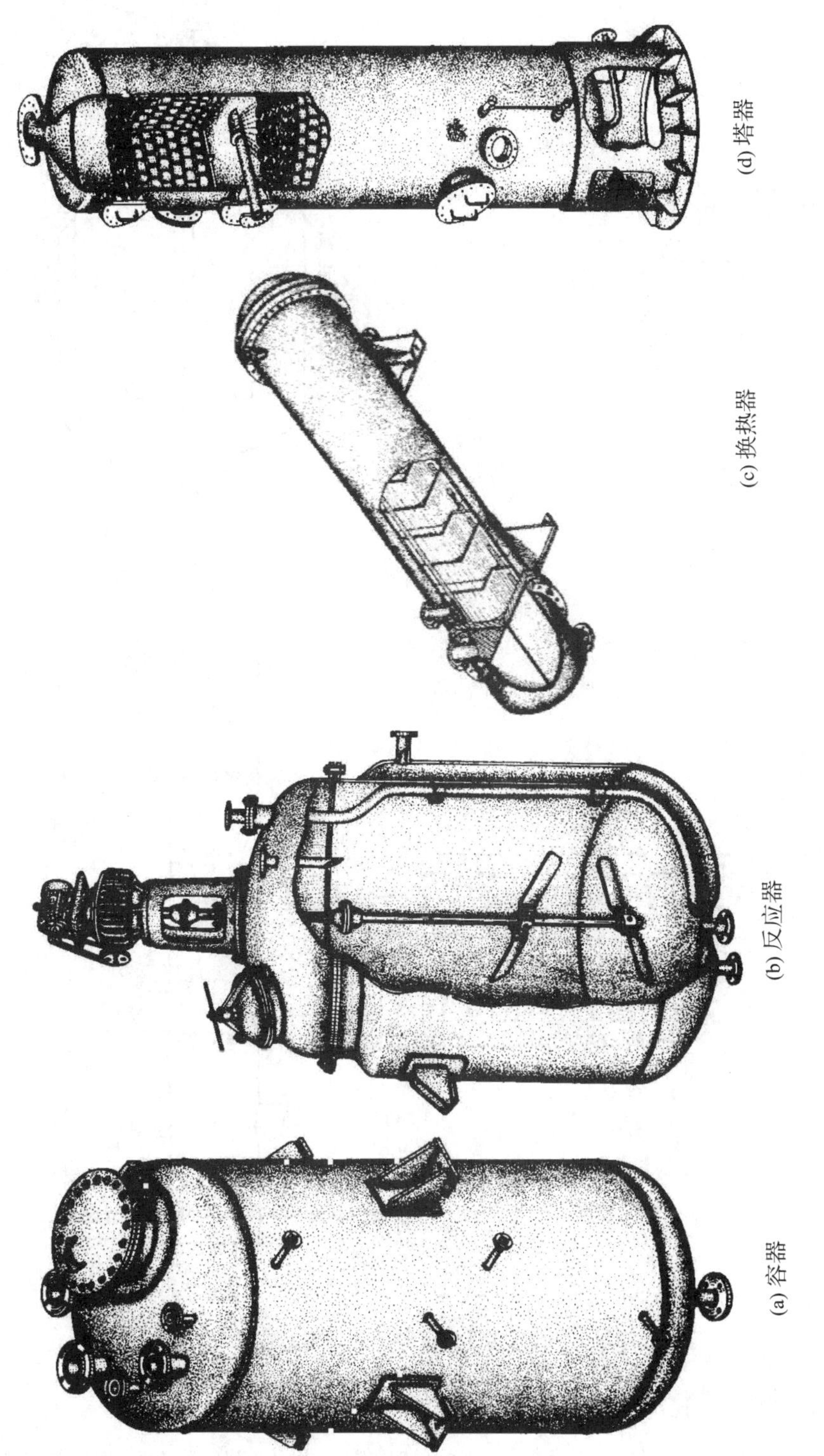

(a) 容器 (b) 反应器 (c) 换热器 (d) 塔器

图11-1 常见的化工设备

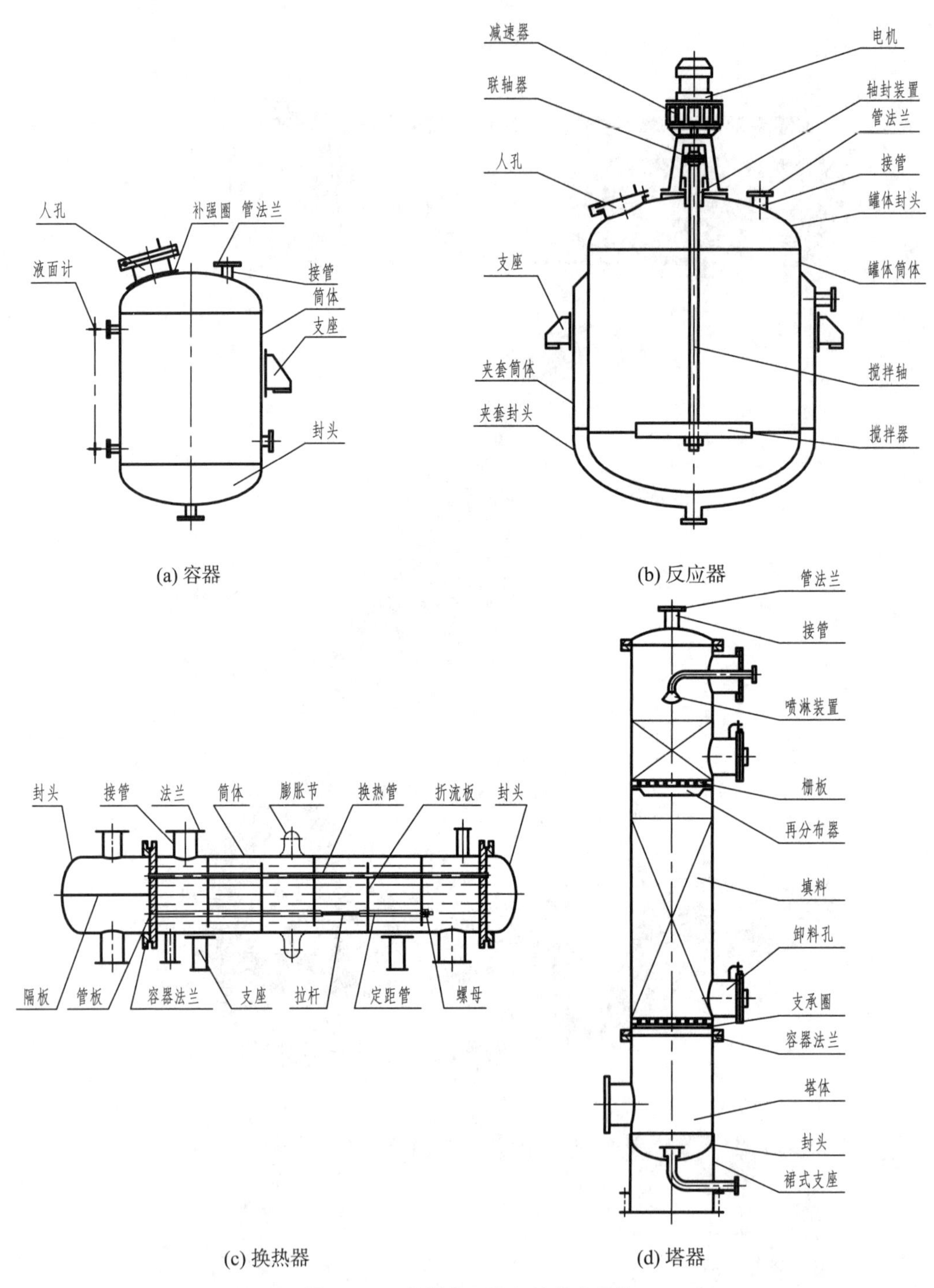

图 11-3　常见化工设备的基本结构

11.3　化工设备标准化的通用零部件简介

化工设备的结构形状虽各有差异，但是往往都选用一些作用相同的零部件来组成设备，如图 11-2 中的人孔、封头、支座、管法兰等。为了便于设计、制造和检修，把这些零部件的结构形状统一成若干种标准规格，使其能相互通用，称为标准化的通用零部件。

化工设备标准化的通用零部件的基本参数主要是公称压力(PN)和公称直径(DN)。熟悉这些零部件的用途、结构特征和有关标准,将有助于阅读和绘制化工设备图。下面介绍几种常用标准化的通用零部件。

11.3.1 筒体

化工设备的筒体一般为圆柱形,主要尺寸是直径、高度(或长度)和壁厚。公称直径在设计时必须按 GB/T 9019—2015 中的规定选取,以内径为基准的压力容器公称直径按照表 11-1 选取。

圆筒内径为 2800 mm 的压力容器公称直径,其标记如下:

公称直径 DN 2800 GB/T 9019—2015

表 11-1 以内径为基准的压力容器公称直径(摘自 GB/T 9019—2015) 单位:mm

300	350	400	450	500	550	600	650	700	750
800	850	900	950	1 000	1 100	1 200	1 300	1 400	1 500
1 600	1 700	1 800	1 900	2 000	2 100	2 200	2 300	2 400	2 500
2 600	2 700	2 800	2 900	3 000	3 100	3 200	3 300	3 400	3 500
3 600	3 700	3 800	3 900	4 000	4 100	4 200	4 300	4 400	4 500
4 600	4 700	4 800	4 900	5 000	5 100	5 200	5 300	5 400	5 500
5 600	5 700	5 800	5 900	6 000	6 100	6 200	6 300	6 400	6 500
6 600	6 700	6 800	6 900	7 000	7 100	7 200	7 300	7 400	7 500
7 600	7 700	7 800	7 900	8 000	8 100	8 200	8 300	8 400	8 500
8 600	8 700	8 800	8 900	9 000	9 100	9 200	9 300	9 400	9 500
9 600	9 700	9 800	9 900	10 000	10100	10 200	10 300	10 400	10 500
10 600	10 700	10 800	10 900	11 000	11 100	11 200	11 300	11 400	11 500
11 600	11 700	11 800	11 900	12 000	12 100	12 200	12 300	12 400	12 500
12 600	12 700	12 800	12 900	13 000	13 100	13 200			

注:本标准并不限制在本标注直径系列外其他直径圆筒的使用。

以外径为基准的压力容器公称直径按表 11-2 的规定选取。

表 11-2 以外径为基准的压力容器公称直径(摘自 GB/T 9019—2015) 单位:mm

公称直径	150	200	250	300	350	400
外径	168	219	273	325	356	406

公称直径为 250 mm,外径为 273 mm 的管子做筒体的压力容器公称直径,其标记如下:

公称直径 DN 250 GB/T 9019—2015

11.3.2 封头

封头有椭圆形、碟形、锥形等多种类型,其中椭圆形封头应用最广。它们与筒体可以直接焊接,也可分别焊上容器法兰,再用螺栓、螺母等连接。

椭圆形封头由半椭球和短圆柱筒节组成,尺寸有以内径为基准和以外径为基准两种,分别如图 11-4(a)和图 11-4(b)所示。前者的类型代号为 EHA,后者的类型代号为 EHB,两者的参数关系均为 $\frac{DN}{2(H-h_1)}=2$。EHA 椭圆形封头与以内径为基准的卷焊筒体焊接或与容器法兰焊接,而 EHB 椭圆形封头则与以外径为基准的无缝钢管筒体焊接或与管法兰焊接。

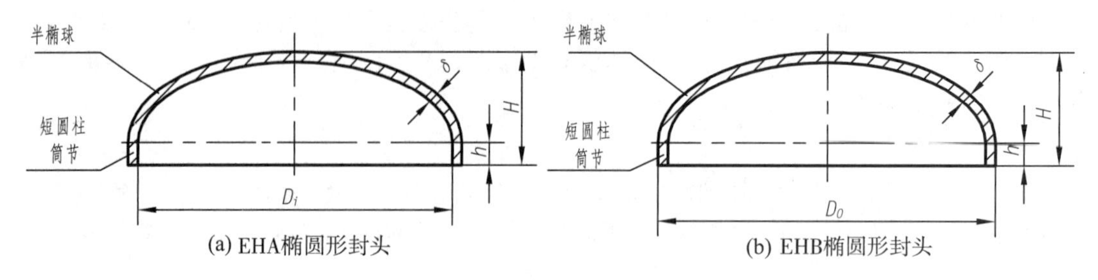

(a) EHA椭圆形封头　　(b) EHB椭圆形封头

图 11－4　椭圆形封头

表 11－3　EHA 椭圆形封头(摘自 GB/T 25198—2010)

公称直径 DN/mm	总深度 H/mm	内表面积 A/m^2	容积 V/m^3	封头名义厚度 δ_n/mm															
				2	3	4	5	6	8	10	12	14	16	18	20	22	24	26	28
				封头质量/kg															
300	100	0.1211	0.0053	1.9	2.8	3.8	4.8	5.8	7.8	9.9	12.1	14.3							
350	113	0.1603	0.0080	2.5	3.7	5.0	6.3	7.6	10.3	13.0	15.8	18.7	21.6						
400	125	0.2049	0.0115	3.2	4.8	6.4	8.0	9.7	13.1	16.5	20.0	23.6	27.3						
450	138	0.2548	0.0159	3.9	5.9	7.9	10.0	12.0	16.2	20.4	24.8	29.2	33.7						
500	150	0.3103	0.0213	4.8	7.2	9.6	12.1	14.6	19.6	24.7	30.0	35.3	40.7						
550	163	0.3711	0.0277	5.7	8.6	11.5	14.4	17.4	23.4	29.5	35.7	41.9	48.3						
600	175	0.4374	0.0353	6.7	10.1	13.5	17.0	20.4	27.5	34.6	41.8	49.2	56.7						
650	188	0.5090	0.0442	7.8	11.7	15.7	19.7	23.8	31.9	40.2	48.5	57.0	65.6	74.4	83.2	92.2			
700	200	0.5861	0.0545	9.0	13.5	18.1	22.7	27.3	36.6	46.1	55.7	65.4	75.3	85.2	95.3	105.5			
750	213	0.6686	0.0663	10.2	15.4	20.6	25.8	31.1	41.7	52.5	63.4	74.4	85.6	96.8	108.3	119.8			
800	225	0.7566	0.0796	11.6	17.4	23.3	29.2	35.1	47.1	59.3	71.5	83.9	96.5	109.2	122.0	135.0	148.2	161.4	174.9
850	238	0.8499	0.0946		19.6	26.1	32.8	39.4	52.9	66.5	80.2	94.1	108.1	122.3	136.6	151.1	165.8	180.6	195.5
900	250	0.9487	0.1113		21.8	29.2	36.5	44.0	58.9	74.1	89.3	104.8	120.4	136.1	152.0	168.1	184.4	200.8	217.3
950	263	1.0529	0.1300		24.2	32.3	40.5	48.8	65.3	82.1	99.0	116.1	133.3	150.7	168.3	186.0	203.9	222.0	240.3
1000	275	1.1625	0.1505		26.7	35.7	44.7	53.8	72.1	90.5	109.1	127.9	146.9	166.0	185.3	204.8	224.5	244.4	264.4
1100	300	1.3908	0.1980		32.1	42.9	53.7	64.6	86.5	108.6	130.9	153.3	176.0	198.9	221.9	245.2	268.6	292.2	316.1
1200	325	1.6552	0.2545		38.0	50.7	63.5	76.4	102.2	128.3	154.6	181.1	207.8	234.7	261.8	289.1	316.6	344.4	372.3
1300	350	1.9340	0.3208		44.3	59.2	74.2	89.2	119.3	149.7	180.3	211.1	242.2	273.4	304.9	336.7	368.6	400.8	433.2
1400	375	2.2346	0.3977		51.2	68.4	85.6	102.9	137.7	172.7	208.0	243.5	279.2	315.2	351.4	387.9	424.6	461.5	498.7
1500	400	2.5568	0.4860		58.5	78.2	97.9	117.7	157.4	197.4	237.6	278.1	318.9	359.9	401.1	442.7	484.4	526.5	568.8
1600	425	2.9007	0.5864		66.4	88.7	111.0	133.4	178.4	223.7	269.2	315.0	361.1	407.5	454.1	501.1	548.3	595.7	643.5

表 11－3 是以内径为基准的椭圆形封头的有关数据。表中的封头名义厚度 δ 是指封头成型前的厚度。标准 GB/T 25198—2010 推荐:当 DN≤2000 时,直边高度为 25 mm;当 DN＞2000 时,直边高度为 40 mm。

封头的标记为“类型代号 公称直径×名义厚度(最小成型厚度)－材料牌号 标准号”。例如,公称直径为 325 mm、封头名义厚度为 12 mm、封头最小成形厚度为 10.4 mm、材料牌号为 16MnR、以外径为基准的椭圆形封头的标记为“EHB 325×12(10.4)－16MnR GB/T 25198”。

11.3.3　法兰及垫片

法兰是化工设备连接中的主要零件。法兰连接如图 11－5 所示。法兰分别焊接于筒体、封头(或管子)的一端，两法兰的密封面之间放有垫片，用螺栓连接件加以连接，待螺母旋紧后，就得到不会泄漏的连接。

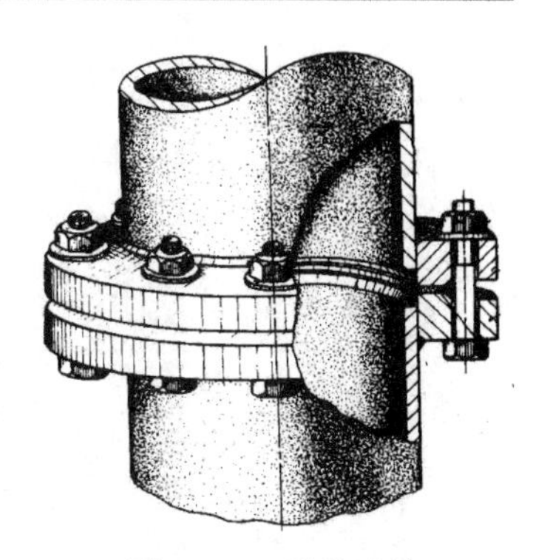

图 11 - 5　法兰连接

化工设备用的法兰有容器法兰和管法兰两种。

1. 容器法兰

(1) 容器法兰结构形式及标记

用于设备筒体间或筒体和封头间的连接。容器法兰有平焊法兰(分为甲型和乙型，乙型与甲型的主要区别在于乙型平焊法兰带有与筒体或封头对焊的短圆柱筒节)和长颈对焊法兰两种。压力容器法兰现大多采用 NB/T 47021—2012 标准。

按密封面型式的不同，法兰有平面、凹凸面和榫槽面三种，其中平密封面的代号为 RF，凹凸密封面中的凹面和凸面的代号分别为 FM 和 M，榫槽密封面中的榫面和槽面的代号分别为 T 和 G。

图 11 - 6(a)和图 11 - 6(b)分别为甲型平密封面和凹凸密封面平焊法兰的结构和尺寸参数图。表 11 - 4 为甲型平焊法兰的有关参数。

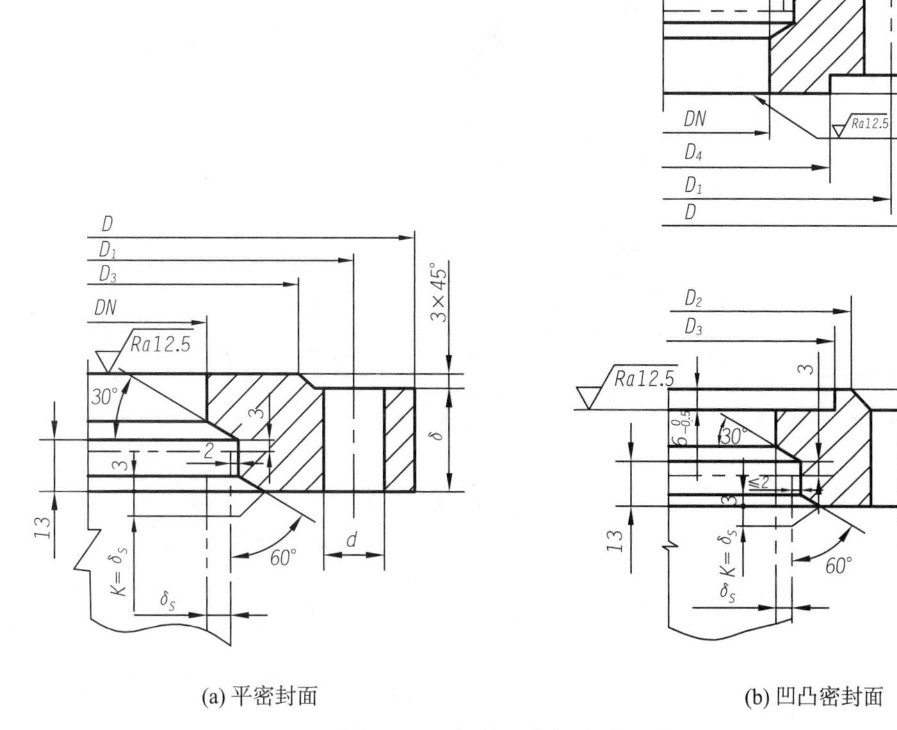

(a) 平密封面　　(b) 凹凸密封面

图 11 - 6　钢制压力容器甲型平焊法兰

表 11-4　甲型平焊法兰的有关参数(摘自 NB/T 47021—2012)

公称直径 DN/ mm	法兰/mm							螺柱	
	D	D_1	D_2	D_3	D_4	δ	d	规格	数量
PN=0.25 MPa									
700	815	780	750	740	737	36	18	M16	28
800	915	880	850	840	837	36	18	M16	32
900	1015	980	950	940	937	40	18	M16	36
1000	1130	1090	1055	1045	1042	40	23	M20	32
1100	1230	1190	1155	1141	1138	40	23	M20	32
1200	1330	1290	1255	1241	1238	44	23	M20	36
1300	1430	1390	1355	1341	1338	46	23	M20	40
1400	1530	1490	1455	1441	1438	46	23	M20	40
1500	1630	1590	1555	1541	1538	48	23	M20	44
1600	1730	1690	1655	1641	1638	50	23	M20	48
PN=0.6 MPa									
450	565	530	500	490	487	30	18	M16	20
500	615	580	550	540	537	30	18	M16	20
550	665	630	600	590	587	32	18	M16	24
600	715	680	650	640	637	32	18	M16	24
650	765	730	700	690	687	36	18	M16	28
700	830	790	755	745	742	36	23	M20	24
800	930	890	855	845	842	40	23	M20	24
900	1030	990	955	945	942	44	23	M20	32
1000	1130	1090	1055	1045	1042	48	23	M20	36
1100	1230	1190	1155	1141	1138	55	23	M20	44
1200	1330	1290	1255	1241	1238	60	23	M20	52
PN=1.0 MPa									
300	415	380	350	340	337	26	18	M16	16
350	465	430	400	390	387	26	18	M16	16
400	515	480	450	440	437	30	18	M16	20
450	565	530	500	490	487	34	18	M16	24
500	630	590	555	545	542	34	23	M20	20
550	680	640	605	595	592	38	23	M20	24
600	730	690	655	645	642	40	23	M20	24
650	780	740	705	695	692	44	23	M20	28
700	830	790	755	745	742	46	23	M20	32
800	930	890	855	845	842	54	23	M20	40
900	1030	990	955	945	942	60	23	M20	48

按 NB/T 47020—2012 的规定，容器法兰的标记如下：

法兰名称及代号一密封面型式代号　公称直径一公称压力/ 法兰厚度一法兰总高度 标准编号

其中法兰名称及代号分为一般法兰和衬环法兰，其代号分别为“法兰”和“法兰 C”；当法兰厚度和法兰总高度均采用标准数值时，此两部分标记省略。

例如：公称压力为 0.6MPa，公称直径为 1000mm，法兰厚度和法兰总高度均采用标准数值 δ 的平密封面甲型平焊法兰，其标记为

法兰一RF 1000一0.6 NB/T　47021—2012

公称压力为 2.5MPa，公称直径为 1000mm 的平密封面长颈对焊法兰，其中法兰厚度改为 78mm，法兰总高度仍为 155mm，其标记为

法兰一RF 1000一2.5 /78一155 NB/T　47023—2012

(2) 容器法兰用垫片

常用的容器法兰用垫片有非金属软垫片(参见标准 NB/T 47024—2012)、缠绕垫片(参见标准 NB/T 47025—2012)、金属包垫片(参见标准 NB/T 47026—2012)。容器法兰用非金属软垫片可用于中低压、工作温度不高的设备，如图 11-7 所示。

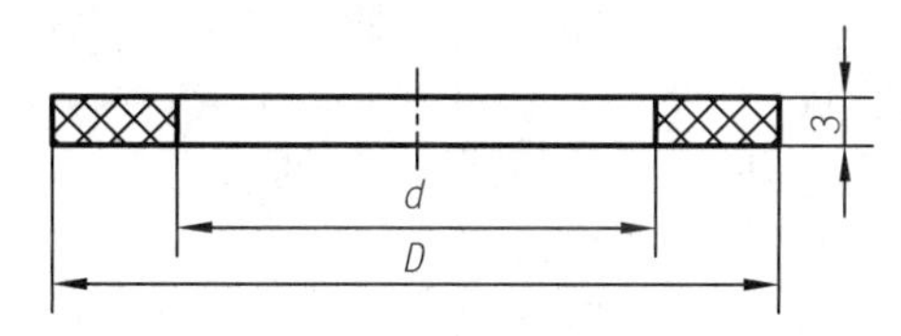

图 11-7　容器法兰用非金属软垫片

非金属软垫片的标记：垫片 公称直径一公称压力　材料代号 标准编号。

例如：公称直径 1000mm，公称压力 0.25MPa 的石棉橡胶垫片，其标记为

垫片 1000一0.25 XB350 NB/T 47024—2012

平密封面、凹凸密封面、衬环平密封面和衬环凹凸密封面的甲型平焊法兰用非金属软垫片的有关参数见表 11-5。

表 11-5　甲型平焊法兰用非金属软垫片(NB/T 47024—2012)

公称压力 PN/MPa	0.25		0.6		1.0		1.6		公称压力 PN/MPa	0.25		0.6	
公称直径 DN/mm	*D*	*d*	*D*	*d*	*D*	*d*	*D*	*d*	公称直径 DN/mm	*D*	*d*	*D*	*d*
300	按 PN=1.0				339	303	344	304	1000	1044	1004	1044	1004
350					389	353	394	354	1100	1140	1100	1140	1100
400					439	403	444	404	1200	1240	1200	1240	1200
450	按 PN=1.0		489	453	489	453	494	454	1300	1340	1300		
500			539	503	544	504	544	504	1400	1440	1400		
550			589	553	594	554	594	554	1500	1540	1500		
600			639	603	644	604	644	604	1600	1640	1600		
650			689	653	694	654	694	654	1700	1740	1700		
700	739	703	744	704	744	704			1800	1840	1800		
800	839	803	844	804	844	804			1900	1940	1900		
900	939	903	944	904	944	904			2000	2040	2000		

2. 管法兰

(1) 管法兰结构型式及标记

管法兰主要用于管道间的连接。国际上管法兰标准主要有两个体系：一个是以欧盟 EN 为代表的欧洲管法兰标准体系(公称压力采用 PN 表示)；另一个是以 ASME(美国机械工程师协会)为代表的美洲管法兰标准体系(公称压力采用 Class 表示)。我国目前多采用 HG/T 20592—2009《钢制管法兰(PN 系列)》。

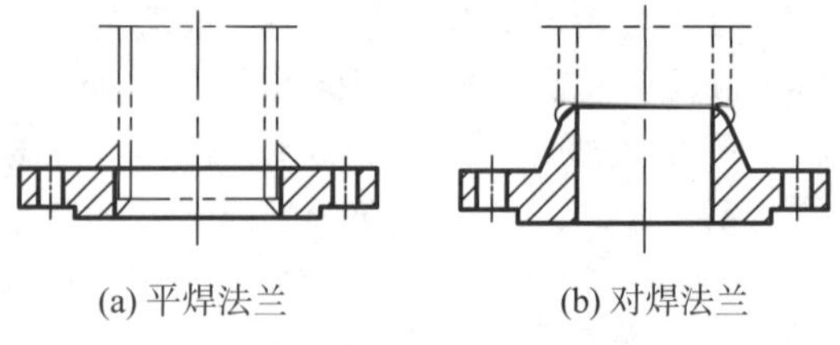

(a) 平焊法兰　　(b) 对焊法兰

图 11－8　管法兰型式

按连接形式分，管法兰有平焊、对焊等多种，见图 11－8。按法兰类型分，管法兰有板式平焊法兰(代号 PL)、带颈平焊法兰(代号 SO)、带颈对焊法兰(代号 WN)、整体法兰(代号 IF)、承插焊法兰(代号 SW)、螺纹法兰(代号 Th)等多种。

法兰密封面型式包括：突面(代号为 RF)、凹凸面(代号为 MFM，其中凹面代号为 FM，凸面代号为 M)、榫槽面(代号为 TG，其中榫面代号为 T，槽面代号为 G)、全平面(代号为 FF)和环连接面(代号为 RJ)。图 11－9 所示的为板式平焊钢制管法兰，密封面型式为突面。突面、凹面/凸面及全平面密封面上有车制时自然形成的锯齿形同心圆或螺旋齿槽，其深度约为 0.05mm，节距为 0.45～0.55mm，用以加强密封效果。

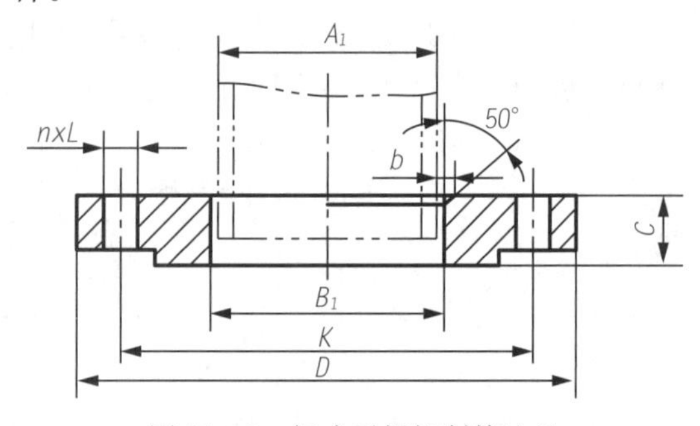

图 11－9　板式平焊钢制管法兰

管法兰又分为 A、B 两个系列。A 系列为国际标准(英制)，B 系列为国家标准(公制)。表 11－6 摘录了 B 系列突面板式平焊钢制管法兰的部分数据，表中 PN2.5、PN6、PN10 的压力单位为 0.1MPa。

表 11－6　B 系列突面板式平焊钢制管法兰(摘自 HG/T 20592—2009)　　单位：mm

公称通径 DN	管子外径 A_1	法兰内径 B_1	连接尺寸					法兰厚度 C
			D	K	L	n	螺栓 Th	
PN2.5，PN6								
10	14	15	75	50	11	4	M10	12
15	18	19	80	55	11	4	M10	12
20	25	26	90	65	11	4	M10	14
25	32	33	100	75	11	4	M10	14
32	38	39	120	90	14	4	M12	16
40	45	46	130	100	14	4	M12	16
50	57	59	140	110	14	4	M12	16
65	76	78	160	130	14	4	M12	16
80	89	91	190	150	18	4	M16	18
100	108	110	210	170	18	4	N16	18
125	133	135	240	200	18	8	M16	20
150	159	161	265	225	18	8	M16	20

续表

公称通径 DN	管子外径 A_1	法兰内径 B_1	连接尺寸					法兰厚度 C
			D	K	L	n	螺栓 Th	
200	219	222	320	280	18	8	M16	22
250	273	276	375	335	18	12	M16	24
300	325	328	440	395	22	12	M20	24
350	377	381	490	445	22	12	M20	26
400	426	430	540	495	22	16	M20	28
PN10								
10	14	15	90	60	14	4	M12	14
15	18	19	95	65	14	4	M12	14
20	25	26	105	75	14	4	M12	16
25	32	33	115	85	14	4	M12	16
32	38	39	140	100	18	4	M16	18
40	45	46	150	110	18	4	M16	18
50	57	59	165	125	18	4	M16	19
65	76	78	185	145	18	8	M16	20
80	89	91	200	160	18	8	M16	20
100	108	110	220	180	18	8	M16	22
125	133	135	250	210	18	8	M16	22
150	159	161	285	240	22	8	M20	24
200	219	222	340	295	22	8	M20	24
250	273	276	395	350	22	12	M20	26
300	325	328	445	400	22	12	M20	26
350	377	381	505	460	22	16	M20	28
400	426	430	565	515	26	16	M24	32

管法兰规定标记为

标准号　法兰(或法兰盖)　类型代号　法兰公称尺寸 DN 与适用钢管外径系列－公称压力等级　密封面型式代号 材料牌号 其他

例如:公称尺寸为 DN300、公称压力为 PN6、配用公制管、材料牌号为 Q235A 的突面板式平焊钢制管法兰,其标记为

HG/T 20592 法兰　PL 300(B)－6 RF Q235A

管法兰的公称尺寸与所连接的无缝钢管的公称直径应一致。

(2) 管法兰用垫片

管法兰之间需用垫片加以密封。按设备内不同的温度、压力、介质和管法兰的密封面型式采用不同型式的垫片和材料。钢制管法兰用的非金属平垫片(标准号为 HG/T 20606—2009)形状与容器法兰用非金属软垫片相同,常用的材料有多种橡胶和石棉橡胶。石棉橡胶有石棉橡胶板(代号 XB350 和 XB450)和耐油石棉橡胶板(代号 NY400),适用于 PN≤25,温度为－40～＋300℃的情况。

选用垫片的材料和厚度时,应考虑操作介质、使用工况、法兰密封面型式、表面粗糙度及螺

栓载荷的影响。

公称尺寸为 DN100、公称压力为 PN25 的突面板式管法兰，选用厚度为 1.5mm 的 0Cr18Ni9(304)不锈钢包边的 XB450 石棉橡胶板垫片，其标记为

HG/T 20606 垫片 RF—E 100　25 XB450/304

11.3.4　视镜

视镜用来观察设备内部介质的流动和反应情况，作为标准组合部件，由视镜玻璃、视镜座、密封垫、压紧环、螺母和螺栓等组成。目前常用的有 NB/T 47017—2011 等标准，图 11-10 表示视镜的基本结构。视镜与容器的连接形式有两种：一种是视镜座外缘直接与容器的壳体或封头焊接，另一种是视镜座由配对管法兰(或法兰凸缘)夹持固定。

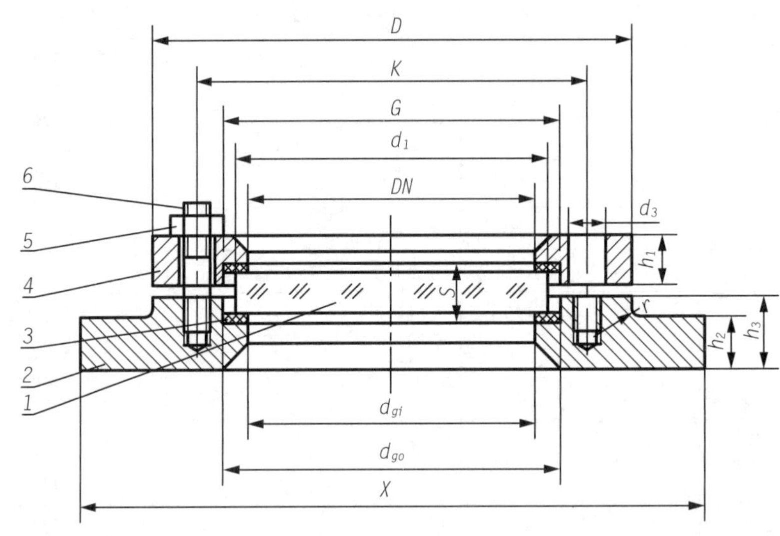

1—视镜玻璃；2—视镜座；3—密封垫；4—压紧环；5—螺母；6—双头螺栓

图 11-10　视镜的基本结构

根据需要可以选配冲洗装置，用于视镜玻璃内侧的喷射清洗。为了提供光源，将射灯与视镜组合使用，射灯分为非防爆 SB 型和防爆 SF 型两种。压力容器视镜的规格及系列见表 11-7。

表 11-7　压力容器视镜的规格及系列表(摘自 NB/T 47017—2011)

公称直径 DN/mm	公称压力 PN/MPa				射灯组合形式	冲洗装置
	0.6	1.0	1.6	2.5		
50	—	√	√	√	不带射灯结构 非防爆型射灯结构	不带冲洗装置
80		√	√	√		
100		√	√	√	不带射灯结构	
125	√	√	√	—	非防爆型射灯结构 防爆型射灯结构	带冲洗装置
150	√	√	√			
200	√	√				

图 11-10 所示视镜标准件的材料明细表见表 11-8。其中，Ⅰ表示碳钢或低合金钢，Ⅱ表示不锈钢。

表 11-8 视镜标准件的材料明细表(摘自 NB/T 47017—2011)

件号	名称	数量	材料		备注
			Ⅰ	Ⅱ	
1	视镜玻璃	1	钢化硼硅玻璃		GB/T 23259—2009
2	视镜座	1	Q245R	不锈钢(S30408 等)	—
3	密封垫	2	非石棉纤维橡胶板		HG/T 20606—2009
4	压紧环	1	Q245R	不锈钢(S30408 等)	—
5	螺母	见表 11-9	8 级	A2—70	GB/T 6170—2000
6	双头螺柱	见表 11-9	8.8 级	A2—70	GB/T 897—1988 B 型
7	螺塞 M6	4	35		JB/ZQ 4452—2006

视镜的尺寸系列有 DN50、DN80、DN100、DN125、DN150 和 DN200 六种。基本尺寸见表 11-9。

表 11-9 视镜基本尺寸(摘自 NB/T 47017—2011)

公称直径 DN/mm	公称压力 PN/MPa	视镜							视镜片		密封垫		螺栓		质量/kg
		X	D	K	G	h_1	h_2	h_3	d_1	S	d_{gi}	d_{go}	数量 n	螺纹	
50	1.0	175	115	85	80	16	25	20	65	10	50	67	4	M12	5.4
	1.6					16				10					5.4
	2.5					20				12					5.6
80	1.0	203	165	125	110	16	30	25	100	15	80	102	4	M16	8.6
	1.6					16				15					8.6
	2.5					20				20					9.2
100	1.0	259	200	160	135	20	30	25	125	15	100	127	8	M16	14.1
	1.6					20				20					14.2
	2.5					25				25					15.1
125	0.6	312	220	180	160	18	30	25	150	20	125	152	8	M16	18.2
	1.0					22				20					18.7
	1.6					22				25					18.8
150	0.6	312	250	210	185	18	30	25	175	20	150	177	8	M16	18.2
	1.0					25				20					20.1
	1.6					25				25					20.3
200	0.6	363	315	270	240	20	36	30	225	25	200	227	8	M20	27.4
	1.0					35				30					33.2

公称压力为 2.5 MPa,公称直径为 50 mm,材料为不锈钢 S30408,不带射灯,带冲洗装置的视镜,其标记为

视镜 PN2.5 DN50 Ⅱ—W

公称压力为 1.0 MPa,公称直径为 150 mm,材料为低合金钢 Q345R,带防爆型射灯组合,不带冲洗装置的视镜,其中选用 SF1 型防爆射灯,输入电压为 24 V,光源功率为 50 W,防爆等级为 EExdⅡCT3,其标记为

视镜 PN1.0 DN150 Ⅰ—SF1

11.3.5　人孔和手孔

人孔和手孔常用于设备内部零部件的安装、检修和清洗。

(1) 人孔

人孔有多种形式,但结构类似,其主要区别在于孔的开启方式和安装位置,以适应工艺和操作的各种要求。图 11-11 表示了常压人孔(参见 HG/T 21515—2014)的基本结构,其工作温度范围为 0~150 ℃,最高允许工作压力应小于 0.07 MPa。

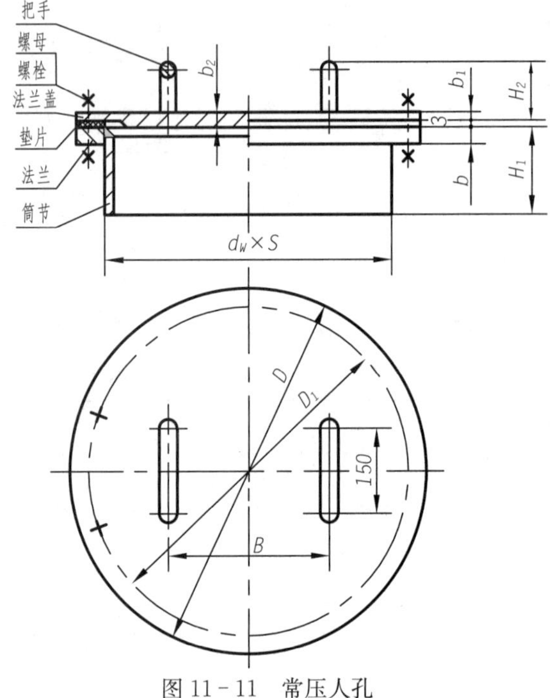

图 11-11　常压人孔

密封垫片常采用石棉橡胶板、耐油和不耐油石棉橡胶板。密封垫片代号的组成为"名称代号-材质代号"。名称代号为 A,材质为石棉橡胶板,其材质代号为 XB350;材质为耐油石棉橡胶板,其材质代号为 NY250 或 NY400。

钢制人孔和手孔材料的类别代号有Ⅰ、Ⅱ、Ⅲ、Ⅵ、Ⅴ、Ⅵ、Ⅶ、Ⅷ、Ⅸ、Ⅹ、Ⅺ等 11 种。各种材料类别及代号所表达的人孔各零件的材料详见标准 HG/T 21514—2014。

表 11-10 摘录了常压人孔的有关数据。

表 11-10　常压人孔的有关数据(摘自 HG/T 21515—2014)

密封面型式	公称直径 DN/mm	$d_w \times S$	D	D_1	B	b	b_1	b_2	H_1	H_2	螺栓螺母数量/个	螺栓 直径×长度/(mm×mm)	质量/kg
		mm											
全平面(FF 型)	(400)	426×6	515	480	250	14	10	12	150	90	16	M16×50	38
	450	480×6	570	535	250	14	10	12	160	90	20	M16×50	45
	500	530×6	620	585	300	14	10	12	160	90	20	M16×50	52
	600	630×6	720	685	300	16	12	14	180	92	24	M16×55	76

注:表中带括号的公称直径不宜采用。

常压人孔的标记示例:公称直径为 450 mm,H_1=160 mm,Ⅰ类材料,采用石棉橡胶板垫片的常压人孔,其标记为

人孔 Ⅰ　b(A-XB350) 450　HG/T 21515

如有特殊需要,允许修改人孔高度 H_1,但需在标记中注明修改后的 H_1 尺寸。例如:H_1=190 mm(非标准尺寸)的上例人孔,其规定标记为

人孔 Ⅰ b (A-XB350) 450　H_1=190　HG/T 21515

图 11-12 为回转盖板式平焊法兰人孔的结构图(参见 HG/T 21516—2014),其适用于公称压力 $PN \leqslant 0.6$ MPa,工作温度为-20~300 ℃,用于压力容器时,使用温度范围为 20~300 ℃。

回转盖板式平焊法兰人孔材料的类别代号有Ⅰ、Ⅱ、Ⅶ、Ⅷ、Ⅸ、Ⅹ、Ⅺ等 7 种。各种材料类别代号及所表达的该人孔各零件的材料详见 HG/T 21516—2014。表 11-11 摘录了回转盖板式平焊法兰人孔的有关数据,表中带括号的公称直径尽量不采用。

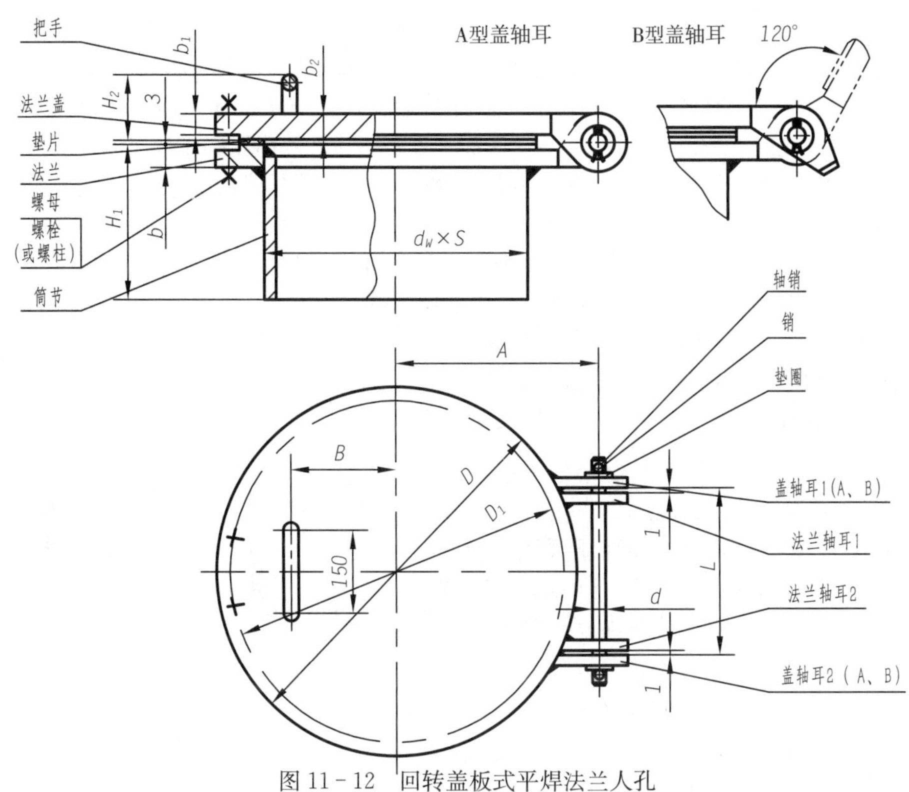

图 11-12　回转盖板式平焊法兰人孔

表 11-11　回转盖板式平焊法兰人孔的有关数据(摘自 HG/T 21516—2014)

密封面型式	公称压力等级	公称直径 DN /mm	$d_w \times S$	D	D_1	A	B	L	b	b_1	b_2	H_1	H_2	d	螺栓	螺母	螺栓	螺柱	螺母	螺柱
															数量		直径×长度 /(mm×mm)	数量		直径×长度 /(mm×mm)
突面(RF 型)	6	(400)	426×6	540	495	300	125	200	28	20	22	210	102	20	16		M20×85	16	32	M20×115
			426×5																	
		450	480×6	595	550	330	150	200	30	22	24	220	104	20	16		M20×90	16	32	M20×120
			480×5																	
		500	530×6	645	600	355	175	250	30	22	24	230	104	20	20		M20×100	20	40	M20×120
			530×5																	
		600	630×6	755	705	410	225	300	32	28	30	240	110	20	20		M24×110	20	40	M24×135
			630×6																	

注:(1) 当人孔用于压力容器时,该规格不适用于 Q235B;(2) 表中各公称直径规格,上行适用于Ⅰ、Ⅱ类碳素钢材料的人孔,下行适用于Ⅵ～Ⅺ类不锈钢材料的人孔;(3) 表中带括号的公称直径不宜采用。

回转盖板式平焊法兰人孔的标记示例:公称压力 PN6,公称直径 DN450,H_1 = 220(标准尺寸),A 型盖轴耳,Ⅰ类材料,其中采用六角头螺栓、非金属平垫片(不带内包边的 XB350 石棉橡胶板)的回转盖板式平焊法兰人孔,其规定标记符号为

人孔Ⅰ b(NM－XB350)A　450－6 HG/T 21516

其中,“NM”表示非金属平垫片。

当上例人孔的 H_1 = 250(非标准尺寸)时,其规定标记为

人孔Ⅰb(NM－XB350)450－6 H_1 = 250 HG/T 21516

(2) 手孔

手孔也有多种形式,其结构与人孔类似。手孔直径有 DN150 和 DN250 两种。常用的有常压手孔(参见 HG/T 21528—2014,最高允许工作压力小于 0.07 MPa,工作温度为 0～150 ℃)、板式平焊法兰手孔(参见 HG/T 21529—2014,限于公称压力 PN ≤ 0.6 MPa)等。

公称直径 DN250,H_1 = 120(标准尺寸),Ⅰ类材料,采用石棉橡胶板垫片的常压手孔,其规定标记为

手孔Ⅰ b(A－XB350) 250　HG/T 21528

当上例手孔的 H_1 = 190(非标准尺寸)时,其规定标记为

手孔Ⅰ b(A－XB350)250　H_1 = 190 HG/T 21528

人(手)孔的其他形式、结构和参数可参看有关标准。

11.3.6　补强圈

补强圈用于加强开孔过大的器壁处的强度。图 11－13 表示了补强圈的结构和与器壁的连接情况。钢制压力容器壳体开孔补强用补强圈采用标准 JB/T 4736—2002,如图 11－14 所示。该标准用于钢制压力容器壳体开孔补强圈结构补强时,应同时具备下列条件:

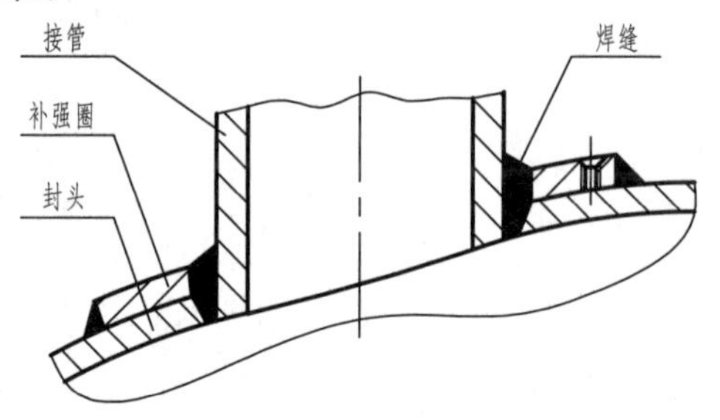

图 11－13　补强圈连接图

① 容器设计压力小于 6.4 MPa;

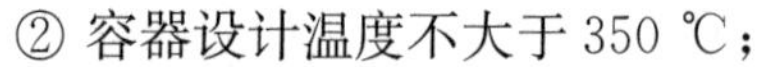
② 容器设计温度不大于 350 ℃;

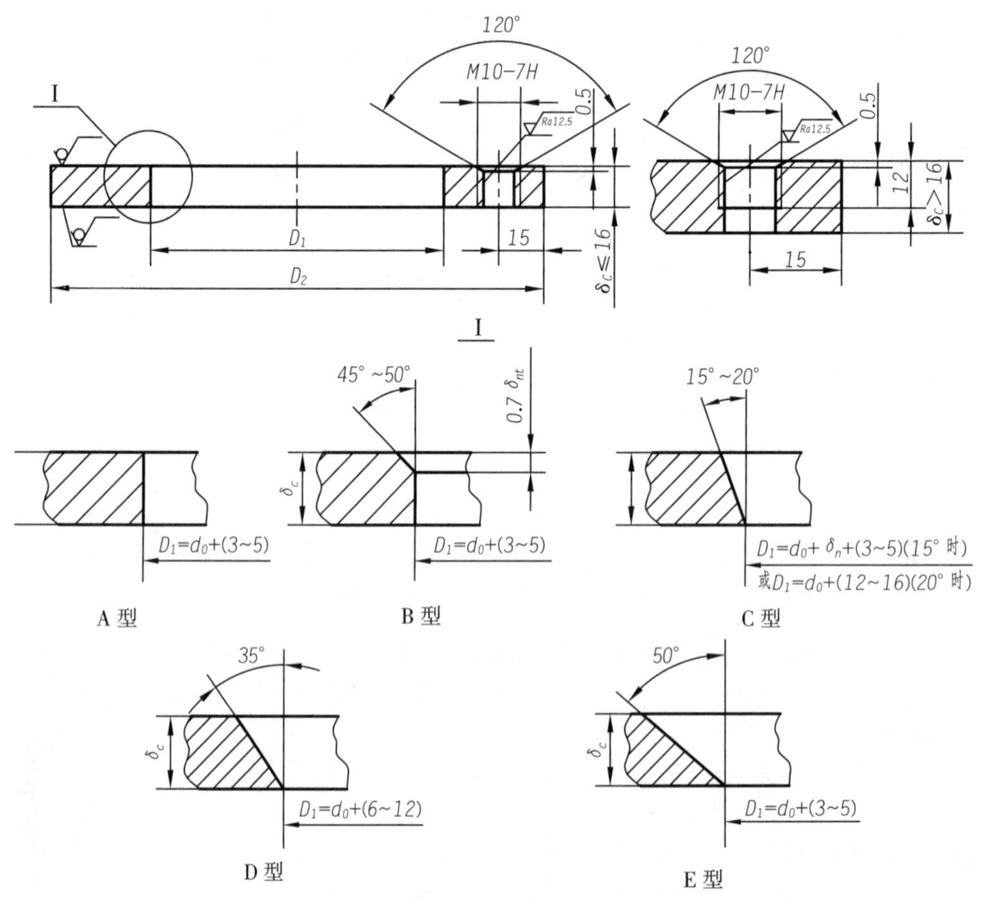

图 11－14　补强圈

③ 容器壳体开孔处名义厚度 $d_n \leqslant 38$ mm；

④ 容器壳体钢材的标准抗拉强度下限值不大于 540 MPa；

⑤ 补强圈厚度应不大于 1.5 倍壳体开孔处的名义厚度。

补强圈按坡口角度的不同分为 A、B、C、D 和 E 型五种，其适用条件如下：

A 型——适用于壳体为内坡口的填角焊结构；

B 型——适用于壳体为内坡口的局部焊透结构；

C 型——适用于壳体为外坡口的全焊透结构；

D 型——适用于壳体为内坡口的全焊透结构；

E 型——适用于壳体为内坡口的全焊透结构。

根据焊接的要求，补强圈应选用不同的坡口角度。补强圈应与补强部分表面密切贴合，其厚度和材料一般应与器壁厚度和材料相同。图中，d_0 为接管外径，δ_n 为壳体开孔处名义壁厚，δ_{nt} 为接管名义壁厚；M10 螺孔可供焊缝气密性试验时连通压缩空气之用。表 11－12 为部分补强圈的有关数据。

表 11－12 补强圈（摘自 JB/T 4736—2002） 单位：mm

接管公称直径 DN	50	65	80	100	125	150	175	200	225	250	300	350	400	450	500	600
外径 D_2	130	160	180	200	250	300	350	400	440	480	550	620	680	760	840	980
内径 D_1	按图 11－14 中的形式确定															
厚度 δ_c	4,6,8,10,12,14,16,18,20,22,24,26,28,30															

补强圈的规定标记如下：

d_N 接管公称直径数值×补强圈厚度－坡口型式－补强圈材料 标准号

例如：接管公称直径为 100 mm，厚度为 8 mm，坡口型式为 D 型，材质为 Q235－B 的补强圈，其标记为

$$d_N 100\times8-\text{D}-\text{Q235}-\text{B}\quad \text{JB/T 4736}$$

11.3.7 支座

支座用来支承和固定设备。常用的有耳式支座和鞍式支座。

(1) 耳式支座

耳式支座一般由筋板、底板和垫板焊接而成，如图 11－15 所示。适用于公称直径不大于 4000 mm 的立式圆筒形容器，一般由 4 个支座均匀分布，焊接于设备筒体四周。小型设备也有用两只或三只的。温度使用范围为 －100～300 ℃，主体材料采用 Q235B（代号为Ⅰ），S30408（代号为Ⅱ）和 15CrMoR（代号为Ⅲ）。

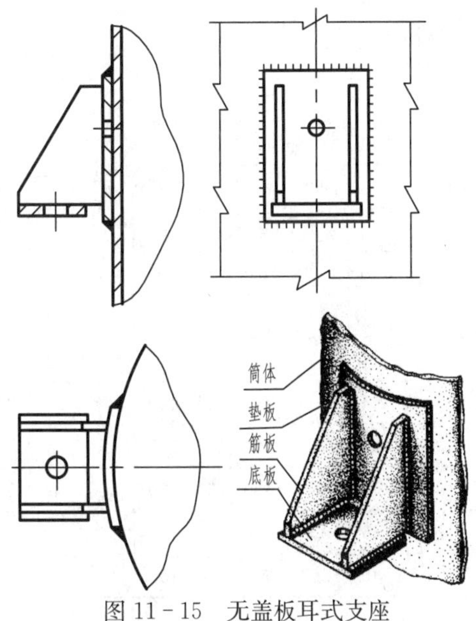

图 11－15 无盖板耳式支座

耳式支座现使用 NB/T 47065.3—2018 标准。耳式支座有短臂（A）、长臂（B）、加长臂（C）三种型式，按单个支座允许载荷的不同均有 1、2、3、4、5、6、7、8 八个支座号，其中 A、B 型前五个支座号为不带盖板（图 11－16），后三个支座号带盖板（在筋板的上方焊接一块钢板），C 型的八个支座号均带盖板。B 型和 C 型适用于带保温层的设备。限于篇幅，本书

仅介绍 A、B 两种型式不带盖板的支座号为 1、2、3、4、5 的耳式支座,如图 11－16 所示。

表 11－13 摘录了支座号为 1、2、3、4、5 的 A 型和 B 型耳式支座的有关数据。

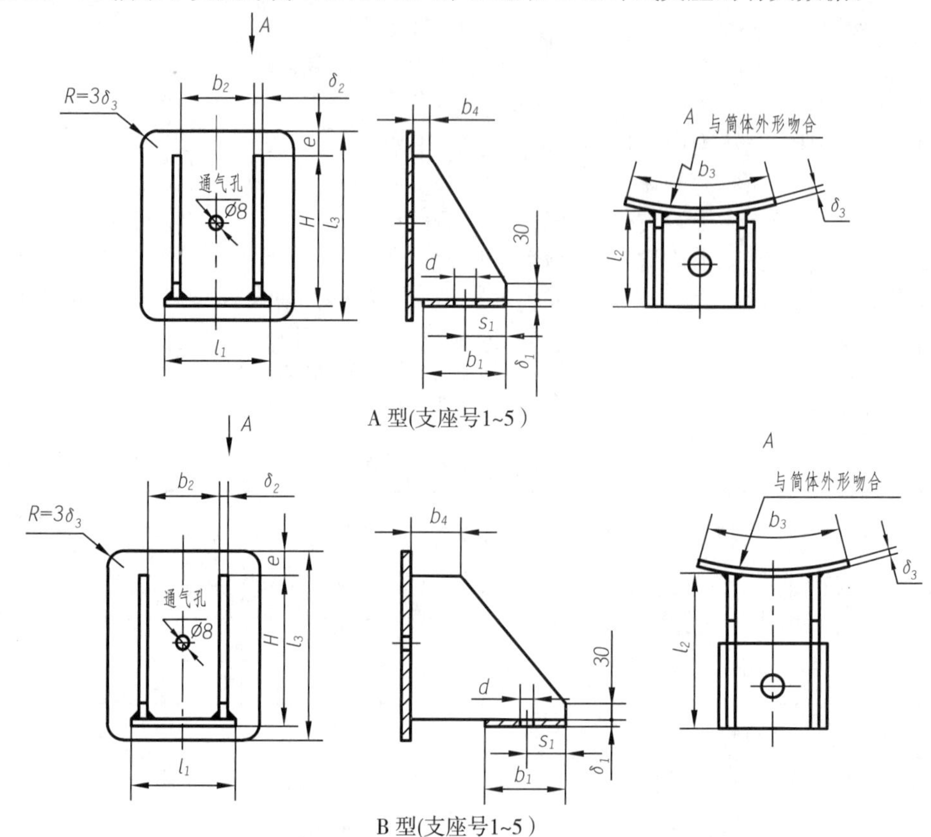

图 11－16 A 型和 B 型(支座号 1～5)耳式支座结构和参数

表 11－13 支座号为 1、2、3、4、5 的 A 型和 B 型耳式支座(摘自 NB/T 47065.3—2018)

支座号	支座允许载荷 [Q]/kN			适用容器公称直径 DN	高度 H	底板				筋板				垫板				地脚螺栓		支座质量 /kg
	Ⅰ	Ⅱ	Ⅲ			l_1	b_1	δ_1	S_1	l_2	b_2	δ_2	b_4	l_3	b_3	δ_3	e	d	规格	
A 型																				
1	12	11	14	300～600	125	100	60	6	30	80	70	4	30	160	125	6	20	24	M20	1.7
2	21	19	24	500～1000	160	125	80	8	40	100	90	5	30	200	160	6	24	24	M20	3.0
3	37	33	43	700～1400	200	160	105	10	50	125	110	6	30	250	200	8	30	30	M24	6.0
4	75	67	86	1000～2000	250	200	140	14	70	160	140	8	30	315	250	8	40	30	M24	11.1
5	95	85	109	1300～2600	320	250	180	16	90	200	180	10	30	400	320	10	48	30	M24	21.6
B 型																				
1	12	11	14	300～600	125	100	60	6	30	160	70	5	50	160	125	6	20	24	M20	2.5
2	21	19	24	500～1000	160	125	80	8	40	180	90	6	50	200	160	6	24	24	M20	4.3
3	37	33	43	700～1400	200	160	105	10	50	205	110	8	50	250	200	8	30	30	M24	8.3
4	75	67	86	1000～2000	250	200	140	14	70	290	140	10	70	315	250	8	40	30	M24	15.7
5	95	85	109	1300～2600	320	250	180	16	90	330	180	12	70	400	320	10	48	30	M24	28.7

不同材料制成的耳式支座其承载的载荷是不同的。垫板材料一般应与容器材料相同，厚度一般与筒体壁厚相等。垫板厚度 δ_3 与标准尺寸不同时，则应在图样中明细栏的名称栏或备注栏中注明，如 $\delta_3 = 12$。

支座和垫板的材料应在设备图样的明细栏内注明，表示方法为：支座材料/垫板材料，例见图 11－56。

耳式支座规定标记示例如下：

A 型，支座材料为 Q235B，垫板材料为 Q245R 的 3 号耳式支座，其标记为"NB/T 47065.3—2018，耳式支座 A3－Ⅰ"，材料栏内注：Q235B/Q245R。

B 型，3 号耳式支座，支座材料为 Q235 B，垫板材料为 S30408，垫板厚 12 mm，其规定标记为"NB/T 47065.3—2018，耳式支座 B3－Ⅰ，$\delta_3 = 12$"，材料栏内注：Q235B /S30408。

耳式支座安装尺寸按下式计算：

$$D = \sqrt{(D_i + 2\delta_n + 2\delta_3)^2 - b_2^2} + 2(l_2 - S_1)$$

式中：$b_2, l_2, S_1, \delta_2, \delta_3$ 为耳式支座尺寸，见表 11－13；D，D_i，δ_n 如图 11－17 所示。

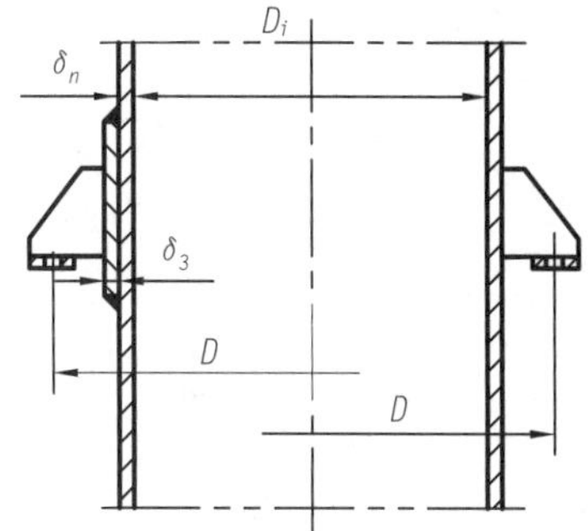

图 11－17　耳式支座安装

（2）鞍式支座

鞍式支座适用于卧式设备，它由腹板、垫板、筋板和底板焊成。鞍式支座多采用标准 NB/T 47065.1—2018，设计温度为 －40～200 ℃。鞍式支座分为轻型（代号 A）和重型（代号 B）两种，按包角、制作方式（焊接或弯制）及附带垫板情况，重型鞍式支座又分为 BI 型、BⅡ型、BⅢ型、BⅣ和 BV 五种型号。其中，A 型、BI 型、BⅡ型、BⅣ型四种型式带垫板，BⅢ型和 BV 型两种型式不带垫板。鞍式支座的安装分为固定式（代号 F）和滑动式（代号 S）两种安装形式。

图 11－18 为标准 NB/T 47065.1—2018 中双筋、120°包角、带垫板的 DN500～950 重型（BⅠ型）焊制鞍式支座的示意图。鞍式支座一般使用两只，必要时可多于两只。

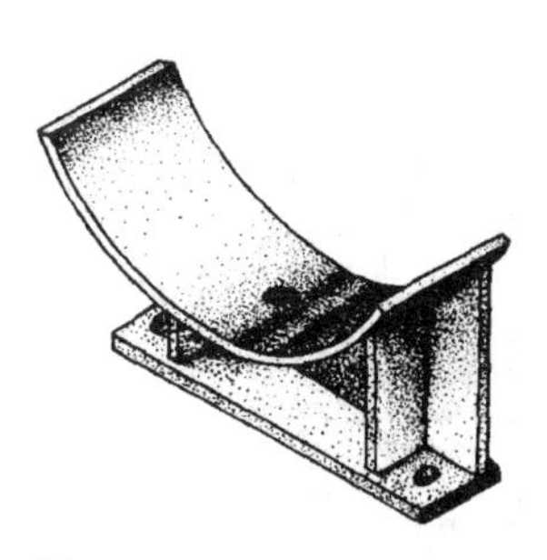
图 11－18　DN500－950 重型（BⅠ型）焊制鞍式支座

DN1000～2000 轻型（A 型）和 DN1000～2000 重型、120°包角带垫板鞍式支座的结构和参数如图 11－19 所示。

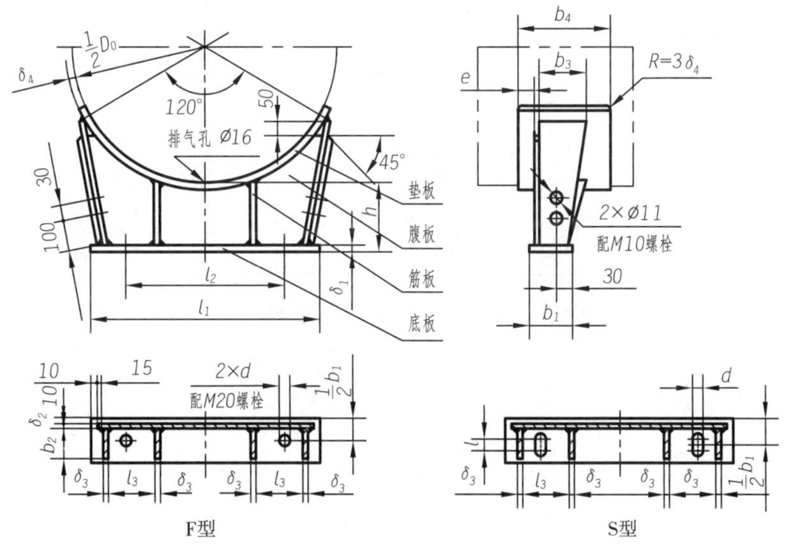

图 11－19　DN1000～2000 轻型（A 型）和 DN1000～2000 重型鞍式支座结构形式

两种鞍式支座的有关数据分别如表 11 - 14 和 11 - 15 所示。

表 11 - 14 DN1000～2000 的轻型(A 型)鞍式支座(摘自 NB/T 47065.1—2018) 单位:mm

公称直径 DN	允许载荷 Q/kN	鞍座高度 h	底板			腹板	筋板				垫板				螺栓间距	鞍式支座质量/kg
			l_1	b_1	δ_1	δ_2	l_3	b_2	b_3	δ_3	弧长	b_4	δ_4	e	l_2	
1000	158	200	760	170	10	6	170	140	200	6	1160	320	6	57	600	48
1100	160		820				185				1280	330		62	660	52
1200	162		880				200				1390	350		72	720	58
1300	174		940			8	215		220		1510	380	8	76	780	79
1400	175		1000				230				1620	400		86	840	87
1500	257	250	1060	200	12		242	170	240	8	1740	410		81	900	113
1600	259		1120				257				1860	420		86	960	121
1700	262		1200	220			277	190	260		1970	440		96	1040	130
1800	334		1280			10	296				2090	470	10	100	1120	171
1900	338		1360				316				2200	480		105	1200	182
2000	340		1420				331				2320	490		110	1260	194

表 11 - 15 DN1000～2000 的重型鞍式支座(摘自 NB/T 47065.1—2018) 单位:mm

公称直径 DN	允许载荷 Q/kN	鞍座高度 h	底板			腹板	筋板				垫板				螺栓间距	鞍式支座质量/kg
			l_1	b_1	δ_1	δ_2	l_3	b_2	b_3	δ_3	弧长	b_4	δ_4	e	l_2	
1000	327	200	760	170	12	12	170	140	200	12	1160	330	8	59	600	77
1100	332		820				185				1280	350		69	660	85
1200	336		880				200				1390	370		79	720	94
1300	340		940				215		220		1510	380		74	780	103
1400	344		1000				230				1620	400		84	840	111
1500	463	250	1060	200	16	14	242	170	240	14	1740	430	10	88	900	169
1600	468		1120				257				1860	440		93	960	180
1700	473		1200				277				1970	450		98	1040	193
1800	574		1280	220			296	190	260		2090	470		98	1120	215
1900	580		1360				316				2200	480		103	1200	230
2000	585		1420				331				2320	490		108	1260	242

DN500～950、120°包角重型带垫板或不带垫板焊制鞍式支座的结构和参数见图 11 - 20，有关数据见表 11 - 16。

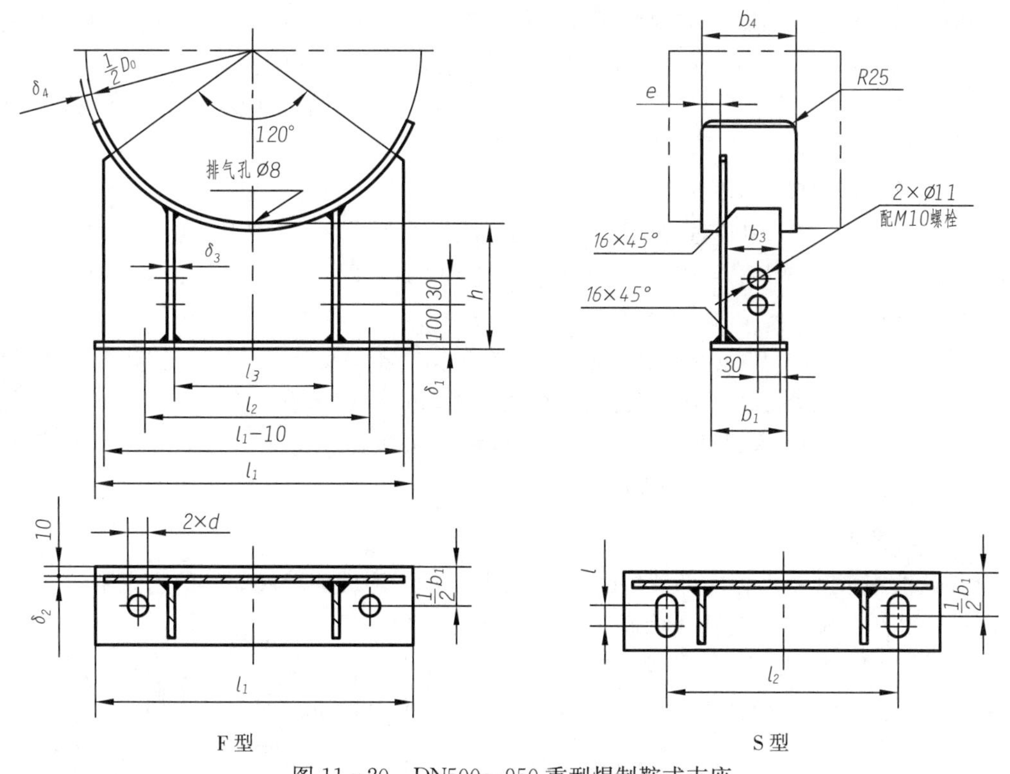

F型　　　　S型

图 11-20　DN500～950 重型焊制鞍式支座

表 11-16　DN500～950 的重型焊制鞍式支座(摘自 NB/T 47065.1—2018)

<table>
<tr><th rowspan="2">公称直径 DN</th><th rowspan="2">允许载荷 Q/kN</th><th rowspan="2">鞍座高度 h</th><th colspan="3">底板</th><th>腹板</th><th colspan="3">筋板</th><th colspan="4">垫板</th><th>螺栓间距</th></tr>
<tr><th>l_1</th><th>b_1</th><th>δ_1</th><th>δ_2</th><th>l_3</th><th>b_3</th><th>δ_3</th><th>弧长</th><th>b_4</th><th>δ_4</th><th>e</th><th>l_2</th></tr>
<tr><td>500</td><td>123</td><td rowspan="10">200</td><td>460</td><td rowspan="6">170</td><td rowspan="10">10</td><td rowspan="6">8</td><td>250</td><td rowspan="6">150</td><td rowspan="6">8</td><td>580</td><td>230</td><td rowspan="10">6</td><td>36</td><td>330</td></tr>
<tr><td>550</td><td>126</td><td>510</td><td>280</td><td>640</td><td>240</td><td>41</td><td>360</td></tr>
<tr><td>600</td><td>127</td><td>550</td><td>300</td><td>700</td><td>250</td><td>46</td><td>400</td></tr>
<tr><td>650</td><td>129</td><td>590</td><td>330</td><td>750</td><td>260</td><td>51</td><td>430</td></tr>
<tr><td>700</td><td>131</td><td>640</td><td>350</td><td>810</td><td>270</td><td>56</td><td>460</td></tr>
<tr><td>750</td><td>132</td><td>680</td><td>380</td><td>870</td><td>280</td><td>61</td><td>500</td></tr>
<tr><td>800</td><td>207</td><td>720</td><td rowspan="4">200</td><td rowspan="4">10</td><td>400</td><td rowspan="4">170</td><td rowspan="4">10</td><td>930</td><td>280</td><td>50</td><td>530</td></tr>
<tr><td>850</td><td>210</td><td>770</td><td>430</td><td>990</td><td>290</td><td>55</td><td>558</td></tr>
<tr><td>900</td><td>212</td><td>810</td><td>450</td><td>1040</td><td>300</td><td>60</td><td>590</td></tr>
<tr><td>950</td><td>213</td><td>850</td><td>470</td><td>1100</td><td>310</td><td>65</td><td>630</td></tr>
</table>

鞍式支座主体材料包括筋板、腹板和底板，常用的材料牌号、使用温度范围和许用应力见表 11-17。

表 11-17　鞍式支座材料表(摘自 NB/T 47065.1—2018)

材 料	设计温度/℃	许用应力/MPa
Q235B	−20～200	147
Q345B	−20～200	170
Q345R	−40～200	170

垫板材料一般应与容器筒体材料相同。鞍式支座所采用的材料应在设备图样明细栏的材料栏内注明,表示方法为:支座材料/垫板材料,无垫板时只注明支座材料。

根据需要,鞍式支座的尺寸参数 h、b_4、δ_4 可与标准尺寸不同,但应在设备图样明细栏的名称栏或备注栏中注明,如 $h=400$,$b_4=200$,$\delta_4=12$。

鞍式支座的规定标记示例:

示例 1:DN325,120°包角,重型不带垫板的标准尺寸的弯制固定式鞍式支座,鞍式支座材料 Q345R,其标记为"NB/T 47065.1—2018,鞍式支座 BV325－F"。在设备图样明细栏的材料栏内注写"Q345R"。

示例 2:DN1600,150°包角,重型滑动鞍式支座,鞍式支座材料为 Q235B,垫板材料 S30408,鞍式支座高度为 400 mm,垫板厚度为 12 mm,滑动长孔长度为 60 mm,其标记为"NB/T 47065.1—2018,鞍式支座 BⅡ 1600－S,$h=400$,$\delta_4=12$,$l=60$"。在设备图样明细栏的材料栏内注写"Q235B/ S30408"。

11.3.8　液面计

液面计被用来观察设备内部液位的高低。图 11－21 为玻璃管液面计的示意图,其标准号为 HG 21592—95,适用于公称压力小于 1.6 MPa 的设备,有普通型和保温型(代号 W)两种。玻璃管液面计(代号为 G)与筒体上接管法兰连接,它的法兰型式代号如下:

A 型——突面法兰(RF),按 HGJ46－91 标准;

B 型——凸面法兰(M),按 HGJ47－91 标准;

C 型——突面法兰(RF),按 ANSI B16.5 标准 S.O.(ANSI 是美国国家标准化协会的缩写)。

按介质的不同,液面计的材料也应不同,材料代号Ⅰ为碳钢(锻钢 16Mn),代号Ⅱ为不锈钢(0Cr18Ni9)。公称长度有 500 mm,600 mm,800 mm,1000 mm,1200 mm 和 1400 mm 六种。

玻璃管液面计的规定标记示例:公称压力 1.6 MPa、保温型,碳钢材料,法兰标准 HGJ46－91,公称长度为 500 mm 的玻璃管液面计,其标记为

液面计 AG1.6－W－500。若为普通型结构,则不写代号 W。

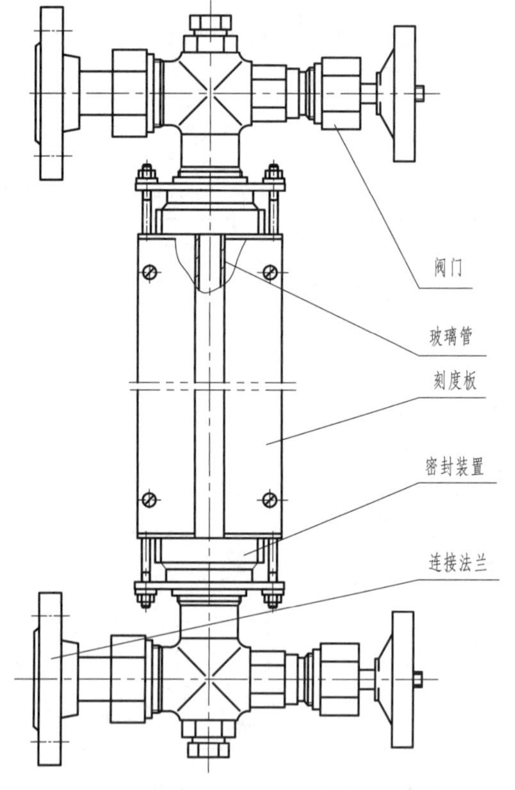

图 11－21　玻璃管液面计

液面计的种类很多,可参阅有关标准。如磁性液面计参见 HG/T 21584—95。

11.4　化工设备图的视图表达

基于化工设备的结构特点,其视图表达也有特点。下面介绍表达的特点和方法。

11.4.1　基本视图的配置

由于化工设备的基本形状以回转体居多，所以一般由两个基本视图来表达设备的主体。立式设备通常采用主、俯两个基本视图（图 11－56），卧式设备通常采用主、左两个基本视图（图 11－58）。当俯视图或左视图难以在图幅内按投影关系配置时，可画于图纸的空白处。但须在视图的上方写上图名，如“A”，并在主视图上注明投影方向，例见图 11－58。

11.4.2　多次旋转的表达方法

由于化工设备上开孔和接管口较多，为了反映这些结构的轴向位置和结构形状，常采用多次旋转的表达方法，即假想将分布于设备上不同周向方位的这些结构，分别旋转到与正投影面平行的位置进行投射，画出其视图或剖视图。如在图 11－2 中，人孔 D 是假想按逆时针方向旋转 90°后在主视图上画出的；液面计接口 LG_1 和 LG_2 是按逆时针方向旋转 45°后画出的。

采用多次旋转的表达方法时，应避免投影重叠现象。图 11－2 中，接管 E 无论按顺时针或逆时针旋转到与正投影面平行时，其投影都将与接管 B 和 D 的投影重叠，必须另用其他表达方法，如画 *B*－*B* 局部剖视图。

在基本视图上采用多次旋转表达方法时，一般不予标注。但这些结构的周向方位要在技术数据表的“设计数据表”中注明其在哪个视图中确定，如图 11－2 中的“按 *A* 向视图”。

11.4.3　细部结构的表达方法

由于设备总体与某些零部件的大小悬殊，按总体尺寸所选定的绘图比例往往无法在基本视图上表达清楚某些细部结构，如设备中的焊接结构，因此常采用局部放大图（俗称节点图）表达。图 11－2 中的局部放大图为带补强圈的人孔焊接结构的局部放大图，其画法和标注与机械图相同。

在化工设备图中，必要时还可采用几个视图表达同一细部结构，如图 11－22 所示。

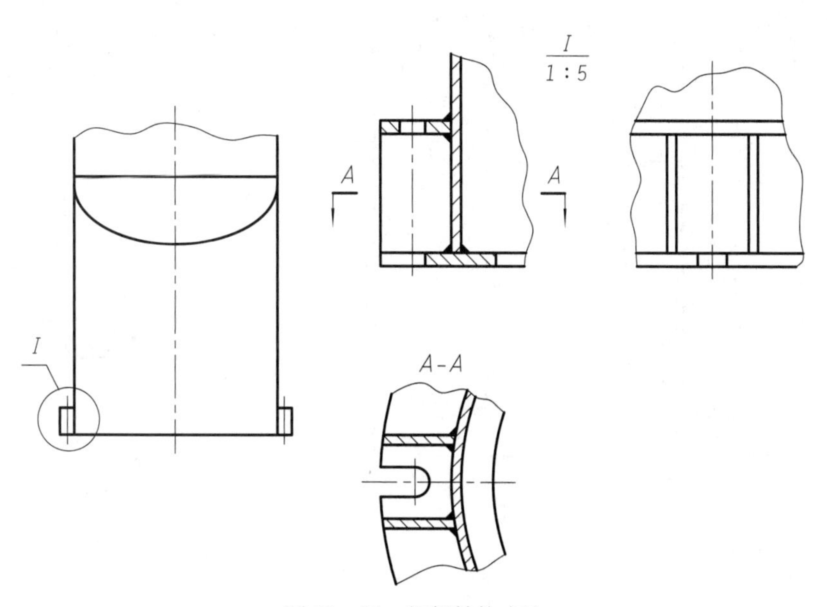

图 11－22　细部结构表达

11.4.4 夸大的表达方法

为了解决设备的总体与某些零部件间尺寸差距较大的矛盾,除了采用局部放大图外,有时还可采用夸大的画法。例如设备的壁厚、垫片等,按总体尺寸所选定的绘图比例绘制时,其投影往往无法表达,此时可不按比例,适当夸大地用双线画出一定的厚度,如图 11-2 中的筒体壁厚。若画出的壁厚过小(小于或等于 2 mm)时,其剖面符号可用涂色代替。

11.4.5 断开和分段(层)的表达方法

对于较长(或较高)的设备,沿长度(或高度)方向的形状或结构相同或按规律变化,为了简化作图,节省图幅,可采用断开画法。图 11-23(a)和图 11-23(b)分别为采用断开画法的填料塔和浮阀塔。前者断开省略部分是形状和结构完全相同的填料层(用符号简化表示);后者断开省略部分则为结构与间距相同,左右间隔成规律分布的塔盘结构。

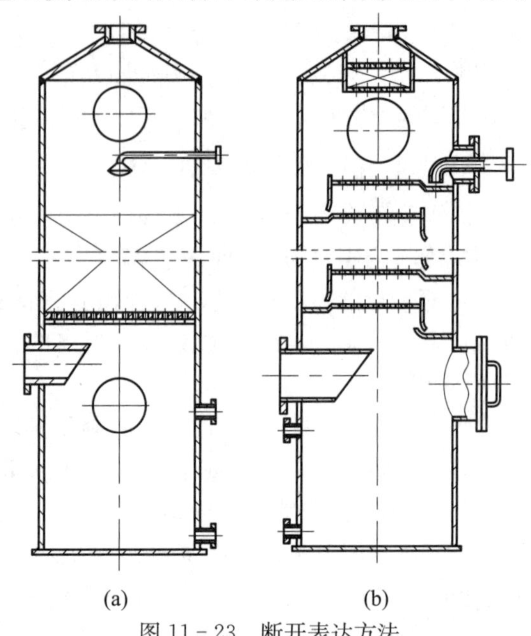

图 11-23 断开表达方法

图 11-24 为采用分段(层)画法的填料塔,把整个塔体分成若干段(层)画出。此画法适用于设备的视图表达不宜采用断开画法但图幅又不够的场合。

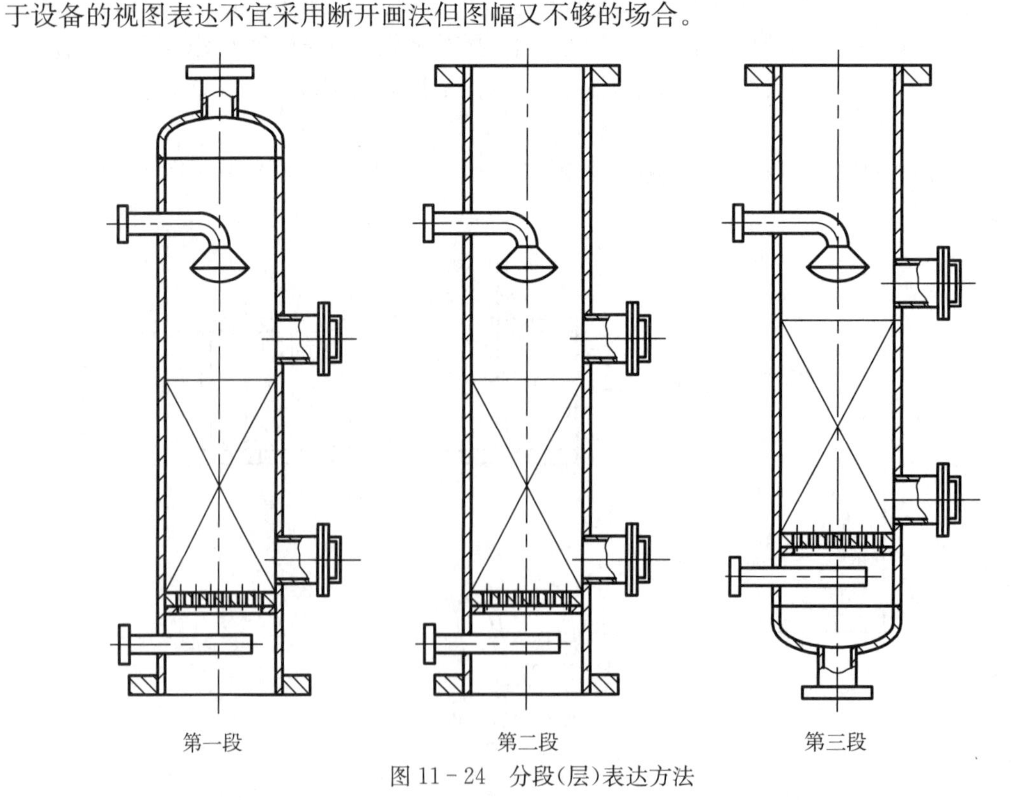

图 11-24 分段(层)表达方法

11.4.6 简化画法

在化工设备图中,除采用国家标准《机械制图》中的规定和简化画法外,根据化工设备的特点和设计、生产的需要，有关标准补充了若干简化画法。

1. 零部件的简化画法

有标准图、复用图或外购的零部件，在装配图中只需按主要尺寸、按比例用粗实线画出表示它们特征的外形轮廓，图 11－25 给出了一些例子。其中玻璃管液面计的简化画法中，符号“＋”用粗实线画出，玻璃管用细点画线表示。

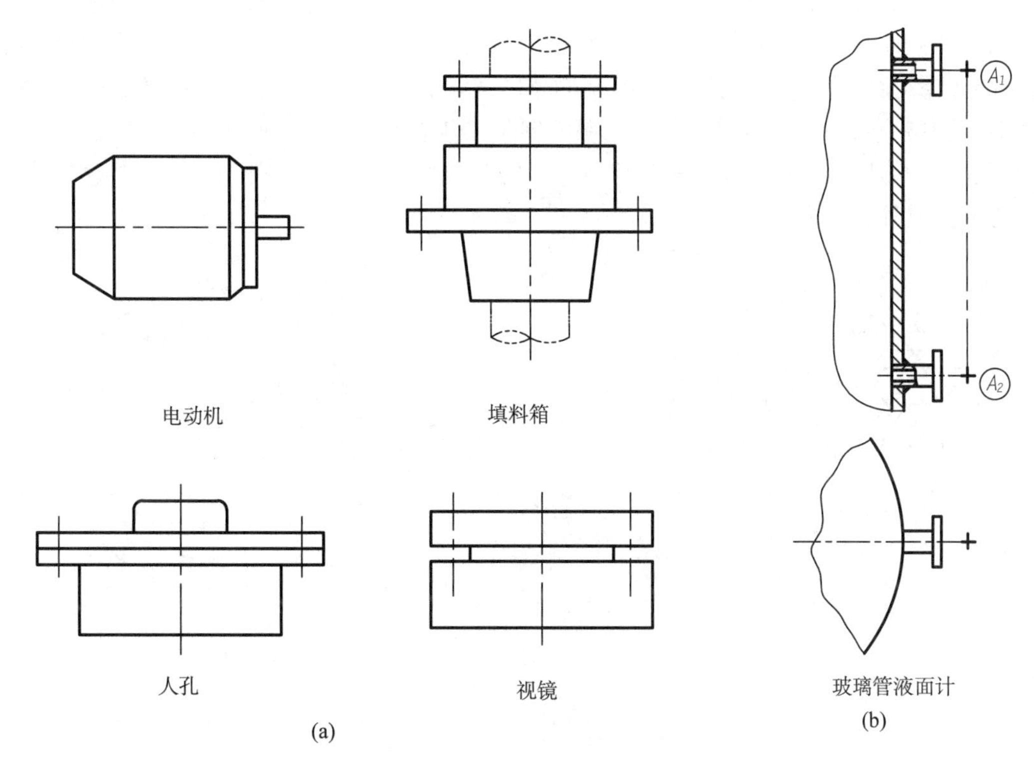

图 11－25　零部件简化画法示例

2. 管法兰的简化画法

在化工设备图中，管法兰均可按图 11－26 所示的简化画法绘制。法兰的规格、密封面形式等可在明细栏及技术数据表中的“管口表”栏内说明。

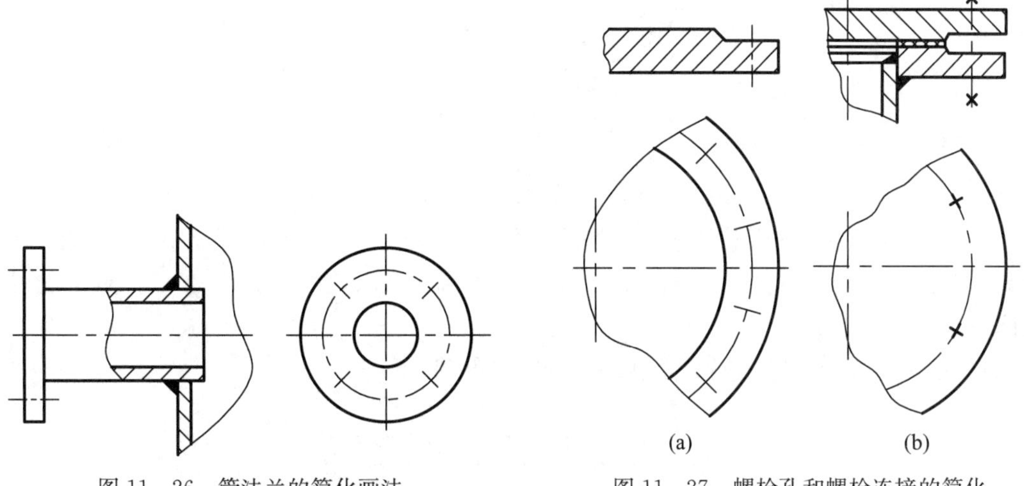

图 11－26　管法兰的简化画法　　图 11－27　螺栓孔和螺栓连接的简化

3. 重复结构的简化画法

(1) 螺栓孔可用中心线和轴线表示，如图 11－27(a)所示。化工设备图中的螺栓连接可简化成如图 11－27(b)的画法，其中符号“×”和“＋”均用粗实线绘制。同样规格的螺栓孔或螺栓连接在数量较多且均匀分布时，可以只画出几个(至少画两个)，以表示跨中或对中的分布方位，如图 11－27 中两俯视图所示。

(2) 按规则排列的管板、折流板或塔板上的孔均可简化绘制。图 11－28(a)中，分别用细实线和粗实线画出孔眼圆心的连线和钻孔的范围线，画出几个孔，并注明总孔数、孔径和每排的孔数(图中 $n_1 \sim n_7$)。但在零件图上孔眼的倒角和开槽、排列方式、间距、加工情况应用局部放大图表示。用粗实线画出的符号“＋”表示管板上定距杆螺孔的位置。图 11－28(b)为孔眼按同心圆排列时的画法。

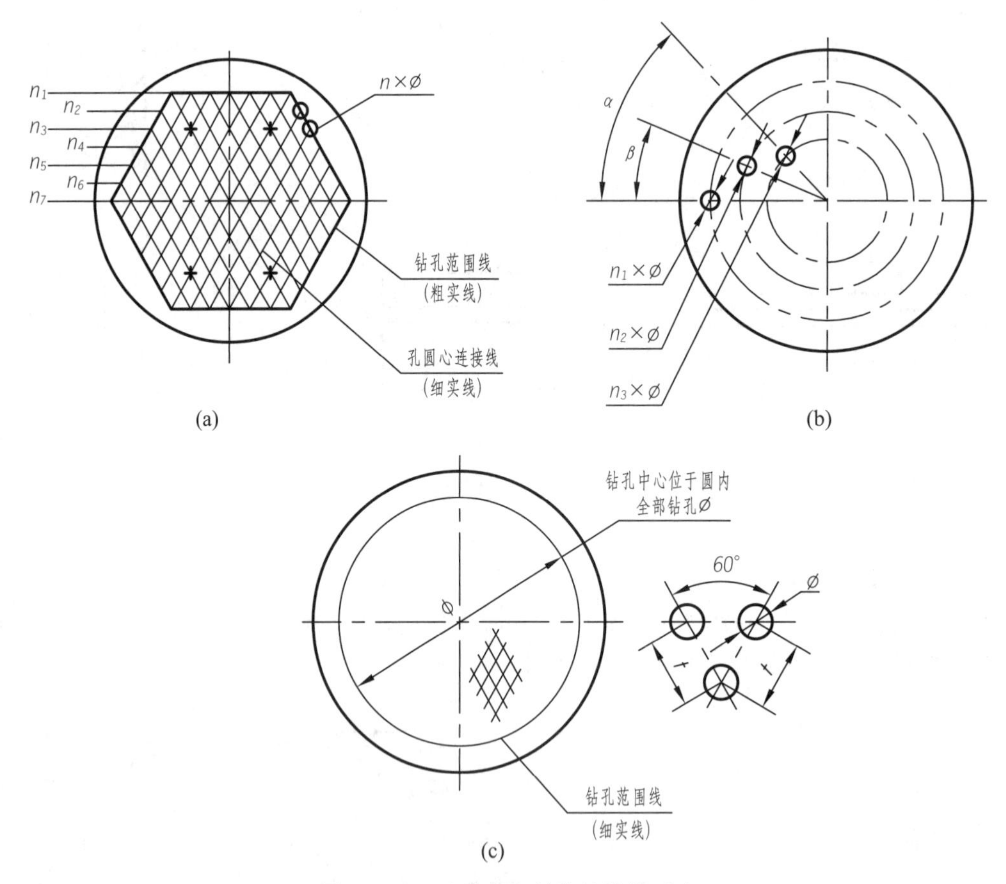

图 11－28　多孔板上的孔的简化画法

图 11－28(c)为对孔眼数要求不严格的多孔板(如隔板、筛板等)的画法和注法；图中不必全部画出孔眼和连心线，钻孔范围线采用细实线，用局部放大图表示孔眼的大小、排列方法和间距。

剖视图中，多孔板孔眼的轮廓线可不画出，如图 11－29 所示。

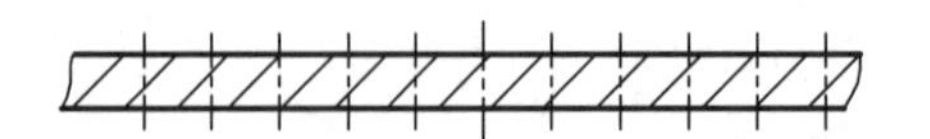

图 11－29　剖视图中多孔板孔眼的画法

(3) 按规则排列成管束的管子(如列管式换热器中的换热管),在装配图中至少应画出其中一根管子,其余均用中心线表示,如图 11－30 所示。

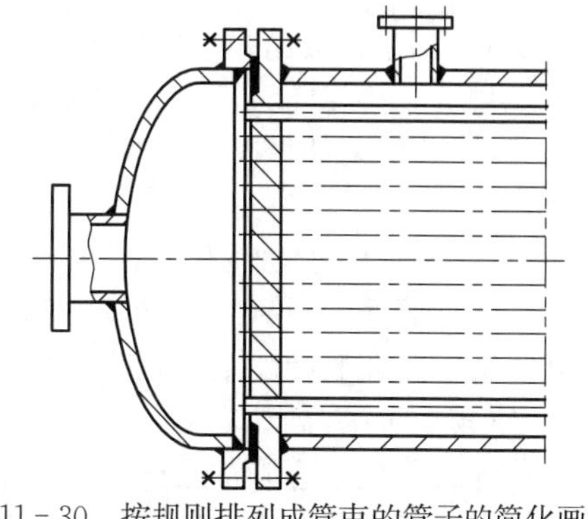

图 11－30 按规则排列成管束的管子的简化画法

(4) 设备中同一规格、材料和同一堆放方式的填充物(如瓷环、木格条、玻璃棉、卵石等)的简化画法如图 11－31(a)所示。装有不同规格或同一规格不同堆放方式的填充物的简化画法如图 11－31(b)所示。图中用相交的细直线表示填充物。

填料箱中填料的表示如图 11－32 所示。

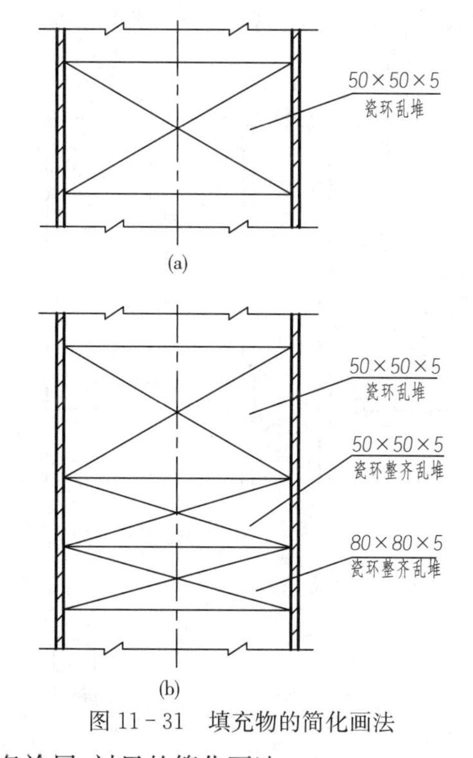

图 11－31 填充物的简化画法

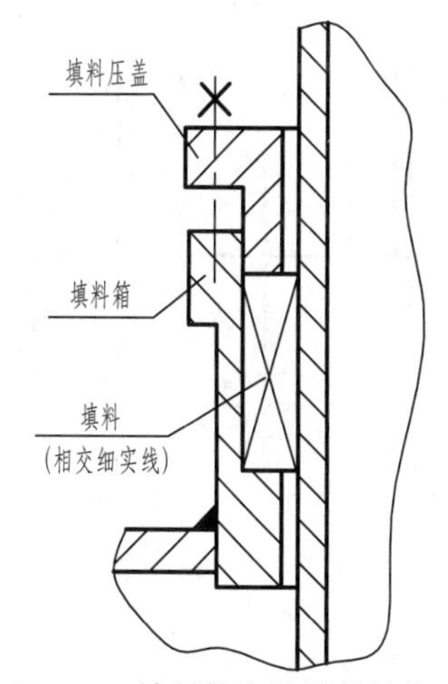

图 11－32 填料箱中填料的简化画法

4. 设备涂层、衬里的简化画法

根据化工生产的需要,设备内表面往往需要涂层、衬里,以增强表面耐腐蚀等性能。

图 11－33 为设备内部薄涂层(如搪瓷、涂漆、喷涂塑料等)的剖视表达方法。在图样中不编件号,仅在涂层表面一侧画与表面平行的粗点画线,并标注涂层的名称和要求,详细要求可写入技术数据表的“技术要求”栏中。

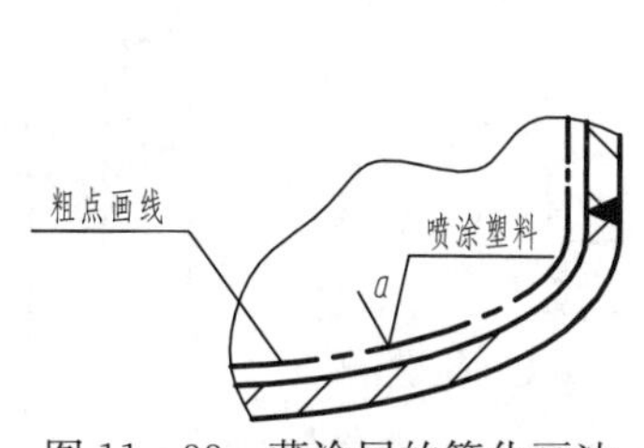

图 11－33 薄涂层的简化画法

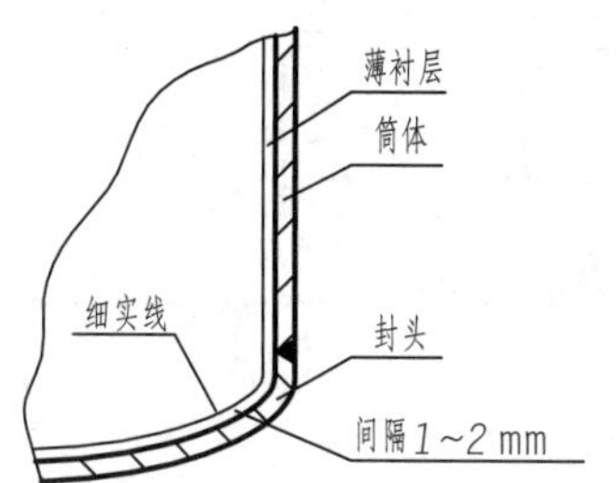

图 11－34 薄衬层的简化画法

图 11－34 为设备薄衬层(如衬橡胶、石棉板、铅等)的剖视表达方法。如衬有两层或两层

以上相同或不同材料的薄衬层,仍按图 11－34 表示,只画一根细实线。

当衬层材料相同时,须在明细栏的备注栏中注明厚度和层数,只编一个件号。当衬层材料不同时,应分别编件号,在放大图中表示其结构,在明细栏的备注栏内说明各种材料的厚度和层数。

5. 单线示意简化画法

在已有部件图、零件图、剖视图和局部放大图等能清楚地表达设备结构的情况下。设备上的某些结构可在装配图上简化为单线(粗实线)表示,如图 11－35 所示塔设备中的塔盘,当浮阀、泡罩较多时也可用中心线表示或不表示。列管式换热器中的折流板、挡板、拉杆、定距管、膨胀节等的单线示意画法如图 11－36 所示。

当设备采用断开或分段(层)画法后,为了读图的方便,可按较大的缩小比例,在图幅的适当位置,用单线(粗实线)示意画出设备的大体完整形状和各部分的相对位置,并标注总高(长),管口定位尺寸和标高等尺寸,如图 11－37 所示。

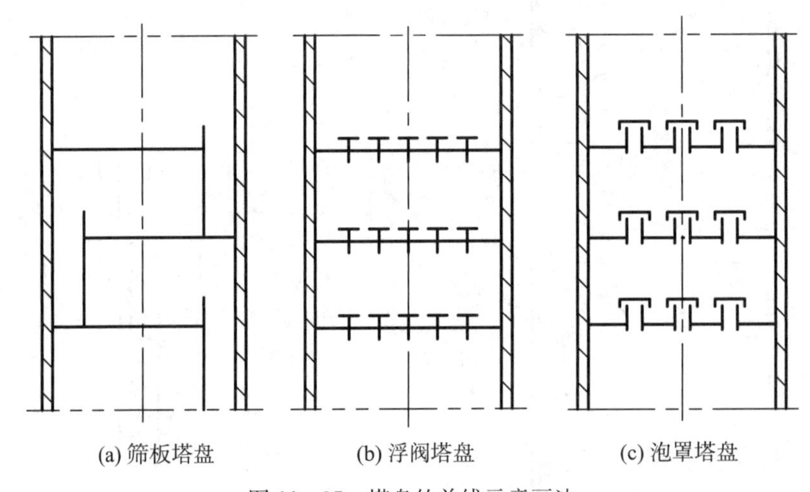

(a) 筛板塔盘　(b) 浮阀塔盘　(c) 泡罩塔盘

图 11－35　塔盘的单线示意画法

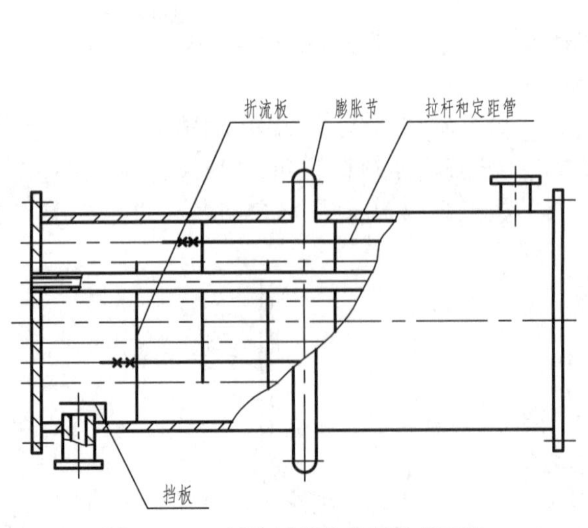

图 11－36　折流板等的单线示意画法

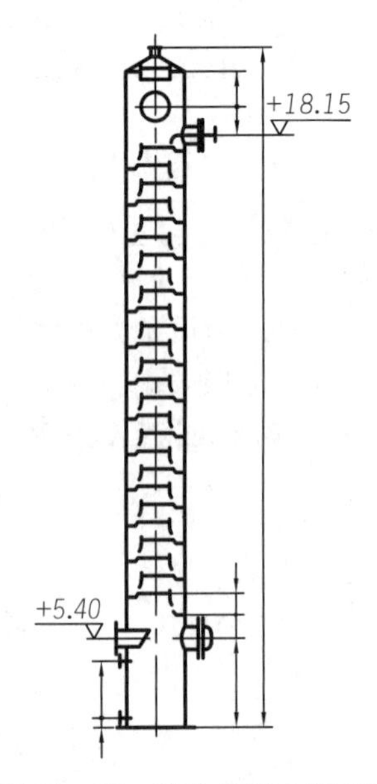

图 11－37　整体单线示意画法

11.5　化工设备图中焊缝的表示方法

焊接是将需要连接的金属件，在连接部分加热到熔化或半熔化状态后用压力使其连接起来；或在其间加入熔化状态的金属，待它们冷却后使两个金属件连接起来的工艺。因此，焊接是一种不可拆卸的连接形式，具有工艺简单、连接结构强度高、可靠、重量轻等优点，被广泛应用于化工设备的制造。例如，筒体、封头、管口、法兰、支座等零、部件的连接大多采用焊接的方式。

本节主要介绍焊缝的画法及标注。

11.5.1　焊缝的规定画法

两个金属件焊接后其熔接处的接缝称为焊缝。由于两个金属件连接部分相对位置的不同，焊缝的接头有对接、搭接、角接和T字形接等基本形式，如图11－38所示。在化工设备零、部件的焊接中，焊接接头形式不外乎上述四种。

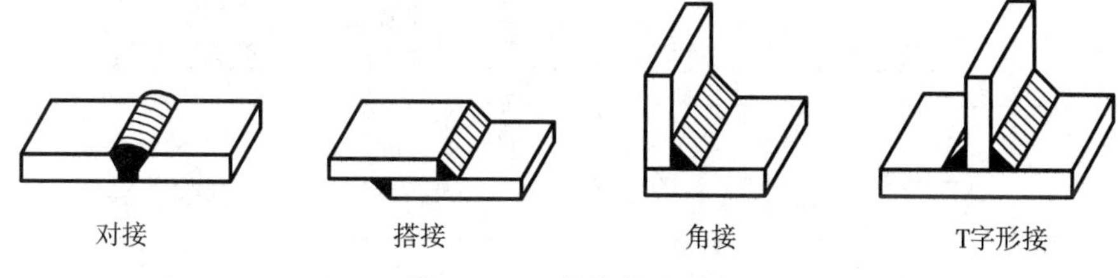

图11－38　焊接接头形式

图样中，焊缝可见面用栅线（或波纹线）表示，焊缝不可见面用粗实线表示。焊缝的断面应按真实形状画出，剖面线可用交叉的细实线或涂黑表示（图形较小时，可不必画出断面形状），如图11－39所示。不连续焊缝的画法如图11－39(b)所示。图11－39(c)为焊缝的一种简化画法。

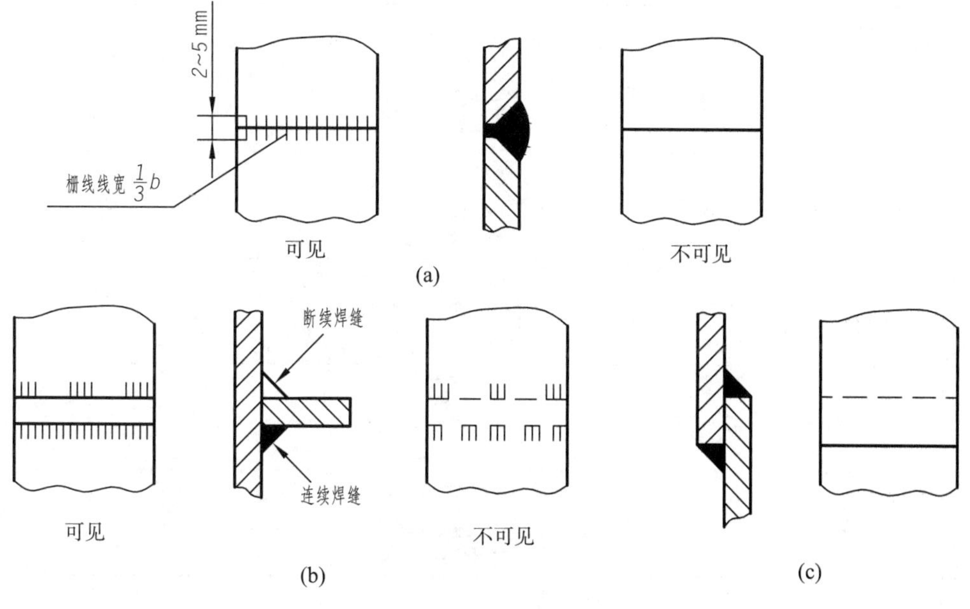

图11－39　焊缝画法

11.5.2　焊缝的标注

根据国家标准《焊缝符号表示法》(GB/T 324—2008)的规定,为了简化图样,焊缝一般只采用标准所规定的焊缝符号标注即可。

焊缝符号一般由基本符号与指引线组成,必要时可加上辅助符号、补充符号、焊接方法代号和焊缝尺寸代号。

1. 基本符号

焊缝的基本符号是表示焊缝横截面形状的符号,用粗实线绘制,见表11-18。

表11-18　焊缝的基本符号(摘自GB/T 324—2008)

序号	名称	示意图	符号	序号	名称	示意图	符号
1	I形焊缝	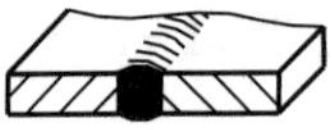	||	5	带钝边单边V形焊缝		
2	V形焊缝		V	6	带钝边U形焊缝		
3	单边V形焊缝			7	带钝边J形焊缝		
4	带钝边V形焊缝	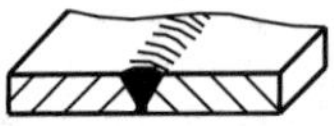	 Y	8	角焊缝	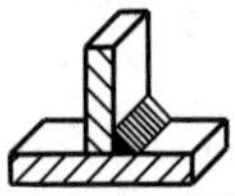	

2. 基本符号的组合

标注双面焊焊缝或接头时,基本符号可以组合使用,见表11-19。

表11-19　焊缝基本符号的组合(摘自GB/T 324—2008)

序号	名称	示意图	符号
1	双面V形焊缝(X焊缝)	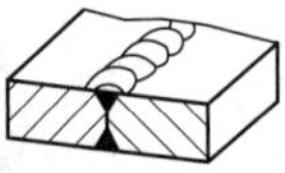	X
2	双面单V形焊缝(K焊缝)	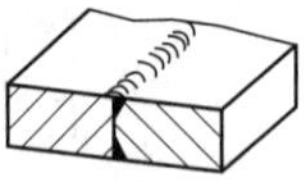	 K
3	带钝边的双面V形焊缝	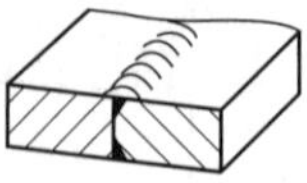	
4	带钝边的双单面V形焊缝	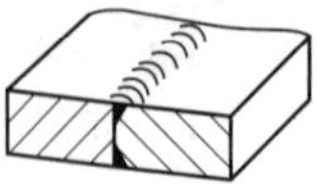	
5	双面U形焊缝	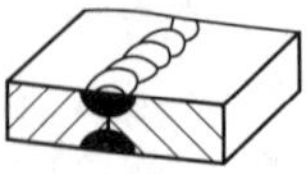	

3. 补充符号

补充符号是为了补充说明焊缝的某些特征而采用的符号(诸如表面形状、衬垫、焊缝分布、施焊地点等),用粗实线绘制,见表11-20。

表 11－20　焊缝补充符号及标注示例(摘自 GB/T 324—2008)

序号	名称	示意图	符号	标注示例	说明
1	平面		—		焊缝表面通常经过加工后平整
2	凹面		◡		焊缝表面凹陷
3	凸面		◠		焊缝表面凸起
4	三面焊缝		⊏		工件三面带有角焊缝，焊接方式为手工电弧焊
5	周围焊缝		○		沿着工件周边施焊的焊缝，标注位置为基准线与箭头线的交点处
6	现场焊缝			见序号 5	在现场焊接的焊缝
7	尾部符号	<		见序号 4	参照 GB/T 5185—2005，标注焊接工艺方法等内容

4. 指引线

用细实线绘制的指引线，其构成如图 11－40(a)所示，箭头指向焊缝；两条基准线，一条为实线，另一条为虚线，基准线一般应与图样的底边平行；实基准线的左端(或右端)为箭头线，当位置受限时，允许将箭头线弯折一次，如图 11－41(a)所示。焊缝符号注在基准线的上方或下方；如有必要，可在实基准线的另一端画出尾部，如图 11－40(b)所示，以注明其他附加内容。

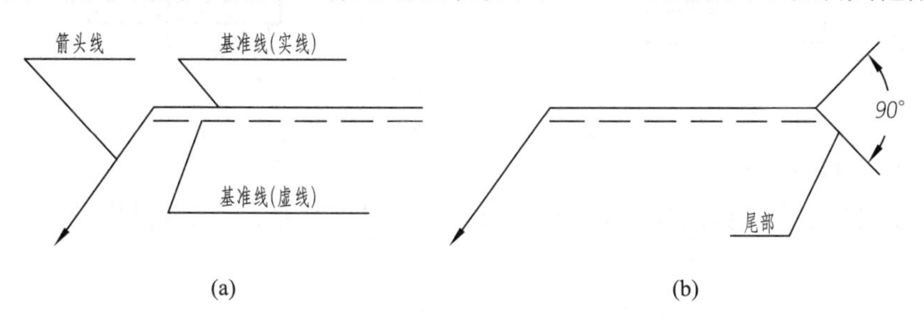

图 11－40　焊缝的指引线

指引线的使用应满足下列要求:

① 根据需要可以弯折一次,但不能交叉,如图 11-41(a)所示。相同的焊缝也可在尾部说明其数量。

② 在标注单边 V、Y 及 J 形焊缝时,箭头应指向带有坡口的工件,如图 11-41(b)所示。

③ 如果指引线箭头在焊缝的可见侧,则将基本符号画在基准线的实线侧,如图 11-41(c)(d)所示;反之,则画在虚线侧,如图 11-41(e)(f)所示。

④ 标注非对称焊缝时,虚线可加在实线侧的上方或下方,其意义相同,如图 11-41(c)(d)(e)(f)所示。标注对称焊缝及双面焊缝时,可不加虚基准线,在实线侧的上、下方同时标注基本符号,如图 11-41(g)(h)(i)所示。

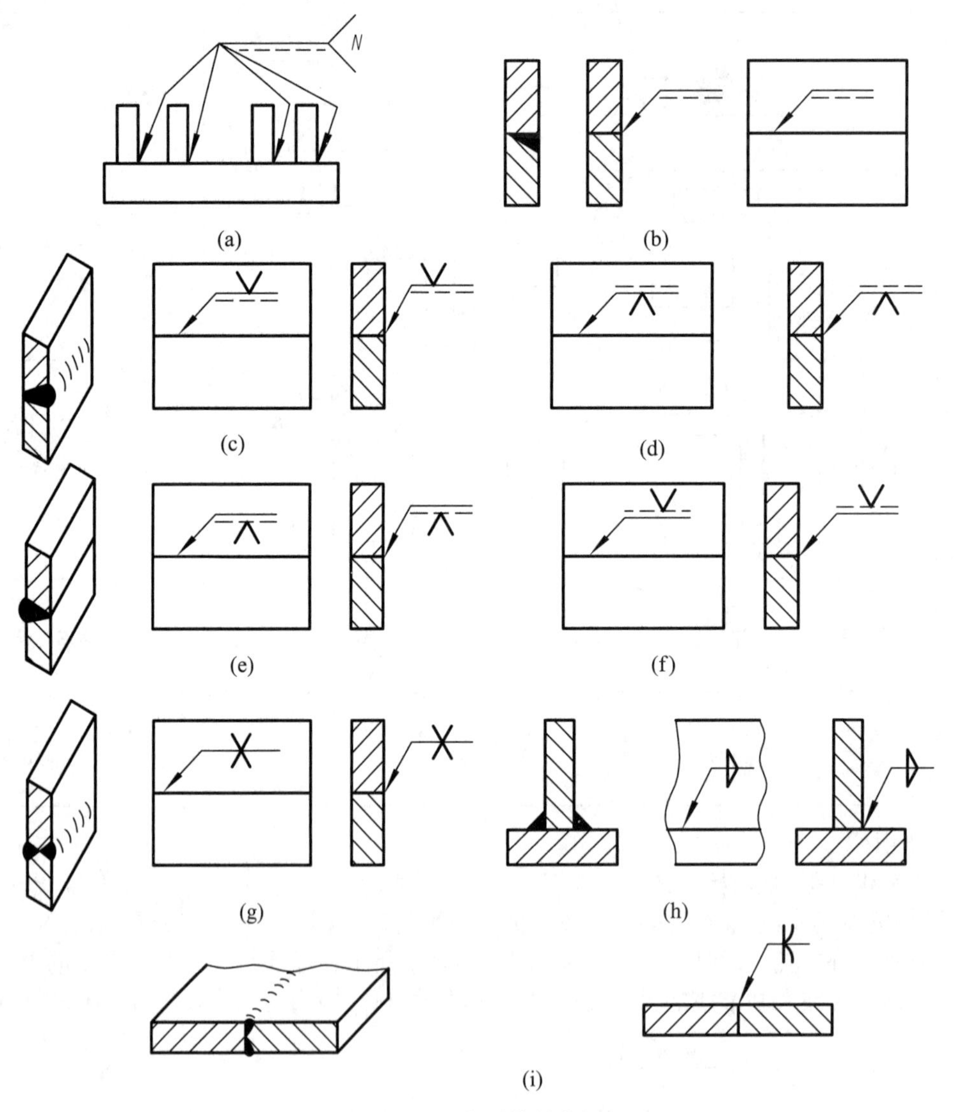

图 11-41 指引线的应用

5. 焊缝尺寸符号

焊缝尺寸主要是指焊缝横截面形状的尺寸,如表 11-21 所示是焊缝尺寸符号。

表 11-21　焊缝尺寸符号(摘自 GB/T 324—2008)

符号	名称	示意图	符号	名称	示意图
δ	工件厚度	δ	e	焊缝间距	e
α	坡口角度	α	K	焊角尺寸	K
b	根部间隙	b	d	点焊:熔核直径 塞焊:孔径	d
p	钝边	p	S	焊缝有效厚度	S
c	焊缝宽度	c	N	相同焊缝数量	N=3
R	根部半径	R	H	坡口深度	H
l	焊缝长度	l	h	余高	h
n	焊缝段数	n=2	β	坡口面角度	β

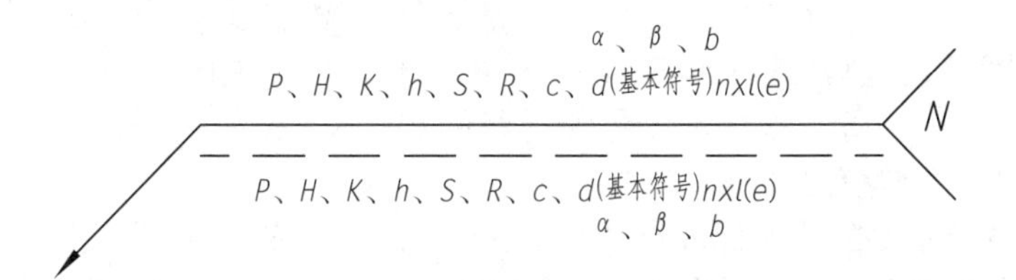

图 11-42　焊缝尺寸的标注位置

焊缝尺寸符号及数据的标注位置如图 11-42 所示。焊缝尺寸符号的标注应注意以下几点：

① 横向尺寸(焊缝横截面上的尺寸)标在基本符号的左侧；

② 纵向尺寸(焊缝长度方向的尺寸)标在基本符号的右侧;

③ 坡口角度、坡口面角度、根部间隙尺寸标注在基本符号的上侧或下侧;

④ 相同焊缝数量符号标注在尾部;

⑤ 当需要标注的尺寸数据较多又不易分辨时,可在数据前标注相应的尺寸符号。当箭头线方向变化时,上述规定不变。

标注焊缝符号时,辅助符号应画在基本符号的上方(或下方),补充符号应画在基本符号的左侧(垫板符号的一端画在基准线上)。

在基本符号的右侧无任何标注且又无其他说明时,则表示焊缝在整个长度上是焊透的。在基本符号的左侧无任何标注且又无其他说明时,则表示对接焊缝要完全焊透。

6. 焊接方法的数字代号

焊接的方法很多。各种焊接方法在图样上均用数字代号表示,并将其标注在指引线尾部,标注示例见表 11-20 中的序号 4。数字代号按国家标准 GB/T 5185—2005 中的规定。化工设备制造中常用的焊接方法及代号见表 11-22。

表 11-22 常用的焊接方法及代号(摘自 GB/T 5185—2005)

焊接方法	手工电弧焊	埋弧焊	等离子弧焊	电渣焊	氧乙炔焊
代号	111	12	15	72	311

当一张图纸上全部焊缝采用同一种焊接方法时,可省略焊接方法数字代号,但必须在图样的技术数据表的“设计数据表”中予以说明,例见图 11-2 和图 11-58。

图 11-43 为设备筒体与耳式支座、封头焊接的图样,焊接处画出了焊局部图缝并标注了焊缝符号。焊缝符号中的符号“5◺”表示角焊缝,焊角高度为 5 mm,符号“○”表示环绕工件周围都是焊缝,“111”表示焊接采用手工电弧焊,符号“1⋎1 50°”表示带钝边的 V 形焊缝,坡口角度 α 为 50°,间隙 b 为 1 mm,钝边 p 为 1 mm(符号左侧数字 1)。符号“⁷▷”表示双面角焊缝,焊角高度均为 7 mm。

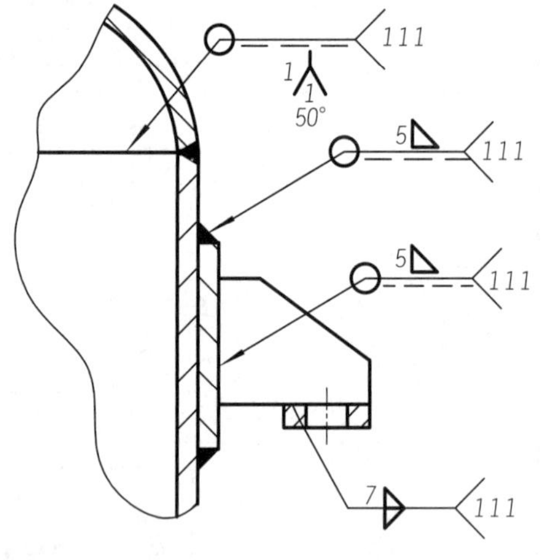

图 11-43 焊缝标注示例

11.5.3 化工设备图中焊缝的画法及标注

(1) 对于Ⅰ类压力容器及其他常、低压设备,一般可直接在其剖视图中的焊缝处画出焊缝的横断面形状并涂黑,在技术数据表的“设计数据表”中的“规范”栏内填写“GB 150—2011《压力容器》”,在“焊条型号”栏内填写“按 NB/T 47015—2011 规定”,在“焊接规程”栏内填写“按 NB/T 47015—2011 规定”,例见图 11-2。

NB/T 47015—2011 标准中规定了各种材料间焊接应采用的焊条型号,又规定了焊接的工艺、焊后热处理、检验等有关内容。

(2) 化工设备上重要的或非标准型式的焊缝,可用局部放大的断面图(节点图)表达其结构形状,并标注尺寸,如图 11-2 中筒体、人孔和加强板焊接的局部放大图。

对于Ⅱ、Ⅲ类容器,一般应画出筒体与封头,筒体(或封头)与补强圈及开孔,筒体与管板,筒体与裙座等焊缝节点的局部放大图。其余焊缝可按Ⅰ类压力容器及常、低压设备焊缝的画法及标注处理。

11.6　化工设备图的尺寸标注

化工设备图上标注的尺寸，除遵守国家标准《机械制图》中的规定外，应结合化工设备的特点做到完整、清晰、合理，以满足化工设备制造、检验和安装的要求。尺寸不允许注成封闭的尺寸链。外形尺寸前常加符号“~”，表示近似的含义，如图 11－2 中的尺寸“~3754”。参考尺寸数字要加括号，以示区别。

11.6.1　尺寸种类

化工设备图上标注的尺寸有以下几类：

(1) 特性尺寸。表达设备主要性能、规格的尺寸。如设备筒体的内径、高度(长度)(如图 11－2 中的“ø1600”和“2600”)，反应器搅拌轴的轴径等。

(2) 装配尺寸。表达零、部件间的相对位置尺寸。如接管间的定位尺寸(如图 11－2 中管口 B、D、E 的定位尺寸“ø900”)，封头上接管的伸出长度(图 11－2)，筒体与支座的定位尺寸，换热器的折流板、管板间的定位尺寸，塔器中塔板的间距等。

(3) 安装尺寸。表达设备安装在基础或其他构件上所需的尺寸。如支座螺栓孔间的定位尺寸及孔径(如图 11－2 中支座的定位尺寸ø2062、1725，螺栓孔的孔径 3×ø22)。

(4) 外形尺寸。表达设备总长、总宽、总高的尺寸，以便于设备的包装、运输及安装，如图 11－2 中总高“～3754”。

(5) 其他尺寸。

① 零、部件的规格尺寸，如图 11－31 中瓷环的尺寸“50×50×5”。

② 由设计计算确定的尺寸，如筒体壁厚(如图 11－2 中筒体壁厚“6”)等。

③ 不另行绘制图样的零、部件的结构尺寸，如图 11－2 中的人孔接管外径“ø530×6”。

④ 设备筒体和封头焊缝的结构形式尺寸，如图 11－2 中焊缝结构局部放大图上所注的尺寸。

11.6.2　尺寸基准

化工设备图中标注的尺寸，既要保证在制造和安装时达到设计要求，又要便于测量和检验，就需要合理地选择尺寸基准。尺寸标注基准一般从设计要求的结构基准面开始。化工设备常用的尺寸基准如图 11－44 所示，化工设备图尺寸标注常用的尺寸基准面有如下几种：

(1) 设备筒体和封头的轴线；

(2) 封头的切线，即法兰直边与椭圆的切线；

(3) 设备容器法兰的端面；

(4) 设备支座的底面。

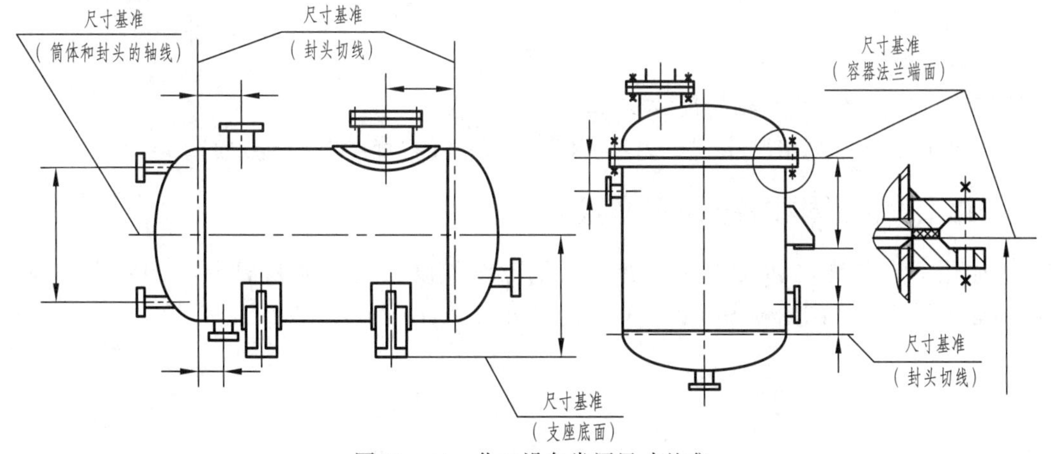

图 11－44　化工设备常用尺寸基准

11.6.3 常见典型结构的尺寸注法

(1) 筒体

筒体一般应注出内径(若用无缝钢管作筒体时,则注外径)、壁厚和高度(或长度),例见图 11-2。

(2) 封头

封头一般应标注壁厚 δ 和直边高度 h_1、如图 11-2 中的封头。壁厚 δ 为 6 mm,h_1 为 25 mm。

(3) 接管

接管为无缝钢管时,在图上一般不予标注,而在“明细栏”的“名称”栏中注明外径×壁厚,如图 11-2“明细栏”中的∅32×3.5 和∅57×3.5 等。接管为卷焊钢管时,则在图上标注内径和壁厚。

设备上接管伸出长度的标注方法如图 11-45 所示。

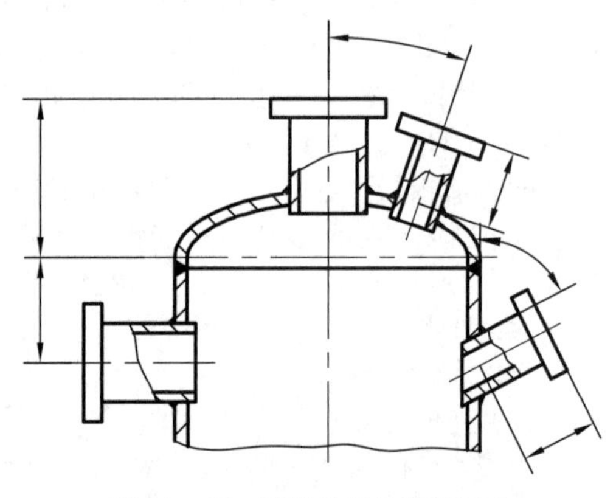

图 11-45 接管伸出长度的标注

从图中可见:

接管轴线与筒体轴线垂直相交(或垂直交叉)时,接管伸出长度是指管法兰密封面到筒体轴线的距离,在图上不必标注,而注写在“明细栏”中的“设备中心线至法兰面距离”栏内。

接管轴线与封头轴线相平行时,接管伸出长度应标注管法兰密封面到封头轴线的距离。

接管轴线与筒体轴线非垂直相交(或非垂直交叉)和接管轴线与封头轴线非平行时,接管的伸出长度应分别标注管法兰密封面与筒体和封头外表面交点间的距离。

除在“管口表”的“设备中心线至法兰面距离”栏中已注明的外,未注明的管口伸出长度均应标注,例见图 11-2。

(4) 夹套

图 11-46 为夹套的尺寸标注方法。通常注出夹套筒体的内径 D_p、夹套壁厚 S_1、弯边圆角半径及弯边角度等。

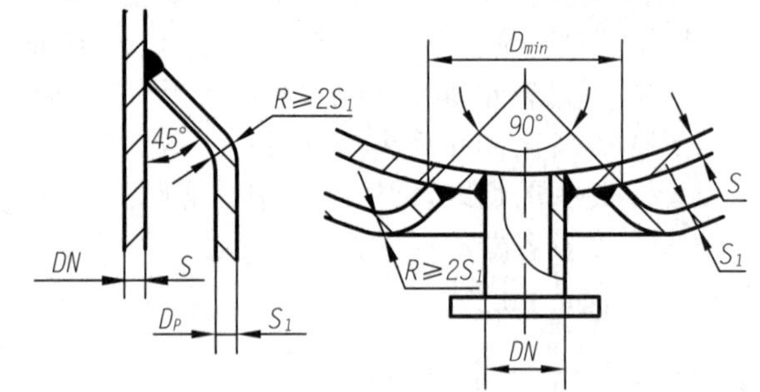

图 11-46 夹套尺寸的标注

(5) 填充物

图 11-31 表示了填充物的尺寸标注方法。注出堆放方法和规格尺寸,“50×50×5”表示瓷环的“直径×高×壁厚”。

11.7 化工设备图样中各要素的布置

按照化工设备结构和表达的特点,按《化工设备设计文件编制规定》(HG/T 20668—2000),化工设备装配图图样中各要素的布置如图 11-47 所示。

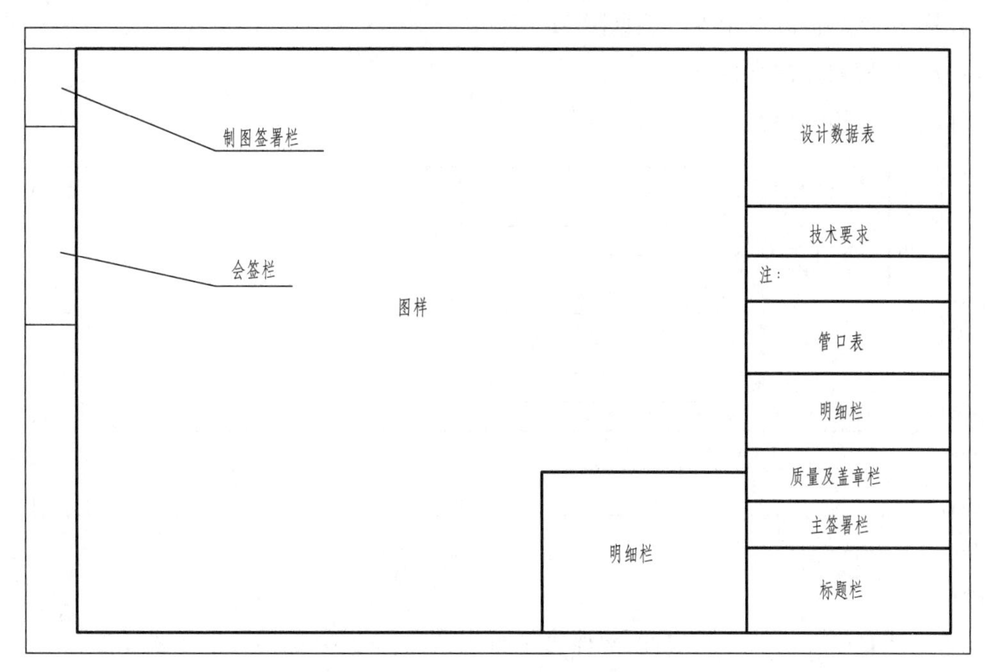

图 11－47　化工设备图中各要素的布置

鉴于绘图的需要，下面分别介绍标准中各栏的格式和填写要求。

11.7.1　标题栏和主签署栏

化工设备图标题栏和主签署栏的格式如图 11－48 所示。表中中间横粗实线以下部分为标题栏。各栏中相对应的英文是为了便于对外交流。

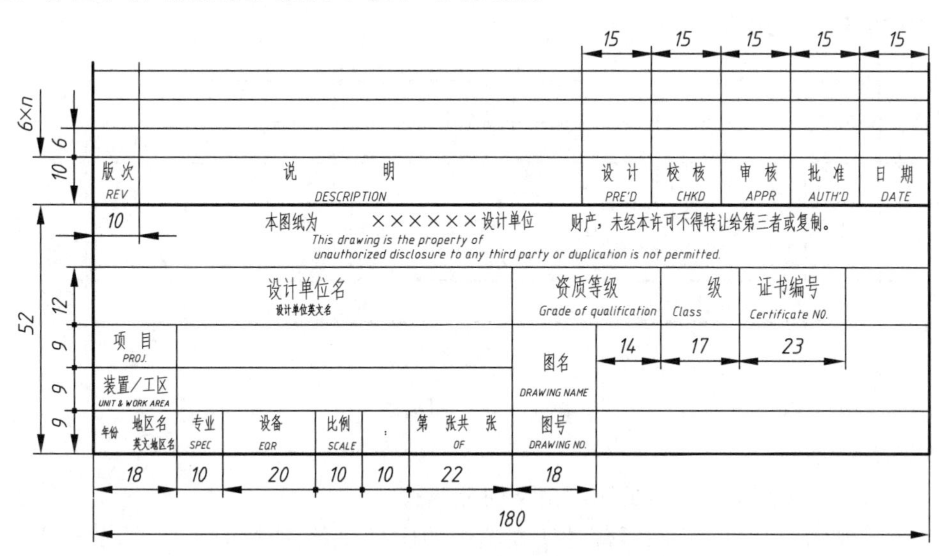

图 11－48　化工设备图标题栏和主签栏

标题栏中的图名一般分两行填写：第一行为设备名称、规格及图样名称（装配图、部件图、零件图等），第二行为设备位号（在化工工艺图中所确定的位号，见化工工艺图一章），例见图 11－2 中的图名。资质等级为设计单位的设计资格等级。

主签署栏中的版次以阿拉伯数字 0，1，2……由下向上填写，说明栏表示此版图的用途，如询价用、基础设计用、制造用等。例见图 11－2。

11.7.2　质量及盖章栏

质量及盖章栏的格式如图 11－49 所示。

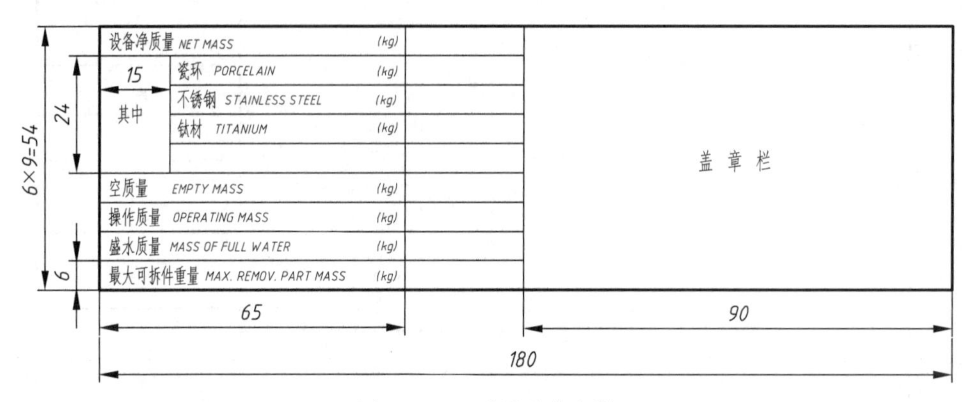

图 11－49　质量及盖章栏

图中：

设备净质量——设备所有零件、部件质量的总和，包括金属材料和非金属材料；

设备空质量——设备净质量、保温材料质量、防火材料质量等的和；

操作质量——设备空质量和操作介质质量之和。

当有特殊材料时，如瓷环、不锈钢、贵重金属等应分别列出。

在盖章栏内应加盖设计单位的压力容器设计资格印章。

11.7.3　明细栏

明细栏的格式如图 11－50 所示。

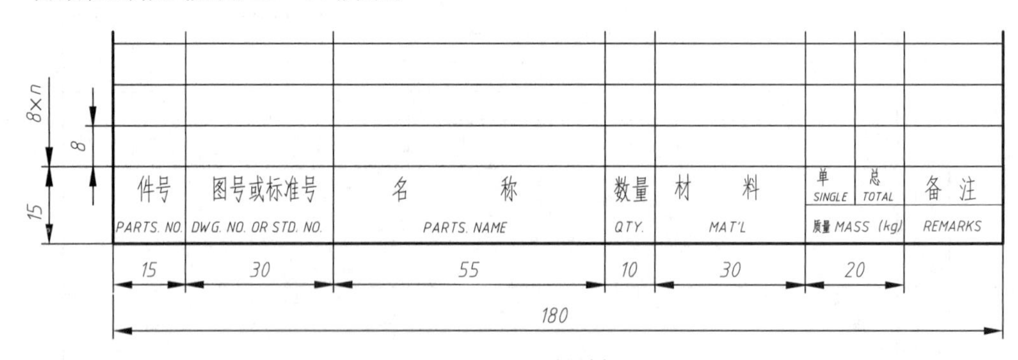

图 11－50　明细栏

填写时应注意：

(1) 件号栏。按图形中件号的顺序由下向上填写。

(2) 图号或标准号栏。填写零部件所在图纸的图号(不绘图样的零部件，此栏不填)。如为标准件，则填写标准号或通用图图号，如图 11－2 中的封头(件号 11)为标准件，填写 GB/T 25198—2010。若材料不同于标准的部件时，此栏不填，在备注栏内填写“尺寸按×××标准”，如“尺寸按 NB/T 47065.3—2018”。

(3) 名称栏。填写零部件或外购件的名称和规格，应采用公认的提法，如封头 DN1600×6。不另绘图的零件，在名称后应列出规格或实际尺寸。例如，图 11－2 中的筒体，填写

“DN1600　$d = 6$　$H = 2600$”；接管(件 2)，填写“Ø25×3.5　$L = 153$”，其中“153”是管子的总长度。外购件按有关部门的规定名称。

(4) 数量栏。填写同一件号或同一规格的零部件的全部件数。零部件若是大量的木材、填充物时，其数量按 m^3 计；若为各种砖，则以块计或 m^3 计。大面积的衬里材料，如橡胶板、石棉板等以 m^2 计。

(5) 材料栏。填写各零件所使用的材料代号和材料名称。部件和外购件，此栏不填，而用斜细实线表示。但对需注明材料的外购件，此栏仍需填写。

(6) 备注栏。填写一些必要的说明，如前述的薄衬层等。

11.7.4　设计数据表

对于不同的化工设备，具有不同格式的设计数据栏，但大部分内容相同。现介绍适合于反应器的设计数据表，如图 11－51 所示。

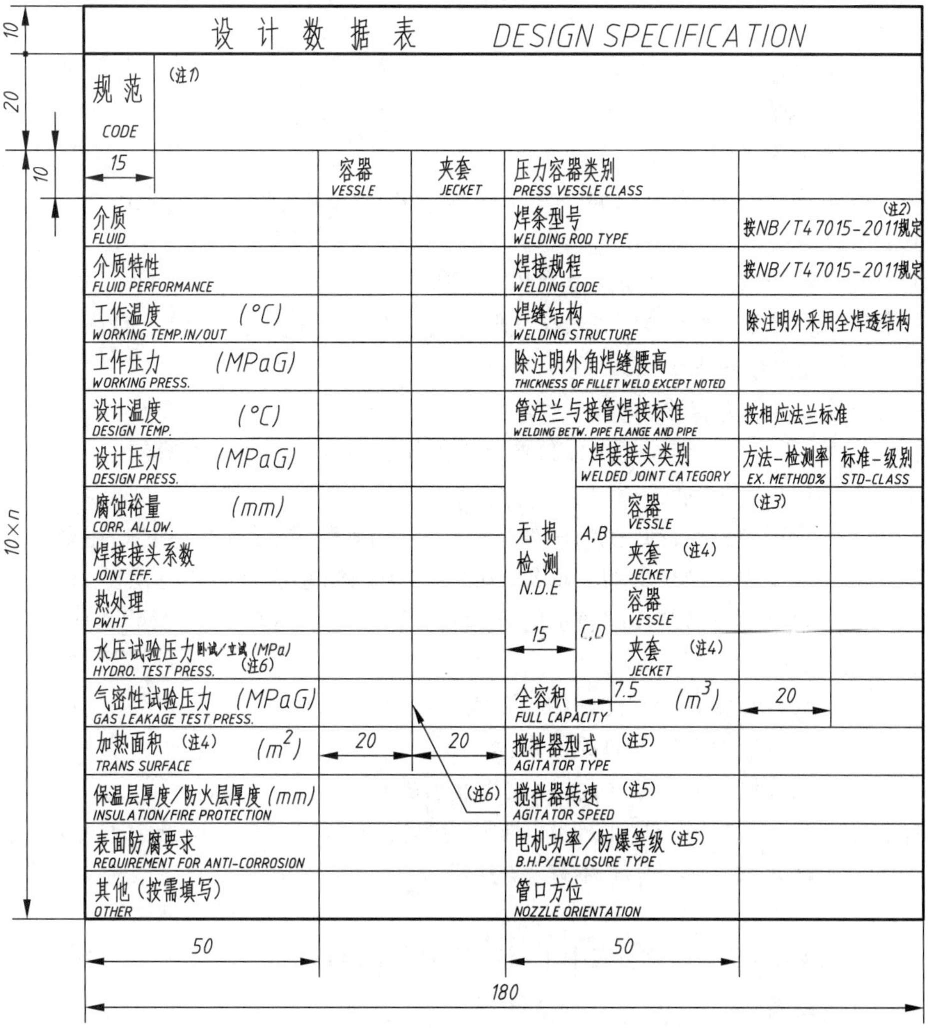

设计数据表　DESIGN SPECIFICATION					
规范 CODE	(注1)				
	容器 VESSLE	夹套 JECKET	压力容器类别 PRESS VESSLE CLASS		
介质 FLUID			焊条型号 WELDING ROD TYPE	(注2) 按NB/T47015-2011规定	
介质特性 FLUID PERFORMANCE			焊接规程 WELDING CODE	按NB/T47015-2011规定	
工作温度 (°C) WORKING TEMP.IN/OUT			焊缝结构 WELDING STRUCTURE	除注明外采用全焊透结构	
工作压力 (MPaG) WORKING PRESS.			除注明外角焊缝腰高 THICKNESS OF FILLET WELD EXCEPT NOTED		
设计温度 (°C) DESIGN TEMP.			管法兰与接管焊接标准 WELDING BETW. PIPE FLANGE AND PIPE	按相应法兰标准	
设计压力 (MPaG) DESIGN PRESS.			无损检测 N.D.E　焊接接头类别 WELDED JOINT CATEGORY	方法-检测率 EX. METHOD%	标准-级别 STD-CLASS
腐蚀裕量 (mm) CORR. ALLOW.			A,B　容器 VESSLE	(注3)	
焊接接头系数 JOINT EFF.			A,B　夹套 (注4) JECKET		
热处理 PWHT			C,D　容器 VESSLE		
水压试验压力 卧试/立试 (MPa) (注6) HYDRO. TEST PRESS.			C,D　夹套 (注4) JECKET		
气密性试验压力 (MPaG) GAS LEAKAGE TEST PRESS.			全容积 (m^3) FULL CAPACITY		
加热面积 (注4) (m^2) TRANS SURFACE			搅拌器型式 (注5) AGITATOR TYPE		
保温层厚度/防火层厚度 (mm) INSULATION/FIRE PROTECTION		(注6)	搅拌器转速 (注5) AGITATOR SPEED		
表面防腐要求 REQUIREMENT FOR ANTI-CORROSION			电机功率/防爆等级 (注5) B.H.P/ENCLOSURE TYPE		
其他(按需填写) OTHER			管口方位 NOZZLE ORIENTATION		

尺寸标注：10，20，10，15，10×n，15，7.5，20，20，20，50，50，180

图 11－51　设计数据表

设计数据表表明了设备的设计数据和技术要求。填写通用特性(如设计压力和工作压力，设计温度和工作温度，物料的名称)、设计所依据的标准和法规、试验压力、容积和容器类别等。

对设计、制造和使用所提出的特殊要求或专用措施,如腐蚀裕量、焊接接头系数、保温及防腐措施等。

容器类别按《固定式压力容器安全技术监察规程》(TSG 21—2016)的规定予以填写。符合下列情况之一的,为第三类容器:

(1) 高压容器;

(2) 中压容器(仅限毒性程度为极度和高度危害介质);

(3) 中压储存容器(仅限易燃或毒性程度为中度危害介质,且 $PV>10$ MPa · m^3);

(4) 中压反应容器(仅限易燃或毒性程度为中度危害介质,且 $PV\geqslant 0.5$ MPa · m^3);

(5) 低压容器(仅限毒性程度为极度和高度危害介质,且 $PV\geqslant 0.2$ MPa · m^3);

(6) 高压、中压管壳式余热锅炉;

(7) 中压搪玻璃压力容器;

(8) 使用强度级别较高(指相应标准中抗拉强度规定值下限大于或等于 540 MPa)的材料制造的压力容器;

(9) 移动式压力容器;

(10) 球形储罐($V\geqslant 50$ m^3);

(11) 低温液体储存容器($V\geqslant 5$ m^3)。

符合下列情况之一的,为第二类压力容器(符合以上三类容器规定的除外):

(1) 中压容器;

(2) 低压容器(仅限毒性程度为极度和高度危害介质);

(3) 低压反应容器和低压储存容器(仅限易燃介质或毒性程度为中度危害的介质);

(4) 低压管壳式余热锅炉;

(5) 低压搪玻璃压力容器。

除符合二类、三类压力容器规定以外的其他低压容器为第一类压力容器。

图 11 - 51 中的"注"表示:

(注 1)—— 注写各种设计规范的标准号或代号,当规范、标准无代号时则注全名。

(注 2)—— 常用焊条型号参照 NB/T 47015—2011 的规定,此处不注出。

(注 3)—— 检测方法:以"RT"表示射线检测,"UT"表示超声检测,"MT"表示磁粉检测,"PT"表示渗透检测。

(注 4)—— 当容器无夹套时此栏(线)取消。

(注 5)—— 当容器无搅拌器时此栏取消。

(注 6)—— 当设计压力为常压时,应改为盛水试漏。

当容器无夹套和无搅拌器时,图 11 - 51 即为容器的设计数据表,例见图 11 - 2。

对于塔器的设计数据表,需增补有关的内容,如基本风压(N/m)、地震烈度等,请详阅标准。

对于管口及支座方位,必须在表中予以填写,例见图 11 - 2。

11.7.5 管口表

表明管口和开孔的有关数据和用途等内容,以便备料、制造、检验和操作。格式和填写示例如图 11 - 52 所示。

管口表							
符号	公称尺寸	公称压力	连接标准	法兰型式	连接面型式	用途和名称	设备中心线至法兰面距离
A	250	0.6	HG20593	PL	突面	气体进口	660
B	150	0.6	HG20593	PL	突面	液体进口	660
C	50X50				突面	加料口	见图
H	250	0.6				手孔	见图
$D_{1\sim2}$	15	0.6	HG20593	PL	突面	取样口	见图
E	20		M20		内螺纹	放净口	见图
F	20/50	0.6	HG20593	PL	突面	回流口	见图
M	600	0.6	HG20593			人孔	见图
15	15	15	25	20	20	40	

5　10　8×n　180

图 11－52　管口表

填写时应注意：

(1) 符号。管口符号以大写的英文字母表示，按英文字母的顺序由上而下填写。常用的管口符号如手孔、液面计、人孔、压力计口和温度计口分别用字母 H、LG、M、PI 和 TE 表示。同一规格、连接标准、用途的管口以下标 1，2，3……表示，如图 11－52 所示管口表中的 $D_{1\sim2}$。

(2) 公称尺寸。按公称直径填写，无公称直径的管口则按管口实际内径填写，如图 11－52 所示管口表中接管口 C 为 50×50 的正方形接管。若椭圆形人孔则写“椭圆长轴×短轴”。盲板接口接管的公称尺寸以分数表示。

(3) 连接标准。填写所采用的管法兰的标准号。不对外连接的管口(如人孔、视镜等)，无标准的管法兰用细斜线表示(如图 11－52 所示管口表中的管口 C)。

(4) 法兰型式。填写连接法兰的型式(代号见 11.3.3)。

(5) 连接面型式。填写管法兰密封面的型式或代号(代号见 11.3.3)。

(6) 设备中心线至法兰面距离。填写管法兰密封面至设备中心线之间的距离。如需在图中标注，则需要填写“见图”的字样。

11.7.6　技术要求和注

1. 技术要求

对设计数据表中未能列出的一些技术要求，可在技术要求栏中，以阿拉伯数字 1，2，3……依次编号用文字书写。例如，反应器的一个技术要求如下：

设备制造完毕后：

① 先在设备内进行盛水试漏或煤油渗漏试验，合格后再焊接夹套并作夹套内的液压试验和压缩空气的气密性试验(设备内为常压，夹套内为正压情况下)。

② 先在设备内进行液压试验和压缩空气的气密性试验，合格后再焊接夹套并作夹套内的液压试验和压缩空气的气密性试验(设备内为真空，夹套内为正压情况下)。

③ 先在设备内进行液压试验和压缩空气的气密性试验，合格后再焊接夹套并作夹套内的液压试验和压缩空气的气密性试验(设备内试验压力大于或等于夹套内试验压力的情况下)。

对于装有液面计的容器的技术要求,例见图 11-2。

若"技术要求"栏中仅有一项技术要求,则不编号。

2. 注

对于不属于技术要求,但又需说明的内容,以阿拉伯数字 1,2,3……依次编号,在"注"栏内用文字书写。若"注"栏中仅有一项内容,则不编数码。

当设计数据表中的内容已表达清楚设计数据及技术要求时,以上两栏不再画出。

11.7.7 会签栏和制图签署栏

在图纸的左上有会签栏和制图签署栏,其格式分别如图 11-53 和图 11-54 所示。例见图 11-2。

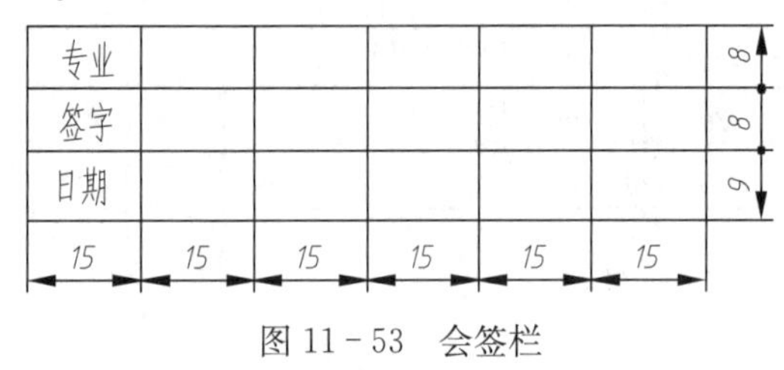

图 11-53 会签栏

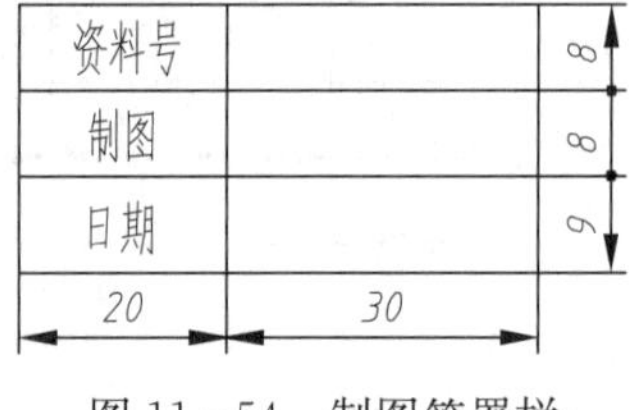

图 11-54 制图签署栏

11.8 化工设备图的绘制和阅读

11.8.1 化工设备图的绘制

绘制化工设备图,一般来说是依据化工工艺设计人员提供的"设备设计条件单"进行设计制图。设备设计人员再依据设计条件单选用通用零部件进行必要的选材、强度计算、结构设计和决定尺寸,然后绘制化工设备图。设备设计条件单例见图 11-55。图 11-56 是按上述条件单绘制的图样。

绘制化工设备图的方法、步骤与绘制机械装配图基本相同。下面结合图 11-56 将与机械装配图绘制的不同之处以及前述内容中未提及的有关内容做一些说明。

(1) 件号编写

件号的编写与机械装配图类同。所有部件、零件(包括薄衬层等)和外购件,不论有图和无图,均需编独立的件号,不得省略。

件号应尽量编排在主视图上,由主视图的左下方开始,按件号顺序,顺时针、连续和整齐地沿垂直方向或水平方向排列。但应尽量编排在图形的左方和上方,并安排在外形尺寸线的内侧。若有遗漏或增添的件号应在外圈编排补足,如图 11-57 所示。

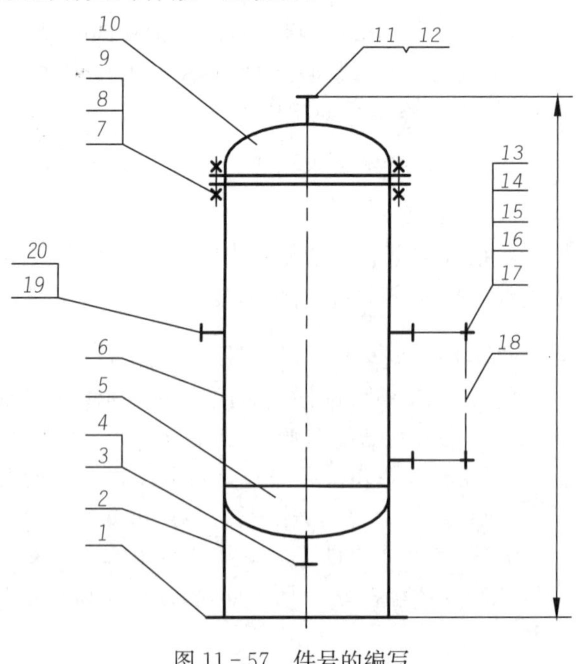

图 11-57 件号的编写

(2) 管口符号

设备上所有的接管口(如物料进、出管口,仪表管口等)和开孔(如视镜、人孔、手孔等)均用带圆圈(直径为Ø8 的细实线圆)的大写拉丁字母的管口符号标注在管口和开孔的投影旁或者在不引起管口相混淆的前提下标注在管口的中心线上。一般从主视图的左下方开始，按顺时针方向依序（特别的管口字母除外）注写管口符号。其他视图上的管口符号，则应根据主视图上对应的符号进行编写。

规格、用途及连接面形式不同的管口，均应单独编写符号，如图 11－56 中的出料口、放空口分别编 A、C 符号。规格、用途及连接面型式完全相同的管口则应编同一个符号，但必须在符号的右下角加注阿拉伯数字以示区别，如图 11－56 中的液面计口 LG_1、LG_2。

（3）绘图比例和图面安排

常用图幅为 A1。图样的比例应符合 GB/T 14690—1993 的规定。比例以 1∶10 为多，也可采用 1∶1.5，1∶2.5，1∶3，1∶4，1∶6，2∶1，4∶1。常用的局部放大图比例为 1∶2 和 1∶5。图面的安排一般如图 11－56 所示，其图幅为 A1，比例为 1∶10。

若局部放大图不能在一张图纸上绘制时，可另画在其他图纸上。

（4）绘图和其他

随后画主、俯视图和局部放大图，标注必要的尺寸，编写零件件号和管口符号，填写明细栏、设计数据表、管口表，编写技术要求，最后再填写化工设备图的其他各栏。

11.8.2　化工设备图的阅读

阅读化工设备图是从图样所表达的内容来了解设备的用途、工作状况、结构特点和技术要求；弄清各零部件间的装配连接关系，各主要零部件的结构形状，设备上的管口数量和方位；了解设备在制造、检验、安装等方面的技术要求。

阅读化工设备图的方法和步骤与阅读机械装配图一样，但必须着重注意化工设备图的表达特点，各种表达方法，管口方位、技术数据和技术要求等与机械装配图不同的方面。

阅读化工设备图，若具有一定的化工设备零部件和结构特点的基础知识，则可提高读图的效率和质量。

现以图 11－58 为例来说明化工设备图的阅读方法和步骤。

（1）分析视图表达方案

图 11－58 中，采用两个基本视图。主视图采用全剖视，表达了热交换器的结构，各管口和零部件在设备上的轴向位置及装配关系。换热器管束采用了简化画法，只画两根，其余用点画线表示。

左视图采用了 *A*—*A* 全剖视，并布置于相应的剖切位置。该图表达了各管口的周向方位和换热管的排列方式，图中换热管的分布和拉杆的分布采用了简化画法。

B—*B* 剖视图补充表达了鞍式支座（件 18 和 24）的结构形状和安装尺寸。

局部放大图Ⅰ除表达了左管板（件 5）的结构形状外，还表达了左管板与筒体（件 8）、部件左管箱（件 1）的装配连接关系。局部放大图Ⅱ表达了换热管（件 19）、拉杆（件 11）与左管板（件 5）的连接关系，拉杆与左管板用螺纹连接，其上套有定距管。局部放大图Ⅲ表达了左管板（件 5）与左管箱（件 1）上隔板的连接关系，两者间有密封垫片（件 27，图中涂黑的部分）。

（2）了解工作原理

由管口表可知，该换热器有 6 个接管口。由“用途和名称”栏可知，冷却水由管口 D 进入换热器壳体内，迂回流过 7 块折流板后由管口 B 流出；该换热器中高温的碳化铵水由管口 F 进左管箱，经下半部分的换热管换热后进入右管箱，再流经上部分换热管换热后至左管箱由管口 A 流出。管口的周向方位从“设计数据表”中可知由 *A*—*A* 剖视图确定。

（3）了解零部件间的装配连接关系

筒体和两块管板（件 5、15）、接管 B、C、D 和 E、鞍式支座，左管箱上的短筒节、封头和容器法兰、接管 a、接管 d 之间均采用焊接。

左、右两管箱的容器法兰与主体结构筒体上的容器法兰用双头螺柱连接,中间有密封垫片;均匀分布的螺柱连接件采用简化画法。换热管与管板采用焊接加贴胀(见设计数据表和局部放大图Ⅱ)。拉杆(件 10 和件 11)共有 8 根,其分布位置见 $A-A$ 剖视图;左端为螺纹,旋入管板螺孔中,如局部放大图Ⅱ所示。在拉杆上逐段套上定距管(件 20、21、22、23)和折流板(件 9),用定距管保证折流板之间的距离,再用螺母(件 12)紧固。折流板间距及装配位置见主视图。

(4) 了解设备设计、制造、检验和验收的技术数据及技术要求

阅读设计数据表可知:该换热器壳程内的物料为冷却水,工作压力为 0.25 MPa,工作温度为 32～36 ℃;管程内的物料为碳化铵水,工作压力为 0.35 MPa,工作温度为 48～55 ℃;换热器的换热面积为 192 m^2。

该换热器按《热交换器》(GB 151—2014)、《固定式压力容器安全技术监察规程》(TSG 21—2016)和 NB/T 47015—2011 等标准及规范进行制造、检验及验收。

其他技术数据和技术要求详见设计数据表。

(5) 了解零部件的结构形状

了解零部件的结构形状是阅读化工设备图样的重要要求。标准零部件可查阅有关标准和手册;图上结构形状表达清楚和主要尺寸完整的零件若要想象其形状则应参照本书"阅读装配图"章节中的有关内容以及结合化工设备的结构特点和特殊的表达方法进行。例如,要想象左管板(件 5)的形状并画出零件的视图,则应将主视图、$A-A$ 剖视图和局部放大图Ⅰ、Ⅱ、Ⅲ结合起来运用投影原理分析和阅读,例见图 11－59。

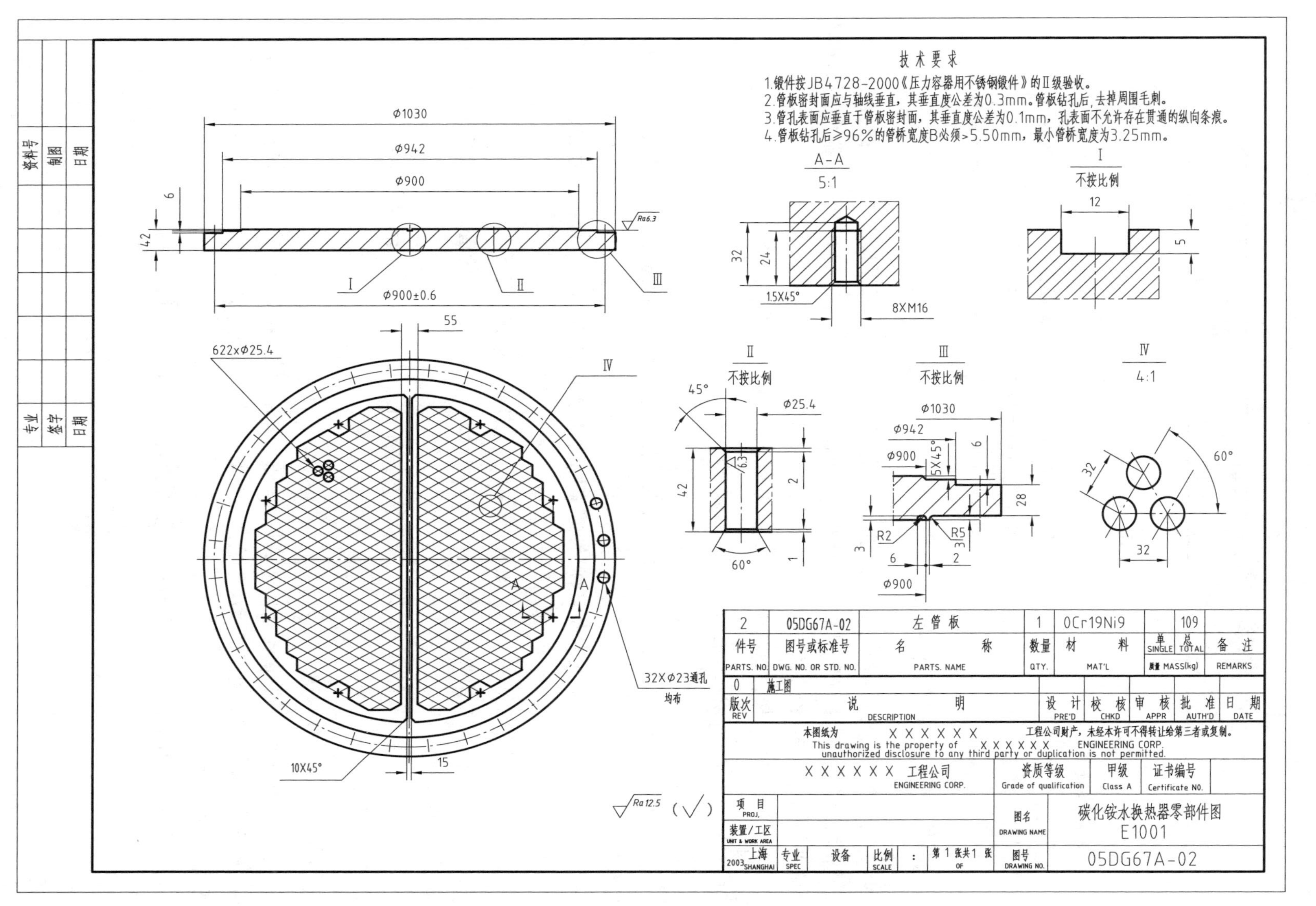

图11-59　碳化铵水换热器零部件图示例

12 化工工艺图

本章概要

化工工艺图是表达化工生产工艺过程的图样。本章简要介绍化工工艺图中的工艺管道及仪表流程图、设备布置图和管道布置图的有关内容。

12.1 工艺管道及仪表流程图

工艺管道及仪表流程图是用图示的方法把化工生产的工艺流程和所需的设备、管道、阀门、管件、管道附件及仪表控制点表示出来的一种图样。它是设备布置和管道布置的依据，也是施工、操作、运行及检修的指南。

按不同的设计阶段，工艺管道及仪表流程图有不同的表达内容和要求。图 12－1 是化工生产中某一工段施工阶段工艺管道及仪表流程图。

工艺管道及仪表流程图一般含有如下内容：

(1) 图形。用规定图例或简单外形按工艺流程绘出设备、管道、阀门、管件、仪表控制点等。

(2) 标注。注写设备位号及名称、管道编号、物料走向、仪表控制点代(符)号和必要的尺寸数据。

(3) 标题栏和主签署栏。填写图名、图号及工程技术人员签名等。

(4) 图例说明。绘出必要的图例，并写出有关图例及设备位号、管道编号、仪表控制点代(符)号等的说明。

工艺管道及仪表流程图一般以工艺装置的主项(工段或工序)为单元绘制，也可以装置(车间)为单元绘制。

12.1.1 比例与图幅

工艺管道及仪表流程图不按比例绘制，但应示意出各设备相对位置的高低，设备(机器)图例一般只取相对比例。允许实际尺寸过大的设备(机器)比例适当缩小，实际尺寸过小的设备(机器)比例适当放大。

工艺管道及仪表流程图一般画在 A1 图纸上，横幅绘制，流程简单者也可用 A2 图纸。

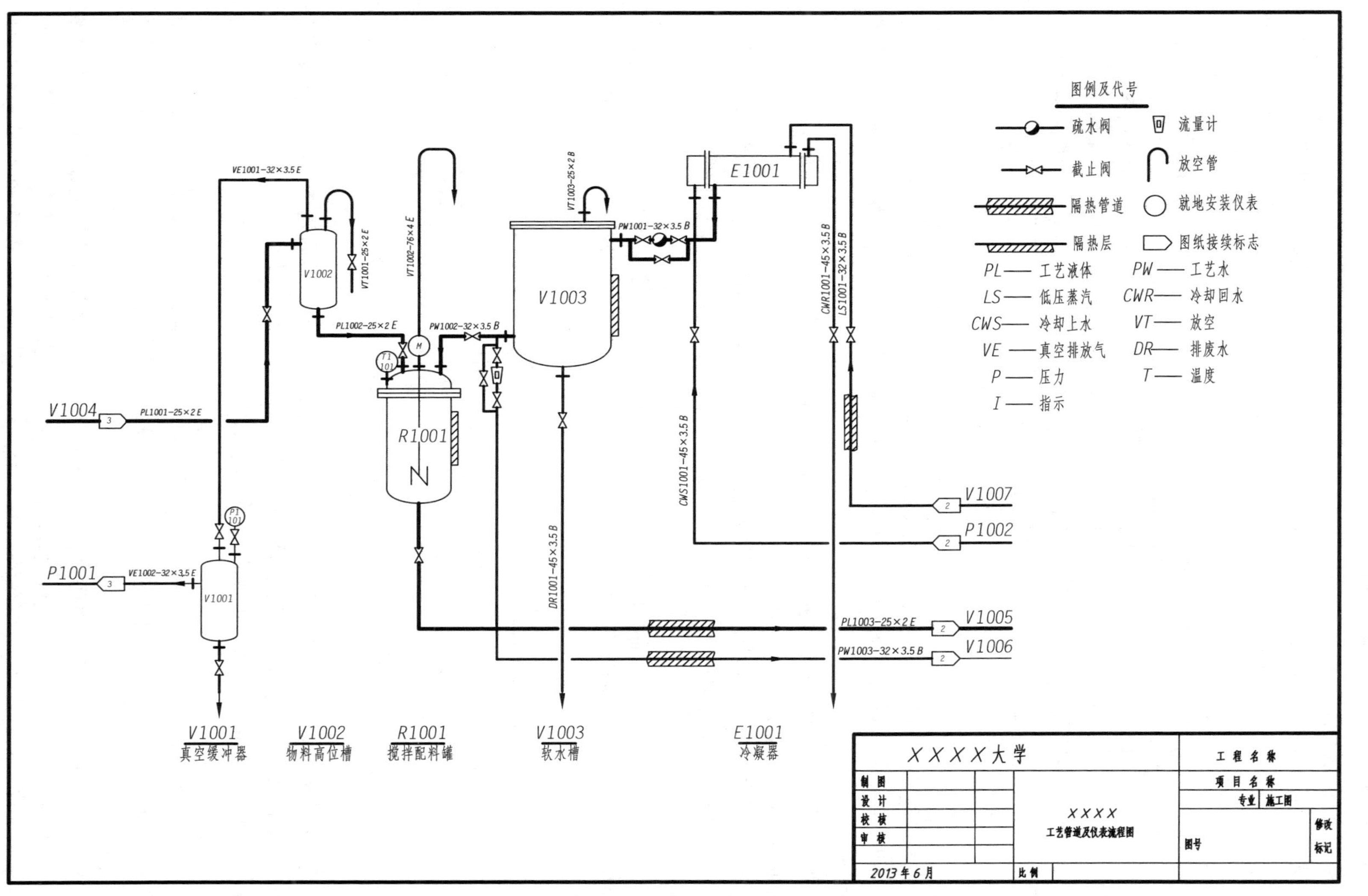

图12-1 工艺管道及仪表流程图示例

12.1.2　设备的表示方法和标注

1. 设备的表示方法

设备、机器的图形用细实线按标准 HG 20519. 1—2009 的规定绘制。图 12-2 摘录了该标准中的部分图例。标准中没有规定图例的,则画出其实际外形和内部结构特征。

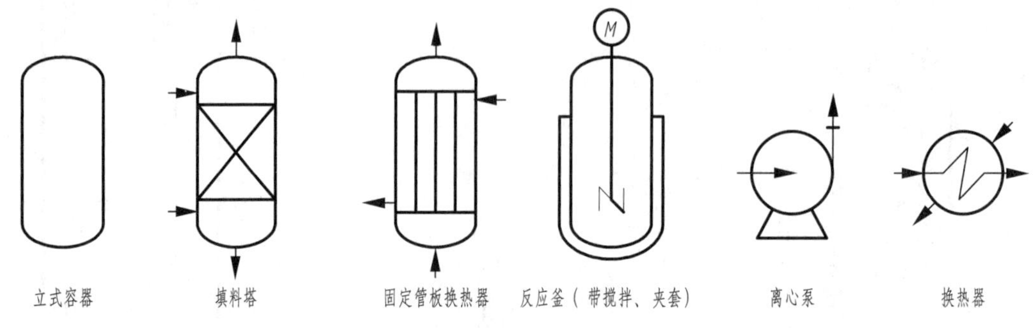

图 12-2　设备示意画法图例

如有可能,设备、机器上的全部接口(包括人孔、手孔、卸料口等)均全部画出。其中与配管及与外界有关的管口(如直连阀门的排液口、排气口、放空口及仪表接口等)必须画出,例见图 12-1。

管口一般用单细实线表示,也可以与所连管道线宽度相同。管口编号用方框内一位英文字母或字母加数字表示。

图中各设备、机器的位置要便于管道连接和标注,其相互间物料关系密切者(如高位槽液体自流入贮槽,液体由泵送入塔顶等)的高低相对位置要与设备实际布置相吻合,例见图 12-1。

对于需隔热的设备和机器要在其相应部位画出一段隔热层图例,必要时注出其隔热等级;有伴热者也要在相应部位画出一段伴热管,必要时可注出伴热类型和介质代号,如图 12-3 所示。

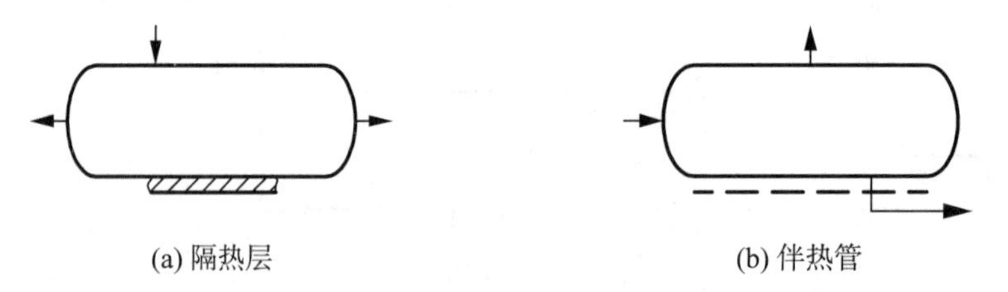

图 12-3　隔热层、伴热管示意图例

地下或半地下的设备、机器在图上要表示出一段相关的地面,地面以⁄⁄⁄⁄⁄表示,并加以必要的文字标注和说明。设备、机器的支承和底(裙)座可不表示。

复用的原有设备、机器及其包含的管道可用框图注出其范围。

2. 设备的标注

一般要在两个地方标注设备位号:一是在设备的上方或下方,要求排列整齐,并尽可能正对设备,在位号线的下方标注设备名称。二是在设备内或其近旁,此处仅注设备位号,不注名称。

设备位号由设备类别代号(各类设备代号见表 12-1)、设备所在主项的编号(以 2 位数表示)、主项内同类设备顺序号(以 2 位数表示)和相同设备的数量尾号(按大写字母 A、B、C……顺序排列,若无相同设备,此数量尾号则不写)四部分组成。对于一个设备,在不同设计阶段必须是同一位号。

标注形式为一分式，分子标注设备位号，分母标注设备的名称，水平线为粗实线，如图 12－1 中的$\dfrac{\text{V1003}}{\text{软水槽}}$，V1003 表示第 10 主项（工段或工序）内的第 3 序号的容器。

表 12－1　设备类别代号

设备类别	塔	泵	压缩机、风机	换热器	反应器	容器（槽、罐）	其他机械	其他设备
代号	T	P	C	E	R	V	M	X

12.1.3　管道的表示方法和标注

1. 管道的表示方法

图中一般应绘出全部工艺管道及与工艺有关的一段辅助及公用管道，如图 12－1 中来自泵（P1002）的上水总管。工艺管道包括：正常操作所用的物料管道；工艺排放系统管道，如图 12－1 中 VT1001—25×2 E 管道；开、停车和必要的临时管道。

管道的图例、线型及线宽参照标准 HG 20519.1—2009，表 12－2 中摘录了其中部分图例。

表 12－2　管道图例、线型及线宽

名　　称	图　　例	线型及线宽
主物料管道		粗实线，b＝0.6～0.9mm
辅助物料管道		中粗线，b＝0.3～0.5mm
引线、设备、管件、阀门、仪表图形符号和仪表管线等		细实线，b＝0.15～0.25mm
地下管道		虚线，b＝0.3～0.5mm
蒸汽伴热（冷）管道		
电伴热管道		点画线，b＝0.15～0.3mm
管道隔热层		除管道外其他线为细实线
夹套管		

每根管道都要以箭头表示其物料流向（箭头画在管道上）。图上的管道与其他图纸有关时，一般将其端点绘制在图的左方或右方，以空心箭头注出物料的流向（入或出），空心箭头内注明其接续图纸图号的序号，在其附近注明来或去的设备位号或管道号，例见图 12－1。空心箭头的画法如图 12－4 所示。

管道应尽量画成水平或垂直，管道相交和转弯均画成直角。管道交叉时，应将一根管道断开，如图 12－5 所示。应尽量避免管道穿过设备。

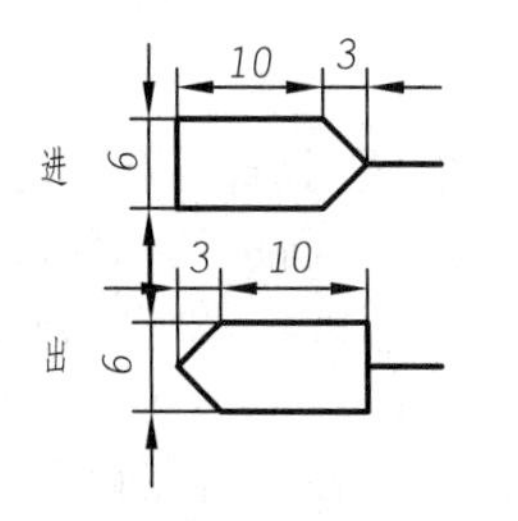

图 12－4　同一装置或主项内的管道或仪表信号线的图纸接续标记

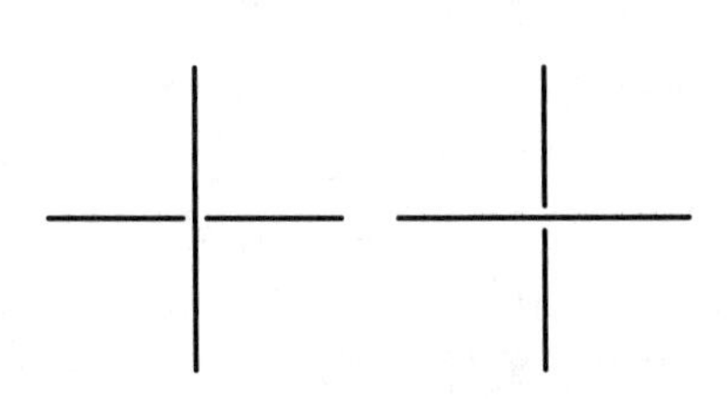

图 12－5　管道交叉表示法

2. 管道的标注

管道一般都要用管道组合号予以标注。管道组合号的内容示例见图 12－6,其中物料代号、主项编号(以 2 位数字表示)和管道顺序号(以 2 位数字表示)这三个单元称为管道号(或管段号)。

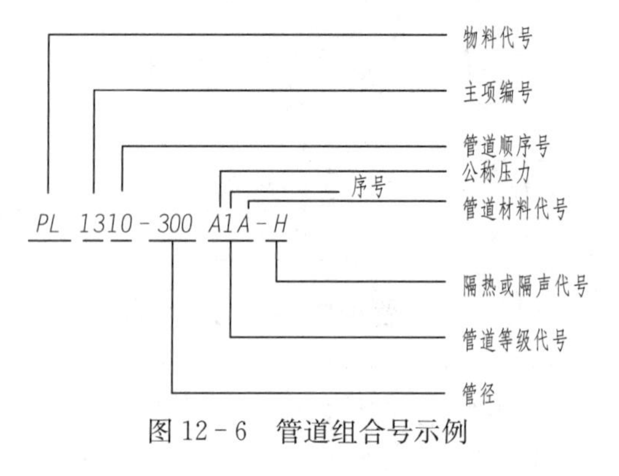

图 12－6　管道组合号示例

管道号编号原则:一个设备管口到另一个管口之间的管道,无论其规格尺寸改变与否,都要编一个号;一个设备管口与另一个管道之间的连接管道也要编一个号;两个管道之间的连接管道也要编一个号。相同类别的物料在同一主项内以流向先后为序,按顺序编号。

对于工艺流程简单,管道品种不多时,管道组合号的管道等级和绝热或隔声代号这两单元可省略。

管道等级代号、绝热隔声代号可参照标准 HG 20519.2—2009,物料代号见表 12－3。

表 12－3　物料代号示例

名称	工艺空气	工艺气体	工艺液体	工艺固体	工艺水	压缩空气	仪表空气	高压蒸汽	中压蒸汽
代号	PA	PG	PL	PS	PW	CA	IA	HS	MS
名称	低压蒸汽	蒸气冷凝水	循环冷却水回水	循环冷却水上水	热水回水	热水上水	原水、新鲜水	燃料气	燃料油
代号	LS	SC	CWR	CWS	HWR	HWS	RW	FG	FO
名称	天然气	液氨	冷冻盐水回水	冷冻盐水上水	排液、导淋	真空排放气	放空	惰性气体	火炬排放气
代号	NG	AL	RWR	RWS	DR	VE	VT	IG	FV

管道尺寸一般标注公称直径,以 mm 为单位,只注数字,不注单位。工艺流程简单,管道品种不多时,注写外径×壁厚,并标注工程规定的管道材料代号(表 12－4)。

表 12－4　管道材料代号

材料类别	铸铁	碳钢	普通低合金钢	合金钢	不锈钢	有色金属	非金属	衬里及内防腐
代号	A	B	C	D	E	F	G	H

对于横向管道,管道组合号一般标注在管道的上方,竖向管道一般标注在管道的左方,也可用指引线引出标注,例见图 12－1。也可将管道组合号分开标注在管道的上(或左)下(或右)方,如 $\frac{\text{PG1310}-300}{\text{A1A}-\text{H}}$。

12.1.4　阀门、管件和管道附件的表示方法和标注

一般应用细实线按规定的图形符号全部绘制出管道上的阀门、管件和管道附件(不包括管道之间的连接件,如弯头、三通、法兰等),但因安装和检修等原因所加的法兰、螺纹连接件等仍须画出。阀门、管件和管道附件的图形符号参照标准 HG 20519.2—2009,例见表 12－5。其中阀门图形符号一般长 6 mm、宽 3 mm,或长 8 mm、宽 4 mm。

管道上的阀门、管件和管道附件,按需予以标注。当公称通径与所在管道通径不同时要注出它们的尺寸,如异径管标注“大端公称通径×小端公称通径”。

表 12-5　常用阀门、管件和管道附件的图形符号

名称	闸阀	截止阀	节流阀	球阀	疏水阀	角式弹簧安全阀
图形符号				圆直径4 mm		
名称	偏心异径管 底平	偏心异径管 顶平	弯头	三通	四通	阻火器
图形符号						
名称	管端法兰	管帽	放空帽	放空管	同心异径管	视镜
图形符号						

12.1.5　仪表、控制点的表示方法和标注

一般应绘出和标注全部与工艺有关的检测仪表、调节控制系统、分析取样点和取样阀组。

仪表的图形符号是一直径为 12 mm(或 10 mm)的细实线圆圈，圆圈中注上仪表位号。仪表位号由字母组合代号和回路编号两部分组成。仪表位号中字母组合代号的第一字母表示被测变量，后继字母表示仪表的功能；回路编号由工序号和顺序号组成，一般用 3～5 位阿拉伯数字表示。字母组合代号填写在仪表圆圈的上半个圆中，回路编号填写在下半个圆中。图 12-1 中PI101表示就地安装的压力指示仪，“101”中的第一位“1”表示工序号，一般用一位数，“01”表示顺序号，一般用 2 位数。

常用被测变量及仪表功能代号参照标准 HG/T 20505—2014，见表 12-6。表示仪表安装位置的图形符号见表 12-7。

表 12-6　被测变量及功能代号

被测变量		功能代号	
T	温度	I	指示
P	压力	R	记录
F	流量	C	控制
L	物位	A	报警

表 12-7　表示安装位置的图形符号

安装位置	图形符号	安装位置	图形符号
现场(非仪表盘)安装仪表		现场控制盘背面安装仪表	
控制盘(控制室)正面安装仪表		控制盘(控制室)背面安装仪表	

调节控制系统由执行机构和调节机构两部分组成。部分执行机构和调节机构图形符号见表 12-8。若需详细了解可参见标准 HG/T 20505—2014。

表 12-8　执行机构和调节机构图形符号

角阀	三通阀	四通阀	带弹簧的薄膜执行机构	电动执行机构	数字执行机构	电磁执行机构
				M	D	S

12.2 设备布置图

在工艺管道及仪表流程图中所确定的全部设备,必须在厂房建筑内外进行合理布置,表示一个车间(装置)或一个工段(工序)的生产和辅助设备在厂房内外布置、安装的图样,称为设备布置图。它主要用来表示设备与建筑物、设备与设备之间的相对位置。

设备布置图是工艺设计中的主要图样,除必要的平、立面布置图外,还应有必要的管口方位图、设备安装图及与设备安装有关的支架图等图样。图 12-7 为某一工段的设备布置施工图图样。

设备布置图一般含有如下内容:

(1) 一组视图。按正投影原理绘制的表达厂房建筑的基本结构和设备在厂房内外布置情况的视图。

(2) 标注。注写与设备有关的定位尺寸、建筑物轴线的编号、设备名称、位号。

(3) 方向标。指示厂房建筑和设备安装方向基准。

(4) 标题栏和主签署栏。填写图名、图号、比例及工程技术人员签名等。

(5) 附加说明。用以说明与设备安装有关的特殊要求。

12.2.1 图幅与比例

设备布置图一般采用 A1 幅面图纸,不宜加长加宽。特殊情况也可采用其他图幅。

设备布置图常用的比例为 1:100,也可采用 1:200 或 1:50,视设备布置的疏密程度、界区的大小和规模情况而定。但对于大型装置(或主项),需要分段绘制设备布置图时,必须采用统一比例。

标题栏中的图名一般分成两行,上行写"××××设备布置图",下行写"EL-×.×××平面""EL±0.000 平面""EL+×.×××平面"或"×-×剖视"。下行中的"EL"(Elevation)表示标高,地面设计标高为 EL±0.000。标高的表示方法宜用"EL-×.×××""EL±0.000""EL+×.×××",对于"EL+×.×××"可将"+"省略,表示为"EL×.×××"。

12.2.2 图面安排及视图要求

设备布置图一般只画平面图,是假想掀去屋顶或上层楼板的俯视图。当平面图不能表达清楚设备布置状况时,可绘制立面方向的剖视图或局部视图。用剖切符号在平面图上表示剖切平面的位置并注上大写的英文字母,在剖视图的下方注上相应的字母,如图 12-7 所示。

多层建筑物或构筑物,应依次分层绘制各层的设备布置图。如在同一张图纸上绘几层平面图时,应从最底层平面开始,在图纸上由下向上或由左向右按层次顺序排列,并在图形的下方用字母和数字注明标高"EL-×.×××平面""EL±0.000 平面"或"×-×剖视"等。

一般情况下,每一层只画一个平面图,当有局部操作台时,在该平面图上可以画操作台下的设备,局部操作台及其上面的设备另画局部平面图。如不影响图面清晰,也可重叠绘制,操作台下的设备画虚线。一个设备穿越多层建(构)筑物时,在每层平面图上均须画出设备的平面位置,并标注设备位号。

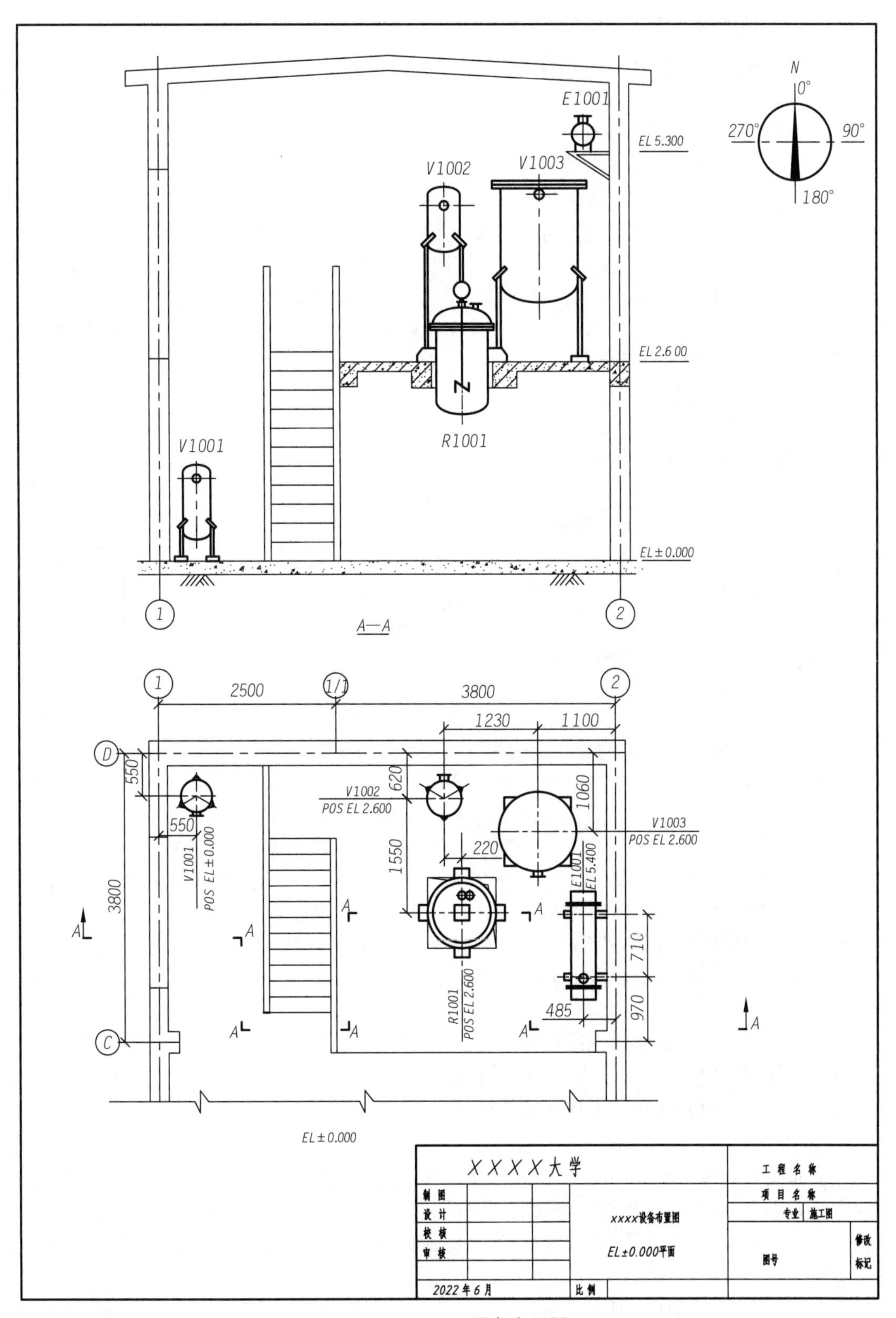

图 12-7　xxxx 设备布置图

12.2.3　视图表达方法及标注

设备布置图的主要表达内容有设备和建(构)筑物。在设备布置图上,长、宽定位尺寸的单位为mm,高度尺寸的单位为m(取小数点后三位至mm为止),在图上均不注尺寸单位。标准HG 20519.3—2009规定:室内地面设计标高为0 m,即EL±0.000。

12.2.3.1　设备的表达方法及标注

1. 表达方法

对于定型设备和非定型设备,均用粗实线按比例画出其设备轮廓。前者可按标准HG 20519.3—2009规定的图例绘制(图12-2);后者可适当简化,画出其外形,包括附属的操作台、梯子和支架。无管口方位图的设备,应画出表示设备安装方位的特征管口(如人孔),并表示方位角,如图12-8(a)所示。图12-8中,“POS”表示支承点(Point of Surport),“DISCH”表示排出口(Discharge),“M”表示人孔(Manhole)。

卧式设备,应画出特征管口或标注固定端支座,例见图12-7中E1001的支座。动设备可画出基础(用粗实线绘制)并表示出特征管口和驱动机的位置,例见图12-8(b)。图12-7中画出了足以确定设备方位的管口及支座。

同一位号的设备多于三台时,在平面图上可以表示首末两台设备的外形,中间的仅画出基础,或用双点画线的方框表示。

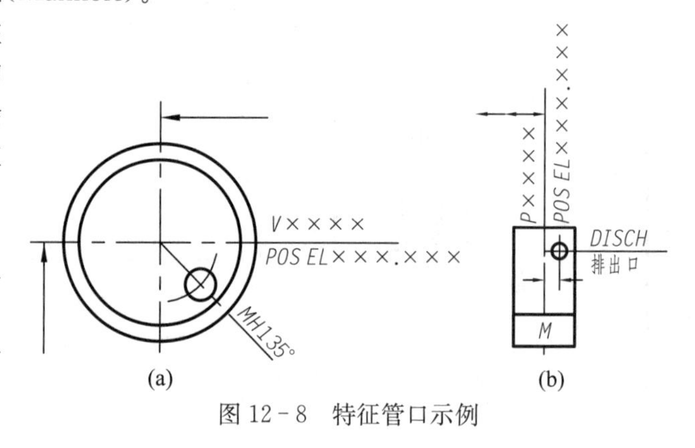

图12-8　特征管口示例

2. 标注

在平面图上,应标注设备的安装定位尺寸。一般以建(构)筑物的轴线为基准,也可以已定位的设备中心线为基准。尺寸线终端用细斜线绘制。

高度方向的定位尺寸,以标高形式注写,一般与设备位号的注写相结合。卧式的槽、罐、换热器,以中心线标高EL+××.×××表示,如图12-7中的换热器E1001;立式槽、罐、反应器、塔、换热器,以支承点标高POS EL+××.×××表示,如图12-7中的搅拌配料罐R1001和软水槽V1003;动设备,如泵、压缩机,以主轴中心线标高EL+××.×××或以底盘底面标高(即基础顶面标高)POS EL+××.×××表示,如图12-8(b)所示;管廊、管架,以架顶(Top of Surport)标高TOS EL+××.×××表示。其他设备(机器)的标高标注参照标准HG 20519.3—2009。

设备的位号一般注于设备内或设备近侧,位号应与工艺管道流程图一致。

若绘立面图,则平面图上一般不再标注标高。

12.2.3.2　建(构)筑物的表达方法及标注

1. 表达方法

在平面图和剖视图上,参照已有的建筑图用细实线按比例及规定的表示方法画出厂房建筑的空间大小、内部分隔以及与设备安装有关的建筑结构,如墙、柱、地面、楼板、平台、栏杆、安装孔洞、地坑、吊车梁、设备基础等。以中粗线绘制的支架必须画出。常用的建筑结构和构件的图例如图12-9所示(摘自HG 20519.3—2009)。

对于承重墙、柱等结构,用细点画线画出其建筑定位轴线,以作建筑物、构件和设备的定位基准。

与设备布置关系不大的门、窗等构件,一般只在平面图上画出它们的位置及门的开启方向等，剖视图中可不表示。

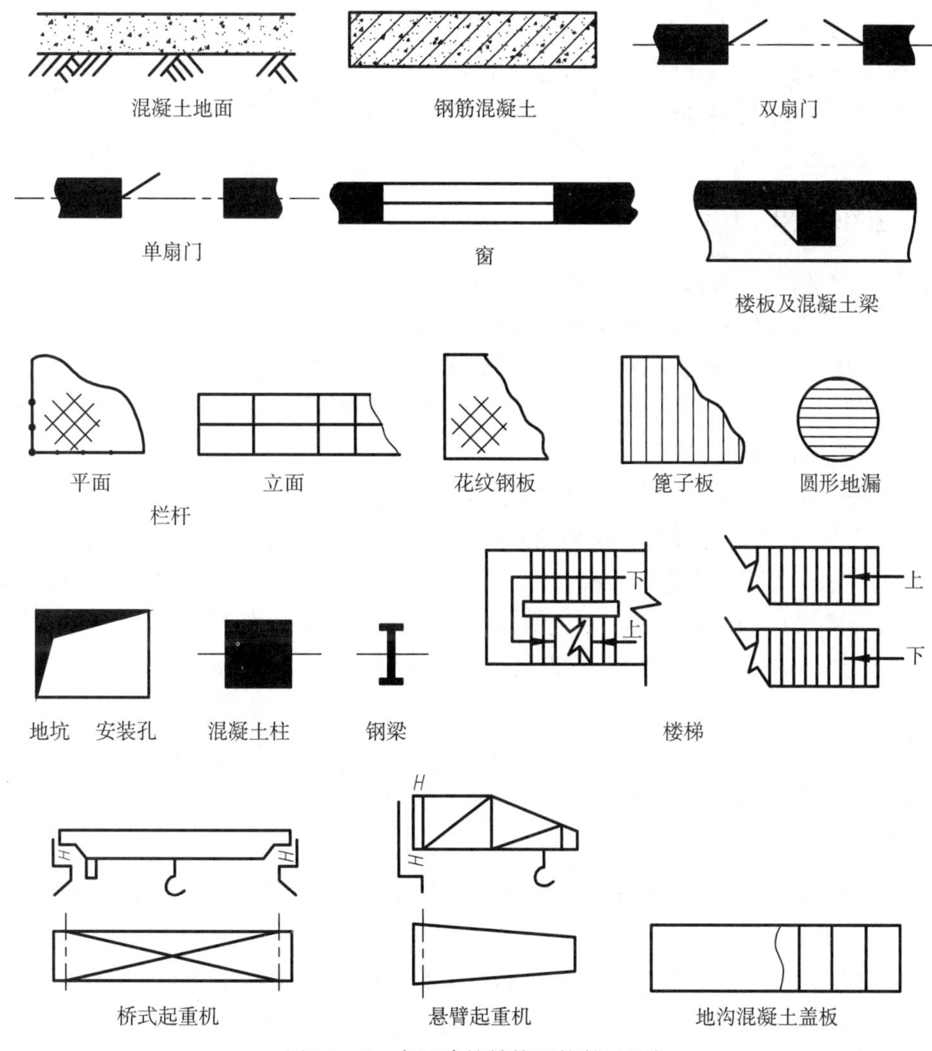

图 12-9　常用建筑结构和构件的图例

2. 标注

在平、立面图上，应对承重墙、柱等定位轴线进行编号，且与建筑图上的轴线编号相一致。在图形与尺寸线之外的明显位置，于各轴线的端部画一直径为 8～10 mm 的细实线圆圈，使呈水平或垂直方向排列。水平方向编号采用阿拉伯数字从左向右顺序编写，垂直方向编号采用大写拉丁字母(I、O、Z 三个字母不推荐使用，以免与数字混淆)按照自下而上顺序编写。在两轴线之间如需附加分轴线，则编号可用分数表示，分子表示附加轴线的编号(用阿拉伯数字顺序编写)，如："1/A"表示 A 号轴线后附加的第一根分轴线。

在平面图上，厂房建筑及其构件应以定位轴线作为基准，注出厂房建筑的长、宽尺寸，柱、墙轴线间的间距，为设备安装预留的孔洞以及沟、坑等的定位尺寸。尺寸线终端用细斜线绘制，标注示例见图 12-7。

高度尺寸以标高的形式标注，单位为米(m)，小数点后取三位数注出。见图 12-7 中的 $A-A$ 剖面图。平面图上出现的地坑、地沟等结构，应在相应部位注明标高。

12.2.4 方向标表示方法

在设备布置图的右上方应绘制出表示设备安装方位基准的符号——方向标,如图 12-10 所示。方向标为粗实线圆,直径为 20 mm。北向作为方位基准,注写字母 N。设计项目中所有需表示方位的图样,其方位基准均按此定位。

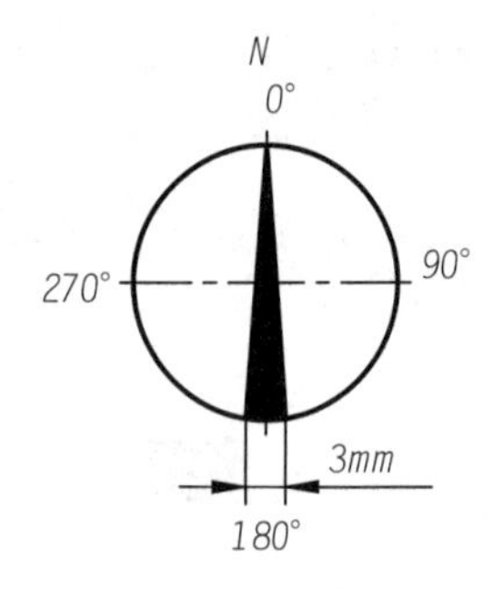

图 12-10 方向标的画法

12.3 管道布置图

管道布置图是表达设备、机器间的管道连接及阀门、管件、管道附件、仪表控制点等安装位置的图样,又称配管图。它是在施工图设计阶段提供的一种图样。通常以工艺管道及仪表流程图、设备布置图以及有关设备、土建、自控等图样和资料作为依据,进行管道合理布置的设计和图样绘制。图 12-11 是某一工段施工图设计阶段的管道布置图。

图样中一般含有如下内容:

(1) 一组视图。按正投影原理绘制的表达整个车间(装置)的建(构)筑物和设备的简单轮廓以及管道、管件、管道附件、阀门、仪表控制点的布置及安装情况的一组平、立面图。

(2) 标注。标注设备、管道及某些管件、管道附件、阀门、仪表控制点的平面位置的定位尺寸和标高;建筑物轴线的编号、设备位号、管道组合号、仪表控制点代号。

(3) 方向标。画在图纸右上方,与设备布置图设计北向一致,以表示管道安装方位的基准。

(4) 标题栏和主签署栏。填写图名、图号、比例及工程技术人员签名等。有时还有管口表,注写各设备上管口的有关数据。

12.3.1 图幅与比例

管道布置图图幅应尽量采用 A1,较复杂的可采用 A0,较简单的也可采用 A2。图幅不宜加长或加宽。

绘图比例常用 1∶50,也可采用 1∶25 或 1∶30。同区的或各分层的平面图应采用同一比例。

标题栏中的图名一般分成两行书写,上行写“××××管道布置图”,下行写“EL××.×××平面”或“*A—A*、*B—B* ……剖视等”。

12.3.2 图面安排及视图要求

管道布置图一般以平面图为主,是假想掀去屋顶或上层楼板的俯视图,应按照设备布置图或按分区索引图所划分的区域绘制。管道布置比较简单时,管道布置图可兼作设备布置图。

多层建筑、构筑物应分层绘制。当平面图中局部表示不够清楚时,可绘制剖视图(立面图)或轴测图(可不按比例绘制),应将其布置于管道布置图边界线以外的空白处(不允许画在管道布置图内的空白处)或画在单独的图纸上。平面图上要表示剖切位置、投影方向,注上 A、B 等大写字母,并在剖视图的下方注上相应的名称,如“*A—A*”“*B—B*”等,如图 12-11 所示。

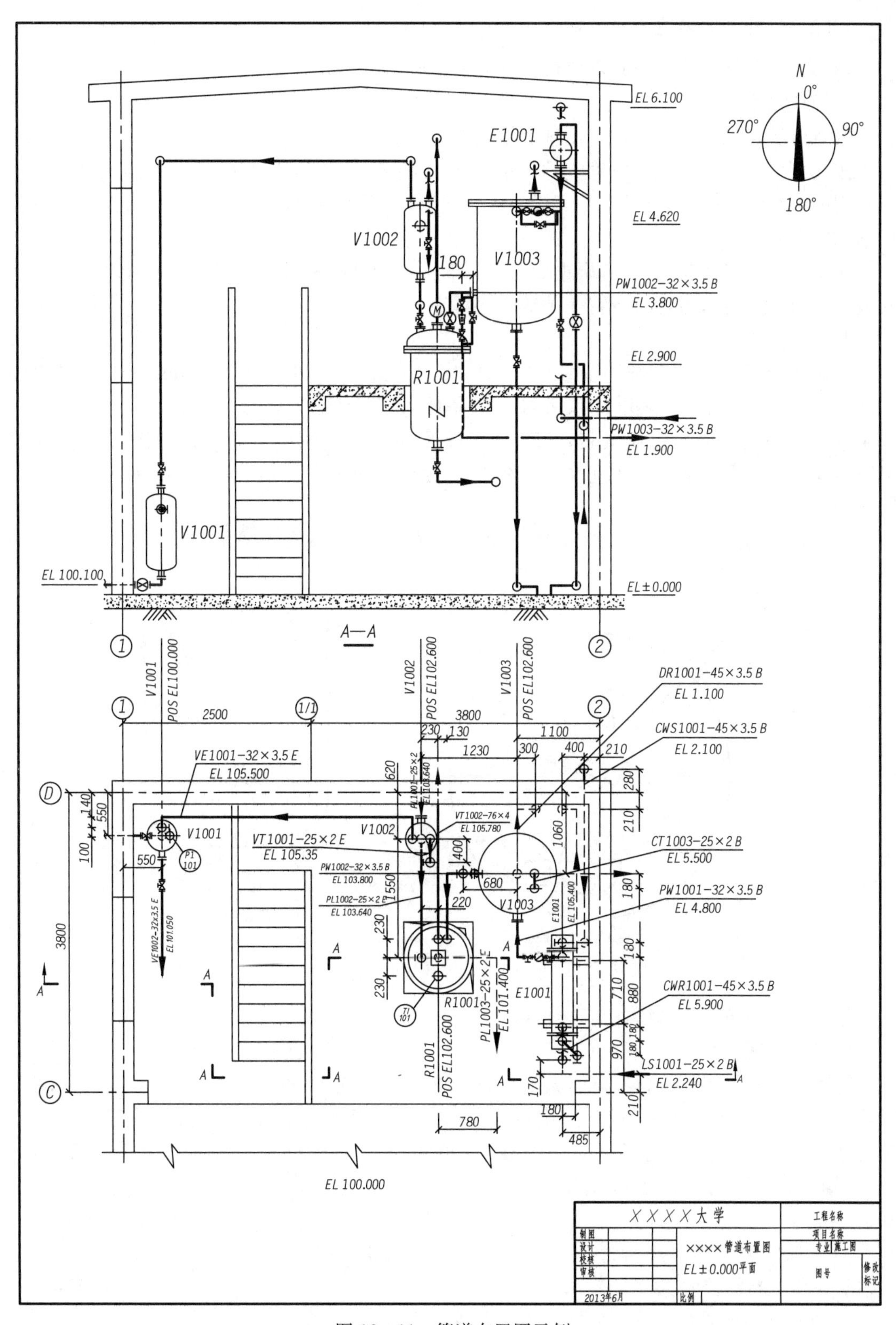

图 12 - 11　管道布置图示例

12.3.3　视图的表达方法及标注

12.3.3.1　设备及建(构)筑物的表达方法及标注

1. 表达方法

设备(机器)和建(构)筑物均用细实线绘制。

按比例根据设备布置图所确定的位置画出设备(机器)的简略外形(必须画出中心线或轴线)及基础、平台、梯子和设备上与配管有关的接口(包括需要表示的仪表接口及备用接口),例见图 12-11。

对于建(构)筑物及构件,应根据设备布置图按比例画出梁、柱、楼板、门、窗、楼梯、操作台、安装孔、管孔等结构,与管道布置无关的内容可适当地简化。

2. 标注

按设备布置图标注设备的位号和定位尺寸。在图样中,可按需用 5 mm×5 mm 的方块标注设备管口(包括需要表示的仪表接口及备用接口),且注写管口定位尺寸(由设备中心线至管口端面的距离),以便安装,如图 12-12 所示。并于图纸的右上角画出管口表,表中填写设备位号、管口符号、公称直径、公称压力、密封面形式等内容,详见标准 HG 20519.4—2009。

建(构)筑物的轴线号、轴线间的尺寸和标高的标注与设备布置图相同。

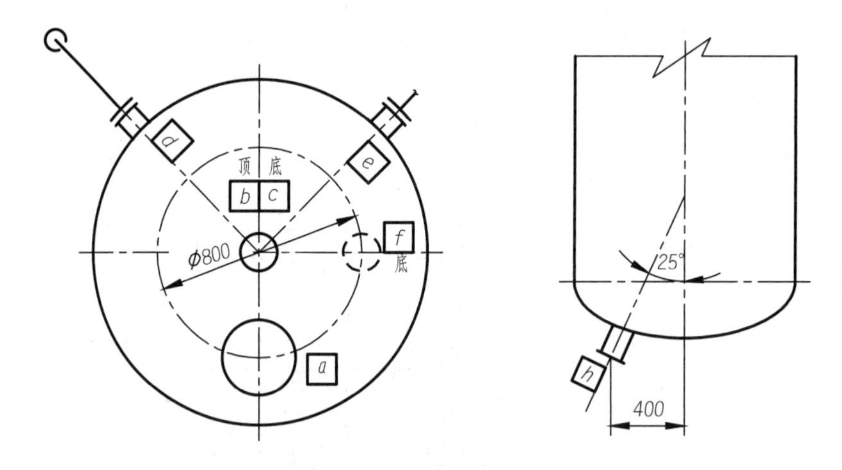

图 12-12　设备管口及其尺寸标注示例

12.3.3.2　管道的表达方法及标注

1. 表达方法

管道布置图中,公称通径(DN)大于或等于 400 mm(或 16 英寸)的管道用双线表示;小于或等于 350 mm(或 14 英寸)的管道用单线表示。如果管道布置图中,大口径的管道不多时,则公称通径(DN)大于或等于 250 mm(或 10 英寸)的管道用双线表示,小于或等于 200 mm(或 8 英寸)的管道用单线表示。用单线绘制的管道其线宽见表 12-2。管段的长度应按比例画出。

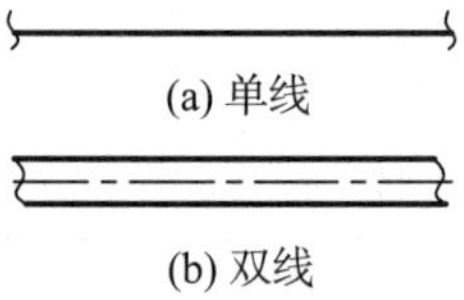

(a) 单线

(b) 双线

图 12-13　一段管道的表示方法

① 管道断裂的画法。当管子只画出一段时,一般应在管子的中断处画上断裂符号,见图 12-13。

② 管道弯折的画法。管道公称通径小于或等于 50 mm(或小于 2 英寸)的弯头,一律用直角表示,管道弯折的画法见图 12-14。

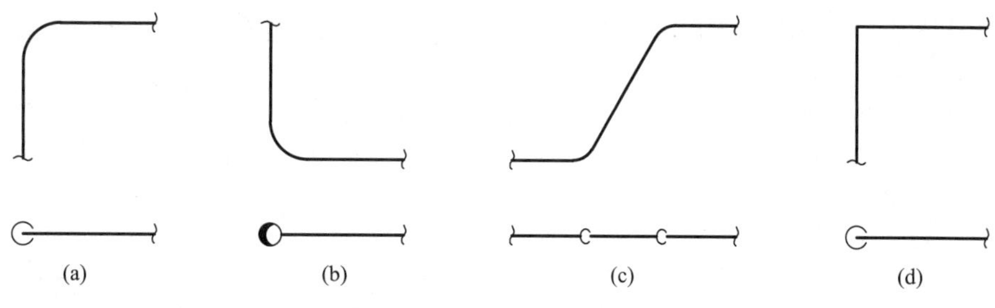

图 12-14 管道弯折的画法

③ 管道交叉的画法。画法有两种：当管道交叉而造成投影相重时，其画法可把被遮盖管道的投影断开，如图 12-15(a)所示；若被遮管道为主要管道时，应将可见管道的投影断开且画上断裂符号，如图 12-15(b)所示。

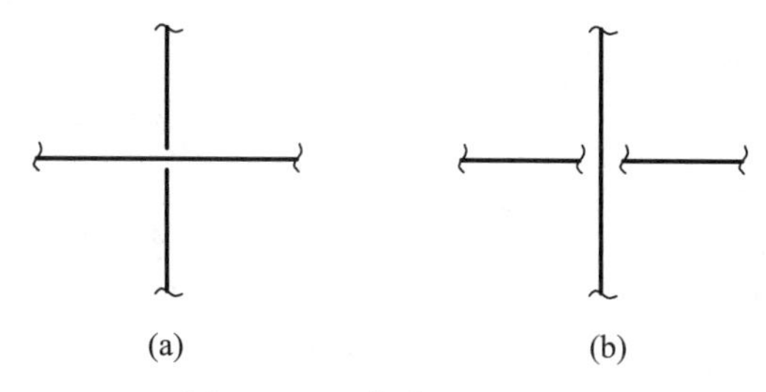

图 12-15 管道交叉的画法

④ 管道投影重叠的画法。管道投影重叠时，将可见管道的投影用断裂符号予以断裂表示，不可见管道的投影则画至重影处，稍留间隙并断开，如图 12-16(a)所示；也可在投影断开处注上"a""b"等字母或分别注以管道序号，如图 12-16(b)所示。管道转折后，若投影重叠，则下面的管子至重影处稍予间断表示，如图 12-16(c)所示。

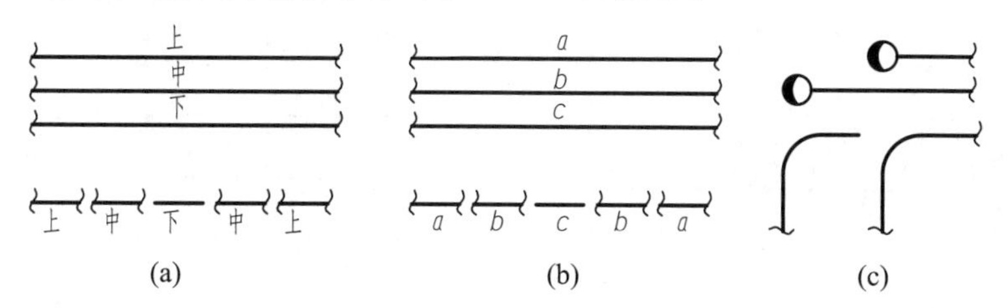

图 12-16 管道投影重叠的画法

⑤ 管道相交的画法。管道相交时的画法如图 12-17 所示。

⑥ 物料流向。管道内物料流向需用箭头(长约 5 mm)在管道的适当位置画出，(单线管道画单线上，双线管道箭头画在中心线上)，如图 12-11 所示。

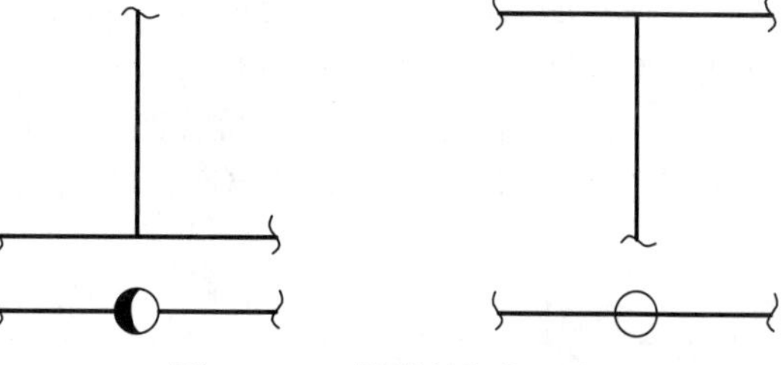
图 12-17 管道相交的画法

2. 标注

管道除标注与工艺管道及仪表流程图相同的管道组合号外，还应标注定位尺寸。

在平面图上，其定位尺寸常以建(构)筑物的轴线、设备中心线、设备管口中心线、法兰的一端面等作为基准进行标注。管子高度方向的定位尺寸以标高来表示，标高以管道中心线为基准时，标注 EL＋××.×××；以管底为基准时，加注管底代号 BOP(Botoon of Pipe)，如 BOP EL＋××.×××。标注的形式与设备布置图上设备的标注类似。

单根管道也可用指引线引出标注,标注示例见图 12-11。几条管道一起引出标注时,标注方法如图 12-18 所示。

在平面图上不能清楚地予以标注时,则可在立面图上予以标注。

对于管道安装有坡度要求时,应标注坡度(代号 i)和坡向,如图 12-19 所示。图中“WP EL”为工作点(Working Point)标高。

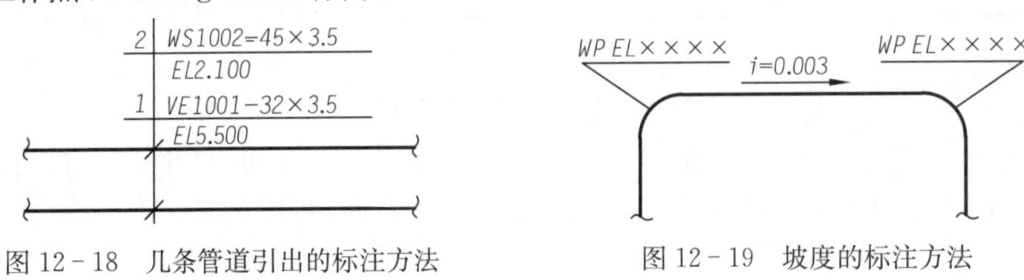

图 12-18 几条管道引出的标注方法

图 12-19 坡度的标注方法

12.3.3.3 管架的表达方法及标注

管道安装在各种型式的管架上。采用图例在管道布置图中表示,并在图旁标注管架序号。

管架安装于混凝土结构(代号 C)、地面基础(代号 F)、钢结构(代号 S)、设备(代号 V)、墙(代号 W)上。管架有固定架(代号 A)、导向架(代号 G)、滑动架(代号 R)等几种。

对于通用型管架,其管架编号中,以两位数表示管架序号。图例、管架序号和标注示例见图 12-20。图中圆圈直径为 5 mm。图 12-20(a)表示有管托的生根于钢结构上,管架序号为 11 的导向架。图 12-20(b)表示生根于地面基础上,管架序号为 12 无管托的固定型管架。图 12-20(c)表示生根于地面基础上,管架序号为 01 的弯头或侧向承托的滑动架。图 12-20(d)则为有多根管道的管架的表示方法和标注。管架还需标注定位尺寸:水平方向管道的支架标注定位尺寸,垂直方向管道的支架标注支架顶面或支承面的标高。

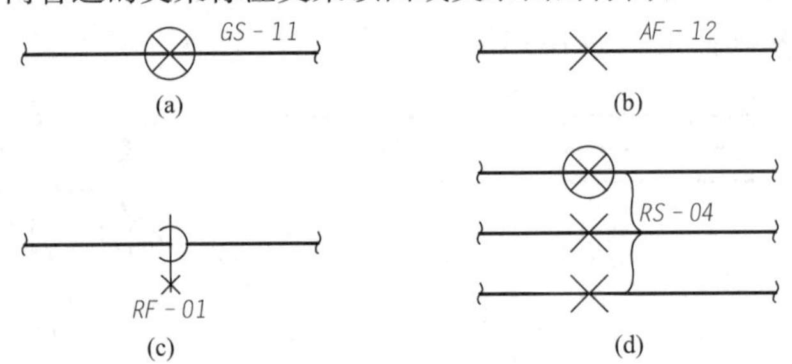

图 12-20 管架图例及标注示例

12.3.3.4 阀门、管件、管道附件、仪表控制点的表达方法和标注

管道上的阀门、管件、管道附件用细实线按规定的图形符号绘制,图形符号参见表 12-5。其他一些规定的图形符号详见标准 HG 20519.4—2009。

阀门的控制手轮及安装方位在图上一般应予表示,如图 12-21 所示。图中的阀门为与法兰连接的截止阀。常见的法兰连接、对焊、螺纹及承插焊连接的表示方法见图 12-22。

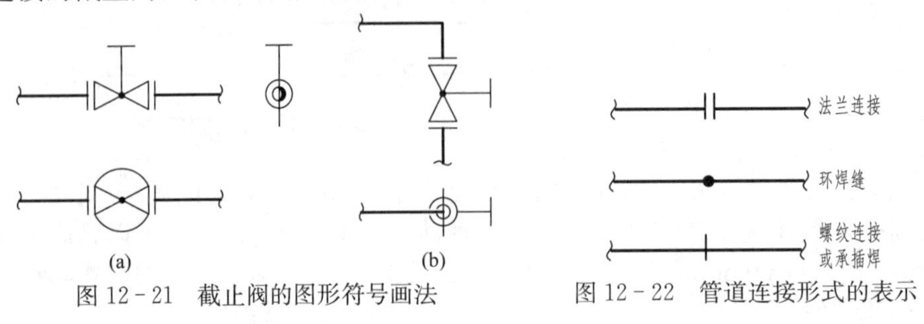

图 12-21 截止阀的图形符号画法

图 12-22 管道连接形式的表示

12.4　管道轴测图

管道轴测图表示了管道及其所附管件、阀门、管道附件等具体配置情况，以供管道的预制和安装之用。管道轴测图按正等测投影绘制。表示一个设备到另一设备(或另一管段)间的一段管道及其所附管件、阀门、附件等空间配置的图样，称为管段轴测图，简称管段图。

管道轴测图不必按比例绘制，但阀门、管件等图形符号以及在管段中位置的相对比例要协调。

管道轴测图可画在印好格子的纸上，图幅常用A3。一般一个管道号画一张轴测图。简单的可几个管道号画于同一张图纸。复杂的管道，可适当断开，分成几张画出，但图号仍用一个。

管道上的管件、阀门、管道附件及其连接形式以中粗线用规定的图形符号画出。各种连接形式的画法如图12－22所示。

水平向管段中的法兰以画垂直两短线表示；垂直走向的管段中的法兰一般以画与邻近的水平走向的管段相平行的两短线表示。

螺纹连接与承插焊连接均用一短线表示，在垂直管段上此短线与邻近的水平走向的管段相平行，如图12－23中下部两个弯头处所示。

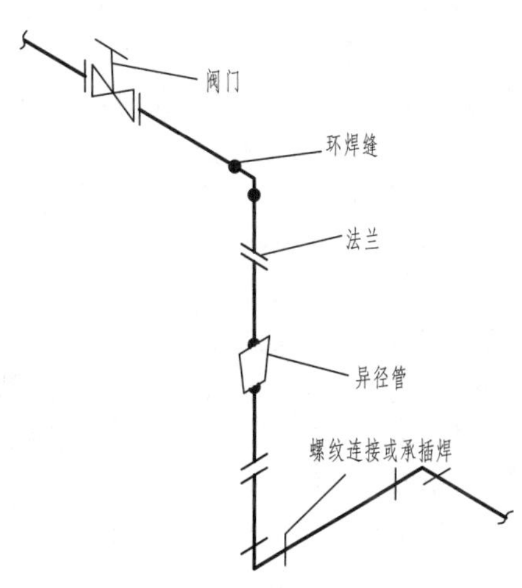

图12－23　各种连接形式的画法

管道的环焊缝以圆点表示，如图12－23中上部弯头处所示。

阀门及其与管段连接的画法如图12－24(a)和图12－24(b)所示，图12－24(a)为投影图画法，图12－24(b)为轴测图画法。在轴测图中，阀门的手轮用一短线表示，短线与管道相平行，阀杆的中心线按设计的方向画出。

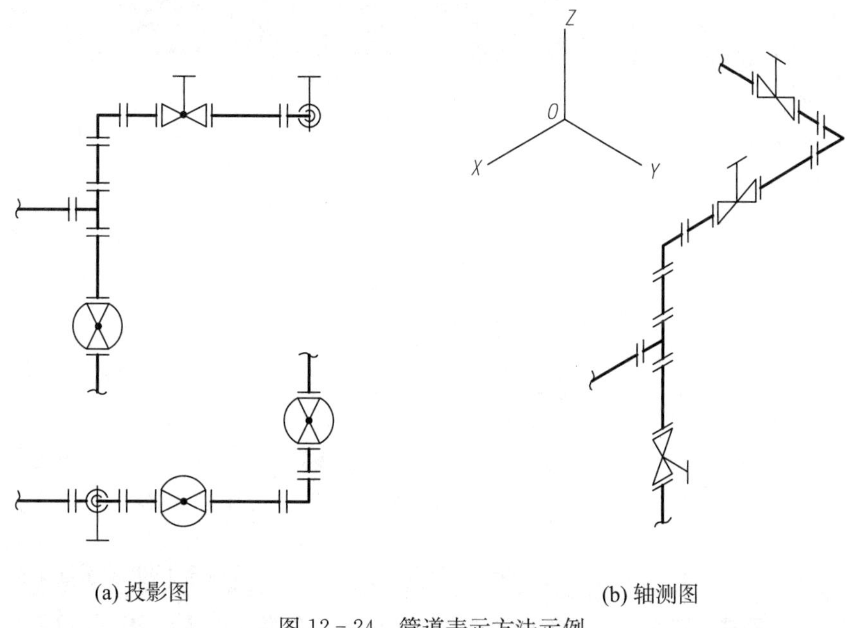

(a) 投影图　　　(b) 轴测图

图12－24　管道表示方法示例

13 计算机绘图

本章概要

本章主要介绍 AutoCAD 的基本操作，以及绘图、编辑、设置、图层、文字注释、尺寸标注、图块等主要功能，要求能应用 AutoCAD 绘制一定复杂程度的零件图。

CAD 是 Computer Aided Design（计算机辅助设计）三个单词的缩写。它是一种利用计算机强有力的计算功能和高效率的图形处理能力，按设计师的意图进行分析、计算、判断和选择，最后得到满意的设计结果和生产图纸的一种技术手段。

AutoCAD 产生于 1982 年，是美国 Autodesk 公司开发的一种 CAD 软件，它具有强大的绘图功能，广泛应用于建筑、机械、电子、航天、化工、造船、轻纺、服装、地理等各个领域。作为未来的工程技术人员，了解和掌握 AutoCAD 的使用方法是十分必要的。

13.1 基本操作

13.1.1 AutoCAD 用户界面

AutoCAD 的用户界面主要包括：绘图窗口、命令窗口、菜单栏、工具栏、状态栏等，如图 13-1 所示。

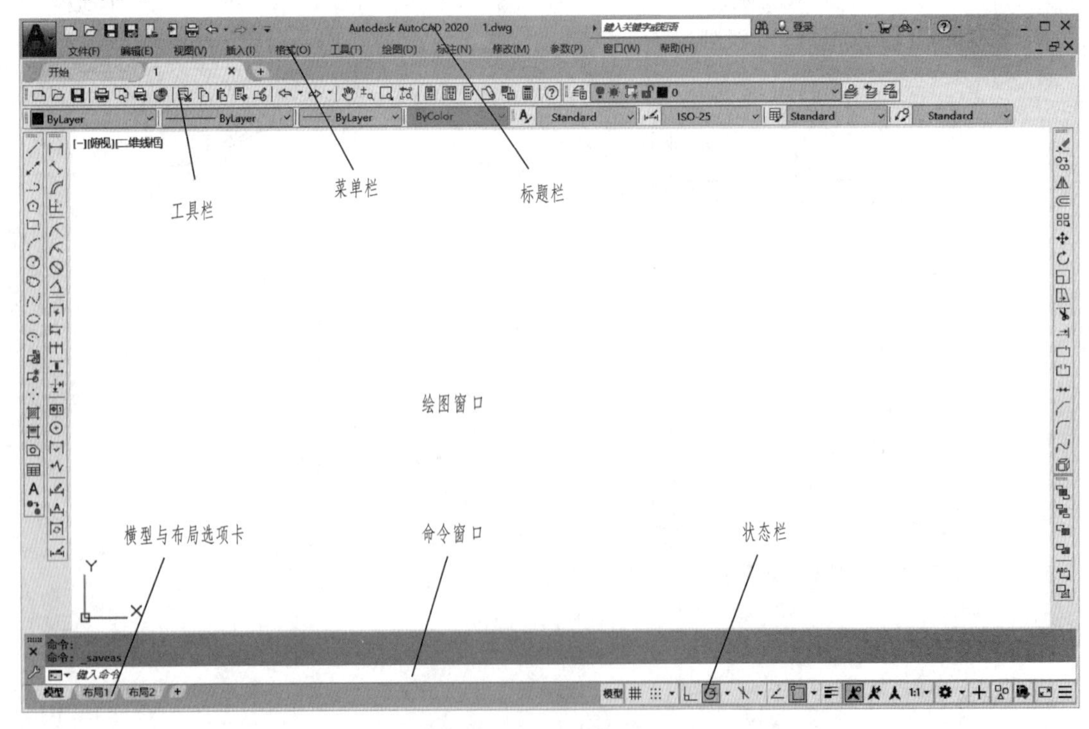

图 13-1 AutoCAD 用户界面

绘图窗口：AutoCAD 绘制、编辑图形的区域，类似于手工作图时的图纸。它包括标题栏、窗口大小控制按钮、滚动条、模型与布局选项卡等。绘图区左下方有坐标系图标，它表明了 X、Y 轴的方位。

命令窗口：AutoCAD 通过命令来绘图。命令窗口是输入命令和参数的区域，也是显示命令提示的区域，记录了 AutoCAD 与用户交流的过程，可以用鼠标上下拖动边框调整其区域大小。

文本窗口：要想看到更多的命令窗口内容，可打开 AutoCAD 文本窗口。用“F2”键可以在绘图窗口和文本窗口之间切换。

菜单：菜单包含通常情况下控制 AutoCAD 运行的功能和命令。用鼠标左键单击菜单标题时，会在标题下弹出下拉菜单项。下拉菜单中的大多数菜单项都代表相应的 AutoCAD 命令。点击某个菜单项即执行了该命令。某些菜单项后面有一小三角▶，把光标放在该菜单项上就会自动显示子菜单，这类菜单叫级联菜单，它包含了进一步的选项。如果选择的菜单项后面有“…”，就会打开 AutoCAD 的某个对话框，对话框可以更直观地执行命令。

按下“Shift”键和鼠标右键，会在当前光标位置弹出光标菜单。光标菜单包含常用的菜单项，默认的菜单中主要为对象捕捉的各种方法。

单击鼠标右键会显示快捷菜单。可以在绘图窗口、命令窗口、对话框、工具栏、状态栏、模型及布局选项卡等不同位置单击鼠标右键，显示的快捷菜单会自动依内容而调整。

工具栏：有固定、浮动两种形式，它提供了除输入命令和选取菜单以外的另一种调用命令的快捷方式。工具栏包含了许多命令按钮图标，当鼠标在图标上移动时，图标的右下角会显示出相应的命令名。在默认的初始屏幕上，显示的是“标准”“对象特性”“绘图”和“修改”工具栏。若需要显示其他工具栏，可单击菜单“视图”⇨工具栏…，在打开的工具栏对话框中选择所需要工具栏的开关按钮即可。更快的方法是将光标放在任一工具图标上，单击鼠标右键，弹出工具栏快捷菜单，从中选择需要的工具栏。可以按住工具栏抓手，将工具栏拖放到窗口的任何位置上。

状态栏：移动鼠标，十字光标跟随着鼠标在绘图区移动，状态栏将显示十字光标的坐标值。同时可提示文字和工作信息。此外还含有 8 个按钮：捕捉、栅格、正交、极轴、对象捕捉、对象追踪、线宽、模型。

13.1.2　图形文件管理

13.1.2.1　创建新图形文件

怎样建立一幅新图呢？有三种方式发出创建新图形的命令：(1)输入命令 NEW；(2)单击菜单“文件”⇨新建；(3)单击“标准”工具栏中的图标□。

启动命令后系统打开“选择样板”对话框，如图 13－2 所示。

AutoCAD 提供了许多标准的样板文件，保存在 AutoCAD 目录下的 Template 子目录下，文件格式为“.dwt”。样板文件对绘制不同类型图形所需的基本设置进行了定义，如字体、标注样式、标题栏等。其中有英制和公制两个空白样板，分别为 acad.dwt 和 acadiso.dwt，图幅为 A3 图纸。如果使用的是中文版，可从样板图列表中选择 gb *.dwt 文件，这是按国标设置的样板文件。

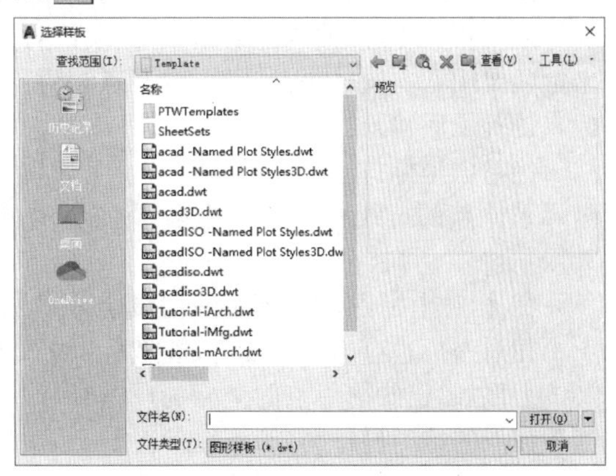

图 13－2　“选择样板”对话框

13.1.2.2　打开和保存现有图形

输入命令“OPEN”,或单击菜单“文件”⇨“打开”,或单击“标准”工具栏图标,可打开已有的图形文件。

在作图过程中,定时地将文件存盘是个好习惯。调用“Save”或“Save As”命令,或选择菜单“文件”⇨“保存”,或单击保存图标,均可实现图形文件的保存。

打开和保存图形的基本方法与 Windows 的一般操作相同。

13.1.3　命令和数据的输入

13.1.3.1　命令的输入

要使用 AutoCAD,需要向它发出一系列的命令。AutoCAD 接到命令后,会立即执行该命令并完成相应的功能,所以 AutoCAD 通过调用命令来实现绘图操作。调用命令可以通过菜单、工具栏和输入命令三种方法来执行。此外:

(1) 可用回车键或空格键来重复执行上一个已完成或被取消的命令。

(2) 通过按方向键向上的箭头,可以找到先前在命令行输入过的命令;按回车键,就会重新调用先前执行过的命令。

(3) 在命令执行的任何时刻,都可以用“ESC”键来取消命令的执行。

13.1.3.2　坐标的输入

AutoCAD 有一个默认的坐标系统即世界坐标系(又称 WCS)。绘图时,经常要输入一些点的坐标值,如线段的端点、圆的圆心、圆弧的圆心及其端点等,都是以此坐标系来度量的。

在 AutoCAD 中,一般可采用以下 4 种方式输入一个点坐标。

(1) 用鼠标在屏幕上拾取点。

(2) 在指定的方向上通过给定距离确定点。正交打开时,将光标移到希望输入点的水平或垂直方向上,输入一个距离值,那么在指定方向上与当前点的距离为输入值的点即为输入点。

(3) 通过对象捕捉方式来精确捕捉一些特殊点。如捕捉圆心、切点、中点、垂足点等,见 13.3.2。

(4) 通过键盘输入点的坐标。这是非常重要的一种数据输入方式。当通过键盘输入点的坐标时,既可以用绝对坐标的方式,也可以用相对坐标的方式输入。在每一种坐标方式中,有直角坐标(输入点的 X,Y,Z 坐标值)、极坐标(通过与某一点的距离以及这两点之间的连线与 X 轴正向的夹角来确定点的位置)之分,下面将分别进行介绍。

① 绝对坐标:指相对于当前坐标系坐标原点的坐标。

绝对直角坐标:输入点的格式为“X,Y,Z”。对于二维绘图,不需要输入点 Z 坐标。注意坐标间要用西文逗号隔开。例如,某点相对于原点的 X 坐标为 10,Y 坐标为 8,则可在输入坐标点的提示后输入:10,8。

绝对极坐标:输入点的格式为“$\gamma<\theta$”。例如,某一点距坐标系原点的距离为 25,该点与坐标系原点的连线相对于坐标系 X 轴正方向的夹角为 30°,那么该点的极坐标形式为“25<30”。

② 相对坐标:指相对于前一坐标点的坐标。

相对坐标也有直角坐标和极坐标,输入的格式与上述相同,但要求在坐标的前面加上“@”。例如,已知前一点的坐标为(20,12,8),如果在输入点的提示后输入“@2,4,−5”,则相当于该点的绝对坐标为(22,16,3)。

AutoCAD 绘图时多用相对坐标。

13.1.4 图形设置

13.1.4.1 设置绘图单位

图形中实体是用坐标点来确定其位置的，两点之间的距离以“单位”来度量。因此，在屏幕上坐标点(1,1)和(1,2)两点间所绘直线的长度为一个单位，也称为一个图形单位。其长度单位可根据绘图时项目要求的度量标准，选取英寸、英尺、厘米、毫米等，在绘图过程中用“单位”命令来设置单位及精度。

输入命令“DDUNITS”，或单击菜单“格式”⇨单位…，在弹出的“单位”对话框中设置单位及精度。一般选择“小数”即十进制作长度单位，逆时针为角度测量的正方向，默认的左边为测量起点。

13.1.4.2 设置图形界限

利用 Limits 命令，用户可根据所需绘制图形的大小来规定图形的范围。通过输入整幅图形的左下角坐标和右上角坐标，在其矩形范围内绘制图形，这一矩形范围被称为图形范围。

一般情况下，按与实际对象 1∶1 的比例画图，可简单地根据对象的尺寸和图形四周的说明文字设置图形界限。在图形最终输出时再设置适当的比例系数，这样画图最为方便。

输入命令“IMITS”，或单击菜单“格式”⇨“图形界限”，可调用图形界限命令。

提示：图形范围与显示范围不同，AutoCAD 通过放大或缩小来显示图形的不同部位，而在屏幕上可以看得见的范围称为显示范围。要想显示图形范围，可发出视图命令 zoom/全部(A)。

13.2 绘制图形

AutoCAD 的大部分绘图命令可以在“绘图”工具栏中选取，如图 13－3 所示，也可从“绘图”菜单中选取相应命令或直接输入命令来绘制点、直线、圆等基本图形。

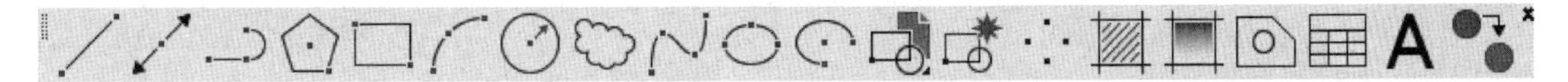

图 13－3 “绘图”工具栏

13.2.1 绘制点(POINT)

点是最基本的图形对象，它用画点命令“Point”来生成(图标▪)，画出的点有多种显示样式，可单击菜单“格式”⇨“点样式”，在“点样式”对话框中设置，如图 13－4 所示。

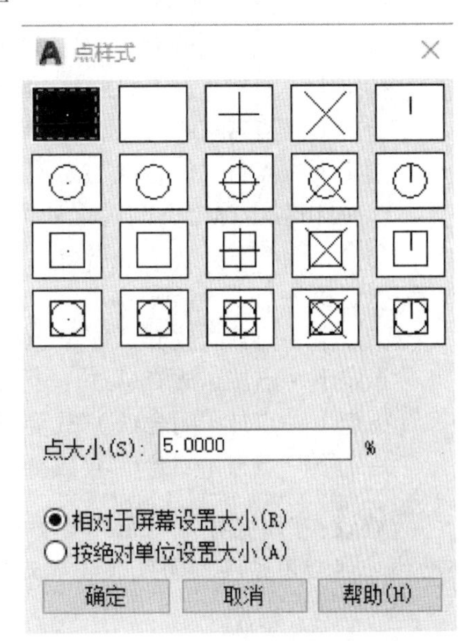

图 13－4 “点样式”对话框

在“点样式”对话框，可改变点的样式和大小。“点大小”框用于设置点的显示大小，当选择了“相对于屏幕设置尺寸”时，点的大小将按一定百分比随显示窗口的大小变化而变化；而选择“用绝对单位设置尺寸”时，则按指定的实际单位设置点的显示大小。一张图中，只有一种点样式。

在菜单“绘图”⇨“点”下还有“定数等分”和“定距等分”命令，含义如下：

定数等分命令(DIVIDE)：把一个图元分成几个相等的部分。图 13－5 是将直线等分为 8 段的结果。

定距等分命令(MEASURE):按指定长度,自所指端点(如果是开口线条)测量一个对象,命令执行结束后,在这个对象上每一单位打上一标记。与等分命令不同的是,测量命令不一定等分对象。

例如,一条直线长 34,按单位 8 测量,结果是在 8,16,24,32 处打上了 4 个按点样式设定的记号点。图13－5 形象地表示出了等分(Divide)和测量(Measure)命令的区别。

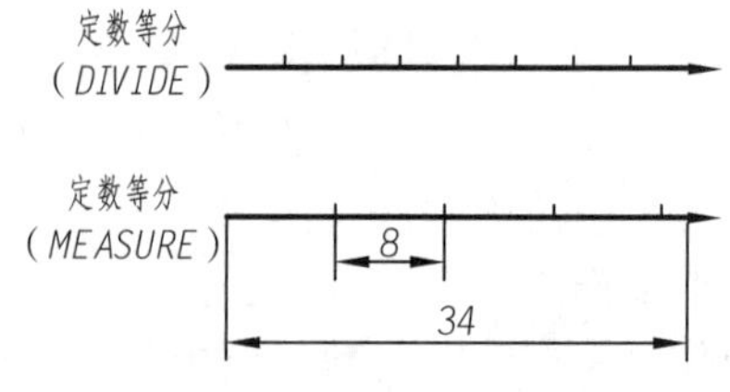

图 13－5　等分和测量命令的不同效果

13.2.2　画直线(LINE)

画直线命令可以画出一条线段,也可以依照命令提示不断地输入下一点坐标,画出连续的多条线段,直到用回车键或空格键退出画线命令。

(1) 调用

命令行:输入“LINE”或者“L”

菜单:绘图⇨直线

图标:在“绘制”工具栏中点击

(2) 命令选项

① 放弃(Undo)

该选项取消选择的最近一点,重复该选项可去掉在本次执行命令中输入的所有点。

② 闭合(Close)

在使用“Line”命令时选择“闭合”选项用于输入本次使用“Line”命令时输入的第一个点,即可以使本次使用“Line”命令输入的直线段构成闭合的环。

在执行“Line”命令的开始,在命令提示“指定第一点:”时按回车键,可从刚画完的线段的端点开始画新线。

例 13－1　分别用绝对直角坐标、相对坐标两种方法绘制图 13－6 所示平面图形。

1. 用绝对直角坐标绘图的过程如下:

命令:line

指定第一点:50,50

指定下一点或 [放弃(U)]:50,68

指定下一点或 [放弃(U)]:78,68

指定下一点或 [闭合(C)/放弃(U)]:60,50

指定下一点或 [闭合(C)/放弃(U)]:c

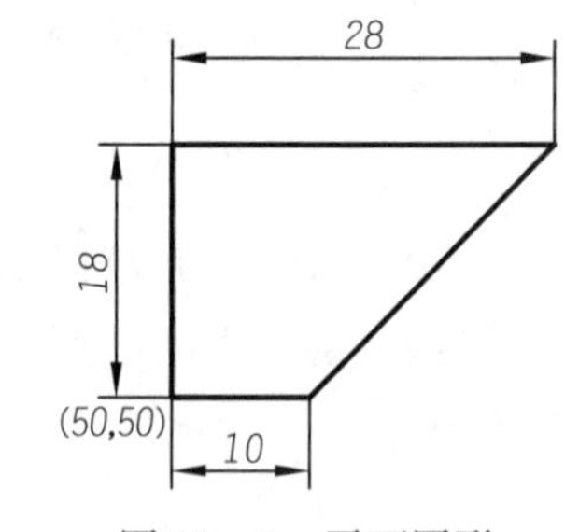

图 13－6　平面图形

2. 用相对坐标绘图的过程如下:

命令:line

指定第一点:50,50

指定下一点或 [放弃(U)]:@0,18 (或@18＜90)

指定下一点或 [放弃(U)]:@28,0 (或@28＜0)

指定下一点或 [闭合(C)/放弃(U)]:@－18,－18

指定下一点或 [闭合(C)/放弃(U)]:c

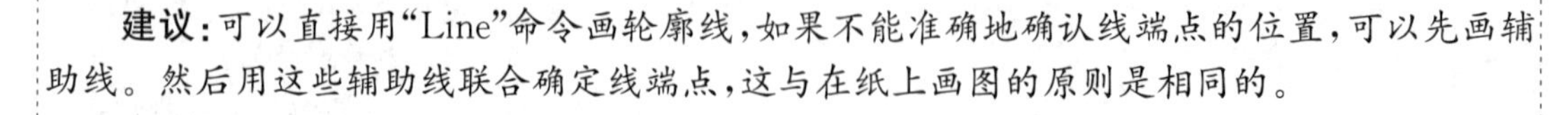
建议:可以直接用“Line”命令画轮廓线,如果不能准确地确认线端点的位置,可以先画辅助线。然后用这些辅助线联合确定线端点,这与在纸上画图的原则是相同的。

13.2.3 画圆和圆弧

13.2.3.1 画圆(CIRCLE)

(1) 调用

命令行:输入“CIRCLE”或者“C”

菜单:绘图⇨圆

图标:在“绘制”工具栏中点击

(2) 命令选项

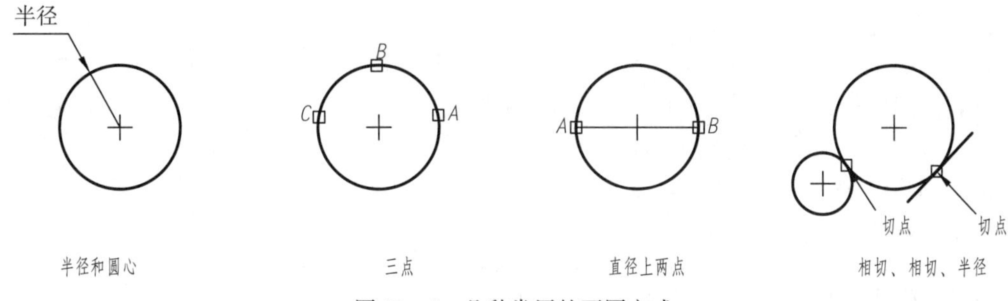

图 13-7 几种常用的画圆方式

下面解释圆的各种生成方法(图 13-7):

① 圆心、半径:先提示输入圆心,再提示输入半径,输入半径值或拖动圆即得到想要的圆。此为系统默认的画圆方式。

② 圆心、直径:在系统提示输入半径时,输入 D 即代表直径,可以输入直径值或拖动圆到想要的大小。

③ 三点:在系统提示画图命令各选项时,输入 3P,然后依次输入圆周上的三个点。

④ 直径上两点:在系统提示画圆命令各选项时,输入 2P,即以圆的直径上的两个端点画圆。

⑤ 相切、相切、半径:在系统提示时输入 T,先选第一个相切对象,再选第二个相切对象,最后输入半径。

⑥ 相切、相切、相切:在菜单中选择这种画圆方式后,依次选三个相切的对象,画出圆。

例 13-2 绘制一个通过直径上点(10,0)和点(40,0)的圆,其提示序列如下。

命令:circle

指定圆的圆心或[三点(3P)/两点(2P)/相切、相切、半径(T)]:2P (使用“两点”画圆方式)

指定圆直径的第一个端点:10,0

指定圆直径的第二个端点:40,0

注意:绘制正多边形的内切圆,可使用相切、相切、相切画圆方式快速画出。

13.2.3.2 画圆弧(ARC)

(1) 调用

命令行:输入“ARC”

菜单:绘图⇨圆弧

图标:在“绘制”工具栏中点击

(2) 命令选项

生成圆弧的方法有很多,默认方法是用三点生成圆弧。其他的选项可以通过输入恰当的字母以选定某一选项来调用。

① 三点；　② 起点,圆心,端点；　③ 起点,圆心,角度；

④ 起点,圆心,长度；　⑤ 起点,端点,角度；　⑥ 起点,端点,方向；

⑦ 起点,端点,半径；　⑧ 圆心,起点,端点；　⑨ 圆心,起点,角度；

⑩ 圆心,起点,长度。

例 13-3　绘制一个以点 $A(100,100)$ 为弧心、$B(200,100)$ 为起点、弧度为 60 的圆弧,可以采用“起点,圆心,角度”来绘制。参照图 13-8,提示序列如下:

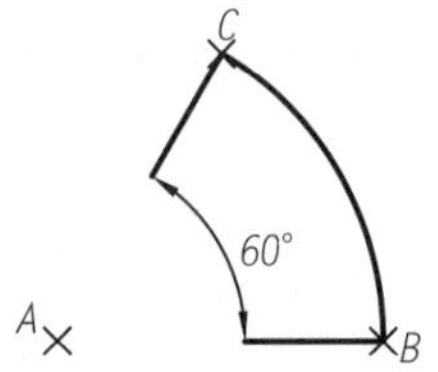

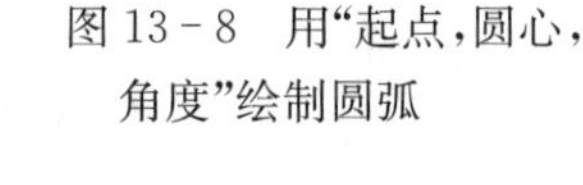

图 13-8　用“起点,圆心,角度”绘制圆弧

命令:arc

指定圆弧的起点或[圆心(C)]:200,100　(B 点)

指定圆弧的第二点或[圆心(C)/端点(E)]:C

指定圆弧的圆心:100,100　(A 点)

指定圆弧的端点或[角度(A)/弦长(L)]:A

指定包含角:60

注意:在画圆弧时,要注意角度的方向性和弦长的正负,按逆时针方向为正绘制。

13.2.4　画多段线(PLINE)

Polyline 多段线可以被拆成 Poly 和 Line 两部分。Poly 的意思是“许多”,这意味着一条多段线有许多特点,其特点如下:

- 多段线是可定义宽度的线。
- 多段线非常灵活,可以用它来绘制任意形状,如实心圆或圆环。
- 通过把不同宽度的多段线和多段圆弧连接起来形成单个多段线对象。
- 可以很容易地确定一条多段线的面积或周长。

(1) 调用

命令行:输入“PLINE”

下拉菜单:绘图⇨多段线

图标:在“绘制”工具栏中点击

(2) 命令选项

当调用了“Pline”命令之后提示如下:

指定起点:(指定起点或输入它的坐标)

当前线宽为 0.0000:(被画的多段线的当前线宽为 0.0000,可在后面调用“宽度”选项修改宽度)

指定下一点或[圆弧(A)/半宽(H)/长度(L)/放弃(U)/宽度(W)]:

在这个提示中可以根据自己的要求调用相应的选项。其中:

① 宽度 Width(W):给多段线赋一个宽度或多个宽度。在“Pline”命令的提示中选“W”,这时系统提示输入起点宽度,要求输入一个宽度值;系统接着提示输入终点宽度,这时起点宽度值就成为了终点宽度的默认值。

② 半宽度 Halfwidth(H):半宽度选项也可用来给多段线设定宽度,但只要输入实际宽度的一半。

③ 圆弧 Arc(A):多段线可以画圆弧,在选项中选择了圆弧选项后,就进入了画圆弧模式。

在多段线中画圆弧，系统为我们提供了各种子选项，有一些选项不同于“Arc”命令的选项，例如，

方向：选取圆弧的起始方向。

直线：回到“Pline”命令绘直线模式。

④ 长度 Length：用长度选项可以画一条指定长度的直线。如果多段线的上一段是直线，则画出一条方向、角度都和上一条直线段一样的直线；如果多段线的上一段是圆弧，则直线和圆弧相切。

13.2.5　画正多边形(POLYGON)

正多边形是一个封闭的几何图形，它的每条边都相等，每个夹角都相等。在 AutoCAD 中，可画正多边形的边数为 3～1024。

(1) 调用

命令行：输入“POLYGON”

菜单：绘图⇨多边形

图标：在“绘制”工具栏中点击 ⬠

(2) 命令选项

一旦调用了“Polygon”命令，系统就会提示输入正多边形边的数目，以决定正多边形的边数。“Polygon”命令有几个选项，各选项的功能如下：

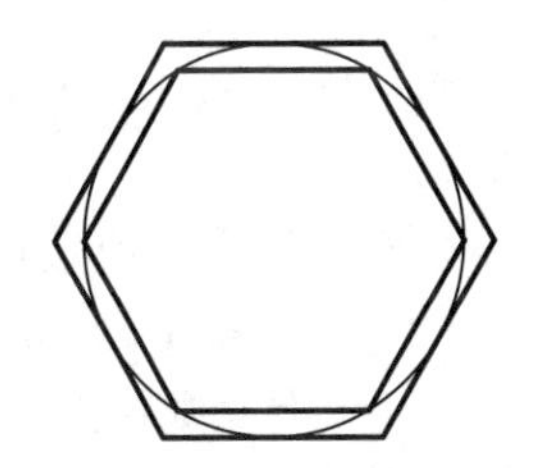

图 13－9　内接多边形和外切多边形大小的比较

① 多边形中心点(Center)：根据多边形中心点绘制多边形。

② 内接多边形(Inscribed)：多边形在圆内，多边形的各顶点都落在圆上。通过圆的半径决定多边形的大小。

③ 外切多边形(Circumscribed)：多边形在圆外，多边形的各边都与圆相切。如果在生成内接多边形和外切多边形时，圆半径一样，则外切多边形比内接多边形大，见图 13－9。

④ 边(Edge)：根据边长来生成多边形。

例 13－4　画一中心点在(100,80)处，内接于半径为 60 的圆上的六边形，提示序列如下：

命令：_polygon 输入边的数目 <4>：6

指定正多边形的中心点或［边(E)］：100,80

输入选项［内接于圆(I)/外切于圆(C)］<I>：回车(默认内接于圆的方式画多边形)

指定圆的半径：60

13.2.6　画矩形(RECTANG)

先选择一个起点，然后选取对角点生成矩形。

(1) 调用

命令行：输入“RECTANG”

菜单：绘图⇨矩形

图标：在“绘图”工具栏中点击 ▭

绘制一个以左下角坐标为(0,0)，右上角坐标为(60,40)的矩形，其提示序列如下：

命令：rectang

指定第一个角点或［倒角(C)/标高(E)/圆角(F)/厚度(T)/宽度(W)］：0,0 (左下角点位置)

指定另一个角点或［尺寸(D)］：60,40 (右上角点位置)

(2) 选项

① 倒角:设置倒角距离;　　② 标高:设置高度;

③ 圆角:设置倒圆角半径;　　④ 厚度:设置矩形厚度;

⑤ 宽度:设置边线的宽度。

13.2.7　画椭圆(ELLIPSE)

“Ellipse”命令生成椭圆和椭圆弧。系统变量“PELLIPSE”用来控制椭圆的类型。如果“PELLIPSE”设为“0”,那么生成的椭圆是真正的椭圆;如果“PELLIPSE”设为“1”,那么将用多段线逼近法绘制椭圆。

(1) 调用

命令行:输入“ELLIPSE”

下拉菜单:绘图⇨椭圆

图标:在“绘图”工具栏中点击

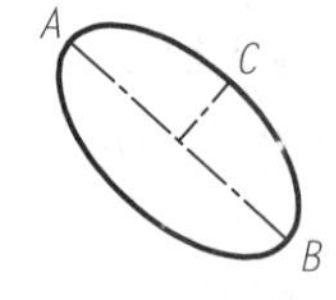

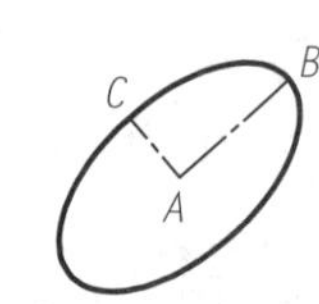

图 13-10　内接多边形和外切多边形大小的比较

(2) 命令选项

在“Ellipse”命令中有许多有关生成椭圆的选项,通过如图 13-10 上、下两图所示椭圆的绘制可了解各选项的含义。

命令:ellipse　(绘制图 13-10 的上图)

指定椭圆的轴端点或 [圆弧(A)/中心点(C)]:　(输入 A 点坐标)

指定轴的另一个端点:　(输入 B 点坐标)

指定另一条半轴长度或 [旋转(R)]:(输入 C 点坐标或输入半轴数值得到图 13-10 的上图,若选择“R”,则将以 AB 为直径作一平行于绘图平面的圆,并将该圆以 AB 直线为轴线旋转 R 角度,再投影到绘图平面,得到椭圆)

命令:ellipse　(绘制图 13-10 的下图)

指定椭圆的轴端点或 [圆弧(A)/中心点(C)]:c　(以椭圆中心点方式画椭圆)

指定椭圆的中心点:　(输入 A 点坐标)

指定轴的端点:　(输入 B 点坐标)

指定另一条半轴长度或 [旋转(R)]:　(输入 C 点坐标或输入 AC 距离值,得到图 13-10 的下图)

13.2.8　画样条曲线(SPLINE)

样条是一种通过空间一系列给定点生成光顺曲线的方法,由此方法生成的曲线叫作样条曲线。在绘图时一般用于绘制波浪线。

命令行:输入“SPLINE”

菜单:绘图⇨样条曲线

图标:在“绘制”工具栏中点击

在命令结束时提示的“起点切向”和“端点切向”选项可以控制样条曲线在起点和终点的切向。如果在提示处按“Enter”键,系统会使用默认值,由样条曲线在选择点处的斜率决定。

13.3　绘图的辅助工具

13.3.1　草图设置

作图时,确定点位置最快的方法是在屏幕上拾取点。为了方便精确定点,AutoCAD 提供了一些定位工具,它们是状态栏处的捕捉、栅格、正交、极轴、对象捕捉等命令。这些工具的设置在“草图设置”对话框中完成。

单击菜单“工具”⇨“草图设置”，弹出“草图设置”对话框，见图 13 - 11，在“捕捉和栅格”选项卡中：

(1) 点击“启用栅格”前的小方框，打开栅格工具。在图形范围内将显示栅格点。可接受默认的栅格间距也可根据需要设置。栅格间距太小则使屏幕网点密集，小到一定程度以后，网点将不显示。

另外，输入命令“Grid”，或按功能键“F7”，或按下状态栏的“栅格”按钮，均可打开栅格工具。

(2) 点击“启用捕捉”前的小方框，即打开捕捉工具。在“捕捉 X 轴间距”和“捕捉 Y 轴间距”栏下单击一下，使间距与栅格的间距一致，则可捕捉上面设定的栅格点。输入命令“Snap”，或按功能键“F9”，或按下状态栏的“捕捉”按钮，均可打开捕捉工具。

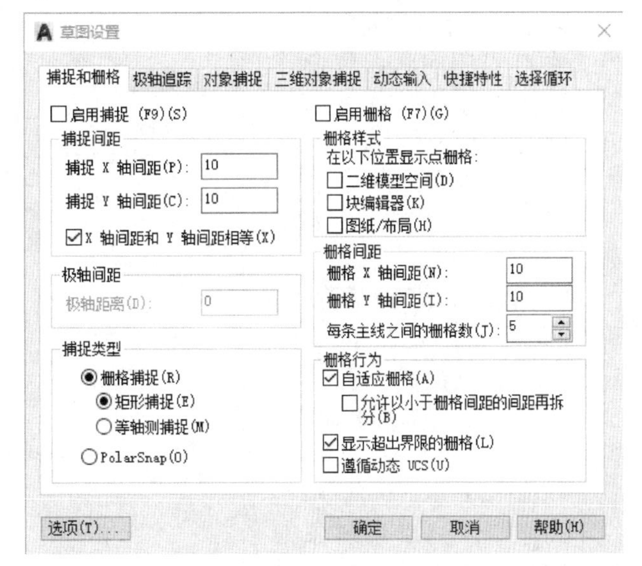

图 13 - 11　草图设置对话框的“捕捉和栅格”选

例如，当我们需在点(80,100)和点(150,150)之间画一条直线时，可选 SNAP=10，这样移动光标时很容易对准点(80,100)和点(150,150)之数，而决不至于对到点(80.01,99.20)和点(149.91,150.21)上。

(3) 使用正交方式

按下“正交”按钮，正交模式处于打开状态，光标的移动被限定在捕捉方向上，用鼠标绘出的直线总是水平或垂直的，决不会是倾斜的。输入命令“Ortho”，或按功能键“F8”，均可打开正交工具。

13.3.2　对象捕捉

在绘制对象时，使用对象捕捉功能可以捕捉对象上的某些特定的点，例如端点、中点、圆心点和交点等，以便用鼠标定位这些点。

13.3.2.1　使用对象捕捉

只要 AutoCAD 命令行提示要求输入一个点时，就可以使用下面的方法激活对象捕捉模式。

(1) 单点对象捕捉

① 打开对象捕捉工具栏，如图 13 - 12 所示。当命令要求或需要指定对象上的特定点时，从工具栏中选择一种对象捕捉，然后选择捕捉点。

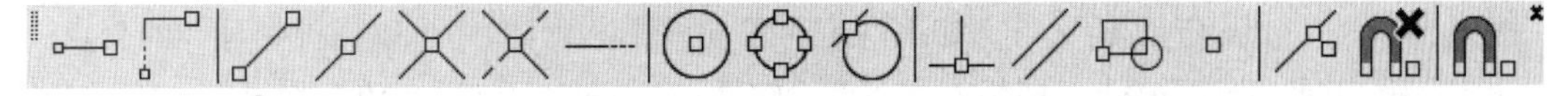

图 13 - 12　“对象捕捉”工具栏

② 直接在命令行中键入相应的关键字来选择捕捉模式，只需输入前三个字符。例如，在需要指定点时，键入“cen”就表示捕捉圆心。

上述方法均为临时打开对象捕捉模式，捕捉了一个点后，对象捕捉模式自动关闭。

(2) 启用对象捕捉

启用对象捕捉功能，捕捉模式在打开期间将始终起作用，只要被要求指定一个点时，就自动应用相应的对象捕捉模式，直到关闭对象捕捉功能。

启用对象捕捉的步骤如下：

在“草图设置”对话框中，单击“对象捕捉”选项卡，如图13-13所示。

在状态栏上的“对象捕捉”按钮上单击鼠标右键，选择“设置”项也可以显示该选项卡。

① 勾选上“启用对象捕捉”选项，即打开对象捕捉模式。根据需要选择一种或几种对象捕捉类型。

② 单击“确定”按钮。所设置的对象捕捉将一直持续生效。

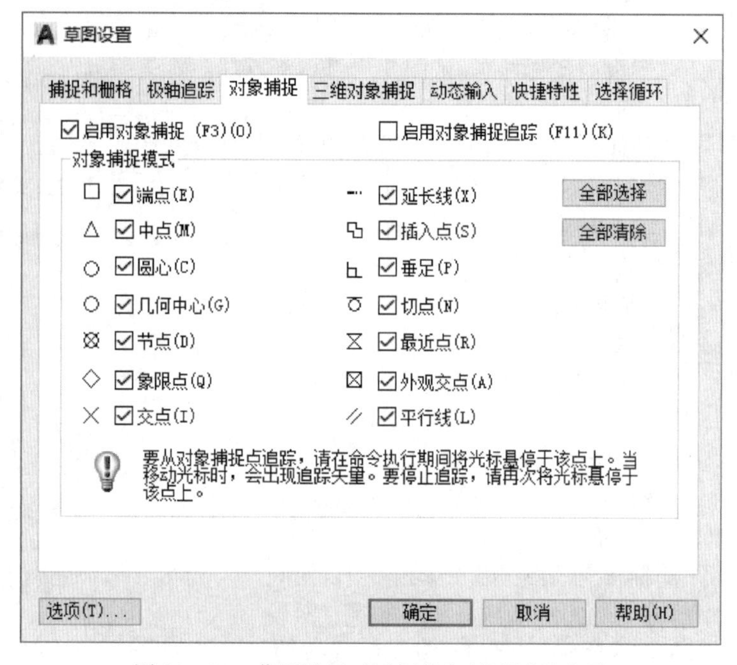

图 13-13　草图设置对话框的“对象捕捉”选项

提示：如果同时选择了多个对象捕捉类型，当捕捉靶框移近对象时，可能会同时存在数个捕捉点，此时按“Tab”键即可在这些捕捉点之间切换。

13.3.2.2　对象捕捉类型

AutoCAD 提供了下列对象捕捉类型：

(1) 端点(Endpoint)：捕捉到对象(如直线或圆弧)最近的端点。也可以用来捕捉三维实体(如长方体)和面域的边的端点。

(2) 中点(Midpoint)：捕捉到对象(如直线或圆弧)的中点。也可以用来捕捉三维实体(如长方体)和面域的边的中点。

(3) 圆心(Center)：捕捉到圆弧、圆或椭圆的圆心。也可以捕捉到实体、体或面域中圆的圆心。

(4) 节点(Node)：捕捉到单独绘制的点对象，也可以捕捉到由定距等分和定数等分命令在对象上产生的点对象。

(5) 象限点(Quadrant)：捕捉到圆弧、圆或椭圆的象限点(0°,90°,180°,270°点)。

(6) Intersection(交点)：捕捉到对象的交点，包括圆弧、圆、椭圆、椭圆弧、直线、多线、多段线、射线、样条曲线或构造线的交点。如果两个对象向外不断延伸，则可以捕捉到延伸的交点。

(7) 延伸(Extension)：捕捉对象的延伸路径。光标位于对象上时，将显示一条临时的延伸线，这样就可以通过延伸线上的点绘制对象。

(8) 插入点(Insert)：捕捉到块、形、文字、属性或属性定义的插入点。

(9) 垂足(Perpendicular)：捕捉到与圆弧、圆、椭圆、椭圆弧、直线、多线、多段线、射线、实体、样条曲线或构造线正交的点，也可以捕捉到对象的外观延伸上的垂足。

(10) 切点(Tangent):捕捉到圆或圆弧上的切点。切点与指定的第一点连接可以构造出对象的切线。

(11) 最近点(Nearest):捕捉对象上距离十字光标中心最近的点。

(12) 外观交点(Apparent Intersection):捕捉到对象的外观交点。在三维模型中,从一个视图上看两个对象可能是相交的,而从另一个视图上看这两个对象可能又不相交。外观交点捕捉能够捕捉到对象外观上相交的点,也可以捕捉到外观延伸相交的交点。外观交点捕捉不能捕捉到三维实体的边或角点。

(13) 平行(Parallel):画好直线的起点,将光标移到要平行的直线上停留一会,出现"//"标记,然后移动光标使光标跟起点的连线与先前停留的直线方向平行时,会显示一条虚线辅助线,拾取需要的点即绘制一条与停靠直线平行的直线。

例 13-5 作两圆弧的公切线,如图 13-14 所示,并从圆弧外一点 C 作圆弧 A 的切线。

命令:_line

指定第一点:_tan 到 (在圆弧 B 上方捕捉任一切点)

指定下一点或[放弃(U)]:_tan 到 (在圆弧 A 上方捕捉任一切点)

命令:_line

指定第一点: (捕捉 C 点)

指定下一点或[放弃(U)]:_tan 到 (在圆弧 A 右方捕捉任一切点)

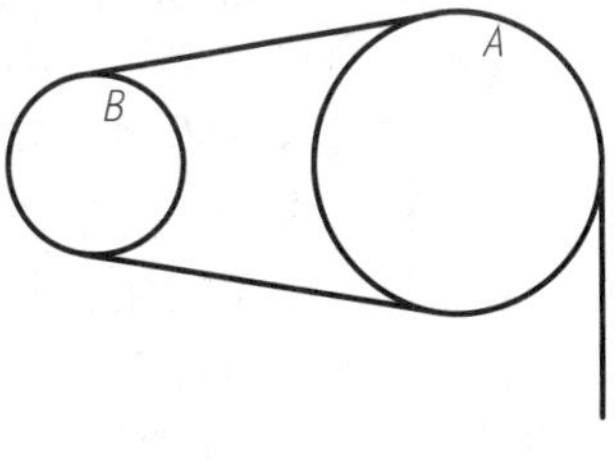

图 13-14 作两圆弧的公切线

13.3.3 自动追踪设置

自动追踪可以按特定的角度或与其他对象的指定关系来确定点的位置。若打开自动追踪模式,AutoCAD 会显示临时的辅助线来指示位置和角度以便于创建对象。

自动追踪包含两种追踪方式:极轴追踪和对象捕捉追踪。

13.3.3.1 *极轴追踪*

极轴追踪按事先给定的角度增量来对绘制对象的临时路径进行追踪。设置步骤如下:

(1) 在"草图设置"对话框中,选择"极轴追踪"选项卡,如图 13-15 所示。或在状态栏上的"极轴"按钮上单击右键,选择"设置"项也可。

(2) 勾选上"启用极轴追踪"选项,打开极轴追踪模式。

(3) 在"增量角"列表框中选择一个递增角。如果列表中没有所需的角度,可以新建新角度值,作为非递增角。

例如,如果需要画一条与 X 轴成 45°角的直线,可以设置极轴角增量为 45°。那么绘图时移动十字光标到与 X 轴的夹角接近 0°,45°,90°等 45°角的倍数时,AutoCAD 将显示一条临时路径和提示角度。此时单击鼠标,则可以确保所画的直线与 X 轴的夹角为提示角度。

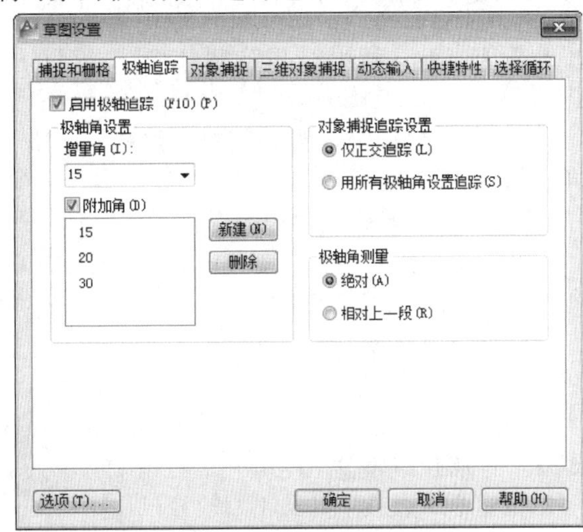

图 13-15 草图设置对话框的"极轴追踪"

注意:不能同时打开"正交"模式和极轴追踪。"正交"模式打开时,AutoCAD 会关闭极轴追踪。而打开极轴追踪,AutoCAD 将关闭"正交"模式。同样,如果打开"极轴捕捉",栅格捕捉将自动关闭。

13.3.3.2 对象捕捉追踪

对象捕捉追踪按与对象的某种特定关系沿着由对象捕捉点确定的临时路径进行追踪。

设置步骤如下:

(1) 打开"对象捕捉"。

(2) 在"草图设置"对话框的"对象捕捉"选项卡上,勾选"启用对象捕捉追踪"选项。同时在"极轴追踪"选项卡选择"启用极轴追踪"选项,如图 13-15 所示。

(3) 在"对象捕捉追踪设置"框中选择下面两个选项之一:

仅正交追踪:将显示相对于追踪点的 0°,90°,180°,270°方向上的追踪路径。

用所有极轴角设置追踪:相对于追踪点显示极轴追踪角的捕捉追踪路径。

(4) 单击"确定"按钮,完成设置。

设置并启用了对象捕捉追踪后在绘图和编辑图形时移动光标到一个对象捕捉点,不要单击该点,只是暂时停顿即可临时获取该点,此即追踪点。获取该点后将显示一个小加号(+)。此时在绘图路径上移动光标,相对于该点的水平、垂直或极轴临时路径会显示出来。

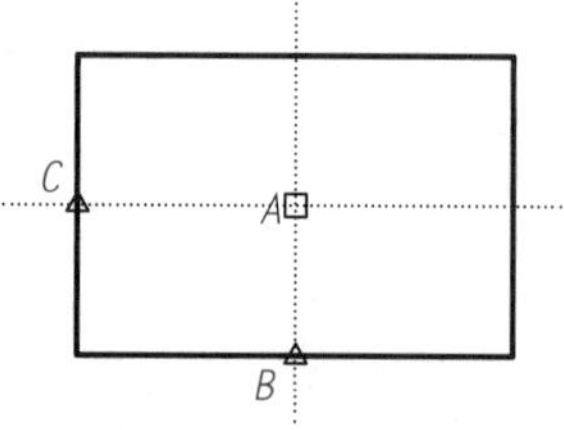

图 13-16 对象捕捉追踪

如图 13-16 所示,欲找矩形的中心点 A,可启用对象捕捉追踪,移动光标到 B 点,停留一会以捕捉取该中点;接着移动光标到 C 点,停留一会以获取中点 C;再移动光标到 A 处,出现水平、垂直的两条临时对齐路径时,在 A 处单击一下即得到 A 点。

提示:获取对象捕捉点之后,可以相对于追踪点沿临时路径在精确距离处指定点。即在显示对齐路径后,在命令行直接输入距离值即可。绘制三视图时,同时启用对象捕捉、极轴追踪和对象追踪模式,可方便实现视图"长对正"和"高平齐"。

例 13-6 利用追踪绘制如图 13-17 所示的图形。

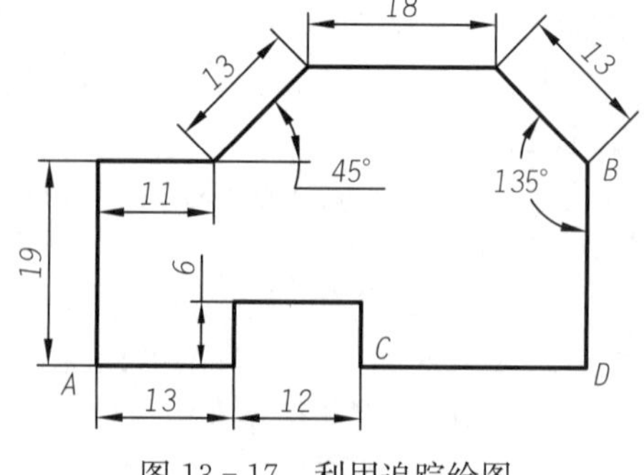

图 13-17 利用追踪绘图

按下"对象捕捉""极轴""对象追踪" 按钮。极轴角设置为 45 °

命令:LINE 指定第一个点: (A 点)

指定下一点或[放弃(U)]:19 (鼠标光标垂直往上移动,输入"19")

指定下一点或[放弃(U)]:11 (光标水平往右移动,输入"11")

指定下一点或[闭合(C)/放弃(U)]:13 (光标追踪 45 °,输入"13")

指定下一点或[闭合(C)/放弃(U)]:18 (光标水平往右移动,输入"18")

指定下一点或[闭合(C)/放弃(U)]:13 (光标追踪 45 °,输入"13",到 B 点)

命令:LINE 指定第一个点: (捕捉 A 点)

指定下一点或[放弃(U)]:13 (光标水平往右移动)

指定下一点或[放弃(U)]：6 (光标垂直往上移动)

指定下一点或[闭合(C)/放弃(U)]：12 (光标水平往右移动)

指定下一点或[闭合(C)/放弃(U)]：6 (光标垂直往下移动)

指定下一点或[闭合(C)/放弃(U)]： (光标水平往右移动，捕捉 B 点，悬停一会出现追踪路径后获得 D 点)

指定下一点或[闭合(C)/放弃(U)]：(捕捉 B 点，完成绘制)

13.3.4 显示控制

虽然计算机显示屏幕的大小是有限的，但是在 AutoCAD 中，图形可以平移、缩放显示，设计时可以很方便地看清楚图形的细节。显示操作并没有改变图形的真实大小，仅改变显示大小。

缩放操作工具栏如图 13-18 所示。

图 13-18 “缩放”工具栏

(1) 实时缩放命令(ZOOM)(图标)

通过移动鼠标动态改变放大倍数。要放大图形，将鼠标一直向上拖；要缩小图形，将鼠标一直向下拖；要退出实时缩放，可按鼠标右键，从弹出的快捷菜单中选取“退出”。

> **提示：**三键鼠标中间有一轮子，转动该轮也可缩放图形。

(2) 窗口(Window)(图标)

在图形上指定一个窗口，以该窗口作为边界，把该窗口内的图形放大到全屏。

(3) 缩放上一个(Previous)(图标)

恢复到前一个显示方式。

(4) 实时平移命令(PAN)(图标)

“Pan”命令使光标变成一只小手，按鼠标左键移动光标，当前视图中的图形就随光标的移动而移动。按鼠标右键，从弹出的快捷菜单中选取“退出”即可退出平移操作。该命令并非真正移动图形，而是移动图形窗口。

其他缩放选项的相关信息，可参见帮助中的相关标题。

13.4 图层

AutoCAD 的图层是用来组织图形的最有效工具之一，它类似透明的电子纸一层叠一层地放置。如果将对象分类放置在不同的图层上，每层具有一定的颜色、线型和线宽，将方便图形的查询、修改、显示及打印。例如：对于零件图，为区分其粗实线、中心线、细实线、虚线、尺寸线、剖面线、文字、辅助线等，可设 8 个图层，每层画一种图线，最后将所有图层重叠一起就构成一张完整的零件图。AutoCAD 利用图层特性管理器来建立新层、修改已有图层的特性及管理图层。

13.4.1 图层特性管理器的使用

输入命令“LAYER”，或单击菜单“格式”⇨“图层”，或单击“对象特性”工具栏的图标，将打开“图层特性管理器”对话框，见图 13-19，它列出了图层的名称及其特性值和状态。

(1) 创建新图层

单击对话框中的 按钮将创建新的图层。在“名称”栏下输入新图层名，紧接着按“，”键或回车，就可以再输入下一个新图层名。如要更改图层名，选择该图层使其高亮显示，单击图层名,键入新图层名。输入的图层名中不可含有“ * ”“/”“?”等通配符,也不能重名。

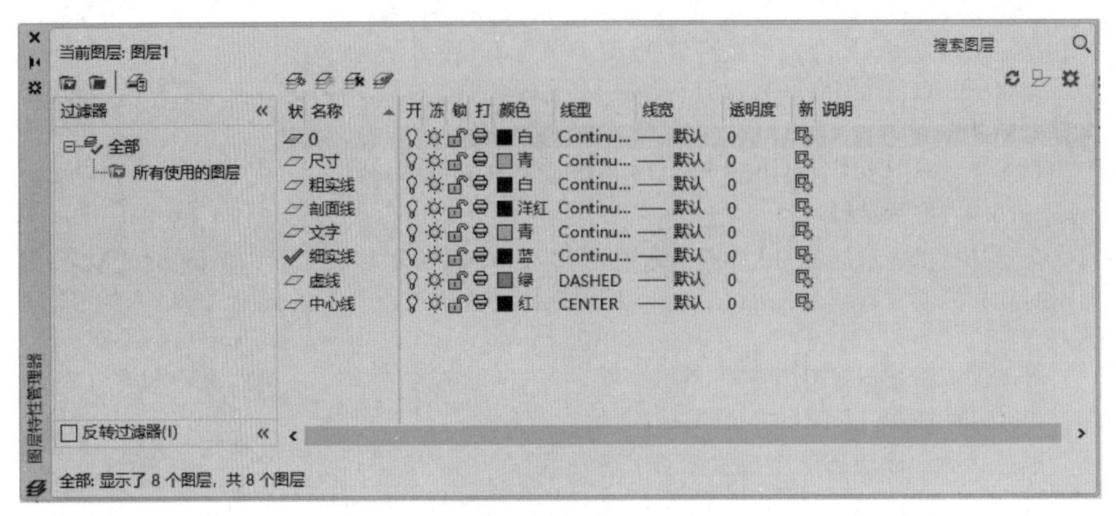

图 13 - 19　“图层特性管理器”对话框及快捷菜单

(2) 设置当前层

选择一个图层,单击对话框中的 按钮,就可将该层设置为当前层。

(3) 删除图层

选择一个或多个图层,单击 按钮即可。应注意的是,不能删除包含有对象的图层。

以上操作均有快捷方式,可在列表框中单击鼠标右键,弹出快捷菜单。

在快捷菜单中选取“全部选择”选项,将选择全部列出的图层;选取“除当前外全部选择”选项,将选择除了当前图层外的所有图层。

(4) 打开/关闭图层

如果要改变图形的可见性,可单击位于“开”栏下对应所选图层名的灯泡图标。此图标用于设置图层的打开或关闭,图层为打开状态时灯泡为黄色;单击灯泡图标,灯泡变成蓝色,图层即被关闭。此时该图层上的所有对象不会在屏幕上显示,也不会被打印输出。但这些对象仍在图形中,在刷新图形时还会计算它们。

(5) 解冻/冻结图层

位于“在所有视口冻结”栏下方对应的太阳图标 用于解冻/冻结图层。图层为解冻状态时图标为太阳;单击所选图层的太阳图标,图标变成雪花,图层即被冻结,此图层上的所有对象将不会在屏幕上显示,也不会被打印输出,在刷新图形时也不计算它们。

(6) 锁定/解锁图层

位于“锁定”栏下对应的锁形图标 用于设置图层的锁定/解锁。单击所选图层的锁形图标,开锁变成闭锁,图层即被锁定,已锁定图层的对象仍然可见,但是不能进行编辑。

(7) 改变图层颜色

图层颜色默认情况下为白色。单击位于“颜色”栏下对应所选图层名的颜色图标,AutoCAD 将打开“选择颜色”对话框,用于改变所选图层的颜色。

(8) 改变图层线型

默认情况下，新创建的图层的线型为连续型 Continuous。要改变图层的线型可单击位于“线型”栏下对应所选图层名的线型名称，将打开“选择线型”对话框，此对话框列出了已加载进当前图形中的线型。如需加载另外线型，可单击对话框中的“加载”按钮，显示“加载或重载线型”对话框，如图 13-20 所示。

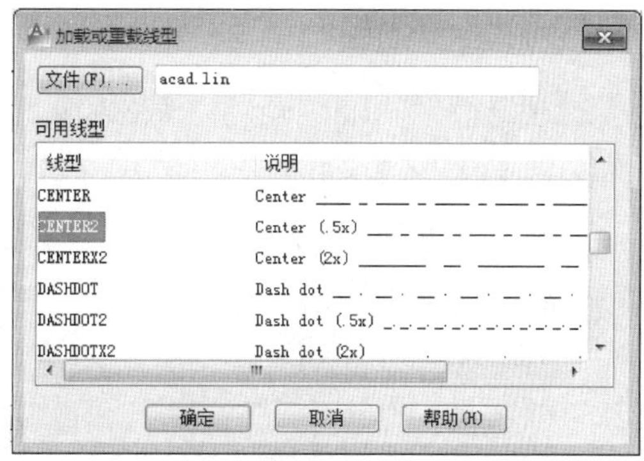

图 13-20　“加载或重载线型”对话框

为了统一计算机在绘图时的图层特性设置，GB/T 14665—2012 对图层、颜色和线型有规定，见表 13-1。

建议虚线用“Hidden2”，点画线用“Center2”，双点画线用“Phantom2”较为合适。

表 13-1　图层的规定(摘自 GB/T 14665—2012)

国标线型	图层	颜色
粗实线	01	白
细实线	02	绿
虚线	04	黄
细点画线	05	红
尺寸线	08	
剖面线	10	

(9) 改变图层线宽

单击位于“线宽”栏下对应所选图层名的线宽图标，显示“线宽”对话框。从对话框的列表框中选择适当的线宽值，单击“确定”即可改变图层的线宽。如果屏幕线宽的显示没有变化，应单击状态栏的“线宽”按钮。

(10) 改变图层打印样式

打印样式通过确定打印特性(如线宽、颜色和填充样式)来控制对象的打印方式。要改变图层相关联的打印样式，可单击位于“打印样式”栏下对应所选图层名的图标。在英制图形中图层打印样式默认为“普通”(PSTYLEPOLICY 系统变量为 0)，单击“普通”图标，将显示“选择打印样式”对话框以选择图层的打印样式。如果正在使用颜色相关打印样式(PSTYLE-POLICY 系统变量设为 1，图层图标显示为 Color_颜色号)，则不能修改与图层关联的打印样式。

(11) 线型比例 LTSCALE

命令：ltscale

输入新线型比例因子<1.0000>：

线型定义中非连续线的划线与间隔的长度是根据绘图单位来设置的，不同的单位使划线与间隔的长度比例不相同，用“Ltscale”命令可改变划线与间隔的长度，使线型与绘图单位一致。比如中心线、虚线等线型，就可以通过“Ltscale”命令调整划线与间隔的长度。

13.4.2　图层与对象特性工具栏

为了使查看和修改对象特性的操作更方便、快捷。AutoCAD 提供了“图层”和“对象特性”工具栏，如图 13-21 所示。对象的许多特性可通过这两个工具栏来查看或修改。如改变或选择图层、设置对象所在图层的状态、设置对象的特性如颜色、线型、线宽和打印样式等。

(1) 图层列表

在图层控制列表框中,只需单击代表图层特性的图标:打开 /关闭、冻结 /解冻 、锁定 /解锁,就可以改变对象所在图层的状态。

(2) 将对象图层设置为当前层

单击"把对象的图层设置为当前"按钮,然后选择欲改变图层设置为当前层的对象。就可将该对象所在图层定义为当前层。在图层控制列表框中单击某图层名,也能将该图层设置为当前层。

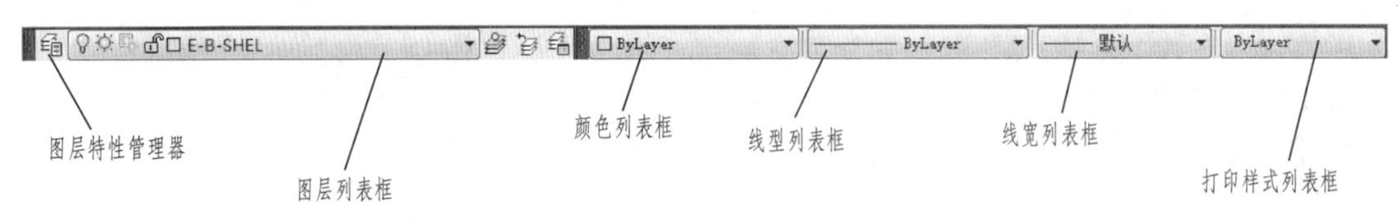

图 13-21　"图层"与" 对象特性"工具栏

(3) 恢复上一个图层

单击"上一个图层"按钮,或输入命令"Layerp",可放弃已对图层设置(如颜色或线型)做的修改。但不放弃重命名、删除图层、添加图层的修改。

(4) 设置对象的特性

图形对象的特性:颜色、线型、线宽和打印样式,在默认情况下是继承它所在图层的特性,即随层(ByLayer)。也可通过"对象特性"工具栏进行修改。

① 颜色:图层的颜色默认为 ByLayer,意即取其所在图层的颜色。颜色控制列表框还包括 ByBlock、7 种标准颜色和"其他",第一项通常为当前层的颜色,其中 ByLayer、ByBlock 为 AutoCAD 的逻辑色,单击"其他"将打开"选择颜色"框。如要改变对象的颜色,先选取图形对象,然后从颜色控制列表框中选取想要的颜色即可。但是图形对象的颜色最好使用 ByLayer,否则会导致颜色混乱,因为图形对象主要是通过层特性来组织管理的,使用 ByLayer 颜色,可以简单地改变层的颜色来整体更新对象颜色。

② 线型:线型控制列表框也有 ByLayer、ByBlock 和其他调入的线型,图层的线型默认为 ByLayer。如果要加入新线型,可选择"其他"选项。如要改变对象的线型,先选取图形对象,然后从线型列表框中选取想要的线型即可。但同颜色的设置一样,图形对象的线型最好使用 ByLayer。

③ 线宽:图层的线宽默认为 ByLayer。如要改变对象的线宽,先选取图形对象,然后从线宽控制列表框中选取该对象的线宽。

注意:在"对象特性"工具栏中 ByLayer(随层)、ByLayer(随块)两选项的具体含义如下:

(1) ByLayer(随层):图形对象的特性如颜色、线型、线宽和打印样式将取其所在图层的特性。

(2) ByBlock(随块):图形对象的设置为 ByBlock,当它们被定义为块并插入到图形中时,这些对象的特性取当前层的设置。

13.4.3　对象特性管理器

AutoCAD 的对象特性管理器是一个表格式的窗口,它是查看和修改对象特性的主要途径。通过使用该管理器,可以使编辑对象和图形文件特性的操作变得十分容易,从而更快、更精确、更简单地修改对象特性，提高绘图效率。

输入特性命令(PROPERTIES)，或单击菜单“修改”⇨“特性”，或单击图标，将打开“特性”对话框，也称作对象特性管理器，见图 13－22。内容即为所选对象的特性。根据所选择对象的不同，表格中的内容也将不同。

首先选择欲修改的对象，在对象特性管理器中选择欲修改的特性，然后使用下面列出的方法之一修改对象：

(1) 输入一个新值。

(2) 从下拉列表中选择一个值或在对话框中修改特性值。

(3) 用“拾取”按钮改变点的坐标值。

如选择一个圆，在特性管理器的“半径”栏中输入新半径值，回车，圆的半径则被修改。

13.4.4 特性匹配

命令行输入“MATCHPROP”，或单击图标，或单击菜单“修改”⇨“特性匹配”，可以将对象的特性复制给其他的对象。

操作过程：

(1) 在“标准”工具栏中单击“特性匹配”按钮。

(2) 选择要匹配的对象作为源对象。

(3) 选择要修改的对象为目标对象。

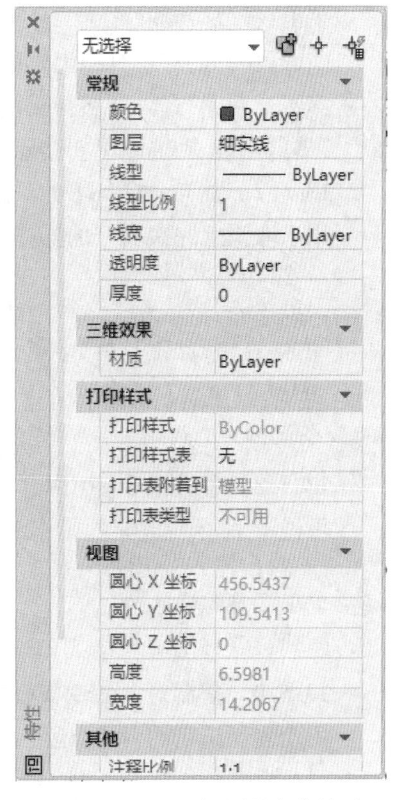

图 13－22 三面视图的方位关系

13.5 图形编辑

图形编辑是指对已有图形对象进行移动、旋转、缩放、复制、删除、参数修改及其他修改操作。与手工绘图相比，AutoCAD 的突出优点就是使图形修改变得非常方便。图形编辑工具栏如图 13－23 所示。

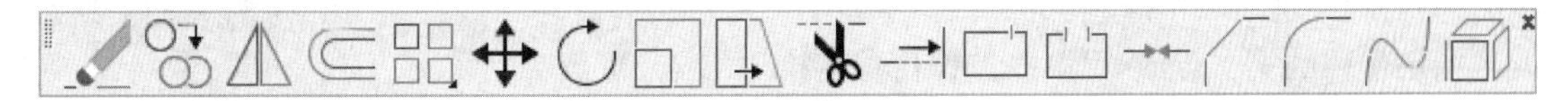

图 13－23 图形编辑工具栏

在进行编辑操作时，输入编辑命令后首先出现的提示为“选择对象:”，选中的对象将以虚线高亮显示。选择对象可以一次选一个对象或多个对象，也可窗口框选对象。AutoCAD 提供多种选择对象的方法，在“选择对象”提示下，如果输入错误(如输入 d)，则系统会列出所有选择对象的方式。

注意:(1) 按下“Shift”键并单击选中对象，可以将被选中的对象从选择集中移去。

(2) 在建立选择集时，可以选用比较简便的方法，如窗口框选，多选择一些对象，然后结合“Shift”键从中撤除不需要的部分。

13.5.1 删除命令(ERASE)

“Erase”命令用于删除选中的对象。在绘图过程中，可能会产生一些错误，用删除命令可以从图中删除对象。

调用方法如下：

命令行:输入“ERASE”

菜单:修改⇨删除

图标:在“修改”工具栏中点击

命令行提示“选择对象:”时,光标变成小正方形——拾取框,将拾取框移动到要选择的对象上,单击左键,则选取了要删除的对象。要结束对象选择,按回车键即可。

13.5.2 放弃命令(U)

用于取消上一次命令的操作。调用方法如下:

命令行:输入“U”

菜单:编辑⇨放弃

图标:在“标准工具栏”中点击

> **注意:**“U”命令不能取消诸如 Plot、Save、Open、New 或 Copyclip 等对设备做读、写数据的命令操作。

13.5.3 重做命令(REDO)

重做 U 命令所放弃的操作。调用方法如下:

命令行:输入“REDO”

菜单 :编辑⇨重做

图标:在“标准工具栏”中 点击

13.5.4 复制对象命令(COPY)

用于复制选定的对象,还可做多重复制。

(1) 调用

命令行:输入“COPY”

菜单:修改⇨复制

图标:在“修改”工具栏中点击

命令: copy

选择对象:(建立选择集,选图 13-24 中圆心为 *A* 的圆)

指定基点或位移,或者[重复(M)]:拾取 A 点(*A* 点为基点,若输入“M”,则选择了多重复制,可复制一个对象到多处位置)

指定位移的第二点或<用第一点作位移>:拾取 B 点(*B* 点为目标点)

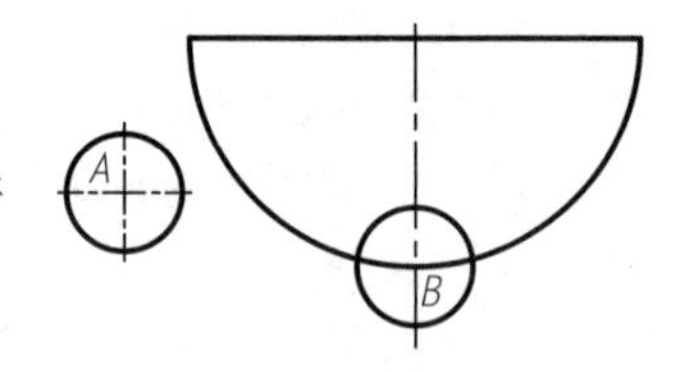

图 13-24 单个复制

注意:基点与位移点可用光标定位、坐标值定位、对象捕捉等任何定点的方法来准确定位。

(2) 使用剪贴板复制对象

剪贴板是 Windows 操作系统内存中的临时存储区,用来存放数据。AutoCAD 中的对象数据同样可用剪贴板来存储。调用方法如下:

菜单:编辑⇨复制

图标:在标准工具栏中点击

使用剪贴板复制对象的步骤如下:

① 建立一对象选择集;

② 在“标准”工具栏中单击“复制”按钮或在图形窗口中单击鼠标右键并点击“复制”;

③ 在图形窗口中单击鼠标右键,在弹出的快捷菜单中选择粘贴;

④ 在图形的其他位置单击一点,插入该选择集的复制内容。

注意:剪贴板复制也可粘贴对象到其他图形窗口中。

13.5.5 镜像命令(MIRROR)

生成原对象的轴对称图形,该轴称为镜像线,镜像时可删去原图形,也可保留原图形(称为镜像复制)。调用方法是:

命令行:输入“MIRROR”

菜单:修改⇨镜像

图标:在“修改”工具栏中点击

命令: mirror

选择对象:[建立选择集,选图 13-25(a)左侧部分]

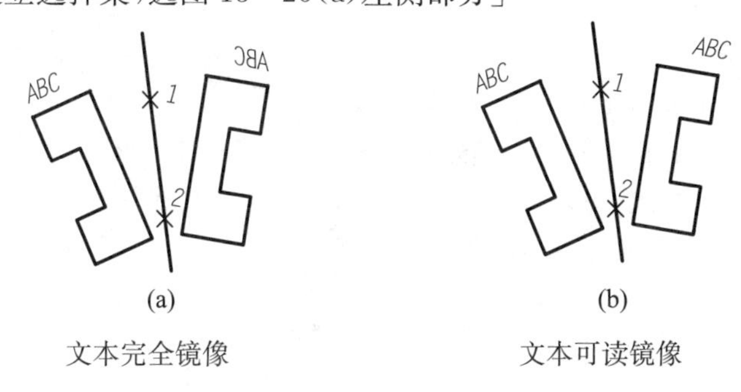

图 13-25 文本完全镜像和文本可读镜像

指定镜像线的第一点:拾取点 1

指定镜像线的第二点:拾取点 2

是否删除源对象?[是(Y)/否(N)]<N>:回车 [N 即不删除源对象,如图 13-25(a)所示]

注意:在图 13-25(a)中文本做了完全镜像,不便阅读。把系统变量 MIRRTEXT 的值置于 0(OFF),则镜像后文本仍然可读,如图 13-25(b)所示。

13.5.6 偏移命令(OFFSET)

按指定的距离用已有的对象建立新的对象,即为生成指定对象的等距曲线或平行线。调用方法如下:

命令行:输入“OFFSET”或“O”

菜单:修改⇨偏移

图标:在“修改”工具栏中点击

例 13-7 如图 13-26 所示,作出与原对象偏移距离为 6 mm 的偏移对象。

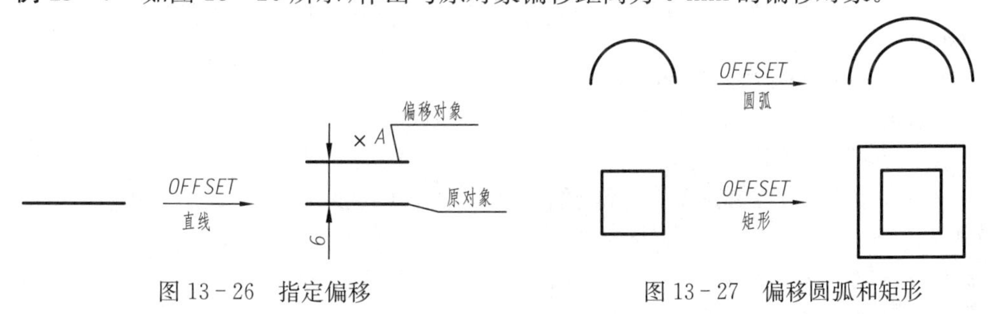

图 13-26 指定偏移

图 13-27 偏移圆弧和矩形

命令: offset

指定偏移距离或[通过(T)]<10>:6 (偏移的距离为 6,若输入“T”,则以指定通过点方式偏移)

选择要偏移的对象或<退出>：（选择原对象）

指定点以确定偏移所在一侧：（在 A 点附近拾取一点，即在 A 点所在的那一侧画等距线，偏移线已作出）

选择要偏移的对象或<退出>：（继续进行或回车结束）

使用偏移命令还可绘制同心圆弧和等距矩形，如图 13－27 所示。

13.5.7 阵列命令(ARRAY)

对选定的对象做矩形和环形阵列的复制。

(1) 调用

命令行：输入“ARRAY”

菜单：修改⇨阵列

图标：在“修改”工具栏中点击

执行“Array”命令，在 AutoCAD 早期版本中将弹出“阵列”对话框，新版本中需要输入 ARRAY CLASSIC 命令才会弹出“阵列”对话框，如图 13－28 所示。有矩形和环形两种阵列方式。

(2) 矩形阵列

在对话框中点击“选择对象”按钮，根据提示选择要进行阵列的对象；指定阵列的行数、列数；输入阵列的行间距、列间距(或单击按钮在图形屏幕上指定间距)；阵列的同时若需要旋转则输入阵列角度；单击“预览”按钮可观察阵列效果。

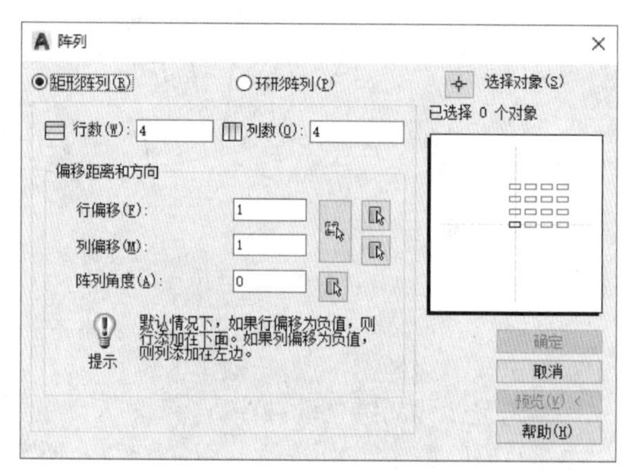

图 13－28 “阵列”对话框

(3) 环形阵列

选择要进行阵列的对象，单击按钮在图形屏幕指定环形阵列的中心点，在“项目总数”框输入阵列要复制的数目，在“填充角度”框指定在多大的角度范围内进行阵列；若在旋转阵列的同时对象自身也要随着一起旋转，应选上“复制时旋转项目”。

在 AutoCAD 新版中，阵列命令不弹出“阵列”对话框，除了矩形阵列和环形阵列方式外，还有路径阵列，它们均在命令行完成阵列操作。路径阵列将使对象沿路径均匀分布，路径可以是直线、多段线、样条曲线、圆弧等。图 13－29 是三种阵列的结果，默认情况下阵列结果是关联的。其中矩形阵列操作变化较大，图 13－29(a)的矩形阵列命令操作过程如下：

命令：_arrayrect

选择对象：(选择要进行阵列的对象)

选择对象：

类型 = 矩形　关联 = 是

为项目数指定对角点或［基点(B)/角度(A)/计数(C)］<计数>：（按 Enter 键，默认“计数”选项）

输入行数或［表达式(E)］<4>：2

输入列数或［表达式(E)］<4>：2

指定对角点以间隔项目或［间距(S)］<间距>：（按 Enter 键，默认输入间距）

指定行之间的距离或［表达式(E)］<112.0651>：10

指定列之间的距离或［表达式(E)］<353.4032>：17

按 Enter 键接受或［关联(AS)/基点(B)/行(R)/列(C)/层(L)/退出(X)］<退出>:(按 Enter 键结束操作)

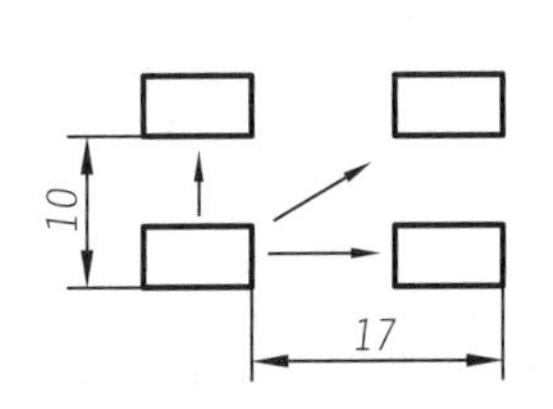

(a) 2 行 2 列，行间距 10，列间距 17 的矩形阵列

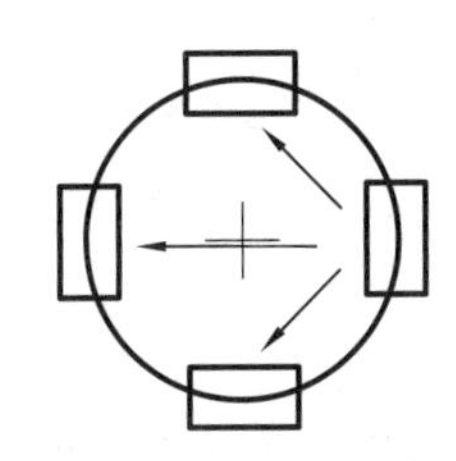

(b) 阵列中心为圆心，阵列数目 4 个，范围为 360° 的环形阵列

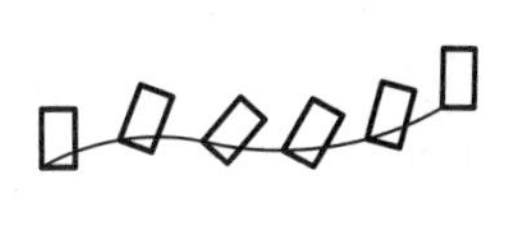

(c) 路径阵列，阵列数目6个

图 13－29　三种阵列的结果

13.5.8　移动命令(MOVE)

用于平移指定的对象。调用方法如下：

命令行：输入“MOVE”或“M”

菜单：修改⇨移动

图标：在“修改”工具栏中点击

13.5.9　旋转命令(ROTATE)

绕旋转中心旋转选定的对象。调用方法如下：

命令行：输入“ROTATE”或“RO”

菜单：修改⇨旋转

图标：在“修改”工具栏中点击

例 13－8　旋转如图 13－30(a)所示的图形。

命令：rotate

选择对象：［选择图 13－30(a)对象，除直线 AB 外］

指定基点：(拾取 A 点)

指定旋转角度或［参照(R)］：－60　(旋转角，顺时针为负)

当不知旋转角度值时，可用参照方式操作。操作步骤如下：

命令：rotate

选择对象：［选择图 13－30(a)对象，除直线 AB 外］

指定基点：(拾取 A 点)：

指定旋转角度或［参照(R)］：R　(选参照方式)

指定参考角：(拾取点 A 和 C，用点 A 和 C 的连线确定参照的方向角)

指定新角度：［拾取点 B，用 A 和 B 两点连线来确定参照方向旋转后的角度，得到图 13－30(b)］

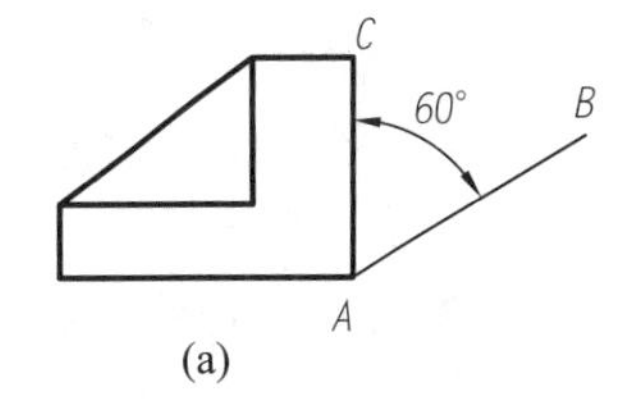

(a)

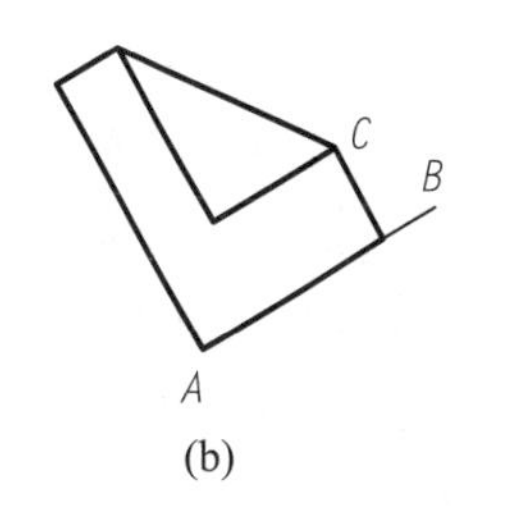

(b)

图 13－30　两种旋转

13.5.10　比例缩放命令(SCALE)

将选定的对象按指定的比例进行比例缩放。调用方法如下：

命令行：输入“SCALE”

菜单：修改⇨比例缩放

图标：在“修改”工具栏中点击

例 13－9 按 1.5 的比例因子放大图形。

命令：scale

选择对象:(选择要放大的图形对象)

指定基点:(拾取点 A 为基准点,即不动点)

指定比例因子或[参照(R)]：1.5 (输入比例因子)

结果图形放大了 1.5 倍。

在指定比例因子时也可按参照方式(R)来确定实际比例因子。

注意: Scale 命令是 X、Y 方向的等比例缩放,所选择的基点不同,缩放后的图形在图形文件中的位置不同。比例因子＞1 为放大图形,比例因子＜1 时为缩小图形。

13.5.11 延伸命令(EXTEND)

在指定边界后,可连续地选择不封闭的对象(如直线、圆弧、多段线等)延长到与边界相交。调用方法如下：

命令行:输入“EXTEND”

菜单:修改⇨延伸

图标:在“修改”工具栏中点击

例 13－10 使用延伸命令,将图 13－31 的直线 2 延伸至边界线。

命令：extend

当前设置:投影＝UCS,边＝无

选择边界的边…

选择对象： (拾取点 1,所选择的对象为延伸的边界线)

选择对象： (可连续选取边界线,不想继续选择则回车结束对象选择)

选择要延伸的对象,按住“Shift” 键选择要修剪的对象,或 [投影(P)/边(E)/放弃(U)]：(拾取点 2)

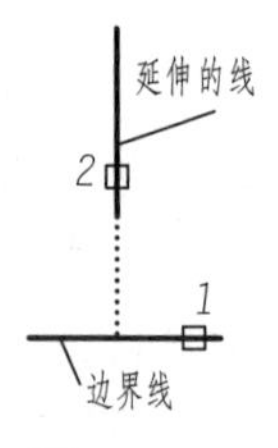

图 13－31 延伸

13.5.12 修剪命令(TRIM)

在指定边界后,可连续地选择对象进行剪切。

(1) 调用

命令行:输入“TRIM”或“TR”

菜单:修改⇨修剪

图标:在“修改”工具栏中点击

例 13－11 用“Trim”命令将图 13－32 左图变化成修剪后的右图。

命令：trim

当前设置:投影＝UCS,边＝无

选择剪切边…

选择对象： (选择修剪的边界线)

选择对象： (不需继续选择边界对象则回车)

选择要修剪的对象,按住 Shift 键选择要延伸的对象,或[投影(P)/边(E)/放弃(U)]： (选择修剪目标)

(2) 注意

① 某一对象可以同时既是修剪对象,又是修剪边界。在使用修剪的过程中,当某一对象被修剪后,它就从亮显的虚线

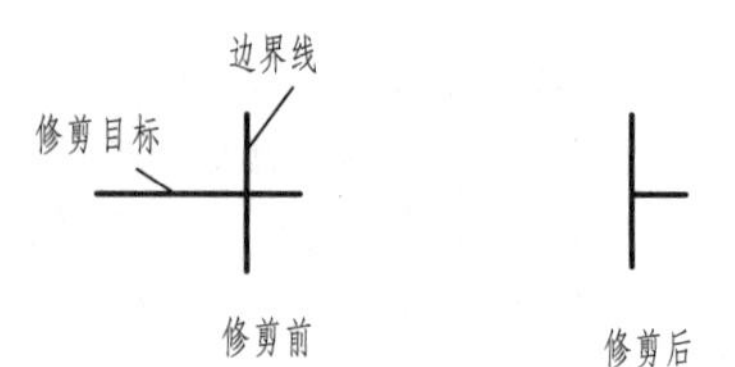

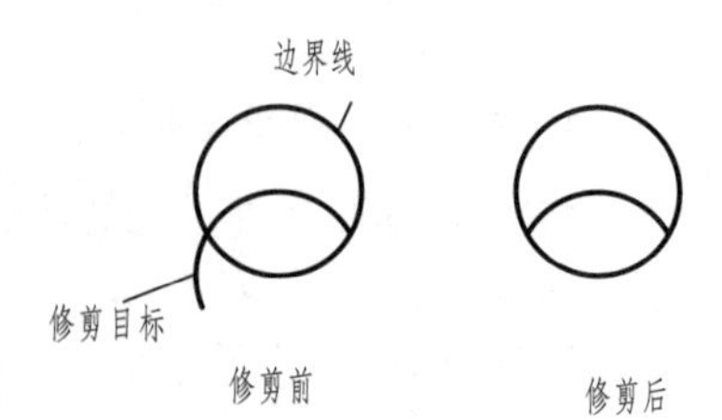

图 13－32 修剪

变成了实线，但它仍为边界。

② 选择剪切对象时，拾取点应在被剪切的一侧。

③ 在“选择要修剪的对象……或[投影(P)/边(E)/放弃(U)]:”提示下输入“E”后则选择延伸修剪模式，可延长边界以便修剪。

建议：(1) 可用窗口选等建立选择集的方法来选择多个被剪对象，以提高效率。
(2) 在“选择对象”提示下按“Enter”键，将会选择所有对象作为延伸边界或剪切边界。

13.5.13 打断命令(BREAK)

切掉对象的一部分或将对象切断成两个。

(1) 调用

命令行：输入“BREAK”

菜单：修改⇨打断

图标：在“修改”工具栏中点击

在选择对象后，拾取点作为第一打断点，然后指定另一点作为第二打断点(可不在对象上，AutoCAD会自动捕捉对象上离光标最近的点)。处于这两点之间的部分被切除。若第二打断点与第一打断点重合(用相对坐标符号@来响应“指定第二个打断点(或第一点(F))”，此时对象被分为两个对象。

注意：对于圆，从第一断开点逆时针方向到第二断开点的部分将被切掉。

13.5.14 圆角命令(FILLET)

按指定的半径在直线、圆弧、圆之间倒圆角，也可对多段线倒圆角。

(1) 调用

命令行：输入“FILLET”或“F”

菜单：修改⇨圆角

图标：在“修改”工具栏中点击

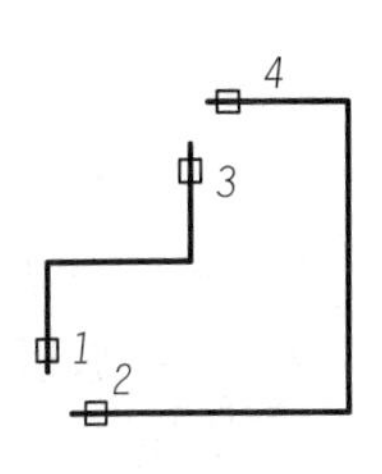

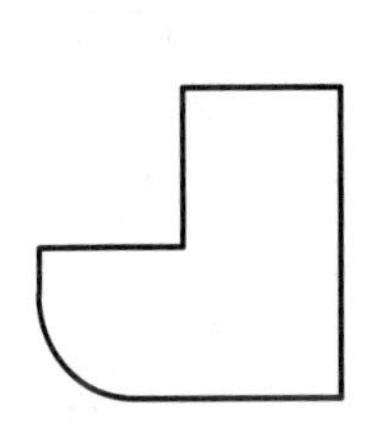

图 13－33 倒圆角

例 13－12 使用Fillet命令将图13－33中的上图变化成下图，其中圆弧半径为30。

命令：fillet

当前模式：模式 = 修剪，半径 = 10.0000

选择第一个对象或[多段线(P)/半径(R)/修剪(T) /多个(U)]：R

指定圆角半径<10.0000>：30

选择第一个对象或[多段线(P)/半径(R)/修剪(T) /多个(U)]：拾取点1

选择第二个对象：(拾取点2，结果如图13－33下图中的圆弧)

命令：fillet

当前模式：模式 = 修剪，半径 = 30.0000

选择第一个对象或[多段线(P)/半径(R)/修剪(T)/多个(U)]：R

指定圆角半径<30.0000>：0

选择第一个对象或[多段线(P)/半径(R)/修剪(T)/多个(U)]：拾取点3

选择第二个对象：(拾取点4，结果如图13－33下图所示)

从上例可知：将圆角半径设为0，可迅速地将两条不相交的线直角相交。

对平行的直线、射线或构造线，执行Fillet命令时，可忽略当前所设定的半径，AutoCAD会自动计算两平行线的半径来确定圆角半径,并从第一线段的端点绘制圆角。如图 13-34 所示。

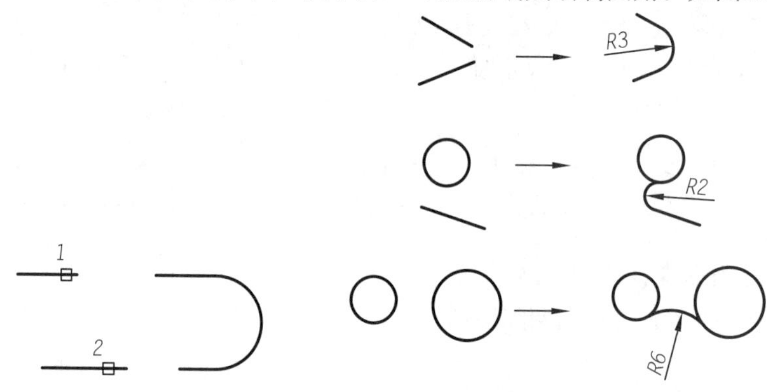

图 13-34　对平行线倒圆角　　　图 13-35　连接圆弧的绘制

利用圆角命令,还可快速完成如图 13-35 所示的连接圆弧的绘制。

(2) 注意

① 选项"修剪(T)"用于控制修剪模式,后续提示为:"输入修剪模式选项 [修剪(T)/不修剪(N)]<修剪>",键入 N 后,则倒圆角时将保留原线段,既不修剪,也不延伸。

② 对多段线倒圆角时,在响应"选择第一个对象或 [多段线(P)/半径(R)/修剪(T) /多个(U)]"时,键入 P,可对整根多段线各处拐角处倒圆角。

13.5.15　倒角命令(CHAMFER)

Chamfer 命令用于对两条直线边倒棱角。

(1) 调用

命令行:输入"CHAMFER"或"CHA"

菜单:修改⇨倒角

图标:在"修改"工具栏中点击

命令:chamfer

("修剪"模式) 当前倒角距离 1 = 10.0000,距离 2 = 10.0000

选择第一条直线或 [多段线(P)/距离(D)/角度(A)/修剪(T)/方法(M)/多个(U)]:d

指定第一个倒角距离<10.0000>:5

指定第二个倒角距离<5.0000>:2.5

选择第一条直线或 [多段线(P)/距离(D)/角度(A)/修剪(T)/方式(M)/多个(U)] :(选择直线 1)

选择第二条直线:(选择直线 2)

(2) 倒角的参数有两种方法:

① 距离方法:由第一倒角距 1 和第二倒角距 2 确定,倒角效果与直线的选择顺序相对应。选择"距离(D)",可重新设定倒角距离,如图 13-36 上图所示。

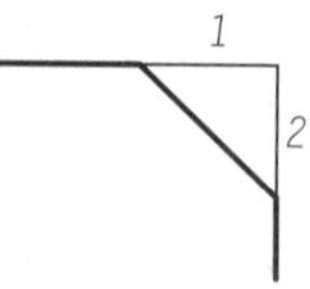

② 角度方法:对常见的标注形式 2×30°的倒角,可由第一倒角距 1 和角度 α 确定,如图 13-36 下图所示。

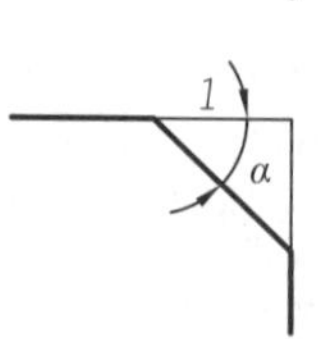

图 13-36　倒角参数

倒角命令的选项和用法与圆角命令类似。将倒角距离设为 0,可使不平行的两线精确相交。

13.5.16　多段线编辑命令(PEDIT)

用于编辑两维多段线、三维多段线和三维网格。调用方法为:

命令行：输入“PEDIT”

菜单：修改⇨对象⇨多段线

图标：在“修改Ⅱ”工具栏中点击

例 13－13　将图 13－37 中由 Line 命令绘成的上图编辑为宽为 2mm 的多段线的下图。

命令：pedit

选择多段线或［多条(M)］：拾取图中任一线段

选定的对象不是多段线

是否将其转换为多段线？<Y>Y　（输入 Y 将拾取的线转换为多段线）

输入选项［闭合(C)/合并(J)/宽度(W)/编辑顶点(E)/拟合(F)/样条曲线(S)/非曲线化(D)/线型生成(L)/放弃(U)］：j　（选“合并”选项）

选择对象：指定对角点：找到 6 个　（窗选所有对象）

选择对象：（回车）　5 条线段已添加到多段线

输入选项［打开(O)/合并(J)/宽度(W)/编辑顶点(E)/拟合(F)/样条曲线(S)/非曲线化(D)/线型生成(L)/放弃(U)］：w（选多段线的线宽度）

指定所有线段的新宽度：2　（宽度为 2，回车后即生成图 13－37 下图）

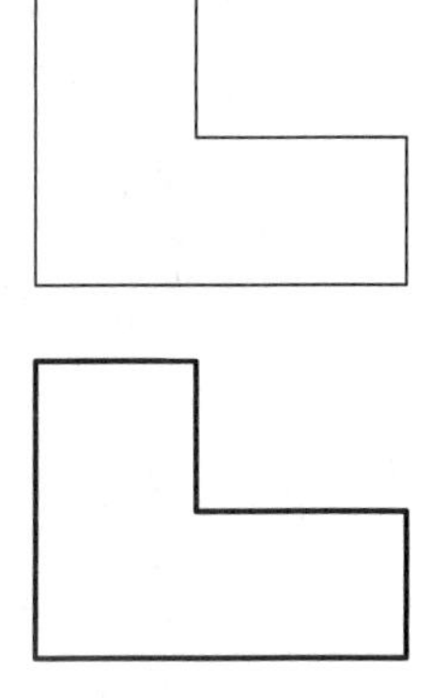

图 13－37　多段线编辑

PEDIT 编辑命令中各选项的更多信息参见帮助和有关的书籍。

13.5.17　用夹点进行编辑

对象的夹点就是对象的一些特征点，不同的对象具有不同的特征点，见图 13－38。用光标拾取对象，该对象就进入选择集，并显示该对象的夹点，称为温点。单击一个温点，则该温点变为热点（颜色变为红色），此时当前选择集即进入夹点编辑状态，可进行 Stretch（拉伸）、Move（移动）、Rotate（旋转）、Scale（缩放）、Mirror（镜像）、Copy（复制）六种编辑模式的操作。

默认的编辑模式为 Stretch（拉伸），要选择其他编辑模式可键入模式名、按回车键、空格键或单击鼠标右键弹出快捷菜单。

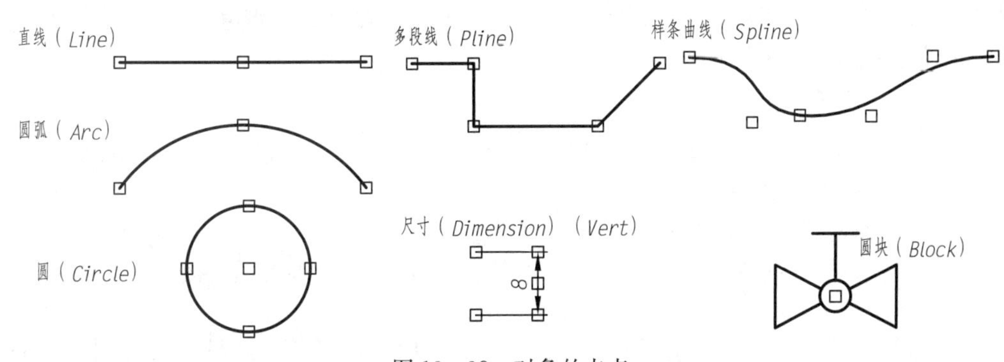

图 13－38　对象的夹点

例 13－14　如图 13－39 所示，用夹点编辑将长方形变成梯形。

(1) 拾取线 1 和 2，线上出现温点。

(2) 拾取温点 A，使温点 A 变成热点（此时即进入夹点编辑默认的拉伸模式），并向右拖动光标，对象即被拉伸，如图 13－39 中的右图。

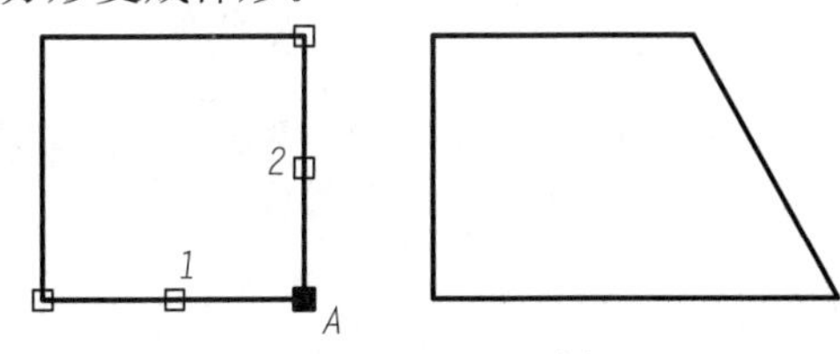

图 13－39　夹点编辑

例 13－15　综合应用绘图命令和编辑命令绘

制图 13 - 40f。

绘制步骤：

(1) 用 Circle 命令，以定位点(100，150)为圆心、半径为 40 画圆[如图(a)]。

(2) 用 Polygon 命令及其 Cen，I 方式画内接六边形[如图(b)]。

(3) 用 Line 命令和对象捕捉连接各顶点[如图(c)]。

(4) 用 Trim 和 Erase 命令修剪和删除多余的线段[如图(d)]。

(5) 用 Arc 命令，以 3P 方式画圆弧，3P 分别为 Int(或 End)，Cen，Int(或 End)[如图(e)]。

(6) 用 Array 命令将圆弧作环形阵列，复制数目为 6[如图(f)]。

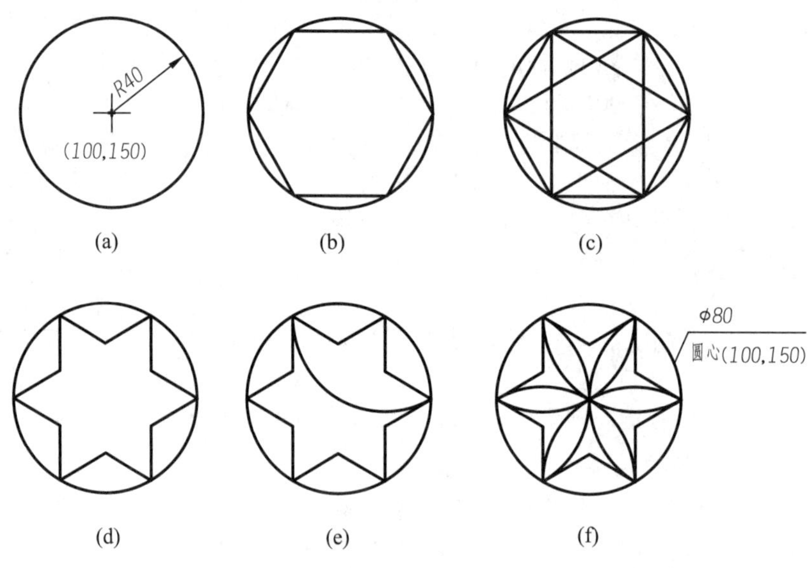

图 13 - 40　作图过程

13.6　填充

使用 AutoCAD 的填充功能可以将特定的图案填充到一个封闭的图形区域中。例如，机械图形中表示剖面的阴影线，建筑图形中墙面的方砖图案，都可以由此功能来绘制。为了管理方便建议使用专门的层来管理填充图案。

13.6.1　填充操作

输入命令“BHATCH”，或单击“菜单”绘图⇨图案填充…，单击图标，进入图 13 - 41 所示的“边界图案填充”对话框。

(1) 单击“图案”下拉按钮选择填充图案，如选 ANSI31 项。

(2) 指定填充边界的确定方式。单击“拾取点”按钮，或“选择对象”按钮，将临时关闭对话框。

(3) 回到图形界面，指定填充区域(一般应为封闭区域)后，回车再返回“边界图案填充”对话框。

(4) 单击“预览”按钮，观看填充效果。若不满意，回车结束预览，回到“边界图案填充”对话框中进行修改。

(5) 单击“确定”按钮，完成填充图案操作。

图 13 - 41　“边界图案填充”对话框

13.6.2　选择图案类型

在“边界图案填充”对话框中单击“图案”的下拉列表右旁的...按钮，弹出“填充图案控制板”对话框，在此可更加直观地选择图案。

如果要定义一个与选择的图案不同角度与间距的填充图案，可以：

(1) 在“比例”框中输入数值，可放大或缩小图案间距。默认值为 1。

(2) 在“角度”框中输入图案倾斜的角度值。默认情况下角度为 0°(45°斜线)。

13.6.3　设置填充边界

“边界图案填充”对话框中定义填充边界的方法有“添加:拾取点”和“添加:选择对象”两种方法：

(1) 添加:拾取点

单击“拾取点”将暂时关闭边界图案填充对话框转到图形窗口，命令行提示“选择内部点:”在要填充的封闭区域内的任意位置单击一下鼠标左键，系统将自动搜索包围该点的封闭边界，同时生成一条临时的封闭边界，该边界区域即为填充区域。然后，依次选择下一个填充区域，不想继续可按回车键来结束选择内部点操作，返回“边界图案填充”对话框。

注意，若区域边界不封闭，系统会提示“未找到有效的图案填充边界”，不能继续填充操作。

(2) 添加:选择对象

通过指定填充图案的边界对象构成填充边界。单击“选择对象”按钮，屏幕转到图形窗口，用构造选择集的方法选择图元对象，使其围成一封闭边界，该边界区域即为填充区域。

注意：应勾选“关联”单选按钮，将建立相关联的填充图案，在修改图形时填充的图案将自动适应修改后的边界。

(3) 关联填充

AutoCAD 默认的图案填充区域与填充边界是关联的，在填充边界发生变化时，填充图案的区域自动更新，这给图案填充的编辑带来极大便利。为了使用关联图案填充功能，应当勾选对话框中的“关联”单选按钮。

13.6.4 孤岛

如果图形对象比较多，内部嵌套有多层封闭区域，称为孤岛，可通过图 13－41 所示的“孤岛”选项卡来设置特殊的填充格式。它们可以控制是否把填充边界内部的封闭边界也作为填充边界线，因而有三种内部区域的填充方式。

(1) 普通：剖面线从外向内画线，从外向内数，被分开的奇数区域画剖面线，偶数区域不画剖面线。填充区域内的文字也不会被阴影线穿过，保持其易读性。

(2) 外部：仅画最外层区域的阴影线，除此之外内部的各部分封闭区域均为空白。

(3) 忽略：该格式将忽略其内部结构，所指定的区域均被绘制上阴影线。

13.6.5 编辑填充图案

输入命令“HATCHEDET”，或单击“菜单”修改⇨对象⇨图案填充，或单击图标编辑修改填充的图案。

可以修改填充的图案、角度、间距，操作的结果不受填充边界是否修改的限制。

13.7 文字注释

在一幅图中使用图形传达信息的时候，通常还需要使用文字的描述，如图纸说明、注释、标题、技术要求等。AutoCAD 具有很强的文字处理功能，提供了符合国标的汉字和西文字体。在注写英文、数字和汉字时，需要建立合适的文字样式。

13.7.1 建立文字样式

图形的文字样式用于确定字体名称、字符的高度及放置方式等参数的组合。AutoCAD 的默认文字样式为“Standard”，可以建立多个样式，但只有一个为当前样式。调用方法如下：输入命令“STYLE”，或单击“菜单”格式⇨文字样式，或单击图标，打开“文字样式”对话框，如图 13－42 所示。

新建一个文字样式的步骤如下：

(1) 单击“新建”按钮，弹出“新建文字样式”对话框，输入新样式的名称。

(2) 单击字体名下拉按钮，从下拉列表中选择一种字体。

(3) 在效果区域中设置文字特殊效果。

(4) 单击“应用”按钮，完成一种样式的设定。重复上述操作，可建立多个文字样式。

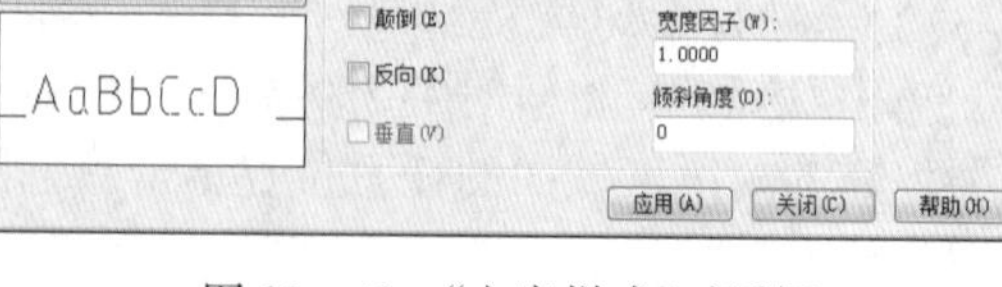

图 13－42 “文字样式”对话框

说明：

(1) 字体：在字体下拉列表中列出了系统提供的字体，它包括两类字体：一种是 Windows 系列软件提供的 True Type 字体，具有实心填充功能；另一种是 AutoCAD 特有的 shx 字体。两类字体前用图标和加以区分。

在定义文字样式时，可以定义一种字体为 shx 的样式，专门用于注写西文和特殊符号(此样式注写汉字时有时会显示为“?”号或乱码)；可以再定义一种字体为 Windows 字体的样式，如宋体，专门用于注写汉字(此样式下注写特殊符号时有时会显示为“?”号或乱码)。以便针对西文、特殊符号和汉字等不同的场合选用不同的文字样式进行注写。

为解决乱码的问题，AutoCAD 中文版提供了符合国标的斜体西文 gbeitc. shx 及正体西文 gbenor. shx。同时还提供了符合国标的工程汉字 gbcbig. shx，此类汉字称为大字体 Big-Font。定义文字样式时字体应采用“西文字体”+“大字体汉字”，例如 gbenor. shx+gbcbig. shx，则这一种文字样式就可同时注写正体西文、特殊符号和汉字，其设置方法见图 13-42。即在“字体”列表中选择 gbenor. shx(或 gbeitc. shx)，然后选上“使用大字体”，再在“大字体”列表中选择 gbcbig. shx。

注：早期版本提供的 Bigfont 大字体 HZTXT. shx 也可以同时进行中、西文注写。

(2) 高度：如果高度设为 0，每次执行注写文字命令时命令行都会提示用户指定文字高度，即文字高度可随时按需要变动；高度为非 0 时，文字高度则不可更改，在文字命令执行过程中不再提示“指定高度：”。文字高度可参照 CAD 国标的规定，一般在 A2～A4 图纸中汉字字高为 5 mm，字母、数字字高为 3. 5 mm；在 A0～A1 图纸中则分别是 7 mm 和 5 mm。如果图纸输出时存在比例系数，文字高度应设为输出后图纸上的字高÷比例。

(3) 效果：倾斜角，相对 90°而言，若要写斜体字，可取 15°。

宽高比例，即字符的宽高比，可取 2/3=0. 67。

颠倒、反向、垂直等效果可在预览框观看效果，根据需要选用。

13. 7. 2 注写单行文字(TEXT)

按设定的文字样式，在指定位置一行一行地注写文字，一般用于绘制小篇幅的文字。

输入命令“TEXT”或“DTEXT”，或单击“菜单”绘图⇨文字⇨单行文字，或在文字工具条中单击图标AI，将执行单行文字的命令。

根据命令行提示所输入的文字将同时显示在命令提示行与图形窗口中，输完一行后，按 Enter 键可继续输入下一行文字。所输入的每行文字，都将被 AutoCAD 视为单独的图形对象，而且具有图形对象的一切特性，还可以接受相应的编辑与修改操作，如按指定比例进行修改、移动等。

13. 7. 3 控制码与特殊字符

有些特殊的字符需要在特殊控制下才能输入进图形中。例如，文字加上划线或者下划线、直径符号、正负公差符号、表示角度度数的小圆圈等。这些符号不能从键盘直接输入，必须在 AutoCAD 所提供的特殊字符与控制码下完成。

特殊字符表示为两个百分符号(%%)，各控制码如下所列：

%%o 注写文字上划线

%%u 注写文字下划线

%%d 在指定数值的右上角注写一个表示“度数”的小圆圈

%%p 注写“正/负”公差符号

%%c 注写标准的表示圆的直径的专用字符

%%% 注写一个“百分”符号

%%nnn 注写由 nnn 的 ASCII 代码对应的特殊符号

在命令行上输入上述附加有控制码的字符串时，屏幕上将完整地显示其输入的以百分号开头的控制码字符内容，结束命令后才会显示需要的真实结果。

如欲注写∅50，在文字命令提示“输入文字：”时输入%%c50 即可。

13. 7. 4 注写段落文字

在多行文字编辑器中注写段落文字。输入命令“MTEXT”，或单击“菜单”绘图⇨文字⇨

多行文字,或单击图标A,将显示“文字格式”对话框,如图13-43所示。该命令建立的段落文字允许不同的字体存在,并支持扩展的字符格式、特殊字符系列等。

图13-43　多行文字编辑器及其光标菜单

输入段落文本的步骤:

(1) 根据提示指定一个矩形区域的两个对角点,该矩形区域将用于容纳段落文本。

(2) 自动进入“文字格式”对话框,在该对话框的文本框输入要注释的文字。

说明:

(1) 指定一个矩形区域的两个对角点,该范围只限定文字行宽,不限制行数。

(2) 多行文编辑器类似于Word的字处理程序,可方便地输入文字,输入的文本最后将出现在前面指定的矩形区域中,文本超过区域指定的宽度会自动换行。可使用不同的字体、字体样式、字符格式、特殊字符、幂、堆叠、大小写等。而且Word的很多功能在此有效,如选择文字、单击鼠标右键弹出光标菜单等。

(3) 单击鼠标右键,在弹出的光标菜单中选择“输入文字”,可将.txt和.rtf文件输入到多行文本编辑器。

(4) 在光标菜单中选择“符号”,可插入常用的直径、度数等符号,“其他”选项可插入其他特殊符号。

(5) Mtext命令与Text命令不同,文字类型可在“字符”下拉列表中选择。所以此命令可以在文本编辑器中直接输入西文、特殊符号和中文文字。

(6) $\frac{b}{a}$堆叠按钮:用于注写分数和指数。

例13-16　配合代号$\frac{H7}{f6}$的注写:进入Mtext文本编辑器,输入H7/f6,用鼠标选取H7/f6后点取堆叠按钮即可,见图13-43。

尺寸∅30p6$\left(^{+0.035}_{-0.022}\right)$的注写:进入Mtext文本编辑器,输入%%C30p6(+0.035^-0.022),用鼠标选取 +0.035^-0.022后点取堆叠按钮即可。

5^2的注写:在Mtext文本编辑器,输入52^,然后选择2^,单击堆叠按钮。如果要注写下标,只要将^符号放在下标数字的前面即可。

> **知识拓展**:在多行文字编辑器中,将字体设置为gdt,单击键盘X键,多行文字编辑器将显示孔的深度符号↧;单击键盘V键,将出现沉孔符号⌴。
>
> 在gdt字体下,键盘上几乎每个字母键都分别代表一个制图符号。有兴趣的不妨试试。

13.7.5　编辑/修改文字

如果需要修改已经绘制在图形中的文字内容,可以使用AutoCAD的文字修改功能。DDEDIT命令用于修改文字内容,对象特性管理器用于修改文字的插入点、样式、对齐方式、字符大小和文字内容。

输入命令“DDEDIT”,单击“菜单”修改⇨对象⇨文字,单击图标:

(1) 从图形窗口中选择一个文本对象，如果要修改的文字是用 Dtext 命令建立的，将弹出编辑文字对话框，如果要修改的文字是用 Mtext 建立的，则弹出多行文字编辑器。

(2) 在文字编辑框中会显示所选择的文本内容，在此输入新的文本内容，按下键盘上的 Enter 键，或者单击确定按钮即可确认对所选择文字的修改。

(3) Properties 特性命令：在“标准”工具栏中单击按钮，弹出“特性”对话框，选择欲修改的文字，再单击文字内容项右边的文字进行修改。如果修改 Mtext 命令建立的文字，则弹出“多行文字编辑器”对话框，根据对话框中的各项内容予以修改。

13.8　尺寸标注

尺寸标注是工程制图中的一项重要内容，它描述了机械图、建筑图等各类图形对象各部分的大小和相对位置关系，是实际零件制造、建筑施工等工作的重要依据。AutoCAD 配备了一套完整的尺寸标注系统，采用半自动方式，按系统的测量值进行标注。它提供了多种标注对象及设置标注格式的方法，可以方便快速地为图形创建一套符合工业标准的尺寸标注。

13.8.1　尺寸标注基础知识

AutoCAD 的尺寸标注与我国工程制图绘图标准类似，由尺寸界线、标注文字、尺寸线和箭头四个基本元素组成，如图 13－44 所示。

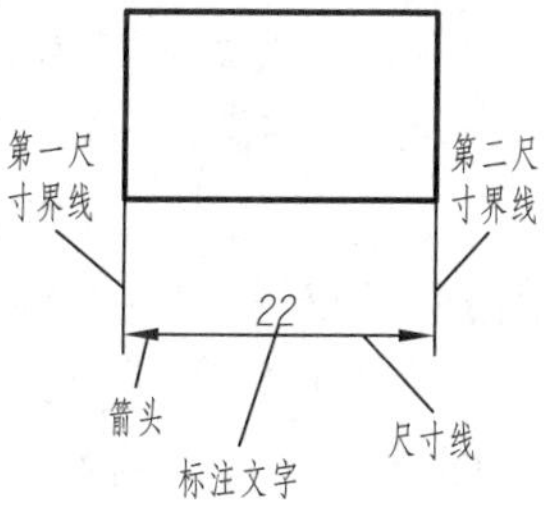

标注文字包括测量值、标注符号和测量单位等内容，一般沿尺寸线放置。AutoCAD 可以自动计算并标出测量值，因而要求在标注尺寸前必须精确构造图形。

图 13－44　标注的基本组成

注意：对图形进行尺寸标注之前，应遵守下面尺寸标注步骤：

(1) 设立“尺寸线”层作为尺寸标注的专用图层，使之与图形的其他信息分开。

(2) 为尺寸标注文本建立专门的文字样式。字体一般选择 gbenor. shx＋ gbcbig. shx，按照我国对机械制图中尺寸标注数字的要求设定字高。若想在尺寸标注样式中随时修改字高，可将文字样式的文字高度 Height 设置为 0。

(3) 建立合适的标注样式。通过标注样式对话框设置尺寸线、尺寸界线、尺寸终端符号、比例因子、尺寸格式、尺寸字高、尺寸单位、尺寸精度、公差等。

(4) 根据图形输出的比例，计算图中尺寸文字的高度，我国机械图规定，打印输出后尺寸文字高度一般为 3.5 mm，按此可算出 AutoCAD 中的尺寸字高。

(5) 充分利用对象捕捉功能，及时利用缩放显示功能，以便快速拾取定义点。

13.8.2　尺寸标注命令

AutoCAD 中的尺寸标注可以分为以下类型：线性标注、对齐标注、基线标注、连续标注、角度标注、半径标注、直径标注、坐标标注、引线标注、公差标注、圆心标记以及快速标注等。有专门执行标注命令的“标注”菜单及“标注”工具栏。标注工具栏如图 13－45 所示。

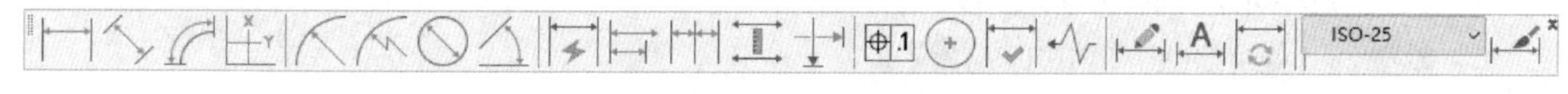

图 13－45　“标注”工具栏

1. 线性标注(DIMLINEAR)

用于测量并标注当前坐标系 XY 平面上两点间的距离，如图 13－46 所示按尺寸线的放置可分为水平、垂直和旋转三个类型。

线性标注的步骤如下：

(1) 执行 Dimlinear 命令，命令行显示如下提示：

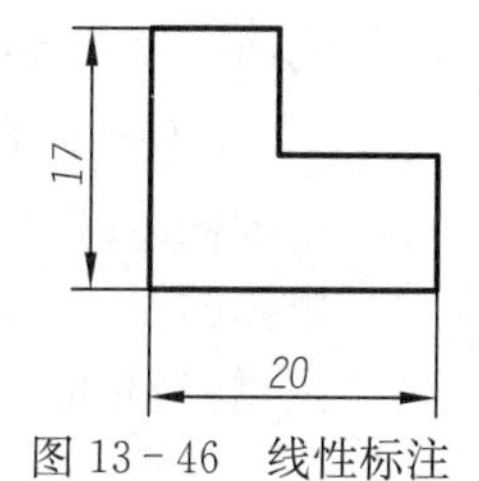

图 13－46　线性标注

指定第一条尺寸界线原点或<选择对象>:(拾取第一条尺寸界线起点,若按回车键则选择要标注的对象)

指定第二条尺寸界线原点:(拾取第二条尺寸界线起点)

(2) 选择完界线原点或要标注的对象,命令行提示:

指定尺寸线位置或[多行文字(M)\文字(T)\角度(A)\水平(H)\垂直(V)\旋转(R)]:

(3) 拖动鼠标,AutoCAD 会在屏幕中实时显示尺寸界线、尺寸线和标注文字的位置。按鼠标左键确定尺寸线的位置,完成线性标注。

命令行提示的其他选项说明如下:

多行文字:启动多行文字编辑器来注写尺寸文字。编辑器编辑区中的尖括号< >表示自动测量值。若希望替换掉测量值,则删除尖括号,输入新文字。

文字:在命令行中输入用于替代测量值的字符串。要恢复使用原来的测量值作为标注文字,可再次输入 T 后按回车。

角度:用于指定标注文字的旋转角度。0°表示将文字水平放置,90°表示将文字垂直放置。

水平/垂直:将尺寸线水平或垂直放置。或通过拖动鼠标光标来确定尺寸线的摆放位置:左右移动将创建垂直的尺寸标注;上下移动则创建水平标注。

旋转:指定尺寸线的旋转角度。

2. 对齐标注(DIMALIGNED)

用于标注平行于两条尺寸界线的起点确定的直线,适合标注倾斜放置的对象,见图 13-47。

对齐标注的步骤及命令行提示中的选项参见线性标注中的相关内容。

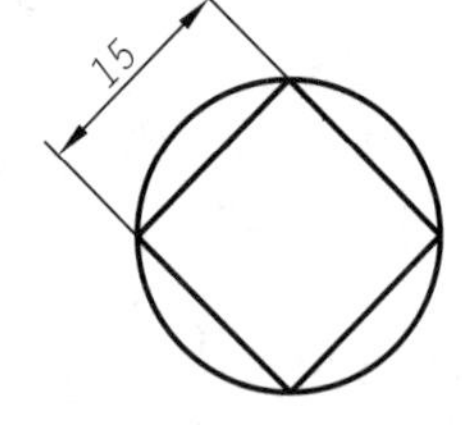

图 13-47　对齐尺寸样例

3. 基线标注(DIMBASELINE)

已存在一个线性、坐标或角度标注,基线标注如图 13-48(a)所示,具有共同的第一尺寸界线,测量值是从相同的基点(线)测量得出,所以称之为基线标注。

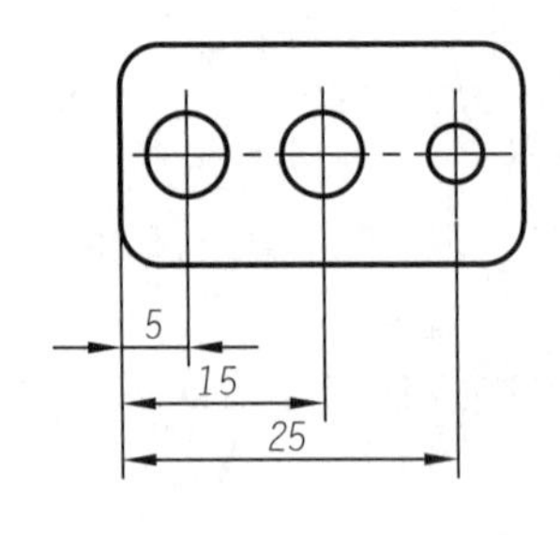

(a) 基线标注

(b) 连续标注

图 13-48　基线标注和连续标注的区别

注意:尺寸线间距在标注样式中设定。

4. 连续标注(DIMCONTINUE)

连续标注中的所有标注共享一条尺寸线,使用上一个标注的第二尺寸界线作为后面连续标注的第一尺寸界线,见图 13-48(b),从图中可看出它与基线标注的区别。

5. 角度标注(DIMANGULAR)

角度标注可以测量两条直线间的夹角、一段弧的弧度或三点之间的角度。

选择的对象可为选择圆弧、圆、直线。见图 13-49。

注意:当光标在不同侧时,标注值是不同的。

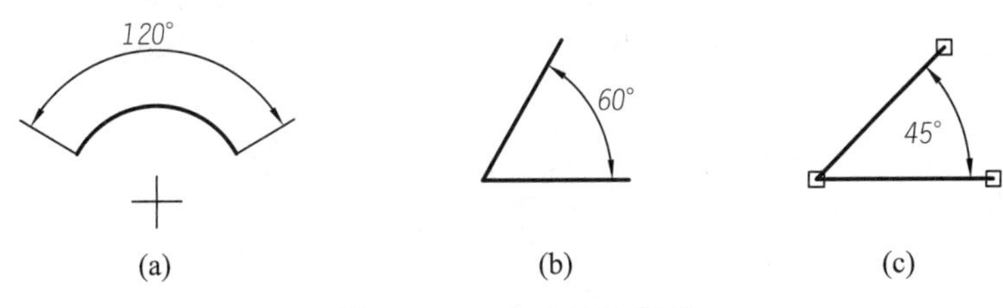

图 13－49 角度标注样例

6. 半径标注(DIMRADIUS)

半径标注用于标注圆弧的半径尺寸。默认时半径标注的文字为测量值，前面带有半径符号 R。

7. 直径标注(DIMDIAMETER)

用于标注圆的直径尺寸。直径标注与半径标注类似，尺寸线过选定圆或圆弧的圆心并指向圆周。默认时，前面有直径符号∅。若自行输入尺寸文字应在前面加%%C，以显示符号∅。

8. 多重引线标注(MLEADER)

通过引线和注释指明各部位的名称、材料及形位公差等信息。注释可以是文字、块和特征控制边框。

引线标注步骤：

执行 mleader 命令，命令行提示：

指定引线箭头的位置或 [引线基线优先(L)/内容优先(C)/选项(O)]<选项>：

指定下一点：(指定 *B* 点)

指定引线基线的位置：(指定 *C* 点)

回车，将启动将多行文字编辑器输入文字即可。

图 13－50(a)的引线标注，要求文字在引线上方，可以打开“格式”/“多重引线样式”对话框。如图 13－50(a)，在引线内容/连接/水平连接中选上“最后一行加下划线”或“所有文字加下划线”或“第一行加下划线”来实现。

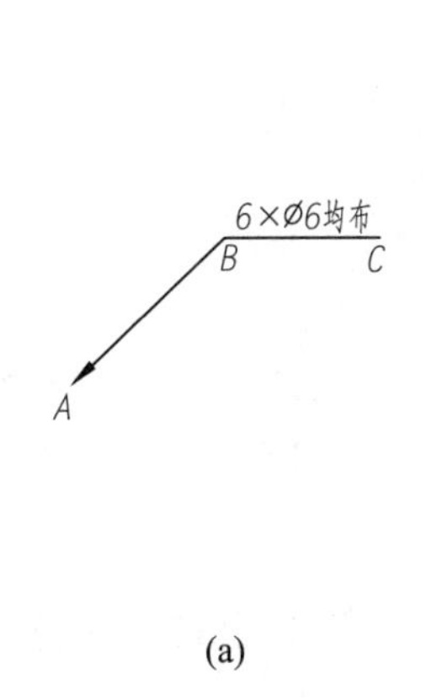

(a)

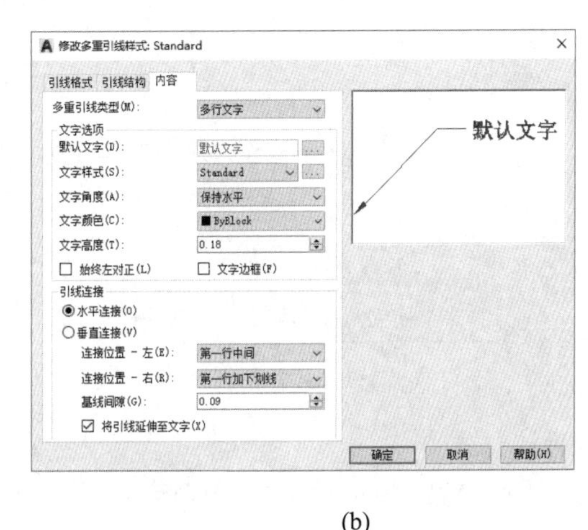

(b)

图 13－50 引线标注

9. 形位公差标注(TOLERANCE)

显示对象的形状、轮廓、方向、位置和跳动的偏差。如图 13－51 所示的形位公差。

标注形位公差的步骤如下：

(1) 执行“Tolerance”形位公差命令,弹出“形位公差”对话框,如图 13-52 所示。

(2) 单击“符号”下的黑色方框,弹出“符号”对话框,从中选择需要的形位公差符号,此处选同轴度符号。

(3) 单击“公差 1”下面左边的黑色方框,自动插入直径符号“∅”。

(4) 在右面的输入框中输入第一个公差值“0.02”。

(5) 在“基准 1”下输入基准值,此处输入“A”。

注意:使用快速引线标注形位公差的方法与上类同,它还可以直接画出引线,更为方便。

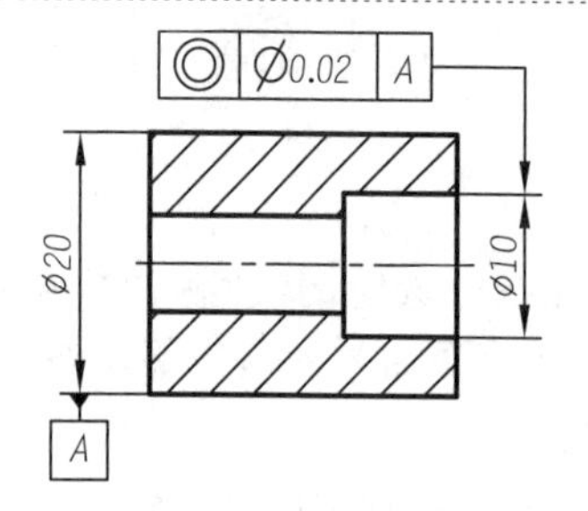

图 13-51　形位公差

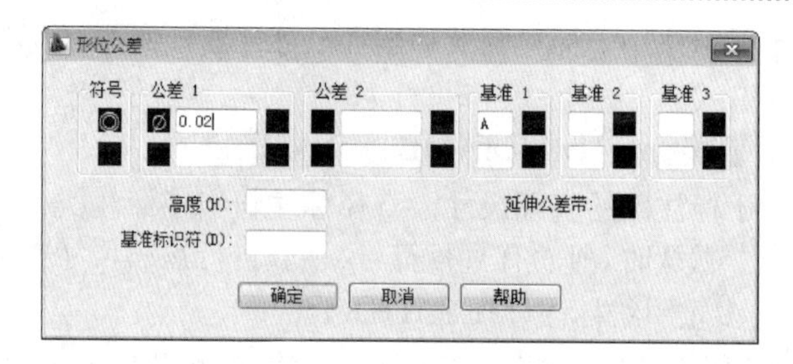

图 13-52　“形位公差”对话框

13.8.3　标注样式

标注尺寸时,尺寸线、标注文字、尺寸界线和箭头的格式和外观由标注样式控制。采用英制单位绘图,默认的标注样式为“Standard”,它是基于美国国家标准协会(ANSI)标注标准的样式。如果选择公制单位绘图,则默认的标注样式是 ISO—25。

考虑到实际应用的复杂性和多样性,AutoCAD 提供了设置标注样式的方法,可以创建自己的标注样式以满足不同应用领域的标准或规定。

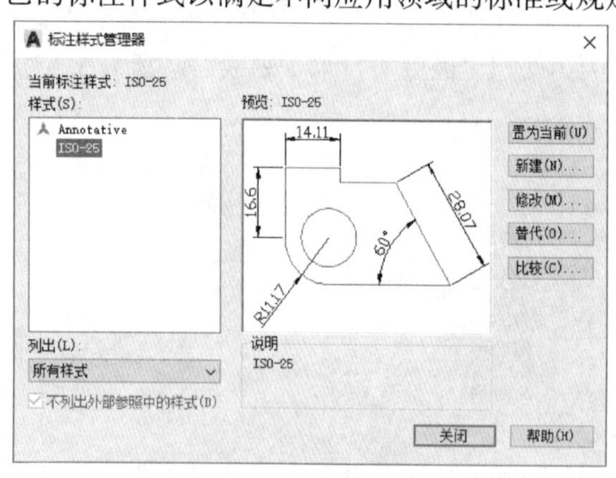

图 13-53　“标注样式管理器”对话框

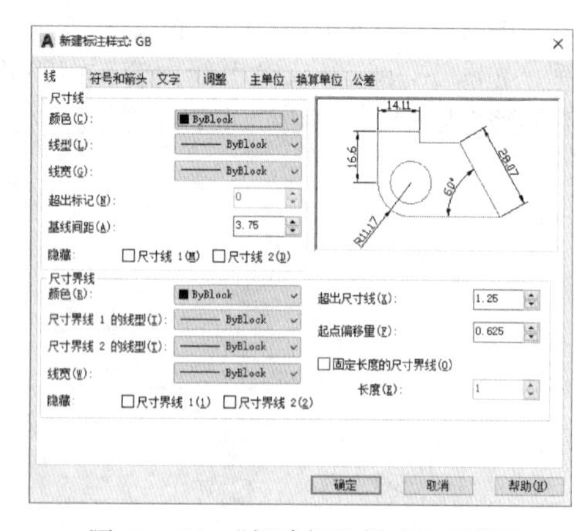

图 13-54　“新建标注样式”对话框

1. 建立标注样式

(1) 输入命令“DDIM”,或单击“菜单”标注⇨标注样式,或单击图标弹出“标注样式管理器”对话框,如图 13-53 所示。

(2) 单击“新建…”按钮,弹出“创建新标注样式”对话框。输入新样式的名称。在“基础样式”列表中选择新标注样式,公制时默认选项是 ISO—25,它是 AutoCAD 自带的标注样式,新标注样式将继承 ISO—25 样式的所有外部特征设置。在“用于”列表中指定新样式的应用范围,可应用于半径、线性、角度等子样式的标注,减少样式切换次数。

(3) 单击“继续”按钮，将弹出“新建标注样式”对话框，如图 13－54 所示。对话框中有 7 个选项卡，每个选项卡对应标注的一组属性，可在其中逐一设置新样式的外部特征。

(4) 单击“确定”按钮，完成操作。新建的标注样式将出现在“样式”列表中。

2. 标注样式的设置

图 13－55(a)和 13－55(b)分别是系统的尺寸标注 ISO—25 样式和用户设定的 user 样式标注的尺寸。从图中看出，尺寸样式设置不同，标注的尺寸外观有很大区别，它们在箭头、文字大小等方面各不同。

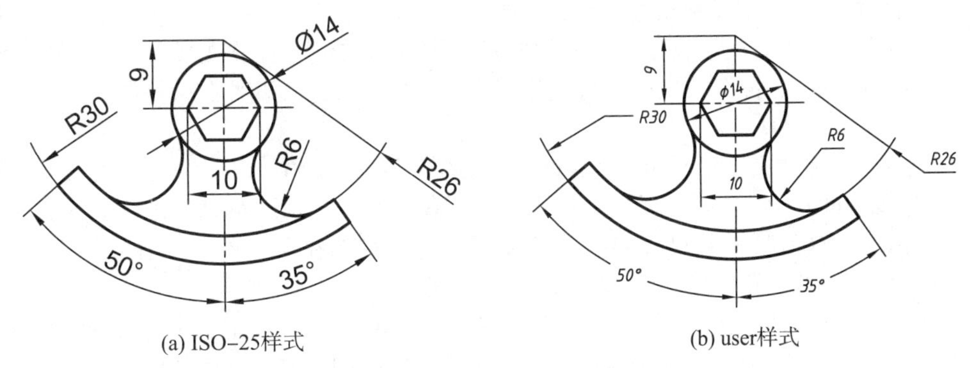

(a) ISO–25样式　　(b) user样式

图 13－55　两种标注样式

(1) “直线”选项卡

用于修改控制尺寸标注的尺寸线、尺寸界线的外部特征。

尺寸线、尺寸界线的颜色、线型、线宽均为“ByBlock”。

基线间距：决定了基线标注两条尺寸线之间的间距，该距离应大于标注文字的高度，否则将导致基线标注文字与尺寸线重叠。

超出尺寸线：控制尺寸界线与尺寸线相交处尺寸界线超过尺寸线的数值，一般 2～5 mm。

起点偏移量：控制尺寸界线的起点与被标注对象间的间距，默认为 0.625，可设为 0。图 13－55(a)所示是 ISO—25 样式默认的 0.625，而 13－55(b)所示是按国标要求，设定的尺寸界线的起点为 0。

隐藏：控制是否完全显示尺寸线和尺寸界线。

(2) “箭头和符合”选项卡

用于控制箭头样式和圆心标记的格式。

第一项：控制第一尺寸线端的箭头样式。它是一个下拉列表框，可从中选择一个需要的样式。机械图中的箭头采用闭合填充的三角形，建筑图中通常采用斜线作箭头。

第二个箭头：用于控制第二尺寸线端的箭头样式。操作同上。

引线：用于设置引线的箭头样式。

圆心标记：用于控制圆心标记的外观。

(3) “文字”选项卡

设置标注文字样式、文字外观、文字

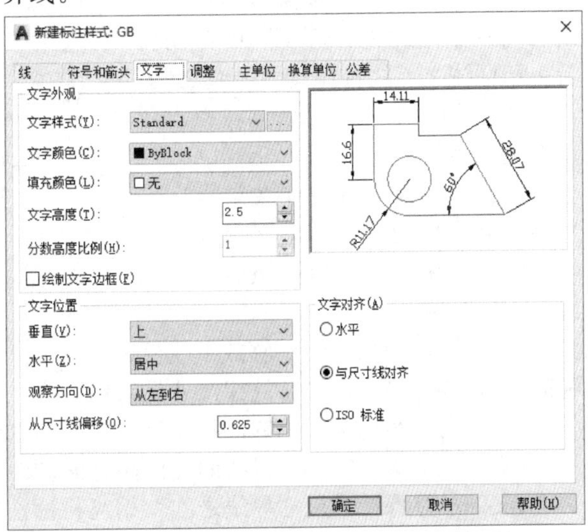

图 13－56　“文字”选项卡

位置及文字对齐方式等属性，如图 13－56 所示为“文字”选项卡。

文字样式：从下拉列表框中可以选择尺寸标注使用的文字样式。单击列表框右边的...按钮，即可进行设置文字样式的操作。图 13－55(a)中文字样式为系统默认的 txt. shx 字体，在图 13－55(b)中文字样式设定为国标字体，二者明显不同。

文字高度：设定标注文字的高度。如果文字样式中设置了文字高度，则此处设定无效。图 13－55(a)中文字高度为 2.5，在图 13－55(b)中将文字高度设定为 2，所有尺寸的字高将变小。一般情况下，A4～A2 图纸中文字高为 3.5 mm，A1～A0 图纸中文字高为 5 mm。

标注文字相对于尺寸线和尺寸界线的位置有以下方式：

a. 垂直：设置文字沿尺寸线垂直方向的放置方式，可以有置中(放在尺寸线的中间)、上方(放在尺寸线的上面)、外部(放在距离标注定义点最远的尺寸线一侧)、JIS(按照日本工业标准(JIS)放置)。

b. 水平：设置标注文字沿尺寸线平行方向的放置方式。置中(把标注文字沿尺寸线放在两条尺寸界线中间)、第一条尺寸界线(沿尺寸线与第一条尺寸界线左对正排列标注文字)、第一条尺寸界线上方(沿第一条尺寸界线放置文字或把文字放在第一条尺寸界线之上)，等等。各种格式的样例可在预览区中预览，以决定是否选用。

c. 从尺寸线偏移：设置标注文字与尺寸线的间距。图 13－55(a)中文字与尺寸线的间距为默认的 0.625，而在图 13－55(b)中显示的是文字与尺寸线的间距为 1 的效果。

文字对齐：用于设置标注文字的放置方式。一般选用“与尺寸线对齐”，即文字始终沿尺寸线平行方向放置。而在图 13－55(b)中角度的标注文字按国标要求水平位置放置，此时须在国标样式的基础上新建一个标注样式，专门用于角度标注，在文字对齐组件中选择“水平”即可。同样，图 13－55(b)中半径标注也是水平位置放置，也要作同样设定。

(4) “调整”选项卡

调整尺寸界线、箭头、标注文字以及引线相互间的位置关系，如图 13－57 所示为“调整”选项卡。

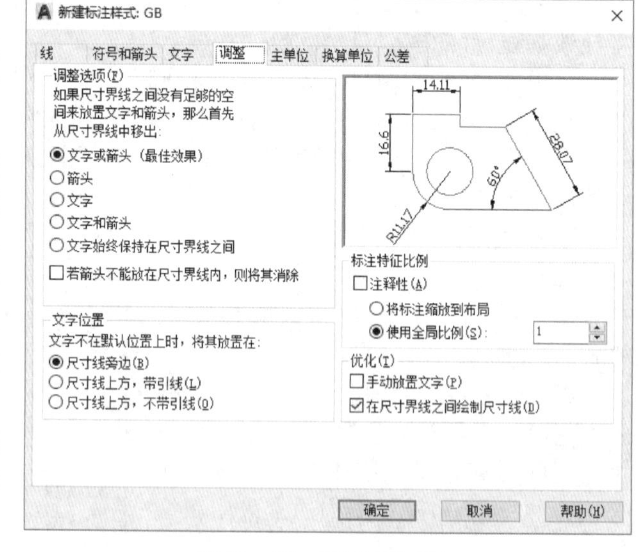

图 13－57　“调整”选项卡

根据两条尺寸界线间的距离确定标注文字和箭头是放在尺寸界线外还是尺寸界线内。首先，如果两条尺寸界线之间的空间允许，AutoCAD 自动将箭头和标注文字放置在尺寸界线之间。若尺寸界线间的空间不足，则按以下设置来调整标注：

“文字或箭头，取最佳效果”：标注文字或箭头自动调整移动至尺寸界线的内侧或外侧，这是默认的选项，若勾选上：

“箭头”：当距离空间不够放下文字和箭头时，移出箭头而文字放在尺寸界线内。

“文字”：当距离空间不够放下文字和箭头时，文字移出而箭头放在尺寸界线内。

“文字和箭头”：当尺寸界线间空间不足时，文字和箭头一起移动至尺寸界线外侧。

“文字始终保持在尺寸界线之间”：始终将标注文字放置在两条尺寸界线之间。

“若不能放在尺寸界线内，则消除箭头”：如果尺寸界线间的空间过小，且箭头未被调整至尺寸界线外侧时，AutoCAD 将不绘制箭头。此选项可以分别与前五个选项一起使用。

图 13 - 55(a)中尺寸Ø14 是根据 ISO—25 默认的选项“文字或箭头，取最佳效果”所得到的尺寸，有时会不合适；而在图 13 - 55(b)中选择“文字和箭头”，尺寸Ø14 会尽可能将该尺寸的文字和箭头显示在尺寸界限内，否则，一起放至尺寸界线外侧。

调整后的标注文字将不在默认位置，此时可以通过“文字位置”组件来设定它们的放置方式。

使用全局比例：全局比例影响整个图形文字高度、箭头尺寸、偏移和间距等标注特征，用于控制打印图形的尺寸，详见后述。

当上述各组件都不能满足标注文字的位置要求时，可以使用：

手动放置文字：在标注对象时，手动确定标注文字沿尺寸线的摆放位置；图 13 - 55(a)中半径尺寸 *R*30 和 *R*23 分别放置在圆弧内侧和圆弧外侧，就应选择“标注时手动放置文字”选项以便在标注对象时，手动确定标注文字沿尺寸线的摆放位置。

在尺寸界线之间绘制尺寸线：将总在尺寸界线之间绘制尺寸线，如果取消此复选项，则当箭头移动至尺寸界线外侧时，不绘制尺寸线。

(5)“主单位”选项卡

用于设置线性标注和角度标注的单位格式和精度，如图 13 - 58 所示为“主单位”选项卡。

单位格式：包括科学、小数、工程、建筑、分数、Windows 桌面等格式。

精度：设置线性标注的小数位数。图 13 - 55(a)和图 13 - 55(b)都是选用了整数。

前缀/后缀：可为标注测量值添加前缀或后缀。例如，将单位缩写作为标注文字的后缀，特殊字符作为前缀等。

测量单位比例：线性标注的测量值将乘以在测量单位比例中输入的数值，它为绘图比例。

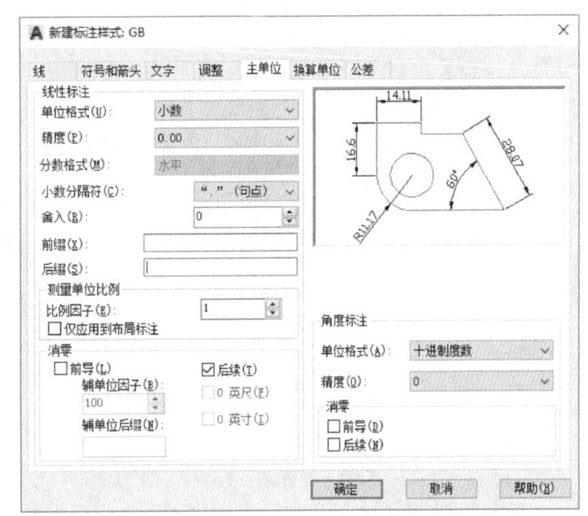

图 13 - 58 “主单位”选项卡

> **注意**：AutoCAD 标注比例有两个概念——测量单位比例和全局比例（由 DIMSCALE 变量控制）。
>
> 测量单位比例：设置线性标注测量值的比例因子。AutoCAD 按照此处输入的数值比例放大或缩小标注测量值。例如，如果测量单位比例为 2，AutoCAD 会将 1 mm 的标注尺寸显示为 2 mm。
>
> 全局比例：见前面“调整”选项卡中“标注特征比例”提到的“使用全局比例”。用于设置尺寸偏移距离、文字高度和箭头大小等标注样式中设置的所有标注特征的全局比例因子，它不改变标注测量值。标注尺寸时尽量不要分别调整尺寸文字高度、箭头和各种间隙的尺寸，应通过修改全局比例的值，统一缩放。例如，尺寸样式中尺寸文字高度设为 3.5 mm，箭头大小为2.5 mm，如果全局比例设为 2，则 AutoCAD 会将尺寸文字高度和箭头放大 2 倍，分别显示为 7 mm 和 5 mm，若按 1∶2 打印输出，输出在图纸上的尺寸字高和箭头正好是尺寸样式中设定的 3.5 mm 和 2.5 mm。

(6)“换算单位”选项卡

用于设置换算单位的格式和精度，可以将一种单位转换到另一个测量系统中的标注单位。通常在英制标注与公制标注之间相互转换尺寸，换算后的值显示在旁边的方括号中。

> **注意**：只有选中了“显示换算单位”复选项后，才能启用换算单位组件。

(7)“公差”选项卡

公差限定了标注测量值的变化范围,可在公差选项卡中设置格式,如图 13-59 所示为“公差”选项卡。

AutoCAD 提供下列公差格式:无、对称、极限偏差、极限尺寸、基本尺寸。

上偏差/下偏差:用于设置公差的上偏差值或下偏差值。

高度比例:用于设置公差文字与标注测量文字的高度比例。

垂直位置:控制公差与尺寸文字的对齐方式,有上、中、下三种对齐方式。

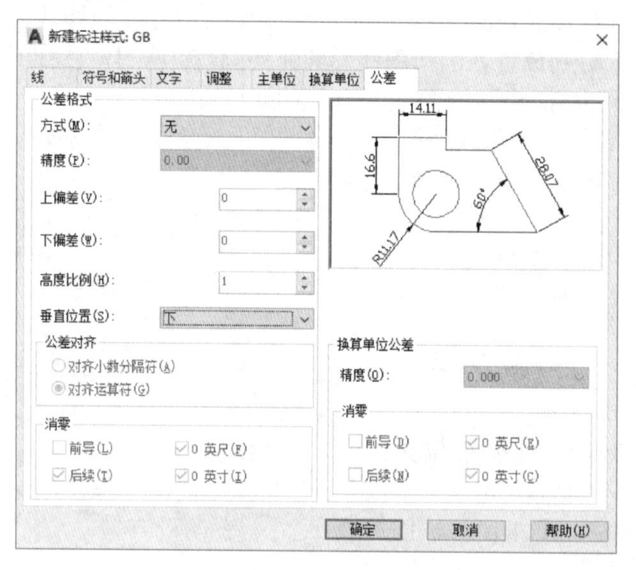

图 13-59　“公差”选项卡

建议:公差标注最好在“特性”对话框中修改公差栏的上、下偏差值实现,或利用多行文本编辑器的堆叠按钮标注,因为在尺寸标注样式中设定公差,将影响所有的尺寸标注。

知识拓展:在 AutoCAD 中,只设定一种样式是不够的,例如,图形有较多的同轴回转体时,由于同轴回转体的直径应尽量标注在非圆视图上,此时用线性标注(DIMLINEAR)命令标注非圆视图上的轴径,不会自动加注直径∅符号。这就要求在图形主样式基础上新建一个自动加注直径∅符号的尺寸样式,方法是在“主单位”/“前缀”框输入%%c。这个尺寸样式专门用于非圆视图上同轴回转体的直径标注,这样用线性标注命令标注此类非圆视图上的轴径尺寸时,就会自动加注直径符号。以此类推,还可以根据绘图要求建立其他的尺寸样式。

在标注样式管理器对话框中,可以对标注样式进行新建、修改、比较、替代、重命名或删除以及将标注样式设置为当前等操作,实现标注样式的管理。标注尺寸使用图形的当前标注样式进行标注,在“样式列表框”中可方便地将某一样式设置为当前。

13.8.4　标注的编辑

当标注布局不合理时,会影响到图形表达信息的准确性,应对标注进行局部调整。如编辑标注文字、移动尺寸线和尺寸界线的位置以及修改标注的颜色线型等外部特征。

(1) 使用对象特性管理器:启动对象特性管理器,“特性”对话框可以同时修改一个或多个标注,修改的内容包括标注的外部特征、标注文字内容、公差以及该标注使用的标注样式等。

(2) 使用编辑标注(DIMEDIT),编辑标注文字(DIMTEDIT),标注更新。

13.9　图块与属性

图块是由多个对象组成并赋予块名的一个整体，AutoCAD 可以把一些重复使用的图形定义为块，并随时将块作为单个对象插入到当前图形中的指定位置。

图形中的块可以被移动、旋转、删除和复制，还可以给它定义属性。组成块的各个对象可以有自己的图层、线型、颜色等特性。块可以建立图形库，有便于修改、节省空间等优点。

13.9.1　创建块

输入“Bmake”或“Block”命令，或高级“菜单”绘图⇨块⇨创建，或单击图标，打开“块定义”对话框，如图 13－60 所示。

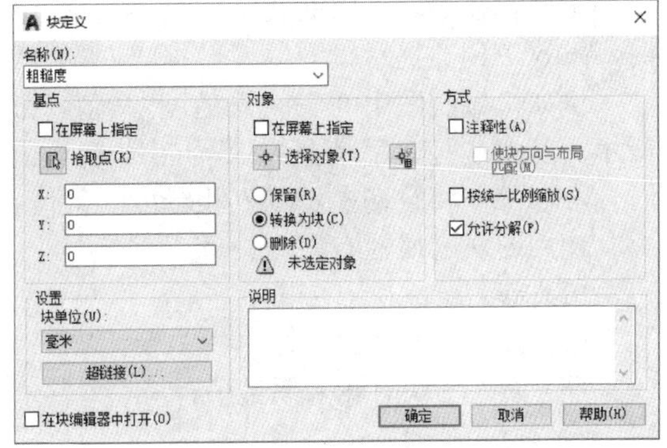

图 13－60　“块定义”对话框

下面以表面粗糙度符号为例，如图 13－61 所示，它被定义为块的步骤如下：

(1) 用“Line”命令绘制粗糙度符号，并注写文字“Ra”，然后执行“Bmake”命令，弹出如图 13－60 所示的“块定义”对话框。

(2) 在“名称”框中输入块定义的名称“粗糙度”。

(3) 单击“拾取点”按钮在屏幕上捕捉块的插入基点，此处捕捉粗糙度的下方尖点。

(4) 单击“选择对象”按钮，对话框暂时关闭，选择构成粗糙度块的对象。完成后按 Enter 键，重新显示对话框，并提示选定对象的数目。

(5) 单击“确定”按钮，完成块定义。

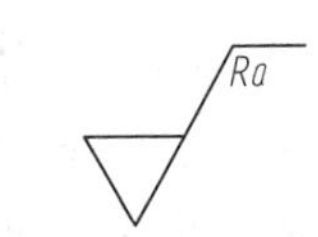

图 13－61　粗糙度符号

注意：① 块定义是十分灵活的，一个块中可以包含不同图层上的对象。如果创建块定义时，组成块的对象在 0 图层上，并且对象的颜色、线型和线宽设置为“ByLayer”(随层)，则将该块插入到当前图层时，AutoCAD 将指定该块各个特性与当前图层的基本特性一致。如果将组成块对象的颜色、线型或线宽设置为“ByBlock”(随块)，则插入此块时，组成块的对象的特性将与当前图层的特性一致。

② Bmake 和 Block 命令创建的块定义为内部块，只能在当前图中直接调用。用“WBLOCK”命令创建块，可将块对象保存为新图形文件(.dwg 格式)，允许其他图形引用所创建的块，又称为“外部块”。

13.9.2　插入块(INSERT)

输入命令 INSERT，或单击“菜单”插入⇨块，或单击图标，可将建立的块按指定位置插入到当前图形，并且可以改变块的比例和旋转角度。

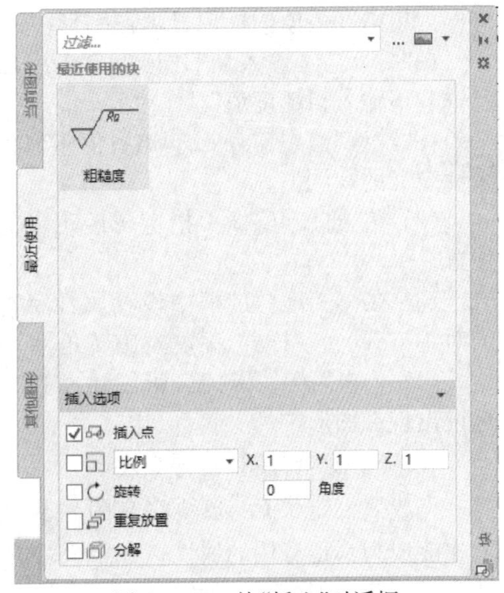

图 13－62　块“插入”对话框

执行命令后，弹出块“插入”对话框，如图 13－62 所示。插入过程如下：

(1) 在“名称”列表框中选择要插入的块,也可单击“浏览”按钮指定块文件名。

(2) 在“插入点”框中指定块的插入位置,一般在图形窗口中用鼠标指定插入点。

(3) 在“缩放比例”“旋转”框中指定插入块与原块的比例因子,和旋转角度。

(4) 如果要将块作为分离对象而非一个整体插入,则可以选中“分解”复选项。

提示:可以使用拖放操作插入块。在“资源管理器”找到需要插入的块文件,然后用鼠标左键按住该块文件,将其拖动到 AutoCAD 图形窗口中。

13.9.3　属性操作

前面所做的粗糙度图块并没包含粗糙度值,粗糙度值应作为属性添加到块中。属性是特定的可包含在块定义中的文字对象,可以存储与之关联的块的说明信息。插入附有属性的块时,AutoCAD 会提示输入属性数据。

例如机械制图中的表面粗糙度,其值有 6.3、12.5、25 等,如图 13-63 所示。若将这些文字信息定义为粗糙度块的属性,则每次插入粗糙度块时,AutoCAD 将自动提示输入粗糙度的数值。

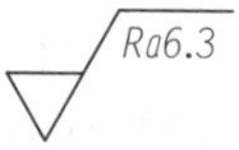

图 13-63　给粗糙度定义属性

使用图块的属性有三步:

(1) 定义属性;

(2) 将属性附着到块;

(3) 插入图块时输入属性值。

13.9.3.1　属性定义

输入命令“ATTDEF”,或单击“菜单”绘图⇨块⇨定义属性,弹出如图 13-64 所示的“属性定义”对话框。

以粗糙度的数值为例,见图 13-63,它被定义为粗糙度属性的过程如下:

(1) 在“标记”框中键入文字如 Ra,它将作为粗糙度数值的标记显示在图形中。

在“提示”框输入属性定义的提示信息,如“请输入粗糙度值”。

在“默认”框中输入 6.3,该数值将作为属性定义的默认值。

(2) 在“插入点”框中指定属性定义的位置。

(3) 在“文字设置”框中设置属性字符的对正方式、文字样式、高度及旋转角度。

(4) 单击“确定”按钮,所创建属性的标记出现在图形中。

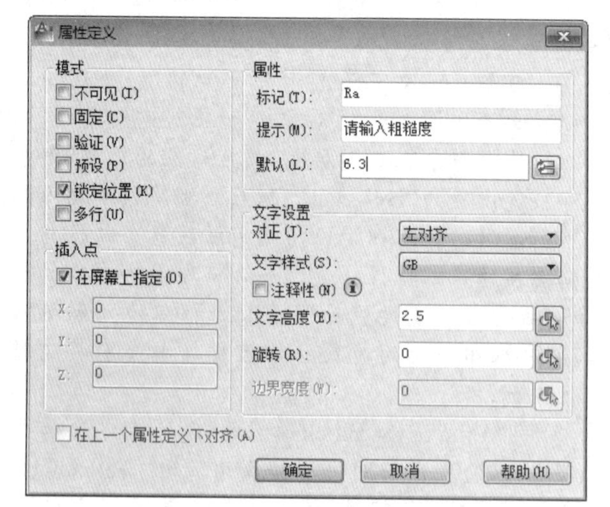

图 13-64　“属性定义”对话框

13.9.3.2　将属性附着到块

完成属性定义后,必须将它附着到块上才能成为真正有用的属性。在定义块时将需要的属性与图形一起包含到选择集中,这样属性定义就与块关联了。如定义了多个属性,则选择属性的顺序决定了在插入块时提示属性信息的顺序。

以后每次插入该块时,AutoCAD 都会提示输入属性值,所以每次引用都可以为块赋予不同的属性值。

13.10 图形输出

工程图纸的输出是设计工作的一个重要环节。在 AutoCAD 中打印输出，应先将所使用的打印输出设备配置好。图形既可在模型空间也可在布局中打印输出。

输入命令 PLOT，或单击菜单“文件”⇨打印，或单击图标图标🖨，弹出“打印”对话框，其界面内容如图 13－65 所示。

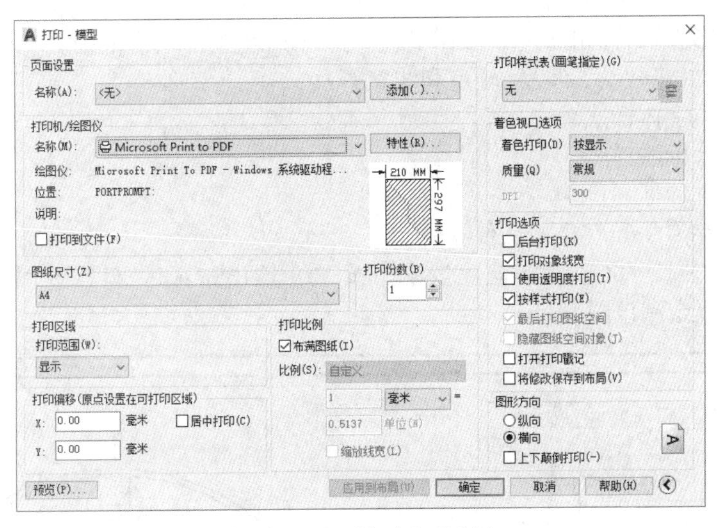

图 13－65 “打印”对话框

(1) 打印机/绘图仪：用于指定当前已配置的系统打印机。

(2) 打印样式表：用于指定当前赋给布局或视口的打印样式。打印样式类型有两种：颜色相关打印样式和命名打印样式。前者按对象的颜色决定打印方式，打印样式表文件的扩展名为“.ctb”。后者直接指定对象和图层的打印样式，打印样式表文件的扩展名为“.stb”，它可使图形中的每个对象以不同颜色打印，与对象本身的颜色无关。

注意：默认情况下使用的是颜色相关的打印样式，可以通过改变绘图线条的颜色来改变线条的打印粗细。在绘图时应注意对象颜色的选用，所有对象的颜色应为 Bylayer，否则出图时打印效果不方便控制。

(3) 打印样式表编辑器：如须对已有打印样式修改可单击编辑按钮，弹出“打印样式表”编辑器，用于编辑打印样式表中包含的样式及其设置。可以修改打印样式的颜色、淡显、线型、线宽和其他设置。其中各参数说明请参看帮助信息。

(4) 图形方向：该组件设置打印时图形在图纸上的方向是“纵向”还是“横向”。

(5) 打印区域：

窗口：通过指定一个区域的两个对角点来确定打印区域。

打印范围：用于打印包含图形的当前空间中的所有几何元素。

图形界限：在对“模型”选项卡进行页面设置时，将出现“界限”选项。此选项将打印指定的图纸尺寸界线内的所有图形。

显示：用于打印“模型”选项卡中的当前视口的图形。

(6) “打印比例”组件：可根据自己的需要设置打印比例。

13.11 零件图的绘制

对某一专业图样而言,其绘图环境基本上是相同的,可以创建样板图来存储该绘图环境。当绘制新图时就可利用样板图来初始化绘图环境,不必每次都重新设置。

创建样板图的步骤如下:

(1) 创建新图。

(2) 设置图形单位和显示精度。

(3) 设置图形界限,并用 Zoom⇨All 命令使屏幕显示全部图形范围。

(4) 设置图层(包含设置线型、颜色和线宽等)。

(5) 设置文本字体样式。

(6) 设置尺寸标注样式。

(7) 绘制图框和标题栏。

(8) 将图形存为“.dwt”样板文件。

例 13-17 图 13-66 所示是法兰盘零件图,要求输出在 A3(420×297)图纸上,下面介绍如何用 AutoCAD 绘制该图。

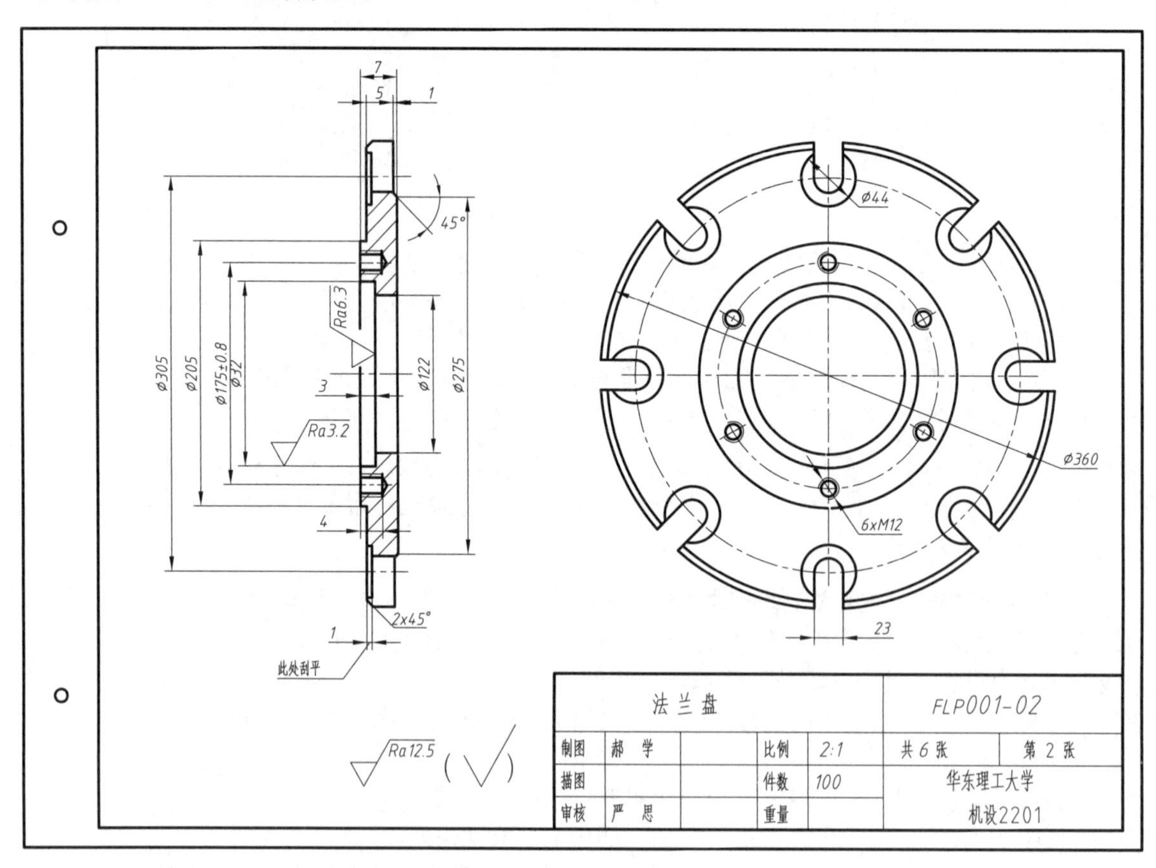

图 13-66 法兰盘零件图

1. 图形的基本设置

按照上述步骤,首先创建样板图。

(1) 图形精度设为整数;

(2) 设定图形界限。按 1∶1 绘图,根据该法兰零件尺寸,图形范围 4 号图纸大小就够了,因欲用 A3 图纸输出，建议输出比例为 2∶1；

(3) 按粗实线(01)、细实线(02)、中心线(05)、尺寸线(08)、剖面线(10)、文字等设定图层；

(4) 建立工程汉字的文字样式，即字体为“gbeitc. shx＋ gbcbig. shx”，文字字高为“3. 5/2”；

(5) 建立尺寸样式，字高、箭头等标注特征均按在 A3 纸上的实际大小设定(如字高为“3. 5”，箭头为“3”)，将全局比例设为“0. 5”；

(6) 标题栏大小为(150×40)/2；

(7) 将图形存为“. dwt”样板文件，此即为 2:1 输出的 A3 样板图。然后在该样板图上 1∶1 绘制法兰盘零件图。

2. 法兰盘的绘制

(1) 在中心线层用“Line”命令绘制定位中心线。

(2) 在粗实线层绘制左视图，用画圆命令绘出一系列同心圆。

(3) 绘制一个沉孔直径为∅44，槽宽为 23 的法兰孔，并用修剪(Trim)命令剪去多余边，然后阵列 8 个沉孔。

(4) 绘制一个螺纹孔，并阵列 6 个螺纹孔。细实线要画在细实线层上。

(5) 用“Line”命令绘主视图，并在剖面线层上添加剖面线。

(6) 标注尺寸，创建粗糙度图块并插入到相应位置。图右上角粗糙度符号应放大 1. 4 倍。

(7) 在标题栏加上姓名、班级等。

参考文献

[1] 王颖,杨德星. 现代工程制图[M]. 北京:北京航空航天大学出版社,2002.
[2] 蒋寿伟. 现代机械工程图学[M]. 2 版. 北京:高等教育出版社,2006.
[3] 赵大兴,高成慧,谢跃进. 现代工程图学[M]. 6 版. 武汉:湖北科学技术出版社,2009.
[4] 甘永立. 几何量公差与检测[M]. 10 版. 上海:上海科学技术出版社,2013.
[5] 何铭新,钱可强,徐祖茂. 机械制图[M]. 7 版. 北京:高等教育出版社,2016.
[6] 叶玉驹,焦永和,张彤. 机械制图手册[M]. 5 版. 北京:机械工业出版社,2012.
[7] 盛谷我,陆宏钧,钱自强. 工程制图[M]. 上海:华东理工大学出版社,1998.
[8] 谭建荣,张树有. 图学基础教程[M]. 3 版. 北京:高等教育出版社,2019.
[9] 杨胜强. 现代工程制图[M]. 北京:国防工业出版社,2001.
[10] 林大钧,于传浩,杨静. 化工制图[M]. 2 版. 北京:高等教育出版社,2014.
[11] 朱辉,曹桄,金怡,等. 画法几何及工程制图[M]. 上海:上海科技出版社,2013.
[12] 钱自强,林大钧,蔡祥兴. 大学工程制图[M]. 上海:华东理工大学出版社,2005.
[13] 杨君伟. 机械制图[M]. 北京:机械工业出版社,2007.
[14] 郭慧. 机械制图及 CAD[M]. 上海:华东理工大学出版社,2012.
[15] 袭建军. 画法几何及机械制图[M]. 哈尔滨:黑龙江教育出版社,2009.